机器人伺服控制系统及应用技术

孙巍伟　编著

化学工业出版社

·北京·

内 容 简 介

《机器人伺服控制系统及应用技术》是一本理论与实践紧密结合的图书，通过9章内容，全方位解读了机器人伺服控制系统的相关知识。从机器人组成开始讲解，逐渐引入到机器人的感知系统和控制系统，整合电机学、气压与液压控制、机器人机构等与伺服控制系统密不可分的相关技术，从基础知识到实例应用分析，让读者全面系统地学习伺服控制技术。全书核心内容包括机器人步进电机控制系统、直流伺服控制系统、交流伺服控制系统、伺服驱动器与运动控制器、气动伺服控制系统、液压伺服控制系统、视觉伺服控制系统等。

本书适合机器人、机电一体化专业的高校师生以及从事制造业机器人方向相关工作的技术人员阅读参考。

图书在版编目（CIP）数据

机器人伺服控制系统及应用技术/孙巍伟编著.—北京：化学工业出版社，2023.2（2023.11重印）
ISBN 978-7-122-42377-1

Ⅰ.①机… Ⅱ.①孙… Ⅲ.①机器人-伺服控制 Ⅳ.①TP242

中国版本图书馆CIP数据核字（2022）第195255号

责任编辑：雷桐辉　　文字编辑：朱丽莉　陈小滔
责任校对：李　爽　　装帧设计：王晓宇

出版发行：化学工业出版社（北京市东城区青年湖南街13号　邮政编码100011）
印　　装：北京科印技术咨询服务有限公司数码印刷分部
787mm×1092mm　1/16　印张21¾　字数557千字　2023年11月北京第1版第2次印刷

购书咨询：010-64518888　　售后服务：010-64518899
网　　址：http://www.cip.com.cn
凡购买本书，如有缺损质量问题，本社销售中心负责调换。

定　　价：99.00元

前言

随着物联网、大数据和移动应用等新一轮信息技术的发展，全球化工业革命开始提上日程，工业转型开始进入实质阶段。在中国，“智能制造”的提出、《中国制造2025》战略纲领的出台，表明国家开始积极行动起来，把握新一轮工业发展机遇，实现工业化转型。

智能制造把制造自动化的概念扩展到更加柔性化、智能化和高度集成化。而机器人是高端智能装备的代表，被喻为“制造业皇冠顶端的明珠”。在传统制造业转型升级的过程中，机器人产业被寄予厚望。2015年世界机器人大会在北京举行，中国将机器人和智能制造纳入了国家科技创新的优先重点领域。近年来，政策、资金及许多资源都在迅速向机器人和智能制造倾斜。

伺服系统是高端装备、智能制造装备实现自动控制的核心功能部件，机器人的工作表现受伺服系统影响极大，因而精密伺服系统的关键性能指标一直都是评价机器人先进性的首要因素。国外先进伺服系统已经能够很好地适应绝大多数应用的需求，其研发资源集中在个别高端应用及整体性能提升方面，处于精雕细刻阶段。在工业4.0的大背景下，国产伺服系统任重而道远，还需努力追赶。

本书结合机器人系统设计实例，介绍机器人伺服控制系统的基本概念及相关应用。全书共分9章：第1章简要介绍机器人相关的一些背景资料及基本知识；第2章主要介绍机器人系统的组成；第3～5章分别介绍步进电机、直流伺服和交流伺服系统的工作原理及其在机器人开发中的应用；第6章主要介绍伺服驱动器和运动控制器的相关原理及应用；第7～8章分别介绍气动伺服和液压伺服的基本原理及其在机器人开发中的应用；第9章主要介绍机器人视觉伺服控制系统相关理论。

本书可供机器人研究开发及相关从业人员使用，也可作为高等院校相关专业师生的教学参考书。

由于作者理论和技术水平所限，本书难免有不妥之处，敬请读者批评指正。

编著者

目录

第 1 章 绪论

伺服系统是高端装备、智能制造装备实现自动控制的核心功能部件，伺服系统的应用不仅能够显著提升设备的加工速度和精度，更为重要的是，伺服系统可以赋予生产设备更加灵活的生产能力。机器人的工作表现受伺服系统影响极大，因而精密伺服系统的关键性能指标一直都是评价机器人先进性的首要因素。

1.1 机器人发展历史

机器人的研究始于 20 世纪中期。最早在第二次世界大战之后，美国阿贡国家实验室为了解决核污染机械操作问题，首先研制出遥控操作机械手用于处理放射性物质，如图 1.1 所示。紧接着于第二年，该实验室又开发出一种电气驱动的主从式机械手臂。

20 世纪 50 年代中期，美国一位多产的发明家乔治·德沃尔开发出世界上第一台装有可编程控制器的极坐标式机械手臂，如图 1.2 所示，并申请了该机器人的专利。

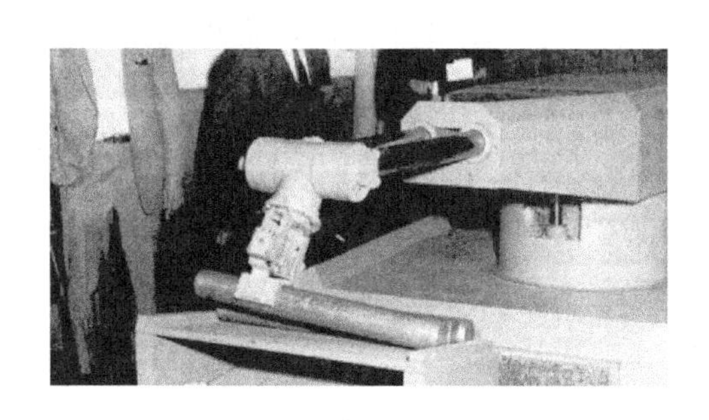

图 1.1 遥控操作机械手

图 1.2 极坐标式机械手臂

1959 年，德沃尔与美国发明家约瑟夫·英格伯格联手制造出第一台工业机器人样机 Unimate（意为“万能自动”）并定型生产，如图 1.3 所示，由此成立了世界上第一家工业机器人制造工厂 Unimation 公司。

图 1.3　Unimate 机器人

1962 年，美国通用汽车（GM）公司安装了 Unimation 公司的第一台 Unimate 工业机器人，标志着第一代示教再现型机器人的诞生。

此后，自 20 世纪 60 年代后期到 70 年代，工业机器人商品化程度逐步提高，并渐渐走向产业化，继而在以汽车制造业为代表的规模化生产中的某些工艺环节推广使用，如搬运、喷漆、弧焊等机器人的开发应用，使得第二次世界大战之后一直困扰着世界多个地区的劳动力严重短缺问题得到极大缓解。而且对于那些单调重复以及体力消耗较大的生产作业，使用工业机器人代替人类不仅可以提高生产效率，还可以完全避免因为工人的疲劳而导致的质量问题。

1978 年，Unimation 公司推出一种全电动驱动、关节式结构的通用工业机器人 PUMA 系列，次年，适用于装配作业中的平面关节型 SCARA 机器人出现在人们的视野中，如图 1.4 所示，自此第一代工业机器人形成了完整且成熟的技术体系。

图 1.4　平面关节型 SCARA 机器人

随着生产技术从大批量生产自动化向小批量多品种生产自动化的转变，提高生产柔性的需求进一步推动着工业机器人技术的发展。美国麻省理工学院率先开始研究感知机器人技术，并于 1965 年开发出可以感知识别方块、自动堆积方块，不需要人干预的早期第二代机器人。

20 世纪 80 年代初，美国通用公司为汽车装配生产线上的工业机器人装备了视觉系统，于是具有基本感知功能的第二代工业机器人诞生了。与第一代机器人相比，第二代机器人不仅在作业效率、保证产品的一致性和互换性等方面性能更加突出优异，而且具有更强的外界环境感知能力和环境适应性，能完成更复杂的工作任务，因此不再局限于传统重复简单动作的有限工种作业。

到了 20 世纪 90 年代，计算机技术和人工智能技术的初步发展，让机器人模仿人进行逻辑推理的第三代智能机器人的研究也逐步开展起来。它应用人工智能、模糊控制、神经网络等先进控制方法，在智能计算机控制下，通过多传感器感知机器人本体状态和作业环境状态，在知识库支持下进行推理，做出决断，并对机器人做多变量实时智能控制。

进入 21 世纪以来，随着计算机技术、光机电一体化技术、网络技术、自动控制理论及人工智能等的迅猛发展，机器人从传统的工业制造领域迅速向医疗服务（以钛米为代表）、家庭服务（以科大讯飞为代表）、教育娱乐（以优必选、大疆等为代表）、勘探勘测（以新松为代表）、生物工程（以 Eppendorf、PerkinElmer 为代表）、救灾救援（以 Satoshi Tadokoro、Vecna Robotics 为代表）、深空深海探测（以蛟龙、Cyro 为代表）、智能交通（以新松为代表）、智能工厂（以玖越为代表）等领域扩展。传统工业领域工业机器人作业性能提升的需求，以及其他领域推广应用机器人的需求，引领着机器人在新时代发展的新方向、新趋势。

纵观机器人的发展历史，可以划分为三个阶段：

（1）第一代机器人

第一代的机器人是遥控操作机器人，不能离开人的控制独自运动，是通过一台计算机控制一个多自由度的机械，通过示教存储的程序和信息，在其工作时把信息读取出来，然后发出指令。这样的机器人可以重复地根据人当时示教的结果，再现这种动作。该类机器人的特点是它对外界的环境没有感知。

第一代机器人具有记忆、存储能力，按相应程序重复作业，但对周围环境基本没有感知与反馈控制能力。第一代机器人也被称为示教再现型机器人，这类机器人需要使用者事先教给它们动作顺序和运动路径，再不断地重复这些动作。

（2）第二代机器人

第二代机器人是有感觉的机器人，这种感觉是类似人的某种功能的感觉，比如力觉、触觉、听觉。第二代机器人靠感觉来判断力的大小和滑动的情况，在机器人工作时，根据感觉器官（传感器）获得信息，灵活调整自己的工作状态，以保证在适应环境的情况下完成工作。如：有触觉的机械手可轻松自如地抓取鸡蛋，具有嗅觉的机器人能分辨出不同饮料和酒类。

第二代机器人能够获得作业环境和作业对象的部分有关信息，进行一定的实时处理，引导机器人进行作业。第二代机器人已进入了使用化，在工业生产中得到广泛应用。日本本田技研工业公司的第二代“阿西莫”双脚步行机器人的身高 1.3m，体重 48kg，它的行走速度是 0～9km/h。早期的机器人如果直线行走时突然转向，必须先停下来，看起来比较笨拙。而“阿西莫”就灵活得多，它可以实时预测下一个动作并提前改变重心，因此可以行走自如，进行诸如“8”字形行走、下台阶、弯腰等各项“复杂”动作。此外，“阿西莫”还可以握手、挥手，甚至可以随着音乐翩翩起舞。2007 年 9 月 28 日，在西班牙的巴塞罗那，第二代“阿西莫”双脚步行机器人亮相并表演踢足球和上楼梯。

（3）第三代机器人

第三代机器人是目前正在研究的“智能机器人”。它不仅具有比第二代机器人更加完善的环境感知能力，而且还具有逻辑思维、判断和决策能力，可根据作业要求与环境信息自主地进行工作。第三代机器人是利用各种传感器、测量器等来获取环境信息，然后利用智能技术进行识别、理解、推理，最后做出规划决策，能自主行动，实现预定目标的高级机器人。它的未来发展方向是有知觉、有思维、能与人对话。这代机器人已经具有了自主性，有自行学习、推理、决策、规划等能力。

第三代机器人是依靠人工智能技术进行规划、控制的机器人，它根据感知的信息进行独立思考、识别及推理，并做出判断和决策，不用人的干预，自动完成一些复杂的工作任务。如导游机器人。第三代机器人在发生故障时，通过自我诊断装置能自我诊断出发生故障部位，并能自我修复。

目前，人类对智能机器人的研究处在第三代，真正意义上的第四代是具有学习、思考、情感的智能机器人，因基础学科的发展还没有能力提供这样的技术，因而，第四代机器人还在概念设计阶段。

1.2 机器人基础知识

1.2.1 机器人定义

1920年，捷克作家卡雷尔·凯佩克（Karel Capek）发表了科幻剧本《罗萨姆的万能机器人》。在剧本中，凯佩克把捷克语“Robota”写成了“Robot”，“Robota”是奴隶的意思。凯佩克提出的是机器人的安全、感知和自我繁殖问题。科学技术的进步很可能引发人类不希望出现的问题。虽然科幻世界只是一种想象，但人类社会将可能面临这种现实。

为了防止机器人伤害人类，1950年，科幻作家阿西莫夫（Asimov）在《我是机器人》一书中提出了“机器人三原则”：

① 机器人必须不伤害人类，也不允许它见人类将受到伤害而袖手旁观；

② 机器人必须服从人类的命令，除非人类的命令与第一条相违背；

③ 机器人必须保护自身不受伤害，除非这与上述两条相违背。

这三条原则，给机器人社会赋以新的伦理性。至今，它仍会为机器人研究人员、设计制造厂家和用户提供十分有意义的指导方针。

美国机器人工业协会对机器人的定义：机器人是一种用于移动各种材料、零件、工具或专用装置，通过可编程动作来执行各种任务，并具有编程能力的多功能操作机。

日本工业机器人协会对机器人的定义：机器人是一种带有记忆装置和末端执行器的、能够通过自动化的动作而代替人类劳动的通用机器。

国际标准化组织对机器人的定义：机器人是一种能够通过编程和自动控制来执行诸如作业或移动等任务的机器。

我国对机器人的定义：机器人是一种自动化的机器，所不同的是这种机器具备一些与人或生物相似的智能能力，如感知能力、规划能力、动作能力和协同能力，是一种具有高度灵活性的自动化机器。

现在虽然还没有一个严格而准确的机器人定义，但是机器人的本质为：自动执行工作的机器装置。它既可以接受人类指挥，又可以运行预先编排的程序，也可以根据以人工智能技术制定的原则纲领行动。它的任务是协助或取代人类的工作。它是高级整合控制论、机械电子、计算机、材料和仿生学的产物，在工业、医学、农业、服务业、建筑业甚至军事等领域中均有重要用途。

1.2.2 机器人分类

（1）按照机器人的运动形式分类

1）直角坐标型机器人

这种机器人的外形轮廓与数控镗铣床或三坐标测量机相似，如图1.5所示。3个关节都是移动关节，关节轴线相互垂直，相当于笛卡儿坐标系的x、y和z轴。主要用于生产设备的上下料，也可用于高精度的装卸和检测作业。

这种形式的主要特点如下：

① 结构简单、直观、刚度高，多做成大型龙门式或框架式机器人；

② 3个关节的运动相互独立，没有耦合，运动学求解简单，不产生奇异状态；采用直线滚动导轨，速度和定位精度高；

③ 工件的装卸、夹具的安装等受到立柱、横梁等构件的限制；

④ 容易编程和控制，控制方式与数控机床类似；

⑤ 导轨面防护比较困难，移动部件的惯量比较大，增加了驱动装置的尺寸和能量消耗，操作灵活性较差。

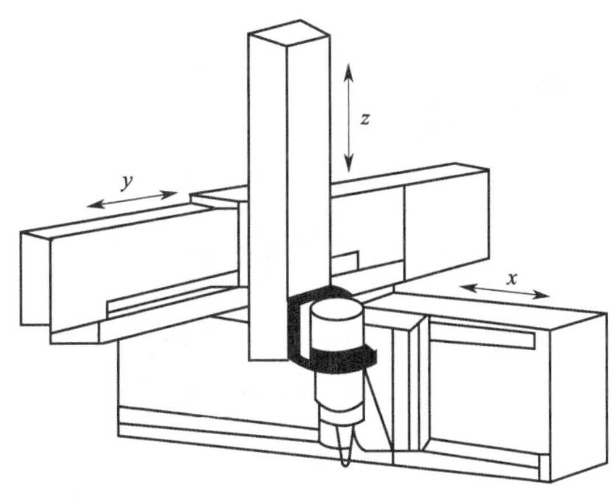

图 1.5　直角坐标型机器人

2）圆柱坐标型机器人

如图1.6所示，这种机器人以θ、z和r为参数构成坐标系。手腕参考点的位置可表示为$P=f(\theta,z,r)$。式中，r为手臂的径向长度；θ为手臂绕水平轴的角位移；z为手臂在垂直轴上的高度。如果r不变，操作臂的运动将形成一个圆柱表面，空间定位比较直观。操作臂收回后，其后端可能与工作空间内的其他物体相碰，移动关节不易防护。

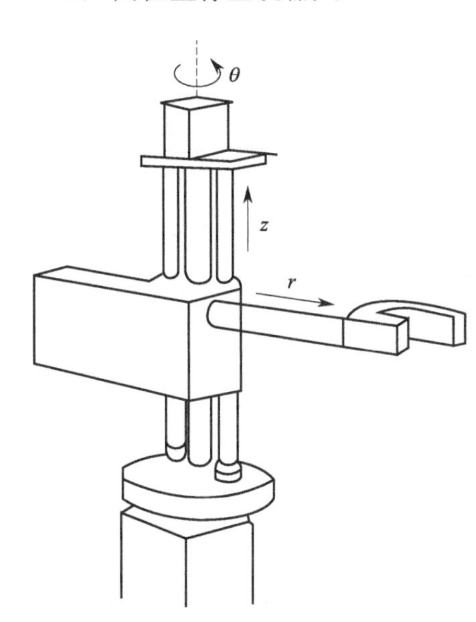

图 1.6　圆柱坐标型机器人

3）球（极）坐标型机器人

如图1.7所示，机器人腕部参考点运动所形成的最大轨迹表面是半径为r的球面的一部分，以θ、φ、r为坐标，任意点可表示为$P=f(\theta,\varphi,r)$。这类机器人占地面积小，工作空间较大，移动关节不易防护。

4）平面双关节型机器人

SCARA机器人有3个旋转关节，其轴线相互平行，在平面内进行定位和定向，另一个关节是移动关节，用于完成末端件垂直于平面的运动。手腕参考点的位置是由两旋转关节的角位移φ_1、φ_2和移动关节的位移z决定的，即$P=f(\varphi_1,\varphi_2,z)$，如图1.8所示。这类机器人结构轻便、响应快。例如Adept I型SCARA机器人的运动速度可达10m/s，比一般关节式机器人快数倍。它最适用于在平面进行定位、在垂直方向进行装配的作业。

5）关节型机器人

这类机器人由2个肩关节和1个肘关节进行定位，由2个或3个腕关节进行定向。其中，一个肩关节绕铅直轴旋转，另一个肩关节实现俯仰，这两个肩关节轴线正交，肘关节平行于第二个肩关节轴线，如图1.9所示。这种结构动作灵活，工作空间大，在作业空间内手臂的干涉最小，结构紧凑，占地面积小，关节上相对运动部位容易密封防尘。这类机器人运动学较复杂，运动学反解困难，确定末端件执行器的位姿不直观，控制时计算量比较大。

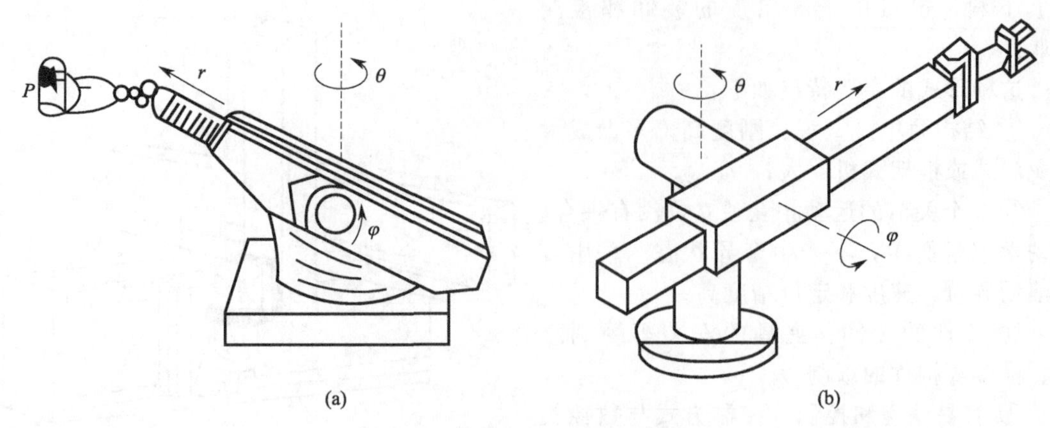

图 1.7　球（极）坐标型机器人

（2）按照机器人的操作方式分类

① 操作型机器人。能自动控制，可重复编程，多功能，有几个自由度，可固定或运动，用于相关自动化系统中。

② 程控型机器人。按预先要求的顺序及条件，依次控制机器人的机械动作。

③ 示教再现型机器人。通过引导或其他方式，先教会机器人动作，输入工作程序，机器人则自动重复进行作业。

④ 数控型机器人。不必使机器人动作，通过数值、语言等对机器人进行示教，机器人根据示教后的信息进行作业。

⑤ 感觉控制型机器人。利用传感器获取的信息控制机器人的动作。

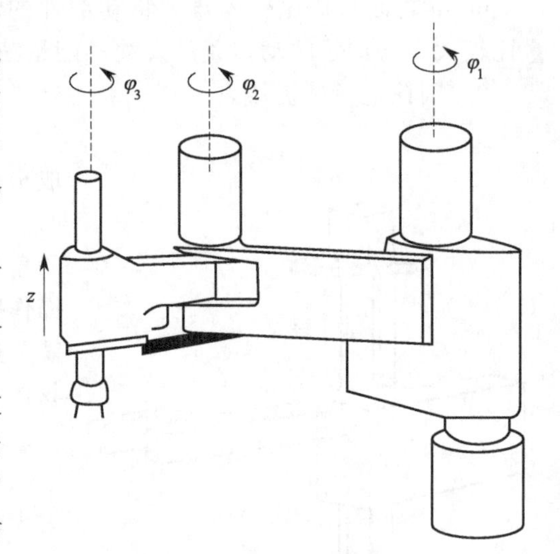

图 1.8　平面双关节型机器人

⑥ 适应控制型机器人。机器人能适应环境的变化，控制其自身的行动。

⑦ 学习控制型机器人。机器人能“体会”工作的经验，具有一定的学习功能，并将所“学”的经验用于工作中。

⑧ 智能机器人。以人工智能决定其行动的机器人。

（3）按照机器人的应用环境分类

目前，国际上的机器人学者，从应用环境出发，将机器人分为两类：制造环境下的工业机器人和非制造环境下的服务与仿人型机器人。

我国的机器人专家从应用环境出发，将机器人也分为两大类，即工业机器人和特种机器人。这和国际上的分类是一致的。工业机器人是指面向工业领域的多关节机械手或多自由度机器人。特种机器人则是除工业机器人之外的、用于非制造业并服务于人类的各种先进机器人，包括：服务机器人、水下机器人、娱乐机器人、军用机器人、农业机器人等。在特种机器人中，有些分支发展很快，有独立成体系的趋势，如服务机器人、水下机器人、军用机器人、微操作机器人等。

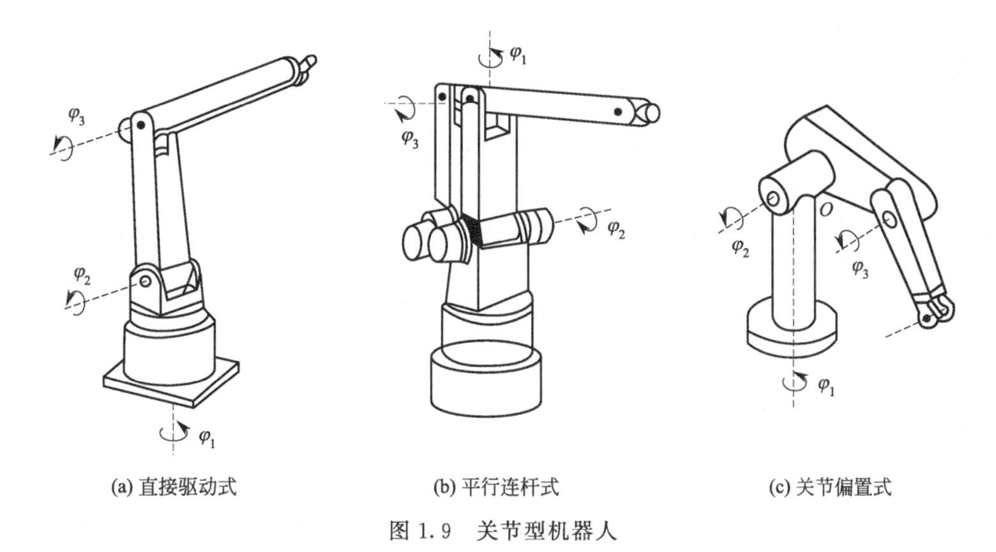

图 1.9　关节型机器人

（4）按照机器人的移动方式分类

机器人可分为轮式移动机器人、步行移动机器人（单腿式、双腿式和多腿式）、履带式移动机器人、爬行机器人、蠕动式机器人和游动式机器人等类型。

（5）按照机器人的功能和用途分类

机器人可分为医疗机器人、军用机器人、海洋机器人、助残机器人、清洁机器人和管道检测机器人等。

（6）按照机器人的作业空间分类

机器人可分为陆地室内移动机器人、陆地室外移动机器人、水下机器人、无人飞机和空间机器人等。

（7）按照机器人的控制系统分类

机器人可分为非伺服机器人和伺服控制机器人。

1）非伺服机器人

按照预先编好的程序顺序进行工作，使用限位开关、制动器、插销板和定序器来控制机器人的运动。

非伺服机器人工作能力有限，当移动到由限位开关所规定的位置时，限位开关切换工作状态，给定序器送去一个工作任务已经完成的信号，并使终端制动器动作，切断驱动能源，使机器人停止运动。

2）伺服控制机器人

通过传感器取得的反馈信号与来自给定装置的综合信号比较后，得到误差信号，误差信号经过放大后用以激发机器人的驱动装置，进而带动手部执行装置以一定规律运动，到达规定的位置或速度等，是一个反馈控制系统。

伺服控制机器人又分为点位伺服控制机器人和连续轨迹伺服控制机器人。

① 点位伺服控制机器人。机器人受控运动方式为从一个点位目标移向另一个点位目标，只在目标点上完成操作。机器人可以以最快的和最直接的路径从一个端点移到另一个端点，其运动为空间点到点之间的直线运动，在作业过程中只控制几个特定工作点的位置，不对点与点之间的运动过程进行控制，所能控制点数的多少取决于控制系统的复杂程度。

通常，点位伺服控制机器人能用于只有终端位置重要而对编程点之间的路径和速度不做主要考虑的场合，主要用于点焊、搬运机器人。

② 连续轨迹伺服控制机器人。能够平滑地跟随某个规定的路径，其轨迹往往是某条不在预编程端点停留的曲线路径，其运动轨迹可以是空间的任意连续曲线。

机器人在空间的整个运动过程都处于控制之下，能同时控制两个以上运动轴，使得手部可沿任意形状的空间做曲线运动，而手部的姿态也可以通过腕关节的运动得以控制；具有良好的控制和运行特性，数据是依时间采样，不是依预先规定的空间采样，因此机器人的运行速度较快、功率较小、负载能力也较小。连续伺服控制机器人主要用于弧焊、喷涂、打飞边毛刺和检测等。

1.2.3 机器人主要参数

技术参数是机器人制造商在产品供货时所提供的技术数据。不同的机器人其技术参数不一样，而且各厂商所提供的技术参数项目和用户的要求也不完全一样。但是，机器人的主要技术参数一般都应有：自由度、定位精度和重复定位精度、工作范围、最大工作速度、承载能力等。

（1）自由度

自由度是指机器人所具有的独立坐标轴运动的数目，不包括手爪（末端执行器）的开合自由度。自由度数目是反映操作机的通用性和适应性的一项重要指标。在三维空间中描述一个物体的位姿需要 6 个自由度。但是，机器人的自由度是根据其用途而设计的，可能少于 6 个自由度，也可能多于 6 个自由度。

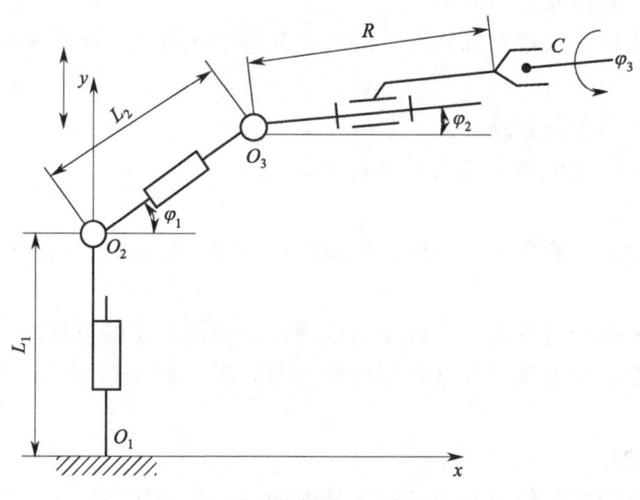

图 1.10　5 自由度机器人

图 1.10 所示机器人共有 5 个自由度，分别为 L_1、L_2 2 个平移自由度和 φ_1、φ_2、φ_3 3 个旋转自由度。

从运动学的观点看，在完成某一特定作业时具有多余自由度的机器人，就叫作冗余自由度机器人，亦可简称冗余度机器人。利用冗余的自由度可以增加机器人的灵活性、躲避障碍物和改善动力性能。人的手臂（大臂、小臂、手腕）共有 7 个自由度，所以工作起来很灵巧，手部可回避障碍物从不同方向到达同一个目的点。

大多数机器人从总体上看是个开链机构，但其中可能包含有局部闭链机构。闭链机构可提高刚性，但限制了关节的活动范围，因而会使工作空间减小。

机器人的自由度越多，就越能接近人手的功能，通用性就越好；但是，自由度越多，机器人的结构越复杂，对机器人的整体要求就越高，这是机器人设计中的一个矛盾。

自由度的选择与生产要求有关，若生产批量大，操作可靠性要求高，运行速度快，则机器人的自由度数可少一些；若要便于产品更换，增加柔性，则机器人的自由度要多一些。

（2）定位精度

机器人精度包括定位精度和重复定位精度。定位精度是指机器人手部实际到达位置与目标位置的差异。重复定位精度是指机器人重复定位其手部于同一目标位置的能力，可以用标准偏差这个统计量来表示。它是衡量一系列误差值的密集度，即重复度。

机器人操作臂的定位精度是根据使用要求确定的，而机器人操作臂本身所能达到的定位精度，取决于定位方式、运动速度、控制方式、臂部刚度、驱动方式、缓冲方法等因素。

（3）工作范围

工作范围是指机器人操作臂末端或手腕中心所能到达的所有点的集合，也叫作工作区域。因为末端执行器的形状和尺寸是多种多样的，为了真实反映机器人的特征参数，所以是指不安装末端执行器时的工作区域。工作范围的形状和大小是十分重要的。机器人在执行某一作业时，可能会因为存在手部不能到达的作业死区（dead zone）而不能完成任务。

机器人操作臂的工作范围根据工艺要求和操作运动的轨迹来确定。一个操作运动的轨迹往往是由几个动作合成的，在确定工作范围时，可将运动轨迹分解成单个动作，由单个动作的行程确定机器人操作臂的最大行程。为便于调整，可适当加大行程数值。各个动作的最大行程确定之后，机器人操作臂的工作范围也就定下来了。

（4）最大工作速度

通常指机器人操作臂末端的最大速度。提高速度可提高工作效率，因此提高机器人的加速减速能力，保证机器人加速减速过程的平稳性是非常重要的。

（5）承载能力

承载能力是指机器人在工作范围内的任何位姿上所能承受的最大质量，通常用质量、力矩、惯性矩来表示。机器人的载荷不仅取决于负载的质量，而且还与机器人运行的速度和加速度的大小和方向有关。为了安全起见，承载能力是指高速运行时的承载能力。通常，承载能力不仅要考虑负载，而且还要考虑机器人末端执行器的质量。

（6）运动速度

机器人或机械手各动作的最大行程确定之后，可根据生产需要的工作节拍分配每个动作的时间，进而确定各动作的运动速度。如一个机器人操作臂要完成某一工件的上料过程，需完成夹紧工件，手臂升降、伸缩、回转等一系列动作，这些动作都应该在工作节拍所规定的时间内完成。至于各动作的时间究竟应如何分配，则取决于很多因素，不是一般的计算所能确定的。要根据各种因素反复考虑，并试做各动作的分配方案，进行比较平衡后，才能确定。节拍较短时，更需仔细考虑。

机器人操作臂的总动作时间应小于或等于工作节拍。如果两个动作同时进行，要按时间较长的计算。一旦确定了最大行程和动作时间，其运动速度也就确定下来了。

（7）分辨率

由系统设计检测参数决定，并受到位置反馈检测单元性能的影响。主要是指机器人每根轴能够实现的最小移动距离或最小转动角度。

分辨率分为编程分辨率与控制分辨率，统称为系统分辨率。

① 编程分辨率是指程序中可设定的最小距离单位，又称为基准分辨率。例如，当电机旋转 0.1°，机器人腕点（手臂尖端点）移动的直线距离为 0.01mm 时，其基准分辨率为 0.01mm。

② 控制分辨率是位置反馈回路能够检测到的最小位移量。例如，若每周（转）1000 个脉冲的增量式编码盘与电机同轴安装，则电机每旋转 0.36°（360°，1000r/min），编码盘就发出一个脉冲，0.36°以下的角度变化无法检测，则该系统的控制分辨率为 0.36°。

1.3 伺服控制系统

1.3.1 伺服控制系统定义

伺服（servo）是 servo mechanism 一词的简写，来源于希腊，其含义是奴隶，顾名思义，就是指系统跟随外部指令进行人们所期望的运动，而其中的运动要素包括位置、速度和力矩等物理量。

伺服控制系统又称随动系统，是用来精确地跟随或复现某个过程的反馈控制系统。

伺服控制系统（也简称伺服系统）是一种能对试验装置的机械运动按预定要求进行自动控制的操作系统。在很多情况下，伺服控制系统专指被控制量（系统的输出量）是机械位移或位移速度、加速度的反馈控制系统，其作用是使输出的机械位移（或转角）准确地跟踪输入的位移（或转角）。

伺服控制系统的主要作用是：

① 以小功率指令信号去控制大功率负载；

② 在没有机械连接的情况下，由输入轴控制位于远处的输出轴，实现远距同步传动；

③ 使输出机械位移精确地跟踪电信号，如记录和指示仪表等。

1.3.2 伺服控制系统发展历史

近代工业兴起以来，伺服控制系统主要经历了机械、液压、电气化伺服几个阶段，现代意义上的伺服控制系统通常是指电气伺服。电气伺服又走过几个不同的历史阶段：

第一阶段，从电气伺服发明到 1960 年，电气伺服系统普遍采用功率步进电机作为动力源，一般不设计反馈回路，以开环控制为主。

第二阶段，1960—1970 年，直流电机开始广泛应用于电气伺服领域。这一阶段主要以直流有刷电机作为驱动源，多用旋转变压器、测速发电机、编码器等传感装置构成闭环控制系统；直流伺服电机存在机械结构复杂、维护工作量大等缺点，在运行过程中转子容易发热，影响与其连接的其他机械设备的精度，难以应用到高速及大容量的场合，换向器成为直流伺服驱动技术发展的瓶颈。

第三阶段，自 20 世纪 80 年代以来，以机电一体化时代作为背景，新技术及新材料的飞跃促使电气伺服进入交流伺服时代。交流伺服电机克服了直流伺服电机存在的由电刷、换向器等机械部件所带来的各种缺点，过载能力强和转动惯量低体现出了交流伺服系统的优越性；执行电机通常以永磁同步电机为代表，并逐步占据了当今伺服领域的主要市场。

1.3.3 伺服控制系统组成

伺服控制系统基本工作原理：位置检测装置将检测到的移动部件的实际位移量进行位置反馈，与位置指令信号进行比较，将两者的差值进行位置调节，变换成速度控制信号，控制驱动装置驱动伺服电机以给定的速度向着消除偏差的方向运动，直到指令位置与反馈的实际位置的差值等于零为止，如图 1.11 所示。

伺服主要靠脉冲来定位，可以这样理解，伺服电机接收到 1 个脉冲，就会旋转 1 个脉冲对应的角度，从而实现位移。伺服电机本身具备发出脉冲的功能，所以伺服电机每旋转一个角度，都会发出对应数量的脉冲，这样，和伺服电机接收的脉冲形成了呼应，即闭环。如此一来，系统就会知道发了多少脉冲给伺服电机，同时又收了多少脉冲回来，就能够很精确地控制电机的转动，从而实现精确的定位，可以达到 0.001mm。

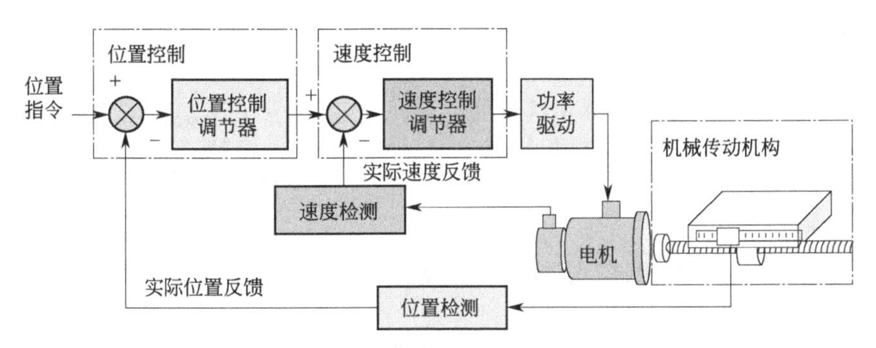

图 1.11 伺服控制系统原理图

机电一体化的伺服控制系统结构，类型繁多，从自动控制理论的角度分析，伺服控制系统一般包括控制器、被控对象、执行环节、检测环节和比较环节等五部分，如图 1.12 所示。

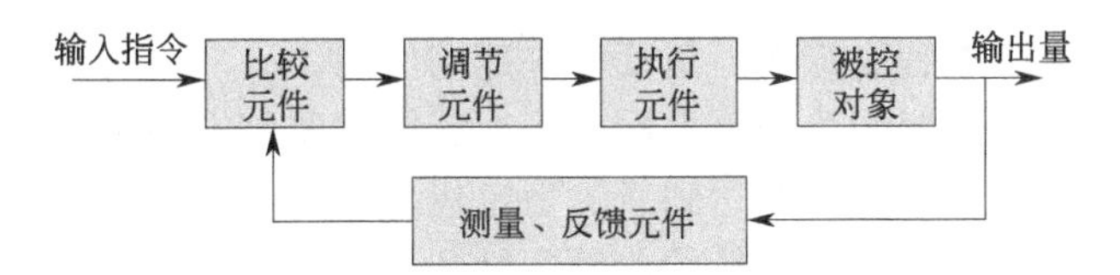

图 1.12 伺服控制系统组成原理框图

(1) 比较环节

比较环节是将输入的指令信号与系统的反馈信号进行比较，以获得输出与输入间的偏差信号的环节，通常由专门的电路或计算机来实现。

(2) 调节元件（控制器）

调节元件通常是计算机或 PID 控制电路，其主要任务是对比较元件输出的偏差信号进行变换处理，以控制执行元件按要求动作。

(3) 执行环节

执行环节的作用是按控制信号的要求，将输入的各种形式的能量转化成机械能，驱动被控对象工作。机电一体化系统中的执行元件一般指各种电机或液压、气动伺服机构等。

伺服系统的执行元件如图 1.13 所示。

① 电气式执行元件。电气式执行元件包括直流（DC）伺服电机、交流（AC）伺服电机、步进电机以及电磁铁等，是最常用的执行元件。对伺服电机除了要求运转平稳以外，一

般还要求动态性能好，适合频繁使用，便于维修等。

② 液压式执行元件。液压式执行元件主要包括往复运动液压缸、回转液压缸、液压马达等，其中液压缸最为常见。在同等输出功率的情况下，液压元件具有重量轻、快速响应性好等特点。

③ 气压式执行元件。气压式执行元件除了用压缩空气作工作介质外，与液压式执行元件没有区别。气压驱动虽可得到较大的驱动力、行程和速度，但由于空气黏性差，具有可压缩性，故不能在定位精度要求较高的场合使用。

(4) 被控对象

指被控制的物件，是直接完成系统目的的主体，包括传动系统、执行装置和负载，例如机械手臂，或机械工作平台。

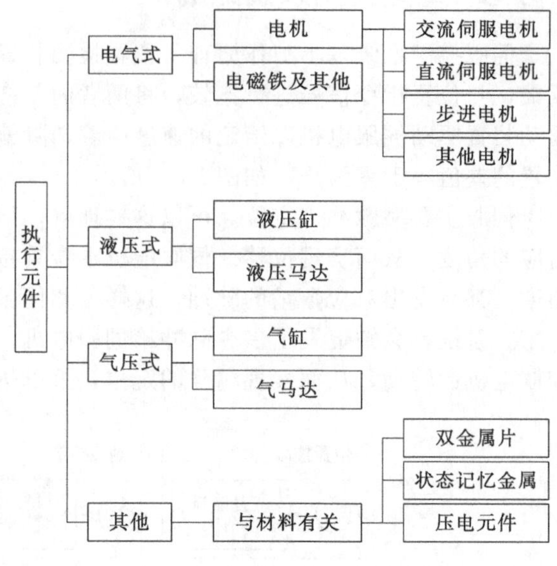

图 1.13 伺服系统的执行元件

(5) 检测环节

检测环节是指能够对输出进行测量并转换成比较环节所需要的量纲的装置，一般包括传感器和转换电路。

在实际的伺服控制系统中，上述每个环节在硬件特征上并不成立，可能几个环节在一个硬件中进行，如测速直流电机既是执行元件又是检测元件。

1.3.4 伺服控制系统性能要求

对伺服系统的基本要求有稳定性、精度和快速响应性。

稳定性好：作用在系统上的扰动消失后，系统能够恢复到在原来的稳定状态下运行，或者在输入指令信号作用下，系统能够达到新的稳定运行状态的能力。在给定输入或外界干扰作用下，能在短暂的调节过程后到达新的或者恢复到原有平衡状态。

精度高：伺服系统的精度是指输出量能跟随输入量的精确程度。如精密加工的数控机床，要求的定位精度或轮廓加工精度通常都比较高，允许的偏差一般都在 0.001～0.01mm。

快速响应性好：有两方面含义，一是指动态响应过程中，输出量随输入指令信号变化的迅速程度，二是指动态响应过程结束的迅速程度。快速响应性是伺服系统动态品质的标志之一，即要求跟踪指令信号的响应要快，一方面要求过渡过程时间短，一般在 200ms 以内，甚至小于几十毫秒；另一方面，为满足超调要求，要求过渡过程的前沿陡，即上升率要大。

1.3.5 伺服控制系统分类

(1) 按功能特征分类

按照功能特征，伺服控制系统可分为位置伺服、速度伺服和转矩伺服控制系统。

1) 位置伺服控制系统

位置伺服控制是指转角位置或直线移动位置的控制，按数控原理分为点位控制（PTP）和连续轨迹控制（CP）。

① 点位控制（PTP）。点到点的定位控制，既不控制点与点之间的运动轨迹，也不在此过程中进行加工或测量。如数控钻床、冲床、镗床、测量机和点焊工业机器人等。

② 连续轨迹控制（CP）。又分为直线控制和轮廓控制。

a. 直线控制是指工作台相对工具以一定速度沿某个方向的直线运动（单轴或双轴联动），在此过程中要进行加工或测量。如数控镗铣床、大多数加工中心和弧焊工业机器人等。

b. 轮廓控制是控制两个或两个以上坐标轴移动的瞬时位置与速度，通过联动形成一个平面或空间的轮廓曲线或曲面。如数控铣床、车床、凸轮磨床、激光切割机和三坐标测量机等。

2）速度伺服控制系统

速度伺服控制是保证电机的转速与速度指令要求一致，通常采用 PI 控制方式。对于动态响应、速度恢复能力要求特别高的系统，可采用变结构（滑模）控制方式或自适应控制方式。

速度伺服控制既可单独使用，也可与位置伺服控制联合成为双回路控制，但主回路是位置伺服控制，速度伺服控制作为反馈校正，改善系统的动态性能，如各种数控机械的双回路伺服系统。

3）转矩伺服控制系统

转矩伺服控制是通过外部模拟量的输入或直接的地址赋值来设定电机轴对外的输出转矩的大小，主要应用在对材质的受力有严格要求的缠绕和放卷的装置中，例如绕线装置或拉光纤设备，转矩的设定要根据缠绕的半径的变化随时更改，以确保材质的受力不会随着缠绕半径的变化而改变。

（2）按控制方式分类

按控制方式，伺服控制系统可分为开环伺服系统、半闭环伺服系统和闭环伺服系统。

1）开环伺服系统

如图 1.14 所示，开环伺服系统由控制器送出进给指令脉冲，经驱动电路控制和功率放大后，驱动步进电机转动，通过齿轮副与滚珠丝杠螺母副驱动执行部件，无须位置检测装置。

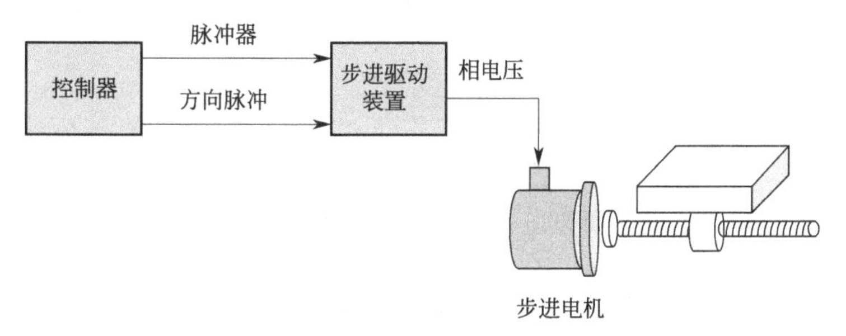

图 1.14　开环伺服系统

系统的位置精度主要取决于步进电机的角位移精度、齿轮丝杠等传动元件的导程或节距精度以及系统的摩擦阻尼特性 。

开环伺服系统位置精度较低，其定位精度一般可达±0.02mm。如果采取螺距误差补偿和传动间隙补偿等措施，定位精度可提高到±0.01mm。由于步进电机性能的限制，开环进给系统的进给速度也受到限制，在脉冲当量为 0.01mm 时，其一般不超过 5m/min。

2）半闭环伺服系统

如图 1.15 所示，半闭环伺服系统是将检测装置装在伺服电机轴或传动装置末端，间接测量移动部件位移来进行位置反馈的进给系统。半闭环伺服系统中，编码器和伺服电机为一个整体，编码器完成角位移检测和速度检测，用户无须考虑位置检测装置的安装问题。

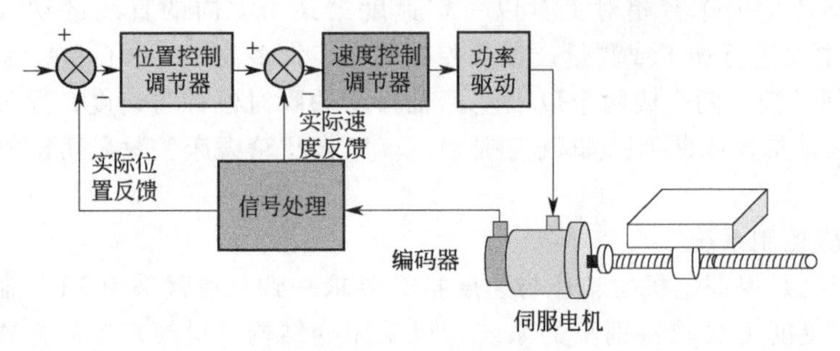

图 1.15　半闭环伺服系统

半闭环伺服系统不包括或只包括少量机械传动环节，因此可获得稳定的控制性能。但是，该系统中由丝杠的螺距误差和齿轮间隙引起的运动误差难以消除。

3）闭环伺服系统

如图 1.16 所示，闭环伺服系统是将检测装置装在移动部件上，直接测量移动部件的实际位移来进行位置反馈的进给系统。闭环伺服系统可以消除机械传动机构的全部误差，而半闭环伺服系统只能补偿部分误差，因此，半闭环伺服系统的精度比闭环系统的精度要低一些。

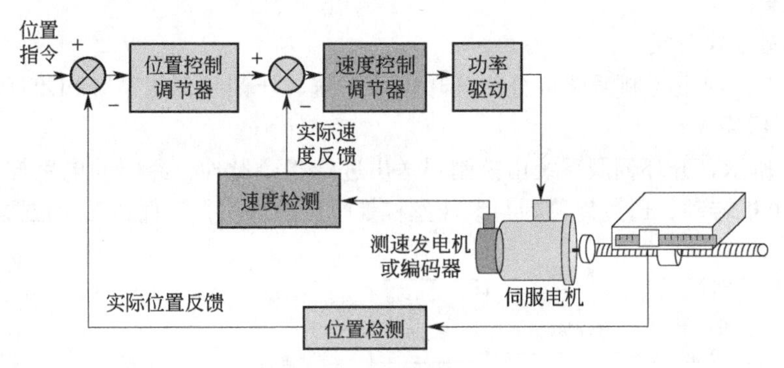

图 1.16　闭环伺服系统

由于采用了位置检测装置，所以，闭环进给系统的位置精度在其他因素确定之后，主要取决于检测装置的分辨率和精度。

由于位置环内的许多机械传动环节的摩擦特性、刚性和间隙都是非线性的，故很容易造成系统的不稳定，使闭环系统的设计、安装和调试都相当困难。

（3）按驱动方式分类

按驱动方式，伺服控制系统可分为电气伺服系统、液压伺服系统和气动伺服系统。电气伺服系统又可分为直流伺服系统和交流伺服系统。

常见的四种伺服控制系统如下：

1）液压伺服控制系统

液压伺服控制系统以电机提供动力基础，使用液压泵将机械能转化为压力，推动液压油运动，通过控制各种阀门改变液压油的流向，从而推动液压缸做出不同行程、不同方向的动作，完成各种设备不同的动作需要。液压伺服控制系统按照偏差信号获得和传递方式的不同，分为机-液、电-液、气-液等，其中应用较多的是机-液和电-液伺服控制系统（电液伺服控制系统）。按照被控物理量的不同，液压伺服控制系统可以分为位置控制、速度控制、力控制、加速度控制、压力控制和其他物理量控制等。液压伺服控制系统还可以分为节流控制（阀控）式和容积控制（泵控）式。在机械设备中，主要有机-液（机液）伺服系统和电-液（电液）伺服系统。

2）交流伺服控制系统

交流伺服控制系统包括基于异步电机的交流伺服系统和基于同步电机的交流伺服系统。其除了具有稳定性好、快速性好、精度高的特点外，还有一系列优点。它的性能指标可以从调速范围、定位精度、稳速精度、动态响应和运行稳定性等方面来衡量。

3）直流伺服控制系统

直流伺服控制系统的工作原理是建立在电磁力定律基础上的。与电磁转矩相关的是互相独立的两个变量主磁通与电枢电流，它们分别控制励磁电流与电枢电流，可方便地进行转矩与转速控制。从控制角度看，直流伺服的控制是一个单输入单输出的单变量控制系统，经典控制理论完全适用于这种系统，因此，它凭借控制简单，调速性能优异等特性，在数控机床的进给驱动中曾占据着主导地位。

4）电液伺服控制系统

它是一种由电信号处理装置和液压动力机构组成的反馈控制系统。最常见的有电液位置伺服系统、电液速度伺服系统和电液力（或力矩）伺服系统。

以上是我们常用到的四种伺服系统，它们的工作原理和性能以及可以应用的范围都有所区别，各有自己的优缺点。因此在选择或者购买的时候，就需要根据系统的需要以及需要控制的参数和实现的性能，通过计算后再选择合适的产品。

1.3.6 伺服控制系统发展趋势

现代交流伺服系统，经历了从模拟到数字化的转变，数字控制环已经无处不在，比如换相、电流、速度和位置控制；采用新型功率半导体器件、高性能 DSP 加 FPGA，以及伺服专用模块也不足为奇。国际厂商伺服产品每 5 年就会换代，新的功率器件或模块每 2～2.5 年就会更新一次，新的软件算法则日新月异，总之，产品生命周期越来越短。总结国内外伺服厂家的技术路线和产品路线，结合市场需求的变化，可以看到以下一些最新发展趋势：

① 高效率化。尽管这方面的工作早就在进行，但是仍需要继续加强。主要包括电机本身的高效率，比如永磁材料性能的改进和更好的磁铁安装结构设计，也包括驱动系统的高效率化，逆变器驱动电路的优化，加减速运动的优化，再生制动和能量反馈以及更好的冷却方式等。

② 直接驱动。直接驱动包括采用盘式电机的转台伺服驱动和采用直线电机的线性伺服驱动，由于消除了中间传递误差，从而实现了高速化和高定位精度。直线电机容易改变形状的特点可以使采用线性直线机构的各种装置实现小型化和轻量化。

③ 高速、高精度、高性能化。采用更高精度的编码器（每转百万脉冲级），更高采样精度和数据位数、速度更快的 DSP，无齿槽效应的高性能旋转电机、直线电机，以及应用自适应、人工智能等各种现代控制策略，不断将伺服系统的指标提高。

④ 一体化和集成化。电机、反馈、控制、驱动、通信的纵向一体化成为当前小功率伺

服系统的一个发展方向。有时我们称这种集成了驱动和通信的电机为智能化电机（smart motor），有时我们把集成了运动控制和通信的驱动器称为智能化伺服驱动器。电机、驱动和控制的集成使三者从设计、制造到运行、维护都更紧密地融为一体。但是这种方式面临更大的技术挑战（如可靠性）和工程师使用习惯的挑战，因此很难成为主流，在整个伺服市场中是一个很小的有特色的部分。

⑤ 通用化。通用型驱动器配置有大量的参数和丰富的菜单功能，便于用户在不改变硬件配置的条件下，方便地设置成 V/F 控制、无速度传感器开环矢量控制、闭环磁通矢量控制、永磁无刷交流伺服电机控制及再生单元等五种工作方式，适用于各种场合，可以驱动不同类型的电机，比如异步电机、永磁同步电机、无刷直流电机、步进电机，也可以适应不同的传感器类型甚至无位置传感器。可以使用电机本身配置的反馈构成半闭环控制系统，也可以通过接口与外部的位置或速度或力矩传感器构成高精度全闭环控制系统。

⑥ 智能化。现代交流伺服驱动器都具备参数记忆、故障自诊断和分析功能，绝大多数进口驱动器都具备负载惯量测定和自动增益调整功能，有的可以自动辨识电机的参数，自动测定编码器零位，有些则能自动进行振动抑制。将电子齿轮、电子凸轮、同步跟踪、插补运动等控制功能和驱动结合在一起，对于伺服用户来说，则为其提供了更好的体验。

⑦ 网络化和模块化。将现场总线和工业以太网技术、甚至无线网络技术集成到伺服驱动器中，已经成为欧洲和美国厂商的常用做法。现代工业局域网发展的重要方向和各种总线标准竞争的焦点就是如何适应高性能运动控制对数据传输实时性、可靠性、同步性的要求。随着国内对大规模分布式控制装置的需求上升，高档数控系统的开发成功，网络化数字伺服的开发已经成为当务之急。模块化不仅指伺服驱动模块、电源模块、再生制动模块、通信模块之间的组合方式，而且指伺服驱动器内部软件和硬件的模块化和可重用。

⑧ 从故障诊断到预测性维护。随着机器安全标准的不断发展，传统的故障诊断和保护技术（问题发生的时候判断原因并采取措施避免故障扩大化）已经落伍，最新的产品嵌入了预测性维护技术，使得人们可以通过 Internet 及时了解重要技术参数的动态趋势，并采取预防性措施。比如：关注电流的升高，负载变化时评估尖峰电流，外壳或铁芯温度升高时监视温度传感器，以及对电流波形发生的任何畸变保持警惕。

⑨ 专用化和多样化。虽然市场上存在通用化的伺服产品系列，但是为某种特定应用场合专门设计制造的伺服系统比比皆是。利用磁性材料不同性能、不同形状、不同表面黏结结构（SPM）和嵌入式永磁（IPM）转子结构的电机出现，分割式铁芯结构工艺在日本的使用使永磁无刷伺服电机的生产实现了高效率、大批量和自动化，并引起国内厂家的研究。

⑩ 小型化和大型化。无论是永磁无刷伺服电机还是步进电机都积极向更小的尺寸发展，比如 20mm、28mm、35mm 外径；同时也在发展更大功率和尺寸的机种，500kW 永磁伺服电机的出现，体现了向两极化发展的倾向。

⑪ 发展方向。随着生产力不断发展，伺服系统向高精度、高速度、大功率方向发展。为此，可以做以下努力：

a. 充分利用迅速发展的电子和计算机技术，采用数字式伺服系统，利用微机实现调节控制，增强软件控制功能，排除模拟电路的非线性误差和调整误差以及温度漂移等因素的影响，这可大大提高伺服系统的性能，并为实现最优控制、自适应控制创造条件；

b. 开发高精度、快速检测元件；

c. 开发高性能的伺服电机（执行元件）。交流伺服电机的变速比已达 1∶10000，使用日益增多。无刷电机因无电刷和换向片零部件，加速性能要比直流伺服电机高 2 倍，维护也较方便，常用于高速数控机床。

1.4 机器人伺服控制系统

1.4.1 机器人控制系统

机器人控制系统是指由控制主体、控制客体和控制媒体组成的具有自身目标和功能的管理系统。控制系统意味着通过它可以按照所希望的方式保持或改变机器、机构或其他设备内任何可变化的量。控制系统同时是为了使被控制对象达到预定的理想状态而实施的。控制系统使被控制对象趋于某种需要的稳定状态。

机器人控制系统的任务是根据机器人的作业指令程序及从传感器反馈回来的信号控制机器人的执行机构，使其完成规定的运动和功能。

如果机器人不具备信息反馈特征，则该控制系统称为开环控制系统；如果机器人具备信息反馈特征，则该控制系统称为闭环控制系统。该部分主要由计算机硬件和控制软件组成。软件主要由人与机器人进行联系的人机交互系统和控制算法等组成。该部分的作用相当于人的大脑。

机器人的运动控制系统主要包括：

① 执行机构——伺服电机或步进电机；

② 驱动机构——伺服或者步进驱动器；

③ 控制机构——运动控制器，做路径和电机联动的算法运算控制；

④ 控制方式——有固定执行动作方式的，则编好固定参数的程序给运动控制器；如果有加视觉系统或者其他传感器，则根据传感器信号，编好不固定参数的程序给运动控制器。

机器人的控制分为机械本体控制和伺服机构控制两大类，伺服控制系统则是实现机器人机械本体控制和伺服机构控制的重要部分。因而要了解机器人的运作过程，必然绕不过伺服系统。

1.4.2 机器人控制系统特点

多数机器人的结构是一个空间开链结构，各个关节的运动是相互独立的，为了实现机器人末端执行器的运动，需要多关节协调运动，因此，机器人控制系统与普通的控制系统相比，要复杂一些。

① 机器人控制系统是一个多变量控制系统，即使简单的工业机器人也有 3～5 个自由度，比较复杂的机器人有十几个自由度，甚至几十个自由度，每个自由度一般包含一个伺服机构，故多个独立的伺服系统必须有机地协调起来。例如，机器人的手部运动是所有关节的合成运动，要使手部按照一定的轨迹运动，就必须控制各关节协调运动，包括运动轨迹、动作时序等多方面的协调。

② 运动描述复杂，机器人的控制与机构运动学及动力学密切相关。描述机器人状态和运动的数学模型是一个非线性模型，随着状态的变化，其参数也在变化，各变量之间还存在耦合。因此，仅仅考虑位置闭环是不够的，还要考虑速度闭环，甚至加速度闭环。在控制过程中，根据给定的任务，应当选择不同的基准坐标系，并做适当的坐标变换，求解机器人运动学正问题和逆问题。此外，还要考虑各关节之间惯性力、科里奥利力等的耦合作用和重力

负载的影响，因此，系统中还常采用一些控制策略，如重力补偿、前馈、解耦或自适应控制等。

③ 信息运算量大。机器人的动作往往可以通过不同的方式和路径来完成，因此存在一个最优的问题，较高级的机器人可以采用人工智能的方法，用计算机建立起庞大的信息库，借助信息库进行控制、决策管理和操作。根据传感器和模式识别的方法获得对象及环境的工况，按照给定的指标要求，自动选择最佳的控制规律。

④ 需采用加（减）速控制。过大的加（减）速度会影响机器人运动的平稳性，甚至使机器人发生抖动，因此在机器人启动或停止时采取加（减）速控制策略。通常采用匀加（减）速运动指令来实现。此外，机器人不允许有位置超调，否则将可能与工件发生碰撞。因此，要求控制系统位置无超调，动态响应尽量快。

⑤ 工业机器人还有一种特有的控制方式——示教再现控制方式。多数情况要求控制器的设计人员不仅要完成底层伺服控制器的设计，还要完成规划算法的编程。

1.4.3 机器人伺服控制系统概述

通常情况下，我们所说的机器人伺服系统是指应用于多轴运动控制的精密伺服系统。一个多轴运动控制系统是由高阶运动控制器与低阶伺服驱动器所组成，运动控制器负责运动控制命令译码、各个位置控制轴彼此间的相对运动、加减速轮廓控制等，其主要作用在于降低整体系统运动控制的路径误差；伺服驱动器负责伺服电机的位置控制，其主要作用在于降低伺服轴的追随误差。

机器人的伺服系统由伺服电机、伺服驱动器、指令机构等三大部分构成。伺服电机是执行机构，靠它来实现运动；伺服驱动器是伺服电机的功率电源；指令机构是发脉冲或者给速度用于配合伺服驱动器正常工作。

机器人对伺服电机的要求比其他两个部分都高，具体要求有：

① 具有快速响应性。电机从获得指令信号到完成指令所要求的工作状态的时间应短。响应指令信号的时间愈短，伺服电机的灵敏性愈高，快速响应性能愈好。

② 启动转矩惯量比要大。在驱动负载的情况下，要求机器人伺服电机的启动转矩大，转动惯量小。

③ 具有控制特性的连续性和直线性，随着控制信号的变化，电机的转速能连续变化，有时还需转速与控制信号成正比或近似成正比。

为了配合机器人的体形，伺服电机必须体积小、质量小、轴向尺寸短。还要经受得起苛刻的运行条件，可进行十分频繁的正反向和加减速运行，并能在短时间内承受数倍过载。

伺服驱动器是可利用各种电机产生的力矩和力，直接或间接地驱动机器人本体以获得机器人的各种运动的执行机构，具有转矩转动惯量比大、无电刷及换向火花等优点，在机器人中应用比较广泛。

第 2 章

机器人组成

机器人是典型的机电一体化产品，从控制的角度来看，机器人系统由执行机构、驱动系统、感知系统、交互系统和控制系统组成。其中，执行机构是机体结构和机械传动系统，也是机器人的支承基础和执行部分；驱动系统负责驱动执行机构，将控制系统下达的命令转换成执行机构需要的信号；感知系统完成信号的输入与反馈，包括内部传感系统和外部传感系统；交互系统包含机器人-环境交互系统和人机交互系统，其中机器人-环境交互系统是实现机器人与外部环境中的设备相互联系和协调的系统，机器人可以与外部设备集成为一个功能单元，如加工制造单元、焊接单元、装配单元等，也可以由多台机器人、多台机床、设备、零件存储装置等集成为一个可执行复杂任务的功能单元，人机交互系统是操作人员参与机器人控制并与机器人进行联系的装置，如计算机终端、指令控制台、信息显示板及危险信号报警器等，主要有指令给定装置和信息显示装置两类；控制系统实现任务及信息的处理，输出控制命令信号。

2.1 机器人的执行机构

即机器人本体，由传动部件和机械构件组成。

从拟人化方面考虑，将本体部位分别称为基座、腰部、臂部、腕部、手部（夹持器或末端执行器）和行走部（移动机器人）。

仿照生物形态，本体可分为臂、腕、手、足、翅膀、鳍、躯干等，其中臂、腕、手用于操作环境中的对象；足、翅膀、鳍可以使机器人移动；躯干连接各个器官的基础结构，同时参与操作和移动等运动功能。

（1）本体基本结构的主要特点

① 开式运动链：结构刚度不高。

② 相对机架：独立驱动器，运动灵活。

③ 转矩变化非常复杂：对刚度、间隙和运动精度都有较高的要求。

④ 动力学参数（力、刚度、动态性能）随位姿的变化而变化：易发生振动或出现其他

不稳定现象。

（2）本体基本结构要求

① 自重小：改善机器人操作的动态性能。

② 静动态刚度高：提高定位精度和跟踪精度；增加机械系统设计的灵活性；减小定位时的超调量稳定时间，降低对控制系统的要求和系统造价。

③ 固有频率高：避开机器人的工作频率，有利于系统的稳定。

2.1.1 机器人本体材料

（1）材料选择的基本要求

① 强度高，减轻重量。

② 弹性模量大，刚度大。

③ 密度小，重量轻。

④ 阻尼大，减小稳定时间。

⑤ 经济性。

（2）机器人常用材料简介

① 碳素结构钢和合金结构钢。强度好；弹性模量（E）大；应用最广泛。

② 铝、铝合金及其他轻合金材料。重量轻，弹性模量 E 不大；E/ρ 仍可与钢材相比。稀贵铝合金：例如添加 3.2%（质量分数）锂的铝合金，弹性模量增加了 14%，E/ρ 增加了 16%。

③ 纤维增强合金。E/ρ 非常高，但价格昂贵。如硼纤维增强铝合金、石墨纤维增强镁合金等，其 E/ρ 分别达到 11.4×10^7 和 8.9×10^7。

④ 陶瓷。脆性大。

⑤ 纤维增强复合材料。E/ρ 高，存在易老化、蠕变、高温热膨胀/金属件连接困难等问题。重量轻，刚度大，大阻尼。

⑥ 黏弹性大阻尼材料。吉林工业大学和西安交通大学进行了黏弹性大阻尼材料在柔性机械臂振动控制中应用的实验，结果表明，机械臂的重复定位精度在阻尼处理前为 ±0.30mm，处理后为 ±0.16mm；残余振动时间在阻尼处理前后分别为 0.9s 和 0.5s。

2.1.2 机器人的臂、腕和手

（1）臂

主要由杆件及关节组成，是机器人的主要执行部件。

主要用于支承腕部和手部，并带动它们在空间运动。包括臂杆以及与其伸缩、屈伸或自转等运动有关的构件，如传动机构、驱动装置、导向定位装置、支承连接和位置检测元件等。

此外，还有与腕部或臂的运动和连接支承等有关的构件、配管配线等。

1）臂的运动

一般来讲，为了让机器人的手爪或末端执行器可以达到任务目标，臂至少能够完三个运动：垂直移动、径向移动、回转运动。

① 垂直移动。垂直移动是指机器人臂的上下运动。这种运动通常采用液压缸机构或其他垂直升降机构来完成，也可以通过调整整个机器人机身在垂直方向上的安装位置来实现。

② 径向移动。径向移动是指手臂的伸缩运动。机器人臂的伸缩使其手臂的工作长度发生变化。在圆柱坐标式结构中，臂的最大工作长度决定其末端所能达到的圆柱表面直径。

③ 回转运动。回转运动是指机器人绕铅垂轴的转动。这种运动决定了机器人的臂所能到达的角度位置。

2）臂的结构

机器人的臂主要包括臂杆以及与其伸缩、屈伸或自转等运动有关的构件，如传动机构、驱动装置、导向定位装置、支承连接和位置检测元件等。此外，还有与腕部或臂的运动和连接支承等有关的构件、配管配线等。

根据臂部的运动和布局、驱动方式、传动和导向装置的不同，臂部结构可分为：伸缩型臂部结构、转动伸缩型臂部结构、屈伸型臂部结构、其他专用的机械传动臂部结构。伸缩型臂部结构可由液（气）压缸驱动或直线电机驱动，转动伸缩型臂部结构除了臂部做伸缩运动，还绕自身轴线运动，以便使手部旋转。

3）机器人臂材料的选择

机器人臂材料应根据臂的工作状况来选择。

机器人臂材料首先应是结构材料。臂承受载荷时不应有变形和断裂。从力学角度看，即要具有一定的强度。臂材料应选择高强度材料，如钢、铸铁、合金钢等。另一方面，机器人臂是运动的，又要具有很好的受控性，因此，要求臂比较轻，应是轻型材料。而臂在运动过程中往往会产生振动，这将大大降低它的运动精度。因此，选择材料时，需要对质量、刚度、阻尼进行综合考虑，以便有效地提高手臂的动态性能。

综合而言，应该优先选择强度大而密度小的材料制作手臂。

（2）腕

连接手臂和手部的结构部件，主要用于确定手部的作业方向。

具有独立的自由度，以满足机器人手部实现复杂的姿态。为了使手部能处于空间任意方向，需要腕部能实现对空间 3 个坐标轴 X、Y、Z 的旋转，如图 2.1 所示，可实现不同功能。

① 单一的翻转功能：手腕的关节轴线与手臂的纵轴线共线，回转角度不受结构限制，可以回转 360°以上。该运动用翻转关节（R 关节）实现。

② 单一的俯仰功能：手腕关节轴线与手臂及手的轴线相互垂直，旋转角度受结构限制，通常小于 360°。该运动用折曲关节（B 关节）实现。

③ 单一的偏转功能：手腕关节轴线与手臂及手的轴线在另一个方向上相互垂直，旋转角度受结构限制，通常小于 360°。该运动用折曲关节（B 关节）实现。

腕部结构的设计要满足传动灵活、结构紧凑轻巧、避免干涉。多数将机器人腕部结构的驱动部分安排在小臂上，首先设法使几个电机的运动传递到同轴旋转的心轴和多层套筒上去，运动传入腕部后再分别实现各个动作。

（3）手

属于独立部件。

机器人手部的特点有：

① 手部与手腕相连处可拆卸；

② 手部是机器人末端执行器；

③ 手部的通用性比较差；

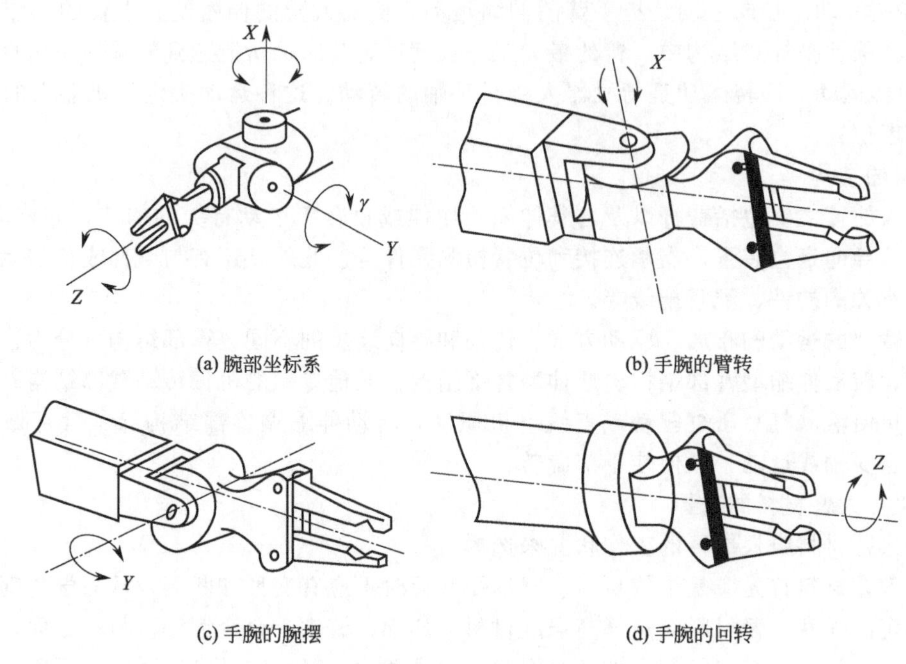

(a) 腕部坐标系　(b) 手腕的臂转

(c) 手腕的腕摆　(d) 手腕的回转

图 2.1　手部作业方向

④ 手部是一个独立的部件。

手部结构直接关系着夹持工件时的定位精度、夹持力的大小等。从功能和形态上看，可分为工业机器人的手部和仿人机器人的手部。工业机器人常用手部按其握持原理可以分为夹持类和吸附类两大类，如图 2.2 所示；仿人机器人手部有柔性手、多指灵活手等，如图 2.3 所示。

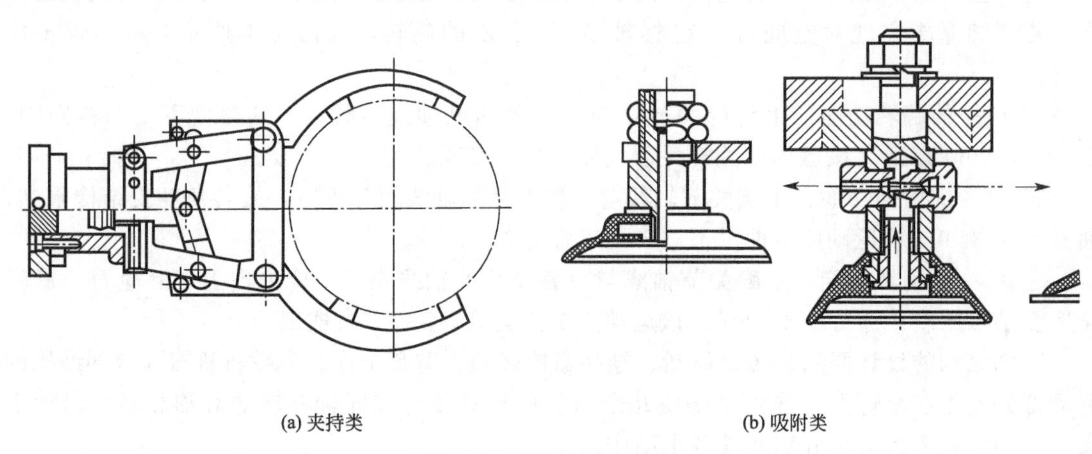
(a) 夹持类　(b) 吸附类

图 2.2　工业机器人手部

2.1.3　机器人的移动机构

机器人可分成固定式和行走式两种。一般工业机器人为固定式的。随着社会的发展，具有智能的可移动机器人、能够自行的柔性机器人是今后机器人的发展方向之一，而移动机构是行走机器人的重要执行部件。

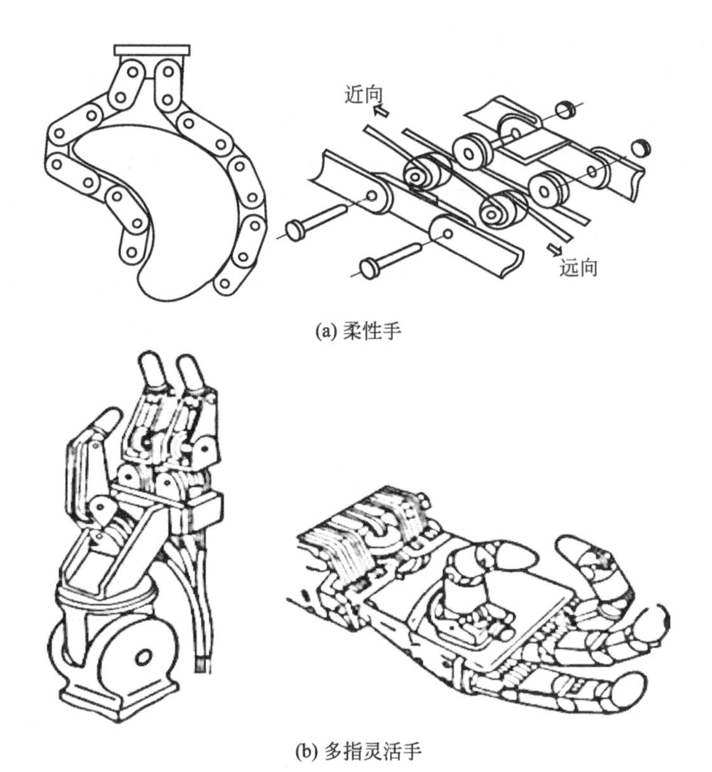

(a) 柔性手

(b) 多指灵活手

图 2.3　仿人机器人手部

机器人的移动机构由驱动装置、传动机构、位置检测元件、传感器、电缆及管路等组成。一方面支承机器人的机身、臂部和手部，另一方面还根据工作任务的要求，带动机器人实现在更广阔的空间内运动。

行走机器人的行走机构主要有：车轮式行走机构、履带式行走机构及足式行走机构。

(1) 车轮式行走机构

车轮式行走机构具有移动平稳、能耗小，以及容易控制移动速度和方向等优点，因此得到了普遍的应用。

1) 车轮类型

主要有充气球轮、半球形轮、传统车轮和无缘轮等类型，如图 2.4 所示。

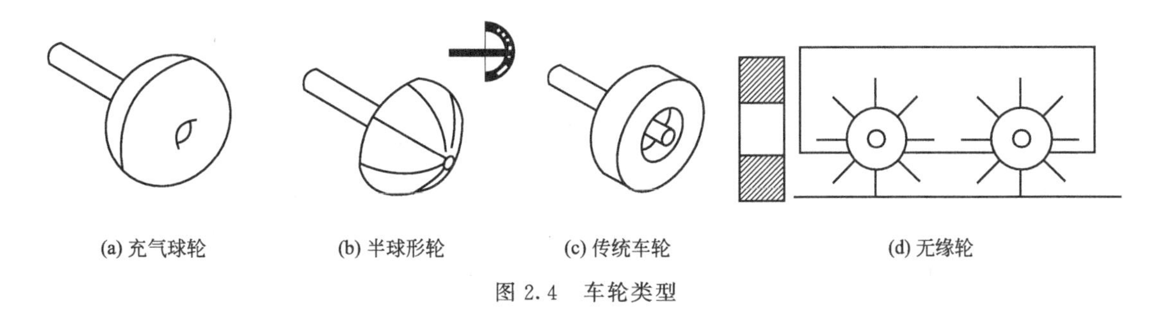

(a) 充气球轮　(b) 半球形轮　(c) 传统车轮　(d) 无缘轮

图 2.4　车轮类型

充气球轮、半球形轮、传统车轮和无缘轮分别可用于沙丘地形、火星表面、平坦的坚硬路面的移动和爬越阶梯及水田。

2) 车轮的配置和转向机构

目前应用的车轮式行走机构主要为三轮式或四轮式。

三轮式行走机构具有最基本的稳定性，其主要问题是如何实现移动方向的控制。典型车轮的配置方法是一个前轮、两个后轮，前轮作为操纵舵，用来改变方向，后轮用来驱动；另一种配置是用后两轮独立驱动，另一个轮仅起支承作用，并靠两轮的转速差或转向来改变移动方向，从而实现整体灵活的、小范围的移动。不过，要做较长距离的直线移动时，两驱动轮的直径差会影响前进的方向。

四轮式行走机构也是一种应用广泛的行走机构，其基本原理类似于三轮式行走机构。

① 对于三轮车轮，其配置类型主要有两后轮独立驱动、前轮驱动和转向以及后轮差动前轮转向，如图 2.5 所示。

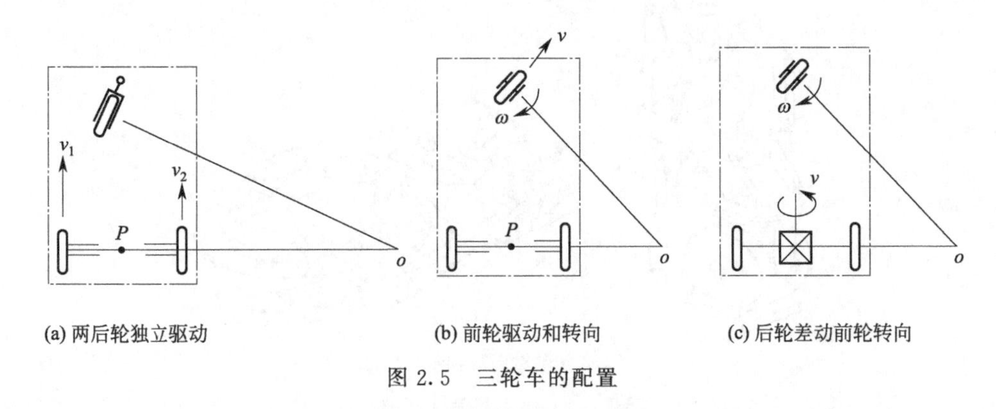

(a) 两后轮独立驱动　　(b) 前轮驱动和转向　　(c) 后轮差动前轮转向

图 2.5　三轮车的配置

② 对于四轮车轮，其配置类型主要有后轮分散驱动和四轮同步转向，如图 2.6 所示。

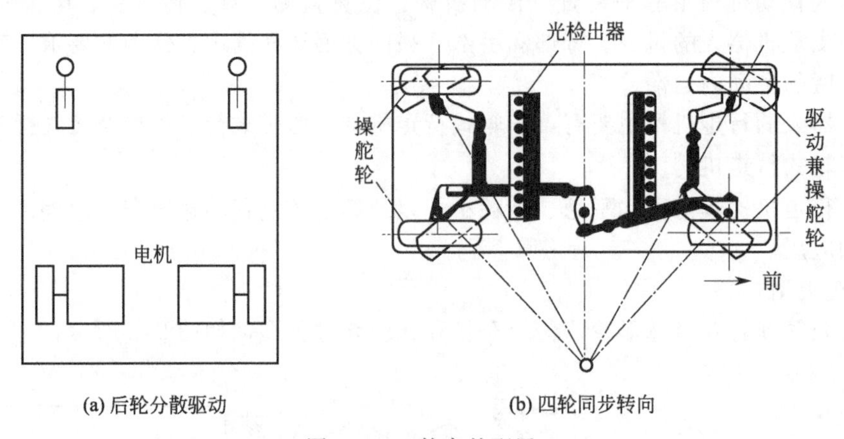

(a) 后轮分散驱动　　(b) 四轮同步转向

图 2.6　四轮车的配置

③ 此外，还配置有越障轮式机构，其基本形式和原理如图 2.7 所示。

(2) 履带式行走机构

其可以看作是轮式行走机构的拓展，履带本身起着给车轮连续铺路的作用。履带式行走机构的特点很突出，采用该类行走机构的机器人可以在凸凹不平的地面上行走，也可以跨越障碍物、爬不太高的台阶等。一般类似于坦克的履带式机器人，因为没有自定位轮和转向机构，转弯时只能靠左、右两个履带的速度差，所以不仅在横向，而且在前进方向上也会产生滑动，转弯阻力大，不能准确地确定回转半径。

图 2.8(a) 所示是主体前、后装有转向器的履带式机器人，它没有上述的缺点，可以

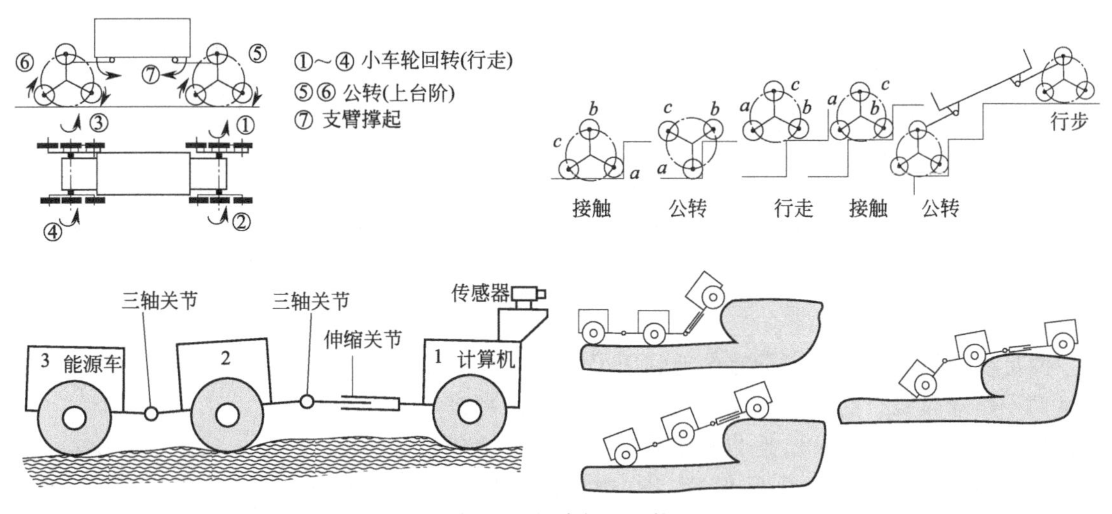

图 2.7 越障轮式机构

上、下台阶。它具有提起机构，该机构可以使转向器绕着图 2.8(a) 中的 A-A 轴旋转，这使得机器人上、下台阶非常顺利，能实现诸如用折叠方式向高处伸臂、在斜面上保持主体水平等各种各样的姿势。图 2.8(b) 所示的机器人的履带形状可为适应台阶形状而改变，也比一般履带式机器人的动作更为自如。

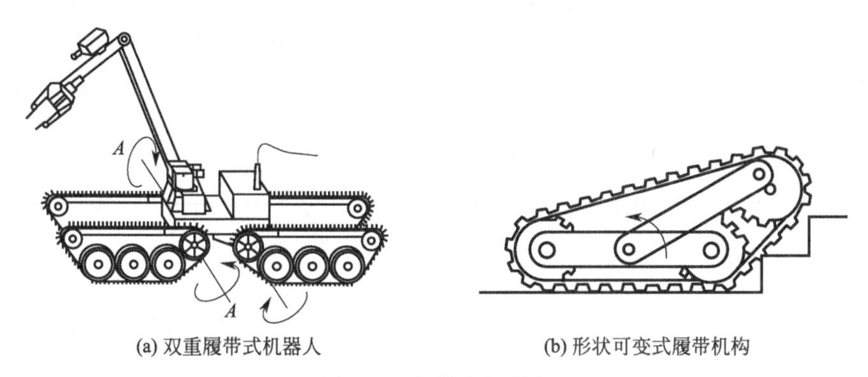

(a) 双重履带式机器人

(b) 形状可变式履带机构

图 2.8 履带式机器人

(3) 足式行走机构

类似于动物那样，利用脚部关节机构、以步行方式实现移动的机构，称为步行机构。采用步行机构的步行机器人，能够在凸凹不平的地上行走、跨越沟壑，还可以上、下台阶，因而具有广泛的适应性。但控制上有相当的难度，完全实现上述要求的实际例子很少。步行机构有两足、三足、四足、六足、八足等形式，其中两足步行机构具有最好的适应性，也最接近人类，故又称为类人双足行走机构。

1) 两足步行机构

两足步行机构是多自由度的控制系统，是现代控制理论很好的应用对象。这种机构结构简单，但其静、动行走性能及稳定性和高速运动性能都较难实现。

如图 2.9 所示，两足步行机构是一空间连杆机构。在行走过程中，行走机构始终满足静力学的静平衡条件，也就是机器人的重心始终落在支持地面的一脚上。这种行走方式称为静止步态行走。

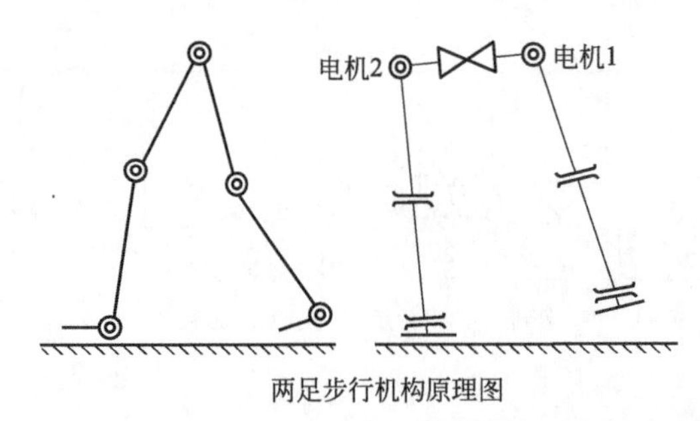

图 2.9　两足步行机构

两足步行机器人的动步行有效地利用了惯性力和重力。人的步行就是动步行，动步行的典型例子是踩高跷。高跷与地面只是单点接触，两根高跷在地面不动时，人想站稳是非常困难的，要想原地停留，必须不断踏步，不能总是保持步行中的某种瞬间姿态。

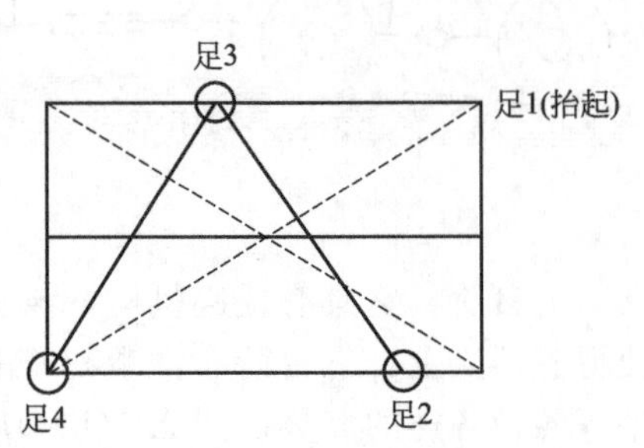

图 2.10　四足步行机构

2）四足步行机构

四足步行机构比两足步行机构承载能力强、稳定性好，其结构也比六足、八足步行机构简单。四足步行机构在行走时机体首先要保证静态稳定，因此，其在运动的任一时刻至少应有三条腿与地面接触，以支承机体，且机体的重心必须落在由三足支承点构成的三角形区域内，如图 2.10 所示。在这个前提下，四条腿才能按一定的顺序抬起和落地，实现行走。在行走的时候，机体相对地面始终向前运动，重心始终在移动。四条腿轮流抬、跨，相对机体也向前运动，不断改变足落地的位置，构成新的稳定三角形，从而保证静态稳定。

然而为了适应凸凹不平的地面，以及在上、下台阶时改变步行方向，每只脚必须有两个以上的自由度。

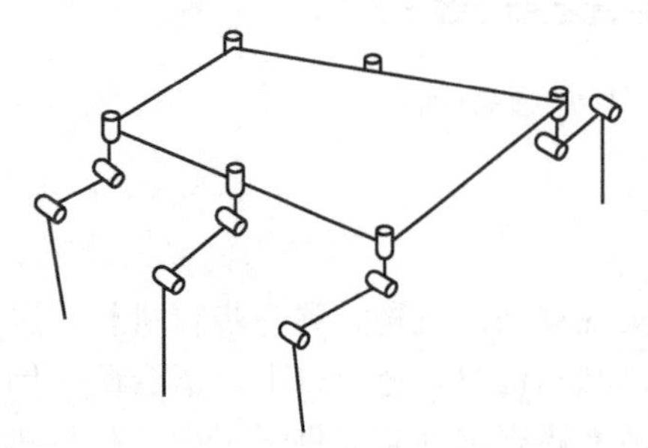

图 2.11　六足机器人

3）六足步行机构

六足机器人的控制比四足机器人的控制更容易，六足步行机构也更稳定。图 2.11 所示为有十八个自由度的六足机器人，该机器人能够实现相当从容的步态。但要实现十八个自由度及包含力传感器、接触传感器、倾斜传感器在内的稳定的步行控制也比较困难。

(4) 其他行走机构

为了达到特殊的目的，人们还研制了各种各样的移动机器人机构，如步进式行走机构、蠕动式行走机构、混合式行走机构和蛇行式行走机构等，以适合于各种特别的场合。图 2.12(a)(b) 所示为爬壁机器人的行走机构示意图。图 2.12(a) 所示为吸盘式行走机构，其用吸盘交互地吸附在壁面上来实现移动。图 2.12(b) 所示机构的滚子是磁铁，当壁面是磁性体时才适用。图 2.12(c) 是车轮和脚并用的机器人，脚端装有球形转动体。除了普通行走之外，该机器人可以在管内把脚向上方伸，用管断面上的三个点支承来移动，也可以骑在管子上沿轴向或圆周方向移动。其他行走机构还有次摆线机构推进移动车，用辐条突出的三轮车登台阶的轮椅机构，用压电晶体、形状记忆合金驱动的移动机构等。

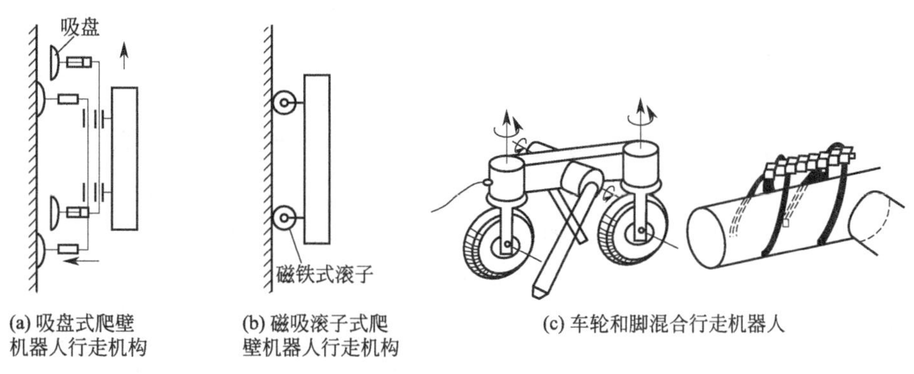

(a) 吸盘式爬壁机器人行走机构　(b) 磁吸滚子式爬壁机器人行走机构　(c) 车轮和脚混合行走机器人

图 2.12　其他行走机构

2.1.4　机器人的躯干

机器人的躯干直接连接、支承和传动手臂及行走机构，由臂部运动（升降、平移、回转和俯仰）机构及有关的导向装置、支承件等组成。

由于机器人的运动形式、使用条件、负载能力各不相同，所采用的驱动装置、传动机构、导向装置也不同，致使机身结构有很大差异。机身结构一般由机器人总体设计确定。比如，直角坐标型机器人有时把升降（z 轴）或水平移动（x 轴）自由度归属于机身；圆柱坐标型机器人把回转与升降这两个自由度归属于机身；极坐标型机器人把回转与俯仰这两个自由度归属于机身；关节坐标型机器人把回转自由度归属于机身。

一般情况下，实现臂部的升降、回转或俯仰等运动的驱动装置或传动件都安装在机身上。臂部的运动越多，机身的结构和受力越复杂。机身既可以是固定式的，也可以是行走式的，即在它的下部装有能行走的机构，可沿地面或架空轨道运行。

由上面三种自由度可以组合成机身五种运动形式。分别是：回转运动；升降运动；回转-升降运动；回转-俯仰运动；回转-升降运动-俯仰运动。常用的机身结构有：回转与升降机身结构、回转与俯仰机身结构、直移型机身结构、类人机器人机身结构。

（1）回转与升降机身结构

回转与升降机身结构由实现臂部的回转和升降的机构组成，回转通常通过由直线液（气）压缸驱动的传动链、蜗轮蜗杆机械传动回转轴完成；升降通常通过由直线缸驱动、丝杠-螺母机构驱动、直线缸驱动的连杆升降台完成。

1）回转与升降机身结构特点

① 升降液压缸在下，回转液压缸在上，回转运动由摆动液压缸驱动，因摆动液压缸安置在升降活塞杆的上方，故活塞杆的尺寸要加大。

② 回转液压缸在下，升降液压缸在上，回转运动由摆动液压缸驱动，相比之下，回转液压缸的驱动力矩要设计得大一些。

③ 链传动是将链条的直线运动变为链轮的回转运动，它的回转角度可大于 360°。图 2.13(a) 为气动机器人采用单杆活塞气缸驱动链传动机构实现机身的回转运动。此外，也有用双杆活塞气缸驱动链传动机构的方式，如图 2.13(b) 所示。

2）回转与升降机身结构工作原理

图 2.14 所示设计的机身包括两个运动，机身的回转和升降。机身回转机构置于升降缸之上。手臂部件与回转缸的上端盖连接，回转缸的动片与缸体相连，由缸体带动手臂回转运

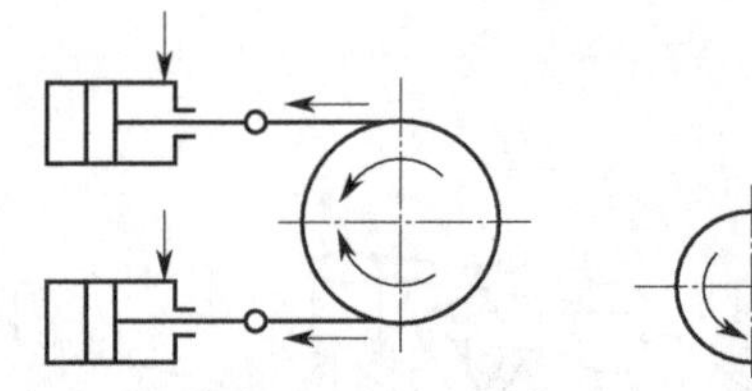
(a) 单杆活塞气缸驱动链传动机构

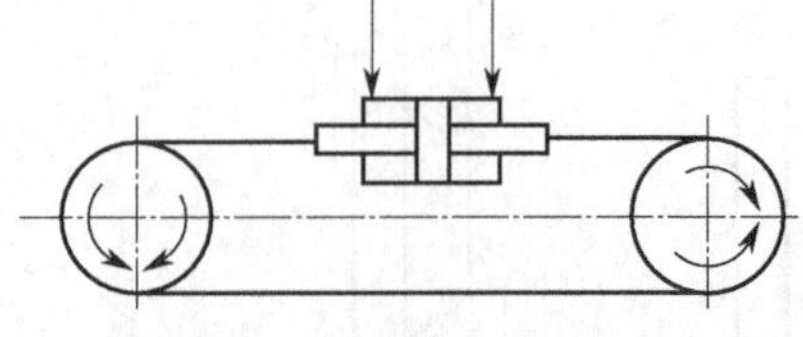
(b) 双杆活塞气缸驱动链传动机构

图 2.13 链传动机构

动。回转缸的转轴与升降缸的活塞杆是一体的。活塞杆采用空心，内装一花键套与花键轴配合，活塞升降由花键轴导向。花键轴与升降缸的下端盖用键来固定，下端盖与连接地面的底座固定。这样就固定了花键轴，也就通过花键轴固定了活塞杆。这种结构中，导向杆在内部，结构紧凑。

(2) 回转与俯仰机身结构

回转与俯仰机身结构由实现手臂左右回转和上下俯仰的部件组成，它用手臂的俯仰运动部件代替手臂的升降运动部件。俯仰运动大多采用摆式直线缸实现。

机器人手臂的俯仰运动一般采用活塞缸与连杆机构实现。手臂俯仰运动用的活塞缸位于手臂的下方，其活塞杆和手臂用铰链连接，缸体采用尾部耳环或中部销轴等方式与立柱连接，如图 2.15 所示。此外，有时也采用无杆活塞缸驱动齿条齿轮或四连杆机构实现手臂俯仰运动。

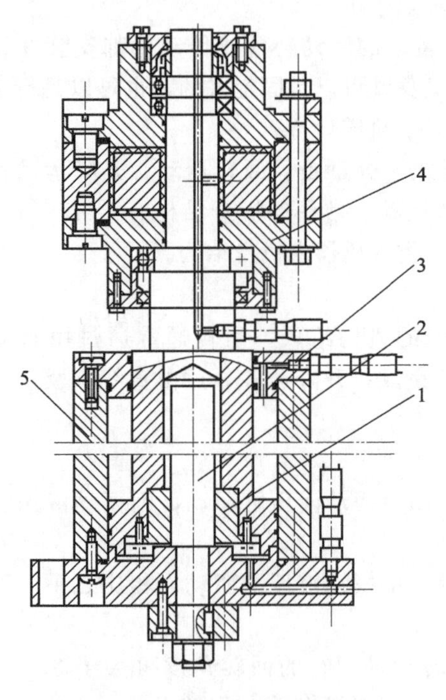

图 2.14 回转与升降型机身结构

1—花键轴套；2—花键轴；3—活塞转缸；4—回转缸；5—升降缸

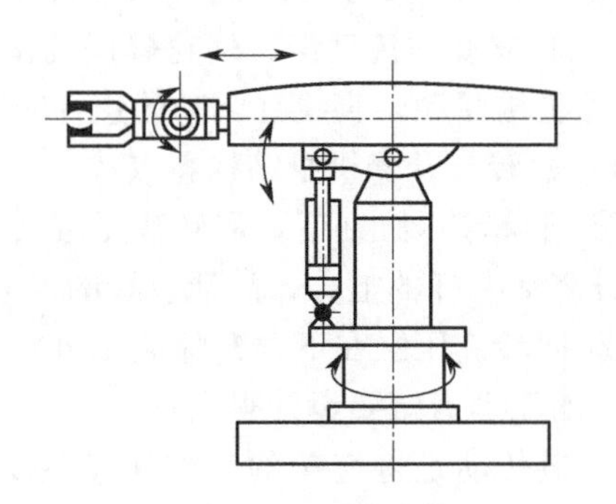

图 2.15 俯仰型机身结构

(3) 直移型机身结构

直移型机身结构多为悬挂式，机身实际是悬挂手臂的横梁。为使手臂能沿横梁平移，除了要有驱动和传动机构外，导轨也是一个重要的部件，如图 2.16 所示。

（4）类人机器人机身结构

类人机器人机身结构的机身上除了装有驱动臂部的运动装置外，还应该有驱动腿部运动的装置和腰部关节，如图 2.17 所示。类人机器人机身结构的机身靠腿部的屈伸运动来实现升降，腰部关节实现左右和前后的俯仰以及人身轴线方向的回转运动。

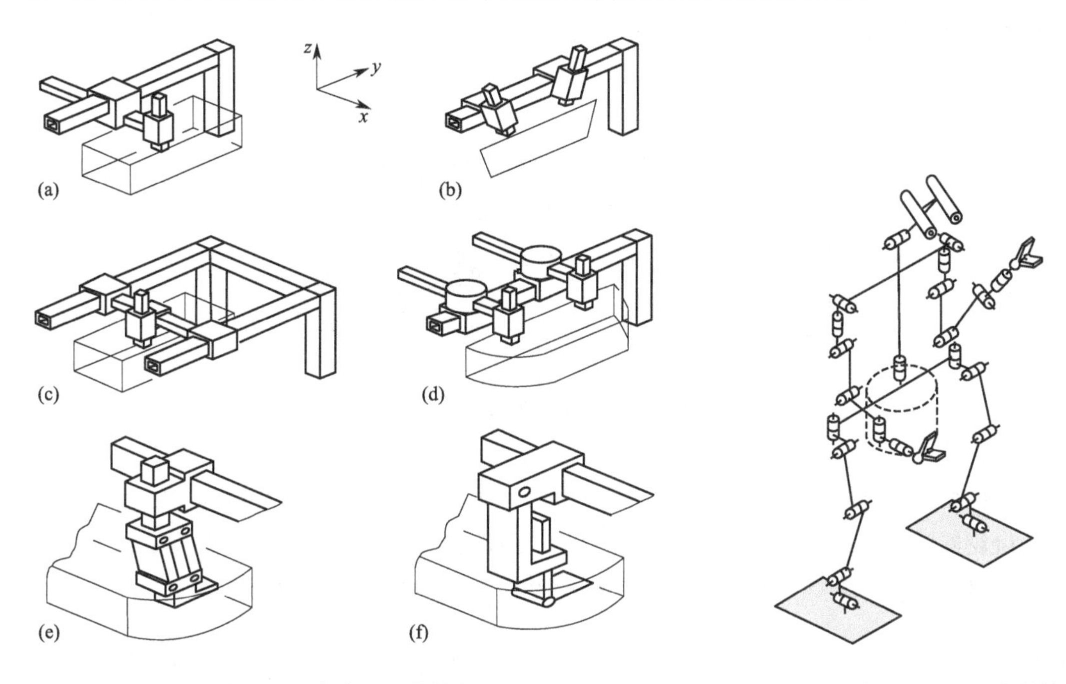

图 2.16　直移型机身结构

图 2.17　类人机器人机身结构

2.1.5　机器人的关节

机器人关节用来连接驱动部分与执行部分，将驱动部分的运动形式、运动及动力参数转变为执行部分所需的运动形式、运动及动力参数。如把旋转运动变换为直线运动；高转速变为低转速；小转矩变为大转矩。常用的传动部件有齿轮、齿条、丝杠、连杆、链、蜗轮、同步带和谐波齿轮等。

（1）齿轮传动

齿轮传动装置是由两个或两个以上的齿轮组成的传动机构。不但可以传递运动角位移和角速度，还可以传递力和力矩。

优点：基于杠杆原理可以获得大的变速比和大的力矩比。

缺点：齿轮的引入会增加系统的等效转动惯量，从而使驱动电机的响应时间变长；齿轮间隙误差累积会导致机器人手臂定位误差增加。

（2）带传动

同步带上有许多齿，和同样具有齿的同步带轮的齿相啮合，工作时，相当于柔软齿轮。

优点：柔性好、传动平稳；比齿轮传动价格低得多，加工也容易得多；同步带还被用于输入轴和输出轴方向不一致的情况。这时，只要同步带足够长，使带的扭角误差不太大，同步带仍能够正常工作，因而降低了对加工和安装精度的要求。

缺点：传动力矩没齿轮传动大。

如果输出轴的位置采用码盘测量，输入传动的同步带可以放在伺服环外面，对系统的定位精度和重复性不会有影响，重复精度可以达到 1μm 以内。

(3) 谐波齿轮传动

其由刚性齿轮、谐波发生器和柔性齿轮三个主要零件组成，如图 2.18 所示。刚性齿轮固定安装，柔性齿轮沿刚性齿轮的内齿转动。柔性齿轮比刚性齿轮少两个齿，所以柔性齿轮沿刚性齿轮每转一圈就反方向转过两个齿的相应转角。

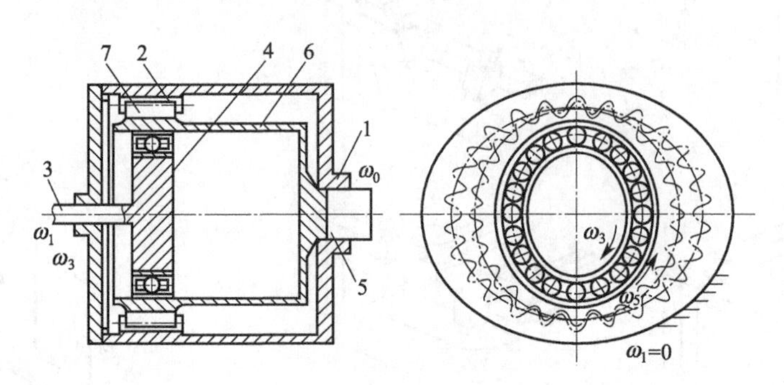

图 2.18 谐波齿轮传动

1—刚轮；2—刚轮内齿圈；3—输入轴；4—谐波发生器；5—轴；6—柔轮；7—柔轮齿圈

谐波发生器具有椭圆形轮廓，装在谐波发生器上的滚珠用于支撑柔性齿轮，谐波发生器驱动柔性齿轮旋转并使之发生塑性变形。转动时，柔性齿轮的椭圆形端部只有少数齿与刚性齿轮啮合，只有这样，柔性齿轮才能相对于刚性齿轮自由地转过一定的角度。

(4) 连杆传动

其是指利用连杆机构传动动力的机械传动方式。在所有的传动方式中，连杆传动功能最多，可以将旋转运动转化为直线运动、往返运动、指定轨迹运动，甚至还可以指定经过轨迹上某点时的速度。

(5) 链传动

链传动由两个具有特殊齿形的链轮和一条挠性的闭合链条所组成，依靠链和链轮轮齿的啮合而传动。特点是可以在传动大转矩时避免打滑，但传递大于额定转矩时，如果链条卡住可能损坏电机链传动。其主要用于传动速比准确或者两轴相距较远的场合。

(6) 齿轮齿条装置

通常，齿条是固定不动的；当齿轮转动时，带动齿轮轴连同拖板沿齿条方向做直线运动。这样，齿轮的旋转运动就转换成为拖板的直线运动。该装置的回差较大。

(7) 丝杠传动

普通丝杠传动由一个旋转的精密丝杠驱动一个螺母沿丝杠轴向移动。其滑动摩擦力大、低速时易产生爬行现象、且回差大。

通过在丝杠螺母的螺旋槽里放置许多滚珠，其演变成滚珠丝杠。滚珠丝杠传动滚动摩擦小、运动平稳、双螺母预紧去回差。

机器人机械结构除了每个关节构成和传动装置外，还有一些特殊的机械部件完成相应的功能，如联轴器、制动器、离合器、减速器等。联轴器是用来连接不同机构中两根轴（主动轴和从动轴），使之共同旋转以传递转矩的机械部件；许多机械臂需要在各关节处安装制动器，其作用是在机器人停止工作时，保持机械臂的位置不变；减速器是一种由封闭在刚性壳体内的齿轮传动、蜗杆传动或齿轮-蜗杆传动所组成的独立部件，常用在工作机和动力机之间作为减速的传动装置；离合器是一种在机器运转过程中，可使两轴随时接合或分离的装置，主要用来操纵机器人传动系统的断续，以便进行变速和换向。

2.2 机器人的感知系统

感知系统主要由具有感知不同信息的传感器构成，属于硬件部分，包括视觉、听觉、触觉以及味觉、嗅觉等传感器。如在视觉方面，目前多是利用摄像机作为视觉传感器，它与计算机相结合，并采用相关的图像处理技术，使机器人具有视觉功能，可以“看到”外界的景物，经过计算机对图像的处理，就可对机器人下达如何动作的命令。

感知系统中，由传感器感测到外界的信息，然后反馈给系统的处理器即“电脑”进行加工处理，如图 2.19 所示。

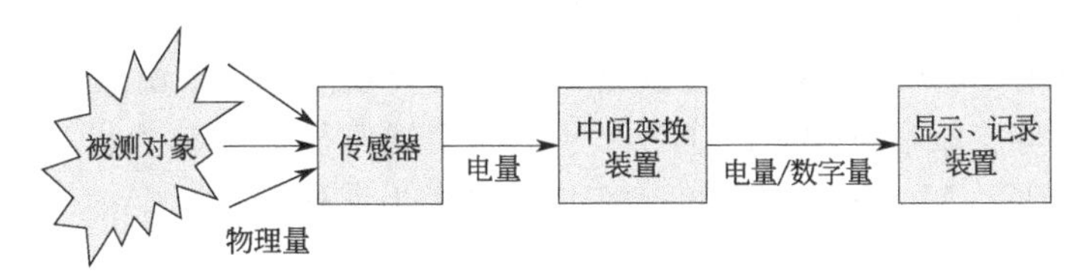

图 2.19　感知系统

机器人的传感器，广义上可分为内部传感器和外部传感器两类。

内部传感器：用来检测机器人本身状态（如手臂间的角度）的传感器，多为检测位置和角度的传感器。具体有位置传感器、速度传感器、角度传感器等，如图 2.20 所示。

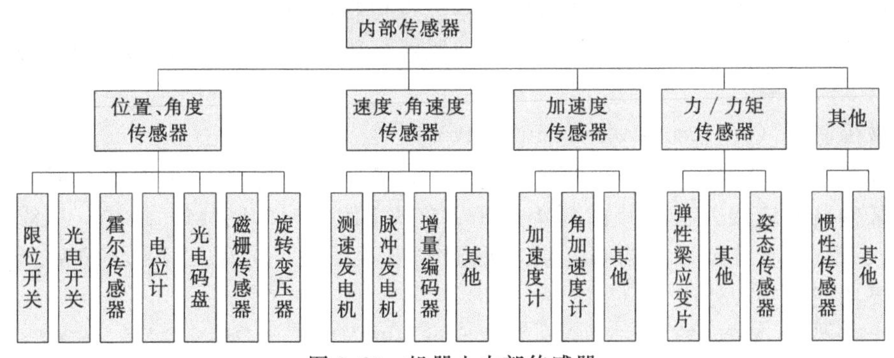

图 2.20　机器人内部传感器

外部传感器：用来检测机器人所处环境及状况。具体有视觉传感器、触觉传感器、听觉传感器等，如图 2.21 所示。

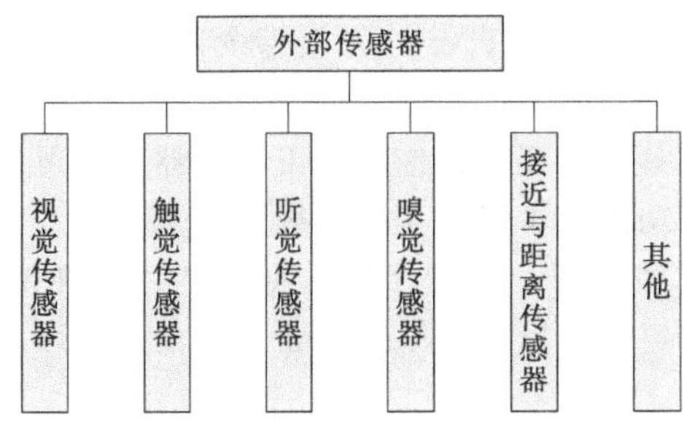

图 2.21　机器人外部传感器

2.3 机器人的控制系统

机器人的控制系统是机器人的神经中枢，机器人的“大脑”，而“大脑”是机器人区别于简单的自动化机器的主要标志。自动化机器是在重复指令下完成一系列重复操作；机器人“大脑”能够处理外界的环境参数如距离信号，然后根据编程或者接线的要求决定合适的系列反应。

2.3.1 机器人的控制器

机器人中最常见的大脑由一种或者多种处理器比如微处理器、微控制器、DSP、FPGA、SOC 等和外接的相应外围电路构成。

（1）微处理器（microprocessor unit，MPU）

同一电路板含有 ROM、RAM、总线接口、各种外设等器件，由嵌入式微处理器及其存储器、总线、外设等安装在一块电路主板上构成一个通常所说的单板机系统。MPU 目前主要有 x86、Power PC、Motorola 68000、MIPS、ARM 系列等。

微处理器的功能结构主要包括：运算器、控制器、寄存器三部分。

① 运算器的主要功能就是进行算术运算和逻辑运算；

② 控制器是整个微机系统的指挥中心，其主要作用是控制程序的执行。包括对指令进行译码、寄存，并按指令要求完成所规定的操作，即指令控制、时序控制和操作控制；

③ 寄存器用来存放操作数据、中间数据及结果数据。

和工业控制计算机相比，嵌入式微处理器优点包括组成系统体积小、重量轻、成本低、可靠性高；缺点为其同一电路板包括所有处理器件，从而降低了系统的可靠性，技术保密性也较差。

（2）微控制器（microcontroller unit，MCU）

其又称单片机，将整个计算机系统集成到一块芯片中。一般以某种微处理器内核为核心，根据某些典型应用，在芯片内部集成了 ROM/EPROM、RAM、总线、总线逻辑、定时/计数器、看门狗、I/O、串行口、脉宽调制输出、A/D、D/A、Flash RAM、EEPROM 等各种必要功能部件和外设。

最具代表性的 MCU 有 8051/8052、MCS-96/196、PIC、M16C（三菱）、XA（Philips）、AVR（Atmel）等系列。和嵌入式微处理器相比，微控制器的单片化使应用系统的体积大大减小，从而使功耗和成本大幅度下降、可靠性提高。微控制器是嵌入式系统应用的主流。

（3）DSP（digital signal processor，DSP）

DSP 是一种独特的微处理器，有自己的完整指令系统，是以数字信号来处理大量信息的器件。数字信号处理器在一块不大的芯片内集成有控制单元、运算单元、各种寄存器以及一定数量的存储单元等，在其外围还可以连接若干存储器，并可以与一定数量的外部设备互相通信，有软、硬件的全面功能，本身就是一个微型计算机。

DSP 数据总线和地址总线分开，使程序和数据分别存储在两个分开的空间，允许取指令和执行指令完全重叠。其每秒可运行数以千万条复杂指令程序，强大的数据处理能力和高运行速度是其两大特色。

（4）现场可编程门阵列（field programmable gate array，FPGA）

FPGA 是在 PAL、GAL、PLD 等可编程器件的基础上进一步发展的产物，是专用集成电路（ASIC）中集成度最高的一种。其采用了逻辑单元阵列（logic cell array，LCA），内部包括可配置逻辑模块（configurable logic block，CLB）、输出输入模块（input output block，IOB ）和内部连线（interconnect）三部分。FPGA 的品种很多，有 XILINX 的 XC 系列、TI 公司的 TPC 系列、ALTERA 公司的 FIEX 系列等。

作为专用集成电路（ASIC）领域中的一种半定制电路，FPGA 既解决了定制电路的不足，又克服了原有可编程器件门电路数有限的缺点，上至高性能 CPU，下至简单的 74 电路，都可以用 FPGA。

（5）嵌入式片上系统（system on chip，SOC）

为在一块硅片上实现一个更为复杂的系统，这就产生了 SOC 技术。各种通用处理器内核将作为 SOC 设计公司的标准库，和许多嵌入式系统外设一样，成为 VLSI 设计中一种标准的器件，用标准的 VHDL、Verlog 等硬件语言描述，存储在器件库中，用户只需定义出其整个应用系统，仿真通过后就可以将设计图交给半导体工厂制作样品。

目前 SOC 有 Siemens 的 Tri Core、Motorola 的 MCore、英国的 ARM 核及产品化 C8051F（美国 Cygnal 公司）等。

2.3.2 机器人的控制系统结构

机器人控制系统按其控制方式可分为三类：集中控制系统、主从控制系统、分布式控制系统。

（1）集中控制系统

其用一台计算机实现全部控制功能，结构简单、成本低，但实时性差、难以扩展。在早期的机器人中常采用这种结构，其构成框图如图 2.22 所示。基于 PC 的集中控制系统充分利用了 PC 资源开放性的特点，可以实现很好的开放性：多种控制卡、传感器设备等都可以通过标准 PCI 插槽或通过标准串口、并口集成到控制系统中。集中式控制系统的优点是：硬件成本较低，便于信息的采集和分析，易于实现系统的最优控制，整体性与协调性较好，基于 PC 的系统硬件扩展较为方便。其缺点也显而易见：系统控制缺乏灵活性，控制危险容易集中，一旦出现故障，其影响面广，后果严重；由于工业机器人的实时性要求很高，若系统进行大量数据计算，会降低系统实时性，系统对多任务的响应能力也会与系统的实时性相冲突；此外，系统连线复杂，会降低系统的可靠性。

（2）主从控制系统

采用主、从两级处理器实现系统的全部控制功能。主 CPU 实现管理、坐标变换、轨迹生成和系统自诊断等；从 CPU 实现所有关节的动作控制。其构成框图如图 2.23 所示。主从控制方式系统实时性较好，适于高精度、高速度控制，但其系统扩展性较差，维修困难。

（3）分布式控制系统

按系统的性质和方式将系统控制分成几个模块，每一个模块各有不同的控制任务和控制策略，各模式之间可以是主从关系，也可以是平等关系。这种方式实时性好，易于实现高速、高精度控制，易于扩展，可实现智能控制，是目前流行的方式，其控制框图如图 2.24 所示。其主要思想是“分散控制，集中管理”，即系统对其总体目标和任务可以进行综合协调和分配，并通过子系统的协调工作来完成控制任务，整个系统在功能、逻辑和物理等方面

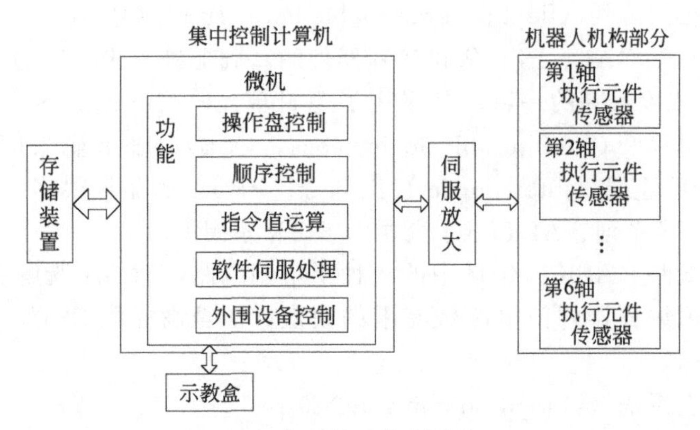

图 2.22　集中控制系统

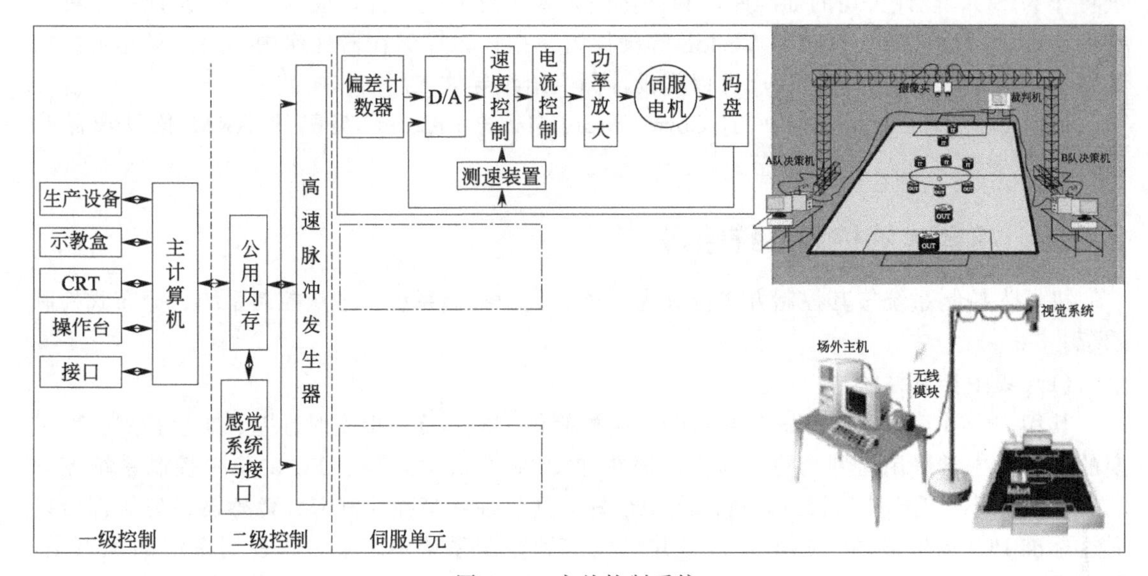

图 2.23　主从控制系统

都是分散的，所以 DCS 系统又称为集散控制系统或分散控制系统。这种结构中，子系统是由控制器和不同被控对象或设备构成的，各子系统之间通过网络等相互通信。分布式控制结构提供了一个开放、实时、精确的机器人控制系统。分布式系统中常采用两级控制方式，如图 2.24 所示。

两级分布式控制系统通常由上位机、下位机和网络组成。上位机可以进行不同的轨迹规划和控制算法，下位机进行插补细分、控制优化等的研究和实现。上位机和下位机通过通信总线相互协调工作，这里的通信总线可以是 RS-232、RS-485、EEE-488 以及 USB 总线等形式。现在，以太网和现场总线技术的发展为机器人提供了更快速、稳定、有效的通信服务。尤其是现场总线，它应用于生产现场，在微机化测量控制设备之间实现双向多节点数字通信，从而形成了新型的网络集成式全分布控制系统——现场总线控制系统（fieldbus control system，FCS）。在工厂生产网络中，将可以通过现场总线连接的设备统称为“现场设备/仪表”。从系统论的角度来说，工业机器人作为工厂的生产设备之一，也可以归纳为现场设备。在机器人系统中引入现场总线技术后，更有利于机器人在工业生产环境中的集成。

分布式控制系统的优点在于：系统灵活性好，控制系统的危险性降低，采用多处理器的

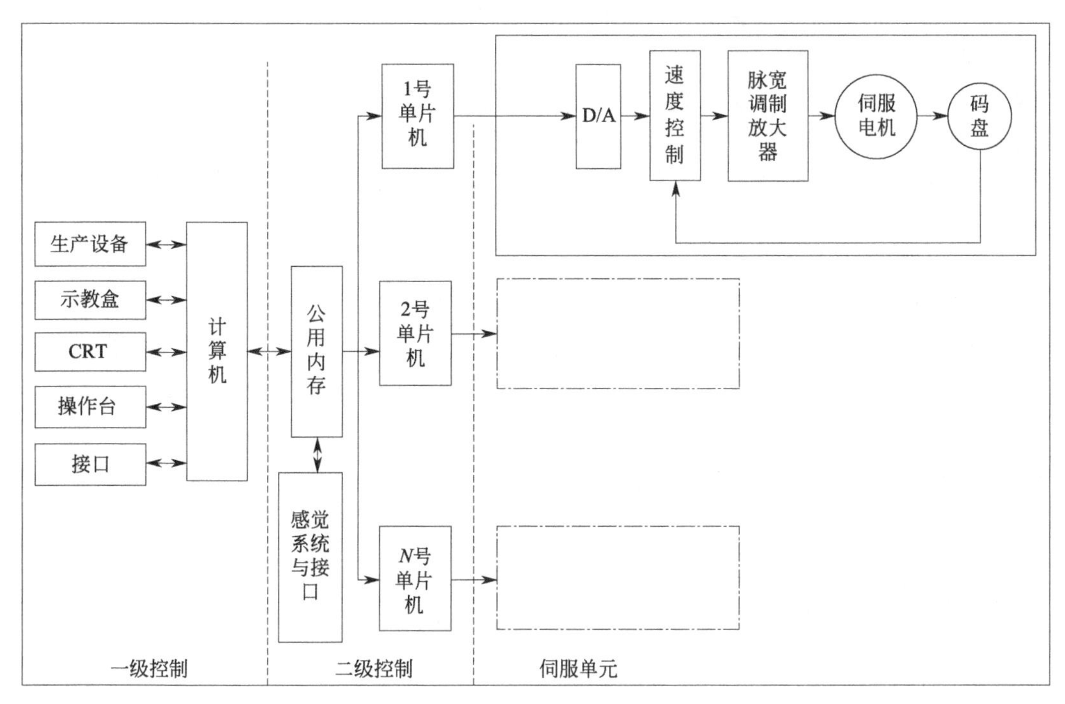

图 2.24　分布式控制系统

分散控制，有利于系统功能的并行执行，提高系统的处理效率，缩短响应时间。

2.3.3　机器人的控制系统软件

在机器人软件开发环境方面，一般工业机器人公司都有自己独立的开发环境和独立的机器人编程语言，如日本 Motoman 公司、德国 KUKA 公司、美国 Adept 公司、瑞典 ABB 公司等。很多大学在机器人开发环境（robot development environment）方面已做了大量研究工作，提供了很多开放源代码，可在部分机器人硬件结构下进行集成和控制操作，目前已在实验室环境下进行了许多相关实验。国内外现有的机器人系统开发环境有 Team Bots. v. 2. 0e、ARIA. V. 2. 4. 1、Player/Stage. v. 1. 6. 5. 1. 6. 2、Pyro. v. 4. 6. 0、CARMEN. v. 1. 1. 1、Mission Lab. v. 6. 0、ADE. V. 1. 0beta、Miro. v. CVS-March17. 2006、MARIE. V. 0. 4. 0、Flow Designer. v. 0. 9. 0、Robot Flow. v. 0. 2. 6 等。

从机器人产业发展来看，对机器人软件开发环境有两方面的需求。一方面是机器人本身控制的需求，另一方面是来自机器人最终用户，他们不仅使用机器人，而且希望能够通过编程的方式赋予机器人更多的功能，这种编程往往是采用可视化编程语言实现的，如乐高 Mind Storms NXT 的图形化编程环境和微软 RoboTIcs Studio 提供的可视化编程环境。

2.3.4　机器人专用操作系统

（1）VxWorks

VxWorks 操作系统是美国 Wind River 公司于 1983 年设计开发的一种嵌入式实时操作系统（RTOS），是 Tornado 嵌入式开发环境的关键组成部分。VxWorks 具有可裁剪微内核结构，可进行高效的任务管理、灵活的任务间通信、微秒级的中断处理，支持 POSIX1003.

1b 实时扩展标准，支持多种物理介质及标准的、完整的 TCP/IP 网络协议等。

（2） Windows CE

Windows CE 与 Windows 系列有较好的兼容性，无疑是 Windows CE 推广的一大优势。Windows CE 为建立针对掌上设备、无线设备的动态应用程序和服务提供了一种功能丰富的操作系统平台，它能在多种处理器体系结构上运行，并且通常适用于那些对内存占用空间具有一定限制的设备。

（3） 嵌入式 Linux

由于其源代码公开，人们可以任意修改，以满足自己的应用。其中大部分都遵从 GPL，是开放源代码和免费的，用户可以稍加修改后应用于自己的系统。Linux 有庞大的开发人员群体，无须专门的人才，只要懂 Unix/Linux 和 C 语言即可。支持的硬件数量庞大。嵌入式 Linux 和普通 Linux 并无本质区别，PC 上用到的硬件嵌入式 Linux 几乎都支持。而且各种硬件的驱动程序源代码都可以得到，为用户编写自己专有硬件的驱动程序带来很大方便。

（4） μC/OS-Ⅱ

μC/OS-Ⅱ是源代码公开的抢占式多任务实时操作系统，是专为嵌入式应用设计的，可用于 8 位、16 位和 32 位单片机或数字信号处理器（DSP）。它的主要特点是公开源代码、可移植性好、可固化、可裁剪、占先式内核、可确定性等。

（5） DSP/BIOS

DSP/BIOS 是 TI 公司特别为其 TMS320C6000TM、TMS320C5000TM 和 TMS320C28xTM 系列 DSP 平台设计开发的一个尺寸可裁剪的实时多任务操作系统内核，是 TI 公司的 Code-ComposerStudioTM 开发工具的组成部分之一。DSP/BIOS 主要由三部分组成：多线程实时内核；实时分析工具；芯片支持库。利用实时操作系统开发程序，可以方便快速地开发复杂的 DSP 程序。

2.3.5 智能机器人控制系统

（1） 开放性模块化的控制系统

系统体系结构如下：

采用分布式 CPU 计算机结构，分为机器人控制器（RC）、运动控制器（MC）、光电隔离 I/O 控制板、传感器处理板和编程示教盒等。机器人控制器（RC）和编程示教盒通过串口/CAN 总线进行通信。机器人控制器（RC）的主计算机完成机器人的运动规划、插补和位置伺服以及主控逻辑、数字 I/O、传感器处理等功能，而编程示教盒完成信息的显示和按键的输入。

（2） 模块化层次化的控制器软件系统

软件系统建立在基于开源的实时多任务操作系统 Linux 上，采用分层和模块化结构设计，以实现软件系统的开放性。整个控制器软件系统分为三个层次：硬件驱动层、核心层和应用层。三个层次分别面对不同的功能需求，对应不同层次的开发，系统中各个层次内部由若干个功能相对对立的模块组成，这些功能模块相互协作，共同实现该层次所提供的功能。

（3） 机器人的故障诊断与安全维护技术

通过各种信息，对机器人故障进行诊断，并进行相应维护，是保证机器人安全性的关键技术。

（4） 网络化机器人控制器技术

目前机器人的应用工程由单台机器人工作站向机器人生产线发展，机器人控制器的联网技术变得越来越重要。控制器上具有串口、现场总线及以太网的联网功能。可用于机器人控制器之间和机器人控制器同上位机的通信，便于对机器人生产线进行监控、诊断和管理。

2.4 机器人的驱动系统

2.4.1 驱动方式

机器人的驱动方式主要分为直接驱动和间接驱动两种，无论何种方式，都是对机器人关节的驱动。

(1) 直接驱动方式

直接驱动为驱动器的输出轴和机器人手臂的关节轴直接相连。

直接驱动机器人也叫作 DD 机器人（direct drive robot，DDR)。直接驱动方式的驱动器和关节之间的机械系统较少，因而能够减少摩擦等非线性因素的影响，控制性能比较好。

然而，为了直接驱动手臂的关节，驱动器的输出转矩必须很大。此外，由于不能忽略动力学对手臂运动的影响，因此控制系统还必须考虑到手臂的动力学问题。

高输出转矩的驱动器有油缸式液压装置，另外还有力矩电机（直驱马达）等，其液压式装置在结构和摩擦等方面的非线性因素很强，所以很难体现直接驱动的优点。因此，在 20 世纪 80 年代开发的力矩电机，采用了非线性主要因素的轴承机械系统，得到了优良的逆向驱动能力（以关节一侧带动驱动器的输出轴)。

DD 机器人中一般驱动电机通过机械接口直接与关节连接，其特点是驱动电机和关节之间没有速度和转矩的转换。

DD 机器人与间接驱动机器人相比，其优点是：机械传动精度高，振动小、结构刚度好，机械传动损耗小，结构紧凑、可靠性高，电机峰值转矩大、电气时间常数小、短时间内可以产生很大转矩、响应速度快、调速范围宽，控制性能较好。

DD 机器人目前主要存在的问题是：载荷变化、耦合转矩及非线性转矩对驱动及控制影响显著，使控制系统设计困难和复杂；对位置、速度的传感元件提出了相当高的要求；需开发小型实用的 DD 电机；电机成本高。

(2) 间接驱动方式

间接驱动是指驱动器经减速器或钢丝绳、传动带、平行连杆等装置后与关节轴相连的驱动方式。

间接驱动方式中包含带减速器的电机驱动、远距离驱动等两种。

1) 带减速器的电机驱动

中小型机器人一般采用普通的直流伺服电机、交流伺服电机或步进电机作为机器人的执行电机，由于电机速度较高，所以需配以大速比减速装置；通常其电机的输出力矩大大小于驱动关节所需要的力矩，所以必须使用带减速器的电机驱动。

但是，间接驱动带来了机械传动中不可避免的误差，引起冲击振动，影响机器人系统的可靠性，并且增加关节重量和尺寸。由于手臂通常采用悬臂梁结构，所以多自由度机器人关节上安装减速器会使手臂根部关节驱动器的负荷增大。

2) 远距离驱动

远距离驱动将驱动器与关节分离，目的在于减少关节的体积、减轻关节重量。一般来说，驱动器的输出力矩都远远小于驱动关节所需要的力，因此也需要通过减速器来增大驱动力。远距离驱动的优点在于能够将多自由度机器人关节驱动所必需的多个驱动器设置在合适的场所。由于机器人手臂都采用悬臂梁结构，远距离驱动是减轻位于手臂根部关节的驱动器负载的一种措施。

2.4.2 驱动元件

驱动元件是执行装置，就是按照信号的指令，将来自电、液压和气压等各种能源的能量转换成旋转运动、直线运动等方式的机械能的装置。按照利用的能源来分，驱动元件主要分为电动执行装置、液压执行装置和气压执行装置。因此，机器人关节的驱动元件有液压驱动元件、气压驱动元件和电机驱动元件。

（1）液压驱动元件

液压驱动的输出力和功率很大，能构成伺服机构，常用于大型机器人关节的驱动。

机器人采用液压驱动元件的优点：

① 液压容易达到较高的单位面积压力（常用油压为 25～63kgf/cm^2，约 2.5～6.3MPa），体积较小，可以获得较大的推力或转矩；

② 液压系统介质的可压缩性小，工作平稳可靠，并可得到较高的位置精度；

③ 液压传动中，力、速度和方向比较容易实现自动控制；

④ 液压系统采用油液作介质，具有防锈性和自润滑性能，可以提高机械效率，使用寿命长。

机器人采用液压驱动元件的不足之处是：

① 油液的黏度随温度变化而变化，影响工作性能，高温容易引起燃烧爆炸等危险；

② 液体的泄漏难于克服，要求液压元件有较高的精度和质量，故造价较高；

③ 需要相应的供油系统，尤其是电液伺服系统要求严格的滤油装置，否则会引起故障；

④ 液压油源和进油、回油管路等附属设备占空间较大，造价较高。

（2）气压驱动元件

气压驱动元件把压缩气体的压力能转换为机械能，用来驱动工作部件。气动式驱动元件多用于开关控制和顺序控制的机器人中。

机器人采用气压驱动元件的优点：

① 压缩空气黏度小，容易达到高速（1m/s）；

② 利用工厂集中的空气压缩机站供气，不必添加动力设备；

③ 空气介质对环境无污染，使用安全，可直接应用于高温作业；

④ 气动元件工作压力低，故制造要求也比液压元件低。

它的不足之处是：

① 压缩空气常用压力为 4～6kgf/cm^2（约 0.4～0.6MPa），若要获得较大的力，其结构就要相对增大；

② 空气压缩性大，工作平稳性差，速度控制困难，要达到准确的位置控制很困难；

③ 压缩空气的除水问题是一个很重要的问题，处理不当会使钢类零件生锈，导致机器人失灵。此外，排气还会造成噪声污染。

（3）电机驱动元件

电机使用简单，且随着材料性能的提高，电机性能也逐渐提高，因此，机器人关节驱动逐渐为电动式所代替。

电机驱动可分为普通交流电机驱动，交、直流伺服电机驱动和步进电机驱动。

普通交、直流电机驱动需加减速装置，输出力矩大，但控制性能差，惯性大，适用于中型或重型机器人。伺服电机和步进电机输出力矩相对小，控制性能好，可实现速度和位置的精确控制，适用于中小型机器人。

交、直流伺服电机一般用于闭环控制系统，而步进电机则主要用于开环控制系统，一般用于速度和位置精度要求不高的场合。功率在 1kW 以下的机器人多采用电机驱动。

三种驱动元件对比如表 2.1 所示。

表 2.1　三种驱动元件对比表

<table>
<tr><th colspan="2" rowspan="2">驱动元件</th><th colspan="6">特点</th></tr>
<tr><th>输出力</th><th>控制性能</th><th>维修使用</th><th>结构体积</th><th>使用范围</th><th>制造成本</th></tr>
<tr><td colspan="2">液压驱动元件</td><td>压力高，可获得大的输出力</td><td>油液不可压缩，压力、流量均容易控制，可无级调速，反应灵敏，可实现连续轨迹控制</td><td>维修方便，液体对温度变化敏感，油液泄漏易着火</td><td>在输出力相同的情况下，体积比气压驱动方式小</td><td>中、小型及重型机器人</td><td>液压元件成本较高，油路比较复杂</td></tr>
<tr><td colspan="2">气压驱动元件</td><td>气压压力低，输出力较小，如需要输出力大时，其结构尺寸过大</td><td>可高速，冲击较严重，精确定位困难。气体压缩性大，阻尼效果差，低速不易控制，不易与 CPU 连接</td><td>维修简单，能在高温、粉尘等恶劣环境中使用，泄漏无影响</td><td>体积较大</td><td>中、小型机器人</td><td>结构简单，能源方便，成本低</td></tr>
<tr><td rowspan="2">电机驱动元件</td><td>异步电机、直流电机</td><td>输出力较大</td><td>控制性能较差，惯性大，不易精确定位</td><td>维修使用方便</td><td>需要减速装置，体积较大</td><td>速度低，持重大的机器人</td><td>成本低</td></tr>
<tr><td>步进电机、伺服电机</td><td>输出力较小或较大</td><td>容易与 CPU 连接，控制性能好，响应快，可精确定位，但控制系统复杂</td><td>维修使用较复杂</td><td>体积较小</td><td>程序复杂、运动轨迹要求严格的机器人</td><td>成本较高</td></tr>
</table>

2.4.3　驱动机构

驱动机构分为直线驱动方式和旋转驱动方式两种。

（1）直线驱动机构

机器人采用的直线驱动包括直角坐标结构的 X、Y、Z 向驱动，圆柱坐标结构的径向驱动和垂直升降驱动，以及球坐标结构的径向伸缩驱动。

直线运动可以直接由气缸或液压缸和活塞产生，也可以采用齿轮齿条、丝杠、螺母等传动方式把旋转运动转换成直线运动。

（2）旋转驱动机构

多数普通电机和伺服电机都能够直接产生旋转运动，但其输出力矩比所需要的力矩小，转速比所需要的转速高。因此，需要采用各种传动装置把较高的转速转换成较低的转速，并获得较大的力矩。

有时也采用直线液压缸或直线气缸作为动力源，这就需要把直线运动转换成旋转运动。这种运动的传递和转换必须高效率地完成，并且不能有损于机器人系统所需要的特性，特别是定位精度、重复精度和可靠性。

运动的传递和转换可以选择链传动、同步带传动和谐波齿轮等传动方式。

由于旋转驱动具有旋转轴强度高，摩擦小、可靠性好等优点，在结构设计中应尽量多采用。但是在行走机构关节中，完全采用旋转驱动实现关节伸缩有如下缺点：

① 旋转运动虽然也能转化得到直线运动，但在高速运动时，关节伸缩的加速度不能忽视，它可能产生振动。

② 为了提高着地点选择的灵活性，还必须增加直线驱动系统。

因此有许多情况采用直线驱动更为合适，直线气缸仍是目前所有驱动装置中最廉价的动力源，凡能够使用直线气缸的地方，还是应该选用它。有些要求精度高的地方也要选用直线驱动。

2.5 机器人的电源系统

机器人的电源子系统是为机器人上所有的控制子系统、驱动及执行子系统提供能源。

小型机器人由于体积、尺寸、重量的限制，对其采用的电源有各种严格要求。移动机器人通常不能采取线缆供电的方式（除一些管道机器人、水下机器人外），要采用电池或内燃机供电；相对于汽车等应用，机器人要求电池体积小、重量轻、能量密度大，并且要求在各种振动、冲击条件下接近或者达到汽车电池的安全性、可靠性。

由于电池技术发展的限制，当前任何电池和电机系统都很难达到内燃机的能量密度及续航时间。因此对机器人系统的电源管理技术也提出了更高的要求。

通常，一台长宽高尺寸均在 0.5m 左右、质量为 30～50kg 的移动机器人总功耗约为 50～200W（用于室外复杂地形的机器人可达到 200～400W），而 200W·h 的电池质量可达 3～5kg。因此，在没有任何电源管理技术的情况下要维持机器人连续 3～5h 运行，就需要 600～1000W·h 的电池，其重达 10～25kg。

2.5.1 电池

在化学电池中，根据能否用充电方式恢复电池存储电能的特性，可以分为一次电池（也称原电池）和二次电池（又名蓄电池，可以多次重复使用）两大类，如图 2.25 所示。

由于需要重复使用，机器人上通常采用二次电池。

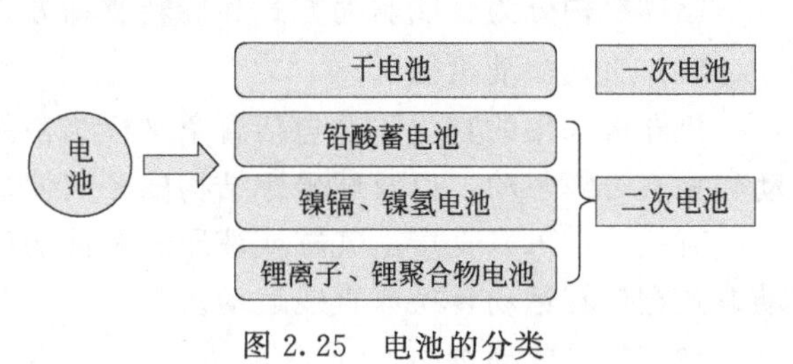

图 2.25 电池的分类

（1）铅酸蓄电池

最大的特点是价格较低，支持 20C 以上的大电流放电（即 10A·h 的电池可以达到 10×20＝200A 的放电电流），对过充电的耐受强，技术成熟，可靠性相对较高，没有记忆效应，充放电控制容易。但是其寿命较低（充放电循环通常不超过 500 次），质量大，维护较困难。

（2）镍镉、镍氢电池

其是最早应用于手机、笔记本电脑等设备的电池种类，具有大电流放电特性好、耐过充放电能力强、维护简单等优势。

该类电池最致命的缺点是，在充放电过程中如果处理不当，会出现严重的“记忆效应”，使得电池容量和使用寿命大大缩短。

镍氢电池是早期的镍镉电池的替代产品，不再使用有毒的镉，可以消除重金属元素对环境带来的污染问题。使用氧化镍作为阳极，以及吸收了氢的金属合金作为阴极，由于此合金可吸收高达本身体积100倍的氢，储存能力极强。

(3) 锂离子、锂聚合物电池

该类电池具有非常低的自放电率、低维护性和相对短的充电时间。

常见的锂离子电池主要是锂-亚硫酸氯电池。

聚合物锂离子电池所用的正负极材料工作原理与液态锂离子是相同的。区别在于电解质的不同，锂离子电池使用的是液体电解质；而聚合物锂离子电池则以聚合物电解质来代替，该聚合物可以是“干态”的，也可以是“胶态”的，目前大部分采用聚合物胶体电解质。

2.5.2 直流稳压电源

为了得到稳定的直流电压，必须采用稳压电路来实现稳压。常把稳压电源分成两类：线性稳压电源和开关稳压电源。

(1) 线性稳压电源

该类电源的特点为：输出电压比输入电压低，反应速度快、输出纹波较小，工作产生的噪声低，效率较低（现在经常看的LDO就是为了解决效率问题而出现的），发热量大（尤其是大功率电源）、间接地给系统增加热噪声。

“线性稳压电源”主要是针对开关电源来说的，指的是使用在其线性区域内运行的晶体管或FET来进行稳压的电源。从输入电压中减去超额的电压，产生经过调节的输出电压。

线性稳压电源电路原理如图2.26所示。

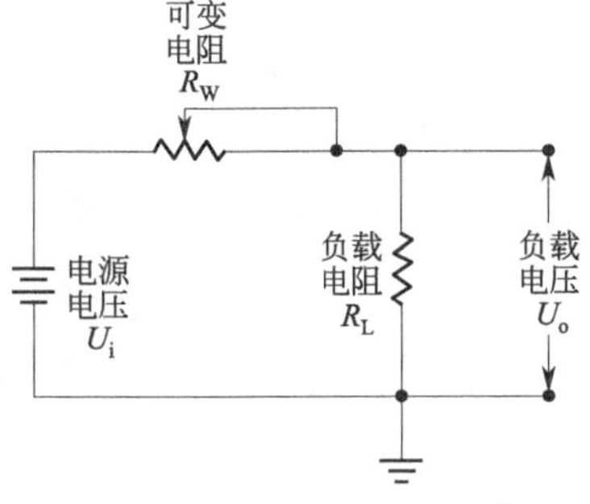

图2.26 线性稳压电源调节电压电路图

可变电阻R_W跟负载电阻R_L组成一个分压电路，输出电压为：

$$U_o=\frac{R_L}{R_W+R_L}U_i$$

通过调节R_W的大小，即可改变输出电压的大小。在这个式子里，如果只看可调电阻R_W的值变化，U_o的输出并不是线性的，但如果把R_W和R_L一起看，U_o输出则是线性的。

用一个三极管或者场效应管来代替图中的可变阻器，并通过检测输出电压的大小，来控制这个“变阻器”阻值大小，使输出电压保持恒定，这样就实现了稳压的目的。这个三极管或者场效应管是用来调整电压输出大小的，所以叫作调整管。

一般来说，线性稳压电源由调整管、参考电压、取样电路、误差放大电路等几个基本部分组成。另外还可能包括一些例如保护电路，启动电路等部分。图2.27是一个比较简单的线性稳压电源原理图（示意图，省略了滤波电容等元件），取样电阻通过取样输出电压，并与参考电压比较，比较结果由误差放大电路放大后，控制调整管的导通程度，使输出电压保持稳定取样电阻通过取样输出电压，并与参考电压比较，比较结果由误差放大电路放大后，控制调整管的导通程度，使输出电压保持稳定。

常见的线性电源主要是三端稳压器件，例如78xx/79xx系列三端稳压器件是最常用的线性降压型DC/DC转换器，目前也有大量先进的DC/DC转换器层出不穷，例如低压差线

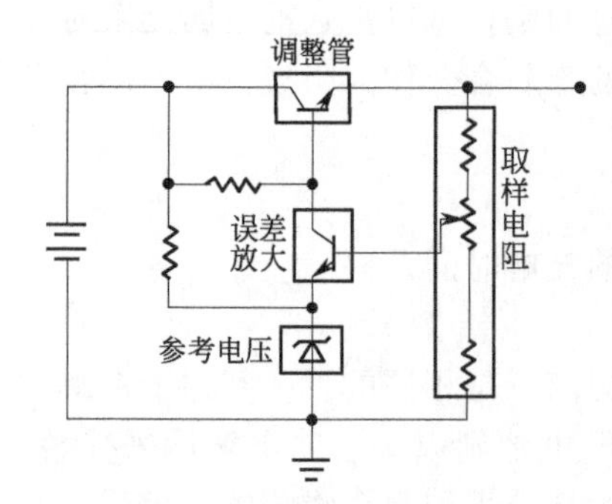

图 2.27　线性稳压电源原理图

性稳压器 LDO，National Semiconductor 的 LM1085、LM1086、LM2940、LM2651、LM5020，MAXIAM 的 MAX1747 等。

(2) 开关稳压电源

开关稳压电源是利用现代电力电子技术控制开关晶体管开通和关断，维持稳定输出电压的一种电源，一般由 PWM（脉冲宽度调制）控制 IC 和 MOSFET 构成，如图 2.28 所示。

与线性稳压电源相比，开关稳压电源通常具有允许有较高的输入输出压差、效率高（满载效率通常可达到 75％以上，甚至可达到 95％～97％）、体积小等优势。

开关电源是依靠开关晶体管不断导通和关断的原理工作的，因此，其具有电源品质通常不如线性电源、瞬态响应特性不如线性电源、有电磁辐射等缺点。

开关电源可分为 AC/DC 和 DC/DC 两大类，DC/DC 转换器现已实现模块化，已成熟和标准化；但 AC/DC，因其自身特性使得在模块化进程中，遇到较为复杂的技术和工艺制造问题。

开关电源电路原理图如图 2.29 所示。

图 2.28　开关稳压电源

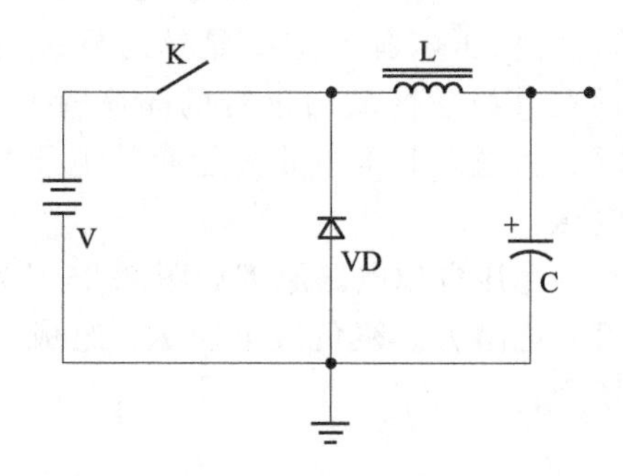

图 2.29　开关电源电路原理

当开关闭合时，电源给负载供电，电感 L 以及电容 C 存储电能；在开关接通后，电流增大得比较缓慢，电感 L 的自感使输出不能立刻达到电源电压值；稍后，开关断开，电感 L 的自感作用保持电路中的电流不变，这时电流流过负载，从地线返回，流到续流二极管 VD 的正极，经过二极管 VD，返回电感 L 的左端，从而形成了一个回路。

通过控制开关闭合跟断开的时间（即 PWM），就可以控制输出电压。如果通过检测输出电压来控制开、关的时间，以保持输出电压不变，这就实现了稳压的目的。

第 3 章

机器人步进电机控制系统

步进电机控制系统由步进电机控制器、步进电机驱动器、步进电机三部分组成。步进电机控制器是指挥中心，它发出信号脉冲给步进电机驱动器；而步进电机驱动器把接收到的信号脉冲转化为电脉冲，驱动步进电机转动；控制器每发出一个信号脉冲，步进电机就旋转一个角度，它的旋转是以固定的角度一步一步运行的。控制器可以通过控制脉冲数量来控制步进电机的旋转角度，从而准确定位。通过控制脉冲频率精确控制步进电机的旋转速度。

3.1 步进电机

步进电机又称为脉冲电机，是将电脉冲信号转变为角位移或线位移的开环控制元件。在非超载的情况下，电机的转速、停止的位置只取决于脉冲信号的频率和脉冲数，不受负载变化的影响，即给电机加一个脉冲信号，电机则转过一个步距角；角位移与脉冲数成正比，转速与脉冲频率成正比，转向与各相绕组的通电方式有关。

其基本特点有：在负载能力范围内，电机转速、步距角不因电源电压、负载大小、环境条件的波动而变化；适合在开环系统中作执行元件，使控制系统大为简化；可在很宽的范围内通过改变脉冲频率调速；只有周期性的误差而无累积误差；能够快速启动、反转和制动，而大多数机器人运动是短距离要求高加速度达到低点的循环周期，所以步进电机在机器人中广泛使用。

3.1.1 步进电机的发展历史

步进电机的原始模型起源于 1830—1860 年。1870 年前后，开始以控制为目的的尝试，应用于氩弧灯的电极输送机构中。这被认为是最初的步进电机。

1920 年，步进电机的实际应用才开始，称为变磁阻（variable relutance，VR）型步进电机，被英国海军用作定位控制和远程遥控。

混合式 HB（hybrid 的缩写，是 VR 与 PM 复合的意思）型步进电机的产生，大约在 1952 年，由美国 GE 公司（通用电气）Karl Feiertag 开发的发电机演变而来。与现在的两相 HB 型步进电机结构相同，取得了 US 专利。当初作为低速同步电机使用，其后，由美国的 Superior Electric 公司和 Sigma Instruments 公司开发出两相 1.8°步距角的 HB 型步进电机。当时因为电流小、电感大、恒电压驱动的关系，换相脉冲只有 300pps（现在为 10～20kpps）。德国百格拉于 1973 年发明了五相混合式步进电机及其驱动器。1993 年又推出了性能更加优越的三相混合式步进电机。20 世纪初，在电话自动交换机中广泛使用了步进电机。之后，步进电机在缺乏交流电源的船舶和飞机等独立系统中得到了广泛使用。

从驱动电路方面看，步进电机的发展与晶体管半导体元件的发展密不可分。1950 年研制出二极管半导体，1964 年开发出 MOS 半导体，1965 年出现 IC，1967 年 LSI 实用化。特别是经过 1950～1965 年半导体材料的高速发展，20 世纪 50 年代后期晶体管的发明也逐渐应用在步进电机上，对于数字化的控制变得更加容易。进入 20 世纪 70 年代，由于价格便宜，可靠性高的逻辑数字电路得到广泛应用，使步进电机的使用量急剧增加。到了 20 世纪 80 年代，由于廉价的微型计算机以多功能的姿态出现，步进电机的控制方式更加灵活多样。

我国在 20 世纪 80 年代以前，一直是反应式步进电机占统治地位，混合式步进电机是 20 世纪 80 年代后期才开始发展的。

经过不断改良，步进电机已广泛运用在需要高定位精度、高分解能、高响应性、信赖性等灵活控制性高的机械系统中。在生产过程要求自动化、省人力、效率高的机器中，很容易发现步进电机的踪迹，尤其是在以重视速度、位置控制、需要精确操作各项指令动作的灵活控制性场合，步进电机用得最多。

3.1.2 步进电机的分类

步进电机的内部主要由转子和定子组成。当定子线圈通电时，会产生感应磁场，感应磁场与转子相互作用使转子转过一定的角度。

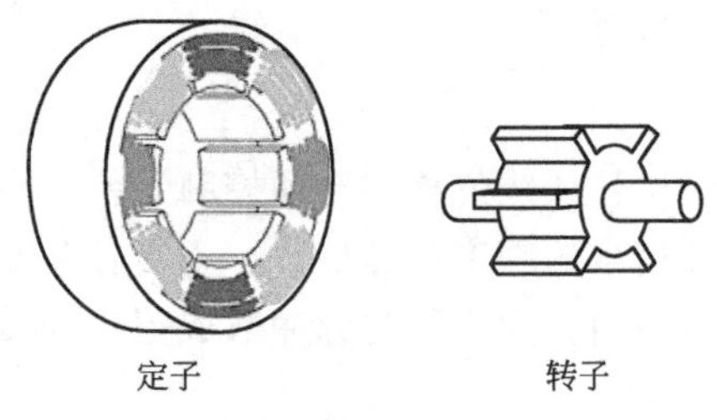

图 3.1 反应式步进电机内部结构示意图

根据励磁方式的不同，步进电机可分为反应式（磁阻式）、永磁式和混合式三种。

（1）反应式步进电机

反应式步进电机也称为磁阻式步进电机，其转子是一个非磁性的、软铁性质的齿状结构；其定子由励磁线圈组成。转子是非磁性结构，因此在定子没有通电之前，定子与转子之间没有任何磁性相互作用。因此，反应式步进电机没有阻尼转矩。

反应式步进电机内部结构示意图如图 3.1 所示。

目前，在我国应用中，以反应式步进电机为主。

（2）永磁式步进电机

永磁式步进电机定子和转子结构如图 3.2 所示。

永磁式步进电机的转子是一种永磁性的柱状结构，具有 N 极和 S 极；定子是具有对称结构的励磁线圈。当定子线圈通入直流电后，根据安培定则，线圈的两端会产生磁场；定子产生的磁场与转子的永磁性材料相互作用，从而使转子转动。通过给定子绕组交替通电，就能控制转子按照某个方向交替运动。

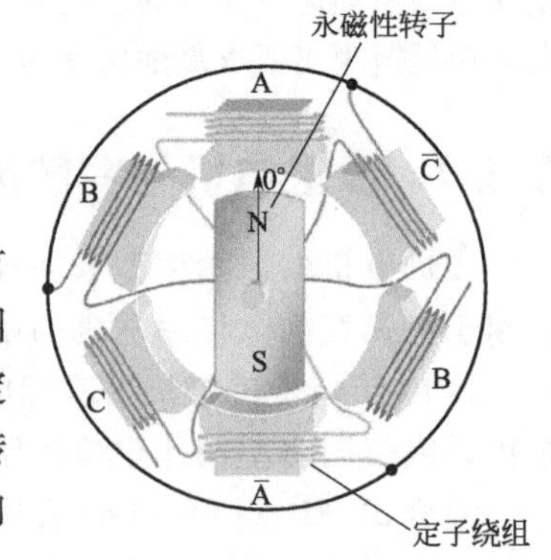

图 3.2 永磁式步进电机的结构图

（3）混合式步进电机

顾名思义，混合式步进电机结合了永磁式和反应式步进电机的优点，它的转子采用永磁性材料，并且将其分成南极（S 极）和北极（N 极）两个部分，每个部分又有很多的齿状结构；定子由励磁线圈组成，每一组线圈下面也具有交替分布的齿状结构，在气隙处，与转子齿的磁通相互作用，能产生电磁转矩。两相混合式步进电机结构示意图如图 3.3 所示。

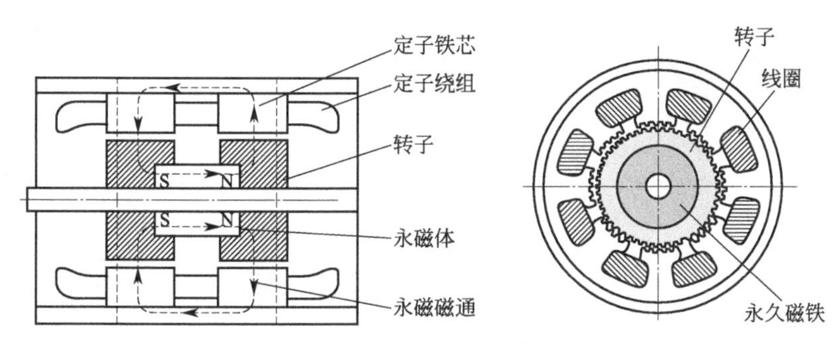

图 3.3　混合式步进电机结构示意图

为了加大输出转矩，一般会尽量加长转子软磁磁极的轴向长度，定子为 8 个磁极均匀分布，这 8 个磁极与转子齿分布在气隙两边，线圈直接绕制在绝缘骨架上。前后端盖采用绝缘铸铝材料，需要保证轴承座与安装止口的同心度，通常混合式步进电机的气隙比较小，大约在 0.05～0.1mm 范围内。

作用在气隙上的磁动势有两个：一个是控制绕组电流产生的磁动势；另一个是永久磁钢产生的磁动势。由于混入了永久磁钢的磁动势，所以气隙上的两个磁动势有时相叠加，有时相减，这要视绕组电流而定。

混合式步进电机的步距角小、动态性能好，是使用最广泛的步进电机。

3.1.3　步进电机的工作原理

常用的步进电机及其内部结构如图 3.4 所示。

通常电机的转子为永磁体，当电流流过定子绕组时，定子绕组产生一矢量磁场。该磁场会带动转子旋转一角度，使得转子的一对磁场方向与定子的磁场方向一致。当定子的矢量磁场旋转一个角度。转子也随着该磁场转一个角度。

图 3.4 右图中有两组绕组 A $\overline{A}$，B $\overline{B}$，可以看出他们分别形成的磁场是相反的，位置也是相对的。定子为铁芯，A $\overline{A}$，B $\overline{B}$ 绕在铁芯上，通电之后产生磁场变成电磁铁；转子为永磁体，磁场将对转子产生吸引或者排斥。

图中 A $\overline{A}$ 吸引转子，使得转子竖直（此时只有 A $\overline{A}$ 通电），当 B $\overline{B}$ 也通电后，B $\overline{B}$ 也产生磁场，此时转子将向 A B 中间区域偏转，具体偏转角度跟 A B 上电流大小比例有关。此后，A $\overline{A}$ 断电，B $\overline{B}$ 继续通电，则转子被吸引到水平位置。当 A $\overline{A}$ 反向通电，B $\overline{B}$ 继续通电，则转子顺时针旋转，重复以上过程，则转子可以进行旋转运动，控制通电的时机以及顺序，便可以达到控制步进电机旋转角度的目的。

定子铁芯：定子铁芯为凸极结构，由硅钢片叠压而成。在面向气隙的定子铁芯表面有齿距相等的小齿，如图 3.5 所示。

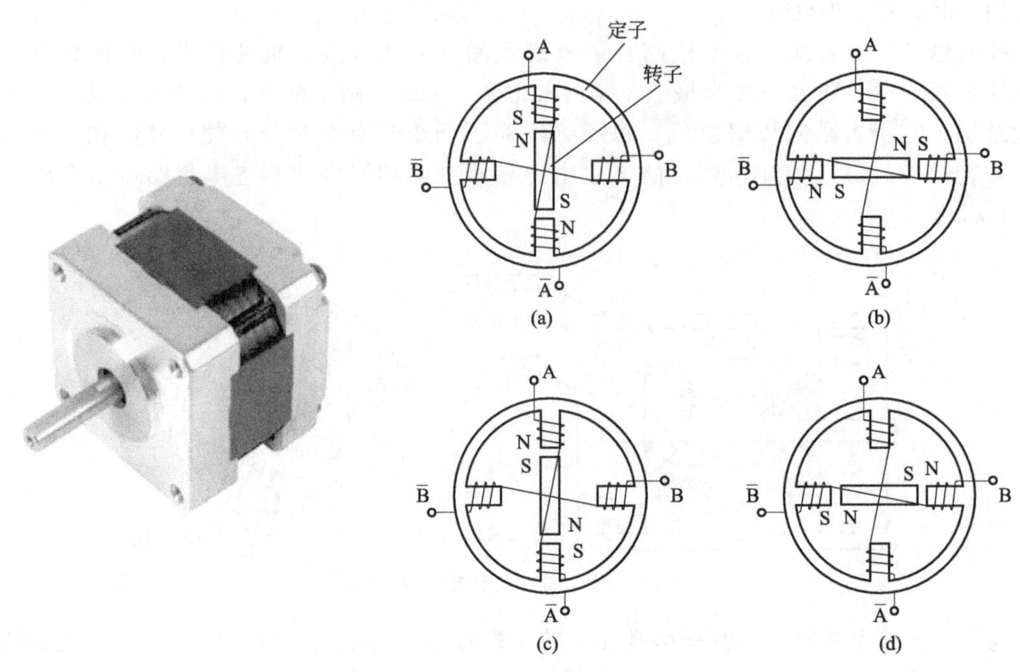

图 3.4　常用的步进电机及其内部结构

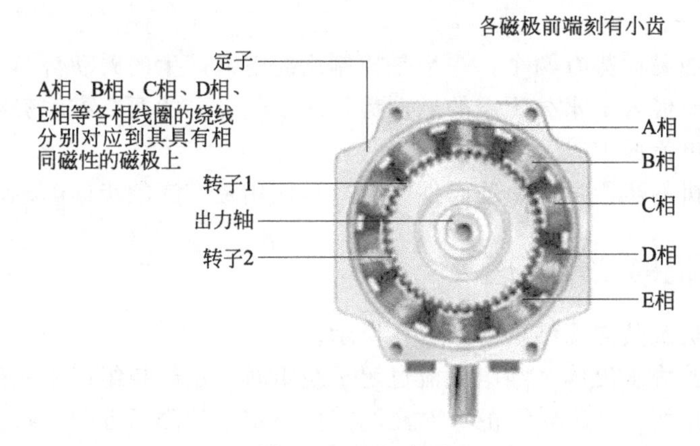

图 3.5　电机定子

定子绕组：定子每极上套有一个集中绕组，相对两极的绕组串联构成一相。步进电机可以做成二相、三相、四相、五相、六相、八相等。

转子：转子上只有齿槽没有绕组，系统工作要求不同，转子齿数也不同。

(1) 三相反应式步进电机工作原理

结构：电机转子上均匀分布着很多小齿，定子齿有三个励磁绕组，其几何轴线依次分别与转子齿轴线错开。0、$1/3T$、$2/3T$（相邻两转子齿轴线间的距离为齿距以 T 表示），即 A 与齿 1 相对齐，B 与齿 2 向右错开 $1/3T$，C 与齿 3 向右错开 $2/3T$，A′与齿 5 相对齐（A′就是 A，齿 5 就是齿 1），定子与转子的展开图如图 3.6 所示。

三相反应式步进电机有三种运行方式，分别为三相单三拍运行、三相双三拍运行和三相单双六拍运行。

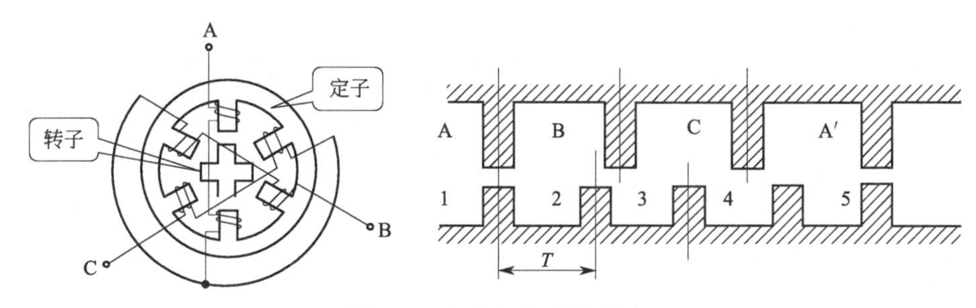

图 3.6　定子与转子展开图

“三相”是指定子绕组是三相绕组；定子绕组每改变一次通电方式称为“一拍”；“单”是指每拍只有一相绕组通电；“三拍”是指每改变三次通电方式才能完成一次通电循环，转子转过一个齿。

“三相单双六拍”中的“双”是指一拍中有两相绕组通电；“三相单双六拍”是指定子绕组要改变六次通电方式才能完成一次通电循环，为“六拍”，而且定子绕组通电方式为，前一拍是一相绕组通电，后一拍是两相绕组通电，交替进行，故而称之为“单双六拍”。

1）三相单三拍运行

其基本原理如图 3.7 所示。

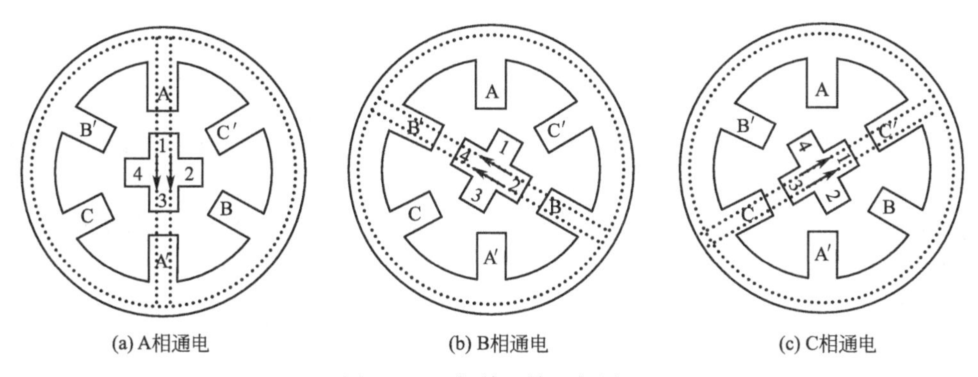

(a) A相通电　　(b) B相通电　　(c) C相通电

图 3.7　三相单三拍运行原理

设 A 相首先通电（B、C 两相不通电），产生 A-A′轴线方向的磁通，并通过转子形成闭合回路。这时 A、A′极就成为电磁铁的 N、S 极。在磁场的作用下，转子总是力图转到磁阻最小的位置，也就是要转到转子的齿对齐 A、A′极的位置［图 3.7(a)］；接着 B 相通电（A、C 两相不通电），转子便顺时针方向转过 30°，它的齿和 B、B′极对齐［图 3.7(b)］；随后，C 相通电（A、B 两相不通电），转子继续顺时针旋转 30°，齿与 C、C′极对齐［图 3.7(c)］。不难理解，当脉冲信号一个一个发来时，如果按 A→C→B→A→…的顺序通电，则电机转子便逆时针方向转动。这种通电方式称为单三拍方式。如果不断地按 A→C→B→A→…通电，电机就反转。

这种工作方式，因三相绕组中每次只有一相通电，而且，一个循环周期共包括三个脉冲，所以称三相单三拍。每来一个电脉冲，转子转过 30°，此角称为步距角，用 θ_s 表示。

2）三相双三拍运行

其基本原理如图 3.8 所示。通电顺序为：AB→BC→CA→AB→…。

工作时，每来一个电脉冲，转子同样转过 30°。

3）三相单双六拍运行

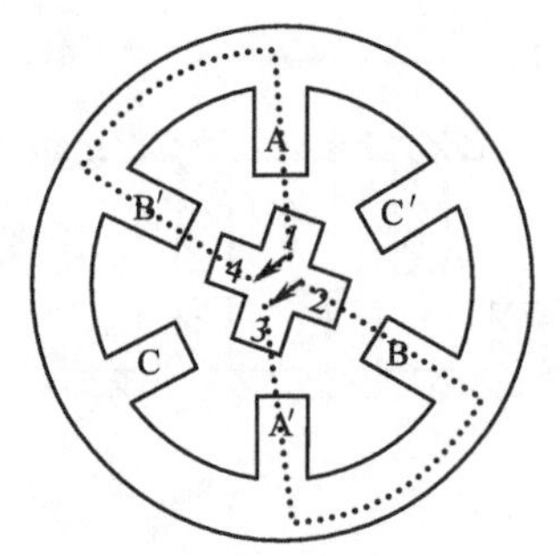
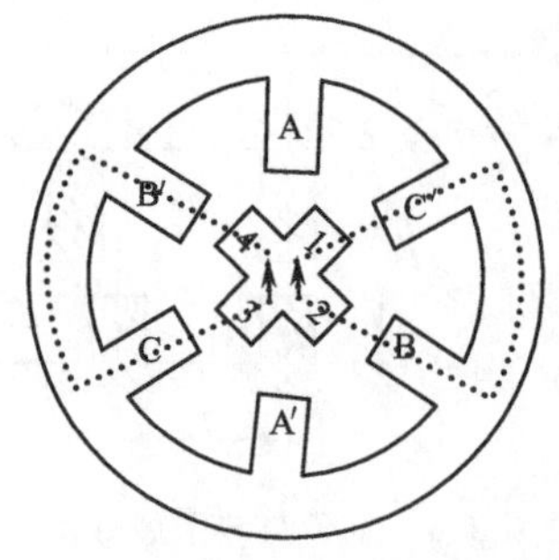
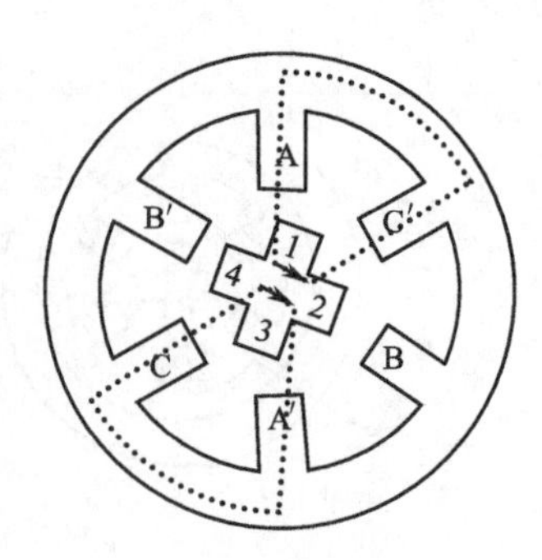

图 3.8　三相双三拍运行原理

其基本原理如图 3.9 所示。

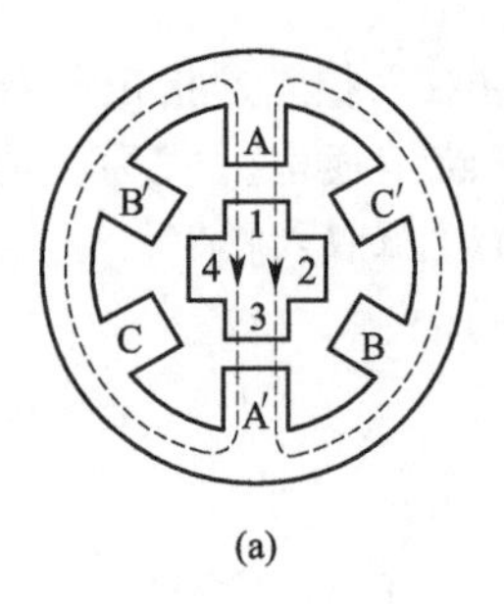
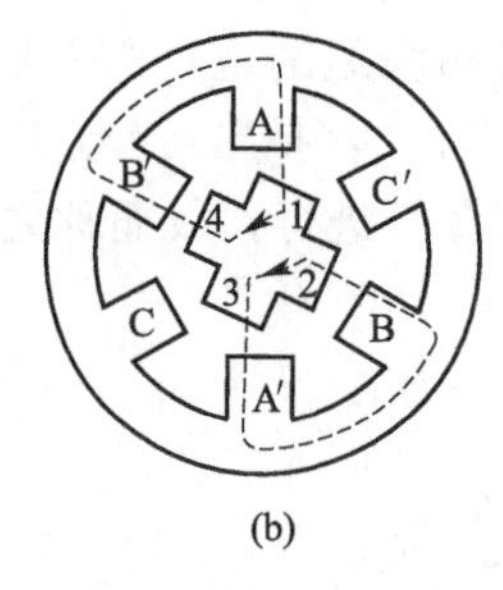
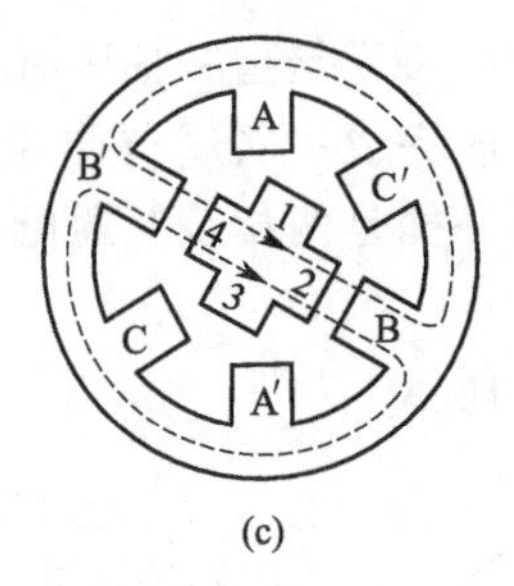
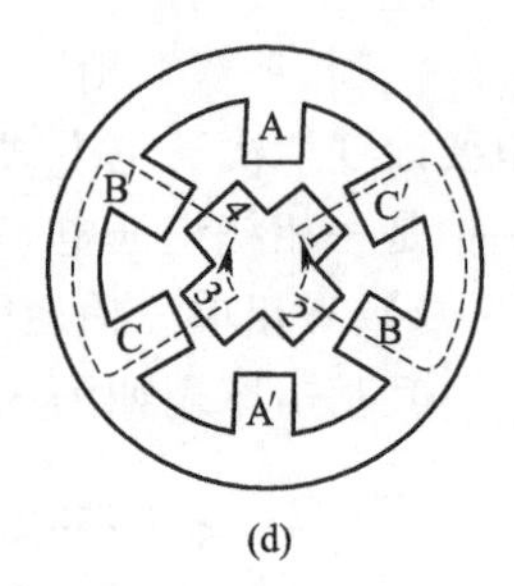

图 3.9　三相单双六拍运行原理

A 相通电，转子 1、3 齿和 A 相对齐［图 3.9(a)］；然后在 A 相继续通电的情况下接通 B 相，这时定子 B、B′极对转子齿 2、4 产生磁拉力，使转子沿顺时针方向转动，但是 A、A′极继续拉住齿 1、3，因此，转子转到两个磁拉力平衡为止。这时转子的位置如图 3.9(b) 所示，即转子从图 3.9(a) 位置顺时针转过了 15°。接着 A 相断电，B 相继续通电。这时转子齿 2、4 和定子 B、B′极对齐［图 3.9(c)］，转子从图 3.9(b) 的位置又转过了 15°。随后，B 相、C 相通电，其位置如图 3.9(d) 所示。如果按 A→A、B→B→B、C→C→C、A→A→… 的顺序轮流通电，则转子便以顺时针方向一步一步地转动，步距角 15°。电流换接六次，磁场旋转一周，转子前进了一个齿距角。如果按 A→A、C→C→C、B→B→B、A→A→… 的顺序通电，则电机转子按逆时针方向转动。这种通电方式称为六拍方式。

综上可知：采用单三拍和双三拍方式时，转子走三步前进了一个齿距角，每走一步前进了三分之一齿距角；采用六拍方式时，转子走六步前进了一个齿距角，每走一步前进了六分之一齿距角。因此步距角 θ_s 可用下式计算：

$$\theta_s = 360°/(Zr \times m)$$

式中，Zr 是转子齿数；m 是运行拍数。

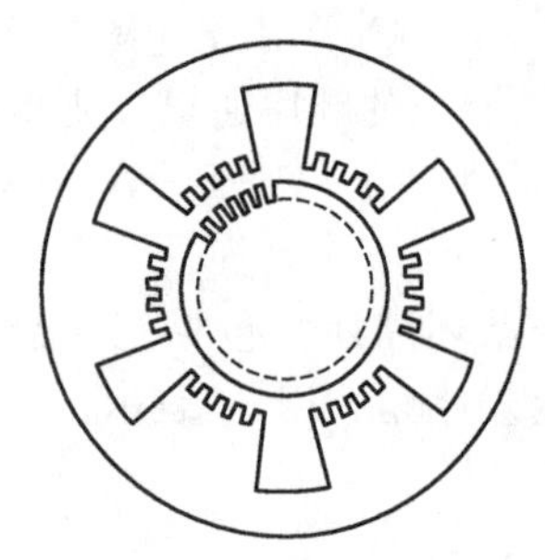

图 3.10　步进电机的结构图

一般步进电机最常见的步距角是 3°或 1.5°。由上式可知，转子上不是有 4 个齿（齿距角 90°），而是有 40 个齿（齿距角为 9°）。为了使转子齿与定子齿对齐，两者的齿宽和齿距必须相等。因此，定子上除了有 6 个极以外，在每个极面上还有 5 个和转子齿一样的小齿。步进电机的结构如图 3.10 所示。

(2) 永磁式步进电机工作原理

电机中定子为两相（或多相）绕组，转子为星形永久磁钢，转子极数应与定子每相极数相同，如图 3.11 所示为极对数为 2 的永磁式步进电机。

其运行方式可以有：

① 二相单四拍：定子绕组按 A→B→（−A）→（−B）→A 次序通电，转子将沿顺时针方向转过 45°。

② 二相双四拍：定子绕组按 AB→B（−A）→（−A）（−B）→（−B）A→AB 的次序通电，转子将沿顺时针方向转过 45°。

特点：步距角大，启动和运行频率低，需正负脉冲供电；但所需控制功率小，效率高。

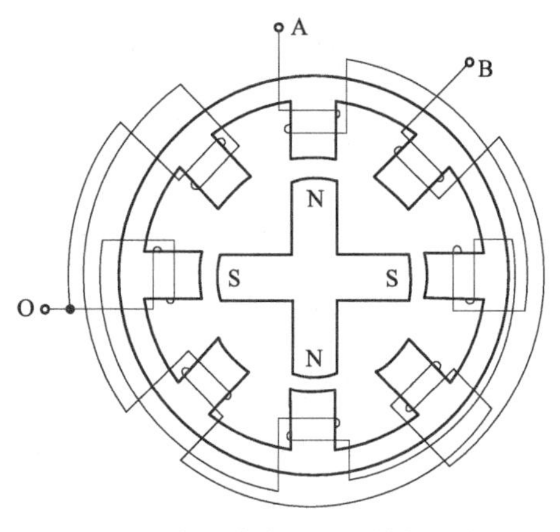

图 3.11　永磁式步进电机结构示意图

（3）混合式步进电机工作原理

转子永久磁铁的一端呈现什么磁性，那转子铁芯整个圆周都会呈现相同磁性。如图 3.12(a) 所示，转子一端为 S 极，那么圆周就都呈现 S 极性。当定子 A 相通电时，定子 1、3、5、7 极上的极性为 N、S、N、S，图 3.12 就是此时转子的稳定平衡位置，即 *I-I* 端上的转子齿与定子磁极 1、5 上的齿对齐，而 *II-II* 端上的转子槽与定子磁极 1′、5′上的齿对齐。转子齿与 B 相 2、4、6、8 极上的齿都错开四分之一个齿距。

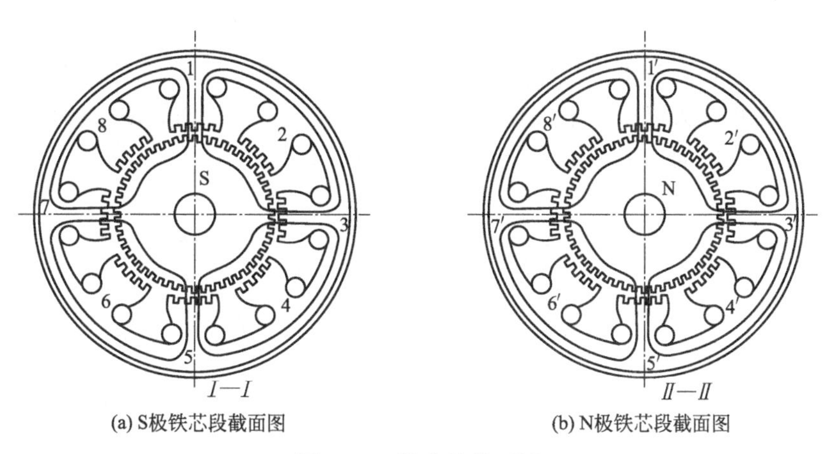

(a) S极铁芯段截面图　　(b) N极铁芯段截面图

图 3.12　铁芯段截面图

由于转子两端极性相反，错开半个齿距，但定子两端极性相同，所以转子转动时，转子两端的转矩方向一致，当按顺序给转子绕组通正、负电脉冲时，转子每次将转过一个步距角。

3.1.4　反应式步进电机的运行特性

（1）反应式步进电机静态特性

步进电机的静态特性是指通电状态不变，电机处于稳定状态时的特性，主要包括静转矩、矩角特性和静态稳定区。

对于步进电机，需要清楚几个名词：

① 初始稳定平衡位置。指步进电机在空载情况下，控制绕组中通以直流电流时，转子的最后稳定位置。

② 失调角 θ。指步进电机转子偏离初始平衡位置的电角度。在反应式步进电机中，转子

一个齿距所对应的度数为 2π 电弧度或 360°电角度。

③ 稳定平衡。当 $\theta=0°$时，转子齿轴线和定子齿轴线重合，$T=0$。

④ 位置静态转矩。转子偏离转过某一角度时，定、转子齿之间的吸力有了切向分量，而形成转矩 T，如图 3.13 所示。

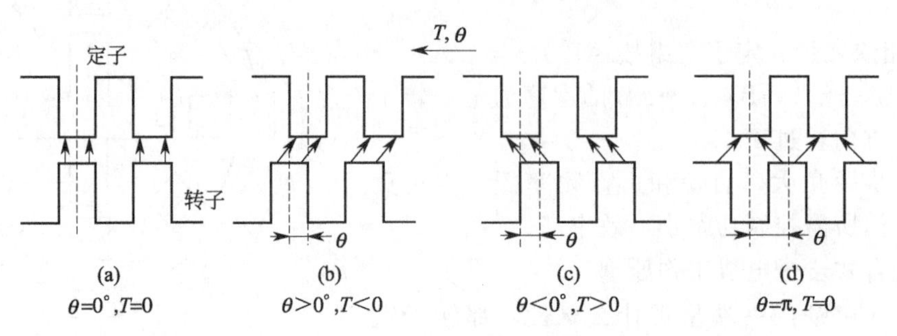

图 3.13　定、转子间的作用力

⑤ 矩角特性。在不改变通电状态（即控制绕组电流不变）时，步进电机的静转矩与转子失调角的关系，即 $T=f(\theta)$，如图 3.14 所示。

当 $\theta=\pm 90°$时，其静转矩的值 T_{max} 称为步进电机的最大静转矩。

⑥ 静态稳定区。步进电机空载时，稳定平衡位置对应于 $\theta=0°$处，而 $\theta=180°$则为不稳定平衡位置。

在静态情况下，如受外力矩的作用使转子偏离稳定平衡位置，但没有超出相邻的不稳定平衡点，则当外力矩除去以后，电机转子在静态转矩作用下仍能回到原来的稳定平衡点，所以两个不稳定平衡点之间的区域构成静态稳定区，如图 3.14 所示。

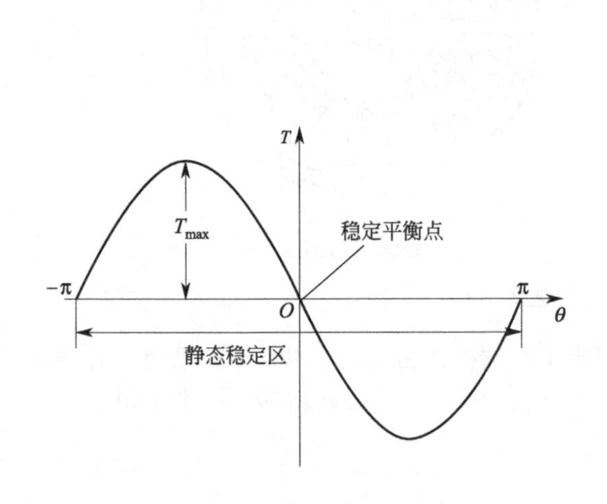

图 3.14　步进电机的矩角特性

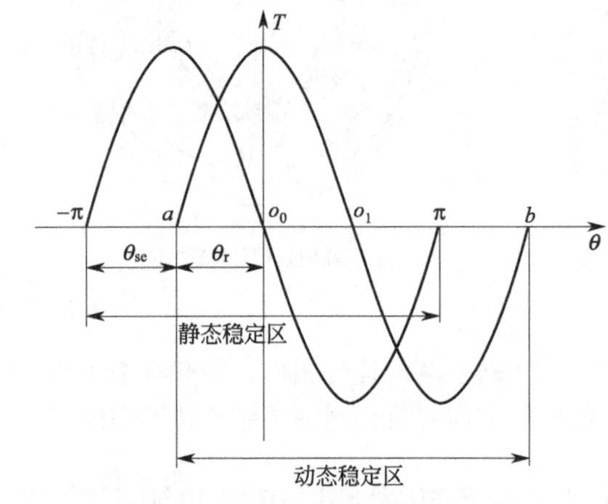

图 3.15　动态稳定区

⑦ 保持转矩。步进电机通电但没有转动时，定子锁住转子的力矩为保持转矩。

步进电机输出力矩随速度增大不断衰减，输出功率随速度增大而变化，因此保持转矩为衡量步进电机重要的参数之一。步进电机在低速时的力矩接近保持转矩，比如，2N·m 的步进电机，在没有特殊说明的情况下是指保持转矩为 2N·m 的步进电机。

(2) 反应式步进电机的动态特性

1) 单脉冲运行

当加上一个控制脉冲信号时，矩角特性将转移到矩角特性族中的下一条矩角特性曲线，转子将转到新的稳定平衡位置 o_1。在改变通电状态时，只有当转子起始位置位于 ab 之间才能使它向 o_1 点运动。因此称区间 ab 为电机空载时的动态稳定区，其取值范围为：$(-\pi+\theta_{se})<\theta<(\pi+\theta_{se})$，如图 3.15 所示。

a 点与 o_0 点之间的夹角 θ_r 称为稳定裕度（或裕量角）。裕量角越大，电机运行越稳定。

① 最大负载转矩。又称为启动转矩，表示步进电机单相励磁时所能带动的极限负载转矩，如图 3.16 所示。

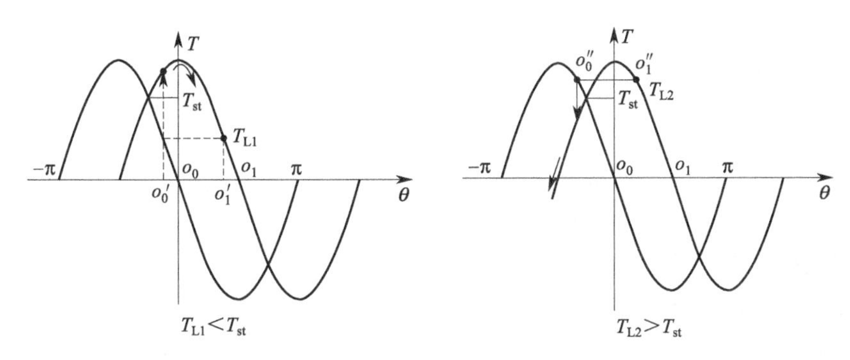

图 3.16　矩角特性曲线

如图 3.16 左图所示，当 $T_{L1}<T_{st}$ 时，因新的矩角特性曲线上对应点的电磁转矩大于负载转矩，使转子加速并向 θ 增大的方向运动，最终到达新的稳定平衡点 o_1'。

如图 3.16 右图所示，当 $T_{L2}>T_{st}$ 时，因新矩角特性上对应点的电磁转矩小于负载转矩，转子不能到达新的稳定平衡点 o_1''，而是向 θ 减小的方向运动，因此不能做步进运动。

由此可知，步进电机能带的最大负载转矩要比最大静转矩 T_{max} 小。只有当负载转矩小于启动转矩（最大负载转矩）T_{st} 时，才能保证电机进行正常的步进运动。

② 空载启动频率。指的是步进电机在空载情况下能够正常启动的脉冲频率。如果脉冲频率高于该值，电机不能正常启动，可能发生丢步或堵转；在有负载的情况下，启动频率应更低。

要使电机达到高速转动，脉冲频率应该有加速过程，即启动频率较低，然后按一定加速度升到所希望的高频（电机转速从低速升到高速）。

③ 转子振荡过程。根据以上分析，可认为切换控制绕组时，转子单调地趋向新的平衡位置，但实际上要经过一个衰减的振荡过程，如图 3.17 所示。

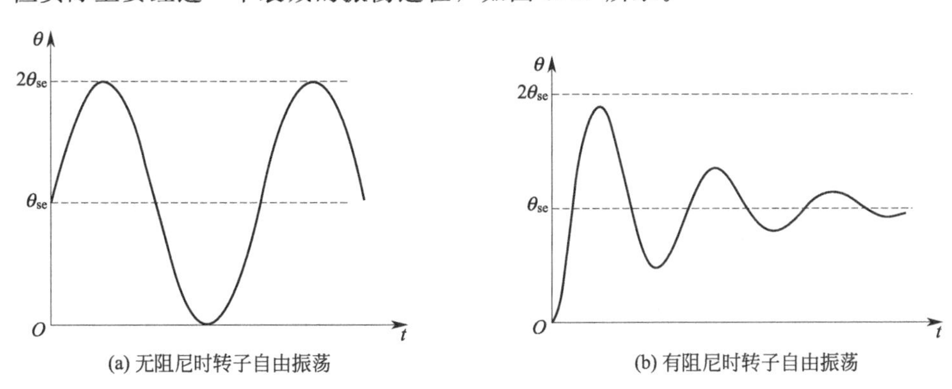

图 3.17　转子振荡过程

可通过增加阻尼的方式减小振荡幅度和时间，包括机械阻尼和电气阻尼。

机械阻尼特点：增加电机转子的干摩擦阻力或增加黏性阻力；增大了惯性，快速性能变坏，体积增大。

电气阻尼：多相励磁阻尼、延迟断开阻尼，方法简单、效果好。

2）连续脉冲运行

① 极低频运行。当控制脉冲频率极低时，脉冲持续的时间很长，并且大于转子衰减振荡的时间，即在下一个控制脉冲尚未到来时，转子已处于某平衡位置。故其每一步都和单步运行一样，电机具有明显的步进特征，如图 3.18 所示。

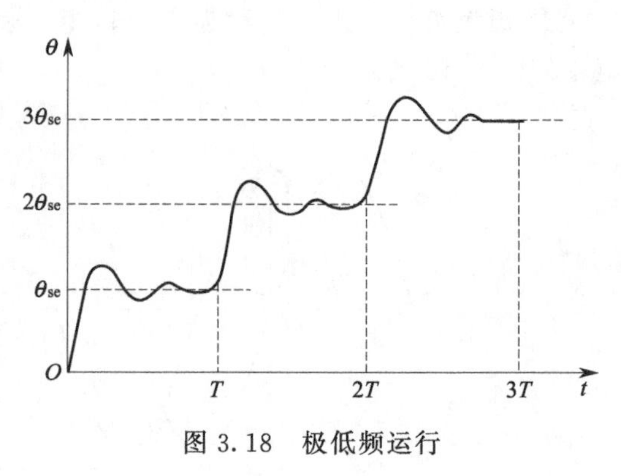

图 3.18　极低频运行

② 脉冲频率很低时的低频共振运行。当控制脉冲的频率比极低频时高，脉冲持续的时间比转子衰减振荡的时间短，这时转子还未稳定在平衡位置，下一个控制脉冲就到来。此时频率介于极低频与高频之间，此时脉冲间隔较长，电机启动和运行一般没有问题。如果等于或接近于步进电机的振荡频率，电机就会出现低频共振。

以三相单三拍为例加以说明，如图 3.19 所示。

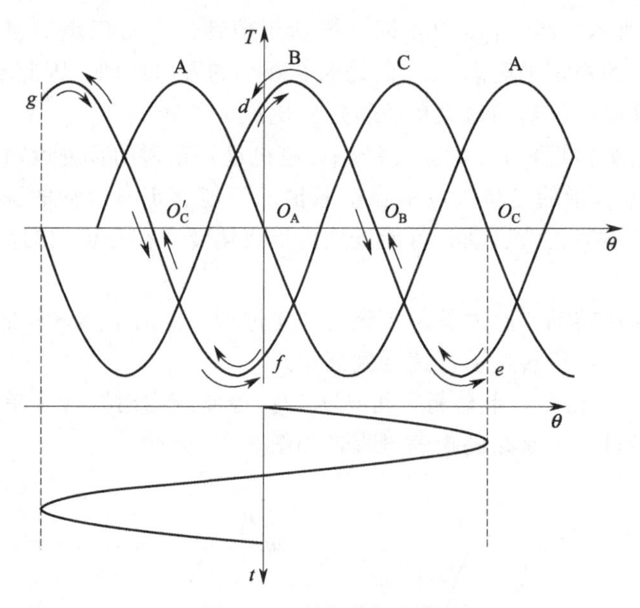

图 3.19　低频共振现象

开始时转子处于 A 相矩角特性的平衡位置 O_A 点，第一个脉冲到来时，通电绕组换为 B 相，则转子应向 B 相的平衡位置 O_B 点转动。当转子振荡了一个周期，恰好回到起始稳定平衡位置时，相当于转子工作点位置在矩角特性 B 上由 $O_A \to d \to O_B \to e \to O_B \to d$，这时第二个脉冲到来，通电绕组又换为 C 相，工作点由矩角特性 B 上的 d 点转移到矩角特性 C 上的 f 点。这时转子受到的电磁转矩为负值，所以转子不向平衡位置 O_C 点转动，而是向 O_C' 点转动。相当于转子在矩角特性 C 上由 $f \rightarrow O'_{C} \rightarrow g \rightarrow O'_{C} \rightarrow f$，即转子反方向振荡，这时第三个脉冲到来，转子由 f 点移到 O_{A} 点，此时的电磁转矩等于零，转子不再转动。以后重复上述过程，这样，无论经过几个通电循环，转子始终处在原来的位置 O_{A}，此时电机完全失控，这个现象叫低频共振。

③ 脉冲频率很高时的连续运行。当控制脉冲的频率很高时，脉冲间隔的时间很短，电机转子尚未到达第一次振荡的幅值，甚至还没有到达新的稳定平衡位置，下一个脉冲就到来。此时电机的运行已由步进变成了连续平滑的转动，转速也比较稳定，如图 3.20 所示。

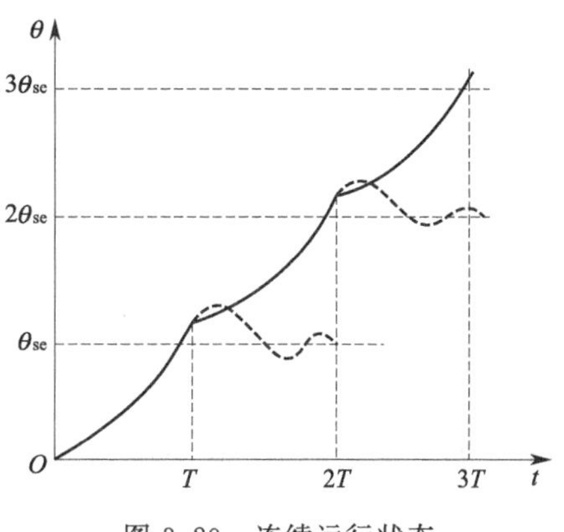

图 3.20　连续运行状态

当频率太高时，也会产生失步，甚至还会产生高频振荡。

3.1.5　步进电机的操作模式

步进电机的基本操作模式称为“励磁模式”，能够使步进电机工作在全步模式、半步模式和微步模式，其中微步模式能够有效地降低步进电机相电流的噪声，能够改善步进电机固有的噪声振动问题。下面将介绍 3 种励磁模式。

（1）全步模式

所谓全步模式，就是依据电机固有结构设计固定的步距角工作，接收一个电脉冲，步进电机前进一个步距角。这个步距角是电机设计结构所决定的，也可以理解为电机以最大的步距角旋转，如图 3.21 所示。

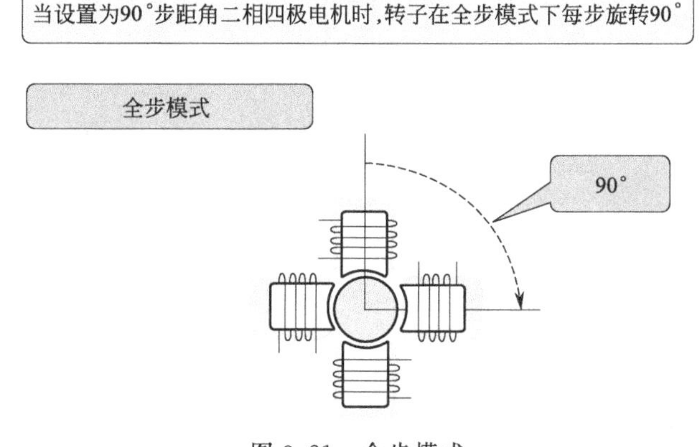

图 3.21　全步模式

（2）半步模式

半步模式是以电机固有结构决定的步距角的一半角度进行步进旋转的。如图 3.22 所示，步进电机的总极数是 4 极，对应的步距角是 90°，那么半步模式下，步进电机每个脉冲旋转 45°。

（3）微步模式

微步模式类似于半步模式，步距角更小，就是 1/4 步、1/8 步、1/16 步，可以到很高的

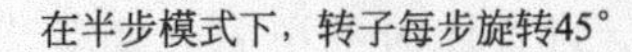

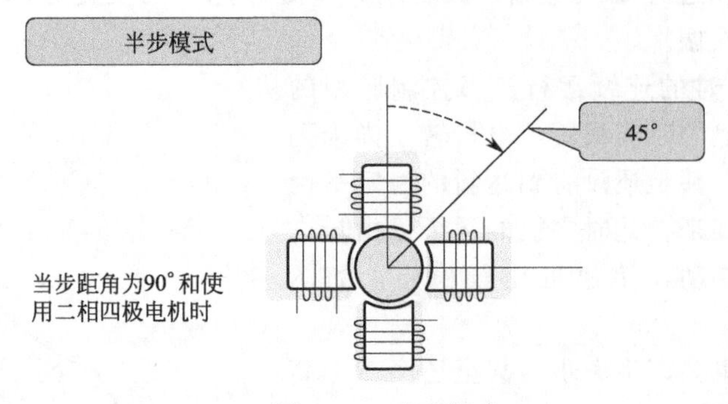

图 3.22　半步模式

细分。对应的步进角度就是整步步距角乘以微步系数，如图 3.23 所示。

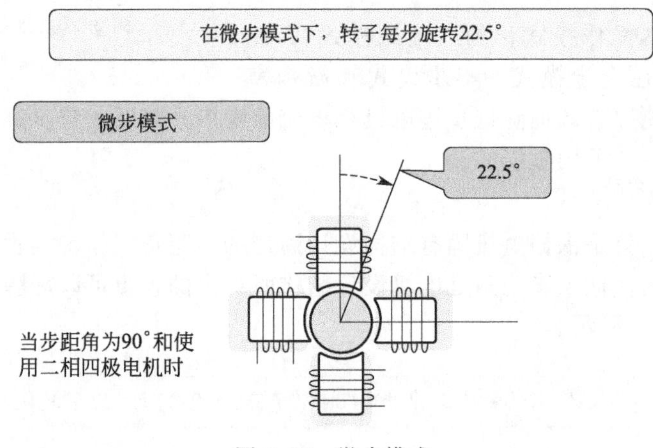

图 3.23　微步模式

步进电机步距角越小，需要的加工精度会越高，对应的微步时的步进角度的误差会越大。

3.2　步进电机的驱动电源

步进电机不能直接接到工频交流或直流电源上工作，必须使用专用的步进电机驱动器。步进电机运行特性与配套使用的驱动电源密切相关。

3.2.1　驱动电源的基本要求

① 驱动电源的相数、通电方式和电压、电流都要满足步进电机的要求。

② 要满足步进电机启动频率和连续运行频率的要求。

③ 能最大限度地抑制步进电机的振荡。

④ 工作可靠，抗干扰能力强。

⑤ 成本低、效率高，安装维护方便。

3.2.2 驱动电源组成

驱动电源主要由变频信号源、脉冲分配器和功率放大器三部分组成，如图 3.24 所示。

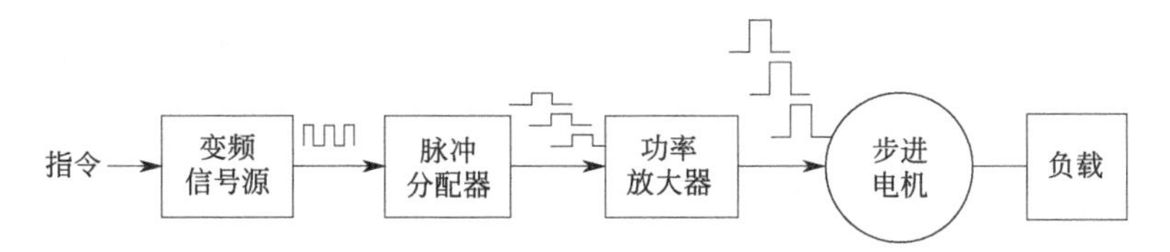

图 3.24 步进电机驱动电源方框图

变频信号源是一个脉冲频率由几赫兹到几十千赫兹可连续变化的信号发生器，可以是计算机或振荡器。脉冲分配器是一种逻辑电路，由双稳态触发器和门电路组成，它可将输入的电脉冲信号根据需要循环地分配到功率放大器（脉冲放大器）进行功率放大，并使步进电机按选定的运行方式工作。

(1) 变频信号源（脉冲发生器）

脉冲发生器可以采用多种线路，最常见的有多谐振荡器和由单结晶体管构成的张弛振荡器两种，它们都是通过调节电阻 R 和电容 C 的大小来改变电容器充放电的时间常数，以达到改变脉冲信号频率的目的。图 3.25 是两种实用的多谐振荡电路，它们分别由反相器和非门构成，振荡频率由 RC 决定，改变 R 值即可改变脉冲频率。

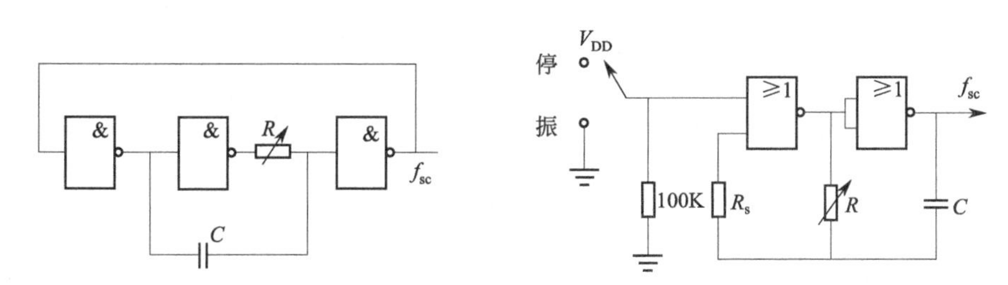

图 3.25 脉冲发生器实用电路

(2) 脉冲分配器

步进电机的各相绕组必须按一定的顺序通电才能正常工作，（环形）脉冲分配器就是实现该功能的。实现方法有三种：

① 软环分。利用查表或计算方法来进行脉冲的环形分配。以如图 3.26 所示的微机控制三相步进电机为例，对其软环分状态进行详细介绍，如表 3.1 所示。

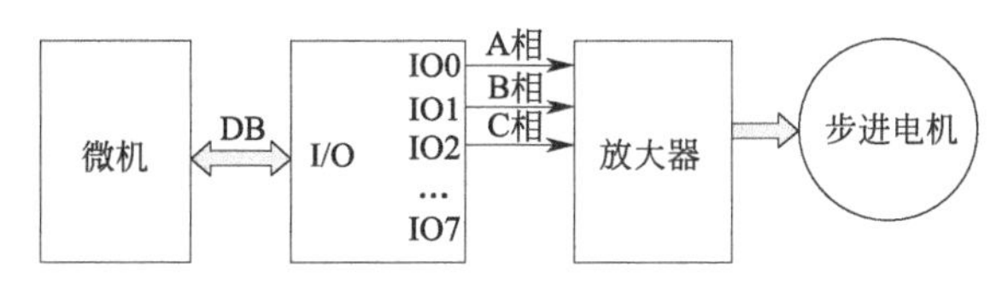

图 3.26 微机控制三相步进电机框图

可将表中状态代码 01H、03H、02H、06H、04H、05H 列入程序数据表中，通过软件可顺次在数据表中提取数据并通过输出接口输出，通过正向顺序读取和反向顺序读取可控制电机进行正反转。通过控制读取一次数据的时间间隔可控制电机的转速。

该方法能充分利用计算机软件资源以降低硬件成本，尤其是对多相的脉冲分配具有更大的帮助。但由于软环分占用计算机的运行时间，故会使插补一次的时间增加，易影响步进电机的运行速度。

表 3.1　三相六拍分配状态

正向	1-2 相通电	CP	C	B	A	代码	反向
↓	A	0	0	0	1	01H	↑
	AB	1	0	1	1	03H	
	B	2	0	1	0	02H	
	BC	3	1	1	0	06H	
	C	4	1	0	0	04H	
	CA	5	1	0	1	05H	
	A	0	0	0	1	01H	

② 采用小规模集成电路搭接。图 3.27 为由三个 JK 触发器构成的按六拍通电方式的脉冲环形分配器，利用这种方式可搭接任意相任意通电顺序的环形分配器，同时在工作时不占用计算机的工作时间，但柔性较差，硬件一旦完成就不易修改。

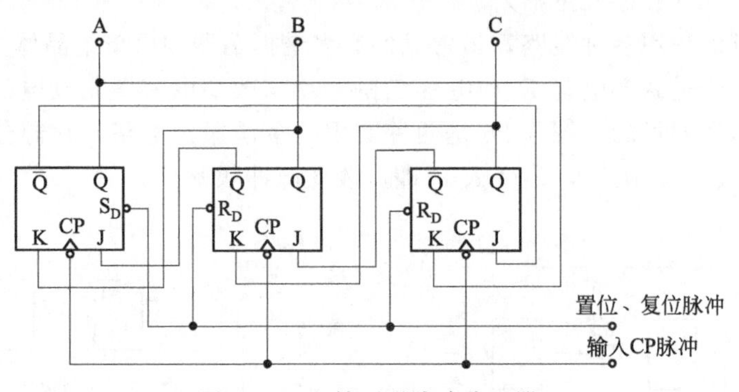

图 3.27　六拍环形脉冲分配器

③ 采用专用环形分配器器件。市面上常见的 CH250 即为一种三相步进电机专用环形分配器。它可以实现三相步进电机的各种环形分配（双三拍，单六拍等），使用方便、接口简单。通过其控制端的不同接法可以组成三相双三拍和三相六拍的不同工作方式，如图 3.28、图 3.29 所示。

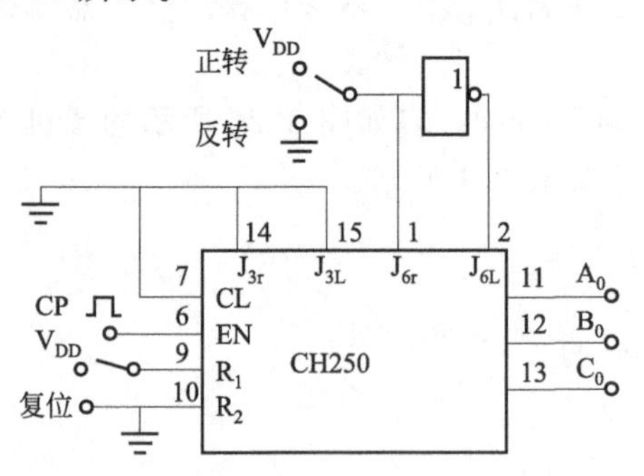

图 3.28　CH250 三相双三拍接法

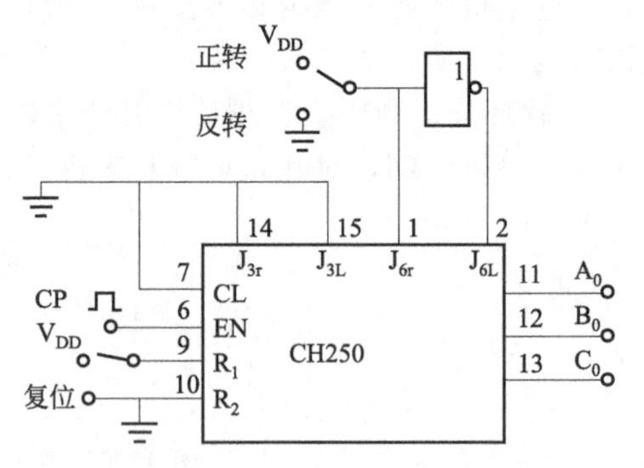

图 3.29　CH250 三相六拍接法

J_{3r}、J_{3L} 两端子是三相双三拍的控制端，J_{6r}、J_{6L} 是三相六拍的控制端。三相双三拍工作时，若 J_{3r}＝“1”，而 J_{3L}＝“0”，则电机正转；若 J_{3r}＝“0”，J_{3L}＝“1”，则电机反转；三相六拍供电时，若 J_{6r}＝“1”，J_{6L}＝“0”，则电机正转；若 J_{6r}＝“0”，J_{6L}＝“1”，则电机反

转。R_2 是双三拍的复位端，R_1 是六拍的复位端，使用时，首先将其对应复位端接入高电平，使其进入工作状态，然后换接到工作位置。CL 端是时钟脉冲输入端，EN 是时钟脉冲允许端，用以控制时钟脉冲的允许与否。当脉冲 CP 由 CL 端输入，只有 EN 端为高电平时，时钟脉冲的上升沿才起作用。CH250 也允许以 EN 端作脉冲 CP 的输入端，此时，只有 CL 为低电平时，时钟脉冲的下降沿才起作用。A_0、B_0、C_0 为环形分配器的三个输出端，经过脉冲放大器（功率放大器）后分别接到步进电机的三相线上。

CH250 环形脉冲分配器的功能关系如表 3.2 所列。

表 3.2　CH250 环形脉冲分配器的功能关系

工作方式		CL	EN	J_{3r}	J_{3L}	J_{6r}	J_{6L}
六拍	正转	0	↓	0	0	1	0
	反转	0	↓	0	0	0	1
双三拍	正转	0	↓	1	0	0	0
	反转	0	↓	0	1	0	0
六拍	正转	↑	1	0	0	1	0
	反转	↑	1	0	0	0	1
双三拍	正转	↑	1	1	0	0	0
	反转	↑	1	0	1	0	0

（3）脉冲放大器（功率放大器）

步进电机的驱动电路实际上是一种脉冲放大电路，使脉冲具有一定的功率驱动能力。由于功率放大器的输出直接驱动电机绕组，因此，功率放大电路的性能对步进电机的运行性能影响很大。对驱动电路要求的核心问题则是如何提高步进电机的快速性和平稳性。

1）单一电压型功率放大电路

步进电机绕组电感具有延缓电流变化的作用，其可使步进电机高频运行时的动态转矩减小，动态特性变坏。在绕组电路中串入电阻 R_{f1}，使绕组时间常数减小，增大动态转矩，提高启动和连续运行频率，并使启动和运行矩频特性下降缓慢，如图 3.30 所示。

并联于 R_{f1} 的电容 C 可强迫控制电流加快上升，使电流波形前沿更陡，改善波形。因电容两端电压不能突变，在控制绕组通电瞬间将 R_{f1} 短路，电源电压可全部加在控制绕组上。功率管 VT_1 由导通突然变为关断状态时，并联二极管 VD_1 和电阻 R_{f2} 形成放电回路，限制功率管 VT_1 上的电压，保护功率管。

优点：线路简单，功率元件少，成本低。

缺点：R_{f1} 上要消耗能量，工作效率低。

单一电压型放大电路只适用于小功率步进电机，如果电容 C 选择不当，在低频段会使振荡有所增加，使低频性能变差。

2）高、低电压切换型功率放大电路（图 3.31）

当输入控制脉冲信号时，功率管 VT_1、VT_2 导通，低压电源由于二极管 VD_1 承受反向电压处于截止状态不起作用，高压电源加在控制绕组上，控制绕组中的电流迅速升高，使电流波形前沿变陡；当电流上升到额定值或比额定值稍高时，利用定时电路或电流检测电路，使功率管 VT_1 关断，VT_2 仍然导通，二极管 VD_1 由截止变为导通，控制绕组由低压电源供电，维持其额定稳态电流；当输入信号为零时，功率管 VT_2 截止，控制绕组中的电流通过二极管 VD_2 续流，向高压电源放电，绕组中的电流迅速减小。电阻 R_{f1} 的阻值很小，目的是调节控制绕组中的电流，使各相电流平衡。

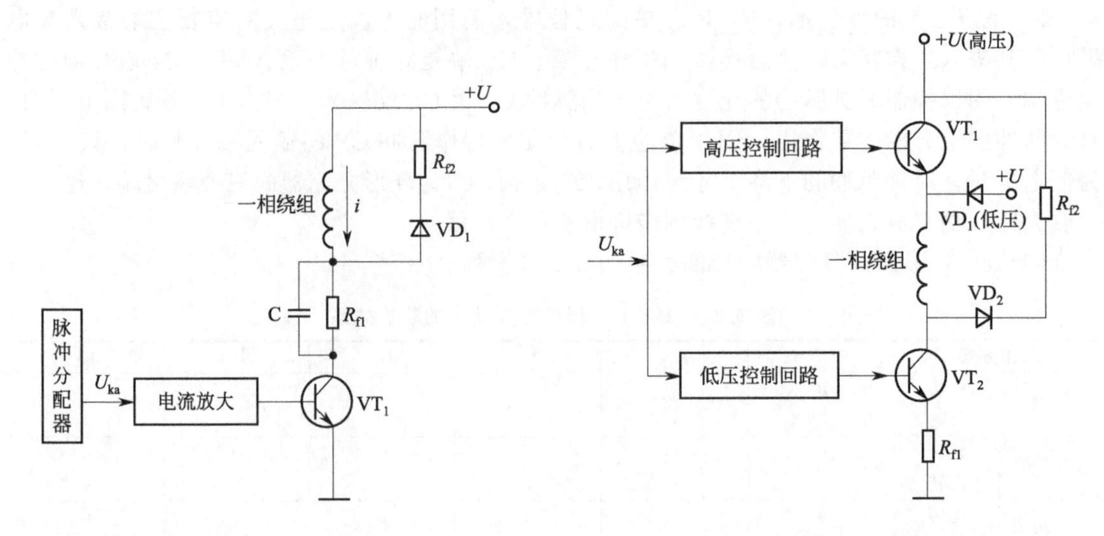

图 3.30 单一电压型功率放大电路

图 3.31 高、低电压切换型功率放大电路

这种电路效率较高，启动和运行频率也比单一电压型电路要高。

优点：电源功耗比较小，效率比较高；矩频特性好，启动和运行频率得到了很大的提高。

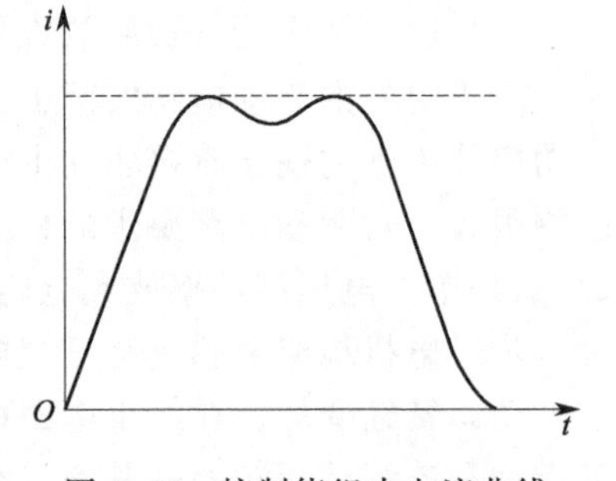

图 3.32 控制绕组中电流曲线

缺点：低频运行时输入能量过大，造成电机低频振荡加重；增大了电源的容量；对功率管性能参数的要求高。

该类放大电路常用于大功率步进电机的驱动。

3）电流斩波驱动放大电路

步进电机在运行中，经常会出现控制绕组中电流波顶下凹，如图 3.32 所示。具体原因为：绕组感应电动势、相间互感等因素引起电机转矩下降，动态性能变差、电机失步。

为了消除这种现象，通常采用斩波恒流驱动电路，如图 3.33 所示。

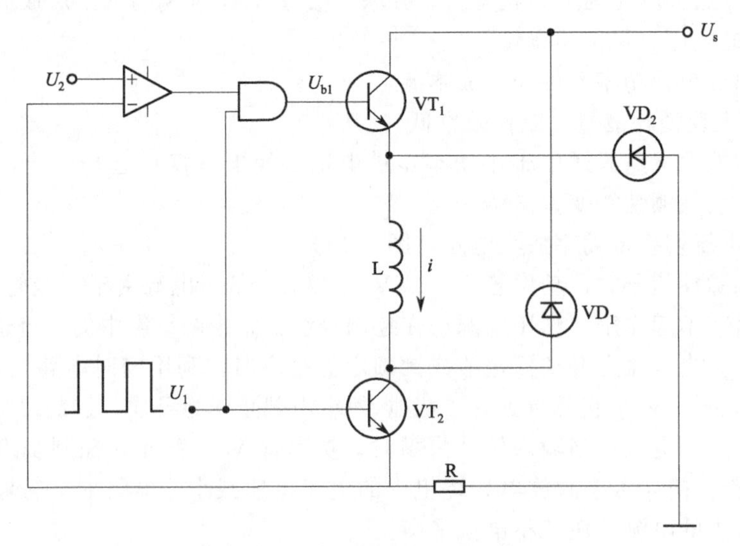

图 3.33 斩波恒流驱动电路

图 3.33 中，绕组电流的通断由开关管 VT_1、VT_2 共同控制，VT_2 的发射极接一个采样电阻 R，该电阻上的电压降与绕组电流大小成正比，电压 U_1 控制该相绕组是否通电流，U_2 为相电流大小的设定值。

当控制脉冲 U_1 为高电平时，开关管 VT_1 和 VT_2 均导通，直流电源 U_s 向该相绕组供电，产生电流 I。由于绕组电感的影响，采样电阻 R 上的电压逐渐升高，当超过给定电压 U_2 时，比较器输出低电平，使其后面的与门输出 U_{b1} 变为低电平，VT_1 截止，直流电源被切断，绕组电流 i 经 VT_2、R、VD_2 续流衰减，采样电阻 R 上的电压随之下降。

当采样电阻 R 上的电压小于给定电压 U_2 时，比较器输出高电平，其后的与门输出的 U_{b1} 也变为高电平，VT_1 重新导通，直流电源又开始向绕组供电。如此循环，相绕组电流就稳定在由给定电压 U_2 所决定的电流 i 上，其电压、电流波形如图 3.34 所示。

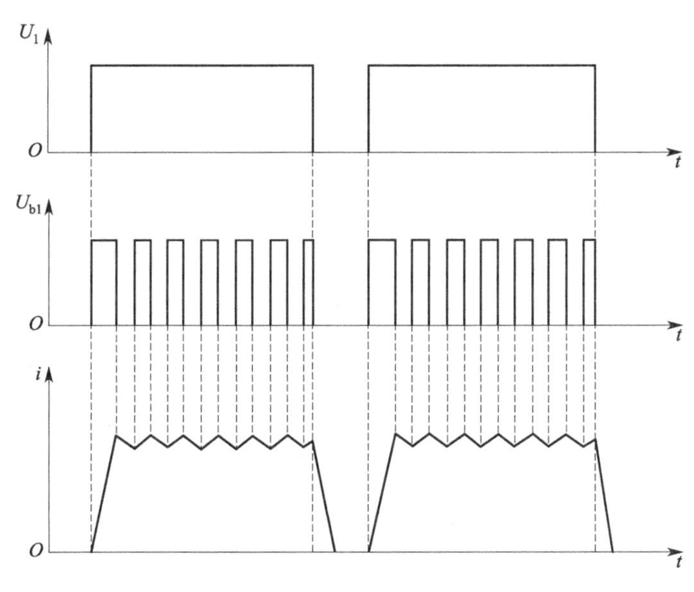

图 3.34　电压、电流波形

4）双极性驱动

前文所述驱动都属于单极性驱动，永磁式和混合式步进电机工作时要求定子磁极的极性交变，通常要求其绕组由双极性电路驱动，即绕组电流能正、反向流动，如图 3.35 所示。

由于双极性驱动电路较为复杂，过去仅用于大功率步进电机。近年来出现了集成化的双极性驱动芯片，使它能方便应用于对效率和体积要求较高的产品中，如：L298 双 H 桥驱动器。

5）细分驱动

细分驱动控制又称为微步距控制，是步进电机开环控制新技术之一。其原理就是把原来的一个步距角再分为若干步完成，使步进电机的转动近似为匀速运动，并能在任何位置停步，为达到这一要求，可将绕组的矩形波脉冲电流改为阶梯波电流，如图 3.36 所示。

在输入电流的每个台阶，电机转动一小步，电流的台阶数越多，电机的步距角越小，从而使步距角成倍减小，步数成倍增加。

实现阶梯波电流细分驱动通常有以下四种方法：

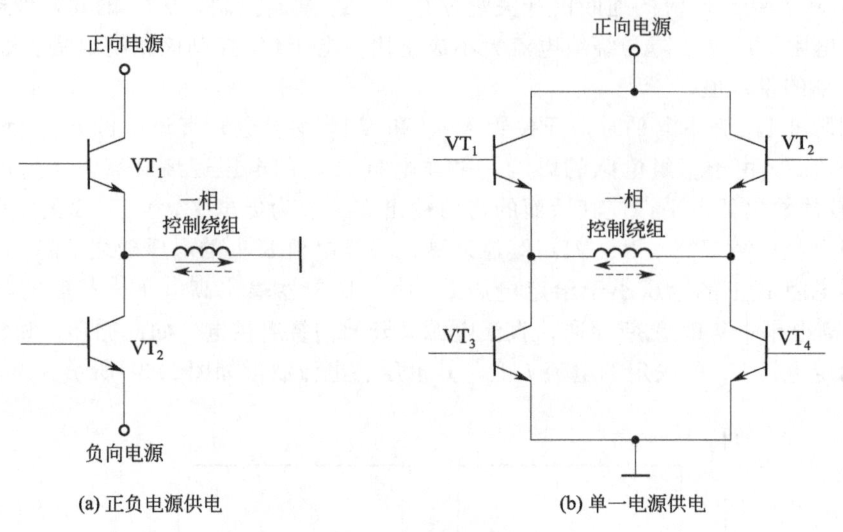

图 3.35　供电电源

① 先放大后合成。如图 3.37 所示，把顺序脉冲发生器产生的各个等幅等宽脉冲，用几个完全相同的开关放大器分别进行功率放大，然后在电机绕组中将这些脉冲电流进行叠加，形成阶梯波电流。

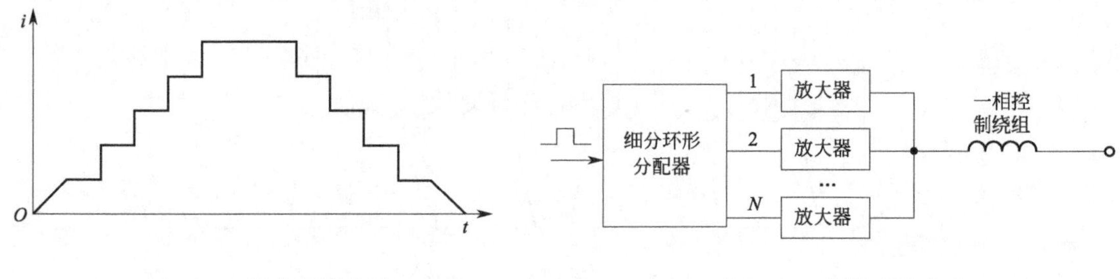

图 3.36　细分电流波形　　　　图 3.37　先放大后合成

② 先合成后放大。如图 3.38 所示，把顺序脉冲发生器产生的等幅等宽脉冲，先合成为阶梯波，然后再对阶梯波进行功率放大。这种方法的优点是功率元件减少，适合于驱动小容量步进电机。

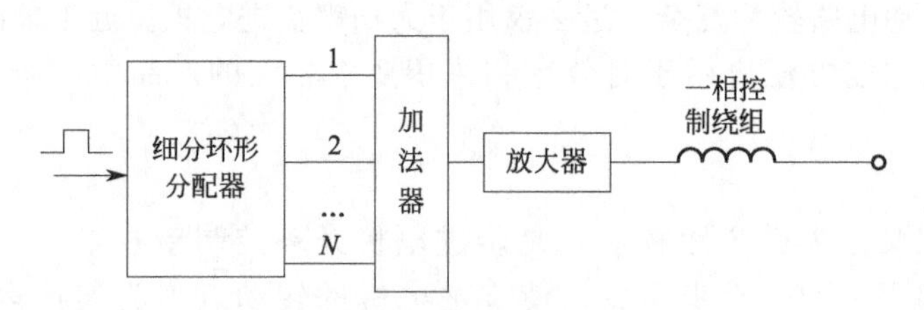

图 3.38　先合成后放大

③ 编制控制软件。随着微处理器（MCU）技术的发展与进步，将 PWM 技术、AD 采样/转换技术融合于 MCU 控制平台，通过编制控制软件可以灵活地实现步进电机的各种细分驱动，其系统控制框图如图 3.39 所示。

借助电流闭环控制环节实现细分驱动，可以提高绕组电流控制精度，改善电机运行性

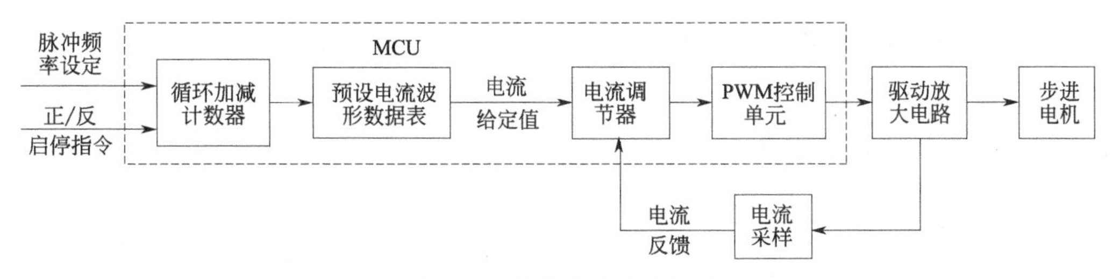

图 3.39　软件控制系统框图

能，克服了传统细分驱动方式中电流开环控制带来的不足。

④ 细分驱动专用集成电路。近年来，随着集成电路迅速发展，半导体厂商已开发生产了多种步进电机专用集成驱动芯片，能够方便地应用于对效率和体积要求较高的产品中，也用于步进电机的角度细分控制。如 SGS-THOMSON 公司的双极性两相步进电机细分控制驱动单片集成电路 L6217/L6217A、Intel Motion 公司的两相步进电机细分控制器 IM2000、东芝公司的步进电机细分控制器 TA7289 等。

以两相四拍运行的混合式步进电机为例，采用 4 细分驱动运行时，步进电机 A、B 相绕组电流变化波形如图 3.40 所示，绕组电流由原来的整步开通关断变为 4 阶梯波过渡的开通关断方式，因此，在某些时刻两相绕组均有电流通过。

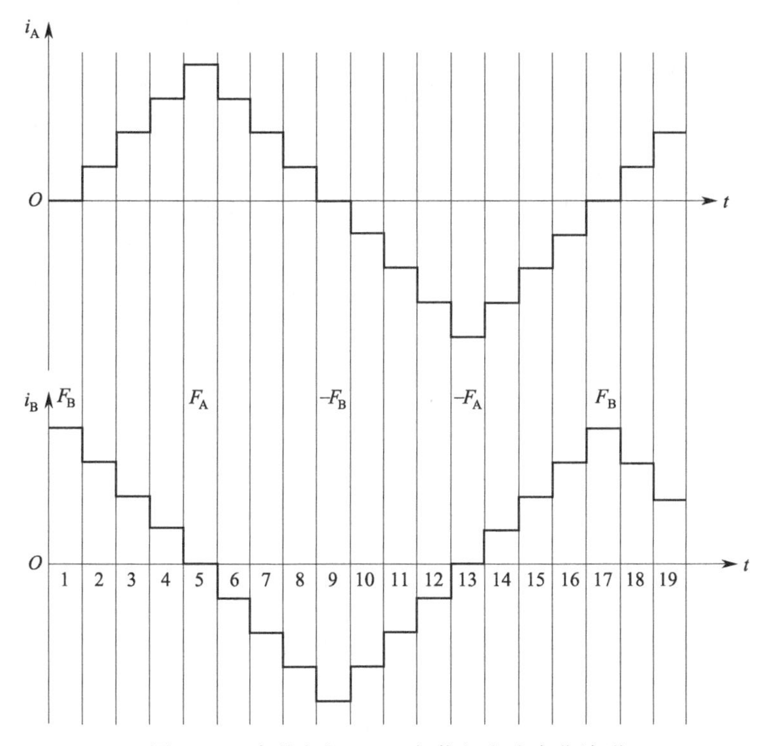

图 3.40　步进电机 A、B 相绕组电流变化波形

在细分驱动过程中，产生了多个对应的合成磁动势矢量，这些合成磁动势矢量与原来的四拍磁动势分布在一个等幅匀速旋转磁场中，如图 3.41 所示。

运行过程中，步进电机的实际步距角降低为原来的 1/4，实现了步进电机的 4 细分驱动。

3.2.3 驱动器的使用

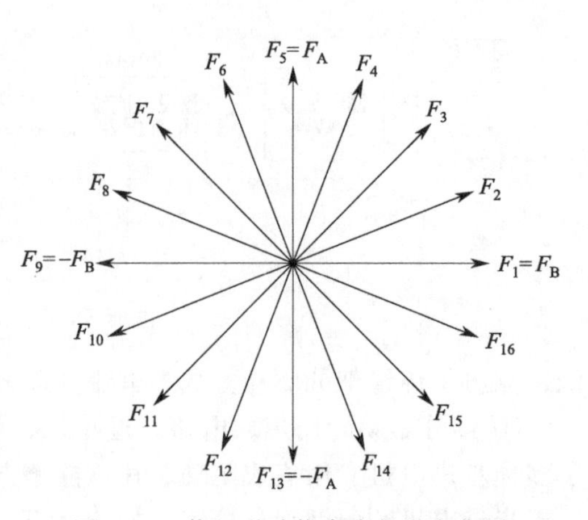

图 3.41 绕组磁动势合成矢量变化图

(1) 驱动器接线方法

步进电机驱动器接线方法一般有共阳极接法、共阴极接法和差分方式接法三种，分别如图 3.42～图 3.44 所示。

图中控制信号的定义一般为：

① PUL/CW＋：步进脉冲信号输入正端或正向步进脉冲信号输入正端。

② PUL/CW－：步进脉冲信号输入负端或正向步进脉冲信号输入负端。

③ DIR/CCW＋：步进方向信号输入正端或反向步进脉冲信号输入正端。

④ DIR/CCW－：步进方向信号输入负端或反向步进脉冲信号输入负端。

⑤ ENA＋：脱机使能复位信号输入正端。

⑥ ENA－：脱机使能复位信号输入负端。

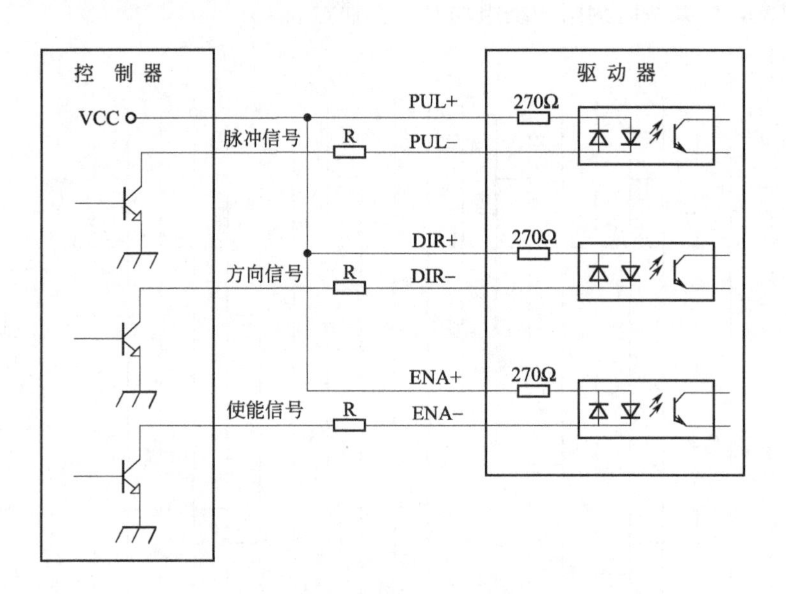

图 3.42 共阳极接线

脱机使能信号有效时复位驱动器故障，禁止任何有效的脉冲，驱动器的输出功率元件被关闭，电机无保持转矩。

上位机的控制信号可以高电平有效，也可以低电平有效。当高电平有效时，把所有控制信号的负端连在一起作为信号地；低电平有效时，把所有控制信号的正端连在一起作为信号公共端。

注意：VCC 值为 5V 时，R 短接；VCC 值为 12V 时，R 为 1kΩ；VCC 值为 24V 时，R 为 2kΩ；R 必须接在控制器信号端。

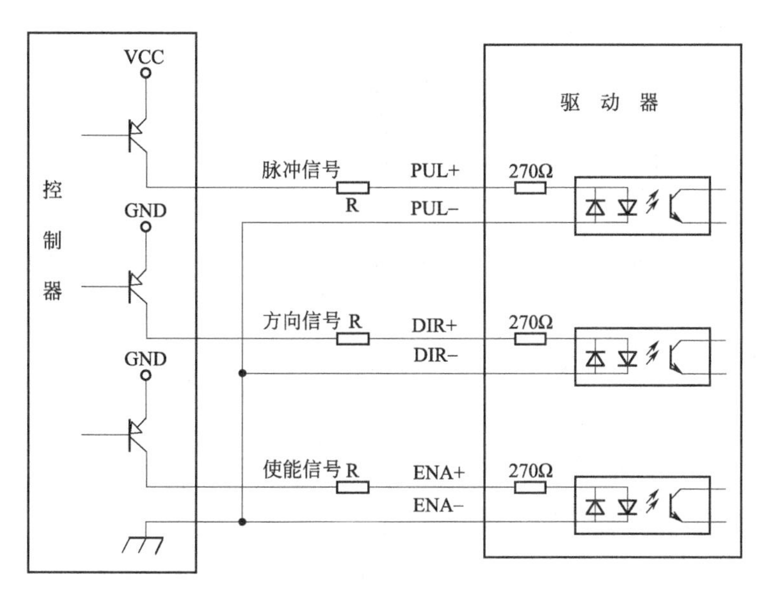

图 3.43 共阴极接线

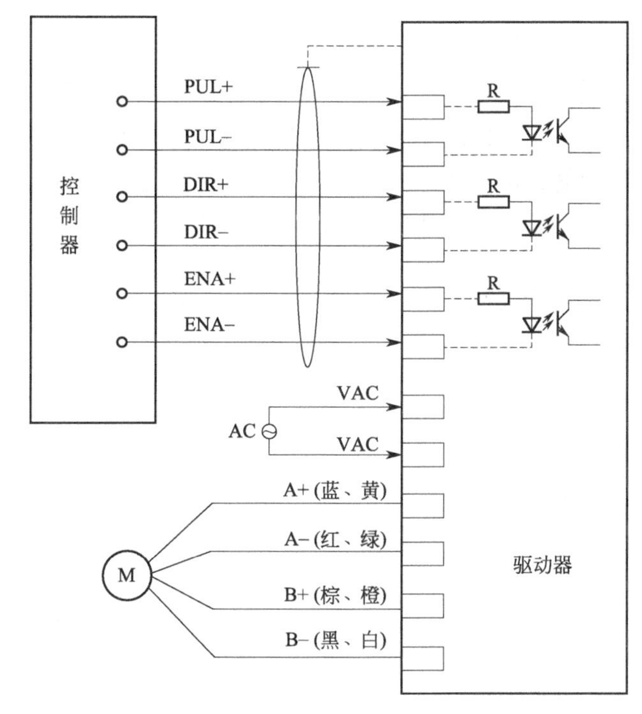

图 3.44 差分方式接线

(2) 4、6 和 8 线电机接线方法

4、6 和 8 线电机接线方法如图 3.45 所示。

① 4 线电机和 6 线电机高速度模式：输出电流设成等于或略小于电机额定电流值。

② 6 线电机高力矩模式：输出电流设成电机额定电流的 0.7 倍。

③ 8 线电机并联接法：输出电流应设成电机单极性接法电流的 1.4 倍。

④ 8 线电机串联接法：输出电流应设成电机单极性接法电流的 0.7 倍。

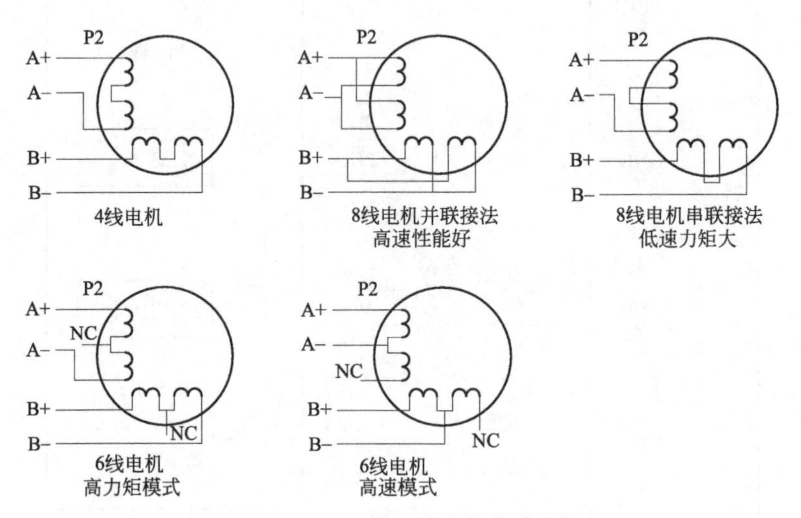

图 3.45　4、6 和 8 线电机接线方法

3.3　步进电机的控制

步进电机的控制主要是速度控制，从运动过程来看，一般来说有加速、匀速（工作速度）和减速三个主要过程。速度控制主要通过控制进给脉冲频率来实现，该脉冲信号产生相应的相控制信号，对驱动电路进行控制，使步进电机按一定的转速运转。

步进电机的控制方式一般分为开环控制与闭环控制两种。

3.3.1　步进电机的开环控制

步进电机的开环控制基本原理框图如图 3.46 所示。

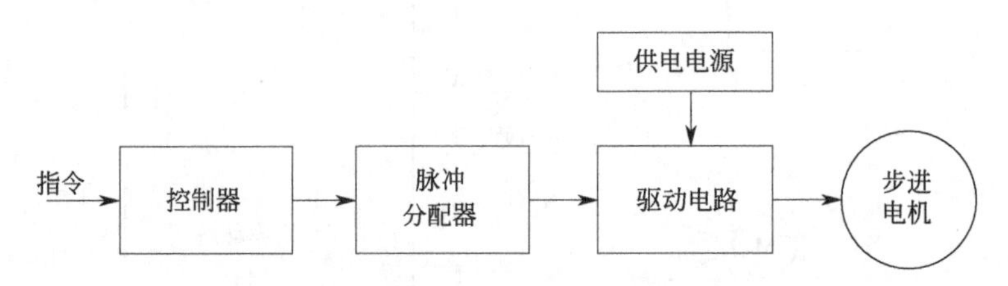

图 3.46　步进电机开环控制基本原理框图

在这种控制模式下，步进电机控制脉冲的输入并不依赖于转子的位置，而是按一固定的规律发出控制脉冲，步进电机仅依靠这一系列既定的脉冲而工作，这种控制方式由于步进电机的独特性而比较适合于控制步进电机。

开环控制中，负载位置对控制电路没有反馈。这种控制方式的优点是控制简单、实现容易、价格较低；其缺点是电机的输出转矩和速度不仅与负载有很大的关系，而且在很大程度上还取决于驱动电源和控制的实现方式，精度不高，有时还会有失步、振荡等现象。

随着电子技术的发展，除功率驱动电路之外，其他硬件电路均可由软件实现。采用计算机控制系统，由软件代替步进控制器，不仅简化了线路，降低了成本，而且可靠性也大为提高，根据系统的需要可灵活改变步进电机的控制方案，使用起来很方便。典型的用微型机控制步进电机系统原理图如图 3.47 所示。

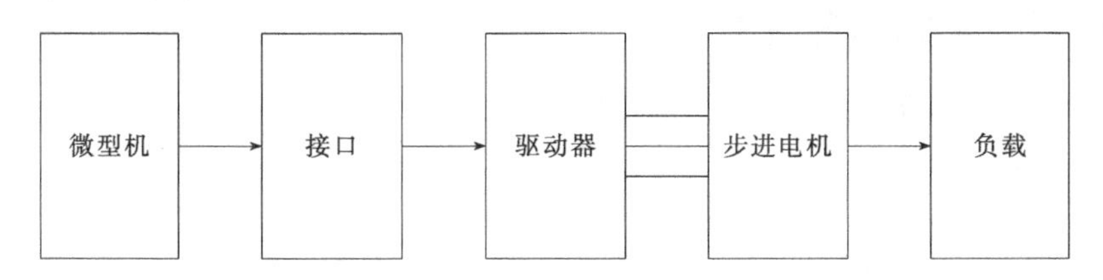

图 3.47 用微型机控制步进电机系统原理图

每当步进电机脉冲输入线上得到一个脉冲，它便沿着转向控制线信号所确定的方向走一步。只要负载是在步进电机允许的范围之内，那么，每个脉冲将使电机转动一个固定的角度，根据步距角的大小及实际走的步数，只要知道初始位置，便可预知步进电机的最终位置。使用微型机对步进电机进行控制有串行和并行两种方式。

(1) 串行控制

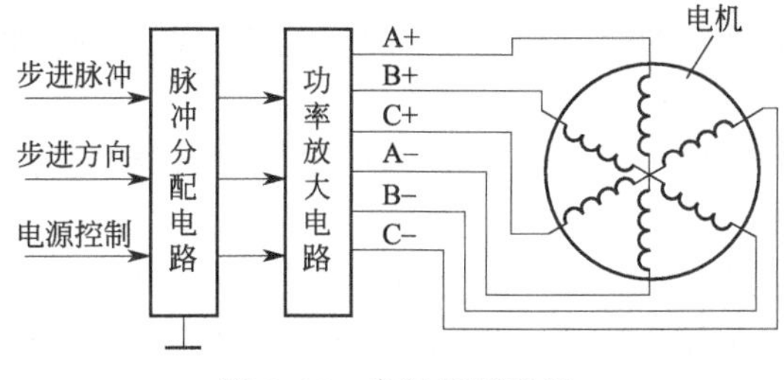

图 3.48 串行控制系统

具有串行控制功能的单片机系统与步进电机驱电源之间具有较少的连线。这种系统中，驱动电源中必须含有环形分配器，其功能框图如图 3.48 所示。

该控制系统中，步进方向信号指定各相导通的先后次序，用以改变步进电机旋转方向；电源控制信号用来在必要时使各相电流为零，以达到降低功耗等目的。

(2) 并行控制

并行控制一般是用微机系统的数条端口线直接控制步进电机各相驱动电路的方法，如图 3.49 所示。在驱动电源内，不包含环形分配器，其功能必须由微机系统完成。

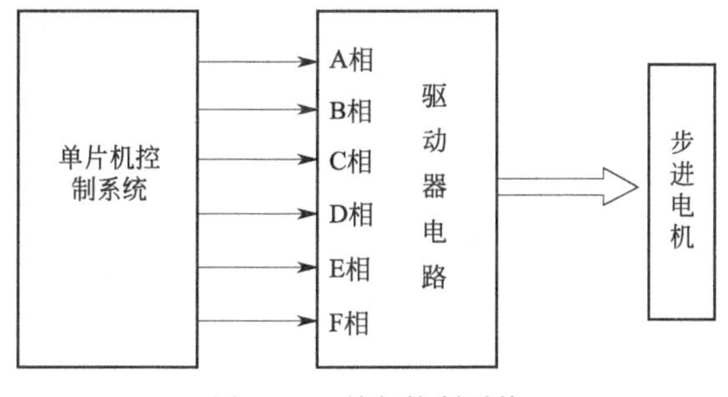

图 3.49 并行控制系统

系统实现脉冲分配器的功能有两种方法：纯软件方法和软、硬件相结合方法。

(3) 开环变速控制

通过控制单片机发出的步进脉冲频率来实现。控制步进电机的运行速度，实际上就是控制系统发出步进脉冲的频率或者换相的周期。

若是软脉冲分配方式，可以采用调整两个步进控制字之间的时间间隔来实现调速；若是硬脉冲分配方式，可以通过控制步进脉冲的频率来实现调速纯软件方法。

系统可用两种方法来确定步进脉冲的周期：

① 软件延时。软件延时的方法是通过调用延时子程序的方法来实现的，它占用大量 CPU 时间，因此没有实用价值。

② 定时器中断。通过设置定时时间常数的方法来实现。当定时时间到定时器产生溢出时，其发生中断，在中断子程序中进行改变 P1.0 电平状态的操作，改变定时常数，就可改

变方波的频率，得到一个给定频率的方波输出，从而实现调速。

3.3.2 步进电机的闭环控制

步进电机的闭环控制基本原理框图如图 3.50 所示。

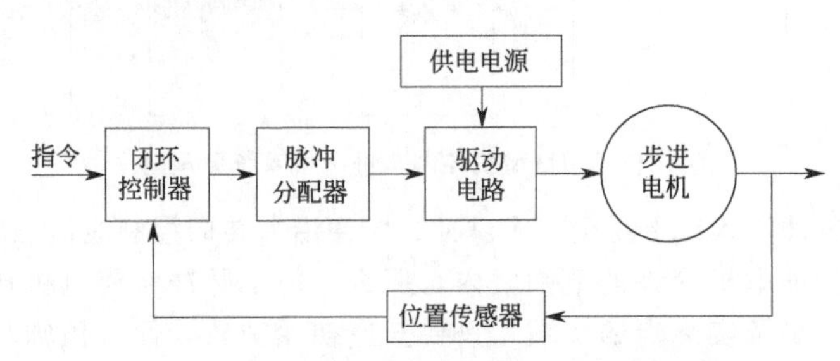

图 3.50 步进电机闭环控制基本原理框图

闭环控制是直接或间接地检测转子的位置和速度，并通过反馈和适当处理，自动给出驱动的脉冲串的控制方式。用闭环控制可获得更加精确的位置控制和较高、较平稳的转速，可在步进电机的其他领域获得更大的通用性。

步进电机的输出转矩是励磁电流和失调角的函数。为获得高输出转矩，必考虑电流的变化和失调角的大小，这对开环控制很难实现。

步进电机闭环控制方案主要有核步法、时间延迟法、有位置传感器的闭环控制系统等。

用光电脉冲编码器作位置检测元件的闭环控制原理如图 3.51 所示。其中编码器的分辨率必须与步进电机步距角匹配。编码器直接反映参数切换角，但编码器相对于电机位置固定。因此，发出相切换的信号一定，只能是一种固定的切换角数值。用时间延迟法，可获得不同的切换角，使电机产生不同的平均转矩，得到不同的转速。

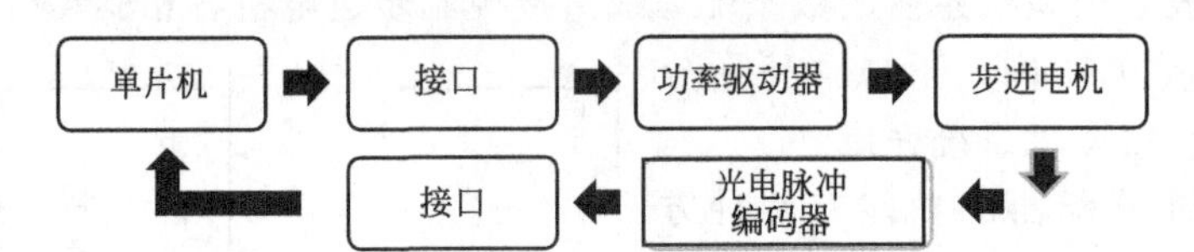

图 3.51 用光电脉冲编码器作位置检测元件的闭环控制原理

3.3.3 步进电机的最佳点位控制

对于点位控制系统，从起点至终点的运行速度都有一定要求。如果要求运行频率（速度）小于系统的极限启动频率，则系统可以按要求的频率（速度）直接启动，运行至终点后可立即停发脉冲串而令其停止。系统在这样的运行方式下，其速度可认为是恒定的。但在一般情况下，系统的极限启动频率是比较低的，而要求的运行速度往往较高。如果系统以要求的速度直接启动，因为该频率已超过极限启动频率而不能正常启动，可能发生丢步或根本不能启动的情况。

系统运行起来之后，如果到达终点时突然停发脉冲串，令其立即停止，则因为系统的惯性原因，会发生冲过终点的现象，使点位控制精度发生偏差。因此在点位控制过程中，运行速度都需要有一个升速—恒速—减速—（低恒速）—停止的过程，如图 3.52 所示。系统在工作过程中要求加减速过程时间尽量短，而恒速时间尽量长。特别是在要求快速响应的工作中，从起点至终点运行的时间要求最短，这就必须要求升速、减速的过程最短，而恒速时的速度最高。

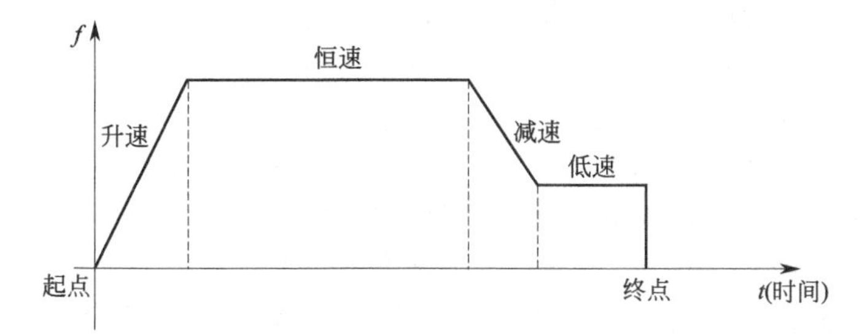

图 3.52 点位控制中的加减速控制

升速规律一般可有两种选择：一是按直线规律升速，二是按指数规律升速。按直线规律升速时加速度为恒值，因此要求步进电机产生的转矩为恒定值。

用微机对步进电机进行加减速控制，实际上就是改变输出步进脉冲的时间间隔。升速时使脉冲串逐渐加密，减速时使脉冲串逐渐稀疏。微机用定时器中断的方式来控制电机变速，实际上就是不断改变定时器装载值的大小。一般用离散方法来逼近理想的升降速曲线。为了减少每步计算装载值的时间，系统设计时就把各离散点的速度所需的装载值固化在系统的 EPROM 中，系统运行中用查表方法查出所需的装载值，从而大大减少占用 CPU 的时间，提高系统响应速度。系统在执行升降速的控制过程中，对加减速的控制还需准备下列数据：①加减速的斜率；②升速过程的总步数；③恒速运行总步数；④减速运行总步数。

要想使步进电机按一定的速度精确地到达指定的位置（角度或线位移），步进电机的步数 N 和延迟时间 t 是两个重要的参数。前者用来控制步进电机的精度，后者用来控制步进电机的速度。如何确定这两个参数是步进电机控制程序设计中十分重要的问题。

（1）步进电机步数的确定

步进电机常用来控制角度和位移。改变步进电机的控制方式，可以提高精度，但在同样的脉冲周期下，步进电机的速度将减慢。同理，可求出任意位移量与步数之间的关系。

若用步进电机带动一个 10 圈的多圈定位器来调整电压，假定其调节范围为 0～10V，现在需要把电压从 2V 升到 2.1V，步进电机的行程角度为：

$$10\text{V} : 3600^\circ = (2.1\text{V} - 2\text{V}) : X \quad X = 36^\circ$$

如果用三相三拍控制方式，由步距角公式可定出步距角为 3°，由此可计算出步数 $N = 36^\circ/3^\circ = 12$ 步。如果用三相六拍控制方式，由步距角公式可定出步距角为 1.5°，由此可计算出步数 $N = 36^\circ/1.5^\circ = 24$ 步。

（2）步进电机控制速度的确定

步进电机的步数是精确定位的重要参数之一。在某些场合，不但要求能精确定位，而且还要求在一定的时间内到达预定的位置，这就要求控制步进电机的速度。

步进电机速度控制的方法就是改变每个脉冲的时间间隔，亦即改变速度控制程序中的延迟时间。例如，若步进电机转动 10 圈需要 2000ms，则每转动一圈需要的时间为 $t = 2000\text{ms}/10 = 200\text{ms}$，每步进一步需要的时间为：

$$t = \frac{T}{mzk} = \frac{200\text{ms}}{3 \times 40 \times 2} = 833\mu\text{s}$$

所以，只要在输出一个脉冲后，延时 833μs，即可达到上述目的。

(3) 步进电机的变速控制

前面两种计算中，在整个控制过程中，步进电机是以恒定的转速进行工作的。然而，对于大多数任务而言，希望能尽快地达到控制终点，即要求步进电机的速率尽可能快一些。但如果速度太快，则可能产生失步。此外，一般步进电机对空载最高启动频率有所限制。所谓空载最高启动频率是指电机空载时，转子从静止状态不失步地启动的最大控制脉冲频率。当步进电机带有负载时，它的启动频率要低于最高空载启动频率。根据步进电机矩频特性可知，启动频率越高启动转矩越小。变速控制的基本思想是：启动时，以低于响应频率的速度慢慢加速，到一定速度后恒速运行，快要到达终点时慢慢减速，以低于响应频率的速度运行，直到走完规定的步数后停机。这样，步进电机便可以最快的速度走完所规定的步数，而又不出现失步。变速控制过程如图 3.52 所示，变速控制的方法有：

① 改变控制方式的变速控制。最简单的变速控制可利用改变步进电机的控制方式实现。

② 均匀地改变脉冲时间间隔的变速控制。步进电机的加速（或减速）控制，可以用均匀地改变脉冲时间间隔来实现。

③ 采用定时器的变速控制。单片机控制系统中，用单片机内部的定时器来提供延迟时间。方法是将定时器初始化后，每隔一定的时间，由定时器向 CPU 申请一次中断，CPU 响应中断后，便发出一次控制脉冲。此时只要均匀地改变定时器时间常数，即可达到均匀加速（或减速）的目的。这种方法可以提高控制系统的效率。

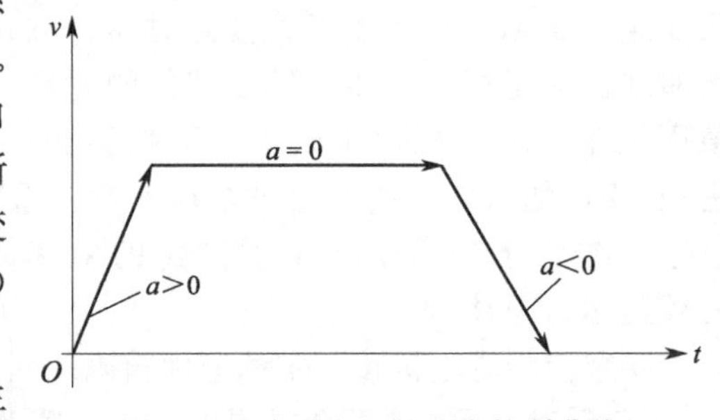

图 3.53　步进电机的速度控制曲线

步进电机的速度控制就是控制步进电机产生步进动作时间，使步进电机按照给定的速度规律近似工作。步进电机的工作过程是“走一步停一步”，也就是说步进电机的步进时间是离散的。

步进电机的速度控制曲线如图 3.53 所示。此图是按匀加速原理画出来的，对于某些场合也可采用变加速原理来实现速度控制。

3.4 步进电机的特点及选用原则

3.4.1 步进电机的特点

① 旋转的角度和输入的脉冲成正比，因此用开回路控制即可达到高精确角度及高精度定位的要求。

② 启动、停止、正反转的应答性良好，控制容易。

③ 每一步的角度误差小，而且没有累积误差。

④ 在可控制的范围内，转速和脉冲的频率成正比，所以变速范围非常广。

⑤ 静止时，步进电机有很高的保持转矩（holding torque），可保持在停止的位置，不需使用刹车器即不会自由转动。

⑥ 在超低速有很高的转矩。

⑦ 可靠性高，不需保养，整个系统的价格低廉。

⑧ 高速运转时容易失步。

⑨ 在某一频率容易产生振动或共振现象。

3.4.2 步进电机的选用原则

① 需要确定步进电机拖动负载所需要的转矩。最简单的方法是在负载轴上加一杠杆，用弹簧秤拉动杠杆，拉力乘以力臂长度即是负载力矩。或者根据负载特性从理论上计算出来。由于步进电机是控制类电机，所以目前常用步进电机的最大力矩不超过 45N・m，力矩越大，成本越高，如果所需的力矩较大，可以考虑加配减速装置。

② 确定步进电机的最高运行转速。转速指标在步进电机的选取时至关重要，步进电机的特性是随着电机转速的升高，转矩下降，其下降的快慢和很多参数有关，如驱动器的驱动电压、电机的相电流、电机的相电感等，一般的规律是：驱动电压越高，力矩下降越慢；电机的相电流越大，力矩下降越慢。在设计方案时，应使电机的转速控制在 1500r/min 或 1000r/min，具体可以参考“矩-频特性”。

③ 根据负载最大力矩和最高转速这两个重要指标，参考“矩-频特性”，就可选择出适合自己的步进电机。如果所需力矩太大，可以考虑加配减速装置，这样可以节约成本，也可以使设计更灵活。要选择好合适的减速比，要综合考虑力矩和速度的关系，选择出最佳方案。

④ 要考虑留有一定的力矩余量和转速余量（如 30%）。

⑤ 尽量选择混合式步进电机，它的性能高于反应式步进电机。

⑥ 尽量选取细分驱动器，且使驱动器工作在细分状态。

⑦ 选取时切勿走入只看电机力矩这一个指标的误区，也就是说并非电机的转矩越大越好，要和速度指标一起考虑。

⑧ 在转速要求较高的情况下，可以选择驱动电压高一点的驱动器。

⑨ 在选购时是采用两相的还是三相的，并没有什么具体的要求，只要步距角能满足使用要求即可。

3.5 步进电机在机器人中的应用实例分析

3.5.1 变电站轨道式巡检机器人控制系统设计

随着经济社会的发展，电力供电可靠性变得越来越重要，运维管理要求也越来越高，与运维人员却越来越少之间的矛盾日益突出。近年来，巡检机器人在电力变电站室外一次设备巡检中已经得到了规模化应用，成为行业减员增效的重要手段之一。但变电站室内部分设备尚需要进行人工定期巡检，无法真正实现变电站的无人化运维。西南交通大学的鲜开义针对变电站室内轨道式巡检机器人的应用需求，进行了机器人控制系统的构建，电子硬件电路的设计，最终实现了控制逻辑。

（1）系统设计的需求分析

机器人的控制系统基本功能有：后台通信功能、导航定位功能、运动控制功能、供电管理功能及安全防撞功能等，目标指标如表 3.3 所示。

表 3.3　变电站轨道式巡检机器人控制系统主要指标

项目	参数指标	备注
环境	● 工作温度范围－20～50℃ ● 湿度范围 0～95％RH，无冷凝	
电源	● 额定电压交流 18V ● 待机功耗小于 10W	
通信接口	百兆无线以太网	
速度	● 前后运动 1m/s ● 垂直升降 30cm/s ● 伸缩 5cm/s	
定位精度	● 前后运动定位误差小于 15mm ● 垂直升降定位误差小于 5mm ● 伸缩定位误差小于 5mm	
紧急制动	制动距离小于 10cm	

(2) 机器人控制系统总体方案设计

机器人控制系统结构框图如图 3.54 所示。

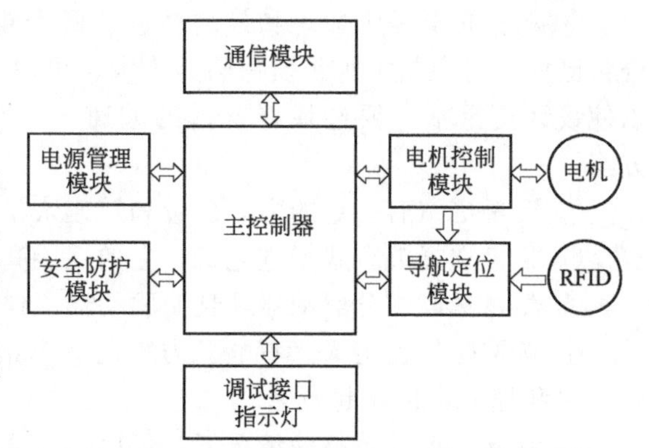

图 3.54　机器人控制系统结构框图

后台管理模块向主控制器发送工作任务命令，主控制器根据从导航定位模块获取的信息，确定自身位置，然后控制电机转动，到达指定位置。在此过程中安全防护模块实时对前进方向进行检测，一旦发现障碍物，立即反馈给主控制器，主控制器立即进入保护模式。

① 选定 STM32F107VCT6 单片机作为主控制器，IAR 5.1 作为主控制器开发工具，同时选用 FreeRTOS 嵌入式操作系统。

② 选用 Wi-Fi 的方式实现机器人控制系统通信。

③ 导航定位选择里程＋RFID 的定位方案。

④ 运动控制方案选择采用 57 型步进电机，并配套使用脉冲接口的专用驱动芯片实现控制，对于步进电机的加减速控制，采用 S 形曲线加减速，如图 3.55 所示。这种方法过程多，参数多，计算相对较为复杂，但整个加减速过程速度平滑过渡，整体运行更稳定，对电机、传动机构、定位精度等均有一定帮助。

⑤ 变电站轨道式巡检机器人的电源供给，采用滑触线方式。对于各模块电源的电压转换，使用 LM2576-HV 开关电源实现，而掉电管理则通过主控制器使能 LM2576-HV 控制引脚的方式实现。

⑥ 为解决机器人防撞问题，采用反射式红外避障传感器进行障碍物探测。

(3) 控制系统硬件总体方案设计

机器人控制系统硬件电路结构框图如图 3.56 所示。

控制系统电路中，主控制器 STM32F107VCT6 是系统的核心，围绕主控制器扩展了 1 个网络通信接口、3 个电机及其驱动模块、1 个 RFID 读卡系统、1 个调试接口、3 个系统状态指示灯、4 个用于安全防撞的光电开关障碍检测传感器和 1 套电源管理电路。

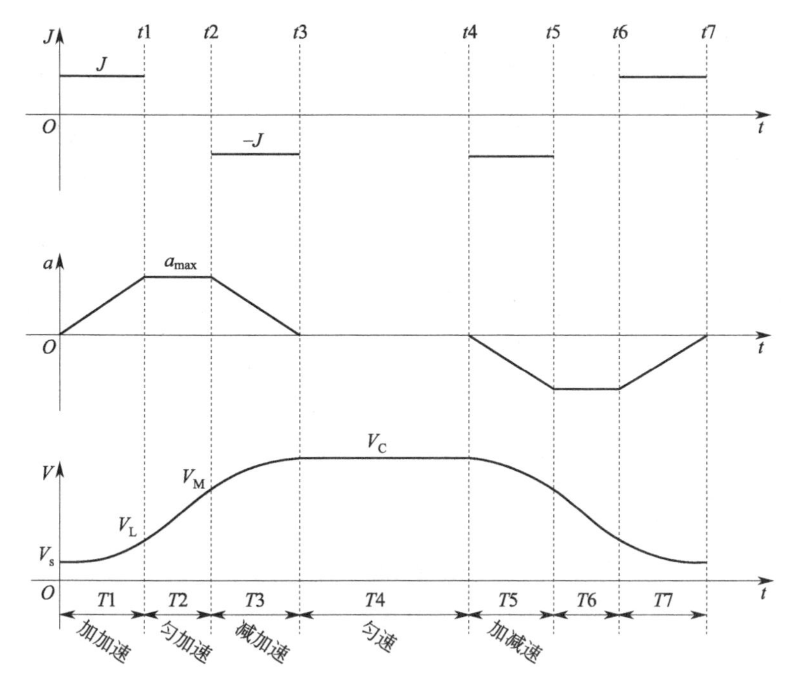

图 3.55　S形曲线加减速

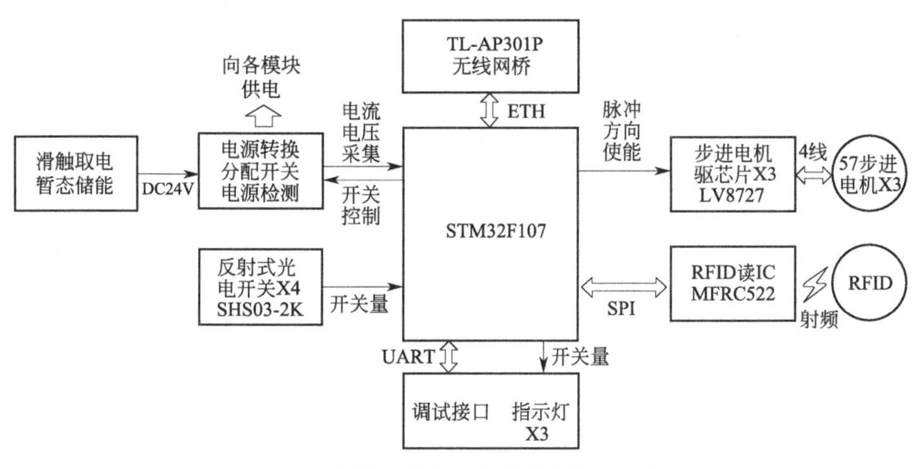

图 3.56　机器人控制系统硬件电路结构框图

由于 STM32F107VCT6 的丰富片内资源，针对变电站轨道式巡检机器人的需求，主控制器的外围电路设计较为简洁。主要在于小系统搭建和针对应用的外围资源分配及引出，其中针对应用的资源分配如图 3.57 所示。

① 主控制器芯片以太网 MAC 控制器用于网络通信，在主控芯片之外扩展了 PHY 芯片。

② 定时器 1、定时器 2、定时器 3 工作在 PWM 脉冲输出模式，在额外一些 GPIO 口的配合下，分别用于三个电机的驱动。

③ ADC1 接口用于电源管理，实现多路电流电压的采集。

④ 共 4 个 GPIO 口用于安全防护输入，3 个 GPIO 口用于 0 位校准输入，3 个 GPIO 用

于状态指示灯。

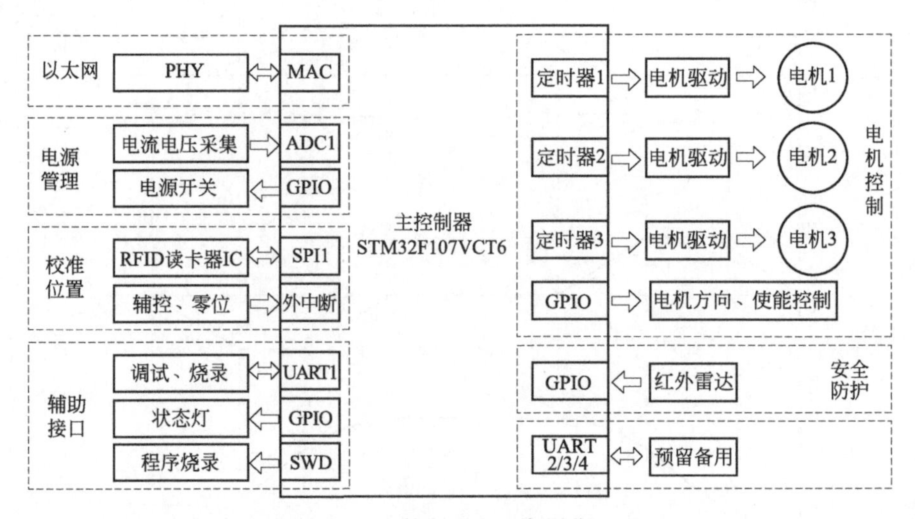

图 3.57　主控制器应用资源分配图

应用	任务执行					
基础模块	电源管理	状态指示	LwIP	ModbusTCP	运动控制	定位与校准
系统	FreeRTOS					中断
驱动	驱动/BSP					
硬件	STM32F107VCT6					

图 3.58　控制系统程序分层架构

⑤ SPI1 接口连接 RFID 读卡器 IC，用于位置校准。

⑥ UART1 用于芯片 IAP 编程和调试使用，而 SWD 接口用于 ISP 编程。

⑦ 电路将 UART2、3、4 接口引出，以备将来使用。

(4) 控制系统软件总体方案设计

变电站轨道式巡检机器人的整个控制系统程序分层架构如图 3.58 所示。

在变电站轨道式巡检机器人控制系统中，主程序主要完成设备初始化、任务初始化，并启动操作系统任务调度。控制系统软件包含多个模块，分别在独立的任务内运行，部分模块之间有一定的依赖关系，任务创建过程如图 3.59 所示。

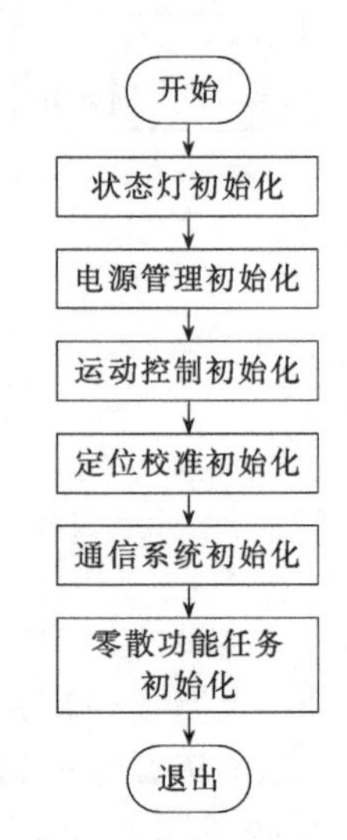

图 3.59　系统任务创建过程

1) 电机运动控制

控制系统中，电机运动控制程序是系统的核心。整个模块中，共使用了 4 个定时器和 12 个 GPIO，采用了 S 形曲线速度控制。

12 个 GPIO 口用于电机方向控制、使能、脉冲输出等，3 个定时器用于 50% 占空比的脉冲发生，剩余 1 个用于控制脉冲电机控制模块的时基产生。定时器产生的脉冲个数决定步进电机转过的角度（机器人的行走距离），而脉冲的频率高低则直接决定了电机的转动速度。4 个定时器之间的关系如图 3.60 所示。

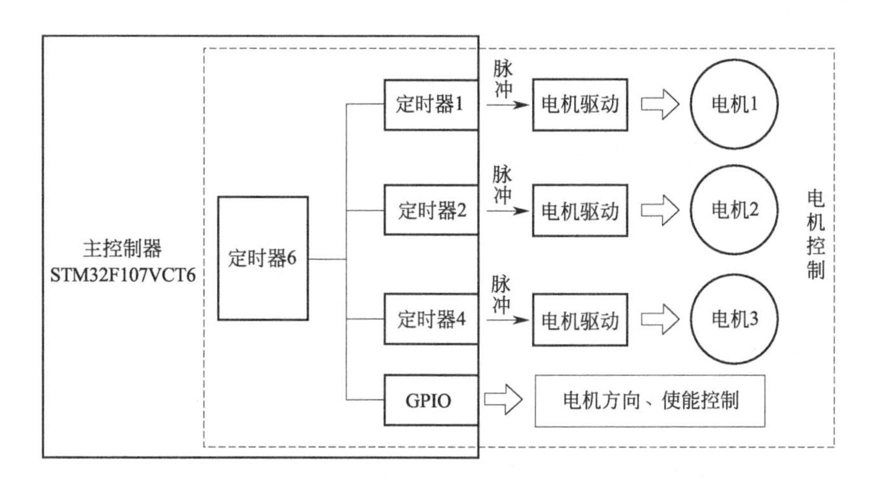

图 3.60　电机控制模块定时器关系

定时器 1、2、4 分别配置为 PWM 输出模式，PWM 占空比固定设置为 50%。

定时器 6 配置为向上计数溢出中断模式，周期 10ms。

定时器 6 中断内，主要完成电机里程统计，剩余里程下的运动规划，以及运动控制。在电机的控制过程中，采用 S 形曲线加减速，这种加速方式的加速度和速度曲线有较好的连续性，能够保证步进电机在运动过程中各阶段速度和加速度没有突变，可减小冲击。不仅可以提高步进电机运动的平稳性，同时也可以缩短变速过程时间。

2）定位及位置校准过程

控制系统总共有三个电机轴，软件设计上，每个轴均同时支持零位和 RFID 校准，但在实际使用过程中，可根据需要进行硬件的裁剪和选配。例如在变电站轨道式巡检机器人上，其实际轨道行走电机行走距离较长，选择了 RFID 校准方式，而升降电机和伸缩电机由于运行里程最大只有 2m，所以，只配置了零位校准。整个位置校准程序流程如图 3.61 所示。

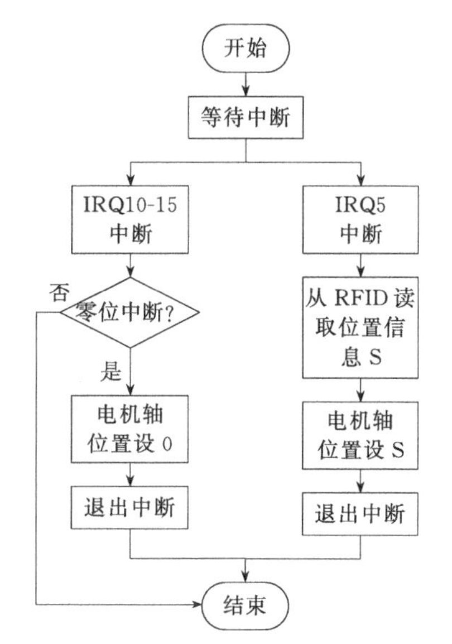

图 3.61　位置校准逻辑过程图

3）安全保护过程

在变电站轨道式巡检机器人运行过程中，为了避免碰撞造成人和财物安全问题，机器人上安装了光电反射式传感器，用于障碍物探测和机器人保护，如图 3.62 所示。

在任务中循环检测传感器输出状态，一旦发现传感器被触发，则进行统计，当告警信号持续 2ms，则进入保护状态，如果告警信号持续 10min 仍未消失，则视为永久性问题，机器人返航。

4）以太网通信

以太网通信程序数据流如图 3.63 所示。

5）其他模块

① 状态指示灯。实际工作中，变电站轨道式巡检机器人本体与人交互的机会不多，所以在人机接口上设计较为简单，只保留了基本的状态指示灯。状态指示灯由一个独立的任务

管理，指示灯通过不同的颜色闪烁频率标识机器人不同的运行状态，主要表达方式如表 3.4 所示。

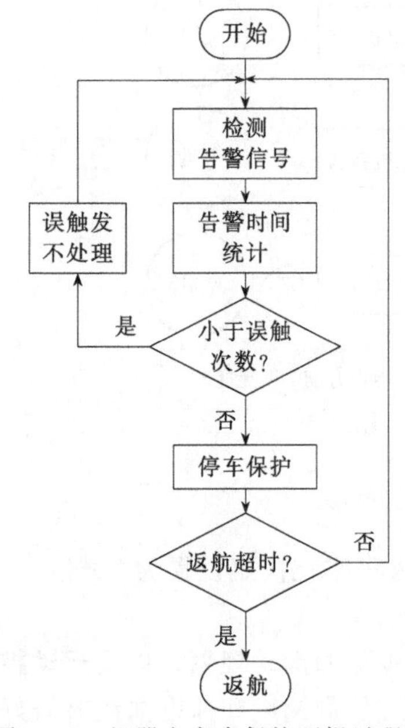

图 3.62 机器人安全保护逻辑过程图

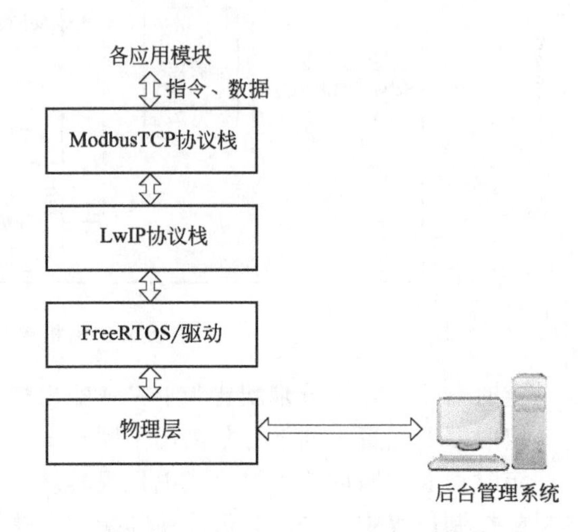

图 3.63 以太网通信程序数据流

表 3.4 机器人状态指示

机器人状态	指示灯颜色	指示灯亮暗状态
等待	黄色	● 1Hz 闪烁 ● 亮 200ms,暗 800ms
行走	绿色	● 1Hz 闪烁 ● 亮 200ms,暗 800ms
电压异常	红色	● 5Hz 闪烁 ● 亮 100ms,暗 100ms
通信故障	红色	● 0.5Hz 闪烁 ● 亮 200ms,暗 1800ms
防撞安全保护	红色	● 2Hz 闪烁 ● 亮 200ms,暗 300ms

状态指示灯程序控制逻辑过程如图 3.64 所示。

② 电源管理模块。变电站轨道式巡检机器人控制系统电源管理模块主要完成输入电源监控、外设电源开关和系统重启功能。电源监控程序 MiscTask 任务中每 10ms 调用一次，电源正常则退出，否则触发报警，软件流程如图 3.65 所示。

综上，变电站轨道式巡检机器人系统主要由主控制器、电机运动控制模块、导航定位校准模块、安全防护模块、通信模块、电源管理模块等组成。配合程序控制处理，控制系统通过通信模块从后台管理软件获取运动指令，并根据指令内容控制机器人到达指定位置，然后业务模块在后台管理软件的管理下完成相应巡检工作。

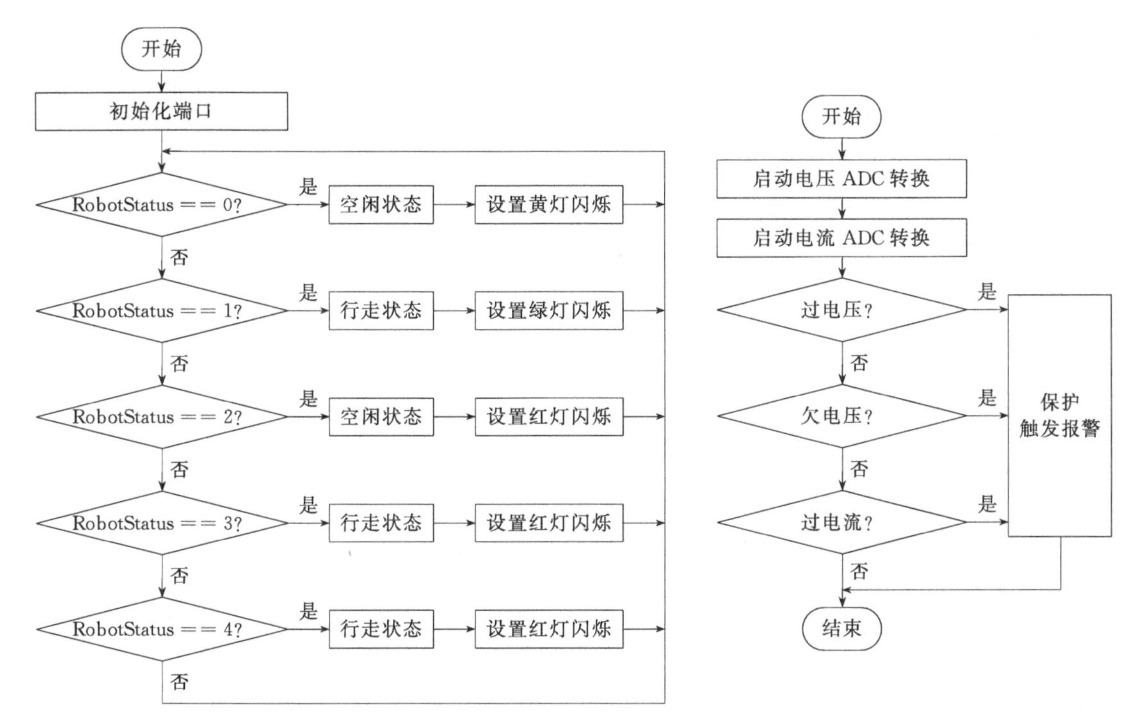

图 3.64　状态指示灯程序控制逻辑过程图

图 3.65　电源监控控制逻辑过程

3.5.2　玻璃幕墙清洗机器人爬壁装置及控制系统设计

现代都市中大量高层建筑不断涌现，在建筑行业中，玻璃以其良好的采光性、优秀的保温防潮性、大方美观的特点受到人们青睐，因此被大量应用于高层建筑的外墙壁。然而高楼的玻璃幕墙长年暴露在外，玻璃表面极容易蒙尘纳垢，为确保建筑外表面整洁美观，玻璃壁面需要定期进行清洗。但是，玻璃幕墙存在清洗难度大、清洗过程危险、清洗效率低等问题。为此，兰州理工大学张世一等人对玻璃幕墙清洗机器人爬壁装置及控制系统进行了设计。

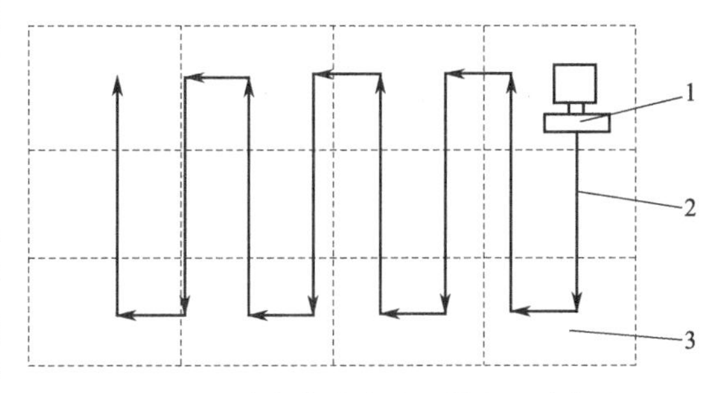

图 3.66　玻璃幕墙清洗机器人运动轨迹

1—机器人本体；2—行进路线；3—玻璃幕墙

(1) 机器人总体设计

为实现清洗功能，玻璃幕墙清洗机器人需要在垂直玻璃壁面上完成吸附、前进、转弯动作；为保证全壁面清洗，在机器人运动过程中其本体采用折线前进，如图 3.66 所示，开始阶段，机器人沿上下方向清洗，前进一段距离后转向 90°，而后向左或右移动一个身位再以相同方向转过 90°，此过程完成 180°掉头，然后继续前进。

根据功能要求，玻璃幕墙清洗机器人的结构主要由吸附装置、移动装置、上下层切换装置和旋转装置四部分组成，其三维视图及各部分装置名称如图 3.67 所示。

1) 吸附装置设计

为使机器人能可靠吸附在墙壁上，根据机器人运动和控制的需要，采用多吸盘吸附，使可靠性和操控性更高。机器人的吸附装置包括：真空吸盘、电磁阀、通气管路等。系统中共选用八个吸盘，分两组串连接通于真空泵的一个吸气腔内，利用一个真空泵为所有的吸盘提供负压。在机械运动过程中通过真空泵抽气，使真空吸盘产生负压，该压力使机械本体吸附于玻璃幕墙表面。两个电磁阀分别控制两组气路，电磁阀一端与大气相连，为常闭状态，另一端接入上下两层气路。机器本体运动时，接通其中任意一个电磁阀，电磁阀由常闭状态变为开通状态，此组气路便与大气相通，吸盘组负压消失，此组吸盘脱离壁面。吸盘组控制回路如图 3.68 所示。

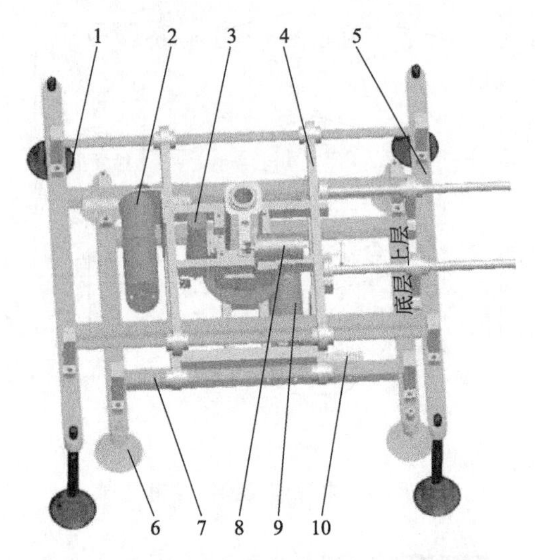

图 3.67　玻璃幕墙清洗机器人机械结构图

1—上层吸盘；2—上层驱动电机；3—旋转驱动电机；
4—上下层连接支架；5—上层机架；6—下层吸盘；
7—下层支架；8—上下层切换电机；
9—下层驱动电机；10—运行导轨

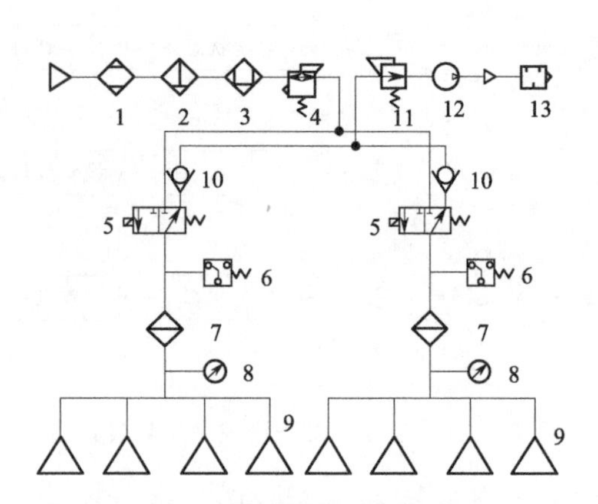

图 3.68　吸盘组气动控制原理图

1—干燥器；2—空气过滤器；3—油路分离器；
4—减压阀；5—直动电磁阀；6—真空压力开关；
7—真空过滤器；8—压力表；9—真空吸盘；
10—电磁阀；11—调压阀；12—真空泵；13—消声装置

2）移动装置设计

移动装置主要由上下层支架、上下层移动导轨、步进电机等构成，如图 3.69 所示，图中 3 为单层驱动步进电机。任意层移动时通过对应的步进电机旋转带动装置沿齿条导轨前进。

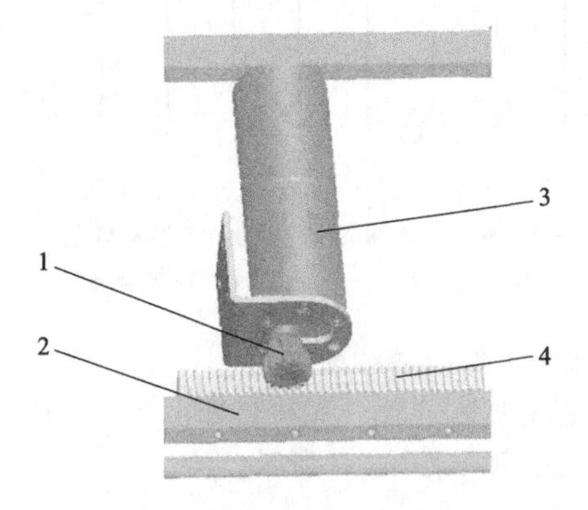

图 3.69　机器人移动装置

1—连接齿轮；2—支架；
3—单层驱动步进电机；4—移动导轨

图 3.70　机器人上下层切换装置

1—旋转中心柱；2—齿条导轨；
3—驱动电机；4—连接齿轮

3）上下层切换装置设计

上下层切换装置主要由移动滑块、齿条导轨、步进电机等构成，通过电机正反转实现滑块沿导轨上下移动，实现两层的切换，其结构如图 3.70 所示。

4）旋转装置设计

旋转装置主要由旋转中心柱、旋转齿盘导轨、齿轮、步进电机等构成。旋转齿盘与旋转中心柱固定于一体，旋转运动时步进电机带动小齿轮旋转，从而带动与小齿啮合的大齿盘旋转，实现上、下两层机构的相对旋转，使机器人实现转弯动作，装置结构如图 3.71 所示。

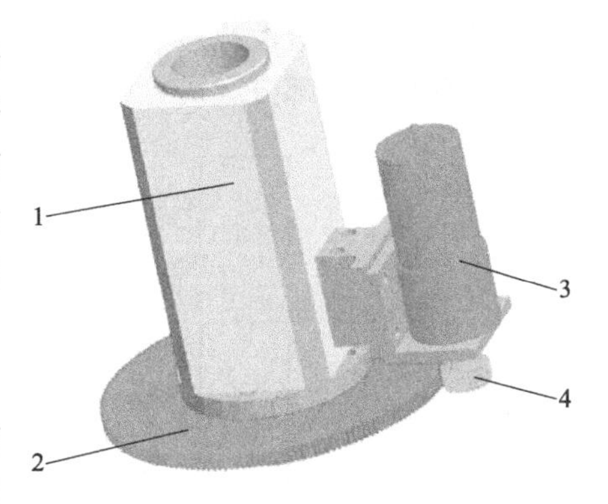

图 3.71 机器人旋转装置

1—旋转中心柱；2—旋转齿盘导轨；3—驱动电机；4—连接齿轮

（2）机器人爬壁工作原理

上述四部分机械装置共同构成机器人的本体结构，机器人开始运行时，真空泵抽气，所有吸盘在负压作用下吸附于壁面。向前运动时，上层气路电磁阀打开，上层吸盘组失去负压脱离壁面，在上、下层切换电机的带动下，上层机构向上提升并远离玻璃墙面，达到一定高度后切换电机停止；然后上层机构在上层驱动电机的带动下，通过上层齿轮齿条机构的啮合运动使远离玻璃表面的上层机构向前运动；移动距离达到设定值时，驱动步进电机停止，上层机构在切换电机的带动下重新回到壁面，同时上层气路电磁阀关闭，上层机构重新吸附在玻璃表面。上层移动完成之后，上层吸住，下层脱离墙面以同样的方式向前移动，这样循环往复实现机械本体的直线运动。

当直线移动结束，机器人需要转弯时，上层机构吸盘吸住，下层在旋转电机的带动下相对上层旋转；旋转完成后下层机构吸附在壁面，上层机构重复上述动作，机械本体回到直线运动位置。为实现对玻璃幕墙的全方位清洗，机械运动过程中前进、转弯按时间顺序交替进行。此外，机械本体上下两层交替动作，使机器人能够跨越玻璃幕墙表面一些微小障碍。

（3）机器人控制系统硬件设计

1）控制系统技术要求

① 控制方式。玻璃幕墙清洗机器人在清洗工作中需要实现自动爬壁，为保证高空作业的安全，在必要时操作人员还需要人工手动控制机器人运行，所以幕墙清洗机器人控制系统一般分为机载系统和监控系统两个部分。机器人独立运行时，由机载系统控制，而需要人工操作时则转换为监控系统控制。为了提高机器人运行的可靠性，本次设计只采用监控系统，通过执行设备、驱动设备和工控计算机连接通信完成驱动信号发送，在后台控制程序编写时，区分出自动运行和人工操作两种工作状态。

② 工作模式。智能机器人控制方式一般分为无线控制和有线控制两种，此高楼玻璃幕墙清洗机器人采用有线控制的方法，以保证机器人运行的稳定。根据控制系统的结构，幕墙清洗机器人具有自主运行模式以及人工操作模式两种，自主运行为机器人的主要工作模式；为确保机器人运行可靠，需要增加操作人员手动操作模式。

③ 运行精度。机器人在运动过程中，需要保证机械本体在玻璃壁面动作时的速度和精度。根据机器人的运动能力，本体前进时的速度在 1.8～2.2m/min，前进 20m 后直线偏离不超过 3cm。为达到以上要求，在机械组装时要保证各个部件连接紧密，驱动电机运行足

够的精确，同时连接电机的齿轮和齿条导轨要准确啮合。机械本体在转弯时转角同样要精确，每次动作误差控制在1°以内。以上这些都对本体的组装及驱动电机的选择和控制提出了较高的要求。

2）控制系统整体结构

高楼玻璃幕墙清洗机器人控制系统主要由检测装置、执行装置、核心控制板和带算法的上位控制程序四个部分组成，整个控制系统组成及各部分关系如图3.72所示。

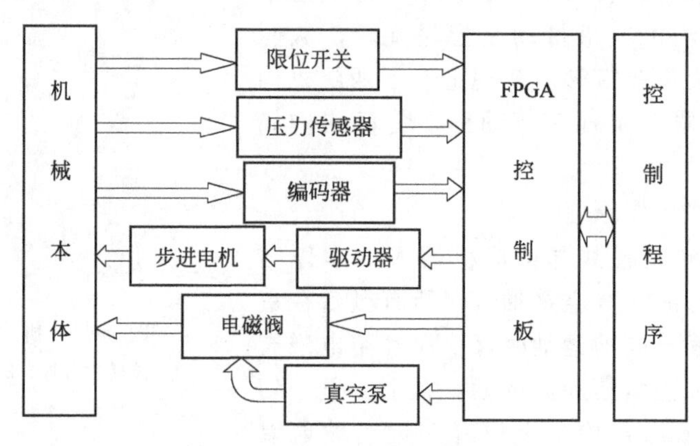

图3.72　控制系统整体结构图

3）控制系统硬件组成

机器人控制系统硬件包括三个部分：执行装置、检测装置、核心控制板。所需主要配件如表3.5所示。

表3.5　主要配件列表

名称	数量	名称	数量
步进电机	4个	接近开关	2个
驱动器	1套	光电编码器	3个
电磁阀	2个	压力传感器	1个
真空泵	1个		

① 执行装置。玻璃幕墙清洗机器人控制系统选择57BYGH78-402A型号步进电机作为驱动元件，同时选择亿星科技2HSS57系列步进电机驱动器，此驱动器自带电流闭环。

机器人在运动过程中，电磁阀负责控制气路，它是机械本体在移动过程中完成上下层切换的重要元件。根据功能的要求，电磁阀需要保证动作准确快速，实验寿命时间够长，并且尽量体积小、重量轻，根据以上要求选择MAC高频电磁阀。

② 检测装置。检测装置由限位开关、压力传感器和光电编码器构成。选择电感式常开接近开关，型号为LJ18A3-8-Z/EX；选择360脉冲/线光电编码器。压力传感器则负责检测机械本体与玻璃壁面间的压力，将压力值实时回传控制程序并与后台安全压力值比对，当压力过小时，机械本体也会立即停止动作并锁死在墙面。

③ 核心控制板。根据机器人功能需要自行设计控制板，选择FPGA芯片作为核心处理元件，整体设计结构如图3.73所示。

4）控制板硬件电路设计

① 信号调理电路。控制系统采集到的光电传感器及压力信号是模拟信号，需要先进

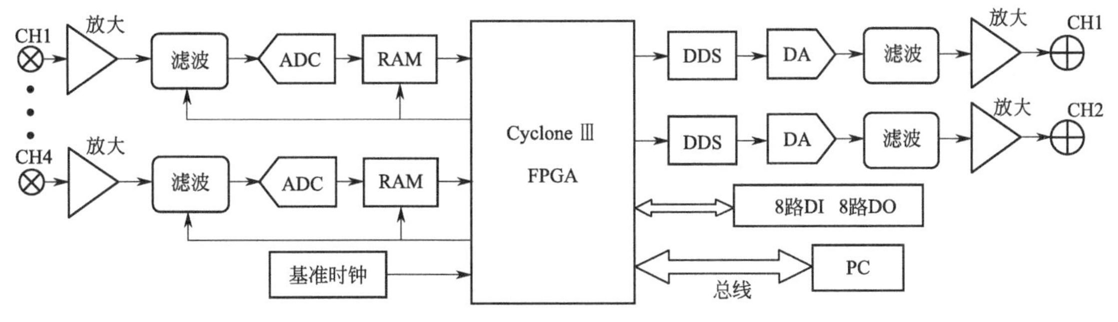

图 3.73 FPGA 控制板整体结构

行放大及滤波处理，这样才能使信号带宽限制在合理范围内，信号调理电路如图 3.74 所示。

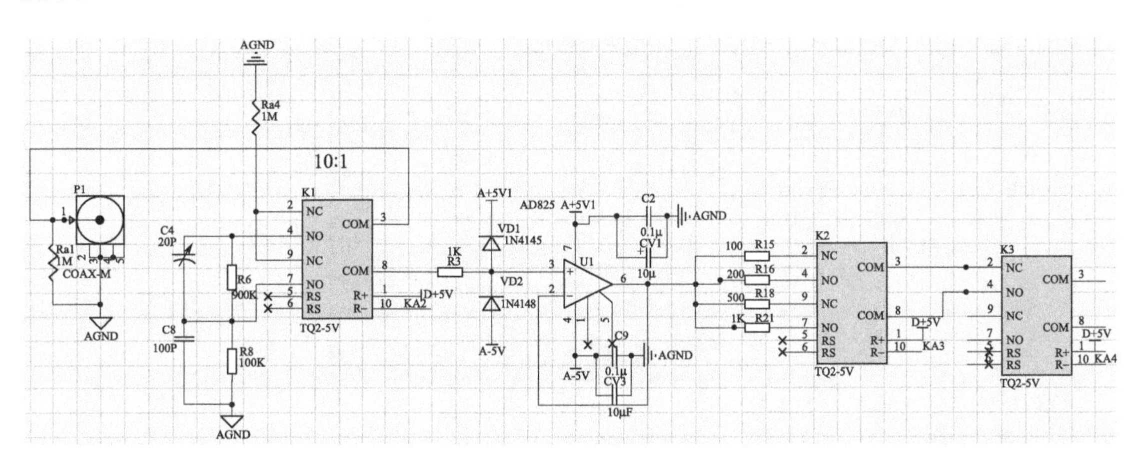

图 3.74 信号调理电路图

信号通过采集通道输入，首先经过继电器 K1 放大，而后进入阻抗匹配电路，使系统激励源内部阻抗与负载阻抗相适配，电路获得最大功率输出，有助于达到电路的最佳工作状态。经过阻抗匹配后再经过 K2、K3 两次放大，保证信号能够调整至最合适的读取区间，K1、K2、K3 均可通过 FPGA 芯片调节选择是否接入电路。

② A/D 转换电路。FPGA 芯片只能进行数字量的处理，经过调理的信号仍然是模拟信号，需要通过 A/D 转换器分量处理，获得相应的数字量信号，而后将数字信号传送至 FPGA 中进行后续的处理运算。根据控制系统需求选择 LTC2249 芯片进行模数转换，A/D 转换电路如图 3.75 所示，其中 D0 至 D13 引脚为 14 位数字信号输出端。

③ DDS 频率合成电路。根据控制系统需要，采用 DDS 频率合成技术准确生成所需频率的方波，用于驱动步进电机。DDS 芯片选择 AD9850 系列，其合成电路图如 3.76 所示。

④ 控制板电源电路。控制板内各个工作器件都需要直流供电，外部供电电源来自 PCI 插槽的 5V 电源，电源模块需要将 PCI 插槽提供的 5V 电源进行滤波处理，去除高频和低频时产生的波纹，产生系统内部所需±5V 电压。电路中需要对 A/D 等芯片供电，因此还要设计 1.2V、1.8V、2.5V 和 3.3V 四种固定电压电源，供电部分电路如图 3.77 所示。

此外，还要对 PCI 通信接口、SRAM 存储、I/O 接口电路、时钟电路和下载电路等电路进行设计。

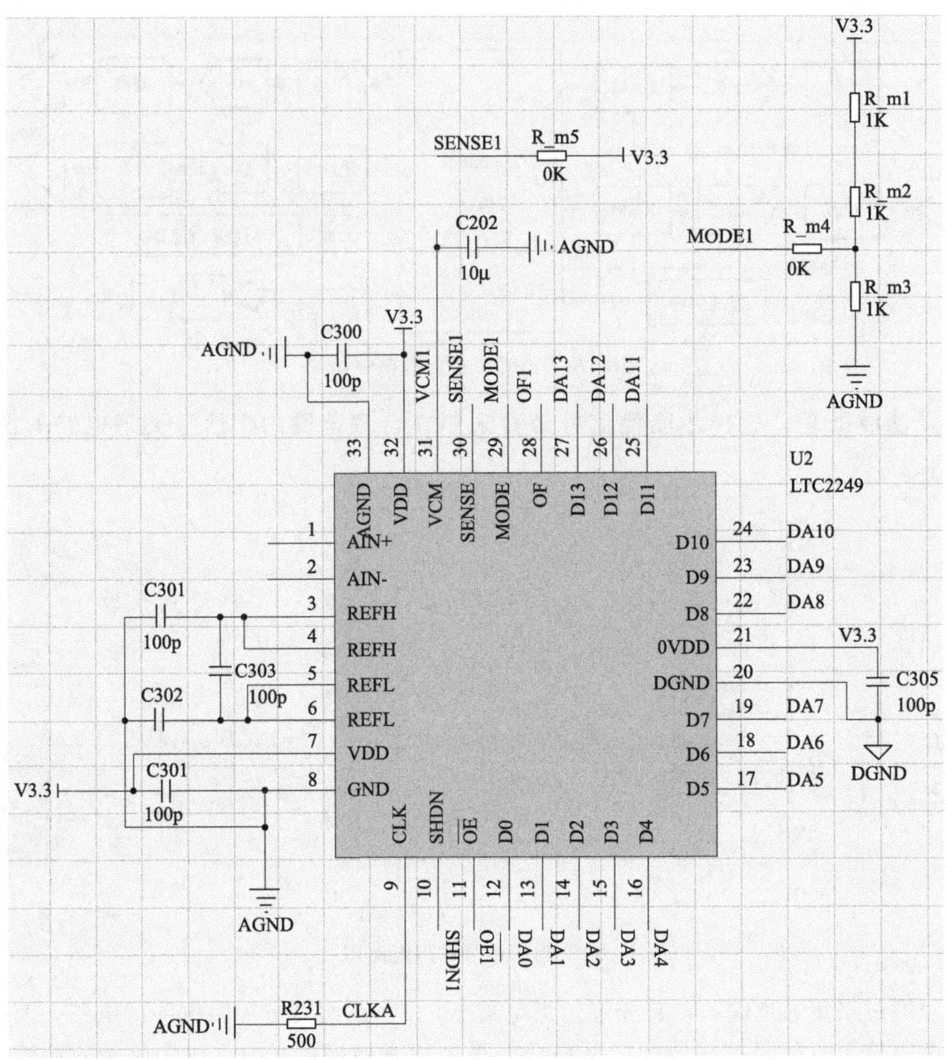

图 3.75　A/D 转换电路图

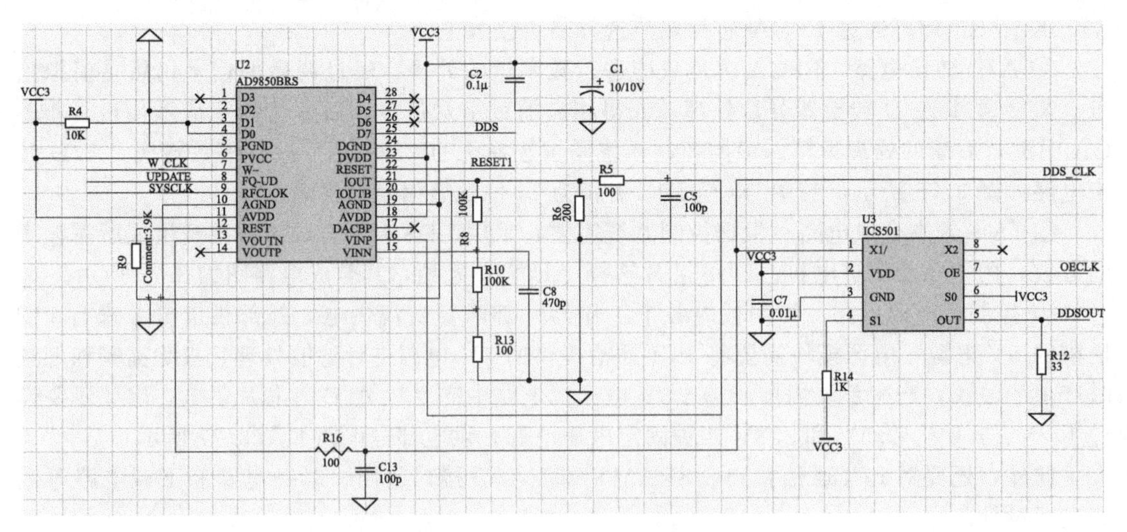

图 3.76　DDS 频率合成电路图

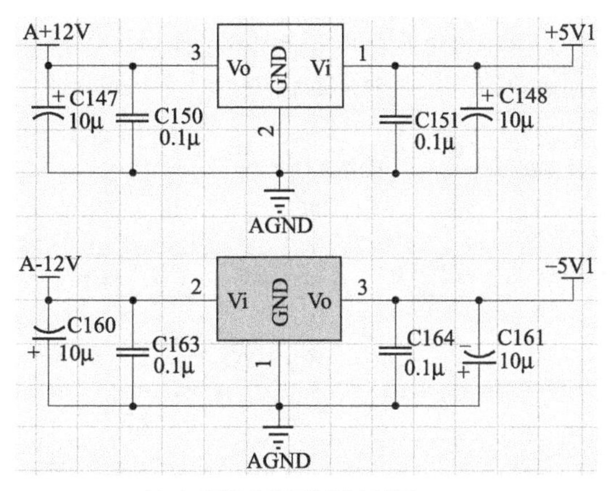

(a) ±5V及±12V电源电路图

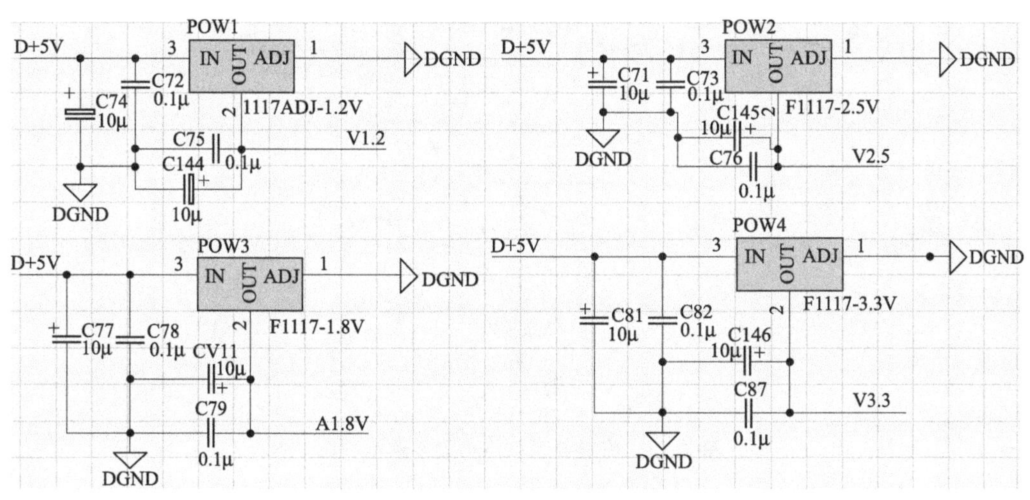

(b) 1.2V/2.5V/1.8V/3.3V电源电路图

图 3.77　电源部分电路图

(4) 机器人控制系统软件设计

1) 控制程序整体结构

玻璃幕墙清洗机器人爬壁控制系统软件上位操控界面采用 LabVIEW 进行开发，控制程序总体功能构架流程如图 3.78 所示。

控制界面分成底层和界面层两个部分。其中底层程序采用 C 语言开发，机器人本体各部分功能由相应的函数命令控制，包括控制板卡初始化函数、参数写入函数、数据采集与传递功能函数、控制命令传递函数、模糊 PID 算法函数等；上位控制界面使用 LabVIEW 软件编写。

2) 控制界面设计

前台控制界面整体以简洁为主，机器人本体前、后直线运动，以及左、右转弯动作可在程序控制下完成，且能实时显示本体运动过程中的基本状态，并有锁定机器人的功能，各部分按钮及指示灯与后台控件相对应。为使机器人本体运行稳定，控制板卡的采集状态参数、频率输出参数、数据显示长度等都在后台程序中设置了固定值，避免程序在使用过程中，因参数设定范围不当引起程序崩溃。前台控制界面如图 3.79 所示。

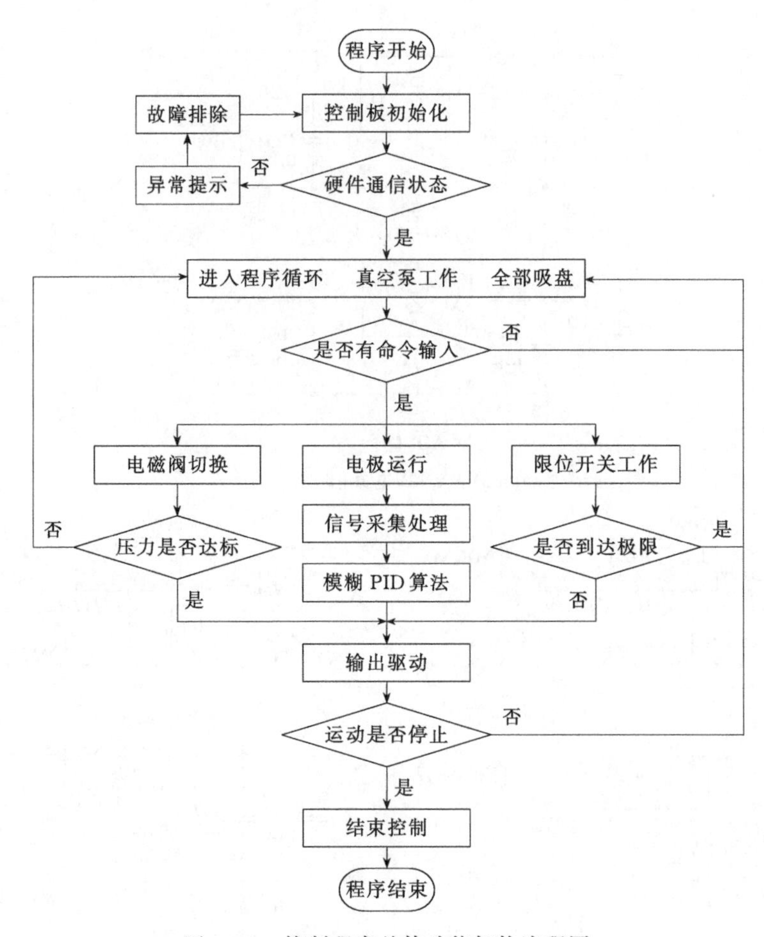

图 3.78　控制程序总体功能架构流程图

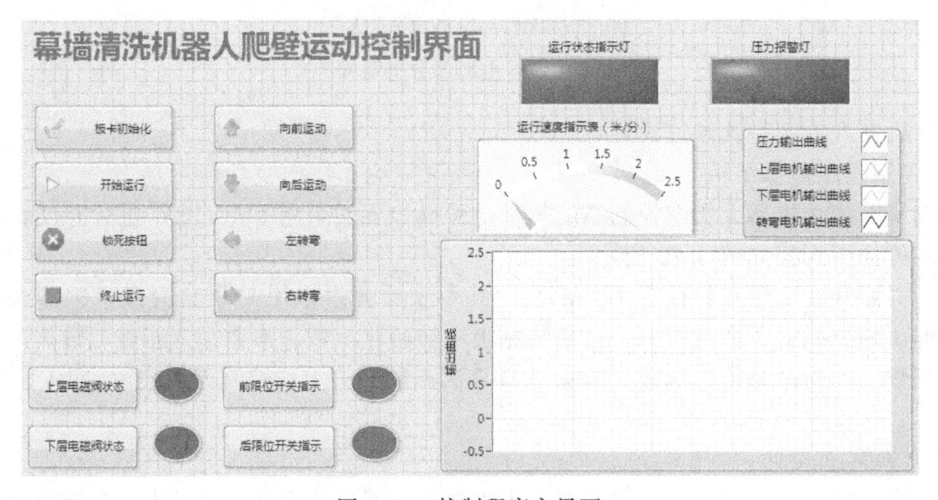

图 3.79　控制程序主界面

3）机器人运行调试

机器人系统整体如图 3.80 所示。机器人启动后进入正常工作模式，软件程序开始工作并接收回传数据，如图 3.81 所示。在运行中验证前进、转弯等动作，结果表明机器人执行

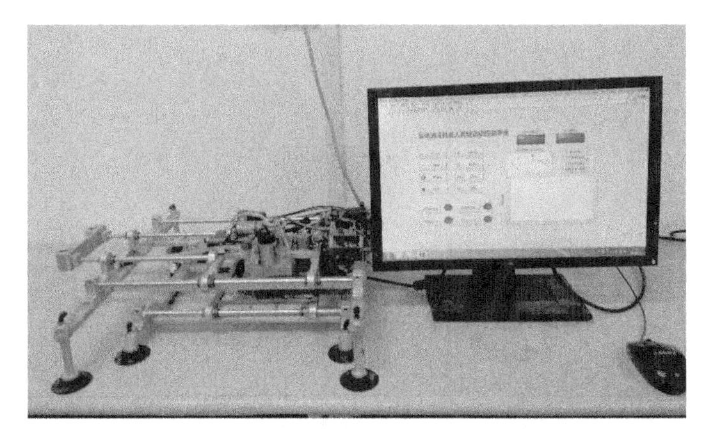

图 3.80　机器人整体控制系统

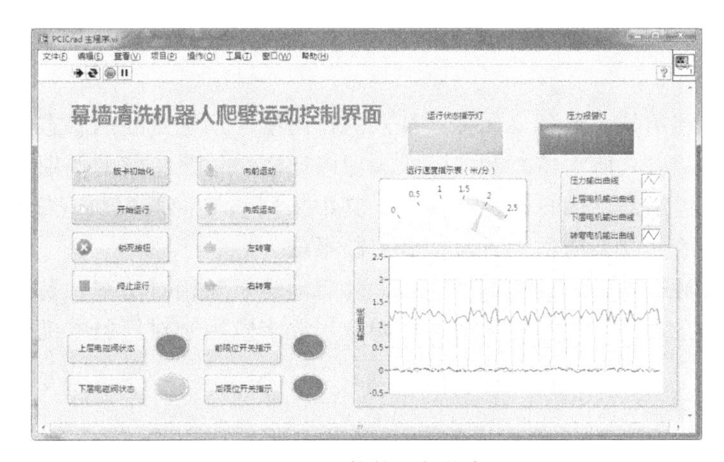

图 3.81　软件运行状态

状态良好，数据上传同样顺利，精度亦有保证。

第4章

机器人直流伺服控制系统

伺服系统是指利用某一部件（如控制杆）的作用能使系统所处的状态到达或接近某一预定值，并能将所需状态（所需值）和实际状态加以比较，依照它们的差别（有时是这一差别的变化率）来调节控制部件的自动控制系统。其中采用直流伺服电机（简称直流伺服电机）作为主要执行元件的控制系统称为直流伺服控制系统。

直流伺服电机具有良好的调速特性、较大的启动转矩和相对功率、易于控制及响应快等优点，可很方便地在宽范围内实现平滑无级调速，故多应用于对伺服电机的调速性能要求较高的生产设备中。

4.1 直流伺服电机

4.1.1 直流伺服电机的发展历史

随着信息技术、机械装置和动力设备的结合日益紧密，运动控制技术得到了迅猛的发展。在中国，制造业大国的角色清晰地勾勒出产业机械迅猛发展的前景，而产业机械自动化程度升级的浪潮，也为运动控制市场的快速发展起到了推波助澜的作用。

我国从20世纪70年代开始跟踪开发伺服技术，以高等院校和科研单位为主要研究力量，以军工、宇航卫星为主要应用方向。20世纪80年代后开始进入工业领域，直到2000年，国产伺服仍旧停留在小批量、高价格、应用范围狭窄的状态，技术水平和可靠性难以满足工业需要。进入21世纪，全球工业自动化的速度加快，走向成熟的伺服系统被广泛应用在自动化工业的各个领域。随着我国变成世界工厂，制造业的快速发展为伺服发展提供了越来越大的市场空间。

国产伺服曾经落后国外三十年，但在近几年的奋起直追下，其不仅在技术上有了很大突破，多家国产伺服的发展也同国际接轨，具备了相当的企业竞争力。华中数控、广州数控、南京埃斯顿、和利时电机等国产伺服厂家，其产品功率范围多在5kW以内，像时光科技公司，在中大功率段伺服市场上，具有明显优势。国产伺服技术路线上与日系产品接近。凭借价格优势，开始占据越来越多的市场份额，但不可否认真正决定国产伺服是否具有竞争力的核心因素还是技术水平。我国的研究机构主要致力于开发电机控制高级算法，对电机运动控制专用芯片涉及很少；而国外大公司则根据市场需求，适时地推出了满足当时应用要求的电机控制专用芯片，但其仅实现了一些基本功能，距高性能电机运动控制芯片还有差距。因此，研制具有国内自主知识产权的高性能电机运动控制芯片具有一定的现实意义与价值。

随着电机技术、现代电力电子技术、微电子技术、控制技术及计算机技术的快速发展，直流伺服系统经历了从模拟式、数模混合式到全数字化的发展历程。模拟系统一般由分立元件搭建而成，容易受环境温度或器件老化的影响。数模混合式一般以微控制器为核心，虽然大部分电路由软件实现，但毕竟处理器速度和容量有限，且没有专门的运动控制外设，难以满足系统的实时性。全数字化伺服系统指以数字信号处理器（DSP）为控制核心的直流伺服系统，其高速的运算能力与丰富的外设接口使得复杂的控制算法成为可能，从而使伺服系统性能更好，因此应用范围也越来越广泛。

直流伺服系统广泛用于航空、航天、国防、轧钢、造纸机、金属切削机床等许多领域的自动控制系统中。它是机器人、数控机床、雷达跟踪等需要精确控制速度和定位的自动控制系统的重要组成部件。直流伺服系统控制特性优良，能在很宽的范围内平滑调速，调速比大，启动制动性能好，定位精度高。直流伺服电机既有交流电机的结构简单、运行可靠、维护方便等一系列优点，又具有直流电机的运行效率高、调速性能好的特点。它能在较大范围内实现精密的速度和位置控制，近年来，交流伺服逐渐受到重视，但由于直流伺服系统具有更好的启动、制动和调速性能，使得系统性能高的场合都在广泛使用直流伺服系统。

随着电力电子技术的飞速发展，微型计算机以及数字控制芯片的数学运算能力有了巨大的发展与提升，半数字化甚至全数字化伺服系统已经基本取代早期的模拟伺服系统。特别是智能功率模块（IPM）和数字处理芯片（DSP）的快速发展，使得智能型伺服控制系统的模块化和数字化更加容易实现。

4.1.2 直流伺服电机的工作原理

一般的直流伺服电机基本结构与普通直流电机并无本质的区别，只是为了减小转动惯量而做得细长一些。其主要结构包括定子和转子两部分。定子的主要作用是产生磁场，由机座、主磁极、换向极、端盖、轴承和电刷装置等组成。主磁极用来在转子和定子之间的气隙中产生磁场；换向磁极的作用是改善换向性能；转子的主要作用是产生电磁转矩和感应电动势，是直流电机进行能量转换的枢纽，所以通常又称为电枢，由转轴、电枢铁芯、电枢绕组、换向器和风扇等组成。电枢铁芯由硅钢片叠成，其表面有许多均匀分布的槽。电枢绕组一般由很多线圈按一定规则连接起来，绕组嵌放在电枢铁芯槽内，换向器是一种机械整流部件，由换向片叠成圆筒形后，以金属夹件或塑料成型为一个整体，各换向片间互相绝缘，换向器质量对运行可靠性有很大影响。图 4.1 是直流电机的结构原理图。

图 4.1 中 N 和 S 是一对固定不动的磁极，用以产生所需要的磁场。为了使图清晰可见，图中只画出了磁极的铁芯，没有画出励磁绕组。N 极和 S 极之间有一个可以绕轴旋转的绕组，称为电枢。图 4.1 中只画出了代表电枢绕组的一个线圈，没有画出电枢铁芯。线圈两端分别与两个彼此绝缘而且与线圈同轴旋转的铜片连接，在铜片上各压着一个固定不动的电刷。

按图 4.1(a) 那样将电枢绕组通过电刷接到直流电源上，绕组的转轴与机械负载相连，此时电枢绕组中将有电流流动，方向为 $a \rightarrow b \rightarrow c \rightarrow d$。电枢电流与磁场相互作用产生电磁力

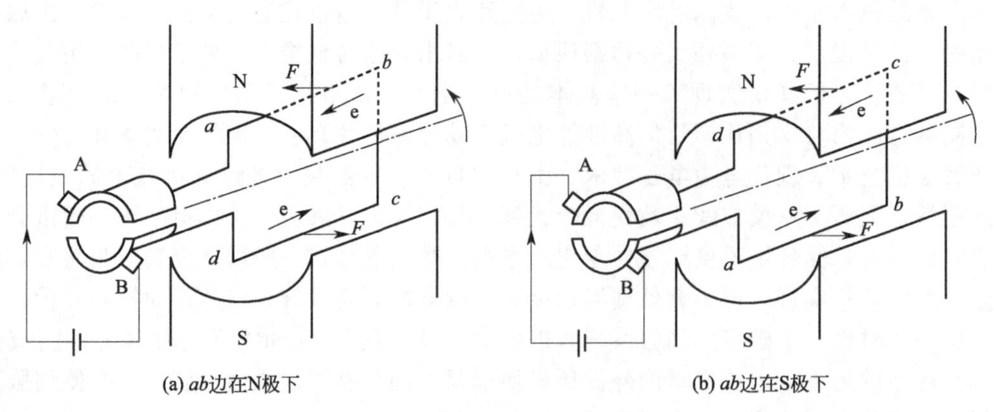

图 4.1　直流电机结构原理图

F，利用左手定则可以判定两对电磁力所形成的电磁转矩使电机按逆时针方向转动。当 ab 边转到 S 极下时，此时 cd 边在 N 极下，如果线圈中电流的方向仍然不变，那么作用在这两个线圈边上的电磁力和电磁转矩的方向就会与原来的相反，电机便无法转动。为此必须改变电枢绕组中电流的方向。通过换向器将与电刷 A 接触的线圈 a 端改为与电刷 B 接触，而原来与电刷 B 接触的线圈 d 端改为与电刷 A 接触。此时电枢绕组中的电流方向变为 $d \to c \to b \to a$，利用左手定则可以判定电磁力及电磁转矩的方向使得电机仍然按逆时针旋转。这样，在直流电机中，外部电路中的直流电流通过换向器换向而变为电机内部的交流电流，驱动电机旋转。

4.1.3　直流伺服电机的分类

直流伺服电机可按励磁方式、转子转动惯量的大小和是否有换向器等分成多种类型。

（1）按励磁方式

按励磁方式的不同，直流伺服电机可分为电磁式和永磁式两种。电磁式直流伺服电机的磁场由励磁电流通过励磁绕组产生。永磁式直流伺服电机的磁场由永磁铁产生，无须励磁绕组和励磁电流。

根据励磁线圈和转子绕组的连接关系，电磁式直流电机又可细分为他励式、并励式、串励式和复励式电机，如图 4.2 所示。

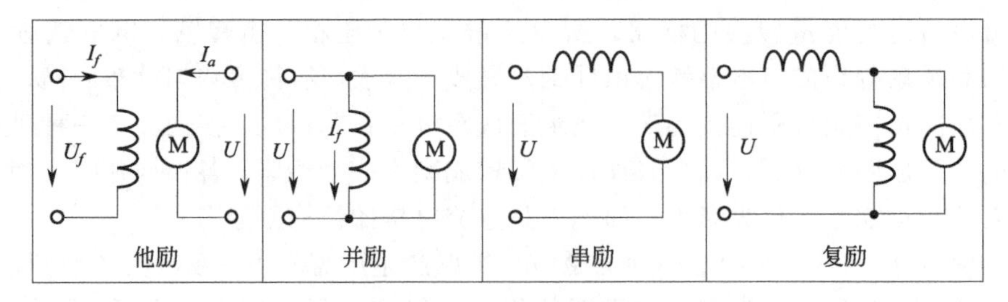

图 4.2　励磁电机

① 他励电机：励磁线圈与转子电枢的电源分开。

② 并励电机：励磁线圈与转子电枢并联到同一电源上。

③ 串励电机：励磁线圈与转子电枢串联到同一电源上。

④ 复励电机：励磁线圈与转子电枢的连接有串有并，接在同一电源上。

（2）按电机惯量大小

① 小惯量直流电机：加减速能力强、响应速度快、动态特性好，如印刷电路板的自动钻孔机所采用的直流电机。

② 中惯量直流电机（宽调速直流电机）：如数控机床的进给系统中的直流电机。

③ 大惯量直流电机：又称直流力矩伺服电机，负载能力强，易于与机械系统匹配，如数控机床的主轴电机。

④ 特种形式的低惯量直流电机。

（3）根据是否有电刷-换向器

根据是否配置有常用的电刷-换向器可以将直流电机分为两类：有刷直流电机和无刷直流电机。

① 有刷直流伺服电机：电机成本低，结构简单，启动转矩大，调速范围宽，控制容易，需要维护，但维护不方便（换电刷），会产生电磁干扰，对环境有要求。因此它可以用于对成本敏感的普通工业和民用场合。

② 无刷直流伺服电机：电机体积小，重量轻，出力大，响应快，速度高，惯量小，转动平滑，力矩稳定。容易实现智能化，其电子换相方式灵活，可以采用方波换相或正弦波换相。电机免维护不存在电刷损耗的情况，效率很高，运行温度低噪声小，电磁辐射很小，寿命长，可用于各种环境。

4.1.4 直流伺服电机的控制

直流伺服电机的运行控制有三个指标：位置、转矩和速度。

位置反映了电机的相对位置，为了实现位置控制，必须有位置检测装置用于运动部件的位移测量。常见的位置检测装置有光栅、编码器、感应同步器、旋转变压器及测速发电机等。光栅用于进行直线位移的检测，旋转变压器和感应同步器均为电磁式测量装置，分别用于角位移和直线位移的测量。光电编码器是目前应用最多的传感器，它利用光电转换原理，将输出轴上的机械几何位移量转换成脉冲数字量。根据编码方式的不同，分为增量式和绝对式编码器。绝对式编码器直接将被测转角转化为数字代码表示出来，并且每个位置都对应一个不同的数字量。增量式编码器通过光电转换原理将位移的增量转化为A、B、Z三相脉冲，通过脉冲的个数进行位移量的计算。其中A和B相脉冲相互正交，用来计算电机的速度和方向；Z相脉冲在电机每转过一圈时产生，用来进行电机的定位。采用增量式光电编码器进行电机位置信息的采集，信息经过滤波后进入控制芯片进行数字控制。

转矩反映了电机对负载变化的承受能力，通过控制电机电流来控制转矩。首先需要检测电机的电流。目前检测直流电流有两种方法：

一是直接串联采样电阻法。将采样电阻直接串接到电流回路中，通过测量该电阻两端电压间接获得该回路的电流大小。这种方法简单、速度快、不失真，但是它不经过隔离，很容易引进干扰且损耗较大，只适用于小电流不需要隔离的情况，一般多用于小容量变频器中。

二是霍尔传感器法。霍尔传感器是根据霍尔效应制作的一种磁场传感器。该方法具有无插入损耗、精度高、线性好、频带宽、过载能力强等优点，已经成为电流检测的主力，目前已被普遍采用。

速度是直流电机的主要控制参数。直流电机的速度包括大小和方向两个方面。

据电机学的相关知识，直流伺服电机的电路可以等效为如图4.3所示的电路。

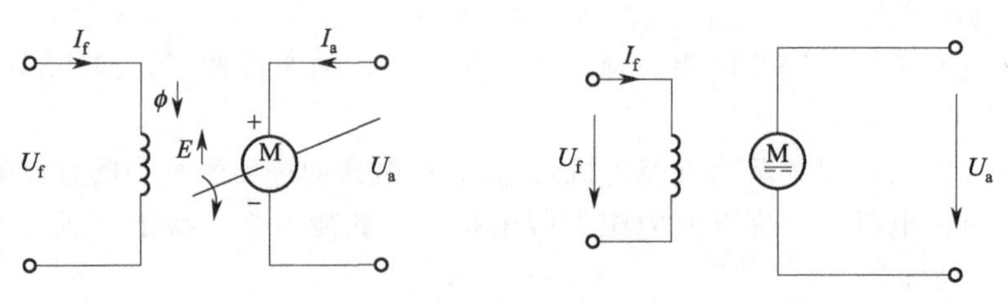

图 4.3　电机等效电路图

电机转子上的载流导体（即电枢绕组）在定子磁场中，受到电磁转矩的作用，使电机转子旋转，其转速为：

$$\omega=\frac{U_a-I_aR_a}{C_e\Phi} \tag{4.1}$$

式中　ω——转速，r/min；

U_a——电枢电压，V；

I_a——电枢电流，A；

R_a——电枢回路总电阻，Ω；

Φ——励磁磁通，Wb；

C_e——由电机结构决定的电动势常数。

因此，可通过改变电枢电压 U_a、改变电枢回路电阻 R_a 或改变每极磁通 Φ 来控制直流伺服电机的转速。

（1）改变电枢电压 U_a

该调速方法在调速时保持电枢电流不变，通过改变电枢电压 U_a 进行调速。永磁式直流伺服电机只有这一种调速方式。当电枢电压 $U_a=0$ 时，$I_a=0$，$T=0$，电机不转。当 $U_a\neq0$ 时，$I_a\neq0$，$T\neq0$，电机在电磁转矩 T 的作用下转动。电机的速度与电枢电压 U_a 的大小有关；电机的转速方向与电枢电压 U_a 的极性相关。

（2）改变电枢回路电阻 R_a

该方法是在电枢回路里串联一个调速变阻器，通过改变电枢回路的总电阻 R_a 来改变转速。虽然该方法与启动时增加电枢电阻类似，但是启动变阻器是供短时使用的，而调速变阻器是供长期使用的。该调速方法的平滑性取决于调速变阻器的调节方式，而一般调速电阻多为分级调节，所以该方法为有级调速，该方法只适用于调速范围不大，调速时间不长的小容量电机。

（3）改变励磁磁通 Φ

改变励磁电流的大小便可改变磁通的大小，从而进行调速。将电磁式直流伺服电机的励磁绕组加上控制信号电压 U_f，电枢绕组加上额定电压。这种方法在永磁式直流伺服电机中不能采用。电磁式伺服电机的工作原理与改变电枢电压调速类似，当控制信号 U_f 的大小和极性改变时，导致电机磁场的强弱变换和方向改变，电机速度大小与方向也随之改变。这种调速法调速范围小，在低速时容易受磁极饱和的限制，高速时又容易受换向火花和换向器结构强度的限制，并且励磁线圈电感较大，动态响应较差。因此这种方法运用范围不是很广。

直流电机的转子旋转方向由电磁转矩的方向决定。电磁转矩的方向由磁场的方向和电枢电流的方向决定。一般励磁绕组匝数多，电感大，反向磁场建立的过程缓慢，反转需要的时间较长，因而一般以采用电枢电压反向的方法居多。

4.1.5 直流伺服电机的主要特性

(1) 运行特性

电机稳态运行，回路中电流保持不变，电枢电流切割磁场磁力线所产生的电磁转矩

$$T_m = C_m \Phi I_a \tag{4.2}$$

式中，C_m 为转矩常数，仅与电机结构有关。

由公式(4.1)和公式(4.2)可知，直流伺服电机运行特性表达式为：

$$\omega = \frac{U_a}{C_e\Phi} - \frac{R_a}{C_e C_m \Phi^2} T_m \tag{4.3}$$

1) 机械特性

当直流伺服电机的电枢控制电压 U_a 和励磁磁通均保持不变，则转速（角速度）ω 可看作是电磁转矩 T_m 的函数，即 $\omega = f(T_m)$，该特性称为直流伺服电机的机械特性，表达式为：

$$\omega = \omega_0 - \frac{R_a}{C_e C_m \Phi^2} T_m \tag{4.4}$$

式中，ω_0 为常数，$\omega_0 = \dfrac{U_a}{C_e\Phi}$。

给定不同 T_m 值，可绘出直流伺服电机机械特性曲线（$U_{a1} > U_{a2} > U_{a3}$），如图 4.4 所示。

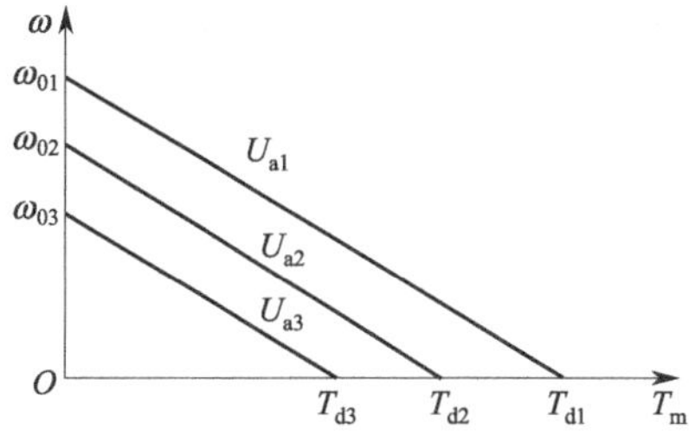

图 4.4 直流伺服电机的机械特性曲线

从图中可以看出：直流伺服电机的机械特性曲线是一组斜率相同的直线簇，每条机械特性曲线和一种电枢电压 U_a 相对应，且随着 U_a 增大，平行地向转速和转矩增加的方向移动；与 ω 轴的交点是该电枢电压下的理想空载转速（角速度）ω_0，与 T_m 轴的交点则是该电枢电压下的启动转矩 T_d。

机械特性曲线的斜率为负，说明在电枢电压不变时，电机转速随负载转矩增加而降低；机械特性曲线线性度越高，系统的动态误差越小。

2) 调节特性

当直流伺服电机的励磁磁通 Φ 和电磁转矩 T_m 均保持不变，则转速（角速度）ω 可看作是电枢控制电压 U_a 的函数，即 $\omega = f(U_a)$，该特性称为直流伺服电机的调节特性，表达式为：

$$\omega = \frac{U_a}{C_e\Phi} - kT_m \tag{4.5}$$

式中，k 为常数，$k = \dfrac{R_a}{C_e C_m \Phi^2}$。

给定不同的 T_m 值，可绘出直流伺服电机的调节特性曲线（$T_{m3} > T_{m2} > 0$），如图 4.5 所示。

从图中可以看出：直流伺服电机的调节特性曲线是一组斜率相同的直线簇，每条调节特性曲线和一种电磁转矩 T_m 相对应，且随着 T_m 增大，平行地向电枢电压增加的方向移动；与 U_a 轴交点表示在一定的负载转矩下，电机启动时的电枢电压，且随负载的增大而增大。

调节特性曲线的斜率为正，说明在一定负载下，电机转速随电枢电压的增加而增加；调节特性曲线线性度越高，系统的动态误差越小。

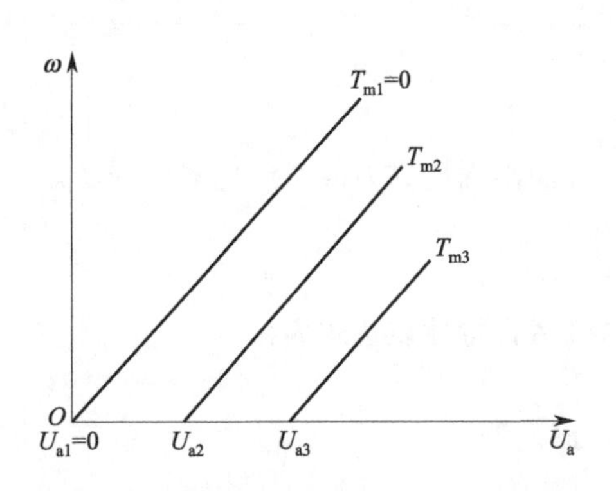

图 4.5　直流伺服电机的调节特性曲线

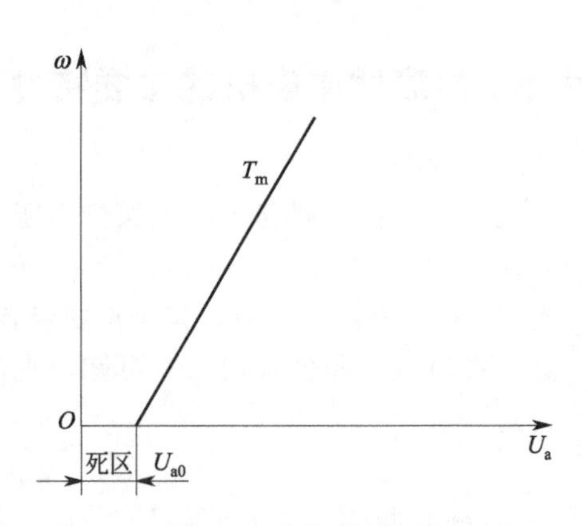

图 4.6　电机的死区

调节特性曲线为一上翘的直线，电机处在待动而又未动的临界状态时的控制电压称为始动电压 U_{a0}，控制电压在 0 到 U_{a0} 的一段范围内，电机不转动，称此区域为电机的死区，如图 4.6 所示。

当 $\omega=0$ 时，可求出：

$$U_a=U_{a0}=\frac{R_a}{C_m\Phi}T_m \tag{4.6}$$

因此，负载转矩越大，始动电压越高。

在电机实际运行过程中，摩擦力矩和空气阻力矩均随转速升高而增加，即总阻力矩不能保持不变，因而其调节特性在其高速段会出现下弯的现象，如图 4.7 所示。

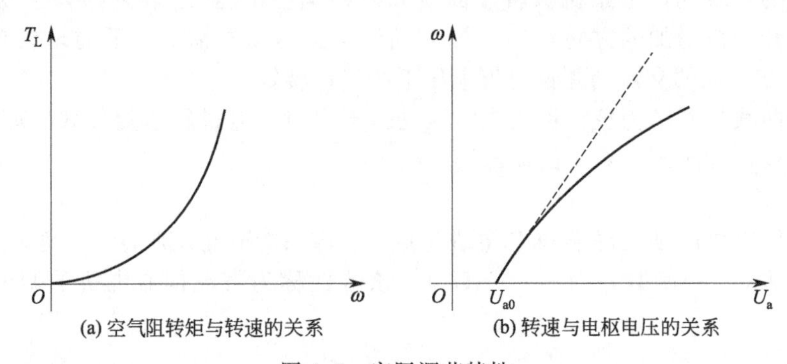

图 4.7　实际调节特性

（2）直流伺服电机低速运转的不稳定性

当电机转速很低时，转速就不均匀，出现时快、时慢，甚至暂时停一下的现象，主要的原因有：

① 电枢齿槽的影响：低速时，反电动势的平均值很小，因而电枢齿槽效应等引起电动势脉动的影响增大，导致电磁转矩波动较明显。

② 电刷接触压降的影响：低速时，控制电压很低，电刷和换向器之间的接触压降开始不稳定，影响电枢上有效电压的大小，从而导致输出转矩不稳定。

③ 电刷和换向器之间摩擦的影响：低速时，电刷和换向器之间的摩擦转矩不稳定，造成电机本身的阻转矩不稳定，因而导致总阻转矩不稳定。

主要的解决措施是采用稳速控制电路，从而使转速平稳。

4.1.6 无刷直流伺服电机

大部分有刷直流电机的问题都来自电刷。电刷可能出现火花、磨损，产生很强的噪声并产生很大一部分功耗，导致速度被严重限制，且不容易冷却。这意味着其不能放在任何易燃物周围，需要长使用寿命、静音或高效率的应用条件，不能在任何高速或高功耗系统中使用有刷直流电机。这都是电刷显著的缺点，取消电刷就可以解决这些问题，但是不好的地方是同时消除了机械换向。

无刷电机，即有刷电机中的“电刷”没有了，由电机主体和驱动器组成，采用永磁体来作转子，转子里是没有线圈的。由于转子里没有线圈，所以不需要用于通电的换向器和电刷。取而代之的是作为定子的线圈，如图 4.8 所示。

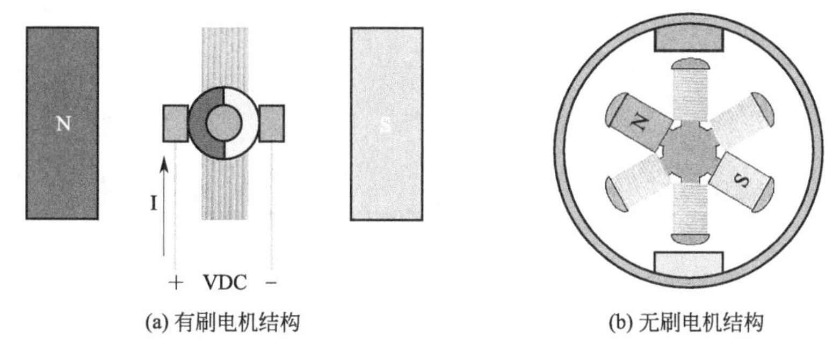

(a) 有刷电机结构　　(b) 无刷电机结构

图 4.8　有刷电机和无刷电机结构

无刷直流电机由电机主体、位置传感器、控制器和逆变器等组成，其控制系统组成简图如图 4.9 所示。

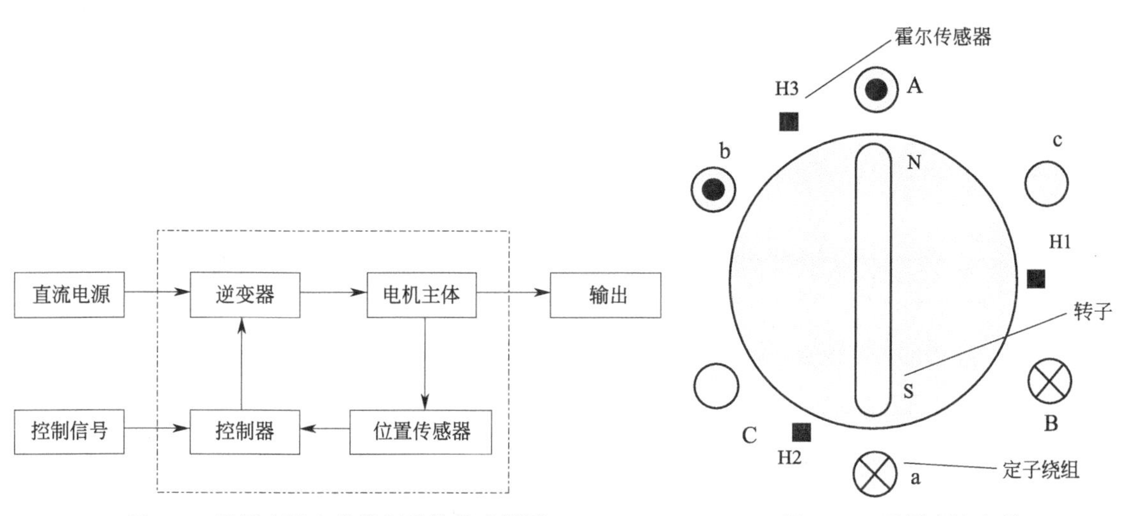

图 4.9　无刷直流电机控制系统组成简图　　图 4.10　无刷直流电机

无刷直流电机在运行时，必须按一定顺序给定子绕组通电，如果知道转子的位置，就可以在定子绕组上加相应的电流。目前无刷直流电机的转子位置是通过安装在定子上的霍尔传感器检测的，如图 4.10 所示。

若干个霍尔元件按一定的间隔，等距离地安装在电机定子上，以检测电机转子的位置。位置传感器的基本功能是在电机的每一个电周期内，产生出所要求的开关状态数。也就是说电机的永磁转子每转过一对磁极（N、S极）的转角，就要产生出与电机逻辑分配状态相对应的开关状态数，以完成电机的一个换流全过程。

两相导通星形三相六状态无刷直流电机的原理框图如图4.11所示，主要由功率开关单元和霍尔（HALL）位置传感器的信号检测与控制单元两部分组成。功率开关单元是电路的核心，其功能是将电源的功率以一定的逻辑关系分配给无刷直流电机定子各相绕组，以便使电机产生持续不断的转矩，而各相绕组导通顺序和时间的控制主要取决于来自霍尔传感器的信号。

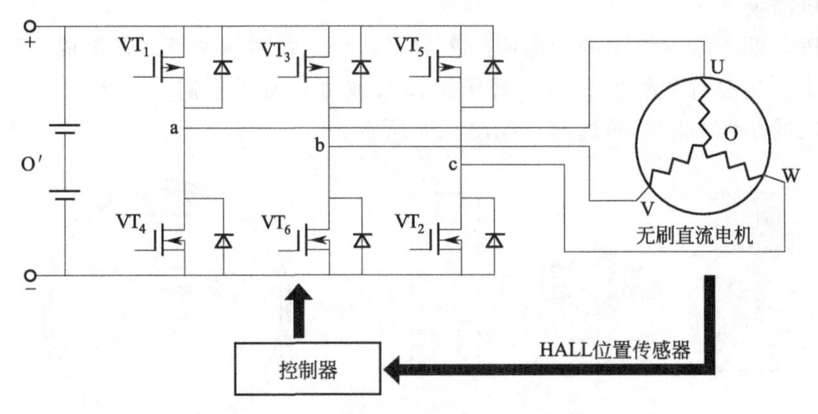

图4.11 无刷直流电机的原理框图

绕组通电情况与转子位置变化关系如图4.12所示。

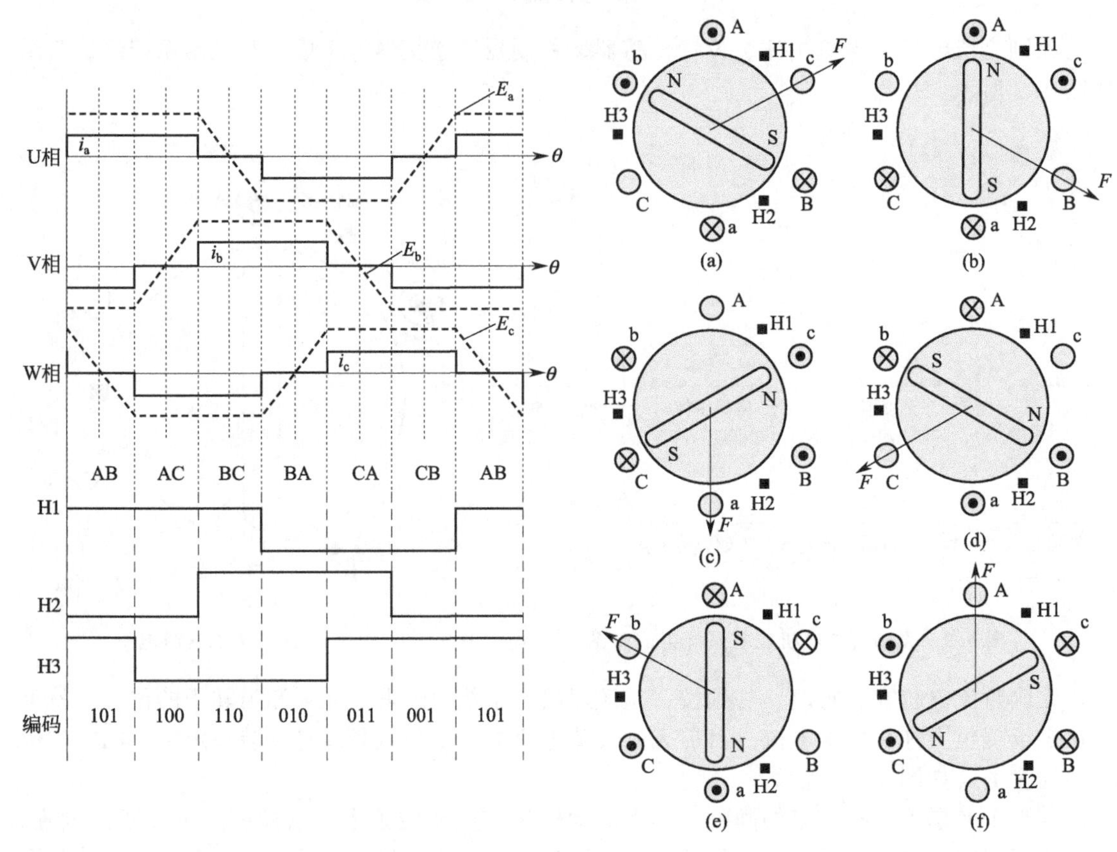

图4.12 绕组通电情况与转子位置变化关系

从运行过程看，定子绕组每隔 60°电角度换向一次，定子合成磁动势位置就改变一次，每相绕组每次导通 120°电角度，且始终保持两相绕组导通，因此此工作方式称为两相导通星形三相六状态工作方式。

无刷直流电机本质上每次换向的就是变换电机定子产生的磁场方向，就是对逆变器电源的六个开关管进行通断控制。在电机运行一周内有 6 种磁极位置。在不同位置，电机内部均具有连接到电源的两相绕组。具体工作中，相电压与自感应电动势之间存在一定的逻辑顺序：当通过的相电压与自感应电动势方向相同时，会产生稳定的电磁转矩，电磁转矩大小与电流大小成正比；当相电压和自感应电动势处于相反方向时，会产生相反方向的电磁转矩，并且其大小与电流的大小成比例。

4.2 直流伺服电机调速系统

调速一般是指在某一具体负载情况下，采用改变电机或电源参数的方法，使机械特性曲线得以改变，从而使电机转速发生变化或保持不变。

① 改变电机转速：当指令速度变化时，电机的速度随之变化，并希望以最快的加减速达到新的指令速度值。

② 当指令速度不变时，电机的速度保持稳定不变。

直流调速系统是最基本的拖动控制系统，主要包括单闭环调速系统和双闭环调速系统。

4.2.1 调速指标

(1) 静态调速指标

1) 调速范围

电机在额定负载下，运行的最高转速 ω_{max} 与最低转速 ω_{min} 之比称为调速范围，用 D 表示，公式如下：

$$D=\frac{\omega_{max}}{\omega_{min}} \tag{4.7}$$

2) 转差率

转差率是指当电机稳定运行，由理想空载增加至额定负载时，对应的额定转差 $\Delta\omega_{nom}$ 与理想空载转速 ω_0 之比，公式如下：

$$s=\frac{\Delta\omega_{nom}}{\omega_0}=\frac{\omega_0-\Delta\omega_{nom}}{\omega_0} \tag{4.8}$$

转差率反映了电机转速受负载变化的影响程度，与机械特性有关，特性越硬，转差率越小，转速的稳定性越好。但并非若机械特性一致，转差率就相同，其还与理想空载转速有关。

如图 4.13 所示，A 点转差率 1%，B 点转差率 10%，那么若能满足最低转速时的转差率，其他转速时也必然能满足。

在调压调速系统中，额定转速为最高转速，转差率为最低转速时的转差率，则最低转速为：

$$\omega_{min}=\omega_0-\Delta\omega_{nom}=\frac{\Delta\omega_{nom}}{s}-\Delta\omega_{nom}=\frac{(1-s)\Delta\omega_{nom}}{s} \tag{4.9}$$

调速范围与转差率满足下列关系式：

$$D=\frac{\omega_{\max}}{\omega_{\min}}=\frac{\Delta\omega_{\text{nom}}s}{(1-s)\Delta\omega_{\text{nom}}} \tag{4.10}$$

因此可知：当一个调速系统机械特性硬度（$\Delta\omega_{\text{nom}}$）一定时，对转差率要求越高，即转差率越小，允许的调速范围也越小。

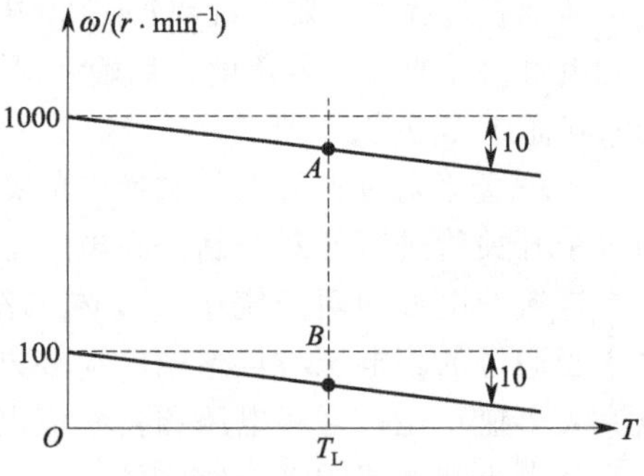

图 4.13　转差率

（2）动态调速指标

动态调速指标包括跟随性能指标和抗干扰性能指标两类。

1）跟随性能指标

在给定信号（或称参考输入信号）$r(t)$ 作用下，系统输出量 $c(t)$ 的变化情况可用跟随性能指标来描述。当给定信号变化方式不同时，输出响应也不一样。通常以输出量的初始值为零、给定信号阶跃变化下的过渡过程作为典型的跟随过程，这时的动态响应又称阶跃响应。

在阶跃响应中输出量 $c(t)$ 与其稳态值 c_{∞} 的偏差越小越好，达到 c_{∞} 的时间越快越好。

① 超调量 $\sigma\%$。在典型的阶跃响应跟随过程中，输出量超出稳态值的最大偏离量与稳态值之比即为超调量。超调量反映系统的相对稳定性，超调量越小，则相对稳定性越好，即动态响应比较平稳。

$$\sigma\%=\frac{c_{\max}-c_{\infty}}{c_{\infty}}\times100\% \tag{4.11}$$

② 上升时间 t_r 和调节时间 t_s。

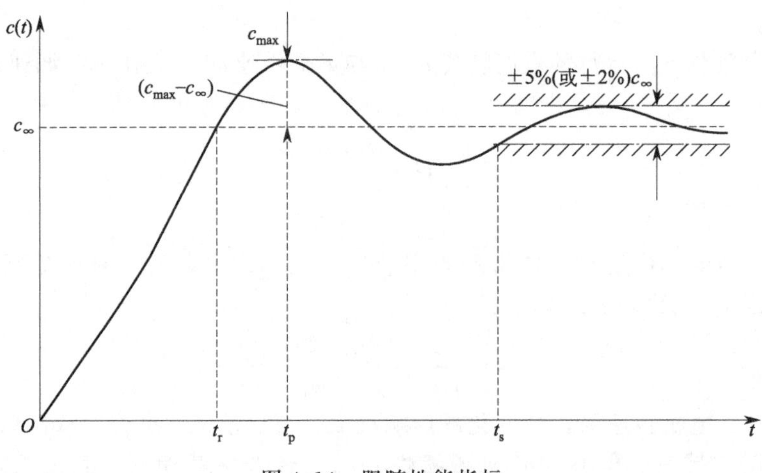

图 4.14　跟随性能指标

如图 4.14 所示，上升时间 t_r 是指输出量从零起第一次上升到稳态值所经过的时间，它表示动态响应的快速性。

调节时间 t_s 又称过渡过程时间，用来衡量系统整个调节过程的快慢。原则上是指从给定量阶跃变化起到输出量完全稳定下来为止的时间。实际系统由于存在非线性等因素，取±5%（或±2%）的范围作为允许误差带，以响应曲线达到并不再超出该误差带所需的最短时间作为调节时间。

2）抗干扰性能指标

以系统稳定运行中，突加负载的阶跃扰动 F 后的动态过程作为典型的抗扰过程，并由此定义抗干扰性能指标，如图 4.15 所示。

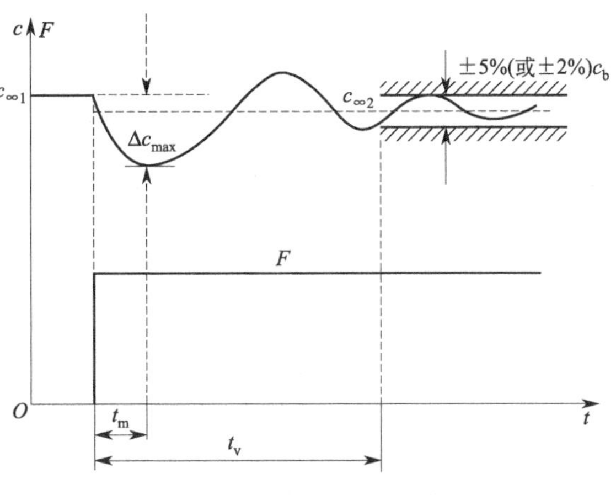

图 4.15 抗干扰性能指标

① 恢复时间 t_v。从阶跃扰动作用开始，到被调量进入距离稳态值±5%或±2%的区域内为止所需要的时间。

② 振荡次数 N。在恢复时间内被调量在稳态值上下摆动的次数，它代表系统的稳定性和抗扰能力强弱。

③ 动态降落 Δc_{max}。主要表示系统稳定运行时，突加一定数值的扰动后引起转速的最大降落值。

用输出量原稳态值 $c_{\infty1}$ 的百分数来表示。输出量在动态降落后逐渐恢复，达到新的稳态值 $c_{\infty2}$，（$c_{\infty1}-c_{\infty2}$）是系统在该扰动作用下的稳态降落。

一般来说，动态降落都大于稳态降落（即静差）。

4.2.2 单闭环调速系统

当生产机械对调速性能要求不高时，可采用开环调速系统，如图 4.16 所示。

改变参考电压 U_g 的大小，即可改变触发脉冲的控制角 α，从而使直流电机的电枢电压 U_d 变化，以达到改变电机转速的目的，但是开环调速系统调速范围不大。开环系统不满足静态指标，原因是静态速降太大，根据反馈控制原理，要稳定哪个参数，就对那个参数实行负反馈，构成单闭环系统。

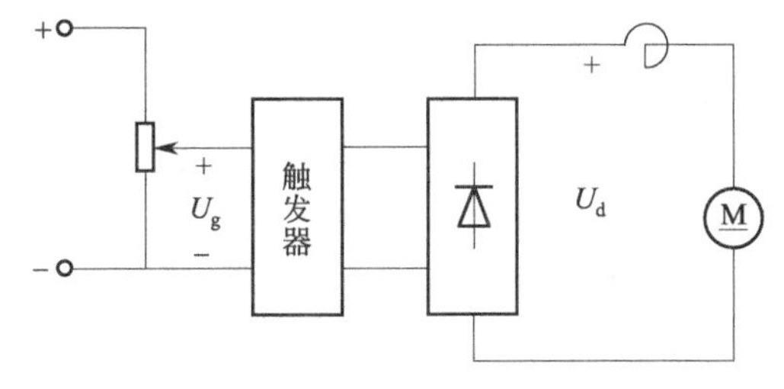

图 4.16 开环调速系统

单闭环调速系统常分为有静差调速系统和无静差调速系统两类。单纯由被调量负反馈组成的按比例控制的单闭环系统属于有静差的自动调节系统，简称有静差调速系统；按积分（或比例积分）控制的系统，则属无静差调速系统。

（1）单闭环有静差调速系统

为满足调速系统的性能指标，在开环系统基础上，引入反馈构成单闭环有静差调速系统，采用不同物理量的反馈便形成不同的单闭环系统。在此以引入速度负反馈为例，构成转速负反馈直流调速系统，如图 4.17 所示。

在电机轴上安装一台测速发电机 TG，引出与转速成正比的电压信号 U_{fn}，以此作为反馈信号与给定电压信号 U_n 比较，所得差值电压，经放大器产生控制电压 U_{ct}，用以控制电机转速，从而构成了转速负反馈调速系统。

给定电位器 R_{P1} 一般由稳压电源供电，以保证转速给定信号的精度。R_{P2} 为调速反馈系数而设置，测速发电机输出电压 U_{tg} 与电机 M 的转速成正比。U_{fn} 与 U_f 极性相反，以满足负反馈关系。

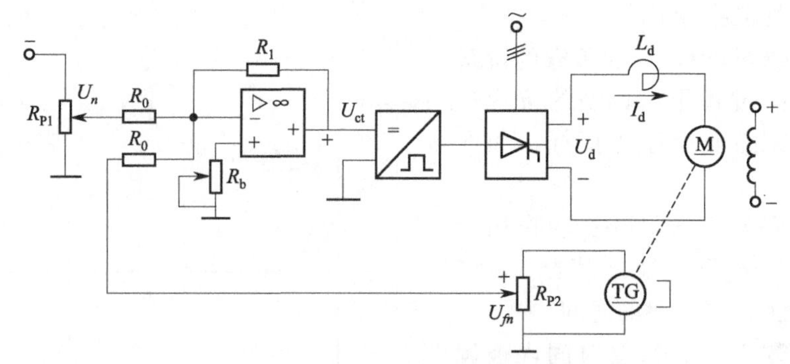

图 4.17 转速负反馈直流调速系统

转速负反馈调速系统的稳态结构图如图 4.18 所示。

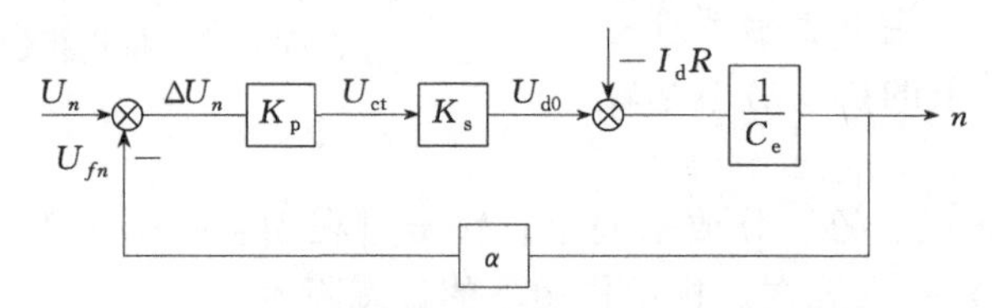

图 4.18 转速负反馈调速系统稳态结构图

将给定电压 U_n 和扰动量 $-I_dR$ 分别单独作用时的响应进行叠加，可得系统静特性方程：

$$
\begin{aligned}
n &= \frac{\text{给定 } U_n \text{ 前向通道各环节乘积}}{1+\text{开环放大倍数}} + \frac{\text{对扰动量 } I_dR \text{ 前向各环节乘积}}{1+\text{开环放大倍数}} \\
&= \frac{(K_pK_s/C_e)U_n}{1+K_pK_s\alpha/C_e} + \frac{-RI_d/C_e}{1+K_pK_s\alpha/C_e} \\
&= \frac{K_pK_sU_n}{C_e(1+K)} - \frac{RI_d}{C_e(1+K)}
\end{aligned}
\tag{4.12}
$$

$K=K_pK_s\alpha\dfrac{1}{C_e}$称闭环系统的开环放大系数。

转速单闭环调速系统是一种最基本的反馈控制系统，它具有反馈控制的基本规律，具体特征如下：

① 有静差系统就是使用比例调节器的闭环控制系统。有静差系统的实际转速不等于给定转速，采用比例调节器闭环系统的开环放大倍数 K 总是有限值，因此静态速降不可能为零；具有比例调节器的闭环系统，主要依靠偏差电压 ΔU 来调节输出电压，而 $\Delta U \neq 0$ 是有静差系统的一大特点。

② 闭环系统对于给定输入绝对服从。给定电压 U_n，它是和反馈电压 U_{fn} 相比较的量，又可称作参考输入量。显然给定电压的一些微小变化，都会直接引起输出量转速的变化。在调速系统中，改变给定电压就是在调整转速。

③ 转速闭环系统的抗扰动性能。在闭环系统中，当给定电压 U_n 不变时，使电机转速发生变化（即系统稳态转速偏离设定值）的所有因素统称为系统的扰动。实际上除了负载之外还有许多因素会引起转速的变化，包括交流电源电压波动，励磁电流变化，调节器放大倍数的漂移，周围环境温度变化引起电阻数值的变化，等等。所有这些扰动对转速的影响，都会被测速装置检测出来，再通过反馈控制作用，减小它们对稳态转速的影响。图 4.19 标出了

各种扰动因素对系统的作用。扰动输入的作用点不同，它对系统的影响程度也不同，而转速负反馈能抑制或减小被包围在反馈环内作用在控制系统主通道上的扰动，这是开环系统无法完成的，也是闭环系统最突出的特征。

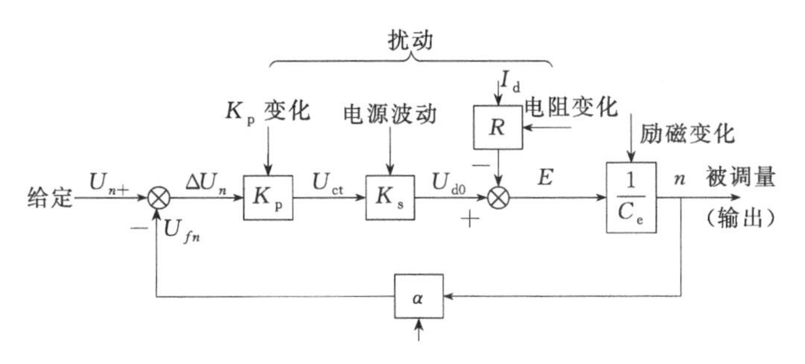

图 4.19 自动调速系统的给定和扰动作用

转速闭环系统，只能抑制被反馈环包围的加在系统前向通道上的扰动作用，而对诸如给定电源，检测元件或装置中的扰动无能为力。

所以必须特别注意测速电机的选择及安装，确保反馈检测元件的精度是对闭环系统的稳速精度至关重要的，是决定性的作用。

在单闭环有静态差调速系统中，引入转速负反馈且有了足够大放大倍数 K 后，就可以满足系统的稳态性能要求。由自动控制理论可知，系统开环放大倍数太大时，可能会引起闭环系统的不稳定，必须采取校正措施才能使系统正常工作。

(2) 单闭环无静差调速系统

在单闭环有静差调速系统中，由于采用比例调节器，稳态时转速只能接近给定值，而不可能完全等于给定值。提高增益只能减小静差而不能消除静差。为了完全消除静差，实现转速无静差调节，根据自动控制理论，可以在调速系统中引入积分控制规律，用积分调节器或比例积分调节器代替比例调节器，利用积分控制不仅靠偏差本身，还能靠偏差的积累产生控制电压 U_{ct}，实现静态的无偏差。

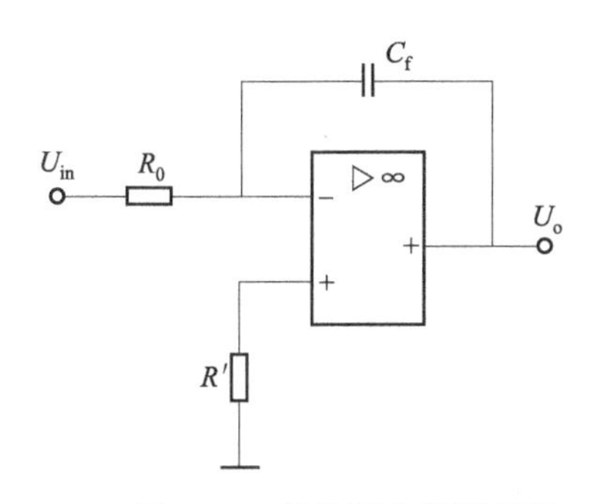

图 4.20 积分调节器原理图

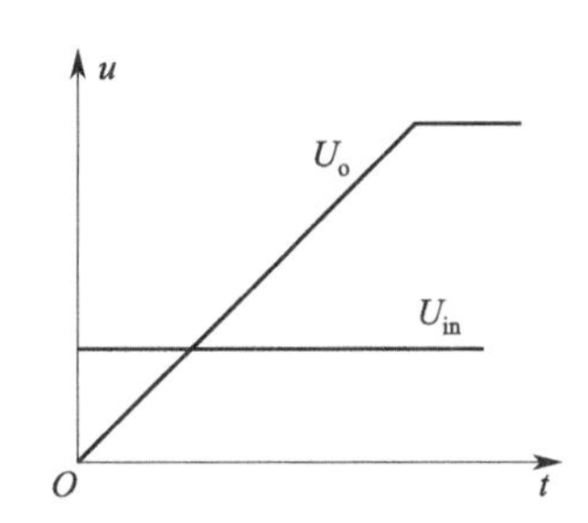

图 4.21 积分调节器输入输出关系

1) 积分、比例积分控制规律

① 积分调节器及积分控制规律。积分调节器电路如图 4.20 所示。其输入输出关系如图 4.21 所示。其关系式如下：

$$W_I(s)=\frac{U_o(s)}{U_{in}(s)}=\frac{\frac{1}{C_f s}}{R_0}=\frac{1}{\tau_I s} \tag{4.13}$$

式中，τ_{I} 为积分时间常数，$\tau_{\mathrm{I}}=R_0C_{\mathrm{f}}$。

积分环节的阶跃响应是随时间线性增长的直线，但输出量受输出限幅电路限制。

② 比例积分调节器及控制规律。比例积分电路原理图如图 4.22 所示，其输入输出关系如图 4.23 所示，比例积分调节器的传递函数为：

$$W_{\mathrm{PI}}(s)=\frac{U_{\mathrm{o}}(s)}{U_{\mathrm{in}}(s)}=\frac{R_1+\dfrac{1}{C_1s}}{\rho R_0}=K_{\mathrm{p}}\frac{\tau s+1}{\tau s} \tag{4.14}$$

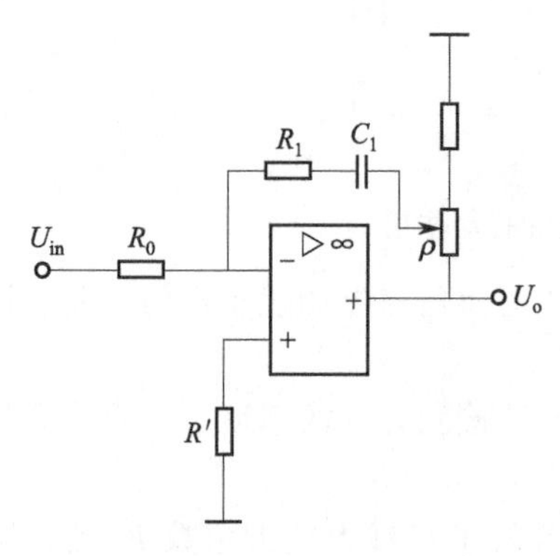

图 4.22　比例积分调节器原理图

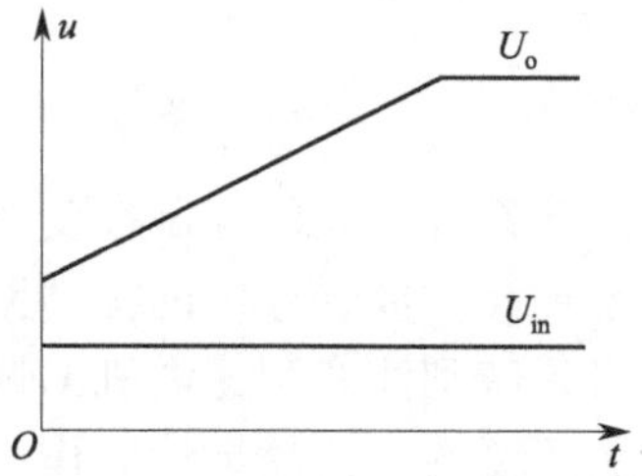

图 4.23　比例积分调节器输入输出关系

2）电流截止负反馈环节

很多生产设备需要直接加阶跃给定信号，以实现快速启动的目的。由于系统的机械惯性较大，电机转速不能立即建立起来，尤其是启动初期，转速反馈信号 $U_{fn}=0$，加在比例调节器输入端的转速偏差信号 $\Delta U_n=U_n-0$ 是稳态时的（$1+K$）倍，造成整流电压 U_{d0} 达满压启动，直流电机的启动电流高达额定电流的几十倍，过电流保护继电器会使系统跳闸，电机无法启动。此外，电流和电流上升率过大，对直流电机换向及晶闸管元件的安全是不允许的，因此，需引入电流自动控制，限制启动电流，使其不超出电机过载能力的允许限度。

要限制电流，则在系统中引入电流负反馈。但由于电流负反馈在限流的同时，会使系统的特性变软。

为解决限流保护与静特性变软之间出现的矛盾，系统可采用电流负反馈截止环节，需增设两个环节：其一为反映电枢电流的检测环节（直流电流互感器），构成电流反馈闭环；其二是反映电流允许值的门槛电平检测环节（稳压管），使电流反馈信号 U_{fi} 与 U_w 进行比较，其比较差值 $\Delta U_i=U_{fi}-U_w$ 送比例积分调节器，从而构成电流反馈截止环节。

带电流截止负反馈的无静差调速系统原理图如图 4.24 所示。

系统中的电流检测反馈信号 $U_{fi}=\beta I_{\mathrm{d}}$，$\beta$ 为检测环节的比例系数；允许电枢电流截止反馈的门槛值 $I_0=\dfrac{U_{\mathrm{com}}}{\beta}$。当 $I_{\mathrm{d}}<I_0$［即（$U_{fi}=\beta I_{\mathrm{d}}$）<（$U_{\mathrm{com}}=\beta I_0$）］时，电流反馈被截止，不起作用，此时系统仅存在转速负反馈。当负载电流增大使 $I_{\mathrm{d}}>I_0$（即 $U_{fi}>U_w$）时，稳压管被反向击穿，允许电流反馈信号通过，转速反馈信号与电流反馈同时起作用，使调节器输出 U_{ct} 下降，迫使 U_{d0} 迅速减小，限制了电枢电流随负载增大而增加的速度，有效抑制了电枢电流的增加。

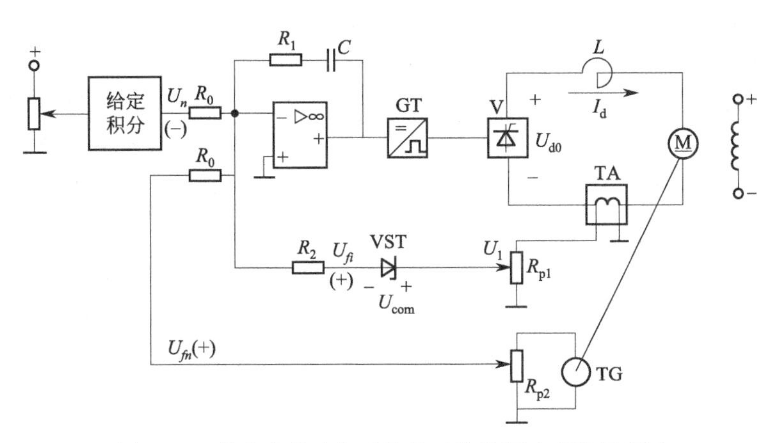

图 4.24　带电流截止负反馈的无静差调速系统原理图

4.2.3　双闭环调速系统

采用 PI 调节器的单闭环直流调速系统，既保证了动态稳定性又实现了无静差，解决了动、静态之间的矛盾。然而仅靠电流截止环来限制启动和升速时的冲击电流，性能不令人满意，为充分利用电机的过载能力，加快启动过程，专门增加设置一个电流调节器，与单闭环直流调速系统构成电流、转速双闭环调速系统，实现在最大电枢电流约束下的转速过渡过程最快的“最优”控制。

为了实现转速和电流两种负反馈分别起作用，在系统中设置了两个调节器，分别调节转速和电流，两者之间实行串级连接。转速负反馈的闭环在外面称外环，电流负反馈的闭环在里面，称内环，其原理如图 4.25 所示，图中，ASR 为速度调节器，ACR 为电流调节器。

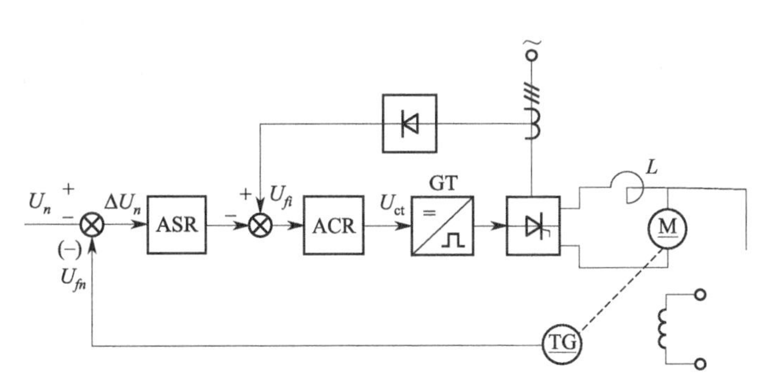

图 4.25　双闭环调速系统原理图

为了使转速、电流双闭环调速系统具有良好的静、动态性能。电流、转速两个调节器一般采用 PI 调节器，且均采用负反馈。

(1) 电流调节环

其是由 ACR 和电流负反馈组成的闭环，主要作用是稳定电流。

设电流环的给定信号是速度调节器的输出信号 U_i，则电流环的反馈信号 I_d 为

$$I_d=\frac{U_i}{\beta} \tag{4.15}$$

式中，β 为电流反馈系数。

当U_i一定时，在电流调节器作用下，输出电流保持不变，而由电网电压波动引起的电流波动将被有效抑制。

电流调节环的特点是：启动时，实现在最大允许电流条件下的恒流升速调节，使得时间最优；在转速调节过程中，电流跟随其给定电压U_n变化；当电机过载甚至于堵转时，限制电枢电流的最大值，可起到快速的安全保护作用。如果故障消失，系统能自动恢复正常。

（2）速度调节环

其是由ASR和转速负反馈组成的闭环，主要作用是保持转速稳定，并最后消除转速静差。速度调节环的优点是：使转速跟随给定电压U_n变化，实现转速无静差调节；对负载变化起抗扰作用，其饱和输出限幅值作为系统允许最大电流的给定，起饱和非线性控制作用，以实现系统在最大电流约束下启动。

双闭环系统稳态结构图如图4.26所示。

（3）静态特性

双闭环系统的静特性只有转速调节器饱和与不饱和两种情况，如图4.27所示，实线为理想的“挖土机特性”。当ASR不饱和，ACR也不饱和，系统稳态时，两个调节器的输入偏差电压都是零。

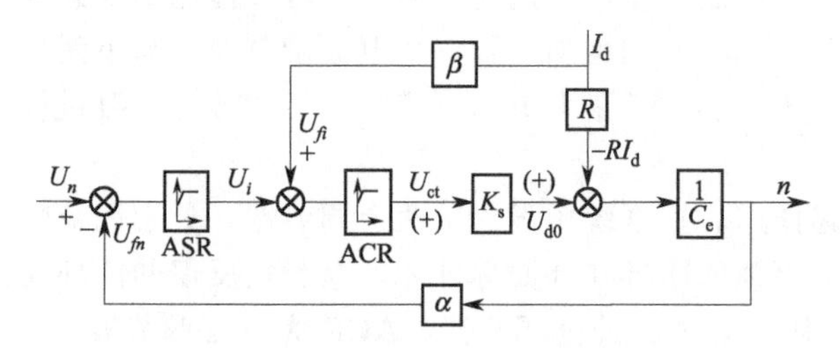

图4.26　双闭环系统稳态结构图

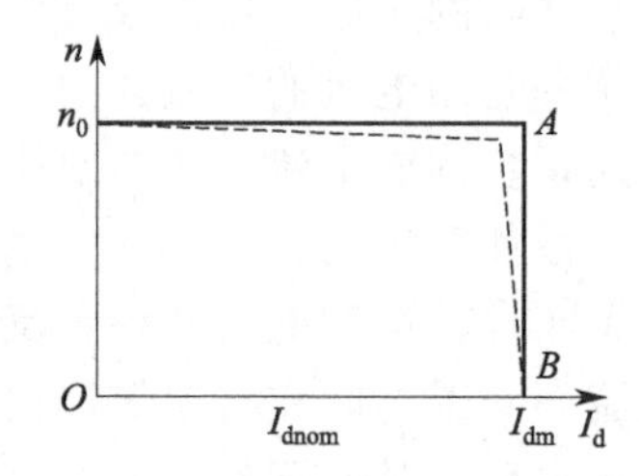

图4.27　双闭环系统工作静特性

在n_0A段，负载电流$I_d<I_{dm}$，转速负反馈起主要调节作用，这就是静态特性的运行段，为理想的静特性的运行段；在AB段，负载电流I_d达到I_{dm}，电流调节器起主要调节作用，双闭环系统变成一个电流无静差的单闭环系统。

当负载电流达到I_{dm}后，转速调节器饱和，电流调节器起主要调节作用，系统表现为电流无静差，达到过电流自动保护的目的。这就是采用了两个PI调节器分别形成内、外两个闭环的效果。虚线表示实际系统的静特性，与理想情况存在一定偏差，主要原因是运算放大器的开环放大倍数不是无穷大。

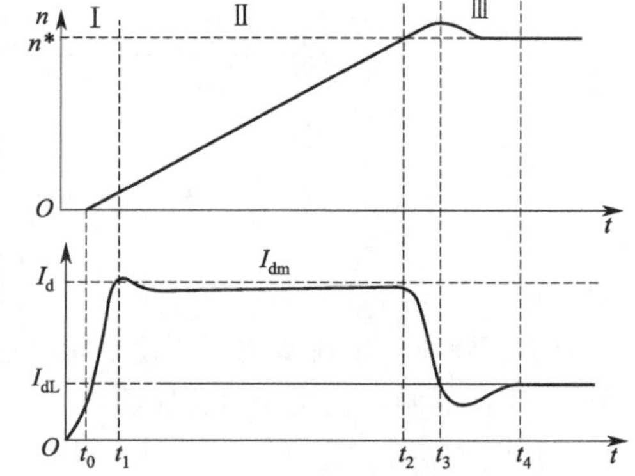

图4.28　双闭环调速系统启动过程中转速和电流波形

（4）动态特性

在直流伺服电机启动过程中ASR经历了不饱和、饱和、退饱和三种情况，整个动态过程就分成图中标明的Ⅰ、Ⅱ、Ⅲ三个阶段，如图4.28所示。

双闭环直流调速系统在启动和升速过程中，能够在最大转矩下，表现出很快的动态转速跟随性能。在减速和制动过程中，由于主电路电流的不可逆性，跟随性能变差。

第Ⅰ阶段是电流上升阶段：突加给定电压U_g后，通过两个调节器的控制作用，使得加在电机上的电压和电枢电流上升，当电流达到一定程度时，电机开始转动。由于机电惯性的作用，转速的增长不会很快，因而ASR的输入偏差电压ΔU_n数值较大，其输出很快达到限幅值U_{im}^*，强迫电流I_d迅速上升；当电流接近最大电流时，电流反馈电压接近限幅值U_{im}^*，电流调节器的作用使I_d不再迅猛增长，标志着这一阶段的结束。在这一阶段中，ASR由不饱和很快达到饱和，而ACR一般应该不饱和，以保证电流环的调节作用。

第Ⅱ阶段是恒流升速阶段：从电流上升到最大值I_{dm}开始，到转速升到给定值n_0为止，属于恒流升速阶段，是启动过程中的主要阶段。在这个阶段中，ASR一直是饱和的，转速环相当于开环状态，系统表现为在恒值电流给定U_{im}^*作用下的电流调节系统，基本上保持电流I_d恒定，因而系统的加速度恒定，转速呈线性增长。同时，电机的反电动势也按线性增长。

第Ⅲ阶段是转速调节阶段：在这阶段开始时，转速已经达到给定值，转速调节器的给定与反馈电压平衡，输入偏差为零，但其输出却由于积分作用还维持在限幅值U_{im}^*，所以电机仍在最大电流下加速，必然使转速超调。转速超调后，ASR输入端出现负的偏差电压，使它退出饱和状态，其输出电压即ACR的给定电压立即从限幅值降下来，电枢电流I_d也因而下降。由于I_d仍大于负载电流，在一段时间内，转速继续上升。到I_d与负载电流相等时，电磁转矩与负载转矩相等，则$dn/dt=0$，转速n达到峰值。此后，电机才开始在负载阻力下减速。与此相应的是，电流I_d也出现一段小于负载电流的过程，直到稳定（假设调节器参数已调整好）。在这最后的转速调节阶段内，ASR和ACR都不饱和，同时起调节作用。

（5）动态抗扰动性能

单闭环调速系统的动态抗扰图如图4.29所示，由电网电压波动所引起的扰动作用，先要经受电磁惯性的阻挠才能影响电枢电流，再经过机电惯性的滞后才能反映到转速上来，等到转速反馈产生调节作用，时间已经比较晚。

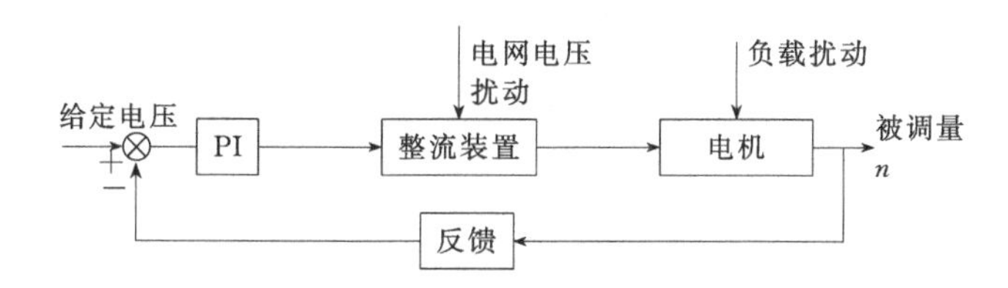

图4.29　单闭环调速系统动态抗扰图

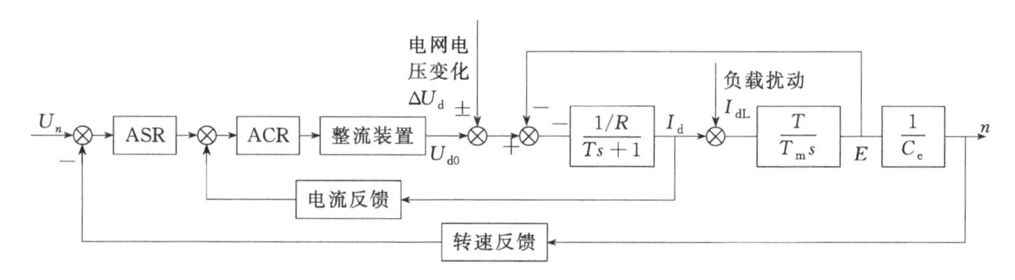

图4.30　双闭环调速系统动态结构图

在双闭环调速系统中，由于电网电压扰动被包围在电流环之内（图4.30），当电压波动时，可以通过电流反馈得到及时调节，不必等到影响到转速后才在系统中有所反应。

因此，在双闭环调速系统中，由电网电压波动引起的动态速降会比单闭环系统中小得多。

从图 4.30 可见，负载扰动作用在电流环之后，只能靠转速调节器来产生抗扰动作用。因此，在突加（减）负载时，必然会引起动态速降（升）。为了减小动态速降（升），必须在设计 ASR 时，要求系统具有良好的抗扰动指标。

双闭环系统突加负载时的动态过程如图 4.31 所示。

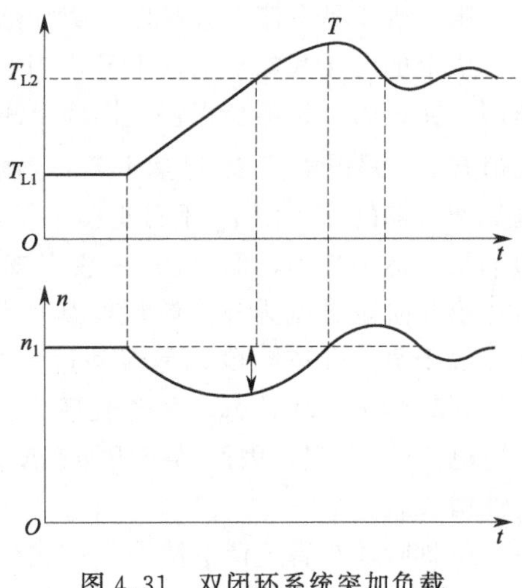

图 4.31　双闭环系统突加负载扰动时动态过程

具体的调节过程为：

$$(T-T_L\uparrow)<0\rightarrow n\downarrow\rightarrow\Delta U_n=(U_n-U_{fn}\downarrow)>0$$
$$\rightarrow U_i\uparrow\rightarrow U_{ct}\uparrow\rightarrow U_{d0}\uparrow\rightarrow I_d\uparrow\rightarrow T\uparrow$$

综上可知，与单闭环调速系统相比来说，双闭环调速系统具有以下优点：

① 具有良好的静特性（接近理想的“挖土机特性”）；

② 具有较好的动态特性，启动时间短（动态响应快），超调量也较小；

③ 系统抗扰动能力强，电流环能较好地克服电网电压波动的影响，而速度环能抑制被它包围的各个环节的扰动的影响，并最后消除转速偏差；

④ 由两个调节器分别调节电流和转速，可分别进行设计、调整（先调好电流环，再调速度环）。

4.3 直流伺服电机调压调速技术

直流伺服电机调压调速技术是工程应用中最主要的调速方式，该调速方式需要有专门的、连续可调的直流电源供电，常用的可控直流电源有以下三种：

① 旋转交流机组：用交流电机拖动直流发电机，以获得可调的直流电压（G-M 系统）。

② 静止可控整流器：利用静止的可控整流器（如晶闸管可控整流器），获得可调的直流电压（V-M 系统）。

③ 直流斩波器、脉宽调制变换器：用恒定直流电源或不可控整流电源供电，利用直流斩波器或脉宽调制变换器产生可变的平均电压。

4.3.1 晶闸管直流调速系统

晶闸管直流调速系统是指利用晶闸管可控整流器获得可调直流电压的系统（V-M 系统），如图 4.32 所示，其主要由主回路和控制回路组成。

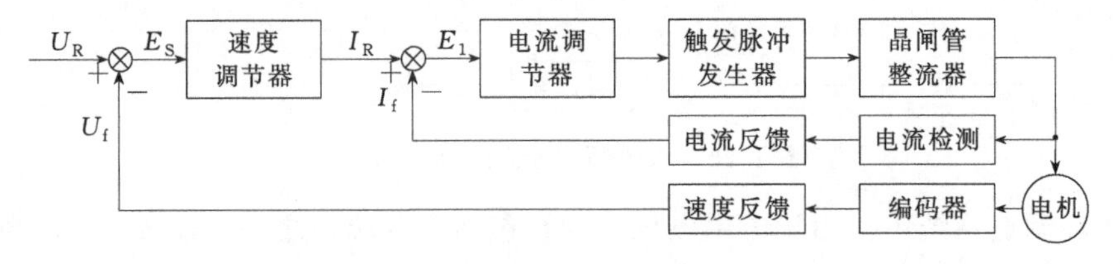

图 4.32　直流伺服电机晶闸管调速系统

（1）主回路

晶闸管调速系统主回路主要由晶闸管整流放大装置组成，其主要的作用是：将电网的交流电变为直流并整流；将调节回路的控制功率放大，得到较大电流与较高电压以驱动电机；在可逆控制电路中，电机制动时，把电机运转的惯性机械能转变成电能并反馈回交流电网。

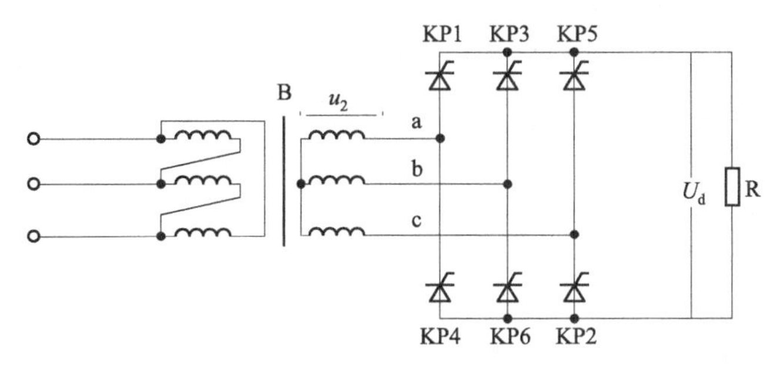

图 4.33　三相全控桥式整流电路

晶闸管整流调速装置的接线方式有单相半桥式、单相全控式、三相半波、三相半控桥和三相全控桥式等。

三相全控桥式整流电路及波形分别如图 4.33、图 4.34 所示。对共阴极组和共阳极组是同时进行控制的，控制角都是 α，三相全控桥的六个晶闸管触发的顺序是 1-2-3-4-5-6。晶闸管编号：晶闸管 KP1 和 KP4 接 a 相，晶闸管 KP3 和 KP6 接 b 相，晶管 KP5 和 KP2 接 c 相；晶闸管 KP1、KP3、KP5 组成共阴极组，而晶闸管 KP2、KP4、KP6 组成共阳极组。

$\alpha=0$，把一个周期等分 6 段：

在第（1）段期间，a 相电压最高，而共阴极组的晶闸管 KP1 被触发导通，b 相电位最低，所以共阳极组的晶闸管 KP6 被触发导通；电流由 a 相经 KP1 流向负载，经 KP6 流入 b 相。变压器 a、b 两相工作，共阴极组的 a 相电流为正，共阳极组的 b 相电流为负；加在负载上的整流电压为 $u_d=u_a-u_b=u_{ab}$，经过 60°后进入第（2）段时期。

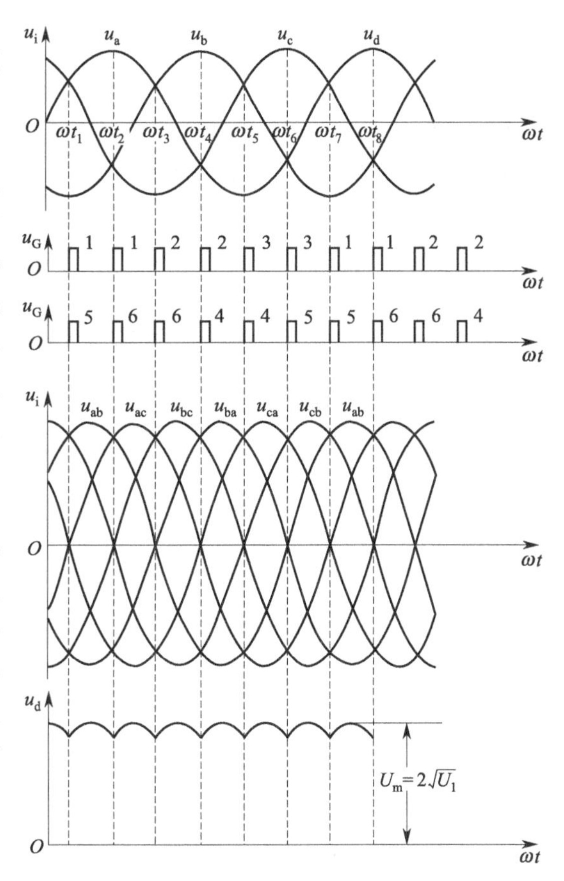

图 4.34　三相全控桥式整流电路波形图

第（2）段初期，a 相电位仍然最高，晶闸管 KP1 继续导通，但 c 相电位却变成最低，当经过自然换相点时触发 c 相晶闸管 KP2，电流即从 b 相换到 c 相，KP6 承受反向电压而关断。电流由 a 相流出经 KP1、负载、KP2 流回电源 c 相，变压器 a、c 两相工作；此时 a 相电流为正，c 相电流为负。在负载上的电压为 $u_d=u_a-u_c=u_{ac}$，再经过 60°，进入第（3）段时期。

进入第（3）段的初期，此阶段 b 相电位最高，共阴极组在经过自然换相点时，触发导通晶闸管 KP3，电流即从 a 相换到 b 相，c 相晶闸管 KP2 因电位仍然最低而继续导通；此时变压器 b、c 两相工作，在负载上的电压为 $u_d=u_b-u_c=u_{bc}$。

余相依此类推。

可以看出：

① 三相桥式全控整流电路在任何时刻都必须有两个晶闸管导通，而且这两个晶闸管一个是共阴极组，另一个是共阳极组，只有它们同时导通，才能形成导电回路。

② 三相桥式全控整流电路就是两组三相半波整流电路的串联，所以与三相半波整流电路一样，对于共阴极组触发脉冲的要求是保证晶闸管 KP1、KP3 和 KP5 依次导通，因此它们的触发脉冲之间的相位差应为 120°；对于共阳极组触发脉冲的要求是保证晶闸管 KP2、KP4 和 KP6 依次导通，因此它们的触发脉冲之间的相位差也是 120°；由于共阴极的晶闸管是在正半周触发，共阳极组是在负半周触发，因此，接在同一相的两个晶闸管的触发脉冲的相位应该相差 180°。

③ 三相桥式全控整流电路每隔 60°有一个晶闸管要换流，由上一号晶闸管换流到下一号晶闸管触发，触发脉冲的顺序是：1→2→3→4→5→6→1，依次下去。相邻两脉冲的相位差是 60°。

④ 由于电流断续后，若使晶闸管再次导通，则两组中应导通的一对晶闸管必须同时有触发脉冲。为了达到这个目的，可以采取两种方法：一种是使每个脉冲的宽度大于 60°（必须小于 120°），一般取 80°～100°，称为宽脉冲触发；另一种是在触发某一号晶闸管时，同时给前一号晶闸管补发一个脉冲，使共阴极组和共阳极组的两个应导通的晶闸管上都有触发脉冲，相当于两个窄脉冲等效地代替大于 60°的宽脉冲，这种方法称双脉冲触发。

⑤ 整流输出的电压，也就是负载上的电压。整流输出的电压应该是两相电压相减后的波形，实际上都属于线电压，波头 u_{ab}、u_{ac}、u_{bc}、u_{ba}、u_{ca}、u_{cb} 均为线电压的一部分，是上述线电压的包络线。

⑥ 三相桥式全控整流电路在任何瞬间仅有二臂元件导通，其余四臂元件均承受变化着的反向电压。如在第（1）段时期，KP1 和 KP6 导通，此时 KP3 和 KP4 承受反向线电压 $u_{ba}=u_b-u_a$。KP2 承受反向线电压 $u_{bc}=u_b-u_c$。KP5 承受反向线电压 $u_{ca}=u_c-u_a$。晶闸管所受的反向最大电压即为线电压的峰值。在 α 从零增大的过程中，同样可分析出晶闸管承受的最大正向电压也是线电压的峰值。

（2）控制回路

主要由电流调节回路（内环）、速度调节回路（外环）和触发脉冲发生器等组成。电流调节和速度调节在 4.2.3 节中已经详细介绍；触发脉冲发生器主要功能是向晶闸管门极提供所需的触发信号，并能根据控制要求使晶闸管可靠导通，实现整流装置的控制。

常见的电流形式有：单结晶体管触发电路、正弦波触发电路和锯齿波触发电路。

4.3.2 脉宽调制（PWM）直流调速系统

由晶闸管变流器构成的直流传动，由于其具有线路简单、控制灵活、体积小、效率高以及没有旋转噪声和磨损等优点，在一般工业应用中，特别是大功率系统中一直占据着主要的地位。

当系统运行在较低速时，晶闸管导电角很小，系统的功率因数相应也很小，并产生较大的谐波电流，使转矩脉动大，限制了调速范围。要克服上述问题必须加大平波电抗器的电感量，但电感大又限制了系统的快速性，此外，功率因数低、谐波电流大，还将引起电网电压波形畸变，变流器设备容量大，还将造成所谓的“电力公害”，在这种情况下必须增设无功补偿和谐波滤波装置。

随着电力电子技术发展，出现了可控制关断的即自关断电力电子器件——全控式器件。如可关断晶闸管（GTO）、电力电子场效应晶体管（Power MOSFET）、绝缘栅双极晶体管（IGBT）、MOS控制晶闸管（MCT）等。

采用全控型开关器件很容易实现脉冲宽度调制，其与半控型开关器件晶闸管变流器相比，体积可缩小30%以上，装置效率高，功率因数高。同时由于开关频率的提高，直流脉冲宽度调制伺服控制系统与V-M伺服控制系统相比，电流容易连续，谐波少，电机损耗和发热都较小，低速性能好，稳速精度高，系统通频带宽，快速响应性能好，动态抗扰能力强。

脉冲宽度调制（pluse width modulation，PWM）是把恒定直流电源电压调制成频率一定、宽度可变的脉冲电压序列，从而可以改变输出平均电压的大小。PWM直流调速系统同样由主回路和控制回路两部分组成。与晶闸管调速系统相比，PWM直流调速系统速度调节器和电流调节器原理一样，不同的是脉宽调制器和功率放大器，如图4.35所示。

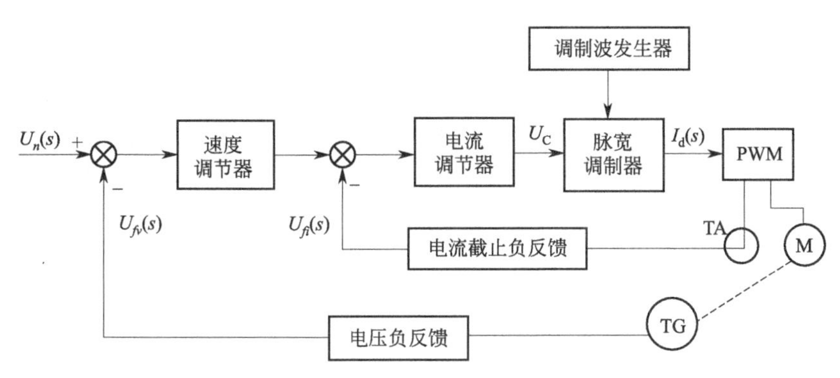

图4.35　PWM直流调速系统

PWM直流调速系统利用电子开关，将直流电源电压转换为一定频率的方波脉冲电压，然后再通过对方波脉冲宽度的控制来改变供电电压大小与极性，从而达到对电机进行变压调速。

常用的脉宽调制器按调制信号不同分为锯齿波脉宽调制器、三角波脉宽调制器、由多谐振荡器和单稳态触发电路组成的脉宽调制器和数字脉宽调制器等几种。

以锯齿波脉宽调制器为例，其电路图如图4.36所示。

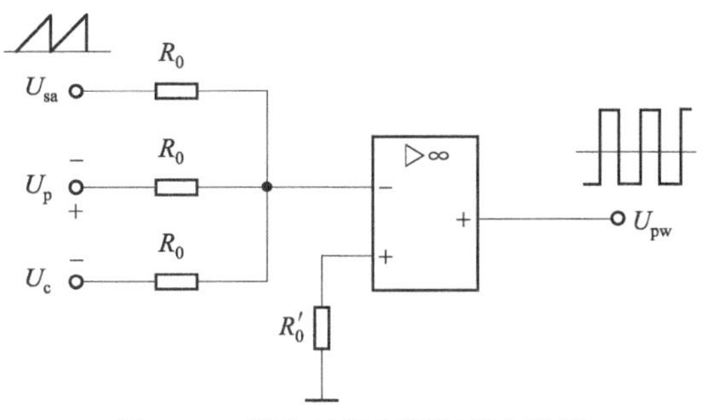

图4.36　锯齿波脉宽调制器电路图

加在运算放大器反相输入端上的有三个输入信号，一个输入信号是锯齿波调制信号U_{sa}，由锯齿波发生器提供，其频率是主电路所需的开关调制频率；另一个输入信号是控制电压U_c，是系统的给定信号经转速调节器、电流调节器输出的直流控制电压，其极性与大小随时可变；为了得到双极式脉宽调制电路所需的控制信号，再在运算放大器的输入端引入第三个输入信号负偏差电压 U_p，其值为 $U_p=-\frac{1}{2}U_{samax}$。

锯齿波脉宽调制器调节曲线如图 4.37 所示。

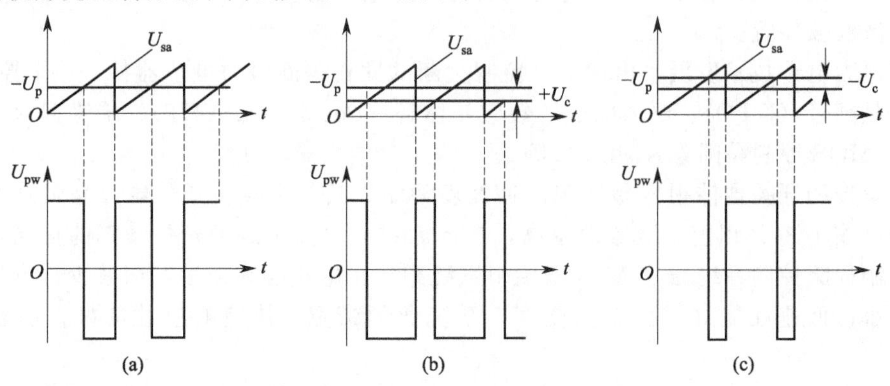

图 4.37 锯齿波脉宽调制器调节曲线

当 $U_c=0$ 时，输出脉冲电压 U_{pw} 的正负脉冲宽度相等，如图 4.37(a) 所示；

当 $U_c>0$ 时，$+U_c$ 和 $-U_p$ 相减，经运算放大器倒相后，输出脉冲电压 U_{pw} 的正半波变窄，负半波变宽，如图 4.37(b) 所示；

当 $U_c<0$ 时，$-U_c$ 和 $-U_p$ 相加，输出脉冲电压 U_{pw} 的正半波增宽，负半波变窄，如图 4.37(c) 所示。

改变控制电压 U_c 的极性，也就改变了双极式 PWM 变换器输出平均电压的极性，从而可改变电机的转向；改变控制电压 U_c 的大小，也就能改变输出脉冲电压的宽度，从而改变电机的转速。

PWM 变换器实际上就是一种直流斩波器，当电子开关在控制电路作用下按某种控制规律进行通断时，在电机两端就会得到调速所需的、有不同占空比的直流供电电压 U_d。

PWM 变换器按电路不同主要分为不可逆与可逆式两大类。其中不可逆 PWM 变换器又分为有制动力和无制动力式两类；可逆 PWM 变换器在控制方式上可分为双极式、单极式和受限单极式三种。

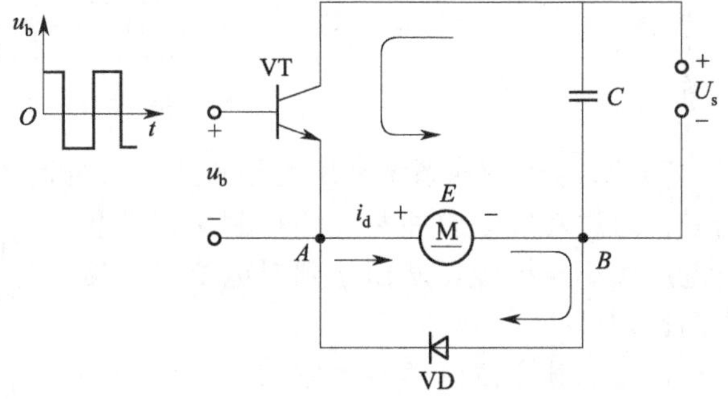

图 4.38 不可逆 PWM 变换器电路图

(1) 不可逆 PWM 变换器

其电路原理图如图 4.38 所示。

大功率晶体管 VT 的基极由脉宽可调的脉冲电压 u_b 驱动，当 u_b 为正时，VT 饱和导通，电源电压 U_s 通过 VT 的集电极回路加到电机电枢两端；当 u_b 为负时，VT 截止，电机电枢两端无外加电压，电枢的磁场能量经二极管 VD 释放（续流）。电机电枢两端得到的电压 U_{AB} 为脉冲波，其平均电压为

$$U_d=\frac{t_{on}}{T}U_s=\rho U_s \tag{4.16}$$

式中，ρ 为负载电压系数或占空比，$\rho=\frac{t_{on}}{T}$，变化范围为 0～1。

一般情况下周期 T 固定不变，当调节 t_{on}，使 t_{on} 在 $0\sim T$ 范围内变化时，则电机电枢端电压 U_d 在 $0\sim U_s$ 之间变化，而且始终为正。因此，电机只能单方向旋转，为不可逆调速系统，这种调节方法也称为定频调宽法。

稳态时电机电枢的脉冲端电压 u_d、电枢电压平均值 U_d、电机反电势 E 和电枢电流 i_d 的波形如图 4.39 所示。

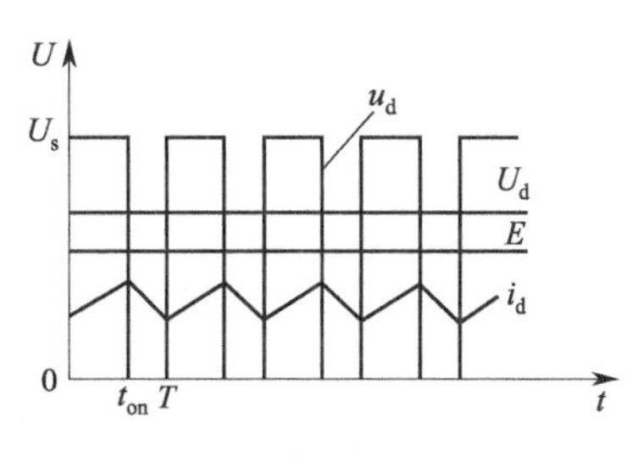

图 4.39　波形图

由于晶体管开关频率较高，利用二极管 VD 的续流作用，电枢电流 i_d 是连续的，而且脉动幅值不是很大，对转速和反电势的影响都很小，为突出主要问题，可忽略不计，即认为转速和反电势为恒值。

(2) 可逆 PWM 变换器

1) 双极式 PWM 变换器

双极式 PWM 变换器主电路的结构形式有 H 型和 T 型两种，其中 H 型变换器是由四个功率管和四个续流二极管组成的桥式电路，如图 4.40 所示。

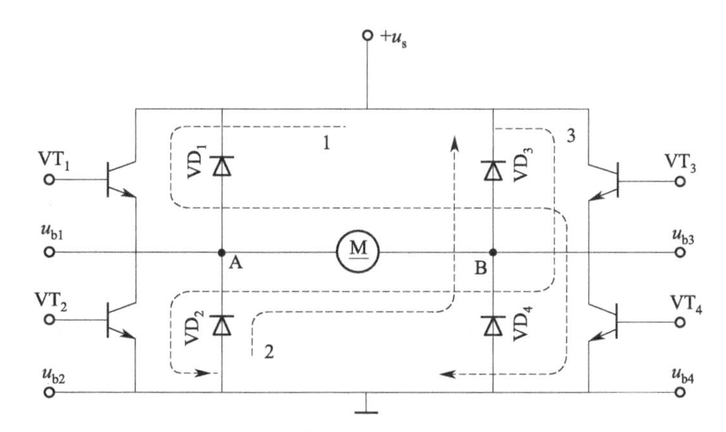

图 4.40　双极式 H 型 PWM 变换器原理图

其基本特点为：四个功率管 IGBT 的栅极驱动电压分为两组。VT1 和 VT4 同时导通和关断，栅极驱动电压 $u_{b1}=u_{b4}$；VT2 和 VT3 同时导通和关断，栅极驱动电压 $u_{b2}=u_{b3}$。

调速时，ρ 的变化范围为 $-1\leqslant\rho\leqslant 1$。当 ρ 为正值时，电机正转；ρ 为负值时，电机反转；$\rho=0$ 时，电机停止。在 $\rho=0$ 时，虽然电动势不动，电枢两端的瞬时电压和瞬时电流却都不是零，而是交变的。交变电流平均值为零，不产生平均转矩，徒然增大电机的损耗，好处是使电机带有高频的微振，起着所谓“动力润滑”的作用，消除正、反向时的静摩擦死区。

电枢两端电压 u_{AB} 的正负变化，使得电枢电流波形根据负载大小分为两种情况：

① 当负载电流较大时，电流 i_d 的波形如图 4.41 中的 i_{d1}，由于平均负载电流大，在续流阶段 ($t_{on}<t<T$)，电流仍维持正方向，电机工作在正向电动状态；

② 当负载电流较小时，电流 i_d 的波形如图 4.41 中的 i_{d2}，由于平均负载电流小，在续流阶段，电流很快衰减到零，于是 VT2 和 VT3 的 C-E 极间反向电压消失，VT2 和 VT3 导通，电枢电流反向，i_d 从电源 u_s 正极→VT2→电机电枢→VT3→电源 u_s 负极，电机处在制动状态。

同理，在 $0\leqslant t<T$ 期间，电流也有一次倒向。

双极式 H 型 PWM 变换器的优点是：电流一定连续，可使电机在四个象限运行；电机停止时有微振电流，能消除摩擦死区；低速时每个功率管的驱动脉冲仍较宽，有利于保证功率管可靠导通；低速平稳性好，调速范围很宽。

缺点：在工作过程中，四个功率管都处于开关状态，开关损耗大，而且容易发生上、下两管直通（即同时导通）的事故，降低了装置的可靠性。为了防止上、下两管直通，在一管关断和另一管导通的驱动脉冲之间，应设置逻辑延时。

2）单极式 PWM 变换器

对静、动态性能要求低一些的系统，可采用单极式 PWM 变换器。其电路图和双极式的一样，不同之处仅在于驱动脉冲信号。

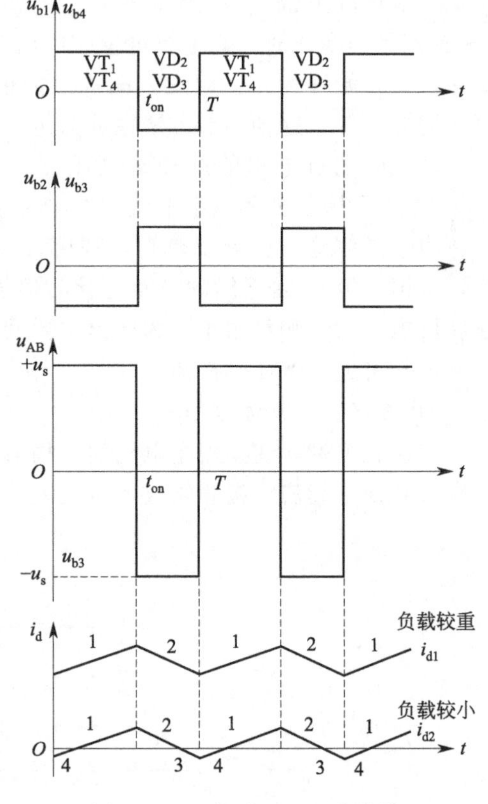

图 4.41　双极式 PWM 变换器电压、电流变化波形图

在单极式变换器中，左边两个功率管的驱动脉冲电压 $u_{g1}=-u_{g2}$，具有与双极式一样正负交替的脉冲波形，使 VT1 和 VT2 交替导通；右边两个功率管 VT3 和 VT4 的驱动信号不同，改成因电机的转向而施加不同的直流控制信号，如图 4.42 所示。由于单极式变换器的功率开关管 VT3 和 VT4 二者之中总有一个常通、一个常截止，运行中无须频繁交替导通，因此它与双极式变换器相比开关损耗可以减少，装置的可靠性有所提高。

当负载较重时，双极式和单极式可逆 PWM 变换器的对比如表 4.1 所示。

表 4.1　双极式和单极式可逆 PWM 变换器的对比

控制方式	电机转向	$0\leqslant t\leqslant t_{on}$		$t_{on}\leqslant t<T$		PWM 电压系数调节范围
		开关状况	u_{AB}	开关状况	u_{AB}	
双极式	正转	VT1、VT4 导通 VT2、VT3 截止	$+u_s$	VT1、VT4 截止 VD2、VD3 续流	$-u_s$	$0\leqslant\gamma\leqslant1$
	反转	VD1、VD4 续流 VT2、VT3 截止	$+u_s$	VT1、VT4 截止 VT2、VT3 导通	$-u_s$	$-1\leqslant\gamma\leqslant0$
单极式	正转	VT1、VT4 导通 VT2、VT3 截止	$+u_s$	VT4 导通、VD2 续流 VT1、VT3 截止，VT2 不通	0	$0\leqslant\gamma\leqslant1$
	反转	VT3 导通、VD1 续流 VT2、VT4 截止，VT1 不通	0	VT2、VT3 导通 VT1、VT4 截止	$-u_s$	$-1\leqslant\gamma\leqslant0$

表 4.1 中单极式变换器的 u_{AB} 一栏表明，在电机朝一个方向旋转时，PWM 变换器只在一个阶段中输出某一极性的脉冲电压，在另一阶段中 $u_{AB}=0$，这是它称作“单极式”变换器的原因。

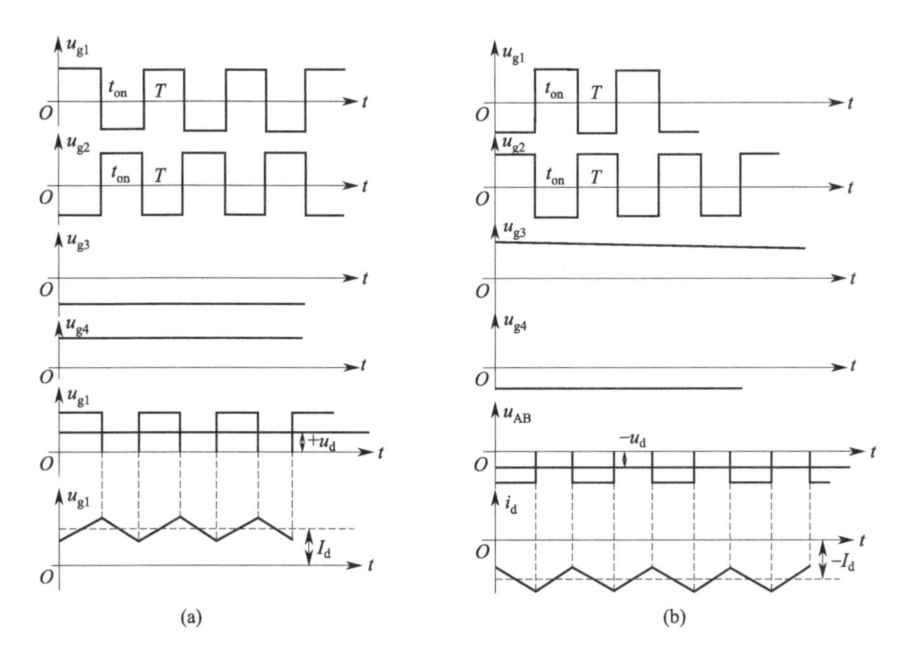

图 4.42　单极式 PWM 变换器电压、电流波形图

4.4　直流伺服电机在机器人中的应用实例分析

4.4.1　电驱动四足机器人运动控制系统设计

近年来，随着计算机、视觉、自动化、智能化以及传感器技术水平的不断提升，普通的重型机械已经不能满足人类的日常生产生活需求。越来越多的科学家把目光转向自然界中具备高超运动能力和协调控制能力的各种生物，以仿生学为基础，企图创造出更具灵活性的机械——仿生机器人，来协助人类完成各项生产生活。其中，移动机器人相对于传统的机器人具有较高的灵活性和适应性，成为此研究领域备受关注的研究方向之一。

昆明理工大学的陈浩等人从生物学的角度出发自主设计一款结构简单、响应速度快、抗冲击能力强的移动式四足机器人，设计规划合理的足端轨迹并对其实现运动控制。

（1）整体结构设计

为了减小机器人腿部惯量和腿部质量，保证腿部具有较好的运动性能，并且失衡后能够快速恢复整机的稳定，故对德国牧羊犬的骨骼从解剖学和仿生学方面进行研究，结合设计需求，在机器人腿部结构中引入平行四边形和反平行四边形进行动力的传递，设计出如图 4.43 所示的腿部结构。髋关节电机和膝关节电机集成于机身侧摆关节内，通过平行四边形和反平行四边形机构将膝关节驱动力矩传递至小腿膝关节处。四台相同的侧摆电机对称布置在四足机器人机身左右两侧，设计如图 4.44 所示的电驱动 MQ 四足机器人。

（2）四足机器人控制系统设计

通常四足机器人每条腿都具有 3 个自由度，对四足机器人进行控制时，需要同时控制 12 个主动自由度。

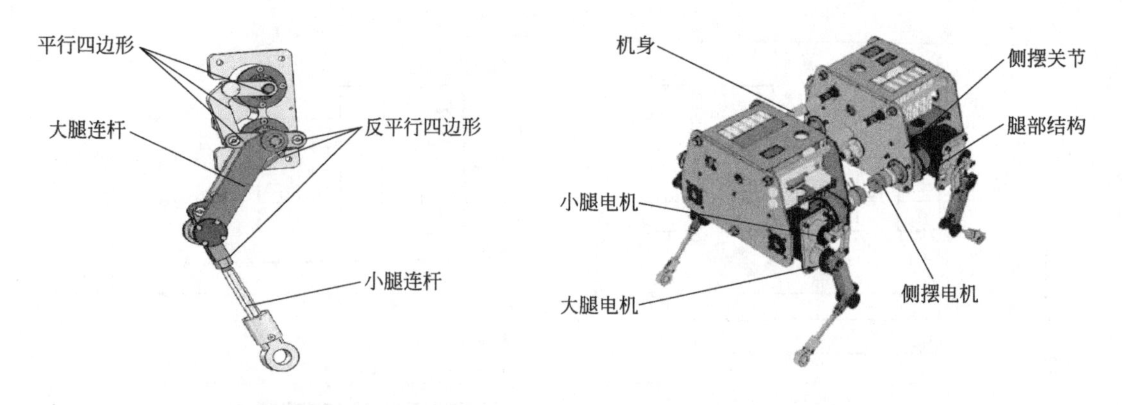

图 4.43　单腿三维设计模型　　　　图 4.44　电驱动 MQ 四足机器人

1）整机控制方案设计

机器人的控制结构为智能化的分层递阶式控制结构。其整体控制系统框图如图 4.45 所示，包括一个总线式控制器、12 台直流伺服电机、一个便捷式 PC 机、12 块伺服驱动器和一个扩展模块。其中，总线式控制器控制伺服驱动器，便捷式 PC 机主要用于人机交互，此外扩展模块主要用于传感器的信号采集。

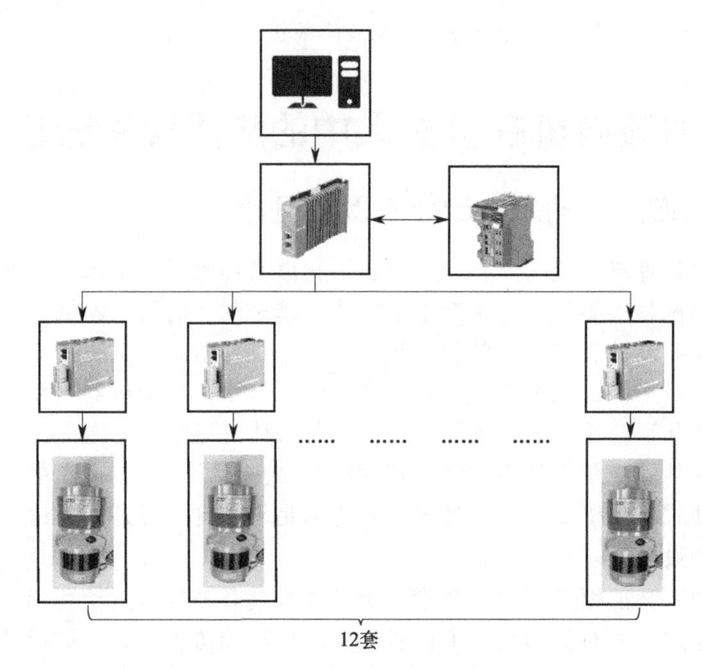

图 4.45　整体控制系统框图

2）硬件选型及分析

四足机器人控制系统由便携式 PC 机、机器人运动控制器、伺服电机驱动器和伺服电机、电源、扩展模块及各类传感器组成。

① 控制器 I/O 模块。

选用美国泰道 Delta Tau 公司旗下的 PMAC 控制器。CK3E-1310 采用 EtherCAT 总线式通信，外形及系统结构如图 4.46 所示，其体积轻巧，满足四足机器人的控制需求。

四足机器人行走时需要实时接收外界传感器的信号反馈，用于调整机器人的位置和姿

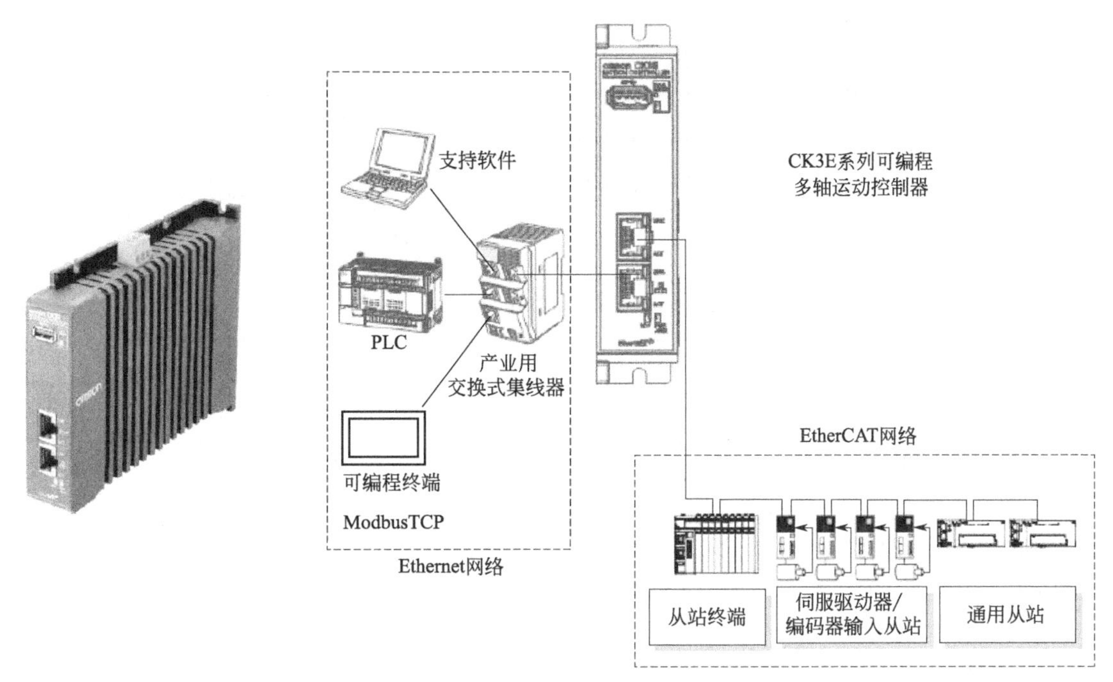

图 4.46　CK3E-1310 外形及系统结构框图

态。但 CK3E-1310 控制器本身不带模拟量及数字量输入输出端口，因此需要选配模拟量输入输出模块，选用与 CK3E-1310 配套使用的欧姆龙公司生产的 16 路和 8 路数字量输入模块、8 路数字量输出模块以及 8 路的模拟量输出模块，具体型号如表 4.2 所示。

表 4.2　I/O 模块设备清单

名称	型号	通道数量	功能
数字输入模块	NX-ID5342	16	零点位置信号和电源欠压信号输入
数字输入模块	NX-ID4342	8	数字输入备用模块
数字输出模块	NX-OD4121	8	数字输出备用模块
模拟量输入模块	NX-AD4603	8	模拟量输入备用模块

② 动力设备。

电机是四足机器人的驱动设备，电机的性能特性将直接影响其控制精度。从供电方式出发，以由电池供电的直流伺服电机作为主驱动电力设备。选用德国 Nanotec 公司的 DB59M024035-KYAN 型直流无刷伺服电机、与之相配的 C5-E-2-21 型驱动器，和 PLE60 型减速器，具体规格参数如表 4.3 所示。

表 4.3　电机选型设备清单

名称	型号	主要参数	功能
控制器	PMAC CK3E-1310	16 轴	EtherCAT 总线控制器
驱动器	Nanotec C5-E-2-21	—	—
减速器 1	PLE60	减速比为 1∶64	减速、增大电机转矩
减速器 2	PLE60	减速比为 1∶40	减速、增大电机转矩
电机	DB59M024035-KYAN	3000r/min	直流伺服电机

③ 传感器。

四足机器人行走时需要时刻感知外界环境，进行信息交互，并根据外界环境的变化调整自身的位置和姿态。因此，所涉及的四足机器人关节转角处同样装有U型光电开关，用于机器人关节电机的回零。选用的欧姆龙公司的U型光电传感器，如图4.47所示。相对于扁平式和漫反射光电开关，U型光电开关具有体积小、精度高和使用寿命长等特点。

图4.47 欧姆龙U型光电传感器

④ 其他硬件。

四足机器人是一个复杂的控制系统，除上述主要电气元器件外，还有其他辅助电气元器件：系统启停按钮、继电器、欠压保护开关、航空插头和调试接口。

(3) 控制流程及设计

通常四足机器人每条腿都具有3个自由度，对四足机器人进行控制时，需要同时控制12个主动自由度。控制过程中还涉及各种信号的交互、反馈，其控制系统的优劣将直接影响四足机器人的运动性能。

1) 软件和硬件配置

控制开发程序是基于Windows平台开发的Power PMAC IDE软件，具体硬件配置流程如图4.48所示。

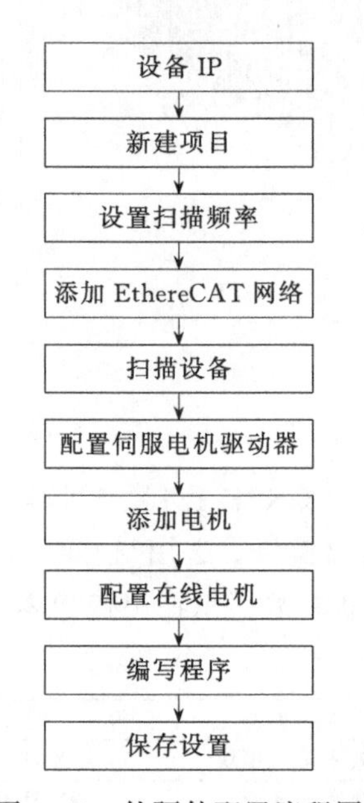

图4.48 软硬件配置流程图

2) 流程分析

整机系统控制原理框图如图4.49所示。

首先进行运动学建模，建立运动学正反解，规划机器人的足端运动轨迹，选取合适的分段点通过插补的方式将足端轨迹写入控制器。最后将程序保存到控制器的ROM存储器当中（当控制器掉电时，程序不会丢失）。当机器人需要运动时，只需要按下启动按钮，机器人将会自动执行运动程序。具体程序执行流程如图4.50所示。

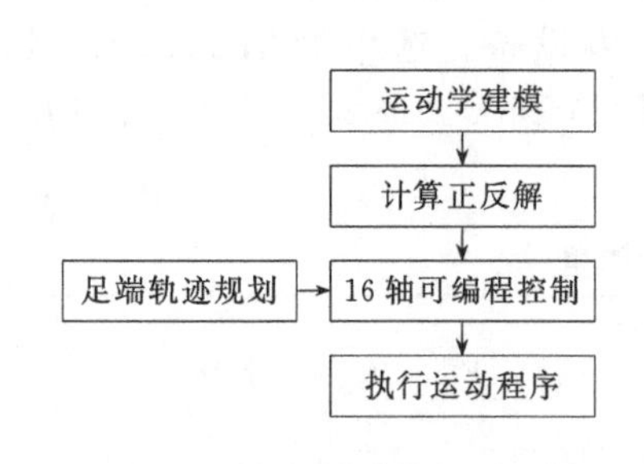

图4.49 整机系统控制原理流程图

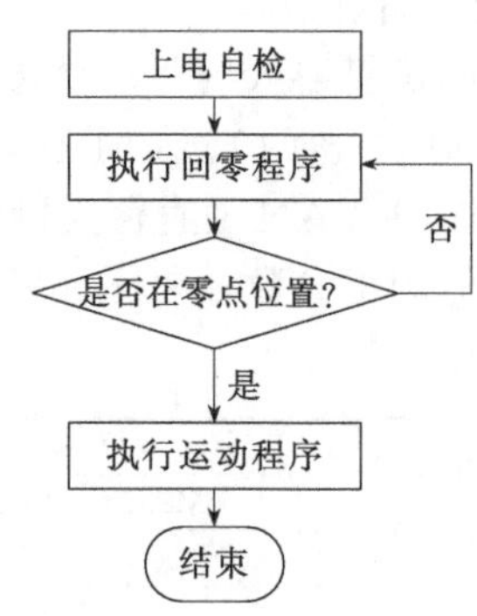

图4.50 程序执行流程

(4) 运动控制实验及分析

1) 单腿运动控制

为了验证腿部足端轨迹的准确性，采用钢加工腿部结构并搭建整机实验平台。轨迹跟踪测试系统选用美国自动精密工程公司（API）的标准型激光跟踪仪 R-20 Radian，此款激光跟踪仪是利用激光干涉原理实现的，通过计算的方法得出被测点在测量坐标系中的空间位置，其实验平台如图 4.51 所示。

图 4.51　实验平台

采用 PMAC 内嵌的轨迹绘图软件绘制单周期内机器人足端在摆动方向的运动轨迹，如图 4.52 所示。初始条件下，执行快速回零程序，足端运动到点（40mm，330mm），接着按照预设轨迹行走。一个周期内在 X 轴方向的位移为 80mm，Y 方向的位移约为 10.66mm。通过激光跟踪仪设置取样时间，测得轨迹如图 4.53 所示。腿部结构在加工、装配过程中存在间隙，在实际运动过程中机械机构存在轻微抖动，导致了拟合生成的轨迹与实际轨迹存在偏差。经软件测量 X 轴方向位移为 81.3mm，误差为 1.65%；Y 轴方向最大位移为 10.3mm，误差为 3.4%，误差较小，能满足行走要求，因此可以在单腿测试的基础上对四足机器人进行整机测试。

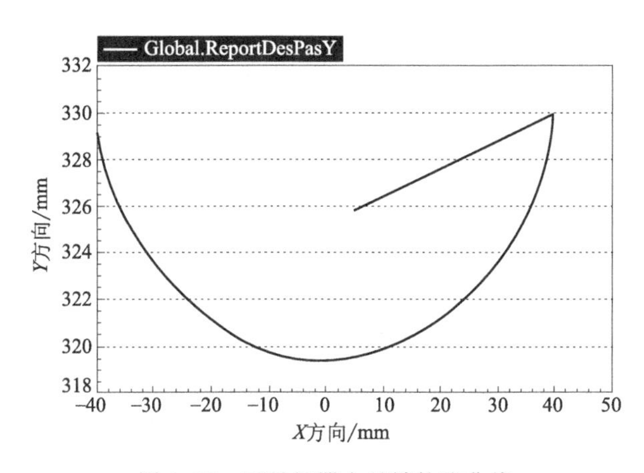

图 4.52　四足机器人足端轨迹曲线

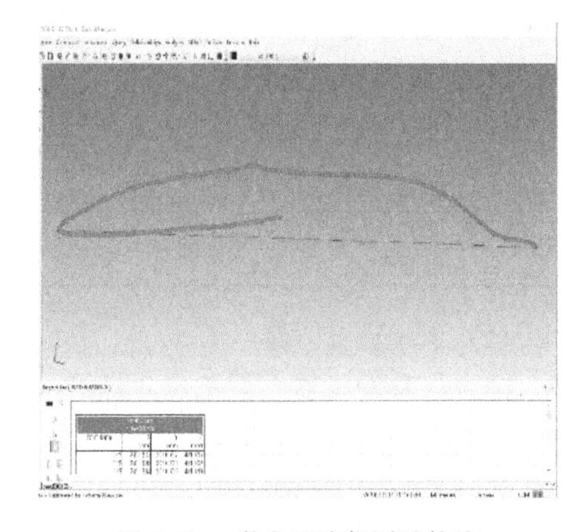

图 4.53　激光跟踪仪测试轨迹

2）整机控制实验

第一代 MQ 四足机器人机身采用全钢制作，其设计存在一定的缺陷，导致最终加工出的四足机器人整机质量大于预估值，伺服电机输出转矩难以支承整个机身的站立。为了验证四足机器人的运动步态，搭建了如图 4.54 所示的结构，将机器人置于小车上，通过小车承受机器人机身的一部分重量，依旧利用足式腿部关节运动时与地面的摩擦力，推动整个机身向前运动。

在上述四足机器人实验平台下进行整机控制实验，利用 PMAC 控制器驱动四条腿部结构按时序执行 Walk 步态，通过实验论证可知，此种控制方式下的四足机器人简单高效，为后期四足机器人控制算法的研究打下了一定的理论基础。

图 4.54　四足机器人

4.4.2　室内全向移动机器人系统设计

21 世纪以来，我国乃至世界已经逐渐步入老龄化社会，老龄化已成为 21 世纪不可逆转的世界性趋势。与此同时，随着年轻一代的外出务工，服务行业的劳动力成本在逐渐上升。造成了我国出现老人无人陪护、“空巢老人”等社会问题。这些新出现的社会问题为移动类服务机器人提供了广阔的市场，同时也提出巨大的挑战。

老年人在进行拾取操作时容易出现意外事故，设计移动平台搭载机械臂构型的移动机器人进行辅助拾取等操作，可有效保障老年人的安全。哈尔滨工业大学的王超等人建立了一个基于 Mecanum 轮全方位移动机器人平台，并进行语义导航及动态避障方法研究。

(1) 全方位移动机器人功能设计

全方位移动机器人具体设计指标如表 4.4 所示。

表 4.4　全方位移动机器人具体设计指标

项目	参数	指标
移动平台底盘	外形尺寸	650mm×580mm×280mm
	额定负载	50kg
	底盘高度	65mm
	最大速度	4.2km/h
	自身质量	30kg
	移动自由度	3DOF(纵向移动、横向移动、旋转)
传感模块	内置传感器	编码器、电池管理单元(BMS)
	外置传感器	NAV350 激光、视觉 Kinect 传感器
搭载系统	—	ROS 机器人操作系统
工作环境	—	室内、室外平整环境
续航能力	—	3h 以上

(2) 系统设计方案

全方位移动机器人系统包含机器人本体、驱动模块、传感模块、人机交互模块和软件系统，如图 4.55 所示。机器人本体用于支承及安装各驱动元件及传感器部件；驱动模块用于对机器人进行驱动运动控制；传感模块包括激光传感器、视觉传感器、里程计和惯性测量单元等，用于感知外界环境和机器人自身状态信息；人机交互模块通过无线路由器构建局域网，实现数据共享、控制权分享；软件系统开发平台应用的是 ROS 系统。

(3) 机器人本体结构

机器人本体包括车身总成、车架、独立悬架模块和轮系模块，如图 4.56 所示。

悬架设计为前独立悬架和后非独立悬架组合的形式，一方面可以解决由路面不平导致的车轮悬空问题，避免出现车轮磨损不均匀现象；另一方面保证机器人的轮距和轴距定位参数不发生变化，保证其控制精度，避免出现跑偏现象。悬架结构可以实现高度调节功能，保障机器人平台的垂直定位精度，以能够满足不同负载使用需求。

独立悬架模块如图 4.57 所示，包含连接支架、角板、升降螺板、升降调节杆、导向杆、

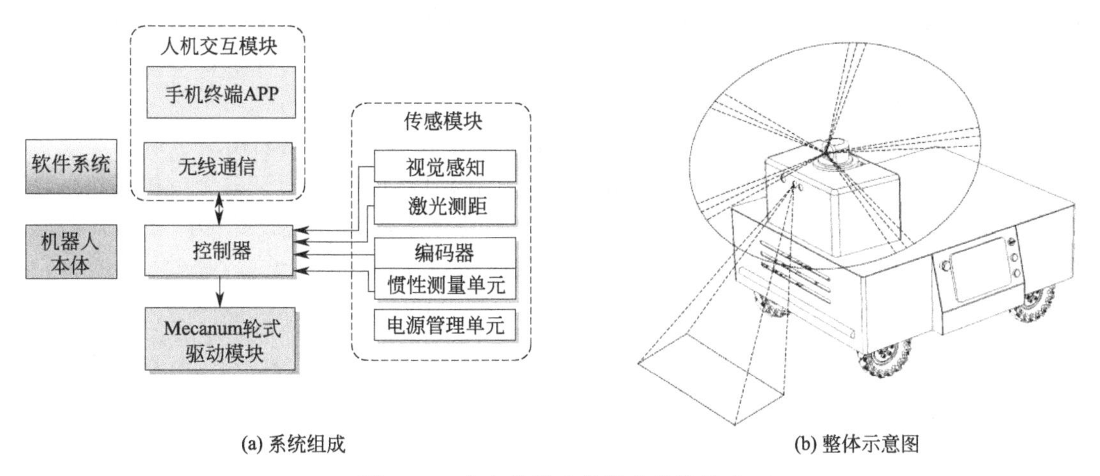

(a) 系统组成　　(b) 整体示意图

图 4.55　全方位移动机器人系统组成

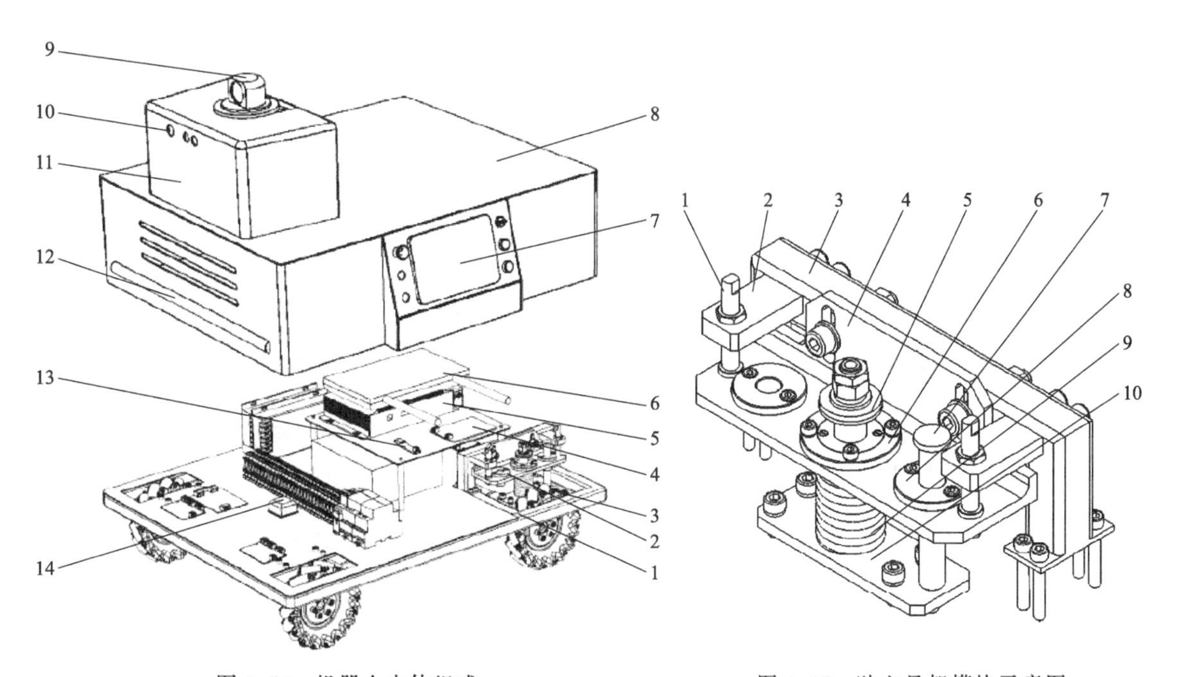

图 4.56　机器人本体组成

1—车架；2—独立悬架总成；3—轮系模块；4—电源管理单元；5—控制器；6—无线路由器；7—控制面板；8—外壳；9—激光传感器；10—视觉传感器；11—传感器支架；12—防撞条；13—USB-CAN 模块；14—IMU 惯性测量单元

图 4.57　独立悬架模块示意图

1—升降调节杆；2—升降螺板；3—连接支架；4—角板；5—限位组件；6—导向套筒；7—导向杆；8—自润滑轴承；9—减振弹簧；10—弹簧轴

自润滑轴承、弹簧轴、减振弹簧、导向套筒和限位组件。其中连接支架用于连接车架和悬架模块，固定升降螺板，通过 U 形槽连接角板；升降调节杆连接升降螺板和角板，用来调节角板的位置高度，进而调整悬架高度；弹簧轴上部连接限位组件和锁紧螺母，用于悬架运动的上限位，导向套筒固定在角板上，弹簧轴和导向套筒保持滑动摩擦关系，可以实现相对轴向运动，弹簧轴底部平面用于连接悬架模块和轮系模块；减振弹簧放置在角板和弹簧轴之间，是受压型弹簧，用于自适应地面调节轮系模块高度，而且起到缓冲减压的功能；导向杆固连到弹簧轴底部的平面上，与固连到角板上的自润滑轴承之间保持滑动摩擦关系，用于防止弹簧轴圆周方向转动和提高悬架总体刚度。

(4) Mecanum 轮式驱动模块

采用 Mecanum 轮组合运动形式，可实现四个车轮独立驱动，该驱动模块也可以实现机器人全方位移动，并且能够实时反馈机器人位姿信息。在模块通信上为保证各个电机模块独立工作，无耦合关系，并且尽量减少线束布置，设计通信协议采用 CAN 总线结构，4 个伺服驱动子模块独立挂载到 CAN 总线网络，同工控机之间通过 USB-CAN 子模块来完成通信，如图 4.58 所示。

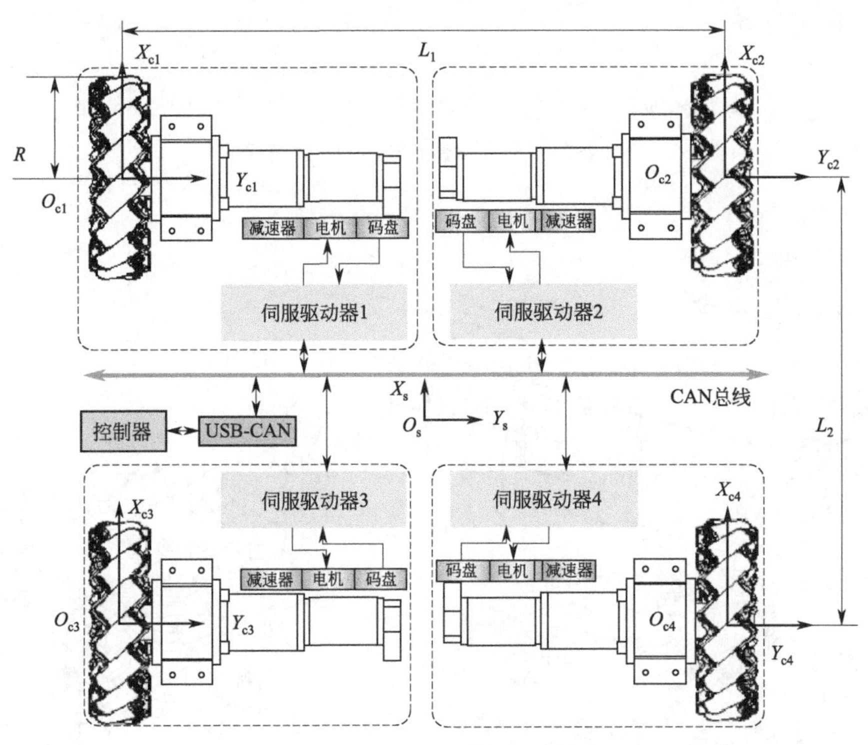

图 4.58 Mecanum 轮式驱动模块

基于 ARM 嵌入式芯片 STM32F103C8T6 设计直流有刷电机伺服驱动器，由伺服驱动器、编码器和电机组成闭环控制系统。采用 PI 电流环力矩控制，PD 速度控制和 PID 梯形位置控制策略，可以实现电机四象限运行。通信协议采用 CAN2.0B。

1) 硬件电路设计

整体的硬件电路组成如图 4.59 所示。

电机电流采样选用 13 位的 A/D Converter 将模拟信号转化为数字电流信号；码盘数据读取采用 TIM4 端口的 Encoder 模式进行速度和位置估算；该芯片内部集成 CAN 控制器，选用 SN65HVD232D 作为外围 CAN 收发器，组成 CAN 通信硬件电路；电机控制 PWM 信号输出使用 TIM1 端口的 PWM 输出模式；输出信号经 IRS21867S 光耦隔离放大对 H 桥电路进行控制；H 桥电路由四个 IRFR1010Z 功放管组成。

2) 软件程序及实现

软件设计基于 Keil 开发环境，主要的思想是采用定时器中断服务来完成电流、速度和位置闭环控制，各闭环控制的执行频率分别为 500Hz、1kHz 和 20kHz。具体的实现流程如

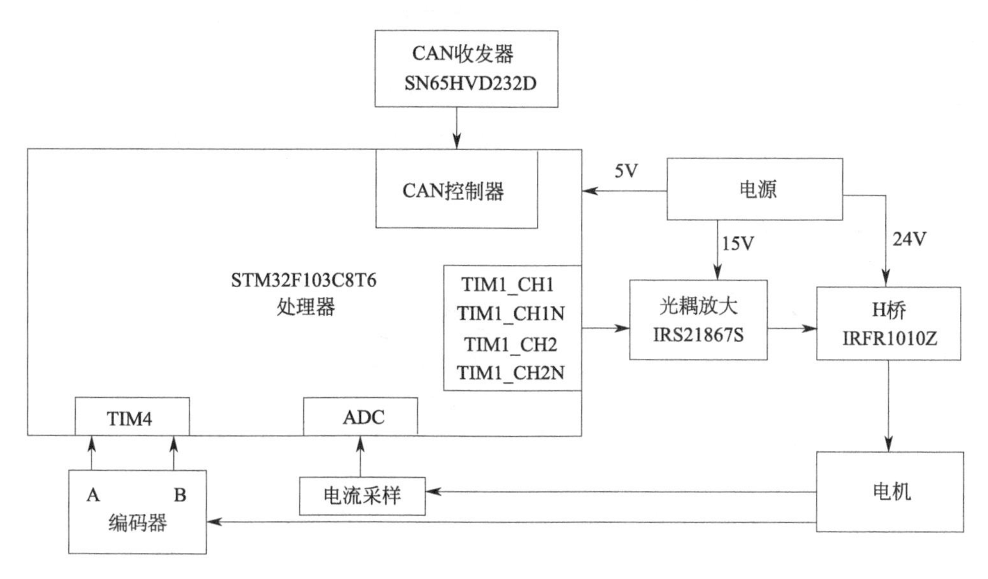

图 4.59　硬件电路构成

图 4.60 所示，主要分为数据收发处理流程和电机伺服控制流程，数据收发处理主要是进行 CAN 总线数据接收和发送，以及对数据进行处理；伺服控制流程主要是实现电机的三环伺服控制函数及电机状态（电流、速度、位置）信息采集读取。

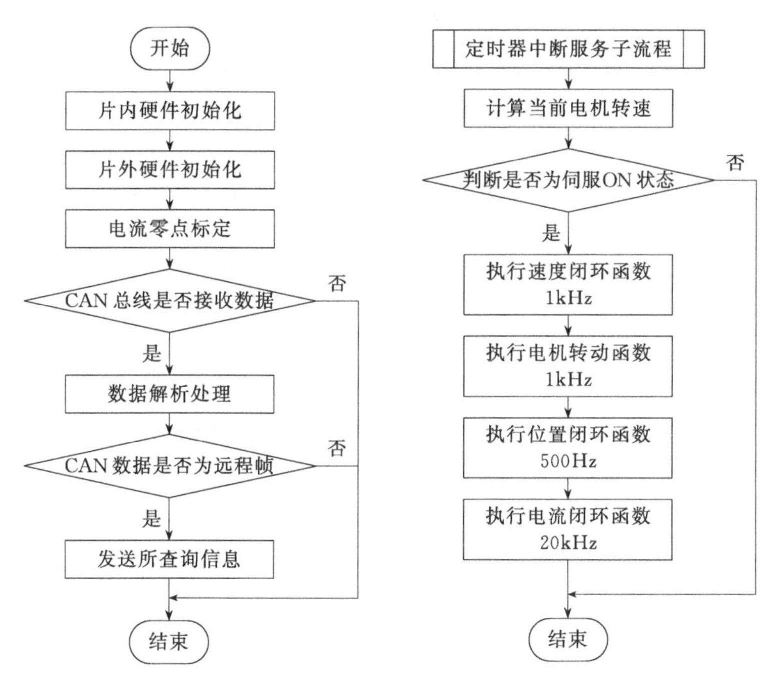

图 4.60　软件流程图

3）驱动模块设计

基于前述的伺服驱动设计思路，设计直流有刷电机伺服驱动器，驱动器性能参数如表 4.5 所示，设计电路板如图 4.61 所示。

表 4.5　伺服驱动器性能参数

参数	指标	参数	指标
供电电压	24～36V	连续最大电流	8A
最大硬件保护电流	12A	保险丝电流	15A
码盘脉冲最高频率	2048Hz	PWM 频率	40kHz
通信接口	CAN,波特率 1Mbit/s,模式：CAN2.0B 扩展数据帧	—	—

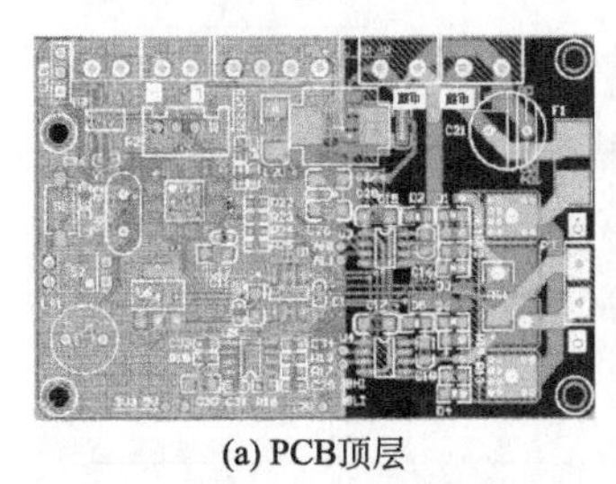

(a) PCB顶层

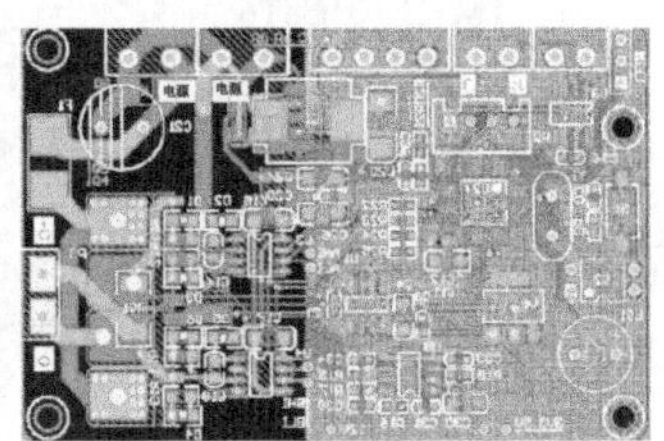

(b) PCB底层

(c) 样件顶层

(d) 样件底层

图 4.61　伺服驱动样件

(5) 传感模块

传感模块主要用于机器人外部环境感知和自身状态监控，其包括电源管理子模块、立体环境感知子模块、位姿估算子模块。

机器人系统采用由 7 节磷酸铁锂电池串联而成的电池组进行供电，充满电状态电压为 29.2V，放电电流为 20A，为了保障使用安全，开发电池管理模块（battery management system，BMS）对电池充电、放电进行控制，并且实时监控电池的使用状态信息，包括单节电池电压、电池剩余电量比例和放电电流。电池管理模块集成 OZ8920 芯片和 STM32F103C8T6，通过 I^2C 建立二者数据通信关系，可定时查询电池的运行状态。

立体环境感知子模块由视觉传感器和激光传感器共同组成，激光传感器采用平面 360° 激光传感器，可以扫描平面 70m 范围内物体特征，为机器人地图构建和导航提供数据支持；视觉传感器包含图像信息和红外深度信息，可以提供三维空间完整数据，为机器人动态环境下导航以及可交互提供数据支持。将激光传感器和视觉传感器数据进行融合可以为机器人提供完整的环境信息数据。

位姿估算子模块由惯性测量单元和里程计组成，二者共同完成机器人在工作环境中的位姿推算，里程计数据由伺服驱动模块的码盘数据解算得到，由里程计数据推算得到机器人纵向和横向的直线位移，由于里程计推算旋转位移误差较大，因此利用惯性测量单元的旋转角位移作为机器人转动方向角位移，将惯性测量单元和里程计数据融合可得到机器人的位姿数据，里程计数据通过 CAN 总线发送到控制器，惯性测量单元数据通过 USB 发送到控制器。

（6）软件系统

软件系统的作用主要包括机器人运动控制、传感器数据获取及处理、环境地图构建和导航，如图 4.62 为机器人软件系统组成。软件系统采用独立节点设计思路，各个节点（node）仅负责对外发布话题（topic）或者订阅其他节点所发布话题，相互之间无耦合关系。其中方形框图表示节点，椭圆形框图表示对外发布的话题，虚线框表示功能模块。

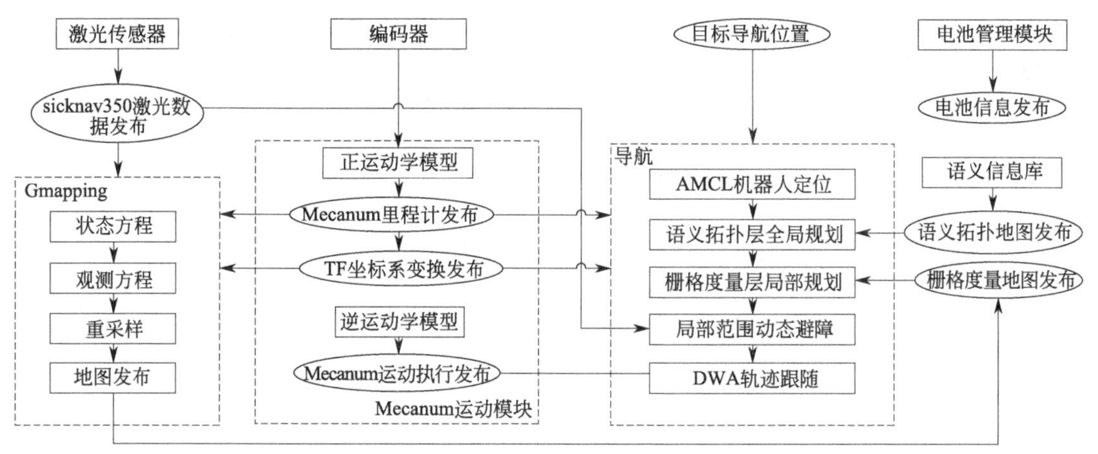

图 4.62　机器人软件系统

软件系统中的 Mecanum 运动模块节点包括 Mecanum 里程计节点（Mecanum_odometry）和运动控制节点（Mecanum_motor_control）。Mecanum 里程计节点是正运动学模型的程序实现，用于将编码器信号转化得到机器人的当前位姿信息，每隔 20ms 对外发布机器人当前绝对位置信息，对外发布话题名为/odom，供其他节点订阅；运动控制节点在功能上可实现订阅外部速度指令，将整车的速度信号转化为电机转速信号，采用自由状态机的发送机制通过串口发送到各个驱动器进行运动控制。具体实现流程如图 4.63 所示。

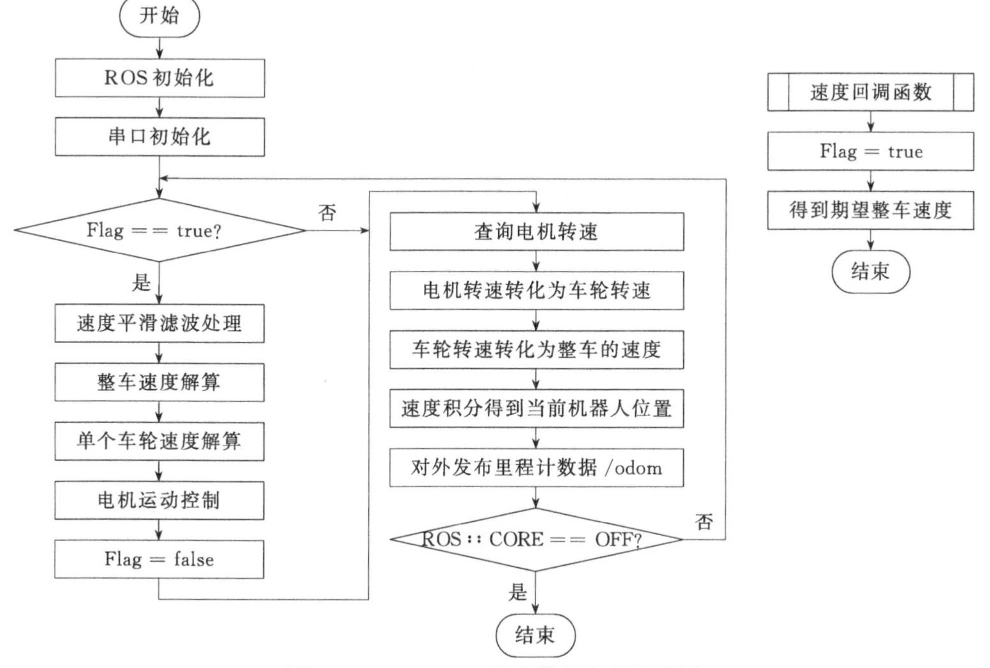

图 4.63　Mecanum 运动模块实现流程图

传感器数据包括激光传感器、视觉传感器和电池管理模块的数据，即对应软件系统的功能节点包括sicknav350 激光节点、kinect 节点和电池管理节点。电池管理节点用于实现电池管理模块的电池信息采集发布，通过 RS-485 总线以 1 帧/min 的频率将电池状态信息对外发布，发布的内容为电池的剩余电量比例、单节电池电压和当前放电电流，具体的实现流程如图 4.64(a) 所示；sicknav350 激光节点配置激光传感器驱动，并且以 8Hz 的频率对外发布/scan 数据，具体的实现流程如图 4.64(b) 所示；kinect 节点主要配置驱动以及对外发布单目图像信息和深度数据。

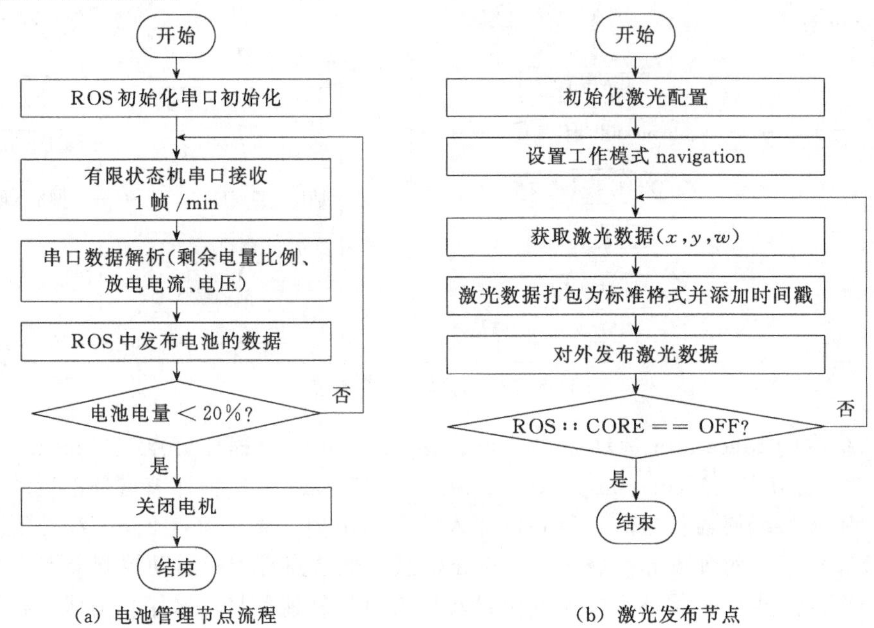

(a) 电池管理节点流程　　(b) 激光发布节点

图 4.64　传感模块节点

(7) 机器人实验平台搭建

根据移动机器人设计结构，搭建如图 4.65 所示的控制系统。

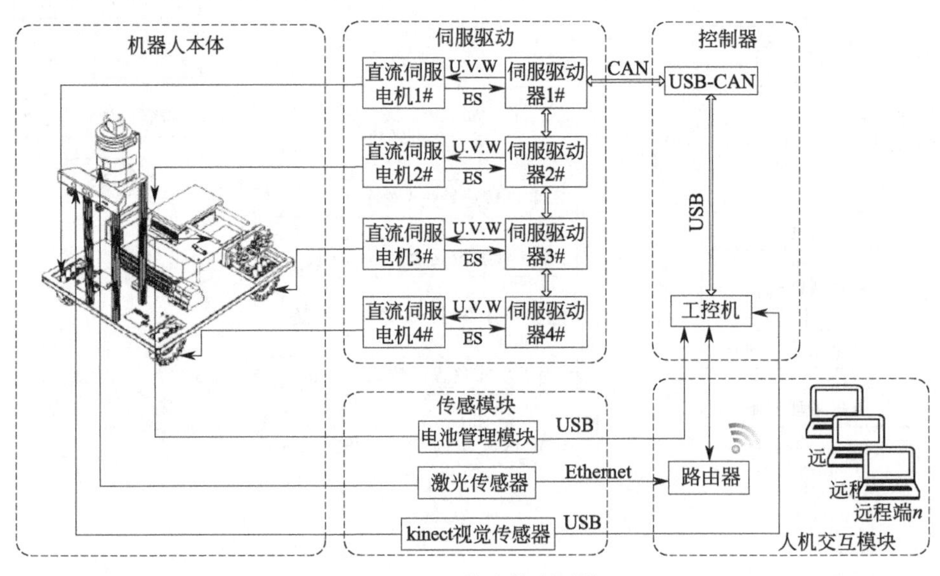

图 4.65　机器人控制系统

系统采用CAN总线完成工控机和伺服驱动模块之间的通信传输任务，实现机器人运动控制；传感模块包含电池管理、激光测距和kinect视觉传感器，分别使用USB、Ethernet和USB接口和车载工控机进行数据传输；通过无线路由器构建以太网Ethernet，可以实现多机协同控制，完成人机交互功能。

机器人平台实物如图4.66所示。

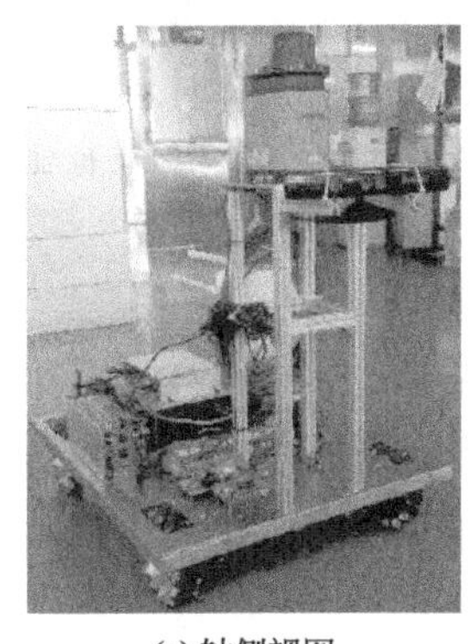

(a) 轴侧视图

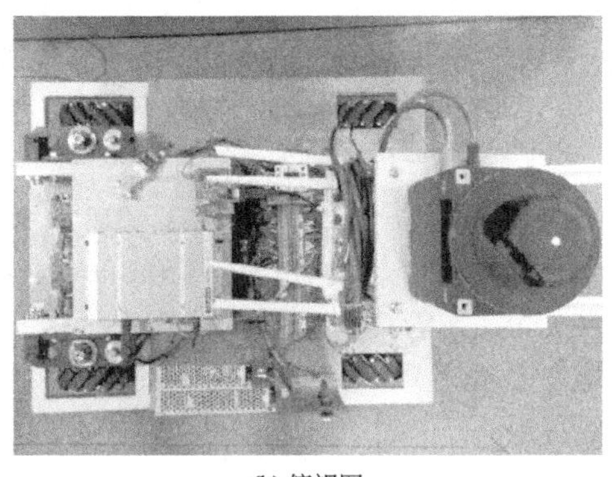

(b) 俯视图

(c) 侧视图

图4.66　机器人实验平台实物图

移动机器人软件框架基于ROS机器人操作系统构建，主要包括底层运动控制模块(motor _ control)、传感信号采集模块(sensor)、环境地图构建模块(mapping)和导航模块(navigation)，可以实现在已知环境中完成机器人定位、指定目标位置路径规划及自主运动避障功能。基于Rviz软件建立可视化操作界面，其中包括显示机器人及环境实际状态的可视化窗口、运行节点详细信息、机器人位姿信息、运行时间信息，以及给定输入指令的操作窗口，如图4.67所示。

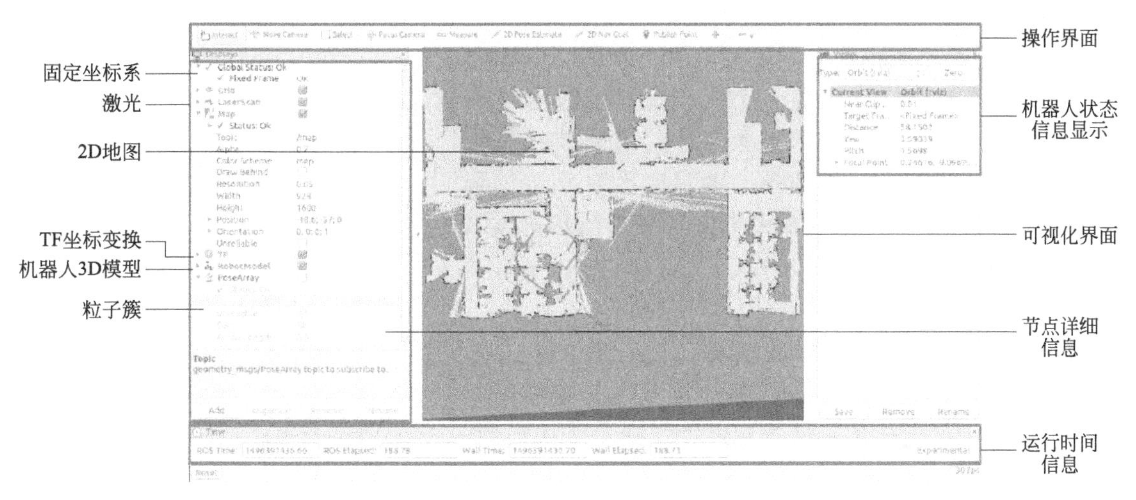

图4.67　机器人软件界面

4.4.3　管道机器人结构设计及其运动控制研究

管道机器人是特种机器人的一种，其可以在管道内部复杂空间环境中自主或在人为控制下行走，能够利用携带多个或者多种传感器及检修操作装置，自主收集信息进行作业或者在工作人员的遥控操作下活动的机、电、仪一体化智能装备。

石家庄铁道大学的张保真等人对管道机器人结构及其运动控制系统进行了相关研究。

(1) 管道机器人的设计目标

设计的管道机器人的牵引机构，能够搭载管道清理模块、管道检测模块与管道修复模块，分别对管道进行清理、检测与修复；设计的管道机器人平台能够适应一定的管径变化，具备一定的越障能力，能够通过大坡度、垂直的管道与大曲率弯管；同时机器人也需具备定位导航系统和人机交互界面，能够有效地控制机器人与精确地定位管道有缺陷的位置。

1) 管道机器人机械结构设计参数

履带式管道机器人的设计参数为：适应管道直径范围为350～460mm；可以适应管道内径±2%的变化量；牵引力 $F \geqslant 200N$；在管内平均行走速度为8m/min；机器人具有在曲率半径 R 大于2倍管径 D 的弯管中平稳行走的能力；机体轴向长度要保持在650mm以内；以多电机驱动方式提供动力。

2) 管道机器人机械结构设计指标

管道机器人机械结构设计指标为：必须能完成设计方案规定的动作要求；必须具备较高的可靠性及必要的刚度、强度；维护和维修应方便简单；结构材料需要重量轻，强度、刚度好；机械结构应尽可能简洁，为控制系统的搭建提供方便；机器人的机械结构与搭载的各个模块要便于安装与拆解。

(2) 管道机器人行走方式的机构设计与电机选型

1) 行走机构的选型设计

与轮式相比，履带式结构与管道内壁有效接触面积更大，且履带自身的防滑能力更强，在泥泞且布满污渍的管道中也可有效地运行。为了提高管道机器人的牵引能力以及对复杂管道环境的适应能力，管道机器人的行走机构采用履带式。

2) 行走机构电机选型

管道内部作业环境复杂，履带式管道机器人转弯与越障等都需要较大的功率，并要求选择的电机性价比高，结构尺寸要较小，可安放在履带足内部，选定额定功率为20W、额定电压为24V的瑞士Maxon RE-25直流空心杯电机驱动行走机构。行走机构的结构简图如图4.68所示。

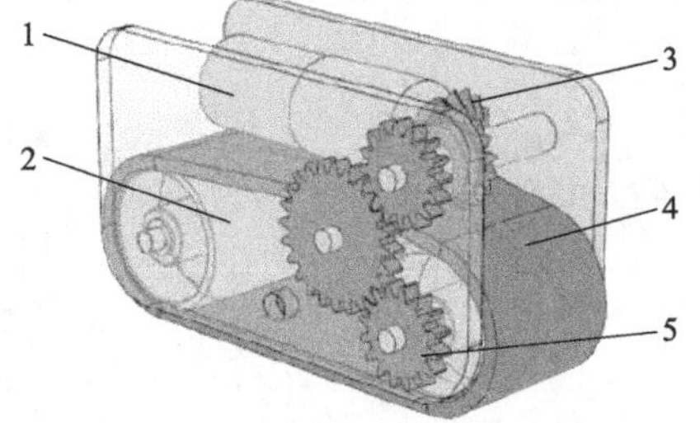

图4.68 履带式行走机构简图

1—空心杯直流电机；2—同步带轮；3—锥齿轮组；4—同步带；5—直齿轮组

(3) 管道机器人变径机构的设计与电机选型

1) 管道机器人变径机构的选型设计

根据作业环境，选用丝杠螺母-三角支承杆式变径机构，该机构基于丝杠螺母变径机构与弹簧变径机构。丝杠螺母-三角支承杆式变径机构的原理结构简图如图4.69所示。

2) 变径机构驱动电机选型

考虑到履带式管道机器人在垂直管道中变径时需要较大的功率，通过核算，选定额定功率为3.2W、额定电压为24V的瑞士Maxon RE-16直流空心杯电机支承履带足，主要参数如表4.6所示。

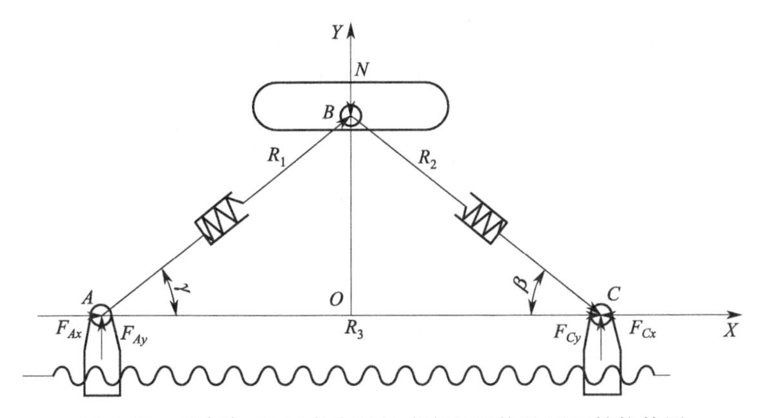

图 4.69　丝杠螺母-三角支承杆式变径机构的原理结构简图

表 4.6　Maxon RE-16 电机主要参数

参数名称	单位	数据	参数名称	单位	数据
标称功率	W	3.2	转速常数	$(r\cdot min^{-1})/V$	304
额定电压	V	24	转速/转矩斜率	$(r\cdot min^{-1})/mN\cdot m$	414
空载转速	r/min	7250	机械时间常数	ms	5.31
空载电流	mA	3.11	转子惯量	$g\cdot cm^2$	1.23
额定转速	r/min	5070	外壳-环境热阻	K/W	30
额定转矩	mN·m	5.29	绕组-外壳热阻	K/W	8.5
额定电流	A	0.171	绕组热时间常数	s	9.93
堵转转矩	mN·m	17.6	电机热时间常数	s	436
堵转电流	A	0.561	环境温度	℃	−20～65
最大效率	%	86	绕组最高温度	℃	85
相间电阻	Ω	42.8	最大轴向载荷	N	0.8
相间电感	mH	1.75	最大径向载荷	N	1.5
转矩常数	mN·m/A	31.4	质量	g	38

(4) 基于 SOLIDWORKS 的管道机器人三维建模

根据管道机器人要实现的功能、设计要求及性能指标与上述计算的参数，在 SOLID-

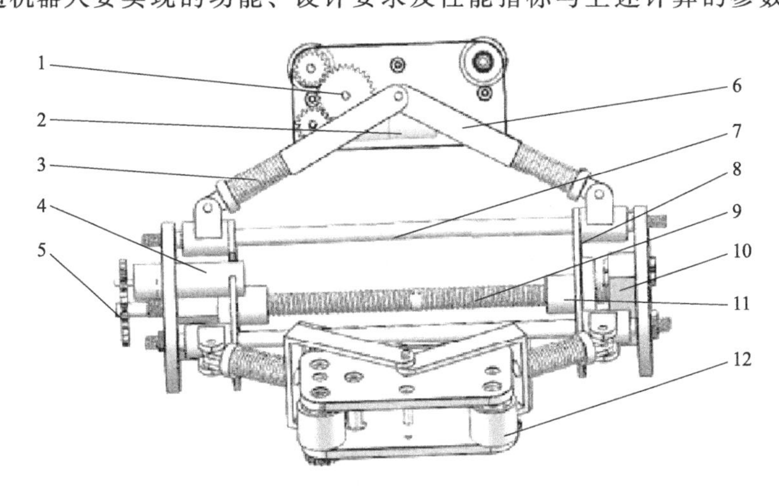

图 4.70　管道机器人整体结构简图

1—直齿轮传动组 1；2—移动机构驱动电机；3—弹簧；4—变径机构驱动电机；5—直齿轮传动组 2；
6—支承杆系；7—连杆；8—固连盘；9—滚珠丝杠；10—丝杠支座；11—丝杠螺母；12—同步带轮

WORKS 中设计的管道机器人整体结构如图 4.70 所示，图中履带省略。

管道机器人在管道内行走时，既要通过变径机构的调节作用顺利通过障碍，又要保证其履带足行走机构对内管壁有足够的压力来提供驱动力。管道机器人的模型如图 4.70 所示，其主要由履带足行走机构和变径机构组成。履带足行走机构由直流空心杯电机产生动力，通过齿轮传动，驱动履带轮带动履带从而控制管道机器人行进和转弯。

（5）管道机器人控制系统设计

管道机器人采用三履带足差速驱动，变径机构采用丝杠螺母副电机驱动；通信系统采用 CAN 总线通信、RS-232、RS-485、SPI 等协议；由于要实现自主工作，使用了摄像头、压力传感器、GPS 定位模块和编码器等；电源系统采用锂电池提供 24V 直流电压。管道机器人系统平台组成及参数见表 4.7。

表 4.7　管道机器人系统平台组成及参数

类别	参数
机械本体	三个履带足差速驱动管道机器人，丝杠螺母-三角支承杆式变径调节机构
驱动系统	Maxon 直流空心杯电机，直流减速电机，直流电机驱动器，驱动板
感知系统	压力传感器，摄像头，GPS 定位模块
控制系统	ARM STM32F429IGT
通信系统	CAN、SPI 总线通信、RS-232 通信、RS-485 通信
电源	24V 锂聚合物电池，4000mA・h，最大电流 15A

管道机器人控制系统的总体框架主要包括：PC 上位机模块、ARM 微控制器模块、传感器模块、无线收发器模块、直流空心杯电机驱动模块和电源管理模块。管道机器人控制系统硬件结构框图如图 4.71 所示。PC 上位机发送控制命令到无线收发模块，控制器 ARM 通过无线收发装置接收来自上位机的控制信号并反馈管道机器人的运行状态，传感器模块将管道机器人的运行状态与管道内部环境传输给控制器 ARM，控制器 ARM 还可以输出 PWM

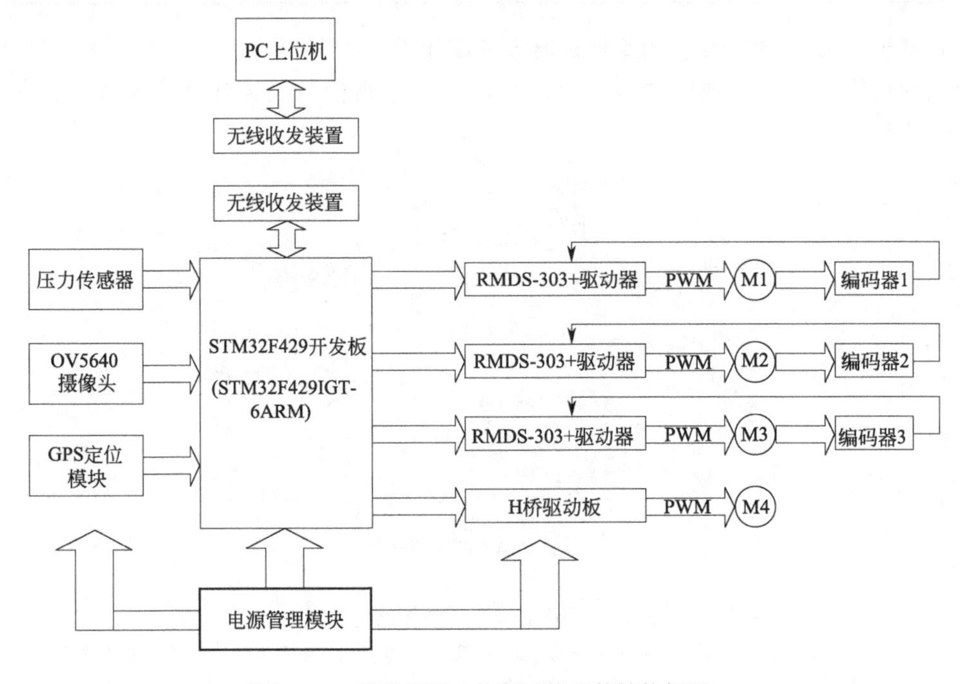

图 4.71　管道机器人控制系统硬件结构框图

信号通过直流电机驱动器来控制空心杯直流电机。

1）控制系统的硬件设计

① 电源系统。

管道机器人的电源系统分为控制部分电源和功率电源，主要采用开关型 DC-DC 电压变换芯片 LM2596、LM1117 等进行电压变换，如图 4.72 所示。

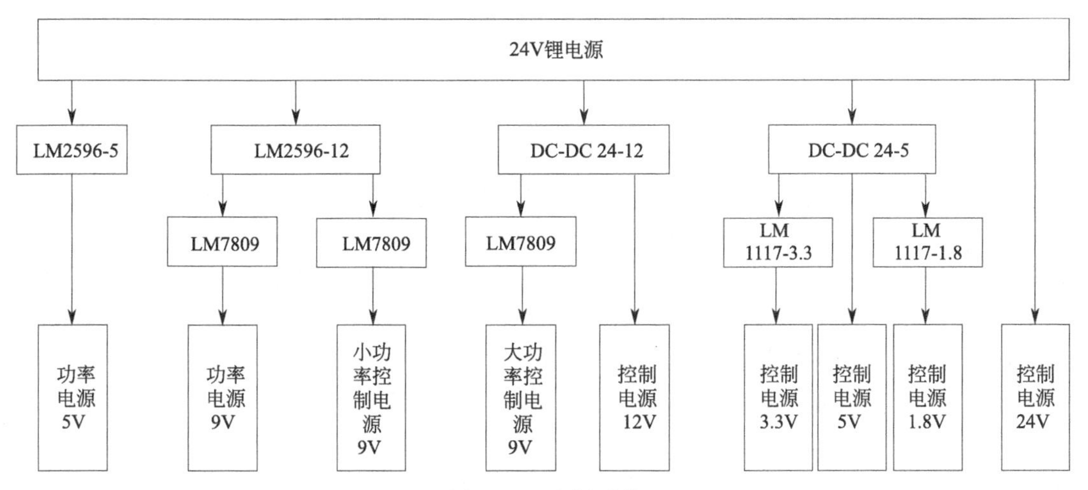

图 4.72 电源系统

② 主控模块。

管道机器人的控制系统采用 STM32F429IGT6 核心板作为核心处理器。

③ 电机控制模块。

管道机器人系统使用了 3 个空心杯直流伺服电机驱动 3 个履带足，1 个普通直流减速电机。

a. H 桥电机驱动模块。直流电机驱动电路中使用最广泛的就是 H 桥电机驱动模块。这种驱动电路可以很方便地实现直流电机的正转、正转制动、反转、反转制动 4 种运行状态。

b. RMDS-108 直流伺服电机驱动器。在设计管道机器人时，选择差速驱动作为管道机器人的行走方式。差速驱动即通过直流电机驱动器接收来自微控制器的指令来驱动电机转动。为达到更好的控制效果，缩短开发周期，选用 RMDS-108 直流伺服电机驱动器，它比 H 桥具有更好的稳定性和控制精度。

④ 其他模块。

摄像头采用 WB-OV542 像素摄像头模块；定位模块采用野火 Ublox NEO-6M GPS 定位模块；压力传感器采用 RFP-ZHⅡ薄膜压力传感器；编码器模块采用光电式双通道 AB 输出 512 线的编码器。

2）管道机器人控制软件设计

① 嵌入式 ARM 系统设计总体思路。

基于操作系统的软件设计主要包含 3 个层次，即应用程序层、操作系统层和硬件驱动层，仅应用程序层和硬件驱动层需要进行程序设计。硬件驱动层的主要作用是提供各个硬件模块的功能接口，方便应用程序进行使用。用户在硬件驱动层的基础上实现应用程序的编写，操作系统对应用程序进行管理。整个软件系统的层次结构如图 4.73 所示。

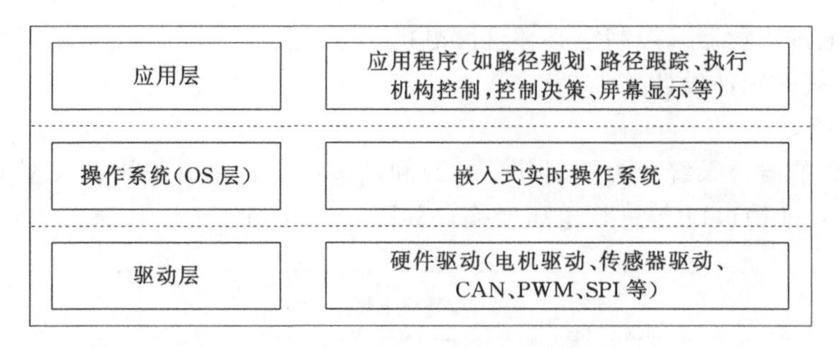

图 4.73 软件系统的层次结构

② 基于 Motor Schema 的行为融合。

通过设计和编程实现机器人的自主移动,保证机器人能快速准确地完成特定的任务为管道机器人设计的最终目的。在总体实现过程中,首先需要确定管道机器人所需执行的任务,然后据此得出管道机器人应具备的物理功能,最后以编写相应程序或软件的方式使机器人完成这些任务。

管道机器人在封闭复杂的管道环境中完成行走时,需要具备对复杂环境迅速做出应急反应的能力,每一种情况或状态都将对应引发机器人的某种行为,因此管道机器人在进行任何一项行为时,均需要几个行为完成协调工作。Motor Schema 方法是管道机器人实现基于行为的运动控制的一种重要手段。采用 Motor Schema 方法的主要目的是将顶层意识与底层控制相结合,有效地将同时发生的几种行为进行融合。如图 4.74 所示为管道机器人系统行为控制体系结构框图。

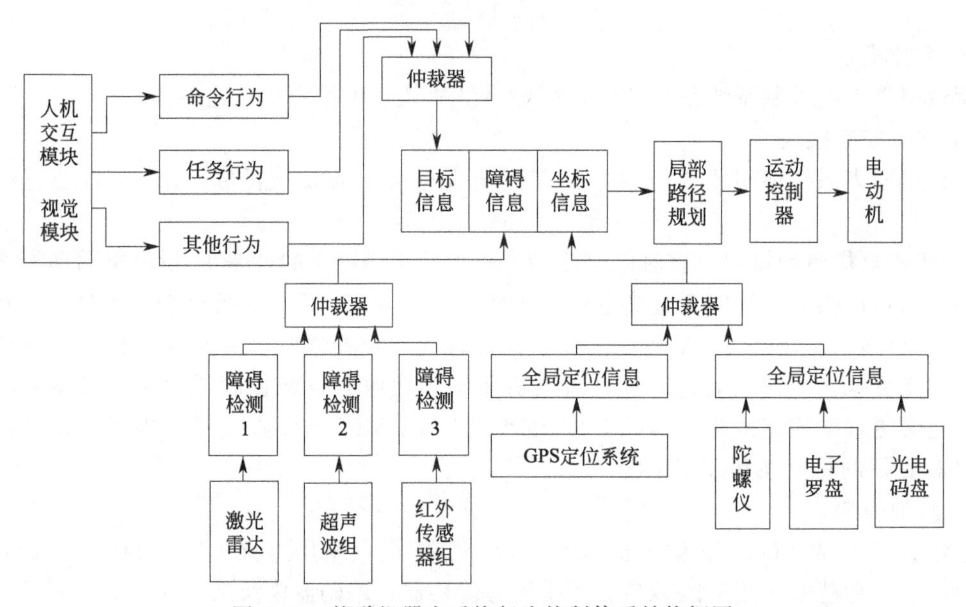

图 4.74 管道机器人系统行为控制体系结构框图

管道机器人在管道中行进时包括变径、行进、路径选择、转弯、避障等。在 Motor Schema 处理方法中,将以上行为进行矢量化,并根据各自紧迫性对不同的矢量赋予不同的权值,通过各个矢量的合成,最终得到一项将各项因素综合考虑在内的行为方案。如图 4.75 所示为管道机器人各种运动行为融合的方法。

③ 管道机器人的软件结构。

如图 4.76 所示为管道机器人基于对话框的控制面板结构框图。如图 4.77 所示为人机交互界面。

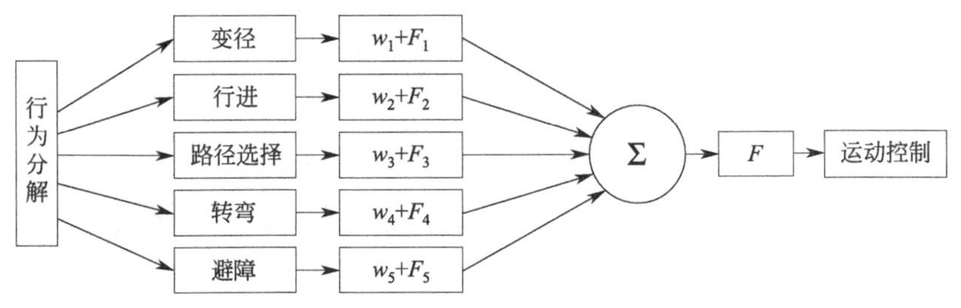

图 4.75　管道机器人运动行为融合

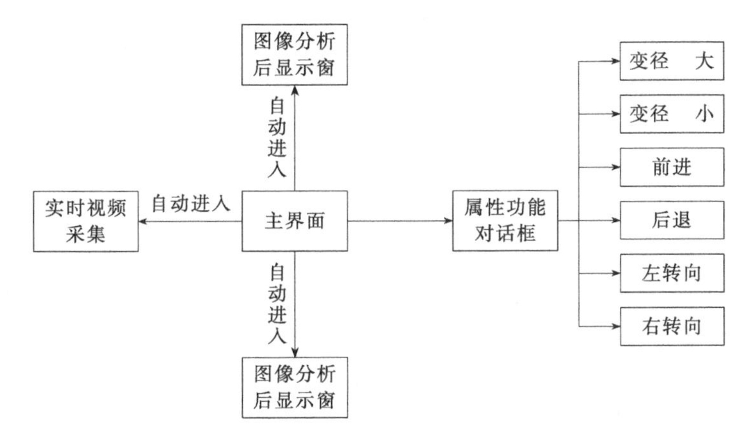

图 4.76　基于对话框的控制面板结构框图

（6）管道机器人物理样机的制作与试验

1）物理样机的制作与装配

机器人物理样机实物图如图 4.78 所示。搭建试验平台用的管道为购买的两段普通黑白铁通风管道与一段 90° 的大曲率弯管。两段直管道直径分别为 400mm 和 460mm。弯管直径为 460mm，曲率半径为 920mm。管道如图 4.79 所示。

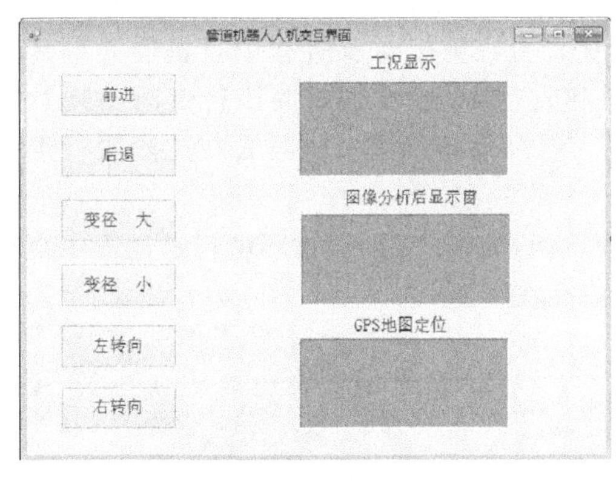

图 4.77　人机交互界面

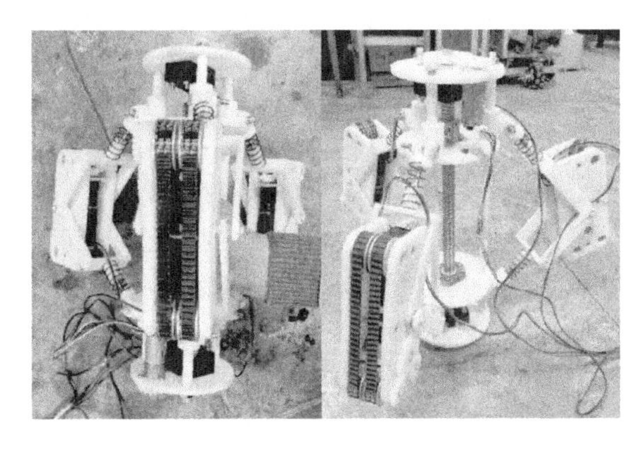

图 4.78　管道机器人物理样机实物

2）管道机器人物理样机试验

① 物理样机在水平直管中的行走试验。

管道机器人样机在直径为 400mm，长度为 1600mm 的水平直管中行走试验如图 4.80 所示，该试验分为两个过程，分别为变径过程和行走过程。变径过程就是调节管道机器人的变径调节机构使其适应管道直径的大小。试验发现管道机器人在自主变径过程中，由于履带足没有接触到管道内壁，机器人会发生翻转，所以设计的管道机器人在履带足没有接触到管道内壁时不能自主完成变径过程，需要人工的参与才可以顺利完成变径过程。当履带足接触到管道内壁时，机器人可以自主完成变径过程。

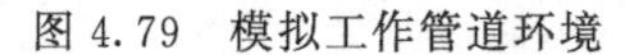

图 4.79　模拟工作管道环境

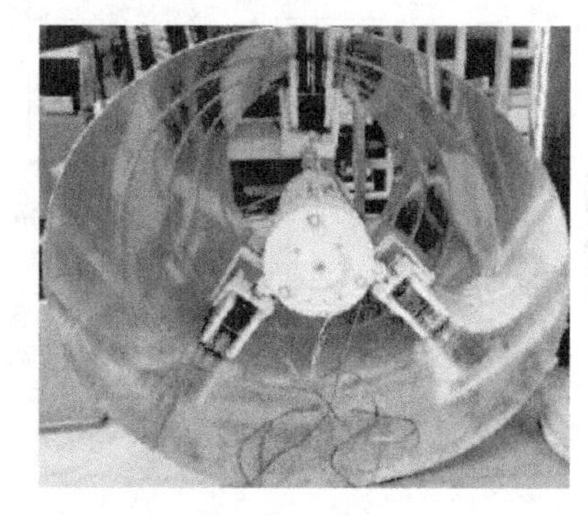

图 4.80　管道机器人在水平直管中爬行情况

在变径过程完成后，履带足贴合在管道内壁上。履带足与管道内壁之间产生封闭力与摩擦力。管道机器人可以顺利地在水平直管中行走，其间管道机器人行走平稳，没有明显抖动。

② 物理样机在水平变径直管中的行走试验。

为了验证管道机器人在变径机构的作用下能顺利通过变径管道，利用机器人样机做了样机在变径管道中的行走试验。

该试验分为 7 个阶段，分别是：管道机器人调节变径机构，使其适应管道直径，该过程机器人不能自主完成，需要人工参与；管道机器人在直径 400mm 的管道中行走，行走平稳，无明显抖动，姿态角无明显变化；管道机器人在从直径为 400mm 的管道到直径 460mm 的过渡段行走，自主完成变径过程，机器人在该阶段有抖动现象，姿态角无明显变化，且在重复试验过程中有机器人翻转现象；管道机器人在直径 460mm 的管道中行走，行走平稳，无明显抖动，姿态角无明显变化；反向行走，管道机器人在直径 460mm 的管道中行走，行走平稳，无明显抖动，姿态角无明显变化；管道机器人在从直径为 460mm 的管道到直径 400mm 的过渡段行走，有抖动，姿态角无明显变化，且在重复试验过程中有机器人翻转现象，但是较管道机器人在从直径为 400mm 的管道到直径 460mm 的过渡段行走时出现的翻转情况少；管道机器人在 400mm 直径管道中行走，然后停止结束，机器人在此阶段行走平稳，无明显抖动，姿态角无明显变化。

通过机器人在变径管道中的行走试验可以发现，机器人在复杂管道环境行走过程中存在翻转现象，所以设计的管道机器人的变径支承机构存在一定的问题。

③ 物理样机在垂直管道中的行走试验。

将管道机器人在水平直管中的行走试验中的管道缓慢竖立，如图 4.81 所示。

在此过程中，机器人在大坡度管道中行走时无打滑情况。在管道坡度大于 45°时，通过调节管道机器人的变径机构来增大机器人与管道内壁之间的封闭力，机器人可以顺利地在大坡度与垂直管道中平稳行走。通过试验可以知道，采用履带式行走机构可以提供更大的附着力，可以使机器人在大坡度与垂直管道中爬行。

图 4.81　管道机器人在垂直管道中爬行情况

第 5 章

机器人交流伺服控制系统

自 20 世纪 80 年代中期以来，为解决直流伺服电机电刷和换向器容易磨损、换向时会产生火花而使最高转速和使应用环境受到限制的问题，以交流伺服电机作为驱动元件的交流伺服系统得到迅速发展，是当今全数字伺服驱动系统的发展趋势。

5.1 交流伺服电机

5.1.1 交流伺服电机的发展历史

德国 MANNESMANN 的 Rexroth 公司的 Indramat 分部在 1978 年汉诺威贸易博览会上正式推出 MAC 永磁交流伺服电机和驱动系统，这标志着此种新一代交流伺服技术已进入实用化阶段。1983 年美国通用电气公司开发出感应型交流伺服电机驱动系统，开创了交流伺服系统的新时代。到 20 世纪 80 年代中后期，各公司都已有完整的系列产品。整个伺服装置市场都转向了交流系统。

日本安川电机制作所推出的小型交流伺服电机和驱动器，其中 D 系列适用于数控机床（最高转速为 1000r/min，力矩为 0.25～2.8N·m），R 系列适用于机器人（最高转速为 3000r/min，力矩为 0.016～0.16N·m）。之后又推出 M、F、S、H、C、G 六个系列。20 世纪 90 年代先后推出了新的 D 系列和 R 系列；日本发那科（Fanuc）公司，在 20 世纪 80 年代中期也推出了 S 系列（13 个规格）和 L 系列（5 个规格）的永磁交流伺服电机。L 系列有较小的转动惯量和机械时间常数，适用于要求响应速度快的位置伺服系统；日本其他厂商，例如三菱电机（HC-KFS、HC-MFS、HC-SFS、HC-RFS 和 HC-UFS 系列）、东芝电机（SM 系列）、大隈铁工所（BL 系列）、三洋电机（BL 系列）、立石电机（S 系列）等也进入了永磁交流伺服系统的竞争行列。

德国力士乐公司（Rexroth）的 Indramat 分部的 MAC 系列交流伺服电机共有 7 个机座号 92 个规格；德国西门子（SIEMENS）公司的 IFT5 系列三相永磁交流伺服电机分为标准型和短型两大类，共 8 个机座号 98 种规格；德国博世（BOSCH）公司生产铁氧体永磁的 SD 系列（17 个规格）和稀土永磁的 SE 系列（8 个规格）交流伺服电机和 Servodyn SM 系列的驱动控制器。

美国著名的伺服装置生产公司 Gettys 曾一度作为 Gould 电子公司一个分部（Motion Control Division），生产 M600 系列的交流伺服电机和 A600 系列的伺服驱动器。后合并到 AEG，恢复了 Gettys 名称，推出 A700 全数字化的交流伺服系统；美国 A-B（ALLEN-BRADLEY）公司驱动分部生产 1326 型铁氧体永磁交流伺服电机和 1391 型交流 PWM 伺服控制器，电机包括 3 个机座号共 30 个规格；美国著名的科尔摩根（Kollmorgen）的工业驱动分部 I. D.（Industrial Drives），曾生产 BR-210、BR-310、BR-510 三个系列共 41 个规格的无刷伺服电机和 BDS3 型伺服驱动器，自 1989 年起推出了全新系列设计的 Goldline 系列永磁交流伺服电机，包括 B（小惯量）、M（中惯量）和 EB（防爆型）三大类，有 10、20、40、60、80 等 5 种机座号，每大类有 42 个规格，全部采用钕铁硼永磁材料，力矩范围为 0.84～111.2N·m，功率范围为 0.54～15.7kW，配套的驱动器有 BDS4（模拟型）、BDS5（数字型、含位置控制）和 Smart Drive（数字型）三个系列，最大连续电流 55A，Goldline 系列代表了当代永磁交流伺服技术最新水平。

爱尔兰的 Inland 原为 Kollmorgen 在国外的一个分部，现合并到 AEG，以生产直流伺服电机、直流力矩电机和伺服放大器而闻名。生产 BHT1100、2200、3300 等 3 种机座号共 17 种规格的 SmCo 永磁交流伺服电机和八种控制器。

法国 Alsthom 集团在巴黎的 Parvex 工厂生产的 LC 系列（长型）和 GC 系列（短型）交流伺服电机共 14 个规格，同时生产 AXODYN 系列驱动器。

苏联为数控机床和机器人伺服控制开发了两个系列的交流伺服电机。其中 ДВу 系列采用铁氧体永磁，有 2 个机座号，每个机座号有 3 种铁芯长度，各有 2 种绕组数据，共 12 个规格，连续力矩范围为 7～35N·m。2ДВу 系列采用稀土永磁，共 6 个机座号 17 个规格，力矩范围为 0.1～170N·m，配套的是 3ДБ 型控制器。

近年日本松下公司推出的全数字型 MINAS 系列交流伺服系统，其中永磁交流伺服电机有 MSMA 系列小惯量型，功率在 0.03～5kW，共 18 种规格；中惯量型有 MDMA、MGMA、MFMA 三个系列，功率在 0.75～4.5kW，共 23 种规格，MHMA 系列大惯量电机的功率范围为 0.5～5kW，有 7 种规格。

韩国三星公司近年开发的全数字永磁交流伺服电机及驱动系统，其中 FAGA 交流伺服电机系列有 CSM、CSMG、CSMZ、CSMD、CSMF、CSMS、CSMH、CSMN、CSMX 多种型号，功率从 15W～5kW。

中国从 20 世纪 70 年代开始跟踪开发交流伺服技术，主要研究力量集中在高等院校和科研单位，以军工、宇航卫星为主要应用方向，不考虑成本因素。主要研究机构是北京机床所、西安微电机研究所、中科院沈阳自动化所等。20 世纪 80 年代之后开始进入工业领域，直到 2000 年，国产伺服停留在小批量、高价格、应用面狭窄的状态，技术水平和可靠性难以满足工业需要。2000 年之后，随着中国变成世界工厂、制造业的快速发展为交流伺服提供了越来越大的市场空间，国内几家单位开始推出自己品牌的交流伺服产品。国内主要的伺服品牌或厂家有森创（和利时电机）、华中数控、广数、南京埃斯顿、兰州电机厂等。其中华中数控、广数等主要集中在数控机床领域。

自 20 世纪 80 年代以来，随着现代电机技术、现代电力电子技术、微电子技术、控制技术及计算机技术等支撑技术的快速发展，交流伺服控制技术的发展得以极大的迈进，使得先前困扰着交流伺服系统的电机控制复杂、调速性能差等问题取得了突破性的进展，交流伺服系统的性能日渐提高，价格趋于合理，使得交流伺服系统取代直流伺服系统尤其是在高精度、高性能要求的伺服驱动领域成了现代电伺服驱动系统的一个发展趋势。

5.1.2 交流伺服电机的分类

交流伺服电机主要有两大类：异步电机和同步电机。

(1) 异步型交流伺服电机

异步型交流伺服电机（IM）指的是交流感应电机。它有三相和单相之分，也有笼型转子式和杯形转子式，通常多用笼式三相感应电机。其结构简单，与同容量的直流电机相比，重量轻 1/2，价格仅为直流电机的 1/3。

笼型转子交流伺服电机结构如图 5.1(a) 所示，笼型转子由转轴、转子铁芯和转子绕组等组成，其转子绕组如图 5.1(b) 所示。

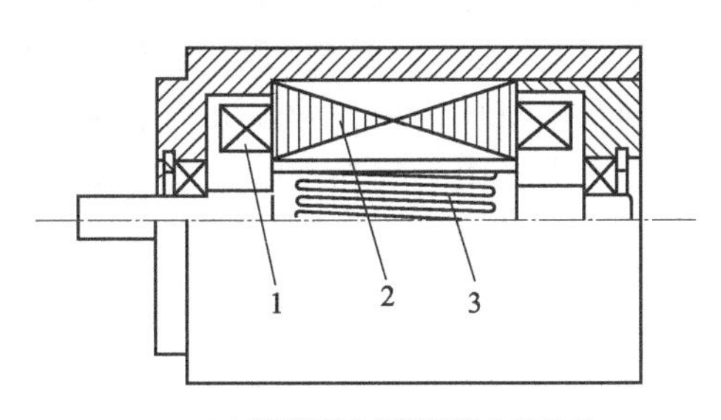

(a) 笼型转子交流伺服电机结构

1—定子绕组；2—定子铁芯；3—笼型转子

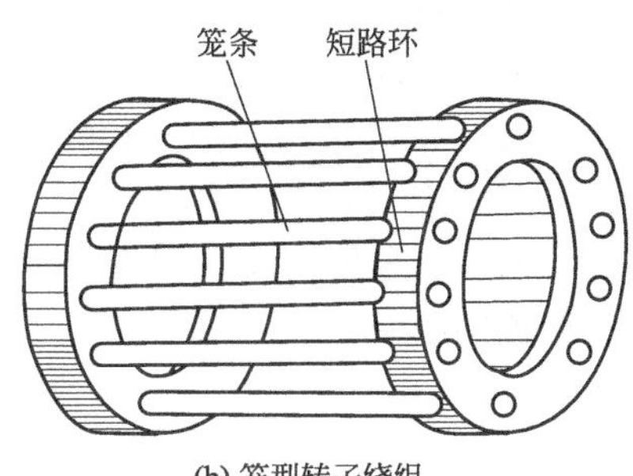

(b) 笼型转子绕组

图 5.1 笼型转子交流伺服电机

笼型转子交流伺服电机特点是体积小、重量轻、效率高；启动电压低、灵敏度高、激励电流较小；机械强度较高、可靠性好；耐高温、振动、冲击等恶劣环境条件，但是低速运转时不够平滑，有抖动等现象。主要应用于小功率伺服控制系统。

非磁性杯形转子交流伺服电机如图 5.2 所示。外定子与笼型转子伺服电机的定子完全一样；内定子由环形钢片叠成，通常内定子不放绕组，只代替笼型转子的铁芯，作为电机磁路的一部分。内、外定子之间有细长的空心转子装在转轴上，杯形转子套在内定子铁芯外，并通过转轴可以在内、外定子之间的气隙中自由转动，而内、外定子是不动的。

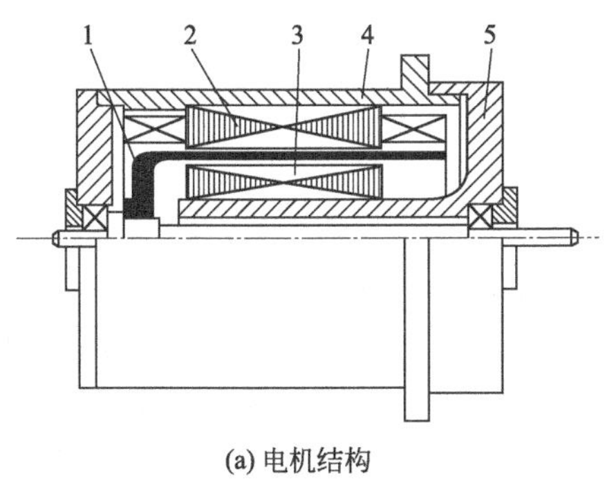

(a) 电机结构

1—杯形转子；2—外定子；3—内定子；
4—机壳；5—端盖

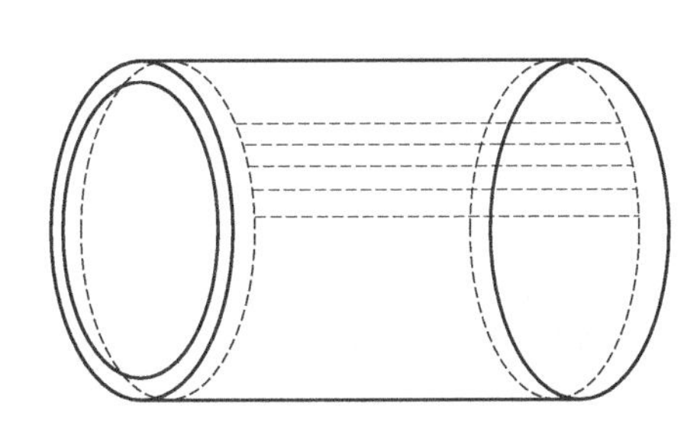

(b) 杯形转子绕组

图 5.2 非磁性杯形转子交流伺服电机

杯形转子是笼型转子的特殊形式，其特点是转子惯量小，轴承摩擦阻矩小，运转平稳。

但是其内、外定子间气隙较大，利用率低，工艺复杂，成本高。主要应用于要求低噪声及运转非常平稳的某些特殊场合。

（2）同步型交流伺服电机

同步型交流伺服电机（SM）虽较感应电机复杂，但比直流电机简单。它与感应电机一样，都在定子上装有对称三相绕组。而转子却不同，按不同的转子结构同步型交流伺服电机又分电磁式及非电磁式两大类。非电磁式又分为磁滞式、永磁式和反应式多种。其中磁滞式和反应式同步电机存在效率低、功率因数较低、制造容量不大等缺点。数控机床中多用永磁式同步电机。与电磁式相比，永磁式同步电机的优点是结构简单、运行可靠、效率较高；缺点是体积大、启动特性欠佳。但永磁式同步电机采用高剩磁感应，高矫顽力的稀土类磁铁后，可比直流电机外形尺寸约小 1/2，质量减轻 60%，转子惯量减到直流电机的 1/5。它与异步电机相比，由于采用了永磁铁励磁，消除了励磁损耗及有关的杂散损耗，所以效率高。又因为没有电磁式同步电机所需的集电环和电刷等，其机械可靠性与感应（异步）电机相同，而功率因数却大大高于异步电机，从而使永磁同步电机的体积比异步电机小些。这是因为在低速时，感应（异步）电机由于功率因数低，输出同样的有功功率时，它的视在功率却要大得多，而电机主要尺寸是据视在功率而定的。

目前交流伺服系统中的执行元件主要采用永磁同步交流电机，其结构如图 5.3 所示。

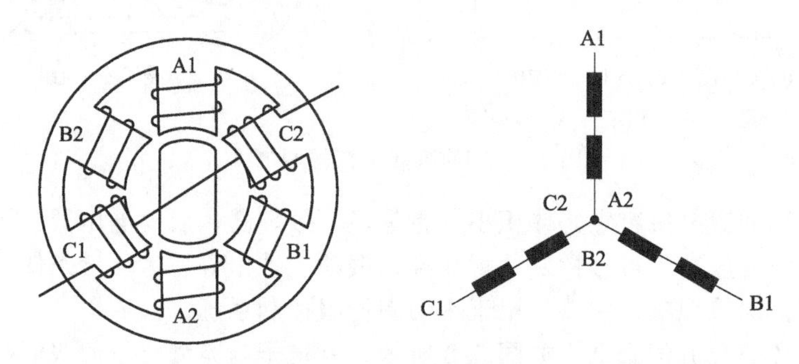

图 5.3　永磁同步交流电机结构

由定子、转子及测量转子位置的传感器构成，定子和一般三相感应电机类似，采用三相对称绕组结构，其轴线在空间彼此相差 120°；转子上贴有磁性体，一般有两对以上的磁极；位置传感器一般为光电编码器或旋转变压器。

5.1.3　交流伺服电机的工作原理

以两相异步交流伺服电机为例，其结构可分为定子和转子两大部分，外观和绕组分布如图 5.4 所示。l_1-l_2 称为励磁绕组，k_1-k_2 称为控制绕组，两个绕组的轴线互相垂直。

当磁铁旋转时，在空间形成一个旋转磁场。假设永久磁铁是沿顺时针方向以 n_0 的转速旋转，那它的磁力线也就以顺时针方向切割转子导条，在转子导条中就产生感应电动势。根据右手定则，N 极下导条的感应电动势方向为垂直地从纸面出来，而 S 极下导条的感应电动势方向为垂直地进入纸面。由于转子的导条都是通过短路环连接起来的，因此在感应电动势作用下，在转子导条中就会有电流流过，电流有功分量的方向和感应电动势方向相同。再根据通电导体在磁场中受力原理，转子载流导条又要与磁场相互作用产生电磁力，这个电磁力 F 作用在转子上，并对转轴形成电磁转矩。根据左手定则，转矩方向与磁铁转动的方向是一致的，也是顺时针方向。因此，笼型转子便在电磁转矩作用下顺着磁铁旋转的方向转动起来，如图 5.5 所示。

交流伺服电机使用时，励磁绕组两端施加恒定的励磁电压 U_f，控制绕组两端施加控制电压 U_k，如图 5.6 所示，这种在空间上互差 90°电角度，有效匝数又相等的两个绕组称为对称两相绕组。无控制信号（控制电压）时，只有励磁绕组产生的脉动磁场，转子不转动；当定子控制绕组加上电压后，伺服电机就会很快转动起来，将电信号转换成转轴的机械转动。

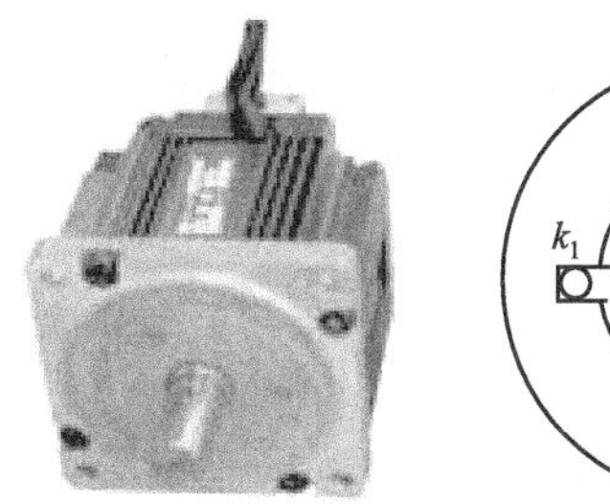

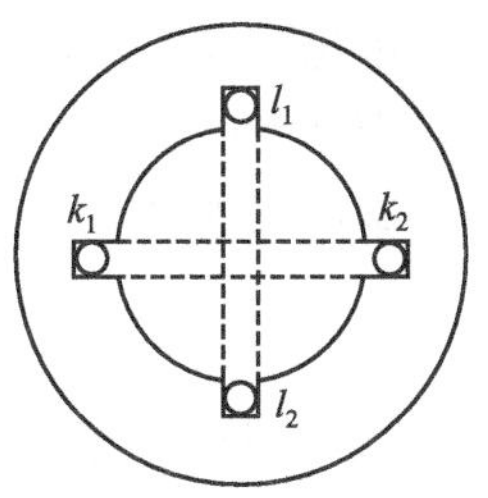

图 5.4　电机外观和两相绕组分布图

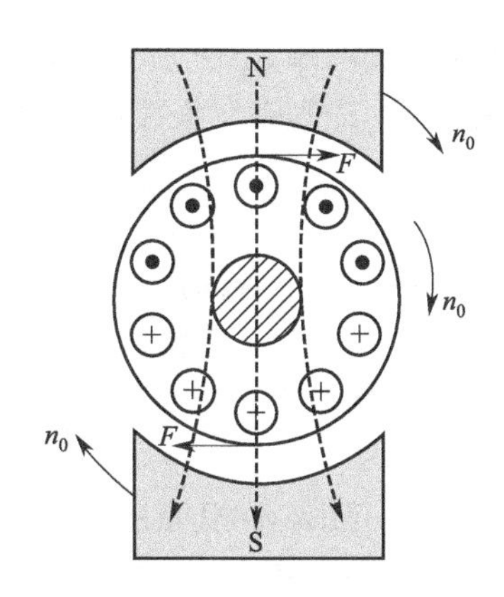

图 5.5　转动原理

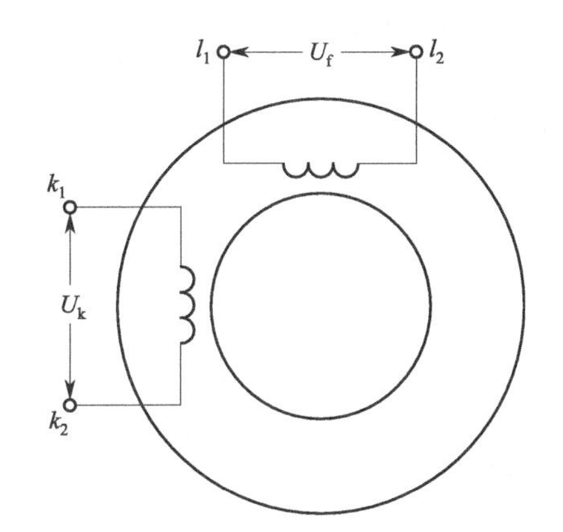

图 5.6　电气原理图

同时，假定通入励磁绕组的电流 U_f 与通入控制绕组的电流 U_k 相位上彼此相差 90°，幅值彼此相等，这样的两个电流称为两相对称电流，如图 5.7 所示。

当两相对称电流通入两相对称绕组时，在电机内就产生一个旋转磁场。当电流变化一个周期时，旋转磁场在空间转了一圈，具体过程如图 5.8 所示。

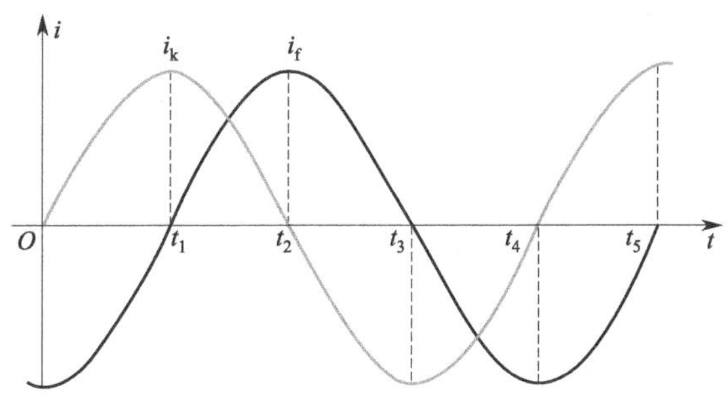

图 5.7　两相对称电流

旋转磁场的转速取决于定子绕组极对数和电源的频率。图 5.8 所表示的是一台

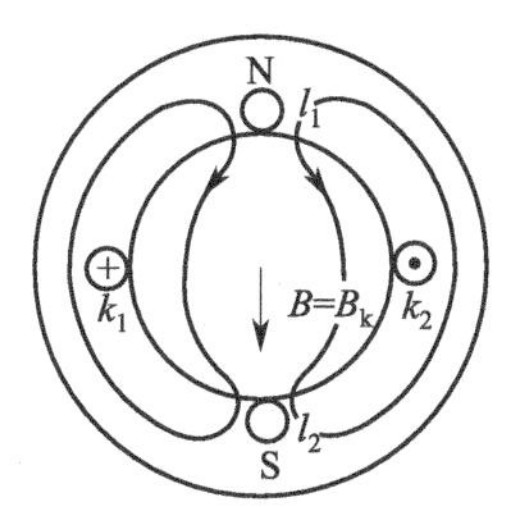

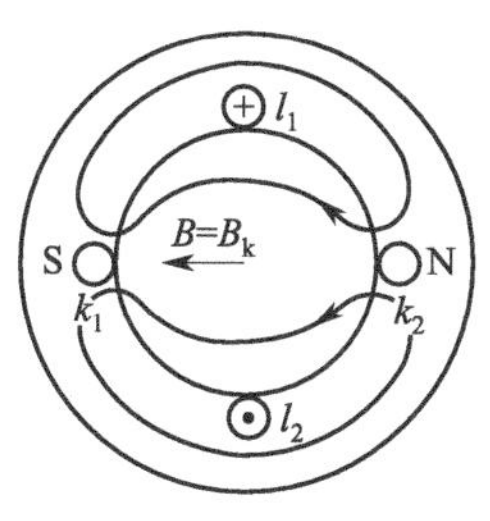

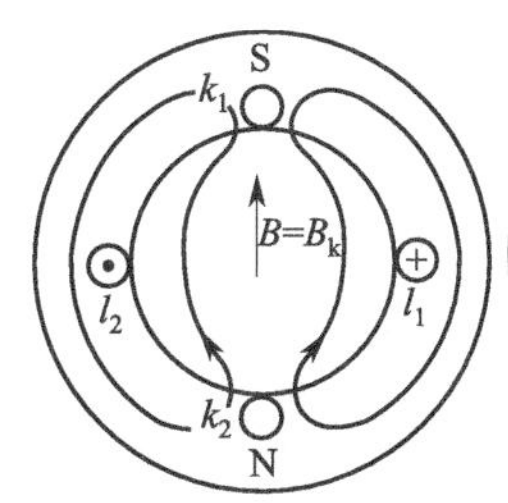

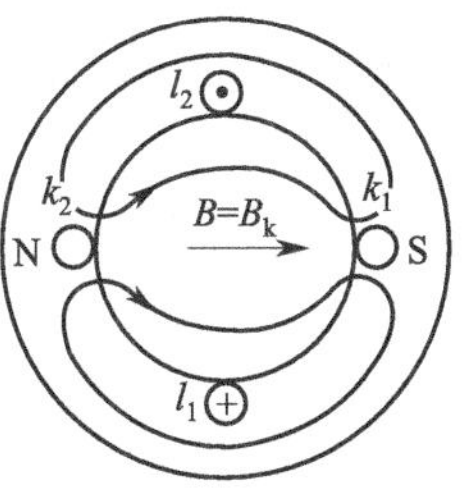

图 5.8　旋转磁场的产生过程

两极的电机，即极对数 $P=1$。对两极电机而言，电流每变化一个周期，磁场旋转一圈，因而当电源频率 $f=400\text{Hz}$，即每秒变化 400 个周期时，磁场每秒应当转 400 圈，故对两极电机，即$P=1$ 而言，旋转磁场转速为 $n_0=24000\text{r/min}$。

旋转磁场转速为的一般表达式为：

$$n_0=\frac{f}{P}(\text{r/s})=\frac{60f}{P}(\text{r/min}) \tag{5.1}$$

要得到圆形旋转磁场，加在励磁绕组和控制绕组上的电压应符合如下条件。

① 当励磁绕组有效匝数 N_f 和控制绕组有效匝数 N_k 相等，即 $N_f=N_k$ 时，定子绕组为对称两相绕组，产生圆形磁场的定子电流必须是两相对称电流，即两相电流幅值相等，相位相差 90°。此时，为得到圆形旋转磁场，要求两相电压值相等，相位差成 90°，这样的两个电压称为两相对称电压。

② 当两相绕组匝数不等时，设 $N_f/N_k=k$，两相电流幅值不等，且应与绕组匝数成反比，此时为得到圆形旋转磁场，要求两相电压的相位差是 90°，其值应与匝数成反比：

$$\frac{I_k}{I_f}=\frac{U_{kn}}{U_{fn}}=\frac{N_f}{N_k}=k \tag{5.2}$$

交流伺服电机在圆形旋转磁场作用下的运行情况，称为电机处于对称运行状态，加在定子两相绕组上的电压都是额定值，但是这只是交流伺服电机运行中的一种特殊状态。交流伺服电机在系统中工作时，为了对它的转速进行控制，加在控制绕组上的控制电压是变化的，经常不等于其额定值，电机也常处于不对称状态。

电机处于不对称状态时，两相绕组所产生的磁势幅值一般是不相等的，即 $I_kN_k\neq I_fN_f$，这代表两个脉振磁场的磁通密度向量幅值也不相等，即 $B_{km}\neq B_{fm}$，而通入两个绕组中的电流在时间上相位差也不总是 90°，这时电机中产生的是椭圆形的旋转磁场。

5.1.4 交流伺服电机的运行特性

(1) 机械特性

机械特性一般指的是电机转矩 T 和转速 n（转差率 s）的关系，即 $T=f(s)$，不同大小转子电阻的异步电动机机械特性如图 5.9 所示，曲线 1、2、3、4 分别是转子电阻为 $R1$、$R2$、$R3$、$R4$ 的机械特性（$R4>R3>R2>R1$）。从图中可以看出，随着转子电阻的增大，稳定运行转速范围增加，同时其机械特性也更接近于线性。

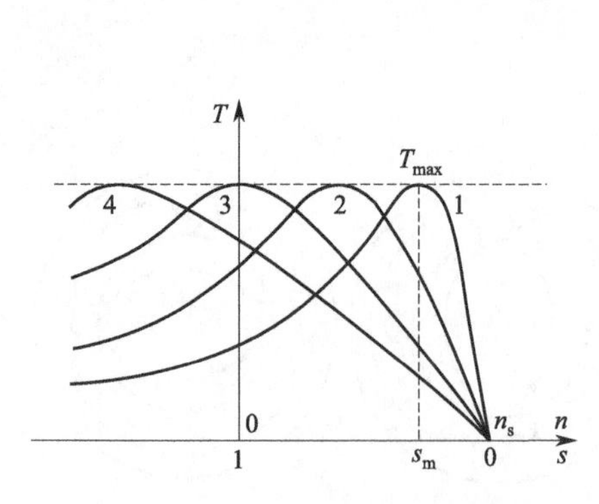

图 5.9 不同转子电阻的机械特性

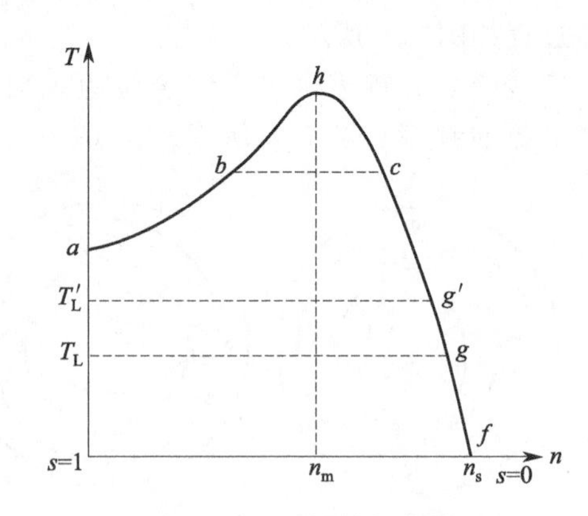

图 5.10 机械特性曲线

如图 5.10 所示，机械特性以峰值为界可分成两段，即上升段 ah 和下降段 hf。

假定电机带动一个恒定负载，负载的阻转矩为 T_L（包括电机本身的阻转矩），这时电机在下降段 g 点稳定运转负载的阻转矩由 T_L 突然增加到 T_L'，电机的转矩小于负载阻转矩，电机要减速，转差率 s 要增大，这时电机的转矩也要随着增大，一直增加到等于 T_L'，与负载的阻转矩相平衡为止，这样电机在 g' 点又稳定地运转。

如果电机运行在特性上升段 ah，假定电机在 b 点运行，当负载阻转矩突然增加时，电机转速下降，则电机转矩要减小，造成电机转矩更小于负载阻转矩，电机转速一直下降，直到停止为止；如果负载阻转矩突然下降，那电机转速增加，电机转矩也随之增大，造成电机转矩更大于负载阻转矩，电机的转速一直上升，直到在稳定区运转到 c 点为止。因此电机在上升段 ah，即从 n_m 到 1 的转速范围内运行时，对负载来说不稳定，即不稳定区。

对于一般负载（如恒定负载），只有在机械特性下降段，即导数 $dT_{em}/dn<0$ 处才是稳定区，才能稳定运行。为了保证伺服电机在转速为 $0\sim n_s$ 的整个运行范围内的工作稳定性，其机械特性必须在转速为 $0\sim n_s$ 的整个运行范围内都是下垂的，如图 5.11 所示。

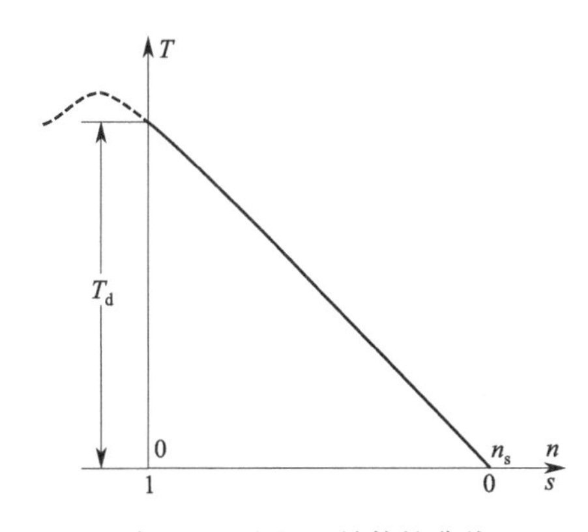

图 5.11　电机机械特性曲线

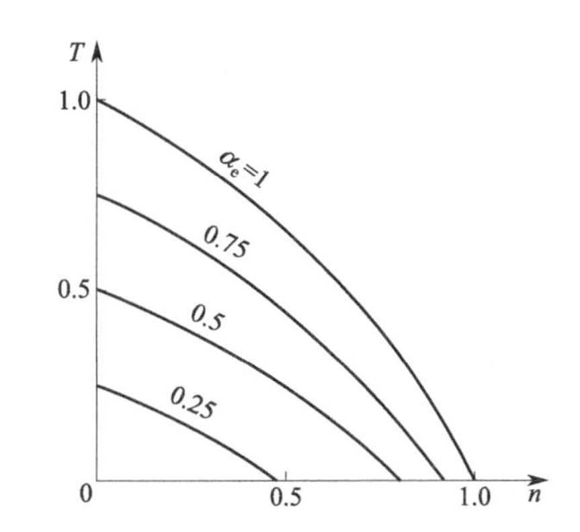

图 5.12　不同信号系数 α_e 时的机械特性曲线

要有这样下垂的机械特性，交流伺服电机需有足够大的转子电阻，使临界转差 $s_m>1$。

通常用有效系数来表示控制的效果，有效系数用 α_e 表示，即

$$\alpha_e=\frac{U_k}{U_{kn}} \tag{5.3}$$

当控制电压 U_k 在 $0\sim U_{kn}$ 变化时，有效信号系数 α_e 在 0～1 变化。相同负载下，α_e 越大，电机的转速越高。不同信号系数 α_e 时的机械特性如图 5.12 所示。

采用 α_e 不但可以表示控制电压的值，而且也可以表示电机不对称运行的程度：

① $\alpha_e=1$ 时，气隙合成磁场是圆形旋转磁场，电机为对称运行状态；

② $\alpha_e=0$ 时，气隙合成磁场是脉振磁场，电机不对称运行状态最大；

③ $0<\alpha_e<1$ 时，气隙合成磁场是椭圆形旋转磁场，电机处于不对称运行状态。

因此，改变控制电压，即改变 α_e 的大小，也就改变了电机不对称程度，所以两相交流伺服电机是靠改变电机不对称程度来达到控制目的的。

(2) 零信号时的机械特性和无“自转”现象

伺服电机还有一条很重要的机械特性，即零信号时的机械特性。所谓零信号，就是控制电压为 0，这时磁场是脉振磁场，它可以分解为幅值相等、转向相反的两个圆形旋转磁场，其作用可以想象为有两对相同大小的磁铁 N-S 和 N-S 在空间以相反方向旋转。

转子电阻 $R_R = R_{R1}$ 较小时，在电机工作的转差率范围内，即 $0 < s_{正} < 1$ 时，合成转矩 T 绝大部分是正的，如图 5.13 所示。

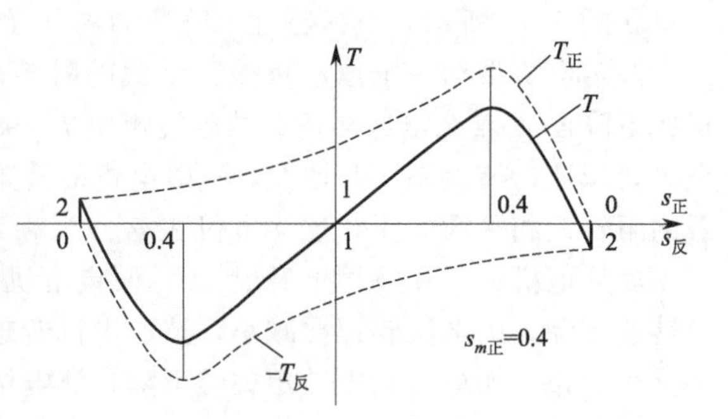

图 5.13　$s_{m正}$ 为 0.4 时的特性曲线

如果伺服电机在控制电压作用下工作，突然切去控制电信号，则只要阻转矩小于单相运行时的最大转矩，电机仍将在转矩 T 作用下继续旋转，这就产生了自转现象，造成失控。

转子电阻 $R_R = R_{R2} > R_{R1}$ 时。转子电阻增加，临界转差率增加到 $s_{m正} = 0.8$，合成转矩减小得多，如图 5.14 所示，但仍产生自转现象。

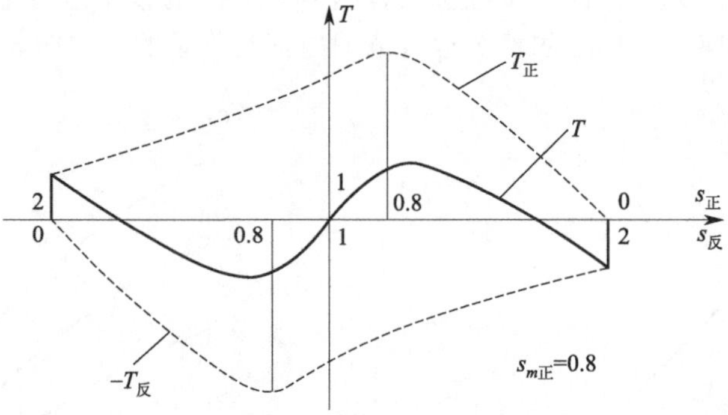

图 5.14　$s_{m正}$ 为 0.8 时的特性曲线

$s_{m正} > 1$ 时，合成转矩在电机运行范围内为负值，如图 5.15 所示，此时的转矩值即为制动转矩。当控制电压取消变为单相运行时，电机立刻产生制动转矩，与负载转矩一起促使电机迅速停转，不会产生自转现象。

（3）调节特性

电机的调节特性是指在输出转矩一定的情况下，转速与有效信号系数 α_e 的变化关系，即 $n = f(\alpha_e)$，不同转矩下的调节特性曲线如图 5.16 所示。

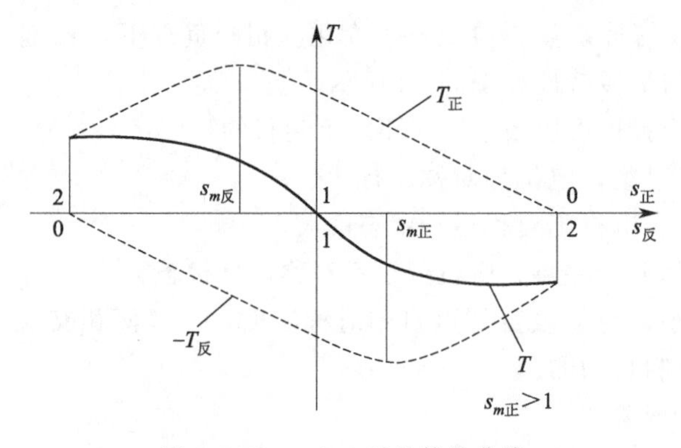

图 5.15　$s_{m正} > 1$ 时的特性曲线

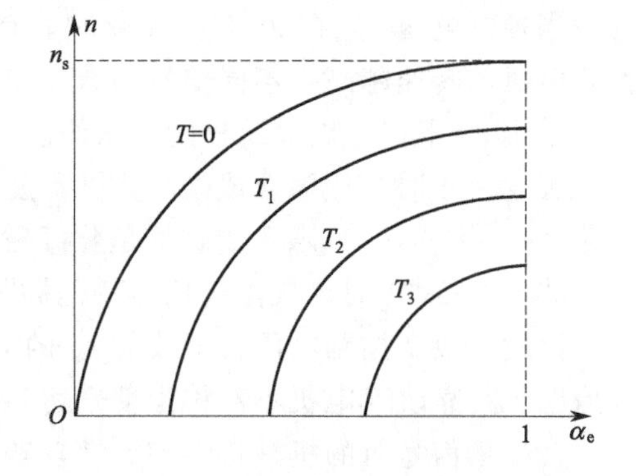

图 5.16　不同转矩下的调节特性曲线

若负载阻转矩不变，随着控制电压提高，有效信号系数 α_e 增大，电机转速升高。

调节特性的线性度很差，只在转速标幺值很小时近似于线性关系。为了使伺服电机能运行在调节特性的线性范围内，应使其始终在较小的转速标准值下运行。

5.1.5 交流伺服电机的主要性能指标

（1）空载始动电压 U_{s0}

在额定励磁电压和空载的情况下，使转子在任意位置开始连续转动所需的最小控制电压定义为空载始动电压 U_{s0}，通过以额定控制电压的比例来表示。

U_{s0} 越小，表示伺服电机的灵敏度越高。一般要求 U_{s0} 不大于额定控制电压的 3%～4%；用于精密仪器仪表中的两相伺服电机，有时要求其 U_{s0} 不大于额定控制电压的 1%。

（2）机械特性非线性度 k_m

在额定励磁电压下，任意控制电压时的实际机械特性与线性机械特性在转矩 $T=T_d/2$ 时的转速偏差 Δn 与空载转速 n_0（对称状态时）之比的百分数，定义为机械特性非线性度，如图 5.17 所示。

$$k_m=\frac{\Delta n}{n_0}\times 100\% \tag{5.4}$$

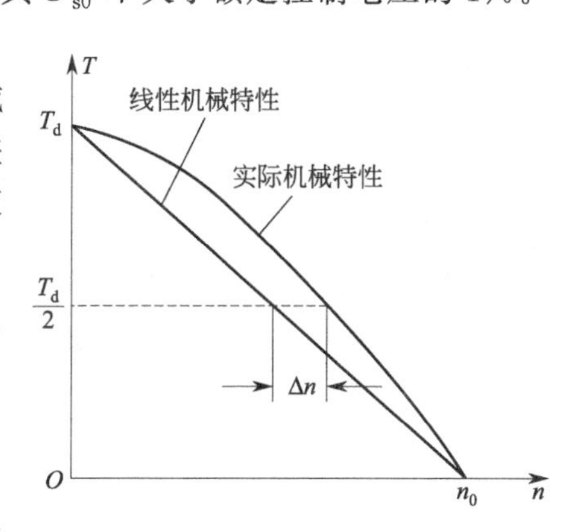

图 5.17 机械特性的非线性度

（3）调节特性非线性度 k_v

在额定励磁电压和空载情况下，当 $\alpha_e=0.7$ 时，实际调节特性与线性调节特性的转速偏差 Δn 与 $\alpha_e=1$ 时的空载转速 n_0 之比的百分数定义为调节特性非线性度，如图 5.18 所示。

$$k_v=\frac{\Delta n}{n_0}\times 100\% \tag{5.5}$$

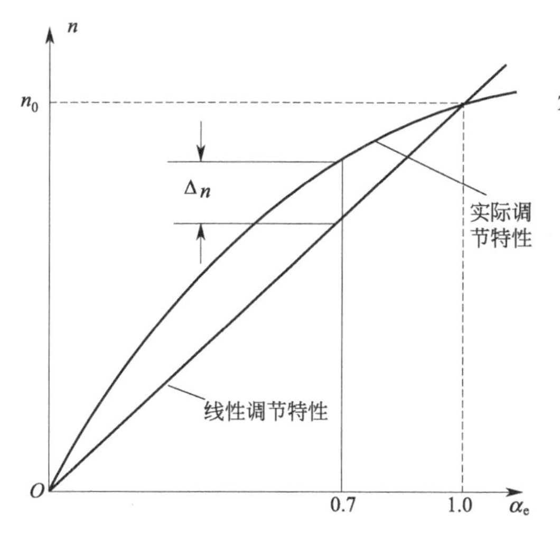

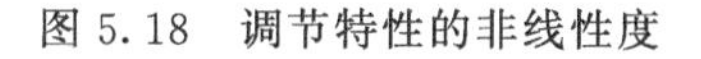

图 5.18 调节特性的非线性度

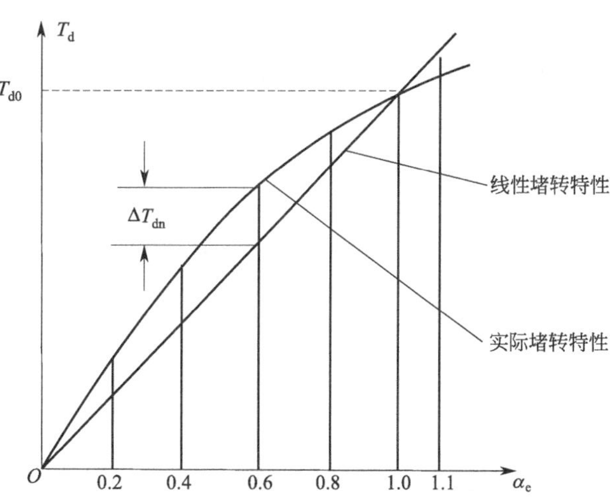

图 5.19 堵转特性的非线性度

（4）堵转特性非线性度 k_d

定子两相绕组加上额定电压，转速等于 0 时的输出转矩，称为堵转转矩。这时流过励磁绕组和控制绕组的电流分别称为堵转励磁电流和堵转控制电流。堵转电流通常是电流的最大值，可作为设计电源和放大器的依据。

在额定励磁电压下，实际堵转特性与线性堵转特性的最大转矩偏差 $(\Delta T_{dn})_{max}$ 与$\alpha_e=1$时的堵转转矩 T_{d0} 之比值的百分数定义为堵转特性非线性度，如图 5.19 所示。

$$k_d=\frac{(\Delta T_{dn})_{max}}{T_{d0}} \tag{5.6}$$

以上特性的非线性度越小，特性曲线越接近直线，系统动态误差就越小，工作就越准确，一般要求 $k_m\leqslant(10\%\sim20\%)$，$k_v\leqslant(20\%\sim25\%)$，$k_d\leqslant\pm5\%$。

(5) 机电时间常数 τ_j

当转子电阻相当大时，交流伺服电机的机械特性曲线接近于直线。

如果把 $\alpha_e=1$ 时的机械特性曲线近似地用一条直线来代替，如图 5.20 中虚线所示，那么与这条线性机械特性曲线相对应的机电时间常数就与直流伺服电机机电时间常数表达式相同，即

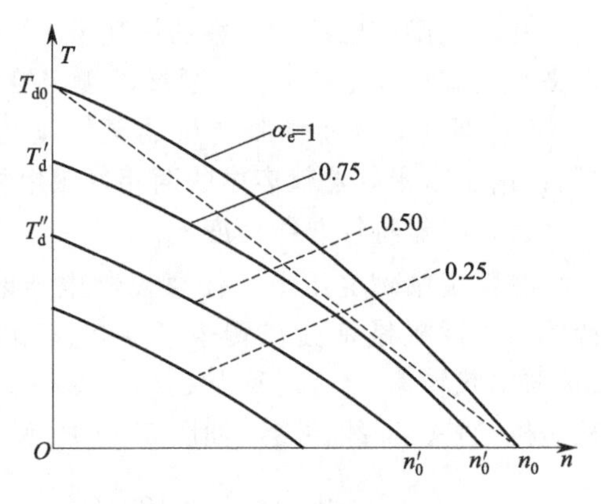

图 5.20 机械特性曲线

$$\tau_j=\frac{J\omega_0}{T_{d0}}s \tag{5.7}$$

式中，J 为转子转动惯量；ω_0 为空载角速度；T_{d0} 为堵转转矩。

当电机工作于非对称状态时，随着 α_e 的减小，相应的时间常数 τ_j 会变大。

5.1.6 交流伺服电机的控制方法

两相感应伺服电机控制方法主要有三种：幅值控制、相位控制和幅-相控制。

(1) 幅值控制

控制电压和励磁电压相位相差始终保持 90°，通过调节控制电压的幅值来改变电机的转速，当控制电压为 0 时，电机停转。

(2) 相位控制

控制电压的幅值保持不变，通过调节控制电压的相位（即调节控制电压与励磁电压之间的相位差）来改变电机的转速，当该相位差为零时，电机停转。

(3) 幅-相控制（或称电容控制）

在励磁绕组中串联电容器，同时调节控制电压的幅值以及它与励磁电压之间的相位差来调节电机的转速，是一种幅值和相位的复合控制方式。

5.2 交流伺服系统

采用交流伺服电机作为执行元件的伺服系统，称为交流伺服系统。交流伺服系统一般由控制器、功率驱动器、检测装置和伺服电机等部分组成。

5.2.1 交流伺服系统的组成

交流伺服系统的原理框图如图 5.21 所示。

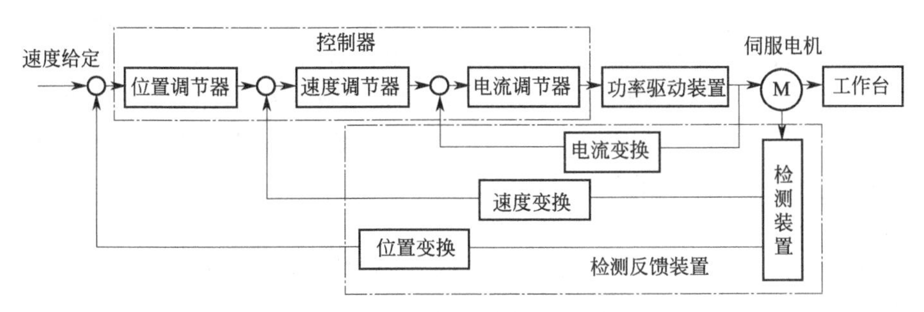

图 5.21　交流伺服系统的原理框图

交流伺服系统具有电流反馈、速度反馈和位置反馈的三闭环结构形式，其中电流环和速度环为内环（局部环），位置环为外环（主环）。

电流环的作用是使电机绕组电流实时、准确地跟踪电流指令信号，通过检测装置检测驱动器给电机各相的输出电流，负反馈给电流的设定进行调节，从而达到输出电流尽量接近等于设定电流，使系统具有足够大的加速转矩，提高系统的快速性。

速度环的作用是增强系统抗负载扰动的能力，抑制速度波动，实现稳态无转差。

位置环的作用是保证系统静态精度和动态跟踪的性能，这直接关系到交流伺服系统的稳定性和运行性能，是设计的关键所在。

当传感器检测输出轴的速度、位置时，系统称为半闭环系统；当检测的是负载的速度、位置时，系统称为闭环系统；当同时检测输出轴和负载的速度、位置时，系统称为多重反馈闭环系统。

（1）控制器

控制器的设计直接影响着伺服电机的运行状态，在很大程度上决定了整个系统的性能。控制器使用反馈装置的输出将指令值（位置、速度或转矩）与达到的值进行比较，并向驱动器发出指令以纠正任何错误。主要有电流、速度和位置控制器。

（2）功率变换器

功率变换器主要功能是根据控制电路的指令，将电源单元提供的直流电转变为伺服电机电枢绕组中的三相交流电，以产生所需要的电磁转矩。

（3）检测装置

伺服系统中，需要对伺服电机的绕组电流及转子速度、位置进行检测，以构成电流环、速度环和位置环，因此需要相应的传感器及其信号变换电路。

① 电流检测通常采用电阻隔离检测或霍尔电流传感器；

② 速度检测可采用无刷测速发电机、增量式光电编码器、磁编码器或无刷旋转变压器；

③ 位置检测通常采用绝对式光电编码器或无刷旋转变压器，也可采用增量式光电编码器进行位置检测。

5.2.2　交流伺服系统的分类

（1）根据选用电机不同进行的分类

可以分为两类：同步型交流伺服系统和异步型交流伺服系统。

① 同步型交流伺服系统。系统采用的是交流伺服电机中最为普及的同步型交流伺服电机，其励磁磁场由转子上的永磁体产生，通过控制三相电枢电流，使其合成电流矢量与励磁

磁场正交而产生转矩。永磁同步电机具备十分优良的低速性能、可以实现弱磁高速控制，调速范围宽广、动态特性和效率都很高，已经成为伺服系统的主流之选。

② 异步型交流伺服系统。其采用的感应电机可以达到与他励式直流电机相同的转矩控制特性，再加上感应电机本身价格低廉、结构坚固及维护简单，因此感应电机逐渐在高精密速度及位置控制系统中得到越来越广泛的应用。

（2）根据控制方式进行的分类

可以分为三类：开环交流伺服系统、半闭环交流伺服系统和闭环交流伺服系统。

（3）根据伺服系统控制信号的处理方法进行的分类

可以分为四类：模拟控制式交流伺服系统、数字控制式交流伺服系统、数字-模拟混合控制式交流伺服系统和软件伺服控制式交流伺服系统等。

1）模拟控制式交流伺服系统

模拟控制式交流伺服系统的显著标志是其调节器及各主要功能单元由模拟电子器件构成，偏差的运算及伺服电机的位置信号、速度信号均用模拟信号来控制，其特点是：控制系统的响应速度快，调速范围宽；易于与常见的输出模拟速度指令的 CNC（computerized numerical control）接口；系统状态及信号变化易于观测；系统功能由硬件实现，易于掌握，有利于使用者进行维护、调整；模拟器件的温漂和分散性对系统性能影响较大，系统抗干扰能力较差；难以实现较复杂的控制算法，系统缺少柔性。

2）数字控制式交流伺服系统

数字控制式交流伺服系统的明显标志是其调节器由数字电子器件构成，目前普遍采用的是微处理器、数字信号处理器（DSP）及专用 ASIC（application specific intergrated circuit）芯片，系统中的模拟信号需经过离散化后，以数字量的形式参与控制，其基本特点是：系统的集成度较高，具有较好的柔性，可实现软件伺服；温度变化对系统的性能影响小，系统的重复性好；易于应用现代控制理论，实现较复杂的控制策略；易于实现智能化的故障诊断和保护，系统具有较高的可靠性；易于与采用计算机控制的系统相接。

3）数字-模拟混合控制式交流伺服系统

数字-模拟混合控制式交流伺服系统兼有数字控制的高精度、高柔性和模拟控制的快速性、低成本的优点，在数控机床和工业机器人等机电一体化装置中得到广泛应用。

4）软件伺服控制式交流伺服系统

软件伺服控制式交流伺服系统又被称为全数字伺服，其位置与速度反馈环的运算处理全部由微处理器进行处理。

5.2.3 交流伺服系统的性能指标

交流伺服系统的性能优劣可以从调速范围、定位精度、稳速精度、动态响应和运行稳定性等方面来衡量。

（1）调速范围

低性能的伺服系统调速范围在 1∶1000 以上，一般的在 1∶5000～1∶10000，高性能的可以达到 1∶100000 以上。

（2）定位精度和稳速精度

① 伺服系统的定位精度一般都要达到±1 个脉冲。

② 稳速精度，尤其是低速下的稳速精度，比如给定 1r/min 时，一般在±0.1r/min 以

内，高性能的可以达到±0.01r/min以内。

(3) 动态响应

动态响应方面，通常衡量的指标是系统最高响应频率，即给定最高频率的正弦速度指令，系统输出速度波形的相位滞后不超过90°或者幅值不小于50%。进口三菱伺服电机MR-J3系列的响应频率高达900Hz，而国内主流产品的频率在200～500Hz。

(4) 运行稳定性

运行稳定性主要是指系统在电压波动、负载波动、电机参数变化、上位控制器输出特性变化、电磁干扰，以及其他特殊运行条件下，维持稳定运行并保证一定的性能指标的能力。

5.2.4 交流伺服系统的发展趋势

21世纪以来，永磁同步电机广泛应用于工业生产的各个领域，具有结构简单、系统效率高、调速范围广、系统响应快等优点，是高性能伺服系统的最佳选择。伴随新型材料的出现，电机技术、电力电子技术、计算机技术和控制技术的快速发展，交流伺服系统在系统集成度和控制精度方面发展迅速。结合国内外发展的现状，交流伺服控制系统有下列几种趋势：

(1) 数字化

早期，为实现伺服系统的控制，系统主要采用模拟电路实现，即通过硬件连线的方法实现，控制系统精度不高，参数离散性大，控制系统复杂。微处理器的发展和应用解决了伺服控制系统中需要进行的快速坐标变换、矢量运算和非线性运算等复杂运算这一问题，促进了永磁同步电机的应用；新型微处理器的高速度也有助于增加采样速度，提高了抗负载扰动的能力，伺服控制系统向着集成度高，更加智能化的方向发展。同时，数字化的运用增强了交流伺服系统设计和使用的柔性，简化了硬件设计，降低了成本并且提高了控制系统的精度和可靠性。

(2) 智能化

随着芯片集成技术、传感技术和控制理论的发展，交流伺服控制系统逐渐朝着智能化方向迈进。传统控制理论的控制基于电机的数学模型框架，而交流电机是一个非线性系统，其变量和参数易受到外界的干扰，因此建立的数学模型在实际中易受到动态中一些不可预测因素的影响。智能控制理论是自动控制发展的一个崭新阶段，它突破了传统控制理论中对控制对象数学模型的依赖，按照运行中的实际效果进行控制，和人脑思维的非线性相似，伺服控制器控制也是非线性的且具有非常强的鲁棒性。目前智能控制应用较成熟的方法有：模糊控制和神经网络控制。随着微处理器的发展，更先进的智能控制方法将会应用到交流伺服控制系统中来。

(3) 集成化

电力电子技术和计算机技术的发展使伺服控制系统更加集成化。20世纪80年代后出现的智能功率模块采用IGBT作为功率开关，其内部包含驱动电路及各种保护电路，能够对系统运行故障自动诊断，对反馈信号及时处理，保护电路安全可靠地运行。同时，为实现伺服控制的速度环、位置环、电流环的开环或闭环控制，伺服系统中集成了速度、位置等信号的检测单元，配合系统的控制电路和驱动电路，实现了伺服系统的高度集成化。系统的集成化既减小了控制模块的体积，又提高了系统的可靠性，维护和使用更加方便，是伺服控制系统的发展方向。

5.3 交流电机的速度控制

调速是交流传动与交流伺服系统的共同要求。交流传动系统是只进行转速控制的系统，通常用于机械、矿山、冶金、纺织、化工、交通等行业，其使用最为普遍。交流传动系统一般以感应电机为对象，变频器是当前最为常用的控制装置。交流伺服系统是能实现位置控制的系统，主要用于数控机床、机器人、航天航空等需要大范围调速与高精度位置控制的场合，其控制装置为交流伺服驱动器，驱动电机为专门生产的交流伺服电机。

5.3.1 交流电机调速方法

三相异步交流电机的转速公式为

$$n=\frac{60f}{p}(1-s) \tag{5.8}$$

由公式可知，改变三个参数中的任意一个，均可改变电机的转速。

对于异步电机，常用的调速方法有变极（p）调速、变转差（s）调速和变频（f）调速；对于同步电机，其转差率 $s=0$，所以一般只有两种调速方式。

(1) 变极调速

通过改变电机的磁极对数，从而得到不同的转速，这种调速方式称为变极调速。若电机转子为笼型转子，因为笼型转子的极对数能自动地随着定子极对数的改变而改变，则定、转子磁场的极对数总是相等而产生平均电磁转矩；若电机转子为绕线式转子，则定子极对数改变时，转子绕组必须相应地改变接法以得到与定子相同的极对数，很不方便。

交流电机定子磁动势的极对数，取决于绕组中电流的方向，若改变绕组连接方式，使绕组中电流方向改变，则可改变定子磁动势的极数。常用的一种“反向变极”法，就是利用改变绕组的连接方式，来达到改变极对数的目的。如图 5.22 为 4 极电机的绕组连接方式，U 相两个线圈，顺向串联，定子绕组产生 4 极磁场。如果像图 5.23 的 2 极电机所示那样，改变连接方式，反向串联和反向并联，使一相绕组的半数线圈中的电流变向，定子绕组产生 2 极磁场，即极对数产生改变。

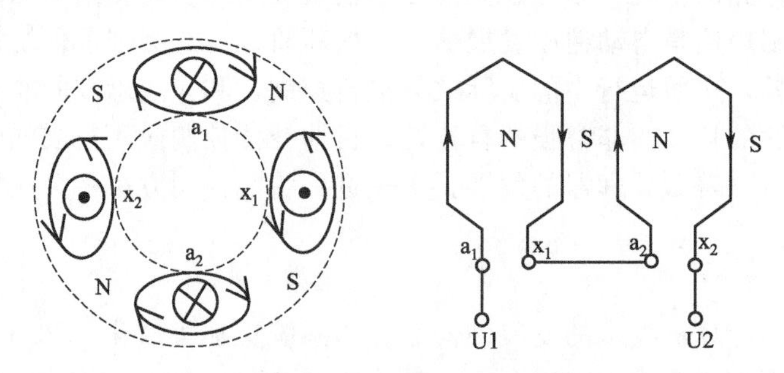

图 5.22　$p=4$ 的绕组和极数

变极调速异步电机可以采用两套绕组，但为了提高材料的利用率，一般采用单绕组变极，即通过改变一套绕组的连接方式而得到不同极对数的磁动势，以实现变极调速。

变极调速方法简单、运行可靠、机械特性较硬，但只能实现有级调速。变极调速电机绕组出线头较多，不适宜超过三种速度的调速。采用转换开关改变接线变极，因同时要兼顾两

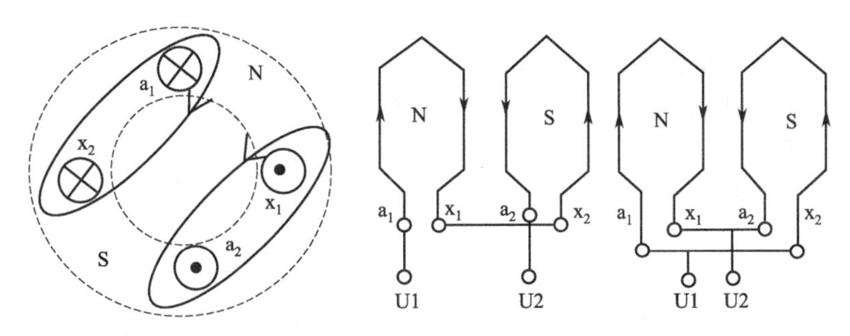

图 5.23 $p=2$ 的绕组和极数

种极数时的性能而使得任一极数时的性能均不是最佳，但它仍是一种较经济的调速方法，在不需平滑调速的场合，得到较多应用。

目前，我国多极电机定子绕组联绕方式常用的有两种：

① 从星形改成双星形，写作 Y-YY，如图 5.24 所示。

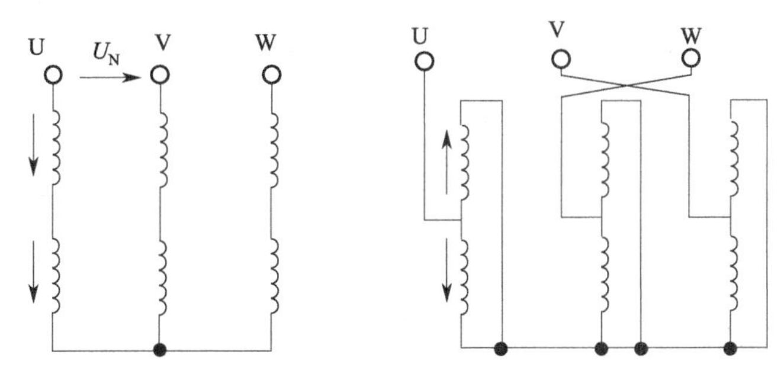

图 5.24 Y-YY 绕组

Y-YY 后，电机极数减少一半，转速增大一倍，即 $n_{YY}=2n_Y$，容许输出功率增大一倍，而容许输出转矩保持不变，故这种变极调速属于恒转矩调速，适用于恒转矩负载。

② 从三角形改成双星形，写作△-YY，如图 5.25 所示。

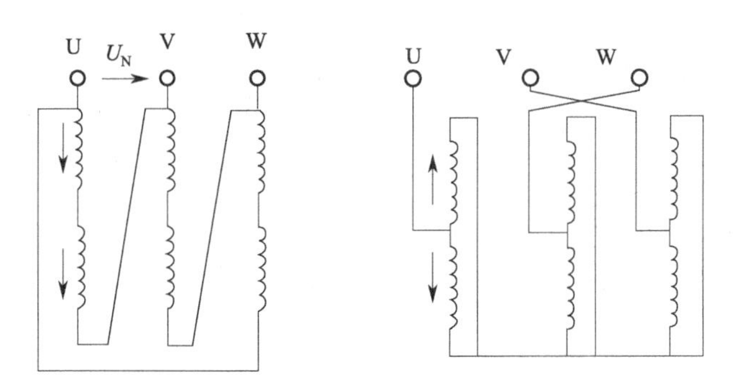

图 5.25 △-YY 绕组

△-YY 后，电机极数减少一半，转速增大一倍，即 $n_{YY}=2n_{\triangle}$，容许输出功率近似不变，所以这种变极调速属于恒功率调速，适用于恒功率负载。

采用以上两种方法变极时，都需要调换相序，以保证变极调速以后，电机转动方向不变。

(2) 变转差调速

变转差调速系统主要是利用闭环控制环节，电机转差和转矩成正比的原理，通过控制电机的转差 Δs，来控制电机的转矩，从而达到控制电机转速精度的目的。

变转差调速系统主要由定子调压、转子变阻、滑差调节、串级调速等装置组成，因此变转差调速方式又可分为定子调压调速、转子变阻调速和串级调速等方式。

1) 定子调压调速

定子调压调速通常通过晶闸管调压电路改变感应电机的定子电压，从而改变磁场的强弱，转子产生的感应电动势也会发生相应变化，因而转子的短路电流也发生了相应改变，转子所受到的电磁转矩也会变化，其原理如图 5.26 所示。

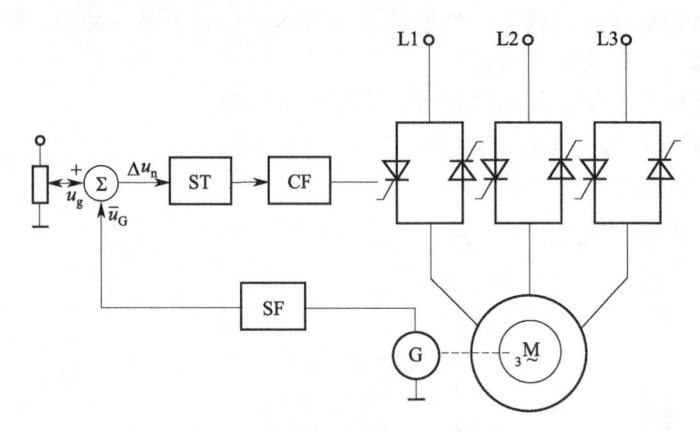

图 5.26 晶闸管调压调速原理图

采用 Y 连接的三相调压电路，控制方式为转速负反馈的闭环控制，该技术主要应用于短时或重复短时调速的设备上。

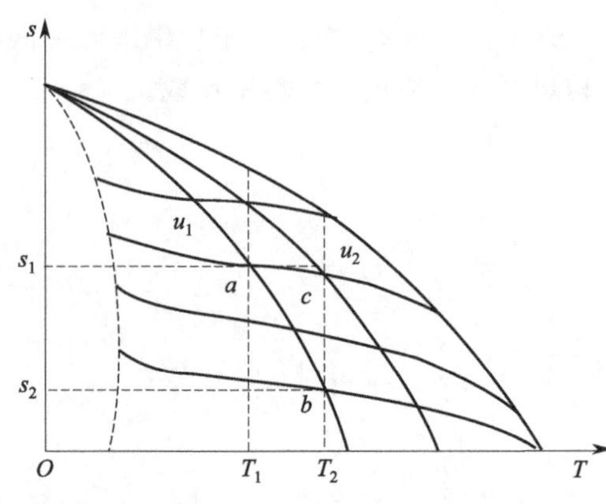

图 5.27 转速-转矩特性曲线

反馈电压 u_G 与给定电压 u_g 比较得到转速差电压 Δu_n，利用 Δu_n 通过转速调节器控制晶闸管的导通角。改变 u_g 的值即可改变感应电机的定子电压和电机的转速，当 $u_g > u_G$ 时，调压器控制角因 $\Delta u_n = u_g - u_G$ 的增加而变小，输出电压提高，转速升高，至 $u_g = u_G$ 才会稳定转速；反之，上述过程向反方向进行。

如图 5.27 所示，当电网电压或负载转矩出现波动时，转速不会因扰动出现大幅波动。

如 a 点，对应的转差率 $s = s_1$，当负载转矩由 T_1 变为 T_2 时，若开环控制，转速将下降到 b 点；若为闭环控制，转速下降，u_G 下降而 u_g 不变，则 Δu_n 变大，调压器控制角前移，输出电压由 u_1 上升到 u_2，电机的转速将上升到 c 点。

在低速时感应电机的转差功率损耗大，运行效率低，调速性能差。

采用相位控制方式时，电机电流中存在着较大的高次谐波，电机将产生附加谐波损耗，电磁转矩也会因谐波的存在而发生脉动，对它的输出转矩有较大的影响。

2) 转子变阻调速

只适用于绕线式异步电机，异步电机转子串入附加电阻，使电机的转差率加大，电机在较低的转速下运行。

为了限制启动电流并提高启动转矩，线绕转子的启动可在转子电路中串接几级启动电阻或串入频敏电阻器，如图 5.28 所示，串入的电阻越大，电机的转速越低。

QS 合上后，KT_1、KT_2 和 KT_3 接通，它们的延时闭合的常闭触点立即断开，使 KM_1、KM_2、KM_3 暂时不会接通。当电机定子绕组上施加额定电压启动时，转子电路中串接有启动电阻 R_1、R_2 与 R_3，以限制启动电流并提高启动转矩。

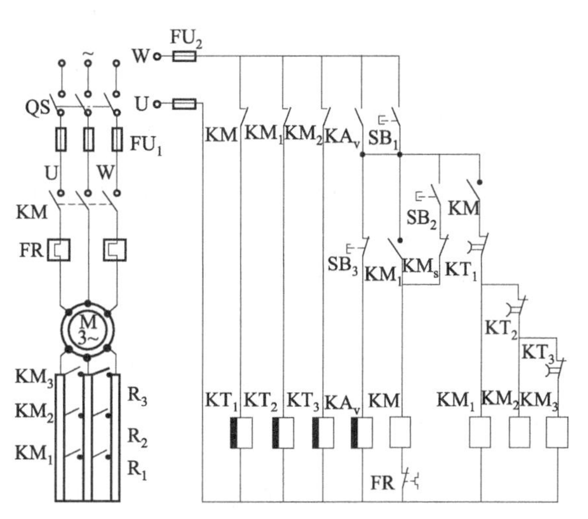

图 5.28　转子串电阻调速

启动时，首先按下按钮 SB_1，接通欠电压继电器 KA_v，其动合触点闭合。当电源电压严重降低或电路突然失电时，KA_v 的动合触点断开，对电机起保护作用。然后按下按钮 SB_2，接通线路接触器 KM，电机定子绕组上施加额定电压启动。控制电路里 KM 的动断辅助触点断开，时间继电器 KT_1 断电，它的延时闭合的常闭触点等一段时间闭合，接触器 KM_1 接通，切除电机转子电路串接的启动电阻 R_1，这时，电机在转子电路里只有启动电阻 R_2 与 R_3 的人为特性上运行，继续加速。

接触器 KM_1 接通以后，它的动断触点断开，使时间继电器 KT_2 断电，它的延时闭合的常闭触点等一段时间闭合；接通接触器 KM_2，又将电机转子里的启动电阻 R_2 切除了，电机在只有电阻 R_3 的人为特性上运行，继续加速；接触器 KM_2 接通以后，它的常闭触点断开，时间继电器 KT_3 断电，它的延时闭合的常闭触点等一段时间闭合，使接触器 KM_3 接通，将启动电阻 R_3 切除。至此，电机转子电路无外加电阻，运行于自然特性上，启动过程到此结束。

① 优点。设备简单，主要用于中、小容量的绕线式异步电机如桥式起重机等。

② 缺点。串联电阻通过的电流较大，难以采用滑线方式，更无法以电气控制的方式进行控制，因此调速只能是有级的；串联较大附加电阻后，电机的机械特性变得很软。低速运转时，只要负载稍有变化，转速的波动就很大；电机在低速运转时，效率甚低，电能损耗很大。

3）串级调速

串级调速是指绕线式电机转子回路中串联接入与转子电势同频率的附加电势，通过改变该电势的幅值大小和相位来实现调速。大部分转差功率被串入的附加电势所吸收，再利用产生附加电势的装置，把吸收的转差功率返回电网或转换能量加以利用。

根据转差功率吸收利用方式，串级调速可分为电机串级调速、机械串级调速及晶闸管串级调速形式，多采用晶闸管串级调速。

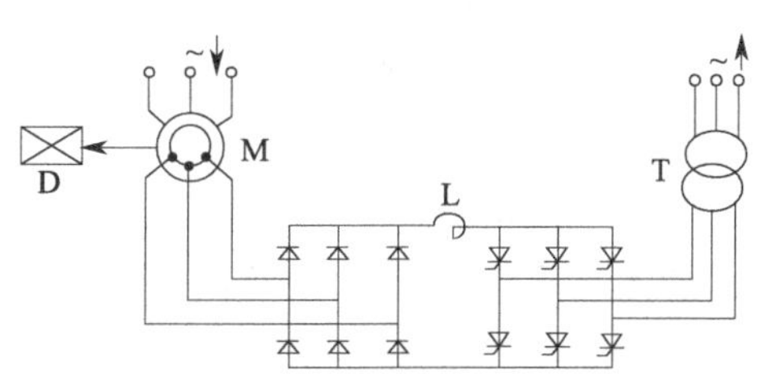

图 5.29　晶闸管串级调速系统主回路

图 5.29 为晶闸管串级调速系统主回路的接线图，在调速电机 M 的转子绕组回路上接入一个受三相桥式晶闸管网络控制的直流-交流逆变电路，

使电机根据需要将运转中的一部分能量回馈到供电电网中去，同时达到调速的目的。

这种调速方式可以实现低于同步速度的电机转速输出调节，此方式效率较高，适合于调速范围不大的场合。由于这种方法逆变部分只负责变换转差功率，所以设备的功率低，比变频器直接调节定子频率的方法成本小，其缺点是它只能在带电刷的绕线式三相异步交流电机上应用，功率因数一般较低。

（3）变频调速

又称交流变频调速，其装置叫变频器调速装置（VFD）。对交流电机控制系统来说，无论速度控制还是位置或转矩控制，都需要调节电机转速，因此，变频是所有交流电机控制系统的基础。目前高性能的交流调速系统大都采用变频调速方法来改变电机转速。

为了保持在调速时电机的最大转矩不变，需要维持磁通恒定，这时就需要定子供电电压做相应调节。因此，对交流电机供电的变频器一般都要求兼有调频调压两种功能。电力电子器件、晶体管脉宽调制（PWM）技术、矢量控制理论是实现变频调速的关键技术。

5.3.2 变频器

变频器是利用电力电子器件的通断作用将电压和频率固定不变的工频交流电源变换成电压和频率可变的交流电源，供给交流电机实现软启动、变频调速、提高运转精度、改变功率因数、过流/过压/过载保护等功能的电能变换控制装置。

（1）发展历程

变频技术诞生背景是交流电机无级调速的广泛需求。传统的直流调速技术因体积大、故障率高而应用受限。

20 世纪 60 年代以后，电力电子器件普遍应用了晶闸管及其升级产品，但其调速性能远远无法满足需要。1968 年，以丹佛斯为代表的高技术企业开始批量化生产变频器，开启了变频器工业化的新时代。

20 世纪 70 年代开始，脉宽调制变压变频（PWM-VVVF）调速的研究得到突破，20 世纪 80 年代以后，微处理器技术的完善使得各种优化算法得以容易实现。

20 世纪 80 年代中后期，美、日、德、英等发达国家的 VVVF 变频器技术实用化，商品投入市场，得到了广泛应用。

步入 21 世纪后，国产变频器逐步崛起，现已逐渐抢占高端市场。上海和深圳成为国产变频器发展的前沿阵地。

（2）变频器分类

1）按直流电源的性质分类

变频器中间直流环节用于缓冲无功功率的储能元件是电容或是电感，据此变频器可分成电压型变频器和电流型变频器两大类。

① 电流型变频器。电流型变频器的中间直流环节采用大电感作为储能元件，无功功率将由该电感来缓冲。

优点：当电机处于再生发电状态时，回馈到直流侧的再生电能可以方便地回馈交流电网，不需要在主电路内附加任何设备。

常用于频繁急加减速的大容量电机的传动，在大容量风机、泵类节能调速中也有应用。

② 电压型变频器。电压型变频器中间直流环节的储能元件采用大电容，用来缓冲负载的无功功率。

对负载而言，变频器是一个交流电压源，在不超过容量限度情况下，可以驱动多台电机并联运行，具有不选择负载的通用性。

其缺点是电机处于再生发电状态时，回馈到直流侧的无功能量难于回馈给交流电网。要实现这部分能量向电网的回馈，必须用可逆变流器。

2）按变换环节分类

① 交-交变频器。交-交变频器在工作过程中将工频交流电直接变换成频率电压可调的交流电（转换前后的相数相同），又称直接式变频器。

交-交变频器只有一个变换环节，能够将恒压恒频的交流电源变换成变压变频电源，常用的交-交变频器的每一相都是一个两组晶闸管整流装置反并联的可逆线路，它们按一定周期互相切换，在负载上就可获得交变的输出电压，该电压的幅值取决于各组整流装置的控制角，变化频率取决于两组装置的切换频率，如图 5.30 所示。

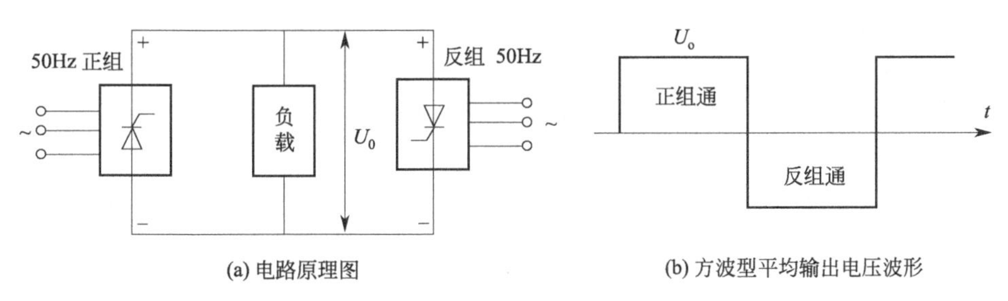

(a) 电路原理图　　(b) 方波型平均输出电压波形

图 5.30　交-交变频器电路

其缺点是：最高输出频率不超过电网频率的 1/3～1/2，且输入功率因数较低，谐波电流含量大，谐波频谱复杂，因此必须配置大容量的滤波和无功补偿设备。

② 交-直-交变频器。交-直-交变频器在工作过程中先把工频交流电通过整流器变成直流电，然后再把直流电变换成频率电压可调的交流电，又称间接式变频器。间接式变频器常用的调压方式主要有整流调压、斩波调压和 PWM 调压，原理如图 5.31 所示。

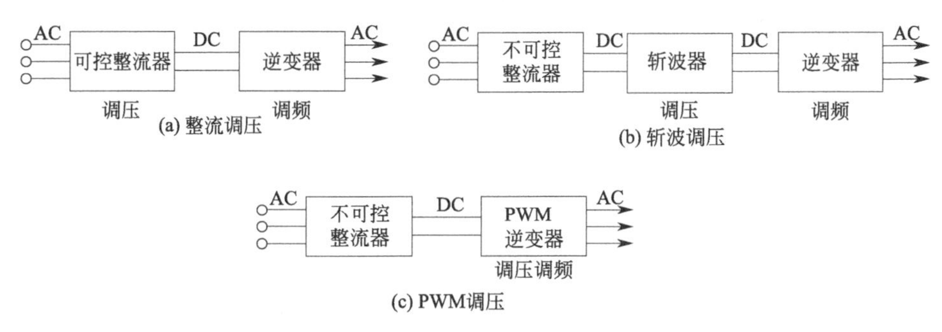

(a) 整流调压　　(b) 斩波调压

(c) PWM调压

图 5.31　间接式变频器常用的调压方式

如图 5.31(a) 所示，整流调压方式中，调压和调频分别在两个环节上，由控制电路进行协调，但电网侧功率因数低，输出谐波大；

如图 5.31(b) 所示，斩波调压方式中，整流环节采用不可控整流器，增设斩波器进行调压，再用逆变器变频，克服了功率因数低的缺点，输出谐波仍大；

如图 5.31(c) 所示，PWM 调压方式中，调压和调频都在逆变器上进行，输出电压是一系列脉冲，调节脉冲宽度就可以调节输出电压值，是最好的一种调压调频方法。

交-直-交变频器把直流电逆变成交流电的环节较易控制，在频率的调节范围，以及改善变频后电机的特性等方面，都具有明显的优势；由于其存在着中间低压环节，所以具有电流大、结构复杂、效率低、可靠性差等缺点。

3）按输出电压调节方式分类

① 脉冲幅值调制（pulse amplitude modulation，PAM）方式。通过改变直流电压的幅值进行调压的方式，其输出波形如图 5.32 所示。逆变器只负责调节输出频率，而输出电压的调节则由相控整流器或直流斩波器通过调节直流电压实现。

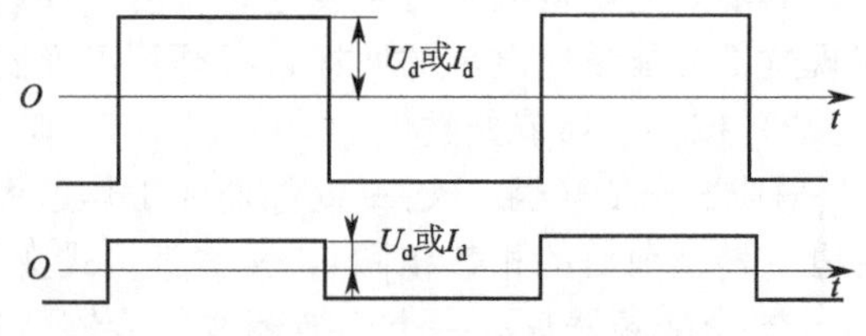

图 5.32 PAM 调压输出波形

此种方式下，系统低速运行时谐波与噪声都比较大，所以当前几乎不采用，只有与高速电机配套的高速变频器中才采用。

② 脉冲宽度调制（pulse width modulation，PWM）方式。利用参考电压波 u_R 与载波三角波 u_t 互相比较决定主开关器件的导通时间而实现调压，如图 5.33 所示。

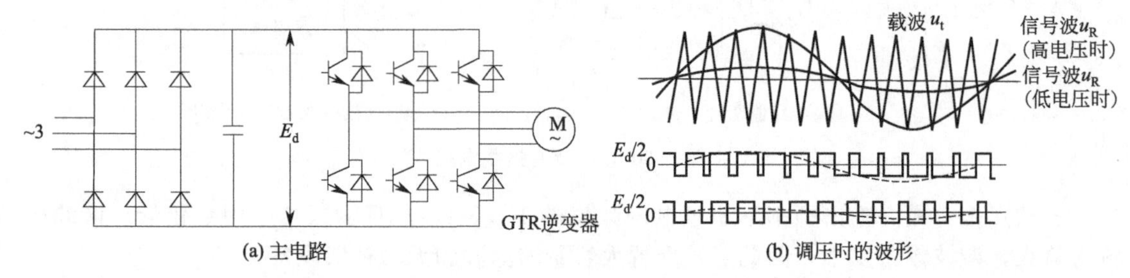

图 5.33 PWM 变频器

③ 高载波变频率的 PWM 方式。此种方式与上述 PWM 方式的区别仅在于其调制频率有很大提高，主电路如图 5.34 所示。主开关器件的工作频率较高，常采用 IGBT 或 MPS-FET 为主开关器件，开关频率可达 10k～20kHz，可以大幅度降低电机的噪声，达到所谓“静音”水平。

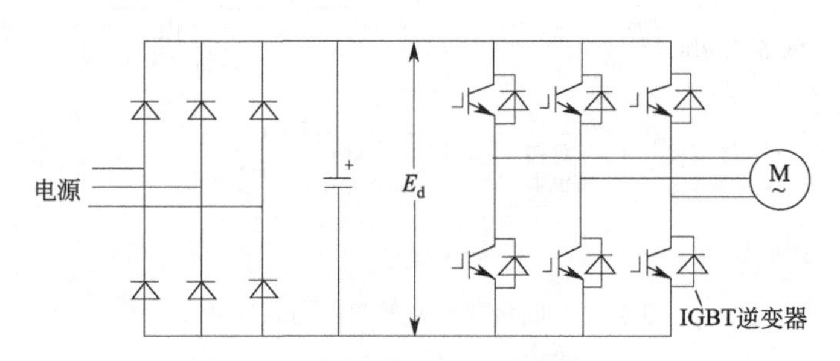

图 5.34 高载波 PWM 变频器主电路

4）按控制方式分类

① U/f 控制。压频比控制的基本特点是对变频器输出的电压和频率同时控制，通过保持 U/f 恒定使电机获得所需要的转矩特性。

其属于转速开环控制，无须速度传感器，控制电路简单，负载可以是通用标准异步电机，所以通用性好、经济性好，是目前通用变频器产品中使用较多的一种控制方式。

② 转差频率控制。转差频率控制是一种直接控制转矩的控制方式，在 U/f 控制的基础上，按照已知异步电机的实际转速对应的电源频率，并根据希望得到的转矩来调节变频器的输出频率，就可以使电机输出对应的转矩。

与 U/f 控制方式相比，其调速精度大为提高；但是需使用速度传感器求取转差频率，要针对具体电机的机械特性调整控制参数，因而这种控制方式的通用性较差。

③ 矢量控制。根据交流电机的动态数学模型，利用坐标变换的手段，将交流电机的定子电流分解成磁场分量电流和转矩分量电流，并分别加以控制。

通过控制各矢量的作用顺序、时间以及零矢量的作用时间，又可以形成各种 PWM 波，达到各种不同的控制目的，例如形成开关次数最少的 PWM 波以减少开关损耗。

目前，在变频器中实际应用的矢量控制方式主要有基于转差频率控制的矢量控制方式和无速度传感器的矢量控制方式两种。

5）按电压等级分类

① 低压型变频器。变频器电压等级为 380～460V，属低压型变频器，常见的中小容量通用变频器均属此类。

② 高压大容量变频器。通常高（中）压（3kV、6kV、10kV 等级）电机多采用变极或电机外配置机械减速方式调速，综合性能不高，在此领域节能及提高调速性能潜力巨大。

6）按用途分类

① 通用变频器。通用变频器可以对通用标准异步电机传动，应用于工业生产及民用各个领域，目前朝着两个方向发展：低成本的简易型通用变频器和高性能多功能的通用变频器。

② 高性能专用变频器。高性能专用变频器基本上采用矢量控制方式，而驱动对象通常是变频器厂家指定的专用电机，并且主要应用于对电机的控制性能要求比较高的系统。

③ 高频变频器。超精密加工和高性能机械中，常常要用到高速电机，如 PAM 控制方式的高速电机驱动用变频器，其输出频率可达到 3kHz，在驱动 2 极异步电机时，电机最高转速可达到 180000r/min。

④ 小型变频器。为适应现场总线控制技术的要求，变频器必须小型化，与异步电机结合在一起，组成总线上的一个执行单元。例如安川公司上单的 VS-mini-J7 型变频器，高度只有 128mm，三垦公司的 ES、EF、ET 系列，也是这种小型变频器。

（3）变频器结构

变频器主要由整流（交流变直流）、滤波、逆变（直流变交流）、制动、驱动、检测单元微处理单元等组成。变频器靠内部 IGBT 的开断来调整输出电源的电压和频率，根据电机的实际需要来提供其所需要的电源电压，进而达到节能、调速的目的，另外，变频器还有很多的保护功能，如过流、过压、过载保护等。

以某通用变频器为例，其主要由主电路和控制电路两部分组成，如图 5.35 所示。

1）主电路

通用变频器的主电路由整流电路、能耗电路和逆变电路组成，如图 5.36 所示。

① 整流电路。由 VD_1～VD_6 组成的三相不可控整流桥，将交流电变成 513V 的直流电。滤波电容器 C_F 有两个功能：一是滤平全波整流后的电压纹波；二是当负载变化时，使直流电压保持平稳。电源指示 HL 除了表示电源是否接通以外，还有一个十分重要的功能，即在变频器切断电源后，表示滤波电容器 C_F 上的电荷是否已经释放完毕。

② 能耗电路。在工作频率下降过程中，异步电机的转子转速将可能超过此时的同步转

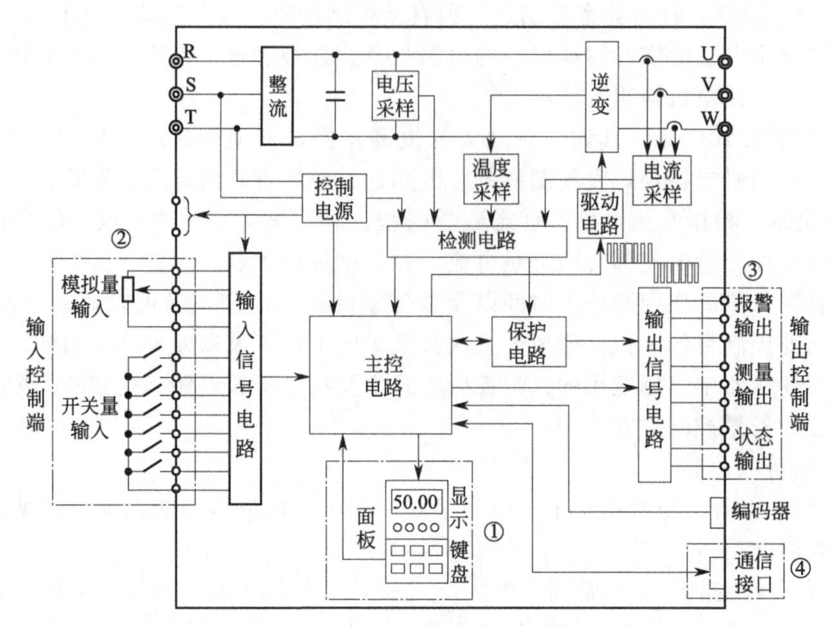

图 5.35　某通用变频器电路原理图

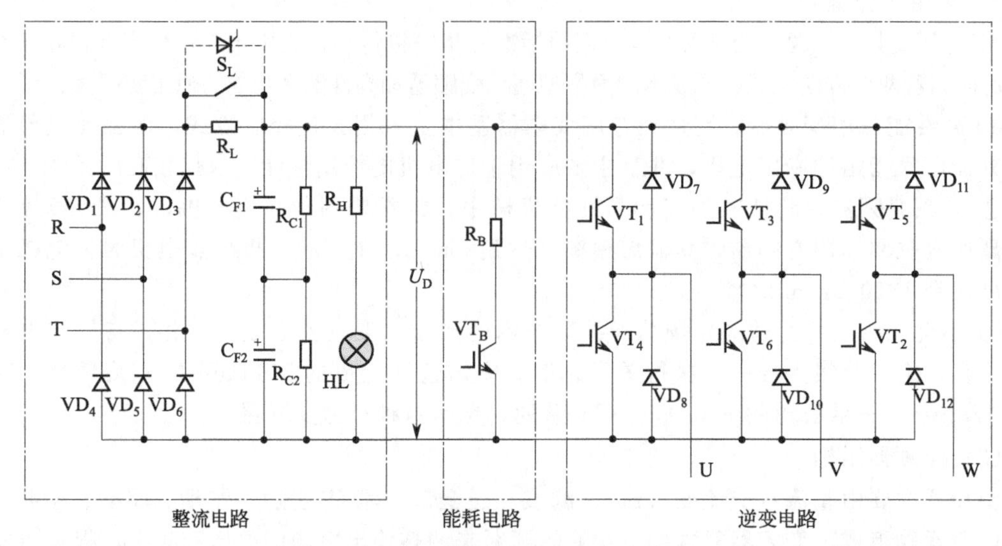

图 5.36　通用变频器的主电路

速而使电机处于再生制动（发电）状态，拖动系统的动能将反馈到直流电路中使直流母线（滤波电容两端）电压 U_D 不断上升（即所说的泵升电压），这样变频器将会产生过压保护，甚至可能损坏变频器，因而需将反馈能量消耗掉，制动电阻就是用来消耗这部分能量的。制动单元由开关管 VT_B 与驱动电路构成，其功能是用来控制流经 R_B 的放电电流 I_B。电动和制动运行如图 5.37 所示。

③ 逆变电路。逆变管 $VT_1 \sim VT_6$ 组成逆变桥将直流电逆变成频率、电压都可调的交流电，是变频器的核心部分。常用逆变模块 GTR、BJT、GTO、IGBT、IGCT 等，一般都采用模块化结构有 2 单元、4 单元、6 单元。

2）控制电路

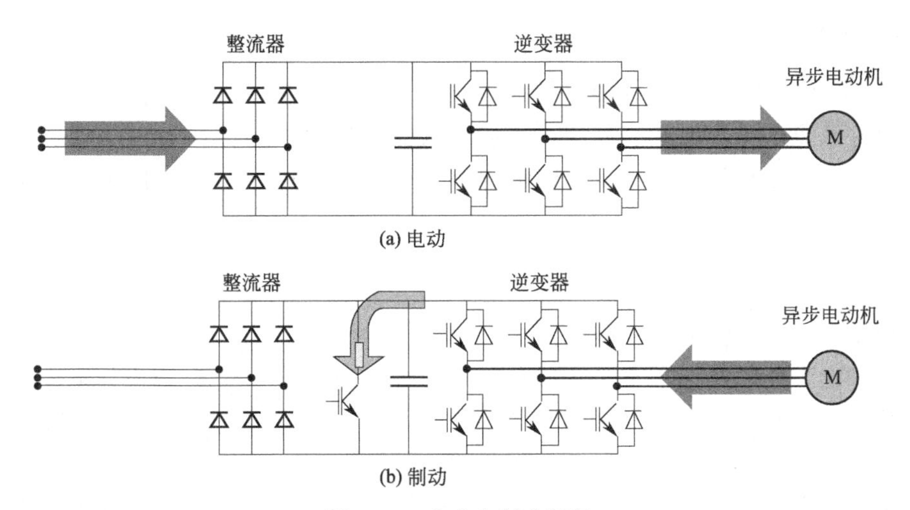

图 5.37　电动和制动运行

变频器控制部分一般有 CPU 单元、显示单元、电流检测、电压检测单元、输入输出控制端子、驱动放大电路、开关电源等。

控制电路是给异步电机供电（电压、频率可调）的主电路提供控制信号的回路，它由显示单元、频率、电压的“运算电路”、主电路的“电压、电流检测电路”、电机的“速度检测电路”、将运算电路的控制信号进行放大的“驱动电路”，以及逆变器和电机的“保护电路”等组成。

① 控制单元：可采用 16 位、32 位单片机或 DSP。变频器专用单片机如 INTEL 87C196MH，速度为几十纳秒级。矢量控制型一般采用双 CPU。

② 运算电路：将外部的速度、转矩等指令同检测电路的电流、电压信号进行比较运算，决定逆变器的输出电压、频率。

③ 电压、电流检测单元：对变频器加速、减速、运行中过流、变频过载及电机过载进行检测。

④ 显示单元：其功能为人机界面显示、参数设定、状态/故障显示、远距离操作等。

⑤ 驱动电路：是驱动主电路器件的电路。CPU 产生的 PWM 波经专用驱动芯片、驱动放大电路后给 IGBT。

⑥ 速度检测电路：以装在异步电机轴机上的速度检测器（tg、plg 等）的信号为速度信号，送入运算回路，根据指令和运算可使电机按指令速度运转。

⑦ 保护电路：检测主电路的电压、电流等，当发生过载或过电压等异常时，为了防止逆变器和异步电机损坏。

5.3.3　变频调速技术

交流电的交变频率是决定交流电机工作转速的基本参数，直接改变和控制供电频率是控制交流伺服电机的最有效方法，直接调节交流电机的同步转速，控制的切入点最直接而明确，变频调速的调速范围宽，平滑性好，具有优良的动、静态特性。

对交流电机进行变频调速，需要一套变频电源，相关技术有：

① 由普通晶闸管构成的方波形逆变器；

② 由全控型高频率开关组成的 PWM 逆变器；

③ 正弦波脉宽调制（SPWM）逆变器；

④ 空间矢量脉宽调制（SVPWM）逆变器。

5.3.3.1 正弦波脉宽调制（SPWM）

为了更好地控制异步电机的速度，不但要求变频器的输出频率和电压大小可调，而且要求输出波形尽可能接近正弦波。

正弦波分成 N 等份，即把正弦半波看成由 N 个彼此相连的脉冲所组成。这些脉冲宽度相等，为 π/N，但幅值不等，幅值是按正弦规律变化的曲线。每一等份的正弦曲线与横轴所包围的面积都用一个与此面积相等的等高矩形脉冲来代替，矩形脉冲的中点与正弦脉冲的中点重合，且使各矩形脉冲面积与相应各正弦部分面积相等，各矩形脉冲在幅值不变的条件下，其宽度随之发生变化，如图 5.38 所示。脉冲的宽度按正弦规律变化并和正弦波等效的矩形脉冲序列称为 SPWM（sinusoidal PWM）波形，图 5.38 中的矩形脉冲系列就是所期望的变频器输出波形，通常将输出为 SPWM 波形的变频器称为 SPWM 型变频器。

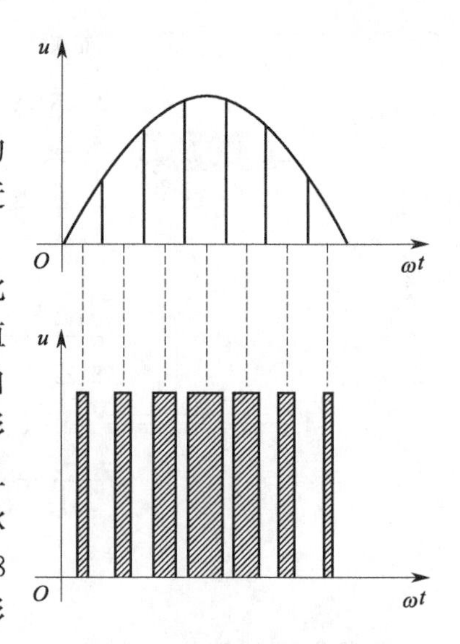

图 5.38 与正弦波等效的等幅脉冲序列波

（1）PWM 逆变电路的控制方式

1）单极性控制方式

单极性控制方式电路及其波形分别如图 5.39、图 5.40 所示，载波 u_c 在调制信号波 u_r 的正半周为正极性的三角波，在负半周为负极性的三角波。

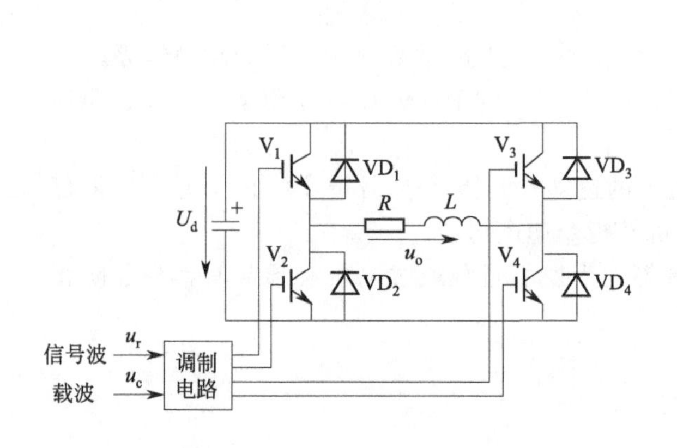

图 5.39 单极性控制方式电路图

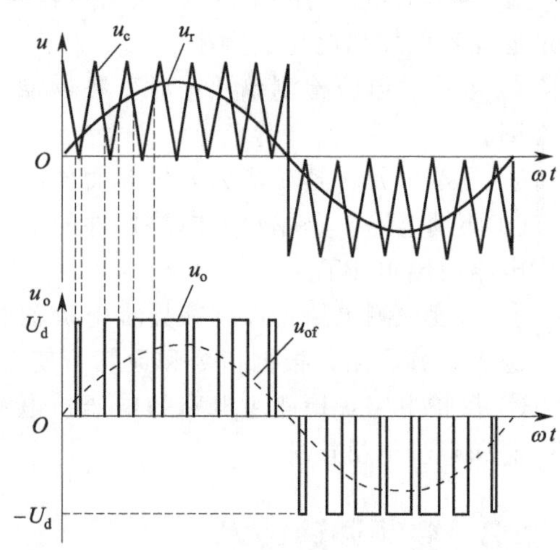

图 5.40 单极性控制方式波形图

① 在 u_r 的正半周，V_1 保持通态，V_2 保持断态。

当 $u_r > u_c$ 时，V_4 导通，V_3 关断，$u_o = U_d$；当 $u_r < u_c$ 时，V_4 关断，V_3 导通，$u_o = 0$。

② 在 u_r 的负半周，V_1 保持断态，V_2 保持通态。

当 $u_r < u_c$ 时，V_3 导通，V_4 关断，$u_o = -U_d$；当 $u_r > u_c$ 时，V_3 关断，V_4 导通，

$u_o=0$。

2）双极性控制方式

单相双极性控制方式电路及其波形分别如图 5.41、图 5.42 所示，以三角波为载波，正弦波为调制波，其频率和幅值可调，两波形交点决定逆变器开关管状态。在 u_r 的半个周期内，三角载波有正有负，所得 PWM 波也有正有负，其幅值只有 $\pm U_d$ 两种电平。

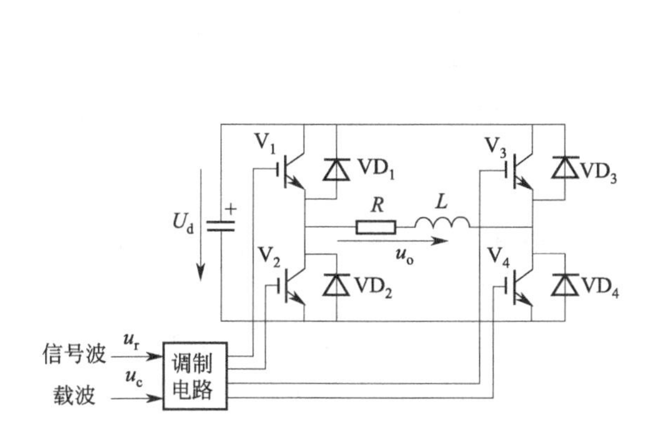

图 5.41　单相双极性控制方式电路图

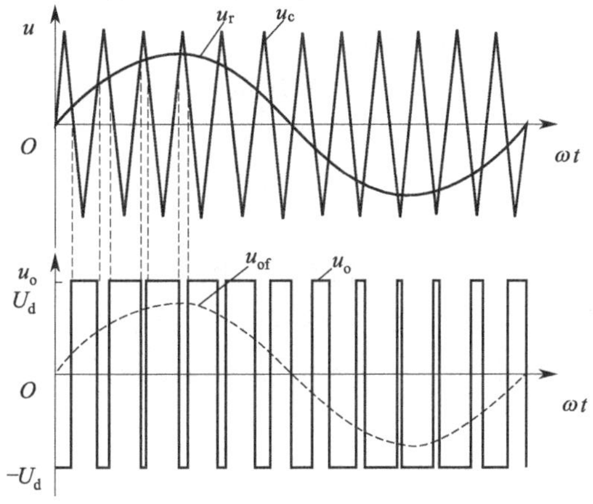

图 5.42　单相双极性控制方式波形图

三相双极性控制方式电路及其波形分别如图 5.43、图 5.44 所示，三相的调制信号 u_{rU}、u_{rV}、u_{rW} 依次相差 120°；共用一个三角载波信号 u_c。

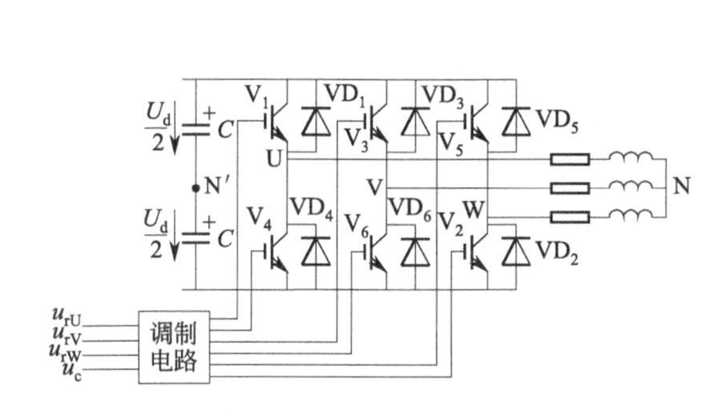

图 5.43　三相双极性控制方式电路图

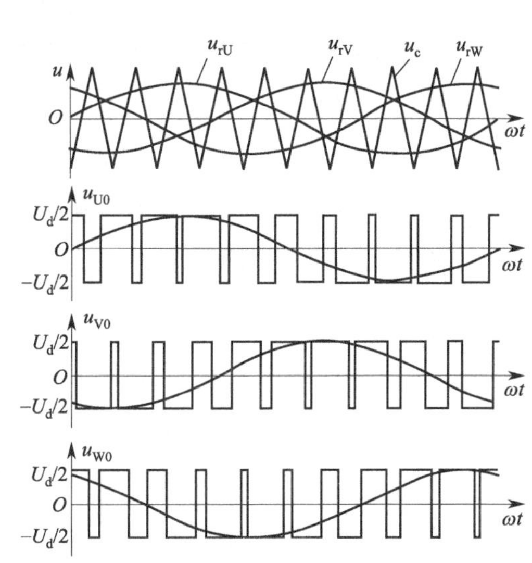

图 5.44　三相双极性控制方式波形图

（2）SPWM 的调制方式

在 SPWM 逆变器中，三角波电压频率 f_t 与参照波电压频率（即逆变器的输出频率）f_r 之比 $N=f_t/f_r$ 称为载波比，也称调制比。根据载波比的变化与否，SPWM 调制方式可分为同步式、异步式和分段同步式。

1）同步式调制方式

同步式调制方式是载波比 N 等于常数时的调制方式。

优点：在逆变器输出频率变化的整个范围内，皆可保持输出波形的正、负半波完全对称，只有奇次谐波存在，而且能严格保证逆变器输出三相波形之间具有 120°相位移的对称关系。

缺点：当逆变器输出频率很低时，每个周期内的 SPWM 脉冲数过少，低频谐波分量较大，使负载电机产生转矩脉动和噪声。

2）异步式调制方式

为消除同步调制的缺点，采用异步调制方式。即在逆变器的整个变频范围内，载波比 N 不是一个常数。这种调制方式减少了负载电机的转矩脉动与噪声，改善了调速系统的低频工作特性。但失去了同步调制的优点，难以保持三相输出对称性，因而引起电机工作不平稳。

3）分段同步式调制方式

在一定频率范围内采用同步调制，以保持输出波形对称的优点，在低频运行时，使载波比有级地增大，以采纳异步调制的长处，这就是分段同步调制方式。

（3）SPWM 波形成的方法

1）自然采样法

自然采样法即计算正弦信号波和三角载波的交点，从而求出相应的脉宽和间歇时间，生成 SPWM 波形。图 5.45 为截取一段正弦与三角载波相交的实时状况。检测出交点 A 是发出脉冲的初始时刻，B 点是脉冲结束时刻。T_C 为三角载波的周期；t_2 为 AB 之间的脉宽时间，t_1 和 t_3 为间歇时间。显然，$T_C=t_1+t_2+t_3$。

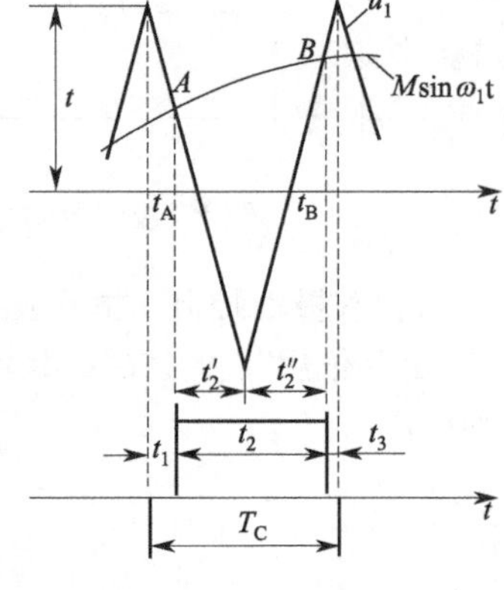

图 5.45 自然采样法

2）数字控制法

数字控制法，是由微机存储预先计算好的 SPWM 数据表格，控制时根据指令调出，由微机的输出接口输出。

3）采用 SPWM 专用集成芯片

用微机产生 SPWM 波，其效果受到指令功能、运算速度、存储容量等限制，有时难以有很好的实时性，因此，完全依靠软件生成 SPWM 波实际上很难适应高频变频器的要求。

随着微电子技术的发展，已开发出一批用于发生 SPWM 信号的集成电路芯片。目前已投入市场的 SPWM 芯片进口的有 HEF4725、SLE4520，国产的有 THP4725、ZPS-101 等。有些单片机本身就带有 SPWM 端口，如 8098、80C196MC 等。

5.3.3.2 空间矢量脉宽调制（SVPWM）

交流电机的励磁电流与转矩电流耦合在一起，因此难以像直流电机那样直接实现调压和调磁控制，这就是早期进给伺服驱动采用直流电机的原因，也是单纯采用变频调速的主轴系统速度和位置控制精度不高的原因。要想使交流电机达到同样的调速性能，就需要将励磁电流与转矩电流解耦，这就是矢量控制。

SVPWM 是近年发展的一种比较新颖的控制方法，由三相功率逆变器的六个功率开关元件组成的特定开关模式产生的脉宽调制波，能够使输出电流波形尽可能接近于理想的正弦波形，如图 5.46 所示。空间电压矢量 PWM 与传统的正弦 PWM 不同，它是从三相输出电压的整体效果出发，着眼于如何使电机获得理想圆形磁链轨迹。SVPWM 技术与 SPWM 相比较，其绕组电流波形的谐波成分小，使得电机转矩脉动降低，旋转磁场更逼近圆形，而且使直流母线电压的利用率有了很大提高，且更易于实现数字化。

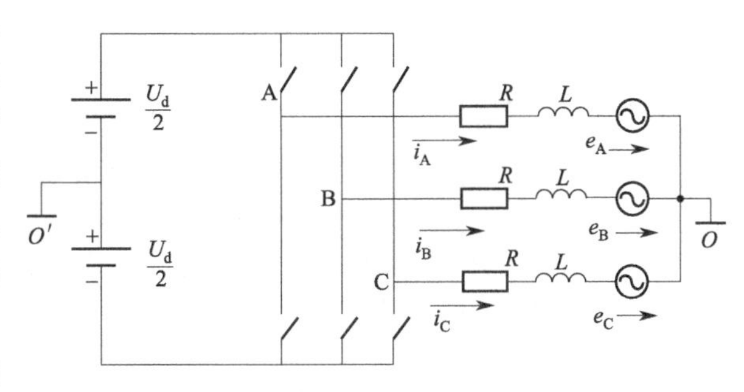

图 5.46　SVPWM 主回路及三相电机负载

空间矢量脉宽调制的基本原理是通过对 PWM 逆变电路上的 6 只 IGBT 开关管的输出状态进行控制，从而使得逆变输出的三相电压 $U_A(t)$、$U_B(t)$、$U_C(t)$ 的合成矢量来模拟上面的轨迹矢量圆，这就是电压空间矢量的基本思想。

交流电机绕组的电压、电流、磁链等物理量都是随时间变化的，如果考虑到它们所在绕组的空间位置，可以定义为空间矢量。交流电机矢量变换的数学模型如图 5.47 所示。

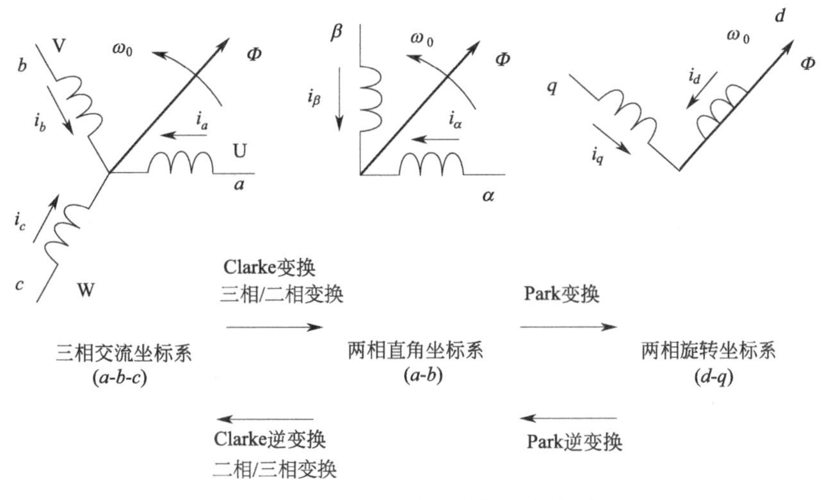

图 5.47　交流电机矢量变换的数学模型

借助于坐标变换，把实际的三相感应电机等效成旋转坐标系中的直流电机，在一个适当选择的旋转坐标系中，三相感应电机具有与直流电机相似的转矩公式，且定子电流中的转矩分量与励磁分量可以实现解耦，分别相当于直流电机中的电枢电流和励磁电流，这样在该坐标系中感应电机可以像直流电机一样进行控制，从而使三相感应电机获得与直流伺服电机相似的动态性能。

坐标变换的物理意义：从物理意义上看，电机分析中的坐标变换可以看作是电机绕组的等效变换。

图 5.47 分别示出了三相对称静止绕组、两相对称静止绕组和两相旋转绕组，不难想象，在一定条件下，上述三种绕组可以产生大小相等，转速、转向等均相同的磁动势，因此从产生磁场角度看，它们之间可以相互等效。由此我们就不难理解为什么可以把具有三相对称静止绕组的三相感应电机等效成一台旋转坐标系中的直流电机了。

矢量变换控制原理框图如图 5.48 所示。

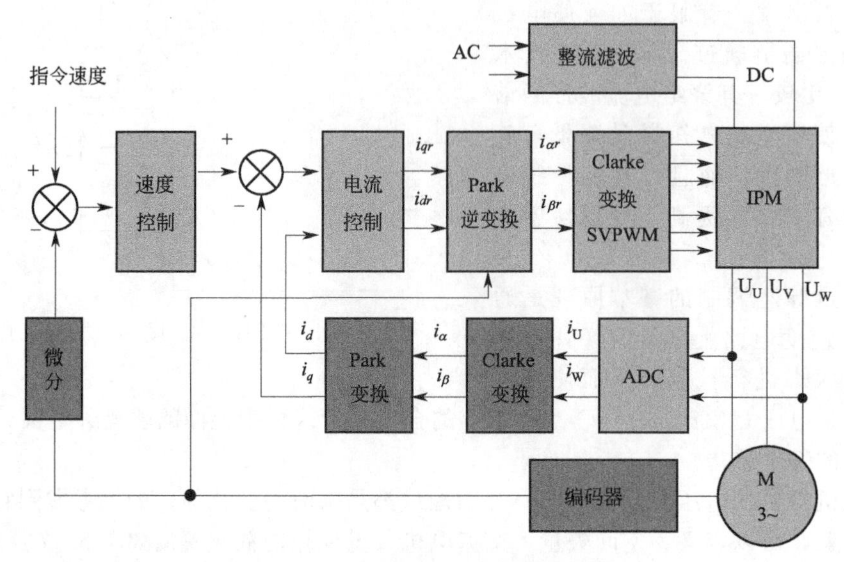

图 5.48　矢量变换控制原理框图

5.3.4　变频器的选用

（1）需要控制的电机及变频器自身参数

① 电机的极数。一般电机极数以不多于 4 极为宜，否则变频器容量就要适当加大。

② 转矩特性、临界转矩、加速转矩。在同等电机功率情况下，相对于高过载转矩模式，变频器规格可以降额选取。

③ 电磁兼容性。为减少主电源干扰，使用时可在中间电路或变频器输入电路中增加电抗器，或安装前置隔离变压器。一般当电机与变频器距离超过 50m 时，应在它们中间串入电抗器、滤波器或采用屏蔽防护电缆。

（2）变频器功率的选用

系统效率等于变频器效率与电机效率乘积，只有两者都处在较高的效率下工作时，系统效率才较高。

① 变频器功率值与电机功率值相当时最合适，以利变频器在高效率下运转。

② 在变频器的功率分级与电机功率分级不相同时，变频器的功率要尽可能接近电机的功率，但应略大于电机的功率。

③ 当电机属频繁启动、制动或重载启动且较频繁时，可选取大一级的变频器，以利用变频器长期、安全地运行。

④ 经测试，电机实际功率确实有富余，可以考虑选用功率小于电机功率的变频器，但要注意瞬时峰值电流是否会造成过电流保护动作。

⑤ 当变频器与电机功率不相同时，则必须相应调整节能程序的设置，以利于达到较高的节能效果。

（3）变频器箱体结构的选用

① 敞开型 IP00 型本身无机箱，适用装在电控箱内或电气室内的屏、盘、架上，尤其是多台变频器集中使用时，选用这种形式较好，但环境条件要求较高。

② 封闭型 IP20 型适用于一般用途，可有少量粉尘或少许温度、湿度的场合。

③ 密封型 IP45 型适用于工业现场条件较差的环境。

④ 密闭型 IP65 型适用于环境条件差，有水、尘及一定腐蚀性气体的场合。

(4) 变频器容量的确定

① 电机实际功率确定。首先测定电机实际功率，以此来选用变频器的容量。

② 公式法。当一台变频器用于多台电机时，应满足：至少要考虑一台电机启动电流的影响，以避免变频器过流跳闸。

③ 电机额定电流法变频器。

变频器容量选定过程，实际上是一个变频器与电机的最佳匹配过程。实际匹配中要考虑电机的实际功率与额定功率相差多少，通常都是设备所选能力偏大，而实际需要的能力小，因此按电机的实际功率选择变频器是合理的，避免选用的变频器过大，使投资增大。对于轻负载类，变频器电流一般应按 1.1I（I 为电机额定电流）选择，或按厂家在产品中标明的与变频器的输出功率额定值相配套的最大电机功率来选择。

(5) 选择主电源需要考虑的因素

① 电源电压及波动。应特别注意与变频器低电压保护整定值相适应，因为在实际使用中，电网电压偏低的可能性较大。

② 主电源频率波动和谐波干扰。该干扰会增加变频器系统的热损耗，导致噪声增加，输出降低。

③ 变频器和电机在工作时，自身的功率消耗。在进行系统主电源供电设计时，两者的功率消耗因素都应考虑进去。

5.4 交流伺服电机在机器人中的应用实例分析

5.4.1 桁架式机器人交流伺服系统

桁架式机器人又称作直角坐标机器人，它是指能够基于空间坐标系，实现自动控制，可重复编程，多自由度和完成多任务的自动化设备。桁架式机器人在日常的生产活动中，有效地改善了现场作业环境，降低了产品的次品率，保证了生产产品的质量，降低了企业的用人成本，提高了企业的自动化水平，使现代制造技术达到一个全新的水平。

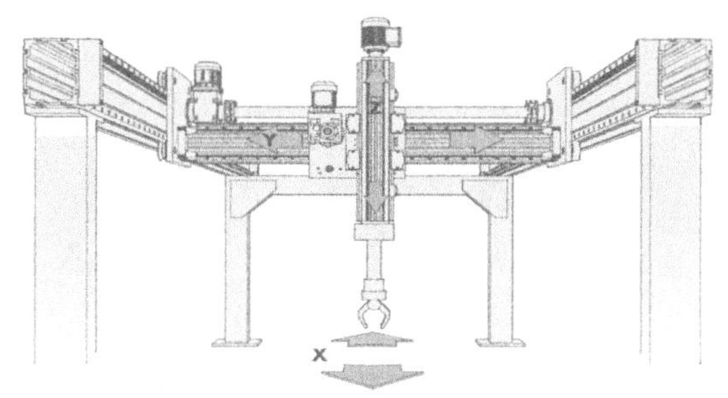

图 5.49 桁架式机器人的结构

江苏科技大学的荏宏理等人对桁架式机器人进行了研究，图 5.49 为其整体结构。作为工业机器人的一种，桁架式机器人由机械结构、伺服驱动机构等组成。伺服驱动机构一般由驱动电机和控制系统组成。电机是桁架式机器人控制系统机械控制的动力来源。

5.4.1.1 桁架式机器人交流伺服系统硬件设计

桁架式机器人交流伺服系统采用永磁同步电机作为执行元件，主电机的功率为 5.5kW，电机采用 6 极电机，工频运行情况下，永磁同步电机的最高转速为 1000r/min。正常生产时，桁架式机器人先沿着轨道运行至待料区，移动机械臂，抓取物料，将物料提升至一定高度后沿导轨运行至放料区，下移机械臂，将物料放至指定的位置后将机械臂提升，重复之前的步骤，周而复始。

桁架式机器人交流伺服系统硬件电路如图 5.50 所示，硬件电路系统包括主电路、控制电路、保护电路和上位机。

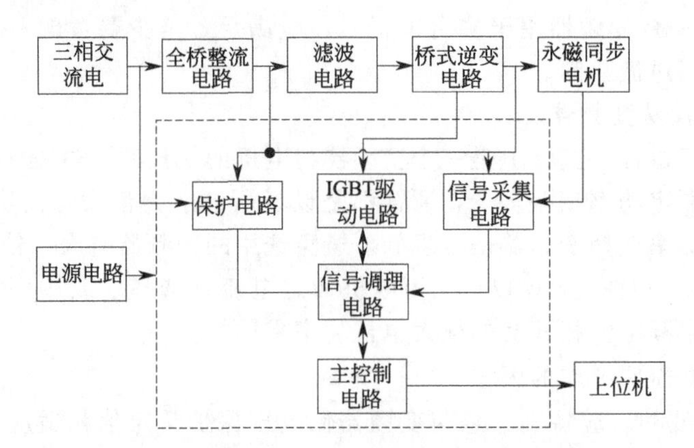

图 5.50　桁架式机器人交流伺服系统硬件电路

三相交流电经过桥式整流电路整流后，通过直流母线上的支承电容后送至三相桥式逆变电路。根据桁架式机器人的控制要求，直流电被逆变成交流电，提供给永磁同步电机。系统的控制电路实时采集直流母线上的电压、逆变输出交流电压和逆变输出交流电流。通过对采集变量的运算，控制开关器件的开通和关断顺序，实现对桁架式机器人系统的控制。通过输入信号和给定信号的对比，判断桁架式机器人系统是否处于过流或过热状态，实现对桁架式机器人系统的保护。为方便桁架式机器人的远程控制，采用工业控制计算机作为系统的上位机硬件平台，通过和 TMS320F2812 芯片的通信实现桁架式机器人的远程控制和监测。

(1) 交流伺服系统主电路设计

对桁架式机器人交流伺服系统主电路进行设计，主电路图如图 5.51 所示。

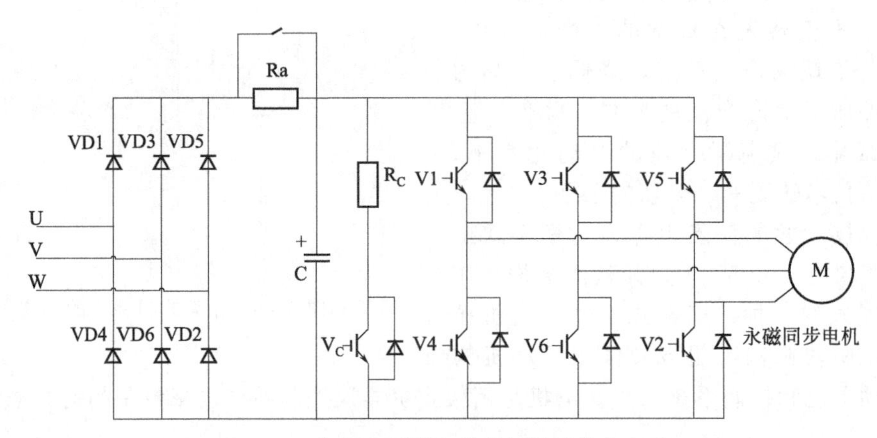

图 5.51　桁架式机器人交流伺服系统主电路

图中 VD1～VD6 为电力整流二极管，Ra 为启动电阻，C 为滤波电容，R_C 和 V_C 组成制动电路，V1～V6 为功率开关器件，每个功率开关器件均配有缓冲吸收电路。

1) 整流电路

为简化系统硬件设计，整流电路采用三相不可控整流集成模块，该模块不需要外加功率模块驱动控制信号，结构简单，效率高。

2）滤波电路

滤波电路主要负责将整流出来的馒头波形状的电压滤成纹波电压小、近似为直线的电压波形。当纹波电压过大时，逆变输出的电能质量将会显著降低。

3）逆变电路

综合考虑桁架式机器人的驱动功率，开关器件的运行频率，系统选取频率性能出色的IGBT 作为开关器件。

（2）交流伺服系统控制电路设计

桁架式机器人交流伺服系统控制电路包括主控电路、直流母线电压采集电路、交流电流采集电路、功率器件驱动电路等。

1）主控电路

桁架式机器人交流伺服系统的主控芯片采用 TMS320F2812 系列 DSP。电源电路如图 5.52 所示，3.3V 电平的使能端直接与地相连，输出 3.3V 电压经过电阻分压后控制场效应管 Q1 的栅极，Q1 的源极直接和地相连，通过 10kΩ 的电阻将场效应管的漏极连接至 5V 供电电源。当芯片输出 3.3V 时，Q1 栅极电压为高电平，1.8V 电平的使能端变为低电平，芯片输出 1.8V 电平，实现了主控芯片 TMS320F2812 的供电要求。

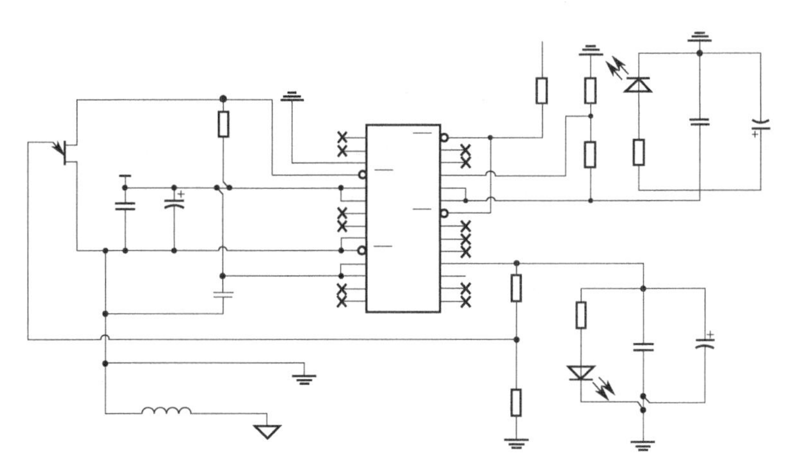

图 5.52　主控芯片的电源电路

时钟电路设计：作为整个控制系统的基准，时钟频率的高低决定了系统的工作速度。为使得 TMS320F2812 获得最大的工作速度，采用 30MHz 的晶振搭建系统的时钟电路。晶振的两个引脚分别经过 pF 级电容和地相连，通过控制芯片内部的振荡器和锁相环电路（PLL）为系统提供时钟信号。

2）直流母线电压采集电路

直流母线电压采集电路主要将母线上的电压转换为 3V 以下的电压信号，送至 DSP 参与整个控制系统的运算，电路的原理图如图 5.53 所示。

3）交流电流采集电路

为提高电流采集精度，采用 LEM 电流互感器对三相逆变输出电流进行采集。为保证滤波电路的可靠性，提高系统采样数据的精度，电路设计采用幅频特性较好的巴特沃斯滤波器，滤波电路如图 5.54 所示。

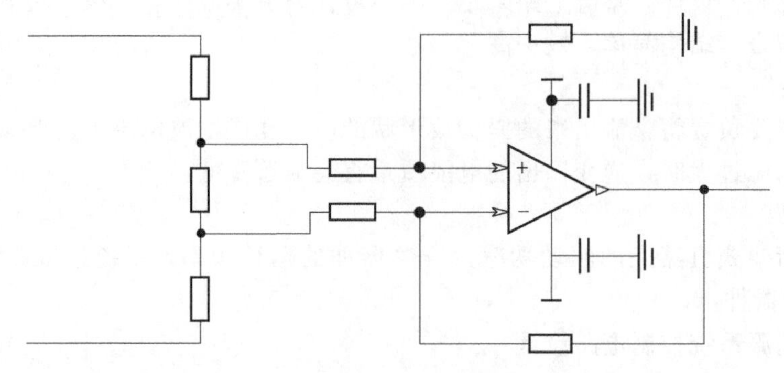

图 5.53　直流母线电压采集电路

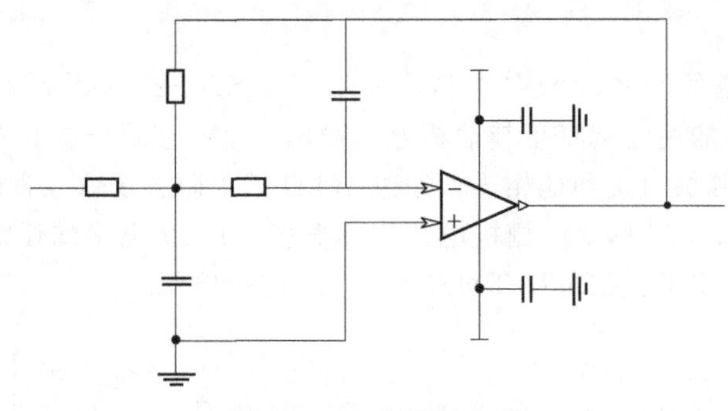

图 5.54　二阶滤波电路

滤波后所得到的电压信号仍然是交流电，由于 DSP 的 AD 引脚输入电流只能为直流电，因此需设计合理的整流电路。电路采用全波精密整流电路，其结构如图 5.55 所示。

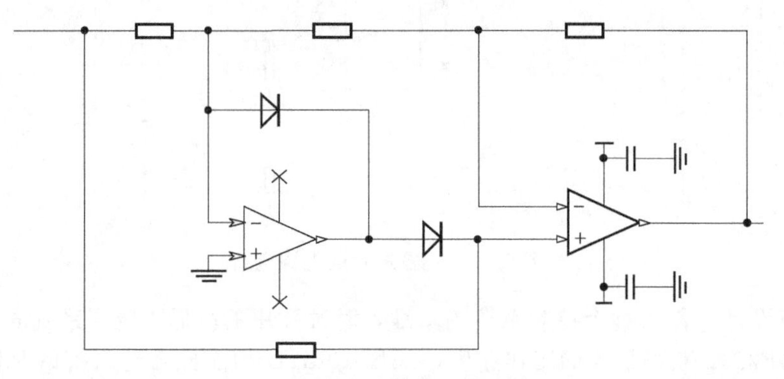

图 5.55　全波精密整流电路

4）功率器件驱动电路

功率器件驱动电路系统采用 2SD315AI 驱动模块为 IGBT 的门极提供驱动信号。为简化驱动电路设计，电路系统采用直接模式，交流伺服系统电机的驱动电路如图 5.56 所示。

（3）交流伺服系统保护电路设计

为避免交流伺服系统在故障状态下烧坏，对桁架式机器人交流伺服系统的保护电路进行设计。保护电路主要由过流保护、欠压保护和温度保护等电路组成。

1）过流保护电路

为防止交流伺服系统在工作过程中因过流导致系统烧坏，设计了系统的过流保护电路，过流保护电路的原理图如图 5.57 所示。

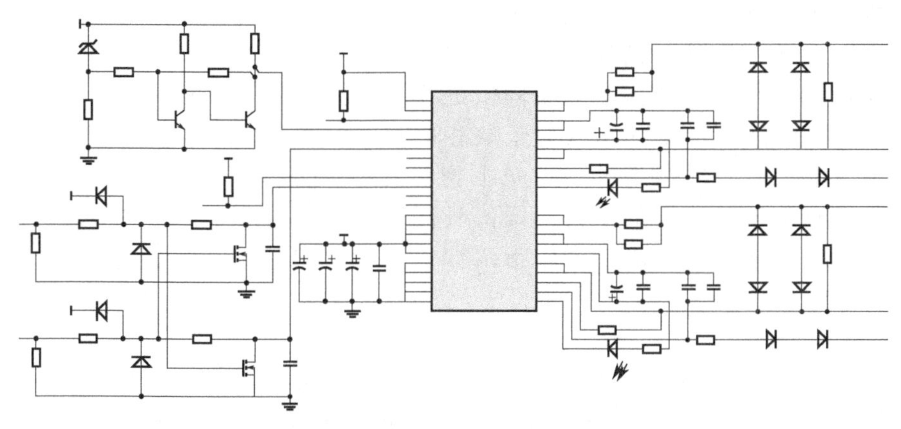

图 5.56　交流伺服系统驱动电路

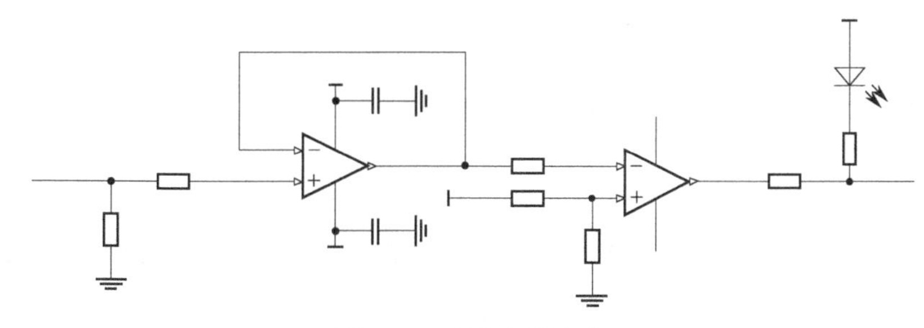

图 5.57　过流保护电路

电流采用 LEM 高精度电流互感器，互感器二次侧经过电阻连接至大地。后级采用电压跟随电路实现信号的隔离，将所得的电压信号与设定电压值进行比较，当大于设定电压值时，认为电路处于严重过流状态，运算放大器输出低电平，指示灯发光报警，输出的低电压经过与门和锁存器的作用控制 PWM 的输出。当电压小于设定值时，电路正常工作。

2）欠压保护电路

为防止伺服系统因长时间电压过低而不能够正常工作，设计了系统的欠压保护电路。通过检测输入交流电压的幅值，判断电路是否处于欠压状态，该电路还具有缺相保护功能，电路的原理图如图 5.58 所示。

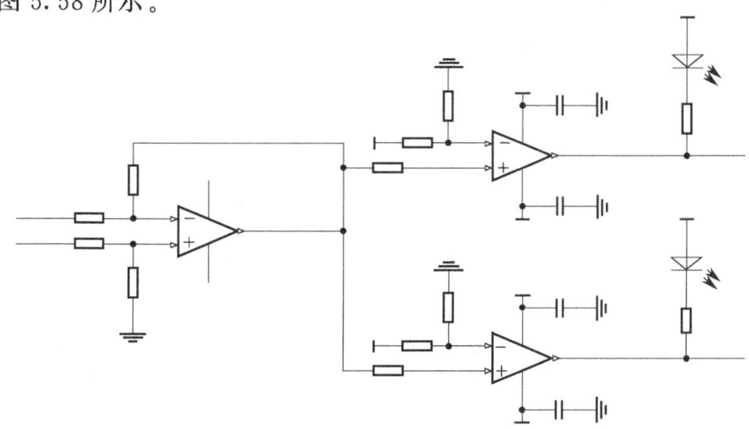

图 5.58　欠压保护电路

电压采集模块采用霍尔电压传感器，对霍尔电压传感器输出的电压信号进行差分采集，差分电路采用输入输出之比为1的原则设计，将采集的电压分别和设定的欠压阈值和缺相阈值进行比较，当霍尔电压传感器采集的电压低于缺相阈值时，电路报缺相故障，缺相指示灯发光报警；当霍尔电压传感器采集的电压低于欠压阈值且高于缺相阈值时，电路报欠压故障，欠压指示灯发光报警。

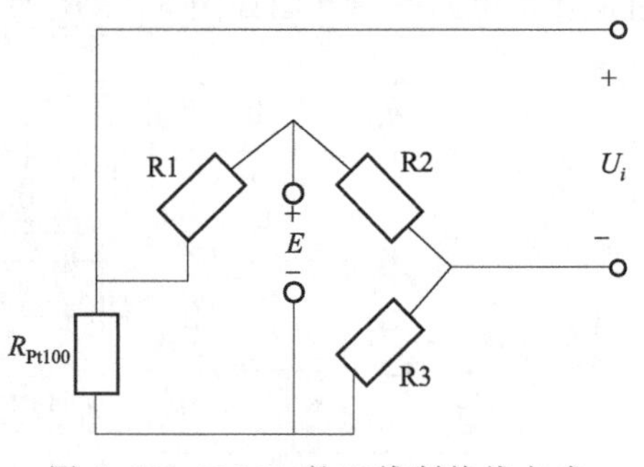

图 5.59　Pt100 的三线制接线方式

3）温度保护电路

为保证系统安全可靠运行，需要实时监测 IGBT 模块和永磁同步电机定子的温度。交流伺服系统中，采用 Pt100 温度探头获取被测 IGBT 和永磁同步电机的温度。Pt100 和另外三个固定电阻组成桥式电路，当温度变化时，Pt100 的阻值发生变化，电桥输出的电压随即发生改变。电路的原理图如图 5.59 所示。

5.4.1.2　桁架式机器人交流伺服系统软件设计

（1）桁架式机器人软件设计

桁架式机器人交流伺服系统软件主要包括：主循环程序、PWM 控制程序、AD 采集程序、模糊 PID 控制程序以及通信程序等。桁架式机器人系统的程序结构如图 5.60 所示。

通电后，桁架式机器人首先进行自检和系统参数的初始化，若桁架式机器人自检没有通过，则下位机不执行启动操作并进行报警提示。若自检通过，则进入程序的启动信号判断。当系统检测到有启动信号给定时，则进入主循环程序，否则，系统保持停机状态。主循环程序运行后，采用中断的方式判断桁架式机器人是否处于过流、欠压和过热状态，若是则直接运行相对应的中断处理函数，若不是则继续执行主循环程序。为保证桁架式机器人的安全可靠性，设定停止信号的优先级为系统的最高中断优先级。当桁架式机器人检测到有停止信号给定时，系统迅速执行停机操作，若没有，则根据系统的设定执行其他中断操作或继续运行。

1）桁架式机器人主循环程序设计

桁架式机器人正常工作时，需要从一个固定的存放点拿取货物，按照设定的路线将货物送至指定的位置，并按照要求将物品摆放到位，待物品放置到位后，再沿着设定的路线继续返回并拿取货物。基于此工作方式，设计了桁架式机器人的主循环程序，主循环程序的流程图如图 5.61 所示。

当程序进入主循环程序后，系统首先判断桁架式机器人停放的位置。若在初始位置，则系统直接启动电机；若桁架式机器人不在初始位置，则控制桁架式机器人回到初始设定位置。当桁架式机器人从初始位置运行后，导轨槽上的传感器实时检测桁架式机器人的运行位置。当桁架式机器人运行到指定位置后，桁架式机器人控制机械手下移，下移的过程中实时检测下移位置信号。当机械手到达指定的位置，控制机械手抓取物体并向上移动到初始位置。随后，启动电机反向运行，当电机运行到物品摆放位置后，通过机械臂的作用将物品摆放到位。当桁架式机器人判断物品已经摆放好后，松开机械手，并将机械手上移到指定的位置。而后，桁架式机器人回到初始位置，并

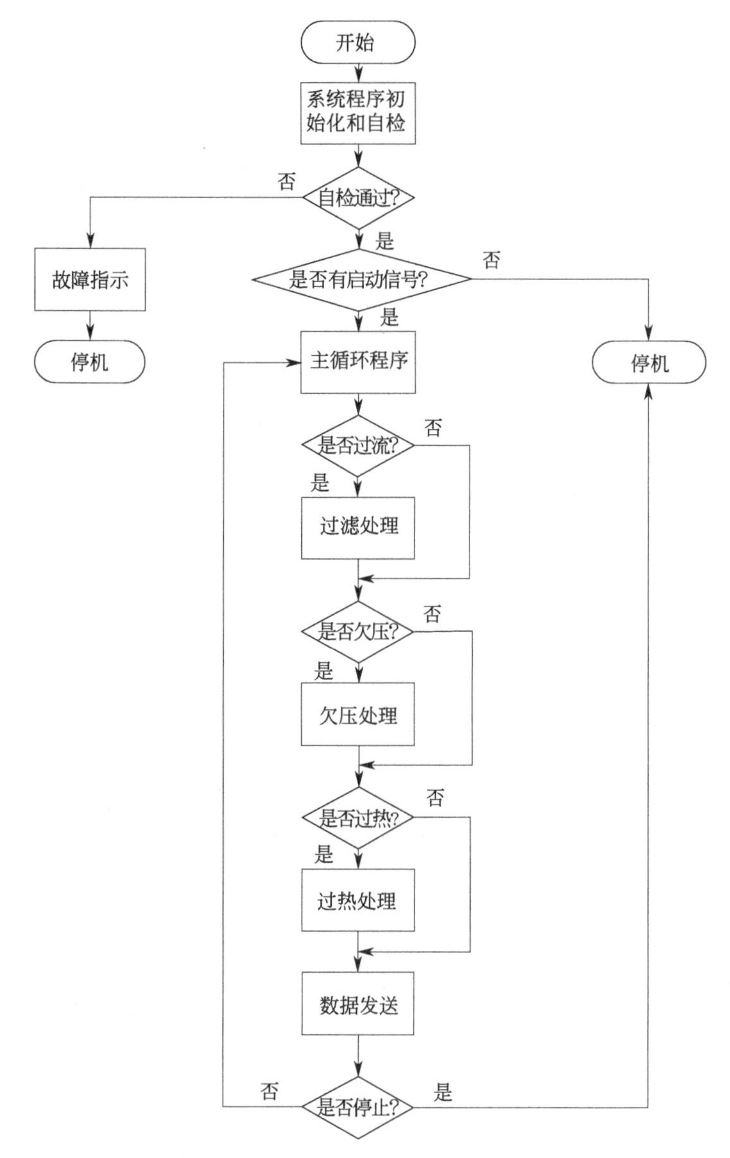

图 5.60 桁架式机器人系统的程序结构

进行下一次物品的抓取和摆放。

2）其他程序设计

① PWM 控制程序设计。

根据理论分析可知，桁架式机器人传动电机采用直接转矩控制方式来控制永磁同步电机。桁架式机器人系统 PWM 波形采用控制芯片（TMS320F2812）中的事件管理器（EV）产生。

DSP 控制芯片的事件管理器模块由两个事件管理器组成：EVA 和 EVB。通过对事件管理器内部的寄存器模块进行参数设置，即可产生所需要的 PWM 波形。结合直接转矩控制的要求，对桁架式机器人交流伺服系统的 SVPWM 模块进行设计，程序流程图如图 5.62 所示。

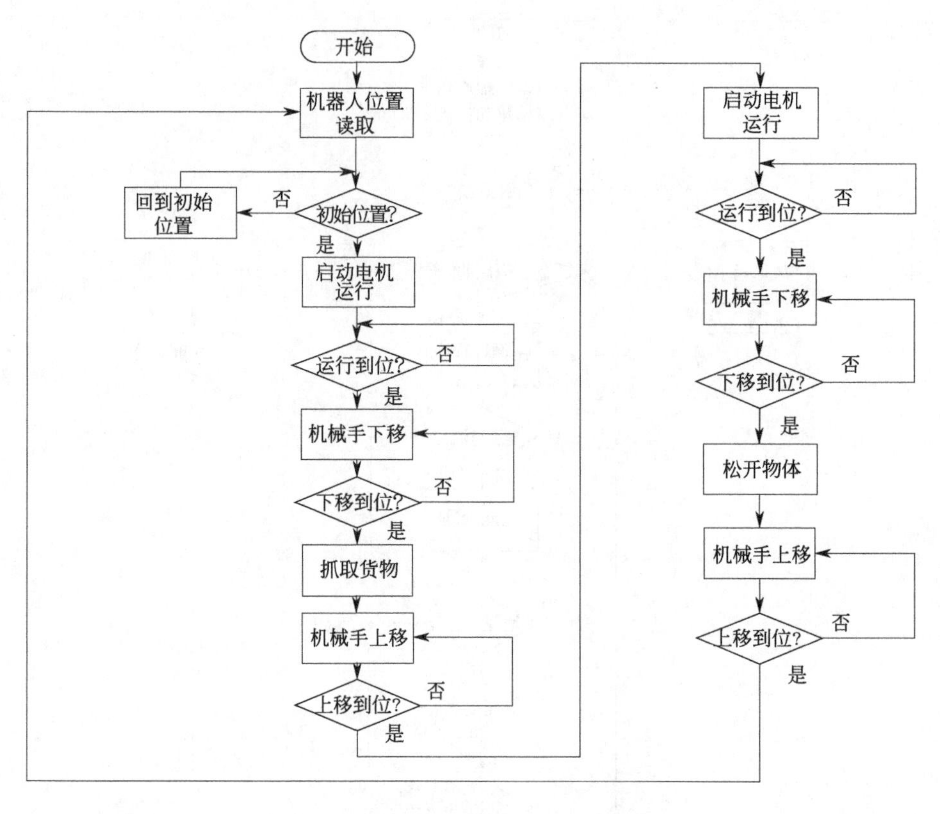

图 5.61　桁架式机器人主循环程序

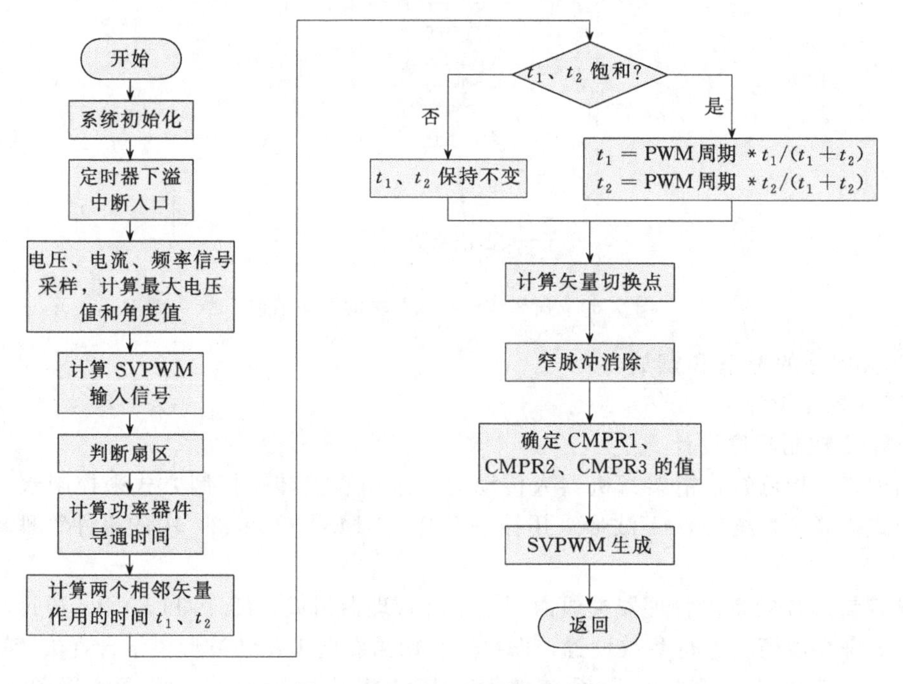

图 5.62　SVPWM 程序流程图

② AD 采集程序设计。

信号的采集精度直接影响控制系统的工作，采样精度过低，控制效果差；采样精度过高，系统控制速度慢。通过软件设置，可将芯片自带的 AD 模块配置成两个独立的 8 通道转换模块或一个 16 通道模块。由于桁架式机器人交流伺服系统中需要采样的信号有直流母线电压信号、电机输入电压和电流信号、IGBT 温度信号和电机运行时的温度信号等，AD 采集模块采用级联排序模式下的同步采样。采集程序设计如下：

```
void InADC _ init (void)
{
extern void DSP2812 _ usDelay (Unit32 Count); //调用外部延时
AdcRegs. ADCTRL3. bit. ADCBGRFDN=0x3; //带间隙参考电路上电
Delay _ us (8000); //等待电路稳定
AdcRegs. ADCTRL3. bit. ADCPWDN=1; //等待其他电路上电
Delay _ us (50); //等待电路稳定
AdcRegs. ADCTRL1. bit. ACQ _ PS=0xf;
AdcRegs. ADCTRL1. bit. CPS=1;
AdcRegs. ADCTRL3. bit. SMODE _ SEL=1; //配置系统为同步采样模式
AdcRegs. ADCTRL3. bit. EXTREF=0;
AdcRegs. ADCTRL1. bit. SEQ _ CASC=1; //设置为级联排序
AdcRegs. ADCTRL3. bit. ADCCLKPS=ADC _ CKPS;
AdcRegs. ADCMAXCONV. all=0x0007; //设置 1 通道对 2 路
AdcRegs. ADCCHSELSEQ1. bit. CONV00=0x0; //转换 0 通道
AdcRegs. ADCCHSELSEQ1. bit. CONV01=0x1; //转换 1 通道
AdcRegs. ADCCHSELSEQ1. bit. CONV02=0x2; //转换 2 通道
AdcRegs. ADCCHSELSEQ1. bit. CONV03=0x3; //转换 3 通道
AdcRegs. ADCCHSELSEQ2. bit. CONV04=0x4; //转换 4 通道
AdcRegs. ADCCHSELSEQ2. bit. CONV05=0x5; //转换 5 通道
AdcRegs. ADCCHSELSEQ2. bit. CONV06=0x6; //转换 6 通道
AdcRegs. ADCCHSELSEQ2. bit. CONV07=0x7; //转换 7 通道
AdcRegs. ADCTRL1. bit. CONT _ RUN=1; //连续转换
}
```

为保证系统的采集准确度，通过采集已知供电电源的值，计算 ADC 通道的增益和偏移误差。当其他通道执行 AD 采样时，通过对采样数据进行补偿，保证采样数据的准确性。

采样过程中，若输入信号被噪声信号叠加后形成采样数值急速增大或者减小，则非常容易造成系统误判断，导致系统误动作。在满足系统运行效率的前提下，提高 TMS320F2812 的采样频率，对采样数据进行平滑滤波，将噪声信号的干扰程度降到最低，保证系统稳定运行。

③ 模糊控制程序设计。

为有效抑制动态运行过程中转矩和转速的突变，保证桁架式机器人交流伺服系统稳定运行，桁架式机器人交流伺服系统采用模糊控制，系统工作的流程图如图 5.63 所示。

当程序运行时，获取三相逆变输出电流和直流母线电压的采样数据，根据采样数据计算出系统实际输出的转矩。根据给定转矩参数和反馈参数进行算数运算，得到转矩的差值 ΔT。对获取参数进行 PID 运算，根据模糊规则判断当前数据所处的范围，根据所处的区间，执行对应的控制策略。通过控制 IGBT 的导通时间和顺序，实现对永磁同步电机的模糊控制。

3）通信程序设计

桁架式机器人在工作过程中应该具有实时信息交互功能，为此设计了桁架式机器人的通信程序。为简化系统设计，保障桁架式机器人系统软件的安全，桁架式机器人交流伺服系统采用 MODBUS 通信协议。主机和从机之间的通信硬件电路采用 MAX485 设计，该电路为半双工工作模式，MODBUS _ RTU 通信协议只允许在主机（上位机）和从机（下位机）之间进行数据传输。

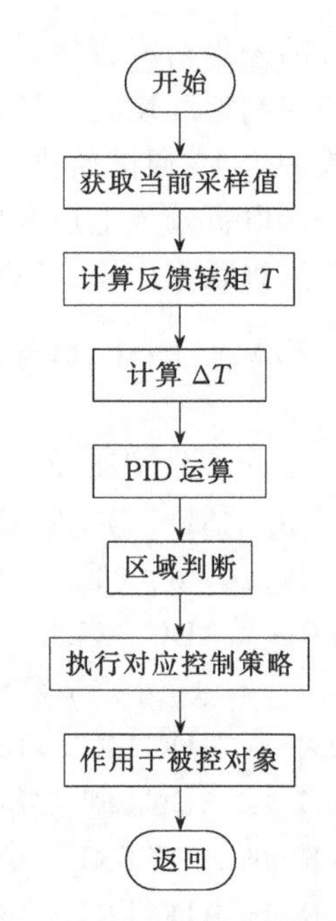

图 5.63　桁架式机器人模糊控制流程图

（2）上位机系统软件设计

上位机系统软件主要由 3 部分组成：通信程序、控制界面和监测界面。通信程序负责上位机和下位机信息的交互；控制界面负责桁架式机器人交流伺服系统运行参数的设定和启停控制；监测界面实时显示伺服系统的运行状态和系统参数。

1）通信程序设计

为了保证通信数据能够准确收发，通信程序采用 LabVIEW 自带的 MODBUS 模块搭建而成。该程序的主要功能是：根据上位机的要求，将指定参数发送至桁架式机器人，读取桁架式机器人实时运行数据，对数据进行解码，送至上位机显示界面。

为保证通信的成功，将上位机和下位机的通信波特率均设置为 9600。设置数据的位数为 8 位，数据的停止位为 1，数据无奇偶校验位。设置上位机为主机，地址为 0x01；下位机作为从机，地址为 0x02。上位机通信程序的流程如图 5.64 所示。

运行上位机程序后，对通信程序指定的串口进行初始化操作。上位机软件初始化结束后，向从机发送设定指令，确保主机和从机之间能够正常握手。若不正常，将补发一次，若还不正常，则提示通信故障；若正常，则界面提示“主机和从机握手成功!”，准备下一步操作。当主机和从机信息交互正常后，上位机向桁架式机器人发送启动、运行转速、抓取力矩等具体通信指令，然后等待从机的返回指令。对从机的返回指令数据进行校验，若正确，则表明通信成功，从机正常响应；若不正确，则再次发送当前命令。上位机程序检测程序是否返回错误代码，若有错误代码返回，则将代码显示在上位机界面，停止上位机程序的运行；若运行正常，则继续执行数据的处理、显示和存储等操作。

由于硬件电路采用半双工模式，因此，数据的读写不能同时进行。桁架式机器人在运行过程中，上位机向下位机写数据的次数较少，大部分的时间仍处于运行数据的读取状态。因此通信程序在运行过程中，主要负责读取桁架式机器人的运行状态，当检测上位机数据发送按钮键值为 1 时，则执行一次数据写入，执行后按钮键值自动变为 0。

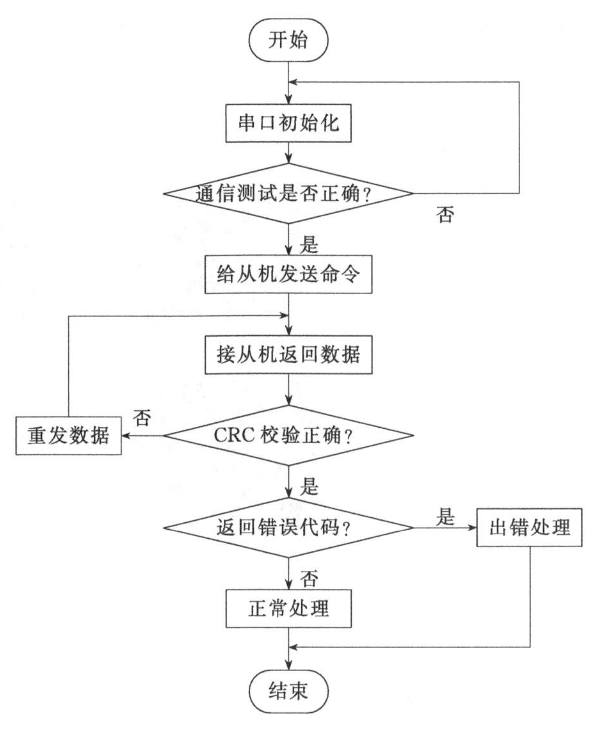

图 5.64 上位机通信程序流程

2）控制界面设计

桁架式机器人上位机控制界面主要包括桁架式机器人启停控制、转速控制、抓取力矩控制和系统急停控制。桁架式机器人交流伺服系统控制界面如图 5.65 所示。

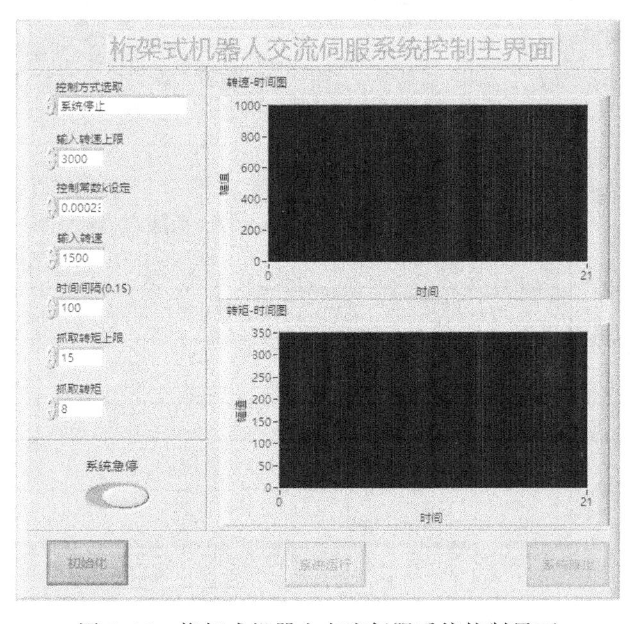

图 5.65 桁架式机器人交流伺服系统控制界面

3）监测界面设计

桁架式机器人上位机监测界面（见图 5.66）主要用于桁架式机器人输入电压、输入电流、直流母线电压、直流母线电流、逆变输出电流、转速、转矩、IGBT 温度、电机系统温度等采集参数的显示和判断。

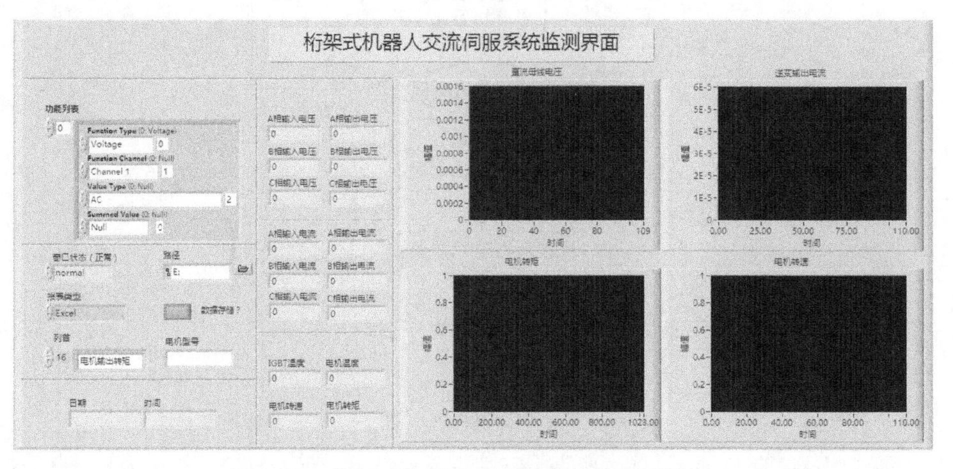

图 5.66　桁架式机器人交流伺服系统监测界面

5.4.1.3　桁架式机器人交流伺服系统运行波形图

对系统的输入电压和输入电流波形进行测试，其中电压采用 1∶1 探头测试，电流采用 1∶10 探头测试，测试波形如图 5.67 所示。波形中 ✕ 表示输入电流波形，▲ 表示输入电压波形。

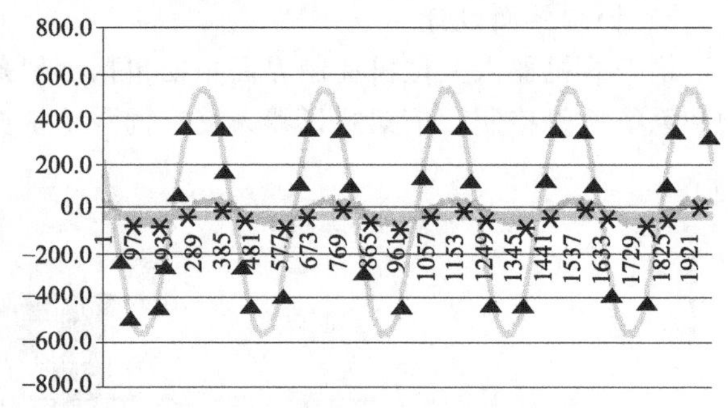

图 5.67　桁架式机器人输入电压和电流波形

从上图可以看出，系统运行时，输入电压波形为正弦波，电流波形虽按照正弦规律运行，但是波形畸变较大，谐波所占比例较高。

将系统运行在 1000r/min，突然加载 4N·m 的转矩，系统的转速波形如图 5.68 所示。

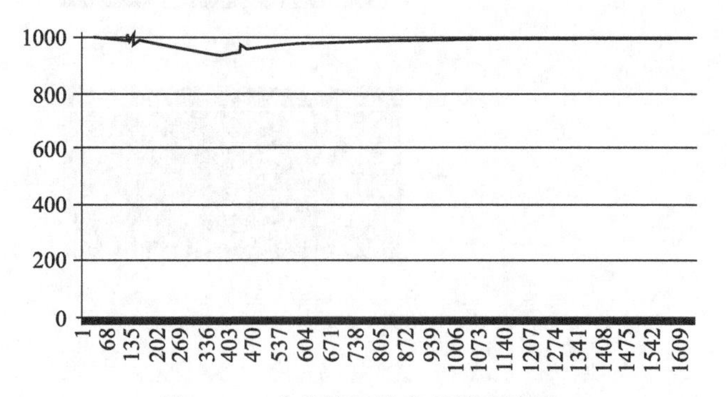

图 5.68　动态转矩给定后转速波形

从图中能够看出，系统在转矩出现波动后，能够进行快速调整，调整后转速略有下降，但是整体性能满足设计要求。

5.4.2 基于 ARM 的码垛机器人关节伺服系统研究

码垛机器人是面向工业自动化应用的可进行自动控制、可编程、多用途的机械操作器，其主要应用于工业产品生产过程中执行包装件的搬运、码垛、拆垛等任务。码垛机器人是综合机械、计算机、控制、传感器等于一体的自动化设备，代表了当今人类科技水平的先进生产力。浙江工业大学的金国杰等人对基于 ARM 的码垛机器人关节伺服系统进行了研究。

5.4.2.1 系统硬件总体设计

以 ARM 内核芯片 STM32F103ZET6 作为码垛机器人关节伺服系统的主控芯片，按照功能主要分为主控电路、驱动功率电路、电源电路、信号检测电路、保护电路等，系统硬件总体功能框图如图 5.69 所示。

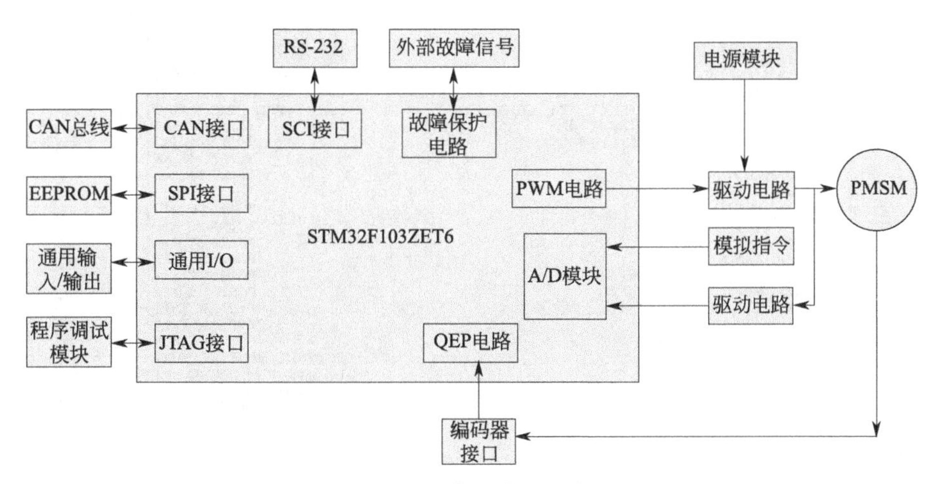

图 5.69 硬件总体结构框图

(1) 主控电路设计

码垛机器人关节伺服系统主控电路主要有主控芯片 STM32F103ZET6 及其相对应的芯片晶振电路、复位电路、供电电路以及 JTAG 仿真调试电路组成。

1) 主控芯片 STM32F103ZET6 电路

主控芯片 STM32F103ZET6 共 144 个芯片引脚，其中包括 96 个 GPIO I/O 口、1 对模拟电源（VDDA）与模拟地（VSSA）、11 对电源（VDD）与地（VSS）、1 组 JTAG 接口、1 个外部复位接口。STM32F103ZET6 结构如图 5.70 所示。

2) 芯片供电电路

系统若要正常工作离不开稳定的供电电源，电源的稳定与否将直接影响到系统的稳定性以及可靠性。STM32F103ZET6 主控芯片的工作电压为 3.3V，另外其他一些外围设备的工作电压为 5V，因此需要将 5V 电压转换为 3.3V。其中 5V 电压是由三端稳压集成稳压芯片 LM7805CT 提供。此处将 5V 电压转换为 3.3V 电压所选用的稳压芯片为 AMS1117-3.3。该电源芯片可以把输出电压的误差控制到 1%以内，而且输出电流可达 500mA。其完全可以满足主控芯片的电源需求。并且考虑到 STM32F103ZET6 的模拟电源和数字电源是分别独立供电的，因此还需将模拟电源与数字电源进行隔离。芯片供电电路如图 5.71 所示。

3) 时钟电路

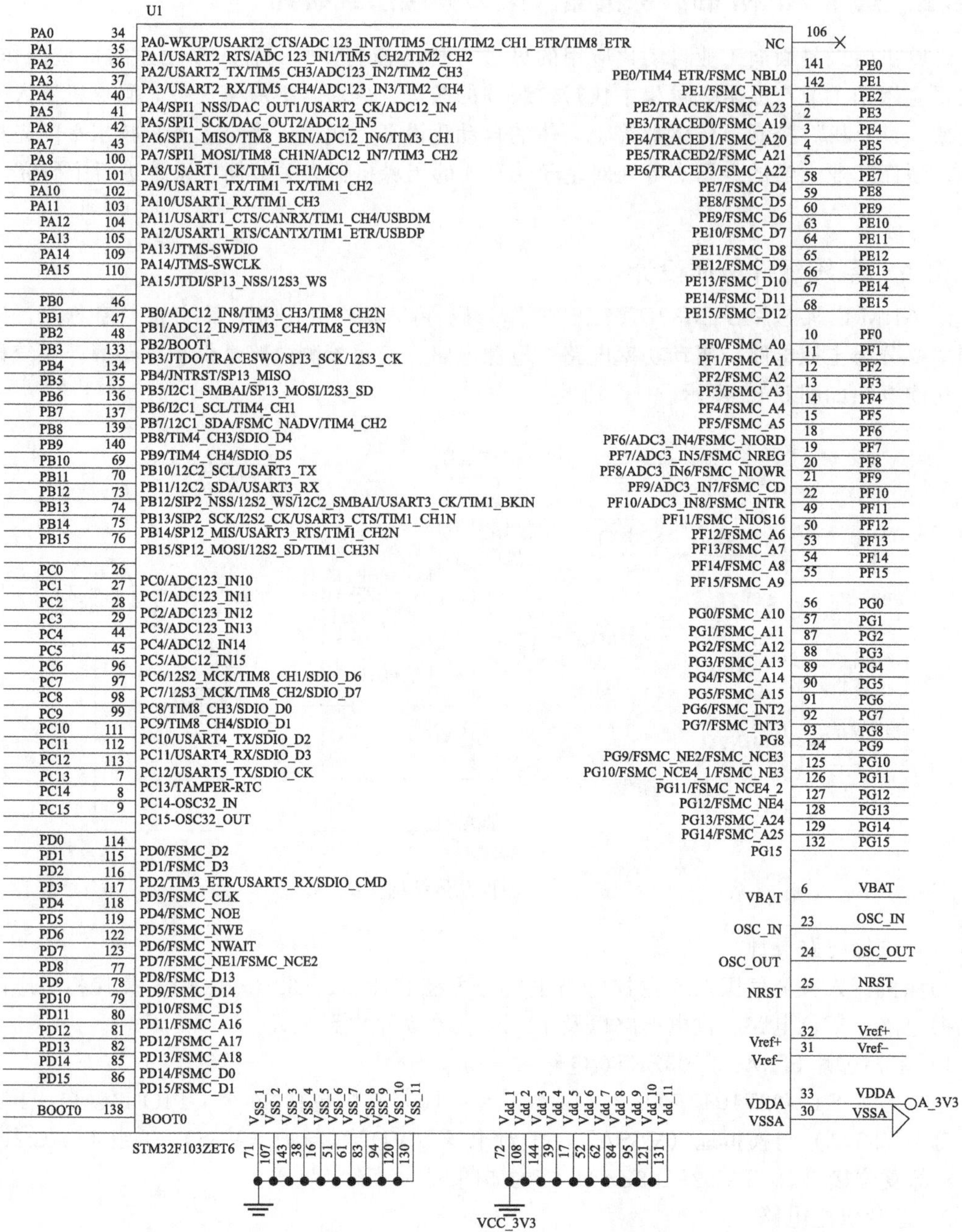

U1

PA0 34 PA0-WKUP/USART2_CTS/ADC 123_INT0/TIM5_CH1/TIM2_CH1_ETR/TIM8_ETR
PA1 35 PA1/USART2_RTS/ADC 123_IN1/TIM5_CH2/TIM2_CH2
PA2 36 PA2/USART2_TX/TIM5_CH3/ADC123_IN2/TIM2_CH3
PA3 37 PA3/USART2_RX/TIM5_CH4/ADC123_IN3/TIM2_CH4
PA4 40 PA4/SPI1_NSS/DAC_OUT1/USART2_CK/ADC12_IN4
PA5 41 PA5/SPI1_SCK/DAC_OUT2/ADC12_IN5
PA8 42 PA6/SPI1_MISO/TIM8_BKIN/ADC12_IN6/TIM3_CH1
PA7 43 PA7/SPI1_MOSI/TIM8_CH1N/ADC12_IN7/TIM3_CH2
PA8 100 PA8/USART1_CK/TIM1_CH1/MCO
PA9 101 PA9/USART1_TX/TIM1_TX/TIM1_CH2
PA10 102 PA10/USART1_RX/TIM1_CH3
PA11 103 PA11/USART1_CTS/CANRX/TIM1_CH4/USBDM
PA12 104 PA12/USART1_RTS/CANTX/TIM1_ETR/USBDP
PA13 105 PA13/JTMS-SWDIO
PA14 109 PA14/JTMS-SWCLK
PA15 110 PA15/JTDI/SP13_NSS/12S3_WS
PB0 46 PB0/ADC12_IN8/TIM3_CH3/TIM8_CH2N
PB1 47 PB1/ADC12_IN9/TIM3_CH4/TIM8_CH3N
PB2 48 PB2/BOOT1
PB3 133 PB3/JTDO/TRACESWO/SPI3_SCK/12S3_CK
PB4 134 PB4/JNTRST/SP13_MISO
PB5 135 PB5/I2C1_SMBAI/SP13_MOSI/I2S3_SD
PB6 136 PB6/I2C1_SCL/TIM4_CH1
PB7 137 PB7/12C1_SDA/FSMC_NADV/TIM4_CH2
PB8 139 PB8/TIM4_CH3/SDIO_D4
PB9 140 PB9/TIM4_CH4/SDIO_D5
PB10 69 PB10/12C2_SCL/USART3_TX
PB11 70 PB11/12C2_SDA/USART3_RX
PB12 73 PB12/SIP2_NSS/12S2_WS/12C2_SMBAI/USART3_CK/TIM1_BKIN
PB13 74 PB13/SIP2_SCK/12S2_CK/USART3_CTS/TIM1_CH1N
PB14 75 PB14/SP12_MIS/USART3_RTS/TIM1_CH2N
PB15 76 PB15/SP12_MOSI/12S2_SD/TIM1_CH3N
PC0 26 PC0/ADC123_IN10
PC1 27 PC1/ADC123_IN11
PC2 28 PC2/ADC123_IN12
PC3 29 PC3/ADC123_IN13
PC4 44 PC4/ADC12_IN14
PC5 45 PC5/ADC12_IN15
PC6 96 PC6/12S2_MCK/TIM8_CH1/SDIO_D6
PC7 97 PC7/12S3_MCK/TIM8_CH2/SDIO_D7
PC8 98 PC8/TIM8_CH3/SDIO_D0
PC9 99 PC9/TIM8_CH4/SDIO_D1
PC10 111 PC10/USART4_TX/SDIO_D2
PC11 112 PC11/USART4_RX/SDIO_D3
PC12 113 PC12/USART5_TX/SDIO_CK
PC13 7 PC13/TAMPER-RTC
PC14 8 PC14-OSC32_IN
PC15 9 PC15-OSC32_OUT
PD0 114 PD0/FSMC_D2
PD1 115 PD1/FSMC_D3
PD2 116 PD2/TIM3_ETR/USART5_RX/SDIO_CMD
PD3 117 PD3/FSMC_CLK
PD4 118 PD4/FSMC_NOE
PD5 119 PD5/FSMC_NWE
PD6 122 PD6/FSMC_NWAIT
PD7 123 PD7/FSMC_NE1/FSMC_NCE2
PD8 77 PD8/FSMC_D13
PD9 78 PD9/FSMC_D14
PD10 79 PD10/FSMC_D15
PD11 80 PD11/FSMC_A16
PD12 81 PD12/FSMC_A17
PD13 82 PD13/FSMC_A18
PD14 85 PD14/FSMC_D0
PD15 86 PD15/FSMC_D1
BOOT0 138 BOOT0

NC 106
PE0/TIM4_ETR/FSMC_NBL0 141 PE0
PE1/FSMC_NBL1 142 PE1
PE2/TRACEK/FSMC_A23 1 PE2
PE3/TRACED0/FSMC_A19 2 PE3
PE4/TRACED1/FSMC_A20 3 PE4
PE5/TRACED2/FSMC_A21 4 PE5
PE6/TRACED3/FSMC_A22 5 PE6
PE7/FSMC_D4 58 PE7
PE8/FSMC_D5 59 PE8
PE9/FSMC_D6 60 PE9
PE10/FSMC_D7 63 PE10
PE11/FSMC_D8 64 PE11
PE12/FSMC_D9 65 PE12
PE13/FSMC_D10 66 PE13
PE14/FSMC_D11 67 PE14
PE15/FSMC_D12 68 PE15
PF0/FSMC_A0 10 PF0
PF1/FSMC_A1 11 PF1
PF2/FSMC_A2 12 PF2
PF3/FSMC_A3 13 PF3
PF4/FSMC_A4 14 PF4
PF5/FSMC_A5 15 PF5
PF6/ADC3_IN4/FSMC_NIORD 18 PF6
PF7/ADC3_IN5/FSMC_NREG 19 PF7
PF8/ADC3_IN6/FSMC_NIOWR 20 PF8
PF9/ADC3_IN7/FSMC_CD 21 PF9
PF10/ADC3_IN8/FSMC_INTR 22 PF10
PF11/FSMC_NIOS16 49 PF11
PF12/FSMC_A6 50 PF12
PF13/FSMC_A7 53 PF13
PF14/FSMC_A8 54 PF14
PF15/FSMC_A9 55 PF15
PG0/FSMC_A10 56 PG0
PG1/FSMC_A11 57 PG1
PG2/FSMC_A12 87 PG2
PG3/FSMC_A13 88 PG3
PG4/FSMC_A14 89 PG4
PG5/FSMC_A15 90 PG5
PG6/FSMC_INT2 91 PG6
PG7/FSMC_INT3 92 PG7
PG8 93 PG8
PG9/FSMC_NE2/FSMC_NCE3 124 PG9
PG10/FSMC_NCE4_1/FSMC_NE3 125 PG10
PG11/FSMC_NCE4_2 126 PG11
PG12/FSMC_NE4 127 PG12
PG13/FSMC_A24 128 PG13
PG14/FSMC_A25 129 PG14
PG15 132 PG15
VBAT 6 VBAT
OSC_IN 23 OSC_IN
OSC_OUT 24 OSC_OUT
NRST 25 NRST
Vref+ 32 Vref+
Vref– 31 Vref–
VDDA 33 VDDA A_3V3
VSSA 30 VSSA

Vss_1 71, Vss_2 107, Vss_3 143, Vss_4 38, Vss_5 16, Vss_6 51, Vss_7 61, Vss_8 83, Vss_9 94, Vss_10 120, Vss_11 130
Vdd_1 72, Vdd_2 108, Vdd_3 144, Vdd_4 39, Vdd_5 17, Vdd_6 52, Vdd_7 62, Vdd_8 84, Vdd_9 95, Vdd_10 121, Vdd_11 131
STM32F103ZET6
VCC_3V3

图 5.70　STM32F103ZET6 结构图

时钟电路是用于为芯片提供一个稳定的基准工作脉冲。稳定、准确的时钟系统是数字芯片正常工作的前提。如果时钟源不稳或时钟频率不准确，则整个系统将无法正常运行。由于 STM32F103ZET6 上集成了各种各样功能不同的模块，为了实现对其内部不同的模块提供所需的时钟，STM32F103ZET6 设计了一套功能完善但却非常复杂的时钟系统。其外部外接了两个时钟源即：外部高速时钟源和外部低速时钟源。选用 8MHz 的外部无源晶振和 32.768kHz 的石英晶振分别为主控芯片 STM32F103ZET6 提供外部高、低速时钟。

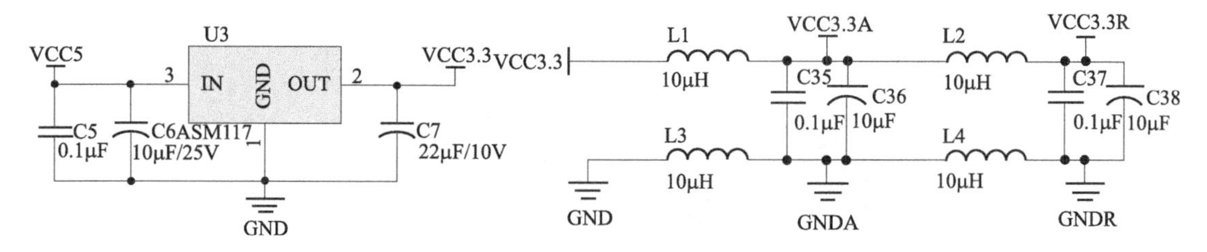

图 5.71 芯片供电电路图

时钟电路如图 5.72 所示。

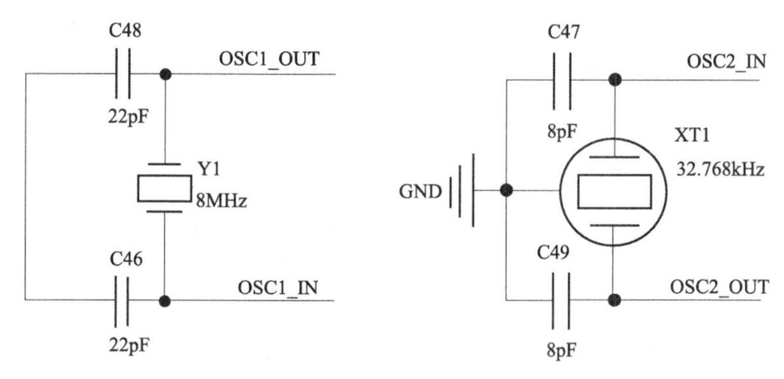

图 5.72 时钟电路图

4）复位电路

复位电路的作用是在系统初始化期间或者程序运行期间出现崩溃或跑飞时，将 CPU 恢复到初始状态，使 CPU 重新开始工作，程序重新运行。主控芯片 STM32F103ZET6 的复位为低电平有效，当给复位引脚一个低电平时，芯片进行复位，若复位的引脚一直处于低电平状态，则芯片将一直处于复位状态直到复位引脚变为高电平为止。当正常进行工作时，复位引脚电位需要是高电平，可以将一个阻值为 10kΩ 的电阻接到 3.3V 的电压上。若要芯片复位，则可以按下按键从而使复位引脚变为低电平。为防因外部干扰信号而产生错误的复位信号，可以在地与复位引脚之间接一个 0.1μF 的滤波电容。复位电路如图 5.73 所示。

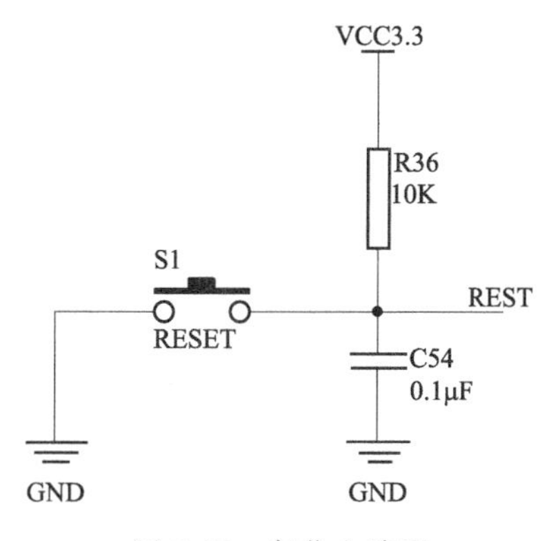

图 5.73 复位电路图

5）JTAG 电路

标准的 JTAG 接口有四条线：测试模式选择线（TMS）、测试时钟输入线（TCK）、测试数据串行输入线（TDI）、测试数据串行输出线（TDO）。通过 JTAG 接口可以实现对主控芯片程序的烧写以及在线硬件调试。JTAG 接口的连接有两种标准，即 14 针接口和 20 针接口。系统根据主控芯片 STM32F103ZET6 的需要，选用的是 20 针的 JTAG 接口进行在线编程，其电路如图 5.74 所示。

（2）驱动功率电路设计

驱动功率电路主要包括逆变驱动电路和高压泄放电路，工作重点是逆变驱动电路的设计。

1）逆变驱动电路

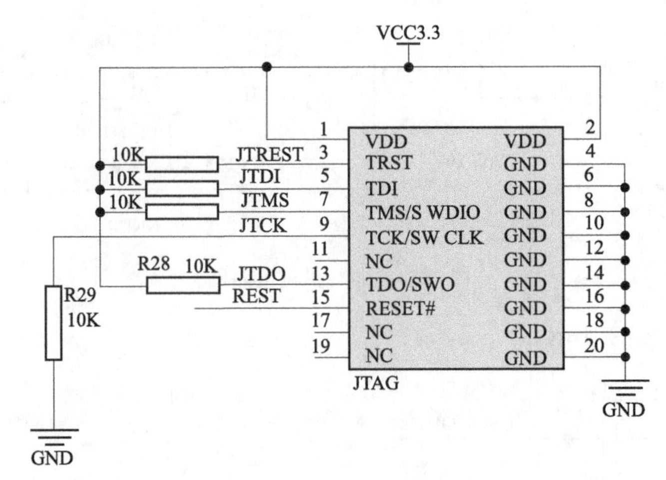

图 5.74　JATG 电路图

逆变驱动电路可根据主控芯片发出的命令信号，控制三相桥臂的功率管按照一定的时间与次序通断，从而根据每个周期生成的基本电压矢量合成所需的参考电压矢量，进而生成驱动电机运行所需的旋转磁场。如图 5.75 为逆变驱动电路的设计，其中 IRF1、IRF2、IRF3、IRF4、IRF5 和 IRF6 为 MOS 管，U4、U5、U6 为功率驱动器驱动芯片，MOS 管选用的是场效应管 IRF540N。由于主控芯片发出的 PWM 波不足以控制 MOS 管的开闭，因此选用功率驱动器驱动芯片 IR2101 驱动 MOS 管。

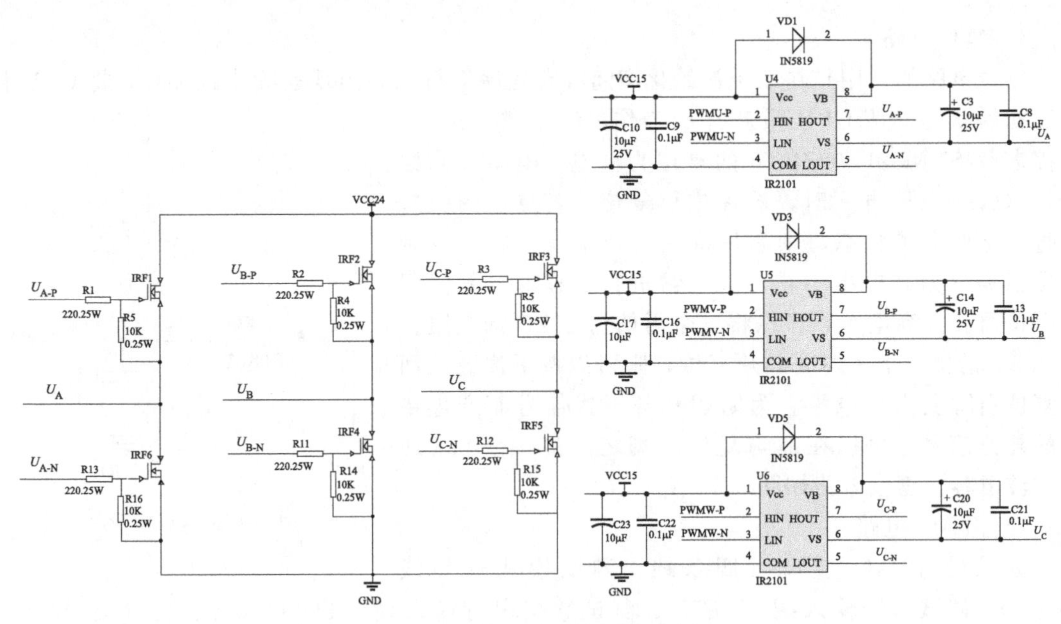

图 5.75　逆变驱动电路硬件示意图

2）高压泄放电路

由 PMSM 的模型可以知道，当电机急停或者转速突然下降时，电机会有类似于发电机的特性，即三相绕组电枢反电动势产生的电流会向直流电容进行充电，进而使电容的电压迅速升高，这很容易造成储能电容以及功率模块的损坏，为此必须加入高压泄放电路进行保护。

高压泄放电路工作过程为：当主控芯片检测到直流母线上的电压超过了设定的标准值

V_{max} 时，主控芯片就会发出泄放的信号，经过光耦的隔离以后，驱动 IRF460 闭合，泄放电阻连接直流电容；当母线上的电压低于标准值 V_{min} 时，IRF460 便会断开，关断泄放的电阻。高压泄放电路原理图如图 5.76 所示。

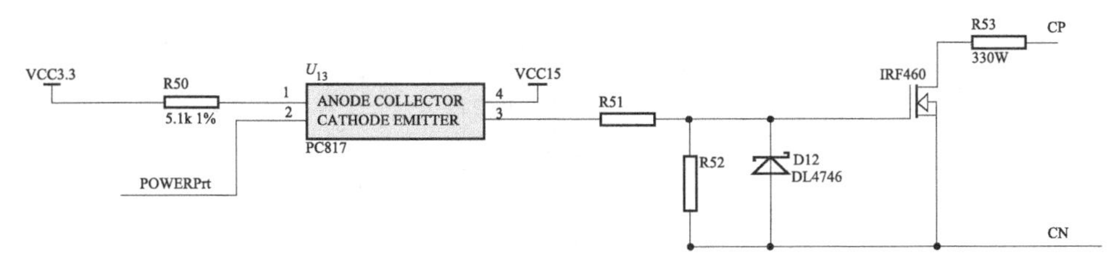

图 5.76 高压泄放电路

(3) 信号检测电路设计

1) 相电流检测电路设计

项目选用 Allego 公司的 ACS712ELCTR-30A-T 霍尔电流传感器来检测 PMSM 电机的相电流。ACS712ELCTR-30A-T 霍尔电流传感器具有 80kHz 的带宽，且输出电压与电流成正比关系。其可检测最高达±30A 的电流信号。相电流检测电路如图 5.77 所示。

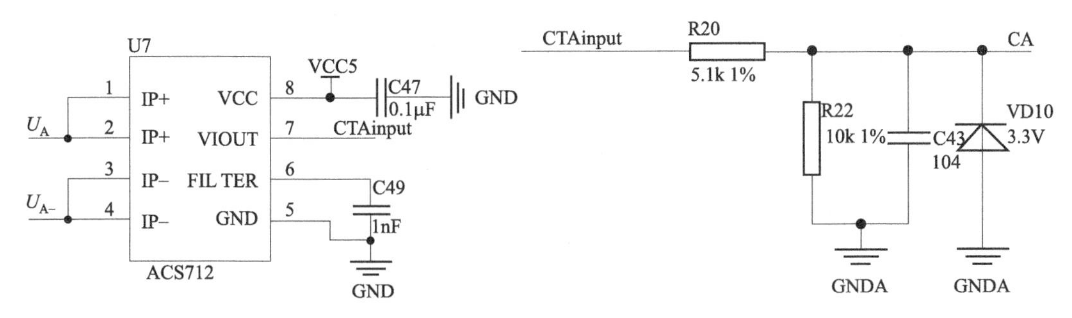

图 5.77 相电流检测电路

2) 转子位置及速度检测电路设计

项目选用 1250 线的复合式光电编码器作为永磁同步电机的转子位置及速度信号的检测传感器。该复合式光电编码器的输出精度高达 0.07°，完全可以满足系统的使用需求。为方便主控芯片对位置及速度信号的处理，需要将差分信号转化为主控芯片可处理的单端信号。本控制系统选用差分接收芯片 AM26LS32 来处理差分信号。该芯片最多可同时处理四路差分信号，基本可以满足系统控制的需求。转子位置及速度检测电路如图 5.78、图 5.79 所示。

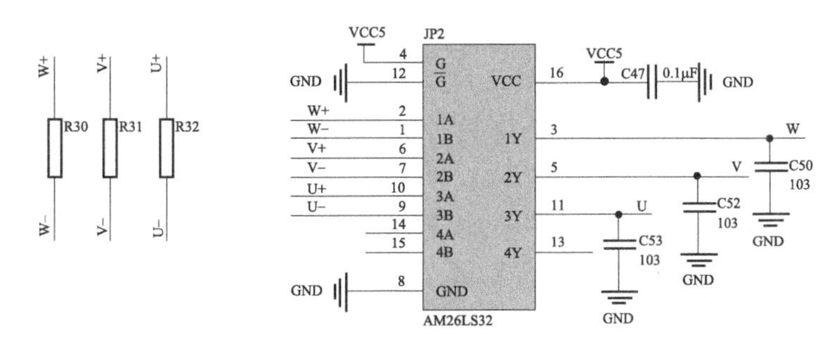

图 5.78 转子位置检测电路

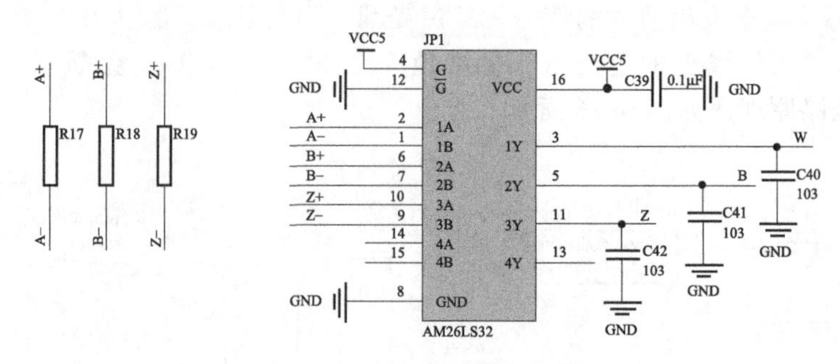

图 5.79　转子速度检测电路

(4) 电源电路设计

控制系统采用 24V 的直流电供电。整个系统有很多不同的电压需求：主控芯片 STM32F103ZET6 需要 3.3V 供电；光电编码器、电流采样芯片 ACS712 需要 5V 供电；PWM 信号放大芯片 IR2101 需要 15V 供电。电源电路如图 5.80 所示。

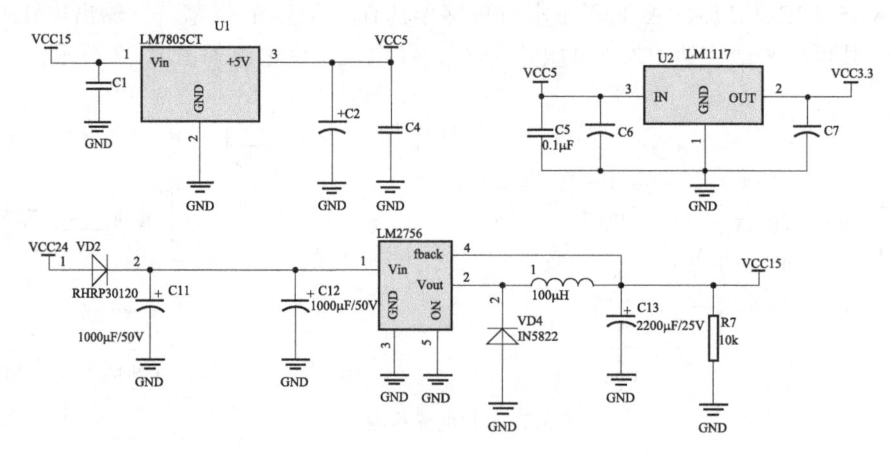

图 5.80　电源电路

5.4.2.2　码垛机器人关节伺服系统软件设计

(1) 软件总体结构设计

码垛机器人关节伺服系统所需采集的信号比较多，并且控制系统需要根据信号的反馈来控制整个系统的运行，系统采集的信号主要包括：电机电流 A/D 采样、电源电压采样、转速采样、电机转子位置采样等。

为提高码垛机器人关节伺服系统的实时性，控制系统是通过响应各种中断子程序来达到控制目的的。

控制系统中主要的中断模块及其完成的功能如下：

① A/D 中断，实现电机相电流的采样；

② 高级 Timer 中断，测量电机转速以及进行速度 PI 调节；

③ 刹车中断，实现电机的刹车急停功能；

④ PWM 中断，更新 PWM 信号占空比进而实现电机控制；

⑤ 按键中断，完成按键所定义的功能；

⑥ 不可屏蔽中断，即是由故障信号引起的中断，实现对系统的保护功能。

主程序流程图如图 5.81 所示。

(2) 相电流信号采集程序设计

相电流信号通过霍尔传感器芯片 ACS712 获取，通过该芯片将电流信号转化为主控制芯片可以处理的电压芯片，然后通过主控制芯片的 A/D 转换模块，将电压信号转换为主控制芯片可以识别的数字信号。为主控制芯片进一步分析处理，控制电机提供需要的参数。图 5.82 为相电流信号采集程序流程图。

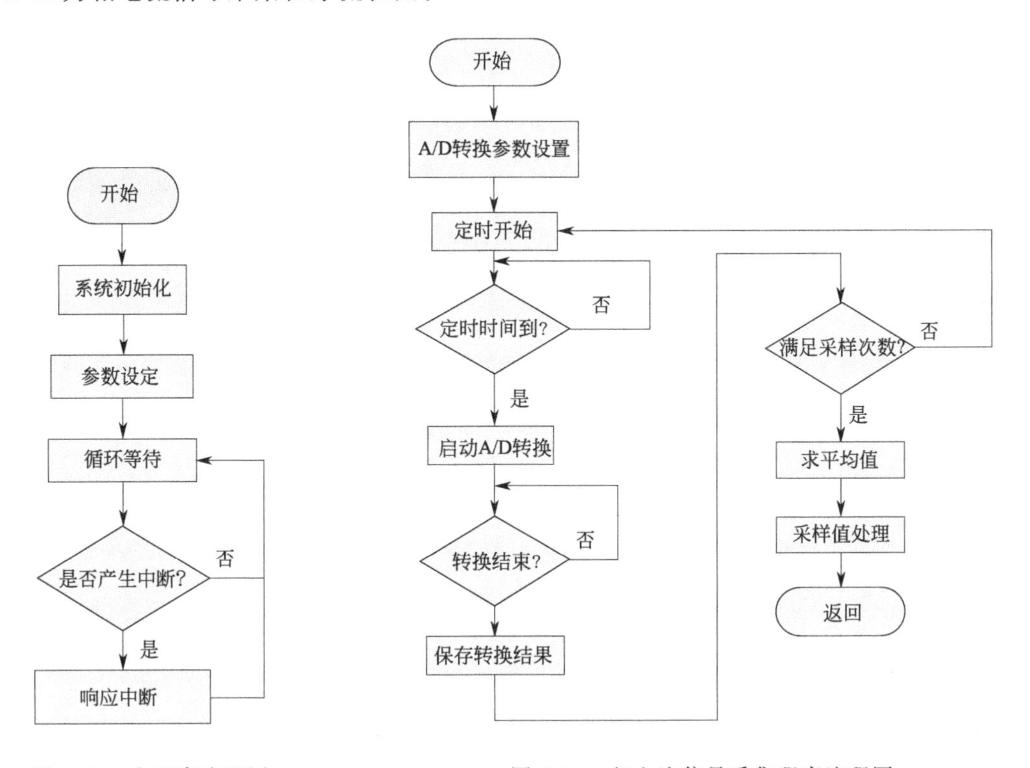

图 5.81 主程序流程图

图 5.82 相电流信号采集程序流程图

(3) 数字滤波程序设计

控制系统中，考虑到相电流随机产生的低频干扰信号具有时间短、尖峰大的特征，因此采用算术平均中位置滤波法进行滤波，算法的实现是采样 n 个数据，然后去掉其中最大值和最小值，将剩下数据取平均值，一般情况下 n 介于 8～14，具体 n 的取值可根据实际需要来设定，控制系统中 n 取 11。图 5.83 为数字滤波程序流程图。

(4) 空间矢量脉宽调制模块软件设计

空间矢量脉宽调制（SVPWM）模块的输入为经过一系列 PID 运算及 Park 逆变换之后产生的 U_α、U_β 以及位置信号，其输出为 6 路 PWM 信号。然后通过该 PWM 信号来控制电机的运转。SVPWM 程序流程如图 5.84 所示。

(5) 调速控制软件设计

由电机的数学模型可知，电机的电压与转速之间存在线性关系，即 U/f 曲线。为了避免电机在启动、急停或力矩急速变化时电流过大而引起电机运行故障，系统依据 U/f 曲线添加了保护措施。U/f 曲线如图 5.85 所示。

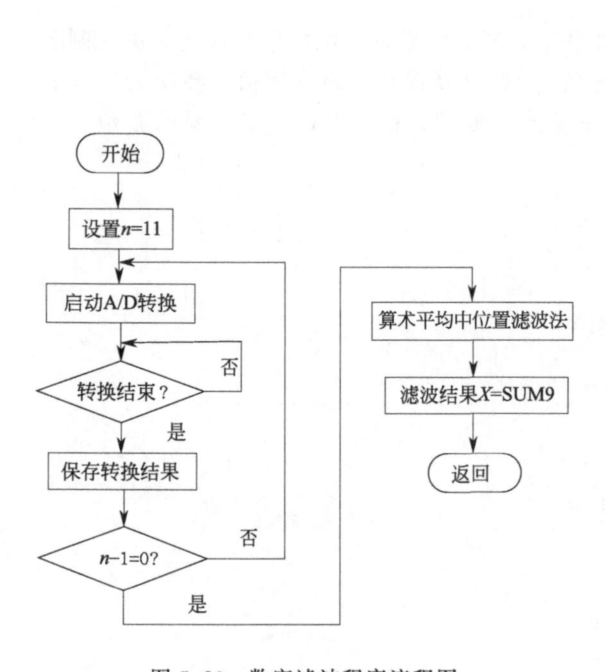

图 5.83　数字滤波程序流程图

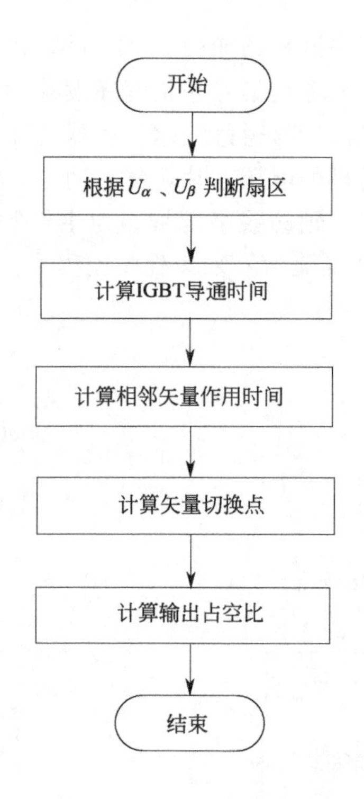

图 5.84　SVPWM 程序流程图

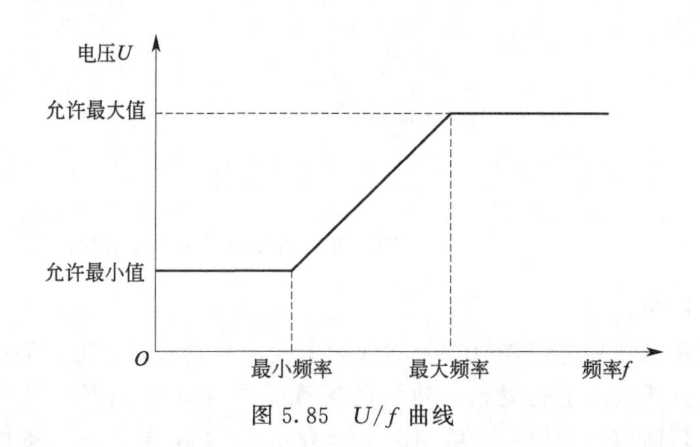

图 5.85　U/f 曲线

保护措施在调速过程中实现的原理为：每一个速度值都有一个与其对应的最大允许电压幅值（电压保护幅值），如果 PID 输出量比其所对应允许的最大允许电压幅值大，那么就以其所允许输出的最大电压幅值作为输出。

控制系统采用的速度控制算法是积分分离 PID 控制算法，通过积分分离 PID 控制算法对 PMSM 进行调速控制，调速控制程序在相电流 A/D 中断程序中实现。积分分离 PID 的速度控制算法流程图如图 5.86 所示。

5.4.2.3　码垛机器人关节伺服系统性能测试与分析

测试的目的是检测永磁同步电机在控制器系统驱动下对速度变化的响应能力以及速度稳定性，由此验证伺服控制系统能否满足码垛机器人关节的需求。

测试使用的平台是美国 MAGTROL 公司的磁滞式测功机 MAGTROL HD-510-8NA-

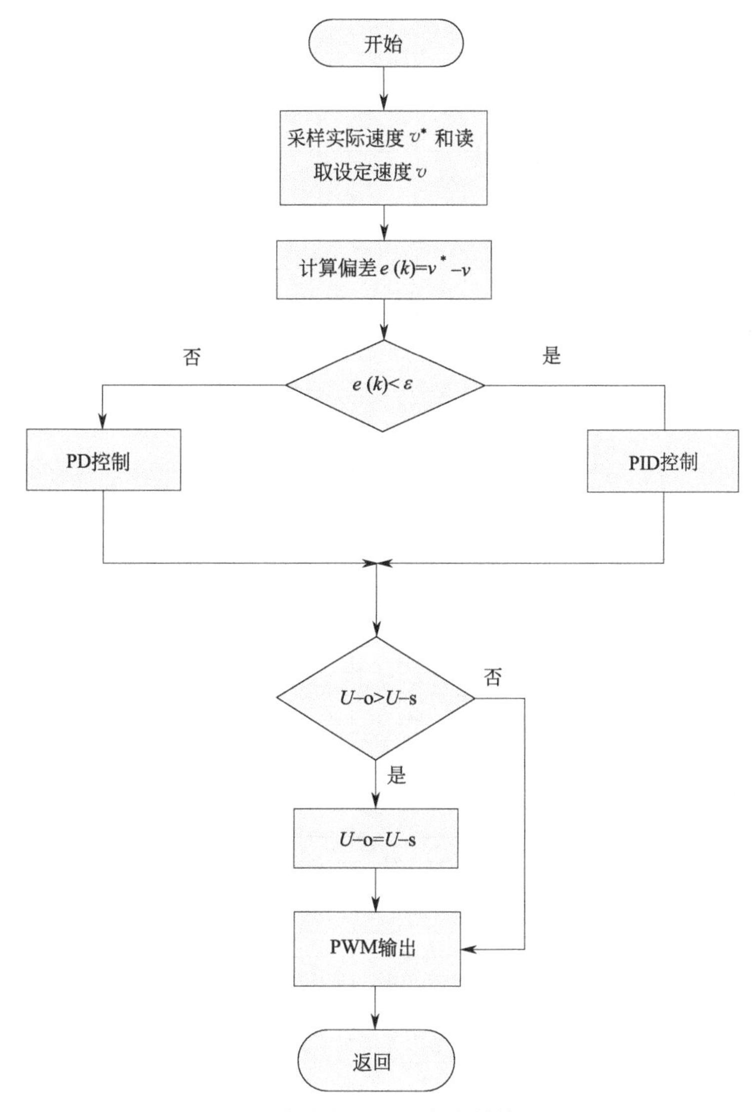

图 5.86　积分分离 PID 速度控制算法流程图

0100，其最大转矩为 0.85N · m，最高转速为 25000r/min，连续功率为 375W，瞬时最大功率为 750W。通过该测试平台获得伺服控制系统驱动电机的速度响应数据以及速度稳态数据如图 5.87、图 5.88 所示。

通过对电机进行速度响应以及稳定性测试，可以观察到电机对速度响应较快，基本上可以在 200ms 内完成对速度的响应并在速度稳定状态下运行较为平稳，其最大稳态速度脉冲是小于 10%的。基本上可以满足码垛机器人关节服系统对负载的响应需求。

5.4.3　果蔬大棚巡检机器人移动平台的设计及关键技术研究

近年来，随着机器人技术的不断发展，机器人的应用领域已经越来越广泛应用到生活中的各个方面：国防军事、农业、航天、工业、医疗等机械化领域。在农业工程技术应用上，机器人作为自动驾驶的农业机械装备，可以帮助农民减少与其相关的低效率工

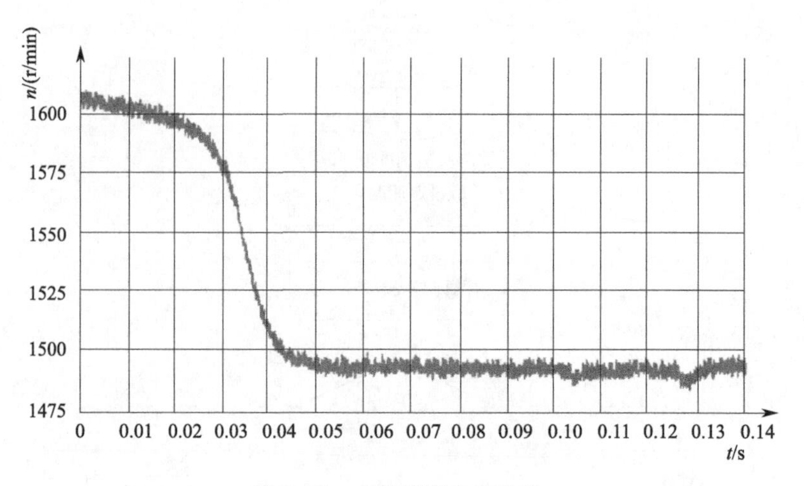

图 5.87　电机速度响应曲线

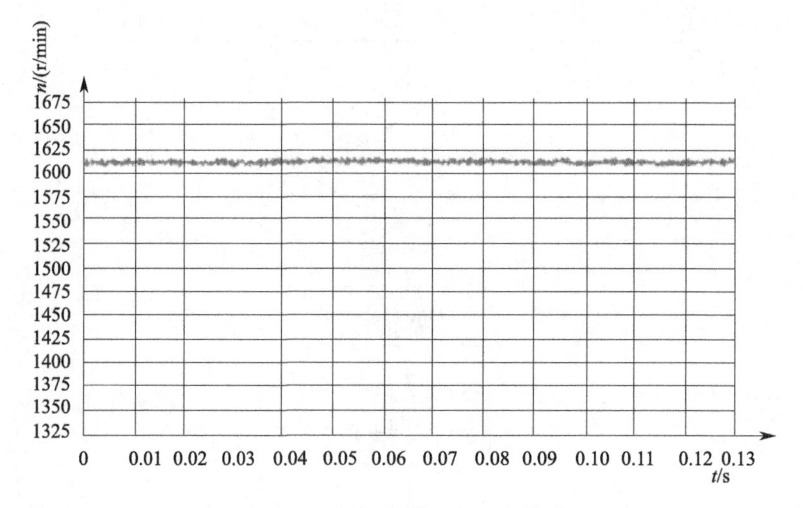

图 5.88　电机速度稳态运行曲线

作。通过借助新型自动化机器可以优化和促进农作物产量，并实现持续的收成和利润；尤其在果蔬大棚农作物生产管理等方面，可以通过机器人来对大棚的环境进行监测，也可以替代大棚工作人员完成农作物的育苗、施肥、灌溉及采摘等重复性工作，并可以有效减少大棚工作人员因棚内极端环境而产生的身体健康问题，提高农作物生产效率并获得可观的经济增长。

5.4.3.1　概述及设计要求

江西农业大学的刘勇等人所设计的果蔬大棚巡检机器人移动平台是属于轮式移动机构的构型，且采用四轮独立驱动方式，该移动平台的设计内容主要包括：机器人机械结构、控制系统、驱动系统、供电系统以及扩展功能模块。

设计的巡检机器人主要以果蔬大棚及其园区等区域为应用场景，在实际的自主巡检工作中，根据设计要求及结合实际产品研发需求，制定果蔬大棚巡检机器人移动平台的设计项目及技术参数，如表 5.1 所示。

表 5.1　果蔬大棚巡检机器人移动平台的设计项目及技术参数

设计项目	技术参数	设计项目	技术参数
车体尺寸/(mm×mm×mm)	1200×710×300	最佳巡航行驶速度/(m/s)	1
轮距/mm	535	最小转弯半径/m	2
轴距/mm	615	最大垂直负载/kg	50
车体质量/kg	45	充电时间/h	3
电机	交流伺服 4×200W	续航时间/h	8
减速器减速比	1∶30	控制模式	遥控/自主控制
驱动形式	四轮独立驱动	通信接口	CAN/RS-232
最大行驶速度/(m/s)	1.5	防护等级	IP65

5.4.3.2　果蔬大棚巡检机器人移动平台的整体设计

（1）整体方案设计

巡检机器人整体方案设计的主要内容包括：机器人机械结构、控制系统、驱动系统、供电系统以及扩展功能模块，该方案采用模块化的设计思路，可节省移动平台的结构空间，且能提高装配效率。图 5.89 为果蔬大棚巡检机器人移动平台的内部结构三维实体简化图。

（2）车体结构模型的建立

结合机器人移动平台的三维结构设计情况，按照平台的车体结构模型设计原则，用于装配机器人移动平台机械结构、控制系统、驱动系统、供电系统以及扩展功能模块的车体结构模型设计如图 5.90 所示。

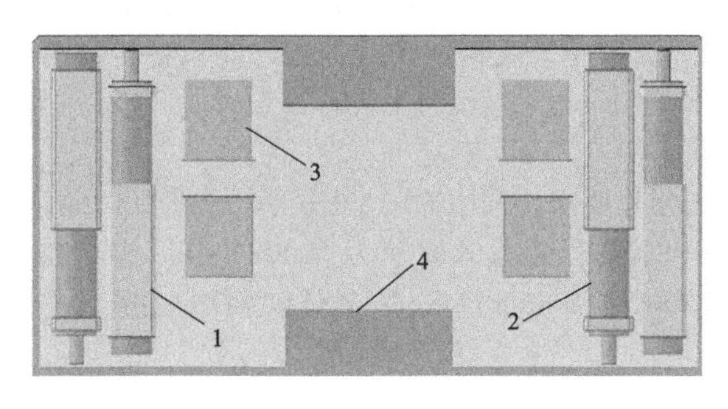

图 5.89　机器人移动平台内部结构三维实体简化图

1—伺服电机；2—减速器；3—驱动器；4—电池箱

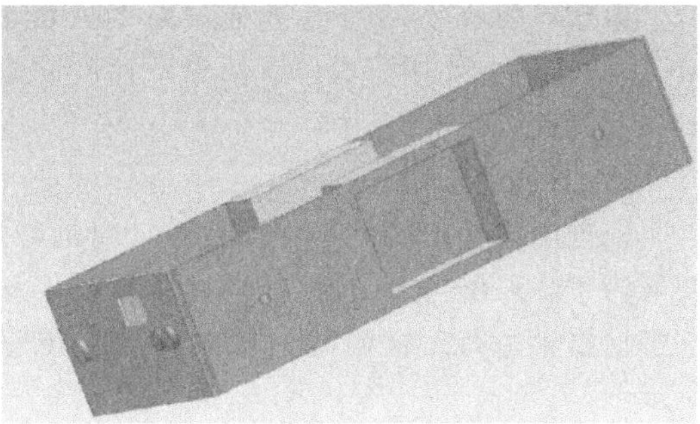

图 5.90　车体结构三维实体模型

（3）驱动系统方案的主要部件选型

1）驱动电机选型

驱动电机是整个机器人移动平台唯一的动力来源，其设计的合理性直接影响机器人稳定有效地运动。驱动电机参数的设计是以巡检机器人在平坦光滑路面上行驶时来计算的，此时忽略坡度阻力和空气阻力的影响，可得驱动电机额定功率 P_n 为：

$$P_n=\frac{F_t\times\mu_{max}}{\eta}$$

式中，F_t 为机器人的行驶驱动力，根据其与摩擦阻力以及加速阻力的关系可得 F_t 等于 74.1N；μ_{max} 表示机器人行驶的最大速度，由表 5.1 中巡检机器人的设计参数可知其值为 1.5m/s；

η 为传动效率，取值 0.85。将以上参数值代入式可得额定功率 $P_n=130.76W=0.13076kW$。

根据驱动电机转速与减速比之间的关系，减速比取 $i=30$，可得转速 $n=2866r/min$。

$$T_n=\frac{9550P_n}{n}$$

可得电机的转矩 $T_n=0.44N\cdot m$。

果蔬大棚巡检机器人的驱动电机选用深圳市杰美康机电有限公司的交流伺服电机，该电机通常结合实际运行的负载情况来对电流的大小进行调整，具有节能且高效等性能优点，其型号为 60ASM200-1024C，实物图如图 5.91 所示。

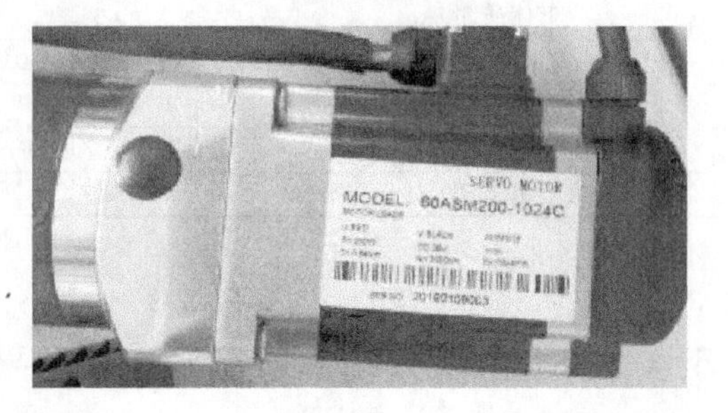

图 5.91　60ASM200-1024C 交流伺服电机

该交流伺服电机自带 2500 线的高分辨率编码器，可提供精确的位置精度，表 5.2 为该电机的主要参数，所选取参数均满足实际设计需求。

表 5.2　60ASM200-1024C 电机的主要参数

产品型号	参数值	产品型号	参数值
电机长度/mm	126.5	额定转速/(r/min)	3000
出轴长度	ϕ14×30mm	额定电压/V	36
额定电流/A	7.6	编码器线	2500 线
额定转矩/N·m	0.637	额定功率/W	200

2）驱动器选型

根据电机驱动器与电机各参数的匹配程度，选用杰美康机电全数字交流伺服驱动器 MCAC830，主要用于对位置回路、速度回路和电流回路等反馈回路的控制，此设备实物图如 5.92 所示。

3）减速器选型

根据电机输出轴的尺寸以及设计时的减速比参数要求，选用 60 二段方形，轴径 14mm，型号为 PL-ZDF060-L2-25 的行星减速器，该减速器的额定输入转速为 3000r/min，能够和电机输出轴进行正常匹配，其最大输入转速数值可达到 4500r/min，具体实物图如图 5.93 所示。

图 5.92　MCAC830 驱动器

图 5.93　PL-ZDF060-L2-25 减速器

4）遥控器选型

设计的果蔬大棚巡检机器人移动平台主要有遥控和自主控制两种控制模式。当采用遥控模式时，选用深圳乐迪电子 AT9S 10 通道混合双扩频遥控器作为巡检机器人人机交互的核心。表 5.3 为遥控器操作面板按钮的布局与功能。

表 5.3　遥控器操作面板按钮的布局与功能

序号	名　称	按钮功能	序号	名　称	按钮功能
1	遥控器电源总开关	整机电源的控制	3	微调 2	左右控制平衡微调
2	微调 1	前后运行平衡微调	4	右控遥控	控制机器人的运行

研究过程中，机器人主要通过 PPM 信号与接收机进行通信并获取乐迪 AT9S 遥控器的无线通信数据，是巡检机器人移动平台控制系统与接收机进行信息交互的关键部分。

5.4.3.3　基于 Simulink 的轨迹跟踪控制器设计及优化分析

巡检机器人运动控制结构模型如图 5.94 所示。

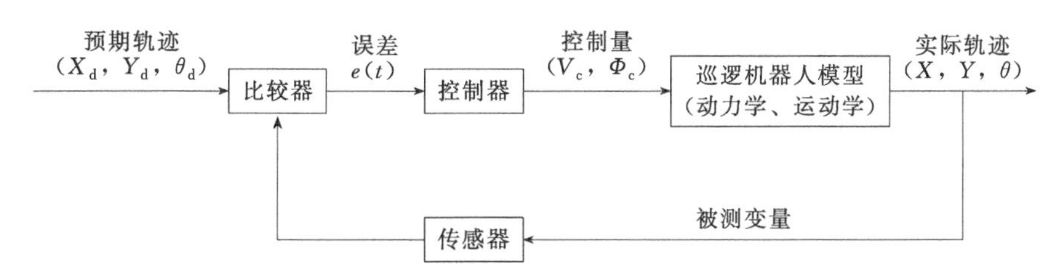

图 5.94　果蔬大棚巡检机器人运动控制结构模型

运动控制主要过程包括：给定机器人预期轨迹，传感器实时采集被测变量信息并反馈测量值到比较器，将测量值与预期轨迹进行比较，得出广义轨迹误差 $e(t)$=实际轨迹－预期轨迹，最后通过反复调节控制器的输入变量，来减小实际轨迹与预期轨迹之间的误差值，使得广义轨迹误差 $e(t)$ 渐近收敛为零，以达到控制运动速度及方向的目的。

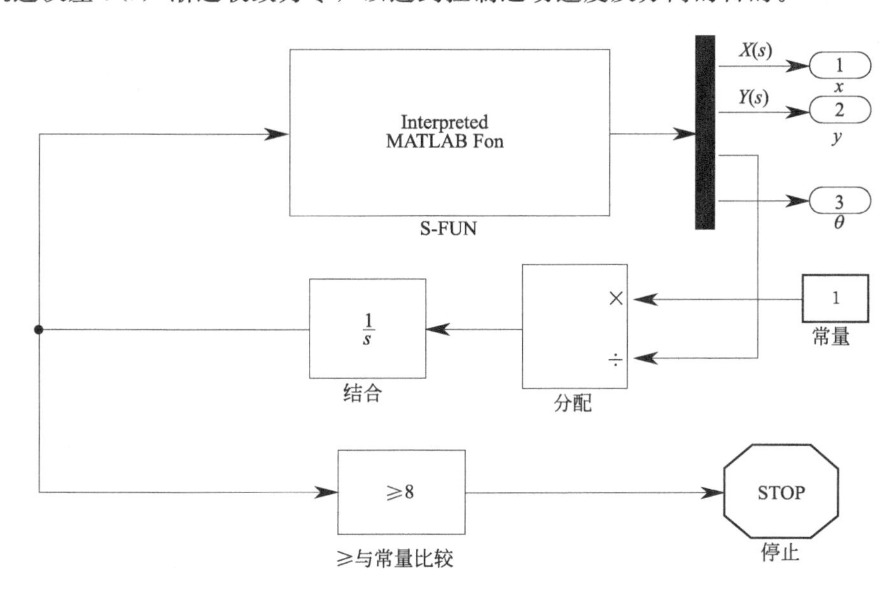

图 5.95　机器人曲线规划仿真模型

（1）曲线规划仿真模型设计

果蔬大棚巡检机器人的曲线规划主要是指构建一条由起点出发到终点的光滑曲线，并通过设置一定的控制量将曲线进行优化，同时避免干扰和障碍。用样条曲线的方法来对曲线轨迹进行规划，在 Simulink 仿真环境中建立的机器人曲线规划模型如图 5.95 所示。该模型的输入为参数 s，通过一定的计算后得到的输出为 x、y 等值并通过 XY Graph 显示，其轨迹图形如 5.96 所示。

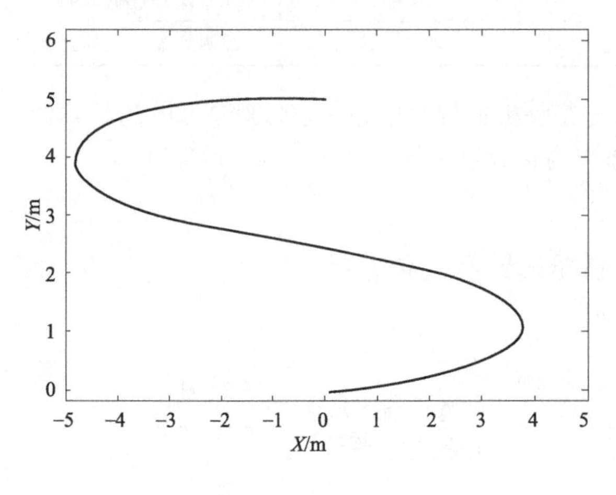

图 5.96　机器人曲线规划轨迹

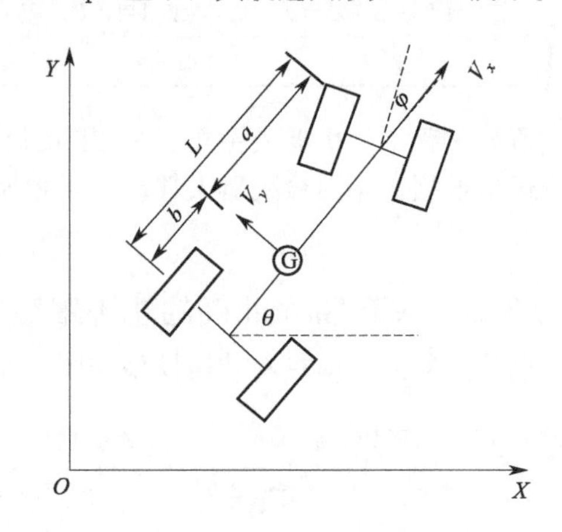

图 5.97　机器人转向运动模型

（2）运动学仿真模型设计

选择 XOY 为机器人运动模型的全局坐标系来帮助分析和推理其独特的运动特性，果蔬大棚巡检机器人在某次转向过程中运动模型的建立如图 5.97 所示。建立关于机器人运动学的 Simulink 仿真模型如图 5.98 所示。

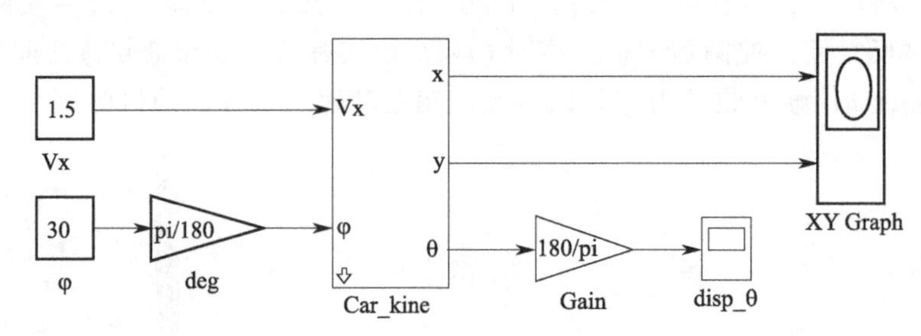

图 5.98　机器人运动学仿真模型

（3）动力学仿真模型设计

移动机器人的动力学主要是研究动力学方程中驱动变量与系统输出变量的关系，并以此来设计建立动力学的仿真模型。动力学方程主要包括轴向、法向及转动三个受力方程。在动力学仿真模型中，控制对象本质上是一个线性双输入双输出的系统，建立的 Simulink 动力学模型如图 5.99 所示。

（4）轨迹跟踪控制器仿真模型设计

轨迹跟踪控制问题是果蔬大棚巡检机器人运动控制研究的关键部分，移动机器人良好的控制技术能够使其在实际的工作环境中实现快速、稳定、安全的工作效果，这也使得对于该问题的研究一直以来都受着较为广泛的关注。

在前面的曲线规划、运动学及动力学模型的基础上进行轨迹跟踪控制器模型仿真设计，

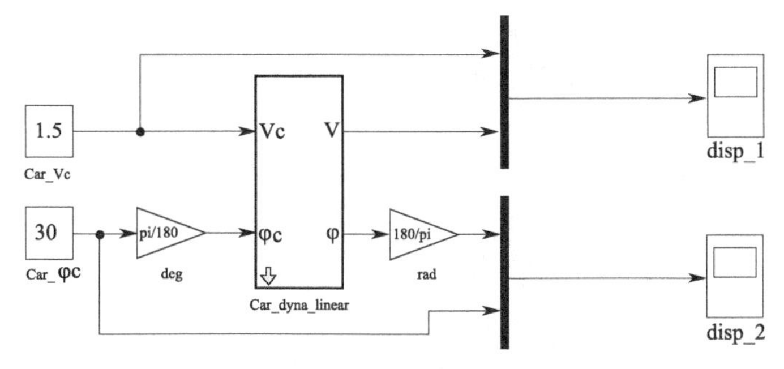

图 5.99　机器人动力学仿真模型

主要涉及机器人法向、前向控制模型及其算法的研究。结合机器人轨迹跟踪控制器的实际设计需求，并将之前所搭建的曲线规划模块、运动学及动力学模块的输入输出按要求连接起来，可建立的控制器总体架构如图 5.100 所示。

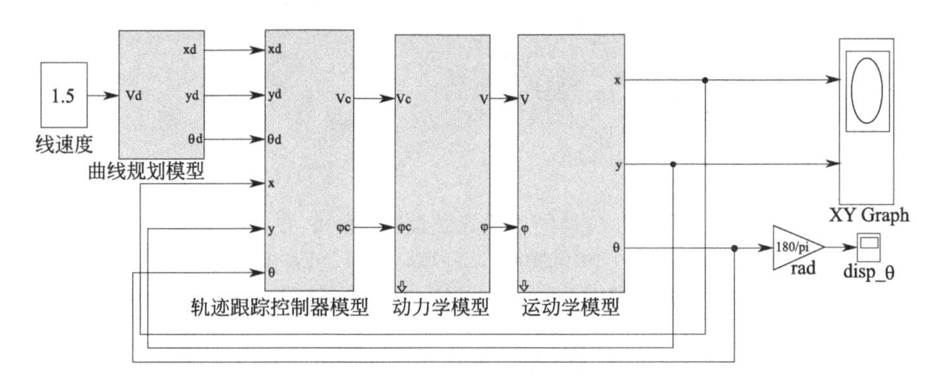

图 5.100　跟踪控制器总体模型

5.4.3.4　样机的搭建与试验分析

(1) 果蔬大棚巡检机器人移动平台样机的搭建

1) 控制系统设备调试与协议配置

首先，对移动平台中所设计和选配的驱动器及电机进行单独的连接调试工作。结合前面所设计的平台空间结构进行大致的放置，其中伺服电机采用星形的接线方式，主要是由白黑红三色相线与驱动器的电机相线接口 W、V、U 相匹配，其中接口 W 对应白色相线，接口 V 对应黑色相线，接口 U 对应红色相线。此外，编码器反馈信号输入端口与电机信号输出端相连接，驱动器主要接口介绍如表 5.4 所示。

表 5.4　驱动器主要接口介绍

名　　称	接口符号	名　　称	接口符号
编码器反馈信号输入	GND、VCC、PW＋、PV＋及 PU＋等	方向正输入	DIR＋
电机相线	W、V、U 和 PE	方向负输入	DIR－
电源输入	GND、VCC	A 相编码器输出	EA＋
使能正输入	ENA＋	B 相编码器输出	EB＋
使能负输入	ENA－	C 相编码器输出	EC＋
脉冲正输入	PUL＋	保留	NC
脉冲负输入	PUL－		

驱动器可进行位置回路、速度回路和电流回路等反馈回路的控制，当驱动器处于速度梯形波测试模式时，可设置运动的起始速度、加速度和运行距离等参数，控制系统设备的大致连接及调试情况如图 5.101 所示。

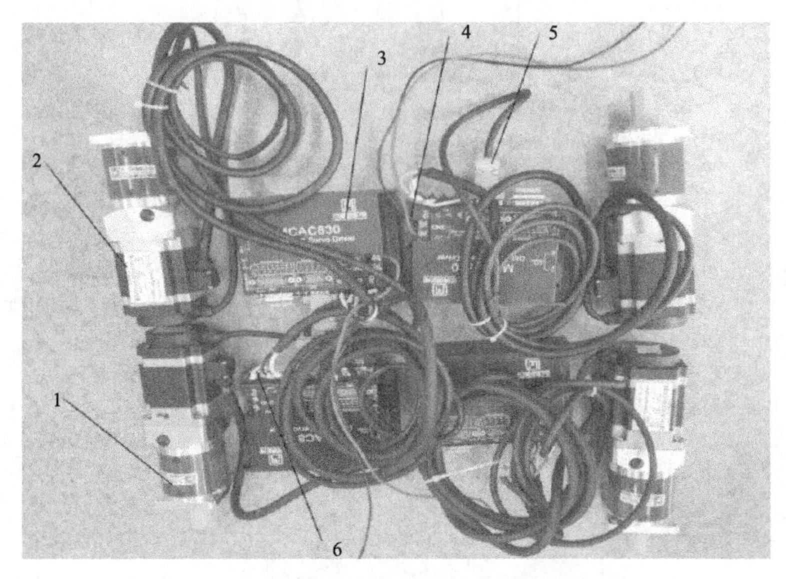

图 5.101　控制系统设备的连接

1—减速器；2—交流伺服电机；3—驱动器；4—电源输入接口；
5—编码器反馈信号输入端口；6—电机相线接口

所选用的驱动器配备了 CAN 和 RS-232 等接口，其中使用 CAN 接口对车体进行指令控制，该接口通信标准采用 CAN2.0B 标准，通信波特率为 500kbit/s，遥控器通过此外部接口来实现对移动平台运动状态信息的获取并进行控制。CAN 接口协议包含系统状态回馈帧、运动控制回馈帧、控制帧，其中控制帧协议内容的配置如表 5.5 所示。

表 5.5　控制帧协议内容的配置

位置	功能	数据类型	说　　明
byte[0]	控制模式	unsigned int8	0x00 遥控模式 0x01 指令控制模式
byte[1]	故障清除指令	unsigned int8	0x00 无故障清除指令
byte[2]	线速度比例	signed int8	最大速度 2.0m/s
byte[3]	角速度比例	signed int8	最大速度 3.14rad/s
byte[4]	保留	—	0x00
byte[5]	保留	—	0x00
byte[6]	计数校验(count)	unsigned int8	0～255 循环计数
byte[7]	校验位(checksum)	unsigned int8	校验位

2）移动平台样机的基础配置与搭建

机器人移动平台的车体呈长方体式架构，该结构从内到外分为电机驱动器模块、主控制器及无线通信接收模块和供电系统模块等，其中关键零部件的安装应严格按照所设计装配精度执行，以确保各层次机构的正常平稳运行。

根据巡检机器人整体设计阶段对控制系统主要硬件的布局装配，完成伺服电机驱动器、直流无刷伺服电机、传感器、接收器、电源、开关按钮及整机线等部分的安装工作。通过前面的空间结构设计，实现了果蔬大棚巡检机器人移动平台物理样机的搭建，并为后续的性能试验提供了良好的测试保障基础，果蔬大棚巡检机器人移动平台样机的搭建如图 5.102 所示。

图 5.102 果蔬大棚巡检机器人移动平台样机的搭建

(2) 无负荷状况下原地转向误差试验

1) 试验目的

为了能够更加准确地研究设计的运动控制方案对移动平台的控制效果，需对其进行原地转向误差试验来测试该平台在运动状态下的性能指标。巡检机器人在无负荷状态下的原地转向运动是衡量其控制精度的一个重要性能指标，即最小转弯半径为 0m，让机器人在原始中心位置进行封闭的圆周运动来验证机器人移动平台运动学分析的正确性，从而进一步对其原地转向功能进行验证。

2) 试验前期准备

通过对控制系统的预设中心位置来实现机器人原地转向误差试验，该系统预设原始中心位置坐标为 (23.26，16.83)。由于巡检机器人是在水平地面上进行原地转向试验，其中心在 Z 轴方向上的坐标位置不会改变，故试验中只对其移动平台中心位置的运动平面中 X、Y 轴坐标位置作出数据记录。

3) 试验数据采集及结果分析

试验给定机器人初始运动速度为 1.5m/s，通过进行多次重复试验并对实际原地转向结果进行误差对比分析，试验中所测得的数据如表 5.6 所示。

根据表 5.6 所得到的果蔬大棚巡检机器人移动平台原地转向试验的多组数据可以绘制出其转向误差的变化曲线如图 5.103 所示。

表 5.6 水平地面上的原地转向试验

试验组号	X 轴坐标位置/cm	Y 轴坐标位置/cm	转向误差大小/cm	试验组号	X 轴坐标位置/cm	Y 轴坐标位置/cm	转向误差大小/cm
1	24.12	16.68	0.21	7	23.19	16.63	0.31
2	23.53	17.04	0.30	8	23.47	16.81	0.23
3	23.36	16.97	0.28	9	23.32	16.67	0.34
4	24.04	16.56	0.35	10	24.05	16.71	0.27
5	23.75	17.13	0.42	11	22.91	17.12	0.41
6	22.58	17.21	0.46	12	23.31	17.23	0.38

通过本试验结果可以得出以下结论：当巡检机器人处于原地转向运动状态时，该状态下在 X、Y 轴方向的误差均比较小，且原地转向误差的最大值为 0.46cm，原地转向误差的最小值为 0.21cm，原地转向误差的平均值大小为 0.33cm，此试验结果基本上与所允许的误差大小要求一致。试验结果进一步地验证了运动控制方案中运动学分析的可行性和准确性，并且实现了巡检机器人原地转向的性能测试。

(3) 曲线轨迹跟踪试验

1) 试验目的

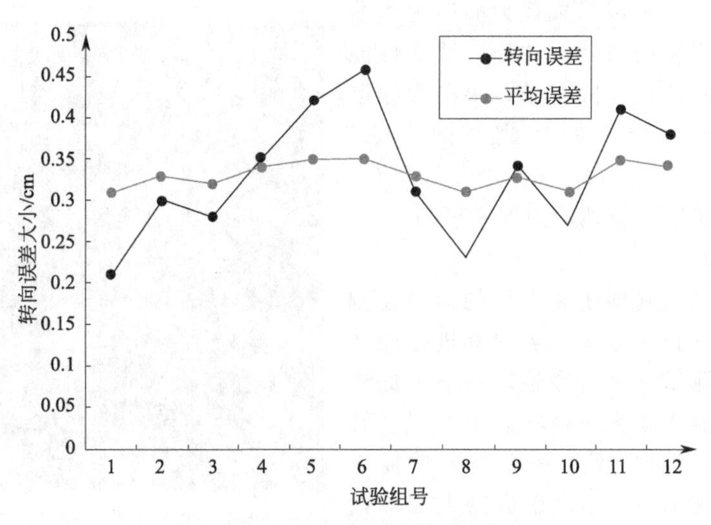

图 5.103　原地转向误差变化曲线

为验证果蔬大棚巡检机器人所设计的轨迹跟踪控制器模型在实际运行环境中的工作效果，需要对其进行从预设原始轨迹位置起，直至目标点的整个路径规划过程进行试验的验证。通过对系统设计的控制算法得到的实际曲线轨迹情况来验证其准确性，以达到良好的控制性能要求。

2）试验前期准备

根据前面巡检机器人动力学以及运动学的仿真分析，对路径跟踪控制算法进行优化，通过对控制系统的预设轨迹来实现机器人曲线跟踪控制算法的测试，曲线跟踪控制是要让机器人沿一条预先指定的路径轨迹移动，预先指定的路径即是预设的巡检路线。该系统预设轨迹（包括 X 方向和 Y 方向）设置 7 个路径点，将其坐标位置在测试场地标记，分别为（0,0），（40,10），（25,20），（−50,35），（−45,40），（−25,50）和（0,50），其中路径点坐标为（0,0）被作为 xOy 平面坐标系的原点坐标，可绘制出呈 S 形的路径规划图，如图 5.104 所示。

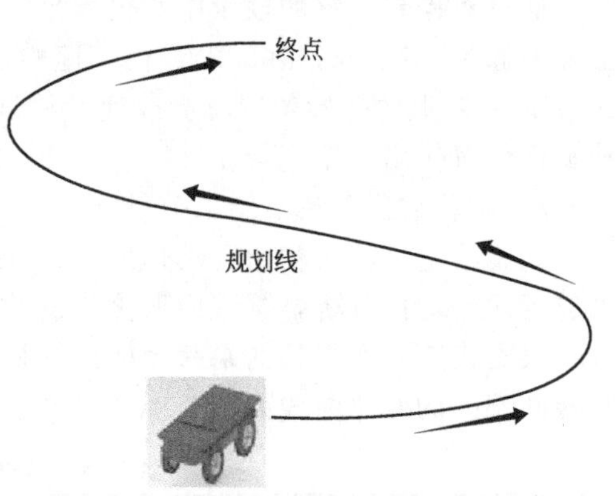

图 5.104　预期曲线路径规划示意图

3）试验数据采集及结果分析

巡检机器人移动平台沿着 S 形曲线按示意图所示逆时针方向运动，机器人移动平台在初始位置沿 X 轴正方向出发，试验给定机器人初始运动速度为 1.5m/s，让机器人底盘沿着规划线运动来验证其轨迹跟踪效果，根据样机的现场测试试验得到的试验数据如表 5.7 所示。

表 5.7　曲线轨迹跟踪试验

规划点	X 轴移动距离/cm	Y 轴移动距离/cm	跟踪误差大小/cm	规划点	X 轴移动距离/cm	Y 轴移动距离/cm	跟踪误差大小/cm
1	0	0	—	5	−45.69	41.02	0.11
2	36.07	12.36	0.24	6	−25.37	51.32	0.14
3	23.16	21.18	0.15	7	−1.37	52.03	0.19
4	−48.23	36.21	0.13				

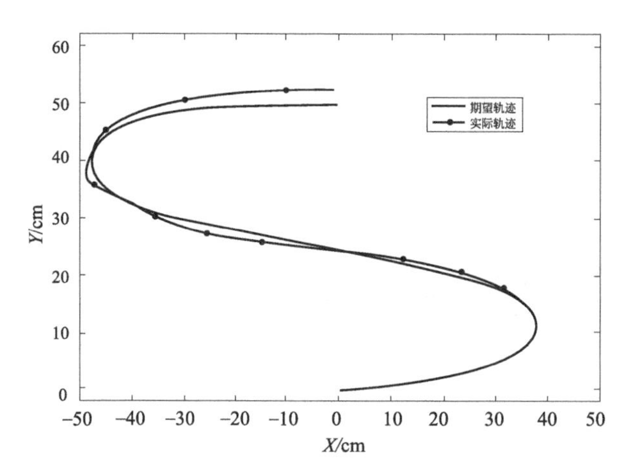

图 5.105　实际轨迹与期望轨迹的位置比较

将试验所得实际结果与运用 MatLab 软件仿真的跟踪控制理想轨迹相比较可绘制出两者之间的位置比较图形如图 5.105 所示，其中原点为巡检机器人起始出发位置，横坐标为机器人横向位移情况，纵坐标为其纵向移动位移，图示文本框中“—”为果蔬大棚巡检机器人运行过程中的期望轨迹，“-•-”为基于该控制算法的实际运行轨迹情况。

由图 5.105 可以得出，巡检机器人移动平台由起始位置到达下一个路径点之间的跟踪效果良好且未产生位移误差；当从第二个路径点的位置运行至终点时，该过程所运行的路线与规划的期望轨迹出现了一定的路径偏差，但整体移动性能表现平稳。通过对该过程所记录的数据进行位移误差分析，得出采用该控制算法在实际运行过程中与期望轨迹的误差影响比较小，其平均误差数值为 0.16cm，其进一步表明了此算法具有良好的控制精度，并能给移动平台的运动带来较好的移动平稳性。

第6章

伺服驱动器与运动控制器

6.1 伺服驱动器

随着社会经济的发展和现代化进程的不断推进，工业控制系统复杂程度不断增加，生产规模逐渐扩大，对工业控制技术提出了更高的要求。全数字、高精度的伺服控制技术在半导体、新颖的电力电子器件的发展下成为工业控制技术中最重要的组成部分，并结合先进的自动控制理论、自诊断技术和通信技术被广泛应用于伺服系统中。

伺服系统的作用就是采用闭环控制方式使系统的位置、速度或加速度输出快速准确地跟随系统输入的变化。一个伺服系统的构成通常包含伺服驱动器、伺服电机、运动控制器三大部分。伺服驱动器将从运动控制器接收的信号转化为驱动电流从而达到对电机的控制，其本质相当于一个功率放大器，是伺服系统最核心的组成部分之一。相关资料显示，伺服系统中绝大部分的故障是由伺服驱动器引起的。

6.1.1 伺服驱动器的发展历史

伺服驱动器的发展还主要依赖于电力半导体器件的发展，电力半导体器件是现代电力电子设备的心脏和灵魂。电力电子时代是从20世纪60年代晶闸管（SCR）的出现开始的，后来陆续推出了其他种类的器件，诸如控制极可关断晶闸管（GTO）、双极型大功率晶体管（BJT）、功率MOS场效应晶体管（MOSFET）、绝缘栅双极型晶体管（IGBT）等。在技术不断发展的过程中，器件的电压、电流定额以及其他电气特性均得到很大的改善。新一代的智能功率模块（IPM）集功率器件IGBT、驱动电路、检测电路和保护电路于一体，从而使装置体积缩小、可靠性提高，这种智能型变换器模块必将得到日益广泛的应用。

微处理器的应用把伺服驱动器的发展推向了全数字化的新阶段，今天的高性能传动控制和先进的控制理论，得益于微处理器技术的进步。第一代微处理器始于Intel8080系列，后来随实时控制需求的增长，又出现了诸如8051和8096系列微处理器。近年来，一大批高档微处理器已经被开发出来，包括数字信号处理器、简化指令系统计算处理器等。

伺服驱动器的性能指标不仅依赖于处理器的结构、计算能力及执行速度，还依赖于所采用的控制算法。利用智能控制可以识别模型，并且可以在很宽的参数变化范围内达到预定的性能。先进的控制算法可以提高系统精度、响应速度、易用性等，但是它们往往复杂烦琐，有些方法还不大成熟，一种折中的办法就是以传统方法为主，辅助一些先进的控制技术，提高系统的整体性能和易用性。

因此，近年来，电力电子技术、微处理器芯片技术和智能控制技术的飞速发展极大地促进了伺服驱动器的大规模应用。过去由于传统技术有限，伺服驱动器仅应用于国防军工领域，如飞机、船舰的自动驾驶方向，火炮精度与火力控制等控制场合。第二次世界大战期间，伺服控制技术受军事需求的激励，且控制器件、执行机构与功率驱动装置的飞速发展对伺服系统控制技术提出了更高的要求，伺服控制技术更是迅猛发展，也越来越多应用于更多高精度控制场合。同时，伺服驱动器作为整个伺服系统的驱动设备得到迅速的推广和普及，在国防、工业、农业、医疗、家电、餐饮、娱乐等各个领域都发挥着至关重要的作用，为人们的生活带来了极大的便利。

6.1.2 伺服驱动器的工作原理

伺服驱动器（servo driver）又称为伺服控制器、伺服放大器，是用来控制伺服电机的一种控制器，其作用类似于变频器，属于伺服系统的一部分，主要应用于高精度的定位系统。一般是通过位置、速度和力矩三种方式对伺服电机进行控制，实现高精度的传动系统定位，是传动技术的高端产品。

伺服驱动器一般有通用伺服驱动器和专用伺服驱动器两种。通用伺服驱动器对上级控制装置无要求。驱动器用于位置控制时，可直接通过位置指令脉冲信号来控制伺服电机的位置与速度，只要改变指令脉冲的频率与数量，即可改变电机的速度与位置；专用伺服驱动器的位置控制只能通过上级控制器实现，它必须与特定位置控制器（一般为 CNC）配套使用，不能独立用于闭环位置控制或速度、转矩控制。

（1）作用

① 按照定位指令装置输出的脉冲串，对工件进行定位控制。

② 伺服电机锁定功能：当偏差计数器的输出为零时，如有外力使伺服电机转动，编码器将反馈脉冲输入偏差计数器，偏差计数器发出速度指令，旋转修正电机使之停止在滞留脉冲为零的位置上。

③ 进行适合机械负荷的位置环路增益和速度环路增益调整。

（2）工作原理

主流的伺服驱动器均采用数字信号处理器（DSP）作为控制核心，可以实现比较复杂的控制算法，实现数字化、网络化和智能化。功率驱动单元是以智能功率模块（IPM）为核心设计的驱动电路，IPM 内部集成了驱动电路，同时具有过压、过流、过热、欠压等故障检测保护电路，在主回路中还加入软启动电路，以减小启动过程对驱动器的冲击。功率驱动单元首先通过三相桥式整流电路对输入的三相电或者市电进行整流，得到相应的直流电。经过整流好的三相电或市电，再通过三相正弦 PWM 电压型逆变器变频来驱动三相永磁式同步交流伺服电机。功率驱动单元的整个过程可以简单地说就是 AC-DC-AC 的过程。整流单元（AC-DC）主要的拓扑电路是三相桥式不控整流电路。伺服驱动器工作原理图如图 6.1 所示。

当前交流伺服驱动器设计中普遍采用基于矢量控制的电流、速度、位置三闭环控制算

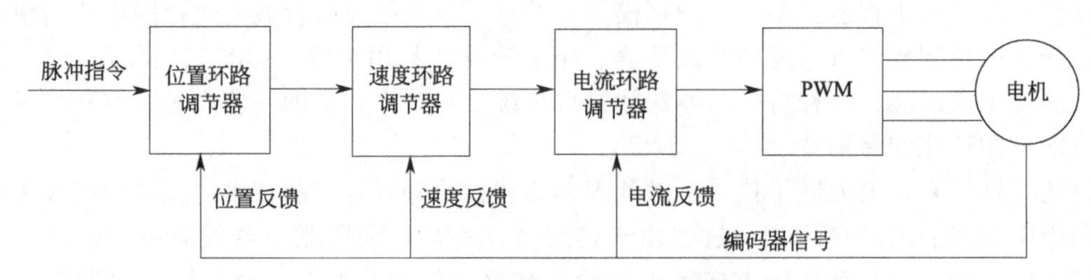

图 6.1 伺服驱动器工作原理图

法。所谓三环就是 3 个闭环负反馈 PID 调节系统，该算法中速度闭环设计合理与否，对于整个伺服控制系统，特别是速度控制性能的发挥起到关键作用。

1）电流环

控制系统中，最内的 PID 环就是电流环，此环完全在伺服驱动器内部进行，通过霍尔装置检测驱动器给电机的各相的输出电流，负反馈给电流的设定进行 PID 调节，从而达到输出电流尽量接近等于设定电流。电流环就是控制电机转矩的，所以在转矩模式下驱动器的运算最小，动态响应最快。

2）速度环

第 2 环是速度环，通过检测的电机编码器信号来进行负反馈 PID 调节，它的环内 PID 输出直接就是电流环的设定，所以速度环控制时就包含了速度环和电流环。任何模式都必须使用电流环，电流环是控制的根本，在速度和位置控制的同时，系统实际也在进行电流（转矩）的控制，以达到对速度和位置的相应控制。

3）位置环

第 3 环是位置环，可在驱动器和电机编码器间构建，也可在外部控制器和电机编码器或最终负载间构建，要根据实际情况来定。由于位置控制环内部输出就是速度环的设定，位置控制模式下系统进行了 3 个环的运算，此时的系统运算量最大，动态响应速度也最慢。

（3）控制模式

对应三环，伺服驱动器一般都有三种控制模式：位置控制模式、速度控制模式、转矩控制模式。

1）位置控制模式

一般是通过外部输入的脉冲的频率来确定转动速度的大小，通过脉冲的个数来确定转动的角度，也有些伺服驱动器可以通过通信方式直接对速度和位移进行赋值，由于位置模式可以对速度和位置都有很严格的控制，所以一般应用于定位装置，应用领域如数控机床、印刷机械等。位置控制模式原理图如图 6.2 所示。

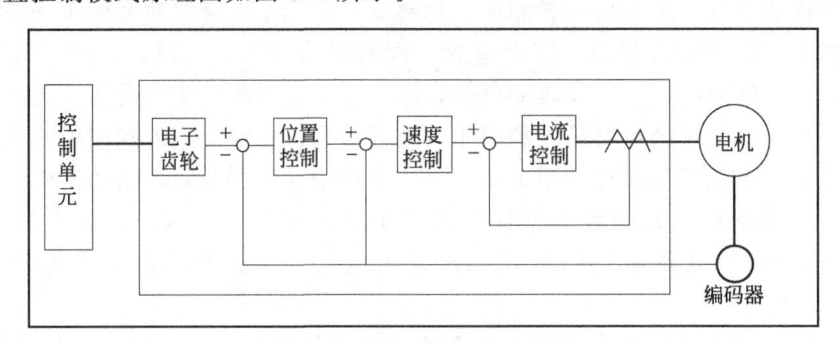

图 6.2 位置控制模式原理图

2）速度控制模式

通过模拟量的输入或脉冲的频率都可以进行转动速度的控制，在有上位控制装置的外环PID控制时，采速度控制模式也可以进行定位，但必须把电机的位置信号或直接负载的位置信号给上位反馈以做运算用。速度控制模式原理图如图6.3所示。

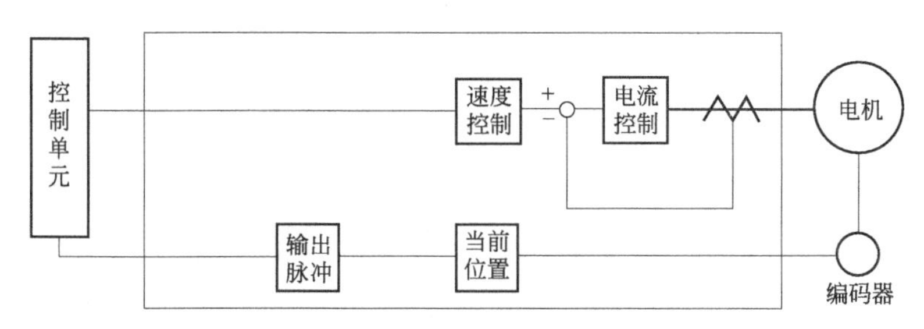

图6.3 速度控制模式原理图

位置控制模式也支持直接负载外环检测位置信号，此时电机轴端的编码器只检测电机转速，位置信号就由直接的最终负载端的检测装置来提供了，这样的优点在于可以减小中间传动过程中的误差，增加了整个系统的定位精度。

3）转矩控制模式

通过外部模拟量的输入或直接的地址的赋值来设定电机轴对外的输出转矩的大小，可以通过即时地改变模拟量的设定来改变设定的力矩大小，也可通过通信方式改变对应的地址的数值来实现。转矩控制模式原理图如图6.4所示。

应用主要在对材质的受力有严格要求的缠绕和放卷的装置中，例如绕线装置或拉光纤设备，转矩的设定要根据缠绕的半径的变化随时更改，以确保材质的受力不会随着缠绕半径的变化而改变。

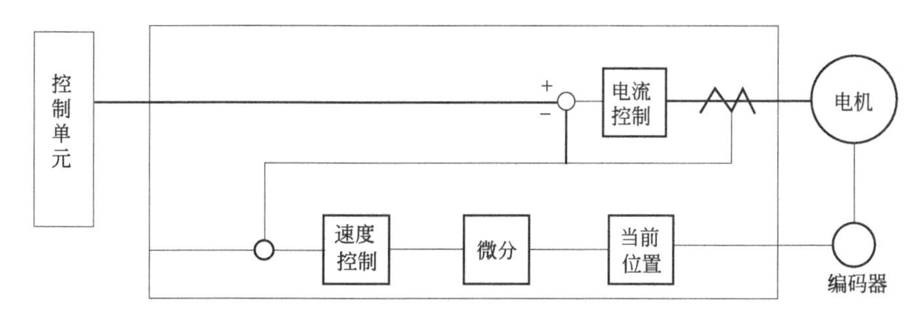

图6.4 转矩控制模式原理图

如10V对应5N·m的话，当外部模拟量设定为5V时，电机轴输出为2.5N·m；电机轴负载低于2.5N·m时电机正转，外部负载等于2.5N·m时电机不转，大于2.5N·m时电机反转（通常在有重力负载情况下）。

当伺服驱动器工作在任意模式下，其对应模式可以由三种方式给定：

① 使用模拟量给定，优点是响应快，应用于许多高精度高响应的场合，缺点是存在零漂，给调试带来困难，欧系和美系伺服多采用这种方式；

② 参数设置的内部给定，应用比较少，为有限的有级调节；

③ 通信给定，是欧系品牌常用的控制方式，优点是给定迅速，响应快，能合理进行运动规划，特别适合凸轮控制和flying定位方式。通信给定常为总线通信方式，也有点对点通

信方式和网络通信方式。

伺服驱动器的三种控制模式的对比如表 6.1 所示。

表 6.1 伺服驱动器的三种控制模式对比

控制模式	功能及适用范围	信号给定方式
位置控制(P)	伺服器接收位置指令,控制电机运行到指定位置。适用于定位精度高、对速度和位置都有严格控制的场合,实际中 90%都采用位置控制模式	控制器向伺服驱动器发送给定脉冲与转动方向信号即可控制电机按照预定轨迹路线运转。电机转动的角度、运行方向、旋转速度分别由脉冲的个数、方向信号和脉冲频率给定
速度控制(S)	伺服器接收速度指令,控制电机以目标转速运行。适应于对速度进行精密控制的场合	①模拟量输入:经由外部电压控制电机转速。 ②内部寄存器输入:速度命令设于多段速寄存器;通过控制面板修改多段速寄存器内容值;利用通信方式改变速度命令内容值
转矩控制(T)	伺服器接收转矩指令,控制电机至目标转矩。此控制模式适用于对材质的受力有严格要求的缠绕和防卷位置中	①模拟量输入:经由外部电压控制输出转矩。 ②内部寄存器输入:控制命令设于多段寄存器;通过控制面板修改多段速寄存器内容值;利用通信方式改变转矩命令内容值

6.1.3 伺服驱动与变频驱动

伺服驱动器是用来驱动伺服电机的，伺服电机可以是步进电机，也可以是交流异步电机，主要为了实现快速、精确定位，在走走停停、对精度要求很高的场合用得很多。

变频器就是为了将工频交流电变频成适合调节电机速度的电流，用以驱动电机，现在部分变频器也可以实现伺服控制，即可以驱动伺服电机。

变频是伺服控制的一个必需的内部环节，伺服驱动器中同样存在变频（要进行无级调速）。但伺服将电流环速度环或者位置环都闭合进行控制，这是很大的区别。伺服与变频的重要区别是变频可以无编码器，伺服则必须有编码器，作电子换向用。

（1）两者工作原理

变频器的调速原理主要受制于异步电机的转速 n、频率 f、转差率 s、极对数 p 这四个因素。转速 n 与频率 f 成正比，只要改变频率 f 即可改变电机的转速，当频率 f 在 0～50Hz 的范围内变化时，电机转速调节范围非常宽。变频调速就是通过改变电机电源频率实现速度调节的。主要采用交流-直流-交流方式，先把工频交流电通过整流器转换成直流电，然后再把直流电转换成频率、电压均可控制的交流电以供给电机。变频器的电路一般由整流、中间直流环节、逆变和控制 4 个部分组成。整流部分为三相桥式不可控整流器，逆变部分为 IGBT 三相桥式逆变器，且输出为 PWM 波形，中间直流环节为滤波、直流储能和缓冲无功功率。

伺服系统的工作原理简单地说就是在开环控制的交直流电机的基础上将速度和位置信号通过旋转编码器、旋转变压器等反馈给驱动器做闭环负反馈的 PID 调节控制。再加上驱动器内部的电流闭环，这 3 个闭环调节，使电机的输出对设定值追随的准确性和时间响应特性都提高很多。伺服系统是个动态的随动系统，达到的稳态平衡也是动态的平衡。

变频器与伺服放大器在主回路与控制回路上的区别如下：

① 主回路：变频器与伺服的构成基本相同。两者的区别在于伺服中增加了称为动态制动器的部件。停止时该部件能吸收伺服电机积累的惯性能量，对伺服电机进行制动。

② 控制回路：与变频器相比，伺服的构成相当复杂。为了实现伺服机构，需要复杂的

反馈、控制模式切换、限制（电流/速度/转矩）等功能。

（2）两者共同点

交流伺服的技术本身就是借鉴并应用了变频的技术，在直流电机的伺服控制的基础上通过变频的 PWM 方式模仿直流电机的控制方式来实现的。也就是说交流伺服电机必然有变频的这一环节：变频就是将工频的 50Hz、60Hz 的交流电先整流成直流电，然后通过可控制门极的各类晶体管（IGBT、IGCT 等），通过载波频率和 PWM 逆变为频率可调的波形类似于正余弦的脉动电，由于频率可调，所以交流电机的速度就可调了（$n=60f/p$，n 为转速，f 为频率，p 是极对数）。

（3）两者区别

① 过载能力不同。伺服驱动器一般具有 3 倍过载能力，可用于克服惯性负载在启动瞬间的惯性力矩，而变频器一般允许 1.5 倍过载。

② 控制精度不同。伺服系统的控制精度远远高于变频，通常伺服电机的控制精度是由电机轴后端的旋转编码器保证。有些伺服系统的控制精度甚至达到 1/1000。

③ 矩频特性不同。交流伺服电机运转非常平稳，即使在低速时也不会出现振动现象，在 0.2r/min 转速下仍可拖动额定负载平稳运转，调速比可达到 1∶10000，这是变频器远远达不到的。

④ 加减速性能不同。在空载情况下伺服电机从静止状态加速到 2000r/min，用时不会超 20ms。电机的加速时间跟电机轴的惯量以及负载有关系。通常惯量越大加速时间越长。

⑤ 驱动对象不同。变频器用来控制交流异步电机，伺服驱动器用来控制交流永磁同步电机。伺服系统的性能不仅取决于驱动器的性能，而且跟伺服电机的性能有直接的关系。伺服电机的材料、结构和加工工艺要远远高于变频器驱动的交流电机，电机方面的严重差异也是两者性能不同的根本。

⑥ 动态响应品质优良。伺服电机在位置控制模式下，突加负载或撤载，几乎没有超调现象，电机转速不会产生波动，保证了机床加工的精度。

⑦ 应用场合不同。变频控制与伺服控制是两个范畴的控制。前者属于传动控制领域，后者属于运动控制领域。一个是满足一般工业应用要求，应用于对性能指标要求不高的应用场合，追求的是低成本。另一个则是追求高精度、高性能、高响应。

a. 在对速度控制和力矩控制要求不是很高的场合一般用变频器，也有在上位加位置反馈信号构成闭环用变频进行位置控制的，精度和响应都不高。现有些变频也接收脉冲序列信号控制速度的，但不能直接控制位置。

b. 在有严格位置控制要求的场合中只能用伺服来实现，还有就是伺服的响应速度远远大于变频，有些对速度的精度和响应要求高的场合也用伺服控制，能用变频控制的运动的场合几乎都能用伺服取代。

简单的变频器只能调节交流电机的速度，可以开环也可以闭环，要视控制方式和变频器而定。伺服驱动器在发展了变频技术的前提下，在驱动器内部的电流环、速度环和位置环（变频器没有该环）都进行了比一般变频更精确的控制技术和算法运算，在功能上也比传统的变频强大很多，主要的一点是可以进行精确的位置控制。

伺服电机的材料、结构和加工工艺要远远高于变频器驱动的交流电机（一般交流电机或恒力矩、恒功率等各类变频电机），即当驱动器输出电流、电压、频率变化很快的电源时，伺服电机就能根据电源变化产生相应的动作变化，响应特性和抗过载能力远远高于由变频器驱动的交流电机，电机方面的严重差异也是两者性能不同的根本。

不是变频器输出不了变化那么快的电源信号，而是电机本身就反应不了，所以在变频的内部算法设定时，为了保护电机，做了相应的过载设定，仅有些部分性能优良的变频器可以直接驱动伺服电机。

6.1.4 伺服电机的选用

(1) 步进电机和伺服电机

步进电机是一种离散运动的装置，和现代数字控制技术有着本质的联系。在国内的数字控制系统中，步进电机的应用十分广泛。随着全数字式交流伺服系统的出现，交流伺服电机也越来越多地应用于数字控制系统中。为了适应数字控制的发展趋势，运动控制系统中大多采用步进电机或全数字式交流伺服电机作为执行电机。虽然两者在控制方式上相似（脉冲串和方向信号），但在使用性能和应用场合上存在着较大的差异。

在实际使用中，选择步进和伺服电机应考虑的因素如下：

① 负载的性质（如是水平还是垂直负载等）；

② 转矩、惯量、转速、精度、加减速等要求；

③ 上位控制要求（如对端口界面和通信方面的要求），主要控制方式是位置、转矩还是速度方式；

④ 供电电源是直流还是交流电源，是否为电池供电，电压范围是多少。

据此以确定电机和配用驱动器或控制器的型号。

伺服电机和步进电机有以下区别。

1) 控制精度不同

两相混合式步进电机步距角一般为 1.8°、0.9°，五相混合式步进电机步距角一般为 0.72°、0.36°。也有一些高性能的步进电机通过细分后步距角更小。如鸣志公司（MOONS′）生产的二相混合式步进电机搭配其 SR 系列步进驱动器，其步距角可通过拨码有 16 挡细分，可以选择 1.8°、0.9°、0.45°、0.36°、0.225°、0.18°、0.1125°、0.09°、0.072°、0.05625°、0.045°、0.036°、0.028125°、0.018°、0.0144°、0.014°，兼容了两相和五相混合式步进电机的步距角。

交流伺服电机的控制精度由电机轴后端的旋转编码器保证。以 M2 交流伺服电机为例，对于带 2500 线增量式编码器的电机而言，由于驱动器内部采用了四倍频技术，其脉冲当量为 360°/10000=0.036°。对于带 17 位编码器的电机而言，驱动器每接收 131072 个脉冲电机转一圈，即其脉冲当量为 360°/131072=0.0027466°，是步距角为 1.8°的步进电机的脉冲当量的 1/655。

2) 低频特性不同

步进电机在低速时易出现低频振动现象。振动频率与负载情况和驱动器性能有关，一般认为振动频率为电机空载起跳频率的一半。这种由步进电机的工作原理所决定的低频振动现象对于机器的正常运转非常不利。当步进电机工作在低速时，一般应采用阻尼技术来克服低频振动现象，比如在电机上加阻尼器，或驱动器采用细分技术等。

交流伺服电机运转非常平稳，即使在低速时也不会出现振动现象。交流伺服系统具有共振抑制功能，可弥补机械的刚性不足，并且系统内部具有频率解析机能（FFT），可检测出机械的共振点，便于系统调整。

3）矩频特性不同

步进电机的输出力矩随转速升高而下降，且在较高转速时会急剧下降，所以其最高工作转速一般在 300～600r/min。交流伺服电机为恒力矩输出，即在其额定转速（一般为 2000r/min 或 3000r/min）以内，都能输出额定转矩，在额定转速以上为恒功率输出。

4）过载能力不同

步进电机一般不具有过载能力。交流伺服电机具有较强的过载能力。以 M2 交流伺服系统为例，它具有速度过载和转矩过载能力。其最大转矩为额定转矩的 2～3 倍，可用于克服惯性负载在启动瞬间的惯性力矩。步进电机因为没有这种过载能力，在选型时，为了克服这种惯性力矩，往往需要选取较大转矩的电机，而机器在正常工作期间又不需要那么大的转矩，便出现了力矩浪费的现象。

5）运行性能不同

步进电机的控制为开环控制，启动频率过高或负载过大易出现失步或堵转的现象，停止时转速过高易出现过冲的现象，所以为保证其控制精度，应处理好升、降速问题。交流伺服驱动系统为闭环控制，驱动器可直接对电机编码器反馈信号进行采样，内部构成位置环和速度环，一般不会出现步进电机的失步或过冲的现象，控制性能更为可靠。

6）速度响应性能不同

步进电机从静止加速到工作转速（一般为几百转每分）需要 200～400ms。交流伺服驱动系统的加速性能较好，以鸣志 400W 交流伺服电机为例，从静止加速到其额定转速 3000r/min 仅需几毫秒，可用于要求快速启停的控制场合。

综上所述，交流伺服系统在许多性能方面都优于步进电机。但在一些要求不高的场合也经常用步进电机来作为执行电机。所以，在控制系统的设计过程中要综合考虑控制要求、成本等多方面的因素，选用适当的控制电机。

（2）伺服电机选型

每种型号伺服电机的规格项内均有额定转矩、最大转矩及伺服电机惯量等参数，各参数与负载转矩及负载惯量间必定有相关联系存在。选用伺服电机的输出转矩应符合负载机构的运动条件要求，如加速度的快慢、机构的重量、机构的运动方式（水平、垂直旋转）等；运动条件与伺服电机输出功率无直接关系，但是一般伺服电机输出功率越高，相对输出转矩也会越高；同时，不但机构重量会影响伺服电机的选用，而且运动条件也会改变伺服电机的选用。惯量越大，需要越大的加速及减速转矩，加速及减速时间越短时，也需要越大的伺服电机输出转矩。

伺服电机选型的基本步骤为：

① 明确负载机构的运动条件要求，即加/减速的快慢、运动速度、机构的重量、机构的运动方式等；

② 依据运行条件要求选用合适的负载惯量计算公式计算出机构的负载惯量；

③ 依据负载惯量与伺服电机惯量选出适当的伺服电机规格；

④ 结合初选的伺服电机惯量与负载惯量，计算出加速转矩及减速转矩；

⑤ 依据负载重量、配置方式、摩擦系数、运行效率计算出负载转矩；

⑥ 初选伺服电机的最大输出转矩必须大于加速转矩＋负载转矩，如不符合条件，必须选用其他型号计算验证直至符合要求；

⑦ 依据负载转矩、加速转矩、减速转矩及保持转矩计算出连续瞬时转矩；

⑧ 初选伺服电机的额定转矩必须大于连续瞬时转矩，如果不符合条件，必须选用其他型号计算验证直至符合要求；

⑨ 完成选定。

伺服电机选型的注意事项：

① 有的伺服驱动器有内置的再生制动单元，但当再生制动较频繁时，可能引起直流母线电压过高，这时需另配再生制动电阻。再生制动电阻是否需要另配，配多大，可参照相应样本的使用说明来配；

② 如果选择了带电磁制动器的伺服电机，电机的转动惯量会增大，计算转矩时要进行考虑；

③ 有些装置如传送装置、升降装置等要求伺服电机能尽快停车，在故障、急停、电源断电时伺服驱动器没有再生制动，无法对电机减速，同时系统的机械惯量又较大，这时要依据负载的轻重、电机的工作速度等进行选择；

④ 有些系统要维持机械装置的静止位置，需电机提供较大的输出转矩，且停止的时间较长。如果使用伺服的自锁功能，往往会造成电机过热或放大器过载，这种情况就要选择带电磁制动的电机。

6.1.5 伺服驱动器的使用

(1) 伺服系统器件

以某伺服系统为例，其组成器件如图 6.5 所示。

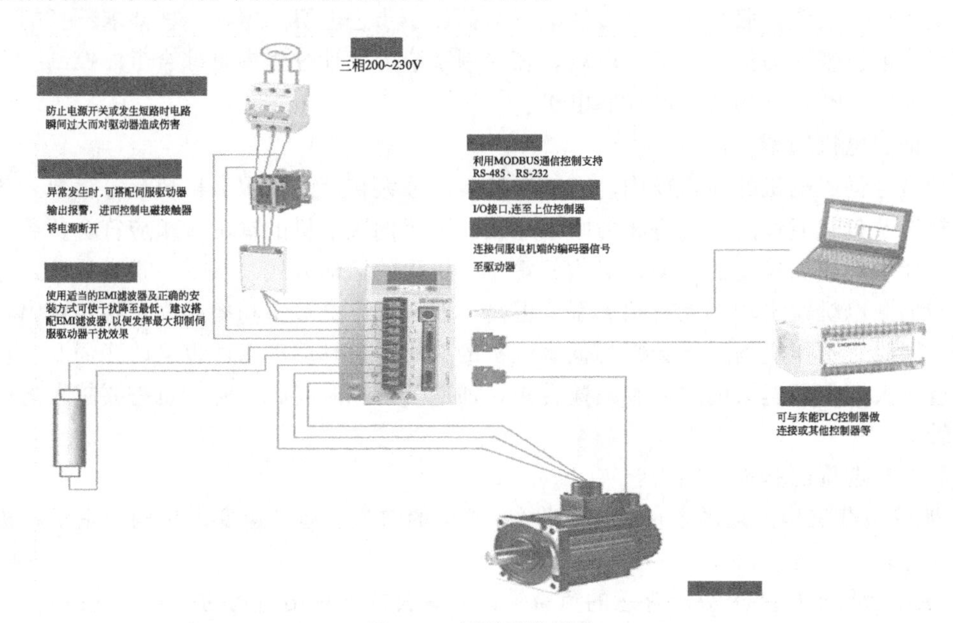

图 6.5 伺服系统器件

1) 伺服驱动器的选型

① 选择一款合适的伺服驱动器需要考虑到各个方面，主要根据系统的要求来选择，在选型之前，首先分析以下系统需求，比如尺寸、供电、功率、控制方式等，为选型定下方向。

② 驱动器支持的电机类型，一般为直流有刷、正弦波、梯形波等，还要求驱动器的持

续输出电流要大于电机的额定电流，根据电机反电动势、最大转速考虑驱动器是否可以胜任。

③ 反馈元件。反馈传感器种类繁多，根据是否要做闭环，选择反馈传感器、编码器、测速电机、旋变等。如果系统中带有反馈元件，在选择驱动器时就要考虑驱动器是否支持这种反馈，主要考虑反馈种类，或者是反馈的信号输出形式。

④ 伺服驱动器有三种控制模式：力矩、速度、位置模式。工作在这几种模式下命令形式也不一样，力矩和速度模式可通过模拟量命令控制，位置模式可使用脉冲＋方向控制。当然还有总线形式，比如 EtherCAT 等。

⑤ 精度要求。系统的精度有多个影响因素，伺服驱动器也是其中重要的一环。一般伺服驱动器分为数字伺服驱动器和线性伺服放大器，线性放大器适用于低噪声、高带宽以及电流过零时无失真的场合。

⑥ 供电和使用环境。供电方面主要是直流和交流供电，有时候还要考虑驱动器对供电电源的要求。使用环境，主要是考虑温度方面的影响，还有就是工况，是否需要防护罩等。

2）伺服驱动器铭牌

伺服驱动器铭牌如图 6.6 所示，铭牌上面标有驱动器的一些基本参数。

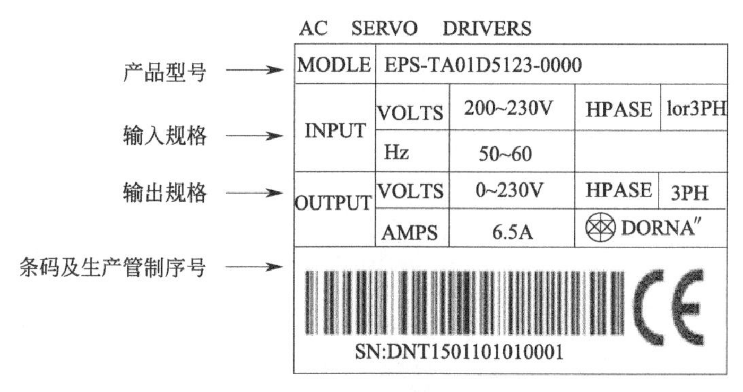

图 6.6 伺服驱动器铭牌

3）驱动器型号说明

驱动器型号如图 6.7 所示。

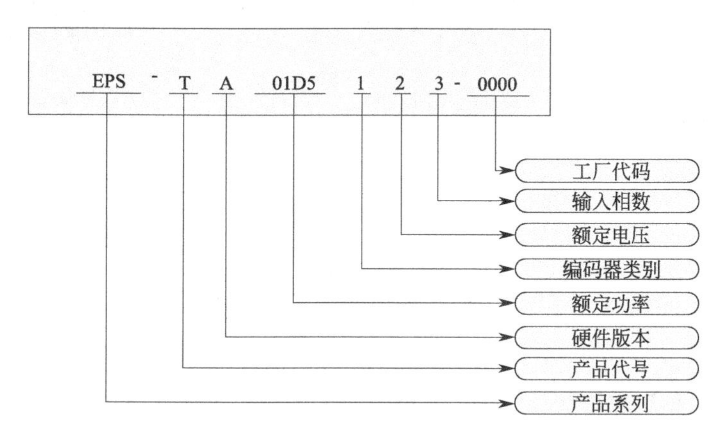

图 6.7 伺服驱动器型号

图中各部分字母和数字分别表示：

① 产品系列：EPS 系列；

② 产品代号：T 表示通用型、H 表示横机专用型、W 表示袜机专用型、K 表示数控专用型、E 表示经济型、G 表示高性能型；

③ 硬件版本：版本 A、版本 B；

④ 额定功率：

a. 功率的位数增加到 4 位，单位为 kW。

b. “D”表示小数点（只适用于 100kW 以下，100kW 以上伺服功率都为整数）。

若驱动器的功率为整数，则 4 位数字中不出现“D”符号。示例：0011 表示 11kW，0001 表示 1kW。

若驱动器的功率不为整数，则 4 位数字中才出现“D”符号，命名规定按以下标准：

0＜功率＜1kW 规定“D”在百位，例 0D05 为 0.05kW，0D75 为 0.75kW；1kW＜功率＜100kW 规定“D”在十位，例 01D5 为 1.5kW，18D5 为 18.5kW。

⑤ 编码器类别：1 为增量式，2 为绝对式，3 为省线式，4 为旋转变压器，……。

⑥ 额定电压：2 代表 220V 级，4 代表 380V 级，……。

⑦ 输入相数：1 代表单相，3 代表三相，……。

⑧ 工厂代码：四位阿拉伯数字。

4）伺服驱动器端子意义

伺服驱动器各端子意义如图 6.8 所示。

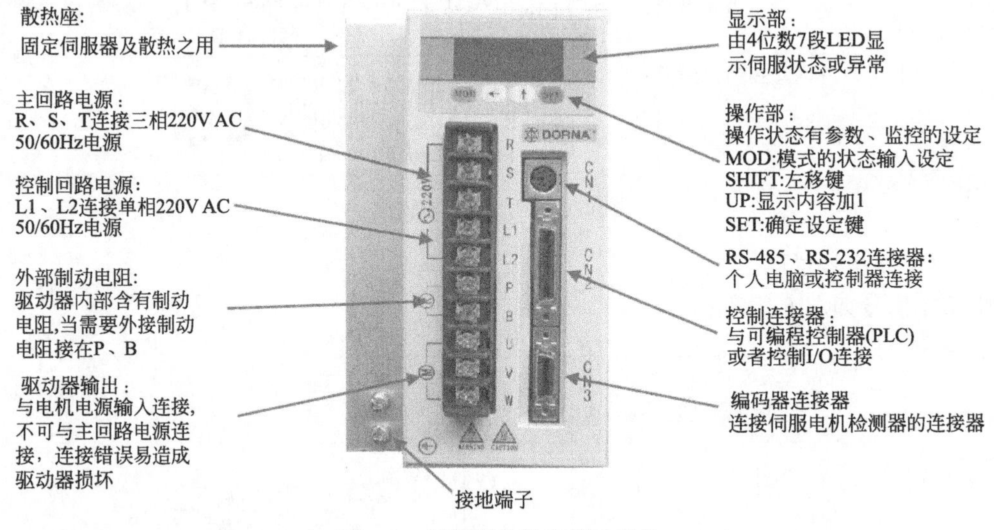

图 6.8　伺服驱动器各端子意义

5）编码器

在伺服驱动器速度闭环中，电机转子实时速度的测量精度对于改善速度环的转速控制动静态特性至关重要。为寻求测量精度与系统成本的平衡，一般采用编码器作为测速传感器，编码器在电机中的位置如图 6.9 所示。伺服电机控制精度取决于编码器精度。

电机编码器是一种将旋转位移转换成一串数字脉冲信号的旋转式传感器，这些脉冲能用来控制角位移。

按照读取方式，编码器可以分为接触式和非接触式两种。接触式采用电刷输出，以电刷接触导电区或绝缘区来表示代码的状态是“1”还是“0”；非接触式的敏感元件是光敏元件或磁敏元件，采用光敏元件时以透光区和不透光区来表示代码的状态是“1”还是“0”。

图 6.9　编码器在电机中的位置

编码器一般分为增量型、绝对型、旋转变压器。

① 增量型编码器。增量式编码器将位移转换成周期性的电信号，再把这个电信号转变成计数脉冲，用脉冲的个数表示位移的大小。

增量式编码器转轴旋转时，有相应的脉冲输出，其旋转方向的判别和脉冲数量的增减借助后部的判向电路和计数器来实现。其计数起点任意设定，可实现多圈无限累加和测量。还可以把每转发出一个脉冲的 Z 信号，作为参考机械零位。编码器轴转一圈会输出固定的脉冲，脉冲数由编码器光栅的线数决定。需要提高分辨率时，可利用 90°相位差的 A、B 两路信号对原脉冲数进行倍频，或者更换高分辨率编码器。

② 绝对型编码器。由机械位置决定的每个位置的唯一性，无须记忆，无须找参考点，而且不用一直计数，什么时候需要知道位置，什么时候就去读取它的位置。这样，编码器的抗干扰特性、数据的可靠性大大提高。

绝对型编码器精度高，输出位数较多，如仍用并行输出，其每一位输出信号必须确保连接很好，对于较复杂工况还要隔离、连接电缆，芯数多，由此带来诸多不便和降低可靠性。因此，绝对编码器在多位数输出时，一般均选用串行输出或总线型输出，串行输出最常用的是 SSI（同步串行输出）。

绝对式编码器的每一个位置对应一个确定的数字码，因此它的示值只与测量的起始和终止位置有关，而与测量的中间过程无关。

③ 旋转变压器。其是一种输出电压随转子转角变化的信号元件。当励磁绕组以一定频率的交流电压励磁时，输出绕组的电压幅值与转子转角成正弦、余弦函数关系，或保持某一比例关系，或在一定转角范围内与转角呈线性关系。主要用于坐标变换、三角运算和角度数据传输，也可以作为两相移相器用在角度-数字转换装置中。

（2）伺服驱动器的主要参数

1）位置比例增益

① 设定位置环调节器的比例增益。

② 设置值越大，增益越高，刚度越大，相同频率指令脉冲条件下，位置滞后量越小。但数值太大可能会引起振荡或超调。

③ 参数数值由具体的伺服系统型号和负载情况确定。

2）位置前馈增益

① 设定位置环的前馈增益。

② 设定值越大，表示在任何频率的指令脉冲下，位置滞后量越小。

③ 位置环的前馈增益大，控制系统的高速响应特性提高，但会使系统的位置不稳定，

容易产生振荡。

④ 不需要很高的响应特性时，本参数通常设为0，表示范围：0～100%。

3）速度比例增益

① 设定速度调节器的比例增益。

② 设置值越大，增益越高，刚度越大。参数数值根据具体的伺服驱动系统型号和负载值情况确定。一般情况下，负载惯量越大，设定值越大。

③ 在系统不产生振荡的条件下，尽量设定较大的值。

4）速度积分时间常数

① 设定速度调节器的积分时间常数。

② 设置值越小，积分速度越快。参数数值根据具体的伺服驱动系统型号和负载情况确定。一般情况下，负载惯量越大，设定值越大。

③ 在系统不产生振荡的条件下，尽量设定较小的值。

5）速度反馈滤波因子

① 设定速度反馈低通滤波器特性。

② 数值越大，截止频率越低，电机产生的噪声越小。如果负载惯量很大，可以适当减小设定值。数值太大，造成响应变慢，可能会引起振荡。

③ 数值越小，截止频率越高，速度反馈响应越快。如果需要较快的速度响应，可以适当减小设定值。

6）最大输出转矩设置

① 设置伺服电机的内部转矩限制值。

② 设置值是额定转矩的百分比。

③ 任何时候，这个限制都有效定位完成范围。

④ 设定位置控制模式下定位完成脉冲范围。

⑤ 本参数提供了位置控制模式下驱动器判断是否完成定位的依据，当位置偏差计数器内的剩余脉冲数小于或等于本参数设定值时，驱动器认为定位已完成，到位开关信号为ON，否则为OFF。

⑥ 在位置控制模式下，输出位置定位完成信号，加减速时间常数。

⑦ 设置值是表示电机从0到2000r/min的加速时间或从2000r/min到0的减速时间。

⑧ 加减速特性是线性的到达速度范围。

⑨ 设置到达速度。

⑩ 在非位置控制模式下，如果电机速度超过设定值，则速度到达开关信号为ON，否则为OFF。

⑪ 在位置控制模式下，不用此参数。

⑫ 与旋转方向无关。

（3）伺服驱动器增益调谐

伺服增益调谐框图如图6.10所示。

调整伺服增益时，一般在理解伺服单元构成与特性的基础上，逐一地调整各伺服增益。在大多数情况下，如果一个参数出现较大变化，则必须再次调整其他参数。

伺服单元由三个反馈系统（位置环、速度环、电流环）构成，越是内侧的环，越需要提高其响应性。如果不遵守该原则，则会引起响应性变差或产生振动。

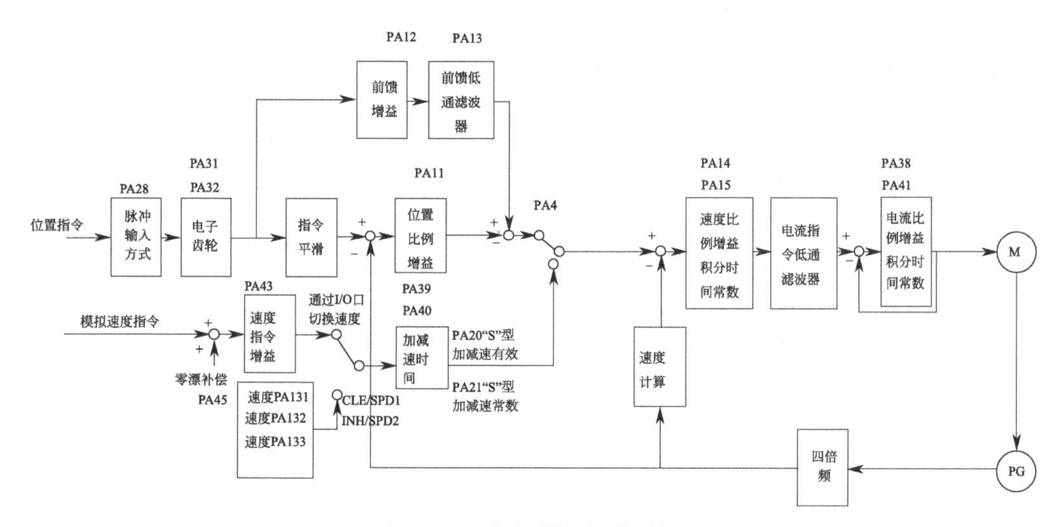

图 6.10 伺服增益调谐框图

伺服单元的用户参数中主要包括以下伺服增益。通过设定这些增益，可以调整伺服单元的响应特性。其中 PA11 代表位置环增益（K_p）；PA14 代表速度环增益（K_v）；PA15 代表速度环积分时间常数（T_i）。

一般来说，手动增益调整步骤如表 6.2 所示。以位置控制与速度控制时的情况为例，通过执行表 6-2 中的步骤，可提高伺服单元的响应特性。位置控制时，可缩短定位时间。

表 6.2 手动增益调整步骤

步骤	内　容
1	在机械不产生振动的范围内尽可能地提高速度环增益(PA14)，同时减小速度环积分时间常数(PA15)
2	重复步骤，将已经变更的值减小 10%～20%
3	位置控制时，在机械不产生振动的范围内提高位置环增益(PA11)

(4) 伺服驱动器电源的连接

伺服驱动器电源的连接如图 6.11 所示。

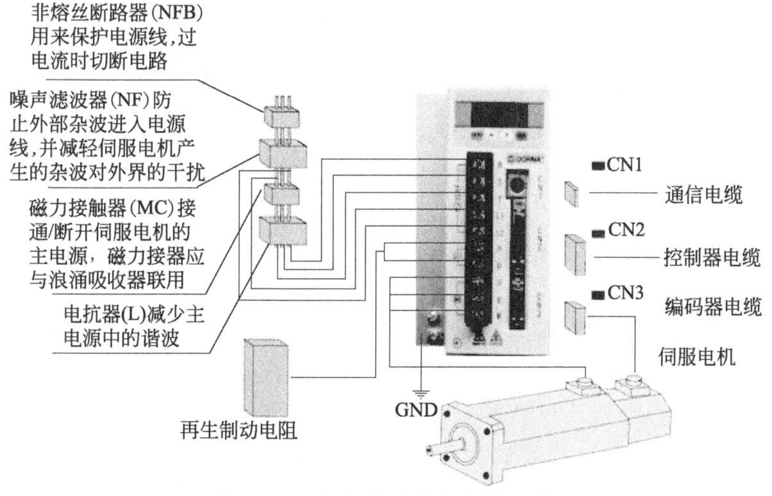

图 6.11 伺服驱动器电源的连接

(5) 伺服控制信号定义

位置控制信号原理如图 6.12 所示，转矩和速度控制信号原理如图 6.13 所示。

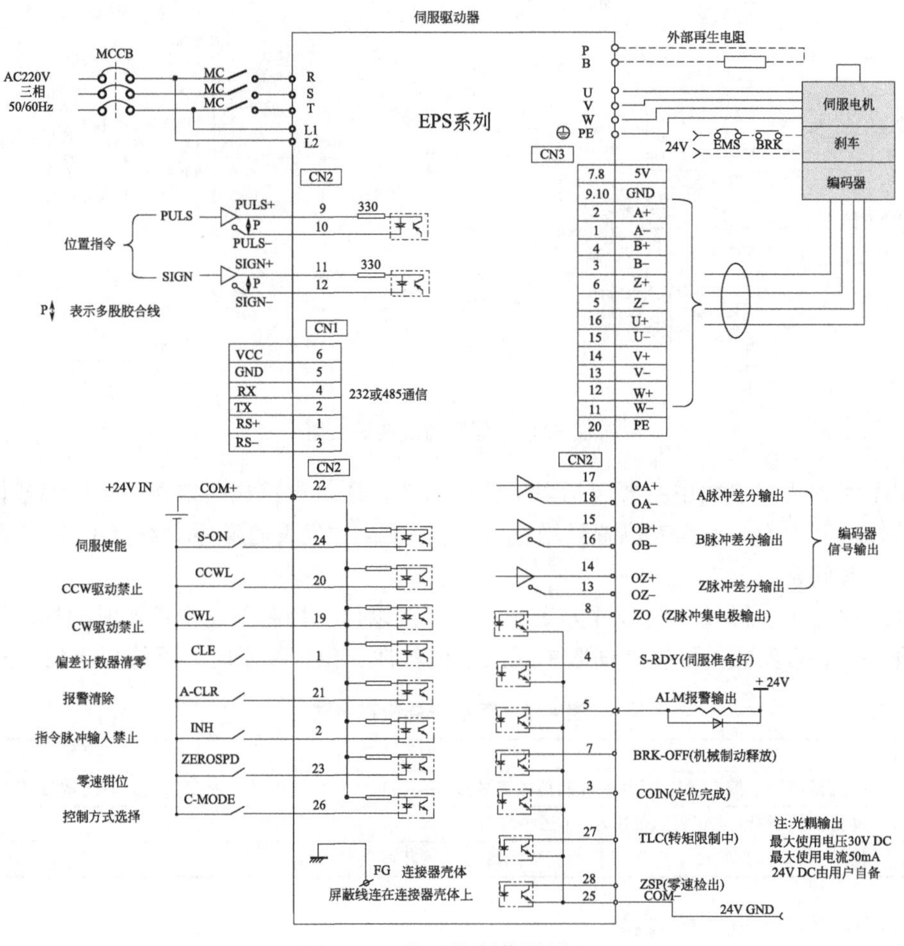

图 6.12 位置控制信号原理

伺服控制信号定义如下：

① S-ON 伺服启动。此信号接通时，伺服励磁、启动（servo on）。

② CLE 脉冲清除。清除脉冲计数寄存器，清除 dP5 显示的数值。

③ INH 信号可以作为指令脉冲输入禁止信号用，此信号有效时，指令脉冲输入被禁止。可以通过参数 PA29（指令脉冲禁止输入无效）屏蔽此信号。INH 信号也可以作为位置控制时急停信号用，此信号有效时，电机紧急停止。

④ ZEROSPD 可以作为零速给定信号用。此信号有效时，电机停止运转。ZEROSPD 也可以作为速度控制时的急停信号。此信号有效时，电机紧急停止。

⑤ CWL 反转驱动禁止。此信号有效时，电机反向运转驱动禁止，只能正转。

⑥ CCWL 正转驱动禁止。此信号有效时，电机正向运转驱动禁止，只能反转。当 CCWL 和 CWL 都有效时，电机正反转都禁止。

⑦ S _ RDY 伺服准备好。当控制与主电路电源输入至驱动器后，若没有异常发生，此信号输出信号。

⑧ ZSP 零速检出。当电机运转速度低于参数 PA51 的设定值时，此信号有输出。

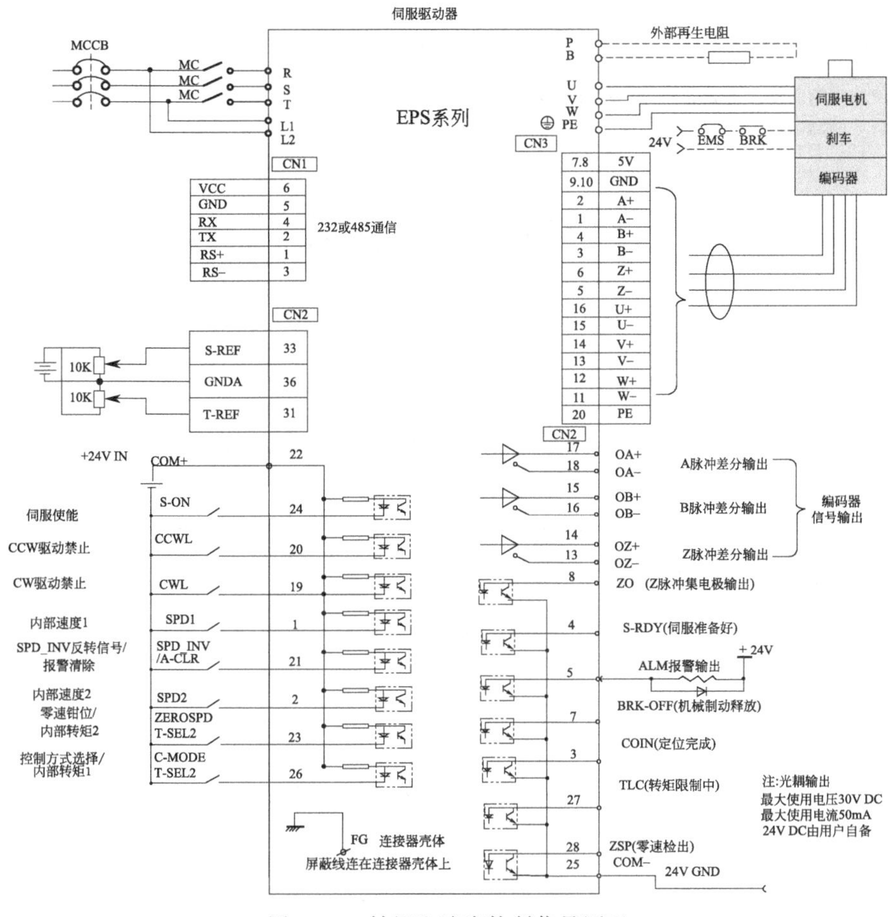

图 6.13 转矩和速度控制信号原理

⑨ COIN 定位完成。在位置控制模式下，当偏差脉冲数量小于设定的位置范围（参数 PA50 设定值），此端子输出信号。在速度和转矩模式下，当电机速度超出范围（参数 PA52 设定值），此端子输出信号。

⑩ TLC 转矩限制中。驱动器转矩受限制转矩时，此端子输出信号。

⑪ ALM 伺服报警。当伺服发生报警时，此端子输出信号。

⑫ BRK-OFF 电磁刹车。电磁刹车控制此信号输出，调整参数由 PA60 与 PA61 设定。

（6）伺服电机单体的试运行

① 伺服电机单体的试运行步骤如表 6.3 所示。

表 6.3 伺服电机单体的试运行步骤

步骤	内　　容	确认方法与补充说明
1	将伺服电机的安装面固定到机械上。传动轴上未进行任何连接	将伺服电机的法兰固定在机械上。不要将伺服电机轴连接到机械上
2	确认电源电路、伺服电机以及编码器的配线	在输入输出信号用连接器(CN2)没有连接的状态下，请确认电源电路与伺服电机的配线
3	接通控制电源与主电路电源	如果正常供电，伺服单元正面的面板操作器上就会显示“0”。 出现“ERR ××”的报警显示时，可认为是电源电路、电机主电路用电缆或者编码器电缆的配线有问题

续表

步骤	内　容	确认方法与补充说明
4	使用带制动器的伺服电机时，必须在驱动伺服电机之前释放制动器	—
5	通过面板操作器进行运行	①按“MOD”键切换，直到显示“t-SPd”； ②按“SET”按钮进入速度试运行模式，LED出现提示“S-rdY”； ③按“SET”键，显示“0”，可以进行速度试运行了； ④按“←”键速度负向增大、按“↑”按钮速度正向增大，松手后电机按照按键给定的速度运行（速度单位是“r/min”）； ⑤按“MOD”退出试运行状态。退出试运行前，请将电机速度减小到50r/min以内，否则会出现电机猛停，可能发生意外情况。 注：伺服使能信号(S-ON)有效后，不能进入试运行模式

② 速度控制单体运行步骤如表6.4所示。

表6.4　速度控制单体运行步骤

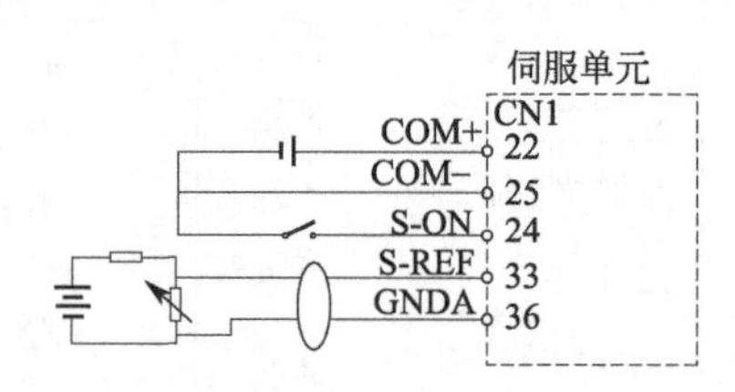

步骤	内　容	确认方法与补充说明
1	再次确认电源与输入信号电路是否正确，确认速度指令输入为0V	参照上图所示的输入信号电路
2	将伺服ON输入信号置为ON	如果伺服电机进行微小旋转，请参照“偏移量的调整”，进行调整
3	将速度指令输入的电压从0V开始缓缓提升。请确认电机旋转的方向	若电机方向反了，可以通过PA44参数调节
4	确认输入到伺服单元中的速度指令的值、速度指令输入增益	—
5	确认电机的转速等于速度指令模拟量与速度指令输入增益的乘积	—
6	如果将速度输入指令置为0V时进入伺服OFF状态，表明伺服电机单体的试运行已经完成	—

③ 位置控制单体运行步骤如表6.5所示。

(7) 交流伺服系统控制模式

1) 转矩模式（参数PA4＝2）

通过外部模拟量的输入或直接的地址的赋值来设定电机轴对外的输出转矩的大小。输入的模拟量（±10V）与电机的转矩命令（0～100%）成正比，如输入10V时，转矩控制命令为100%；如输入5V时，转矩控制命令为50%。

表 6.5　位置控制单体运行步骤

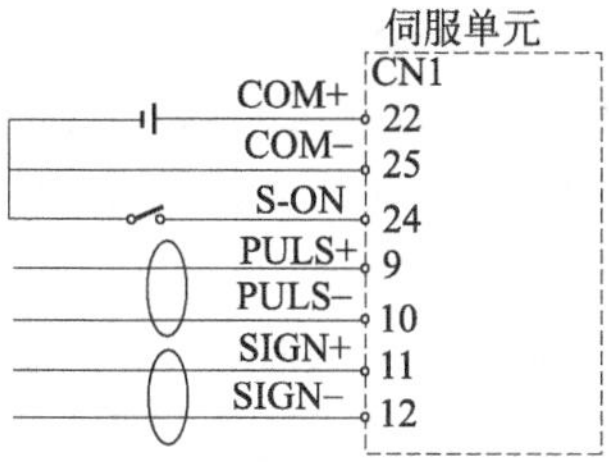

伺服单元
CN1
COM+ 22
COM− 25
S-ON 24
PULS+ 9
PULS− 10
SIGN+ 11
SIGN− 12

步骤	内　　容	确认方法与补充说明
1	确认指令脉冲形态与上级脉冲指令器的脉冲输出形态保持一致	指令脉冲形态由 PA28 设定
2	设定指令单位，根据指令控制器设定电子齿轮比	电子齿轮比由 PA31/32 设定
3	接通电源，并将伺服 S-ON 信号置为 ON	—
4	利用事先确认的电机旋转量（比如电机旋转 1 圈），从指令控制器输出慢速指令脉冲	将指令脉冲速度设定为电机转速处在数 100r/min 左右的安全速度
5	以输入指令脉冲计数器的指令前后的变化量确定输入到伺服单元中的指令脉冲数	dP3、dP4 可查看
6	确定电机实际的旋转量	dP1、dP2 可查看
7	确定电机实际旋转量等于驱动器受到的指令脉冲乘以齿轮比	—
8	确认电机旋转的方向	若电机方向反了，可以通过 PA27 参数调节
9	如果停止脉冲指令输入时进入伺服 OFF 状态，那么使用上级位置指令的伺服电机单体在位置控制模式下的试运行已经完成	—

2）速度模式（参数 PA4＝1）

输入的模拟量（±10V）与电机的转速命令（0～3000r/min）成正比，如输入 10V 时，速度控制命令为 3000r/min；如输入 5V 时，速度控制命令为 1500r/min。定位精度由上位控制单元决定，0V 输入时伺服电机保持在锁定状态。

3）位置模式（参数 PA4＝0）

机械进给量与总指令脉冲数成正比；机械速度与指令脉冲串的速度（脉冲频率）成正比，在最后±1 个脉冲的范围内完成定位，只要没有位置指令，伺服电机保持在锁定状态。

6.1.6　伺服驱动器的测试平台

伺服驱动器的测试平台主要有以下几种：采用伺服驱动器-电机互馈对拖的测试平台、采用可调模拟负载的测试平台、采用有执行电机而没有负载的测试平台、采用执行电机拖动固有负载的测试平台和采用在线测试方法的测试平台。

（1）采用伺服驱动器-电机互馈对拖的测试平台

这种测试系统由四部分组成，分别是三相 PWM 整流器、被测伺服驱动器-电机系统、负载伺服驱动器-电机系统及上位机，其中两台电机通过联轴器互相连接。被测电机工作于电动状态，负载电机工作于发电状态。被测伺服驱动器-电机系统工作于速度闭环状态，用来控制整个测试平台的转速，负载伺服驱动器-电机系统工作于转矩闭环状态，通过控制负载电机的电流来改变负载电机的转矩大小，模拟被测电机的负载变化，这样互馈对拖测试平台可以实现速度和转矩的灵活调节，完成各种试验。上位机用于监控整个系统的运行，根据试验要求向两台伺服驱动器发出控制指令，同时接收它们的运行数据，并对数据进行保存、分析与显示。

这种测试系统，采用高性能的矢量控制方式对被测电机和负载设备分别进行速度和转矩控制，即可模拟各种负载情况下伺服驱动器的动、静态性能，完成对伺服驱动器的全面而准确的测试。但由于使用了两套伺服驱动器-电机系统，所以这种测试系统体积庞大，不能满足便携式的要求，而且系统的测量和控制电路也比较复杂、成本也很高。

(2) 采用可调模拟负载的测试平台

这种测试系统由三部分组成，分别是被测伺服驱动器-电动机系统、可调模拟负载及上位机。可调模拟负载如磁粉制动器、电力测功机等，它和被测电动机同轴相连。上位机和数据采集卡通过控制可调模拟负载来控制负载转矩，同时采集伺服系统的运行数据，并对数据进行保存、分析与显示。这种测试系统，通过对可调模拟负载进行控制，也可模拟各种负载情况下伺服驱动器的动、静态性能，完成对伺服驱动器的全面而准确的测试。但这种测试系统体积仍然比较大，不能满足便携式的要求，而且系统的测量和控制电路也比较复杂、成本也很高。

(3) 采用有执行电机而没有负载的测试平台

这种测试系统由两部分组成，分别是被测伺服驱动器-电机系统和上位机。上位机将速度指令信号发送给伺服驱动器，伺服驱动器按照指令开始运行。在运行过程中，上位机和数据采集电路采集伺服系统的运行数据，并对数据进行保存、分析与显示。由于这种测试系统中电机不带负载，所以与前面两种测试系统相比，该系统体积相对减小，而且系统的测量和控制电路也比较简单，但是这也使得该系统不能模拟伺服驱动器的实际运行情况。通常情况下，此类测试系统仅用于被测系统在空载情况下的转速和角位移的测试，而不能对伺服驱动器进行全面而准确的测试。

(4) 采用执行电机拖动固有负载的测试平台

这种测试系统由三部分组成，分别是被测伺服驱动器-电机系统、系统固有负载及上位机。上位机将速度指令信号发送给伺服驱动器，伺服系统按照指令开始运行。在运行过程中，上位机和数据采集电路采集伺服系统的运行数据，并对数据进行保存、分析与显示。

这种测试系统，负载采用被测系统的固有负载，因此测试过程贴近于伺服驱动器的实际工作情况，测试结果比较准确。但由于有的被测系统的固有负载不方便从装备上移走，因此测试过程只能在装备上进行，不是很方便。

(5) 采用在线测试方法的测试平台

这种测试系统只有数据采集系统和数据处理单元。数据采集系统对伺服驱动器在装备中的实时运行状态信号进行采集和调理，然后发送给数据处理单元供其处理和分析，最终由数据处理单元做出测试结论。由于采用在线测试方法，因此这种测试系统结构比较简单，而且不用将伺服驱动器从装备中分离出来，使测试更加便利。此类测试系统完全根据伺服驱动器的实际运行进行测试，因此测试结论更加贴近实际情况。但是此类测试系统中的各种传感器及信号测量元件的安装位置很难选择。而且装备中的其他部分如果出现故障，也会给伺服驱动器的工作状态造成不良影响，最终影响其测试结果。

6.1.7 智能伺服驱动器

智能伺服驱动器又称“可编程伺服驱动器”，是集伺服驱动技术、PLC 技术、运动控制技术于一体的全数字化驱动器。其内部可进行梯形图编程，完成 PLC 的逻辑、数据运算，通过特有的运动控制指令，来实现多轴电机同步控制功能。智能伺服驱动器属于伺服系统中的一部分，主要应用于高端装备、智能机器的核心控制部件。智能伺服驱动器广泛应用于纺织机械、木工机械等领域。

（1）功能配置

智能伺服驱动器采用数字信号处理器（DSP）作为控制核心，包含运动控制算法、PLC算法、伺服控制算法等。功率板通过桥式整流电路将交流电转换为直流电，再经过三相正弦PWM逆变来驱动三相同步交流伺服电机，驱动板则以DSP为核心，负责对伺服各模块状态进行信号采集、A/D转换、信号监控、数据处理、数据输出。通过内核程序对不同等级任务进行调度来完成通信、PLC、PWM、AD转换、脉冲输入采集等功能，如图6.14所示。

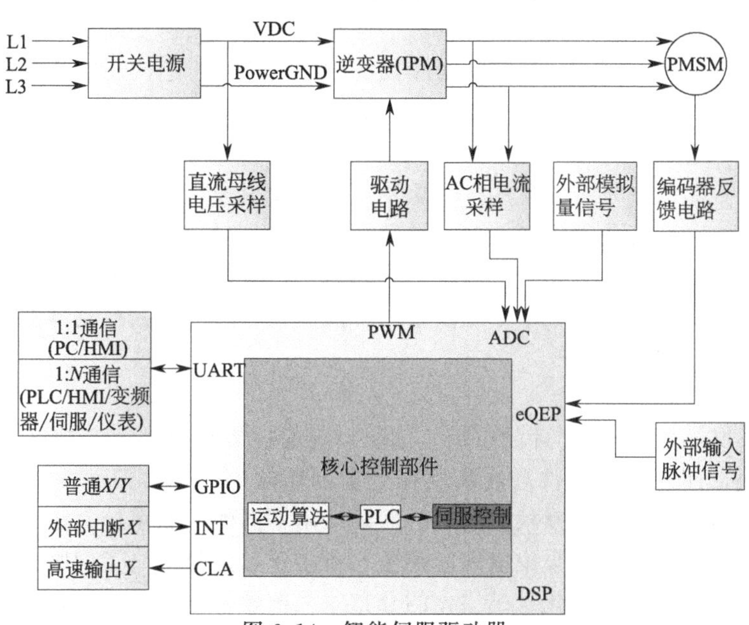

图6.14 智能伺服驱动器

（2）产品分类

智能伺服驱动器的种类有：无刷智能伺服驱动器、DC智能伺服驱动器、有刷电机智能伺服驱动器、步进电机智能伺服驱动器、感应电机智能伺服驱动器、永磁同步电机伺服驱动器和智能电机智能伺服驱动器。

（3）产品特色

智能伺服驱动器是集伺服驱动技术、PLC技术、运动控制技术于一体的全数字化驱动器。其功能也结合了PLC、运动控制器以及伺服驱动器三者的优势。

① 智能伺服驱动器将传统PLC功能集成到伺服驱动器中，拥有完整的通用PLC指令，使用独立的编程软件进行编程，整个系统更加高效简洁。

② 智能伺服驱动器内置的运动指令，支持一轴闭环，三轴开环同步运动，开环轴滞后1ms；即“四轴同步”。

③ 智能伺服驱动器驱动支持瞬时最大3倍过载，速度环400Hz，刚性10倍。位置环调节周期1ms，动态跟随误差小于4个脉冲。

④ 在系统设计中，要用到三环切换时，智能伺服驱动器能做到三环无扰数字切换。在梯形图环境下重构伺服电流环、速度环、位置环结构参数，实现多模式动态切换工作。

⑤ 在梯形图的条件下可以完成数控插补运算、自动生成曲线簇算法、集成G代码运动

功能（如S曲线、多项式曲线等）。例如：在背心袋制袋机中的加减速控制采用指数函数作为加速部分曲线和采用加速度平滑、柔性较好的四次多项式位移曲线作为减速部分曲线，从而使得机器更加快速、平稳。

⑥ 拥有完善的硬件保护和软件报警功能，可以方便地判断故障和避免危险。

（4）发展趋势

1）数字化

采用新型调整微处理器和专用数字信号处理器（DSP）的伺服控制系统将全面代替以模拟电子器件为主的伺服控制单元，从而实现全数字化的伺服系统。全数字化的伺服系统通过人工编程实现系统的软件化，具有很强的灵活性和开放性。只需要改变软件就可以实现不同的控制功能，也可以用不同的软件模块对相同的硬件模块进行不同功能的控制，这在很大程度上提高了开发效率，缩短了开发周期。

2）智能化

控制策略的不断改进是智能化的一个重要方面。除了矢量控制方法之外，已经涌现出来很多新的高性能、高智能化的控制策略。神经网络控制、自适应控制、滑模变结构控制、模糊控制等控制策略的发展将主要解决以下几个问题：①参数变化、系统扰动和不确定因素对系统动态性能的影响；②系统数学模型复杂，智能优化算法与经典控制算法的结合；③传感器对控制精度影响效果的矛盾。

3）集成化

由于高速、高性能DSP芯片的应用，伺服系统的位置伺服单元和速度伺服单元不再是独立分开的模块，而是通过软件高度集中在处理器算法中，使得两种控制模式可以灵活切换，并且通过参数的设定，可以根据不同的需要采用不同的控制系统。随着大功率、高频化的电力电子元件的飞速发展，集成电路广泛被人所接受，这都提高了伺服系统开发板的集成度。可重配置、重利用、标准化、模块化的分布式系统硬件结构的发展，克服了传统电力电子系统的不足，将各个模块变得更加灵活。

4）网络化

将现场总线和工业以太网技术，甚至无线网络技术集成到伺服控制系统当中，已经成为工业发达国家伺服厂商的常用做法。当今伺服电机控制系统都配置了专用局域网接口和标准的串行通信接口，使控制系统可以在很大的空间完成控制目的。通过电缆对数据的高速传输，使系统实现了一体化管理和分布式控制。伦茨的System Bus和RS-485、罗克韦尔的SERCOS、DeviceNet、Interbus、Profibus等在交流永磁同步电机伺服控制系统中得到广泛应用。

6.2 运动控制器

运动控制（motion control）是指在复杂条件下将预定的控制方案、规划指令转变成期望的机械运动，实现机械运动精确的位置控制、速度控制、加速度控制、转矩或力的控制。

过程控制（process control）是一种大系统控制，控制对象比较多，可以想象为过程控制是对一条生产线的控制，运动控制是生产线内某个部件的具体控制。

运动控制和过程控制的快速区分方法是：凡事涉及电机拖动，目的是电机运动的都是运动控制；而整体系统控制，为达到稳定系统的都是过程控制！

运动控制器就是控制电机的运行方式的专用控制器。

6.2.1 运动控制系统

按照使用动力源的不同，运动控制主要可分为以电机作为动力源的电气运动控制、以气体和流体作为动力源的气液控制和以燃料（煤、油等）作为动力源的热机运动控制等。据资料统计，动力源的 90% 以上来自电机。电机在现代化生产和生活中起着十分重要的作用，所以在这几种运动控制中，电气运动控制应用最为广泛。

电气运动控制是由电机拖动发展而来的，电力拖动或电气传动是以电机为对象的控制系统的通称。运动控制系统多种多样，但从基本结构上看，一个典型的现代运动控制系统的硬件主要由上位机、运动控制器、功率驱动装置、电机、执行机构和传感器反馈检测装置等部分组成。其中的运动控制器是指以中央逻辑控制单元为核心、以传感器为信号敏感元件、以电机或动力装置和执行单元为控制对象的一种控制装置。

运动控制器就是控制电机的运行方式的专用控制器：比如电机在由行程开关控制交流接触器而实现电机拖动物体向上运行达到指定位置后又向下运行，或者用时间继电器控制电机正反转或转一会儿停一会儿再转一会儿再停。运动控制在机器人和数控机床的领域内的应用要比在专用机器中的应用更复杂，因为后者运动形式更简单，通常被称为通用运动控制（GMC）。运动控制器是决定自动控制系统性能的主要器件。

运动控制系统是指以运动机构作为控制对象的自动控制系统。其输出量（被控量）是速度、位移等参数。从运动控制系统的能量提供方式和传动方式来分，运动控制系统主要有液压传动系统、气压传动系统和电气传动系统三种基本类型。其原理框图如图 6.15 所示。

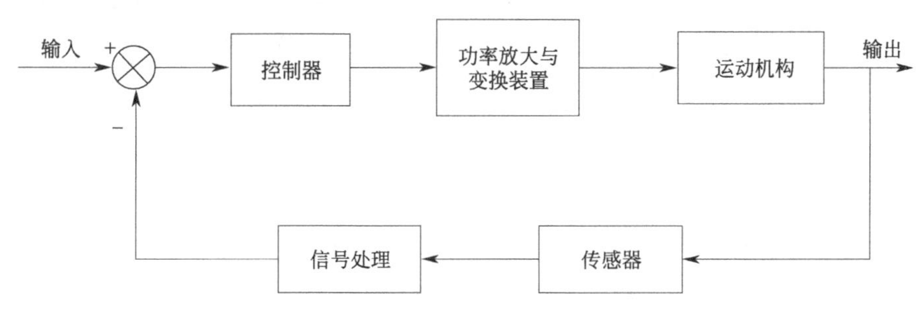

图 6.15 运动控制系统方框图

(1) 运动控制系统发展历史

液压传动的运动控制系统历史悠久。从 17 世纪中叶帕斯卡提出静压的传递原理算起，液压传动已有三百多年的历史，但真正用于工业生产是在 19 世纪；20 世纪初，美国人 Janney 将矿物油引入液体传动作为传动介质，并设计制造了第一台轴向柱塞泵及其液压驱动装置；在第二次世界大战期间，由于武器工业的需要，在很多车辆、舰船、航空、兵器设备上都采用了反应快、动作准、功率大的液压传动的运动控制装置；第二次世界大战后，液压传动技术迅速转向民用领域，在机床、工程机械、汽车等行业逐步推广，并得到了长足的发展。

气压传动技术出现在 19 世纪初，1829 年出现了多级空气压缩机，为气压传动的发展创造了条件；1871 年，气压风镐在采矿业上开始应用。美国人乔治·威斯汀豪斯在 1868 年发明了气动制动装置并于 1872 年应用于铁路车辆的制动；20 世纪后，随着武器、机械、化工等工业的发展，气动元器件和气压传动的运动控制系统得到广泛的应用；20 世纪 50 年代，研制成功用于导弹尾翼控制的高压气动伺服机构；20 世纪 60 年代，射流和气动逻辑元件的发明使气压传动更加如虎添翼，在工程上有了很大发展。

电气传动的运动控制系统是在电机发明之后发展起来的。1831 年，法拉第发现电磁感应定律；1832 年，斯特金发明直流电机；1886 年，特斯拉研制出两相交流电机；1888 年，多里沃·多勃罗沃尔斯基制成三相感应电机；20 世纪中叶以前，在工业领域形成了直流调速和伺服系统一统天下的局面，交流电机只是用在大功率驱动场合。随着交流电机理论和控制理论的快速发展，交流电机运动控制系统的成本逐步降低，性能逐步提高，直流调速系统正在被其取代。

液、电、气三种传动方式相互配合，取长补短，形成了混合式的运动控制系统。电-液伺服系统兼有液压传动的输出功率大、反应速度快的优点和电气控制的操作性控制性良好、自动化程度高的优点；电-气伺服系统成本低、对环境要求不高且易于计算机控制，在实现气缸在目标位置定位等方面的控制上显示了特有的控制效果和功能；气-液混合控制系统在很大程度上改善气-液系统的性能。

运动控制系统发展经历从直流到交流，从开环到闭环，从模拟到数字，直到基于 PC 的伺服控制网络系统和基于网络的运动控制的发展过程。从运动控制器件的发展看，大致经历如表 6.6 所示阶段。

表 6.6　运动控制系统发展阶段

阶段	分类	主要技术特征
早期	模拟	步进控制器＋步进电机＋电液脉冲电机
20 世纪 70 年代	直流模拟	基于微处理器技术的控制器＋大惯量直流电机
20 世纪 80 年代	交流模拟	基于微处理器技术的控制器＋模拟式交流伺服系统
20 世纪 90 年代	数字化初级数字/模拟/脉冲混合控制	通用计算机控制器＋脉冲控制式数字交流伺服系统
21 世纪至今	全数字化	基于 PC 的控制器＋网络数字通信＋数字伺服系统

(2) 运动控制系统的关键技术

1) 精密机械技术

机械技术是运动控制的技术基础。运动控制中，机械结构更简单，功能更强，一些新机构、新原理、新材料和新工艺被应用，能够满足各种应用的需要，既提高精度和刚度，又改善性能，例如，体积缩小、重量降低、性价比提高等。

2) 传感检测技术

运动控制技术需要对位置、速度、加速度等检测，组成反馈回路，实现伺服控制系统。对传感检测技术提出更高要求，例如，高精度检测、快速检测和苛刻环境条件检测等。

3) 计算机与信息处理技术

运动控制中涉及大量运动信息，因此，除了这些信息的检测传送外，还涉及计算机与信息处理的大量工作，如信息的交互、运算、判断、决策等。与过程控制中采用集散控制系统不同，它对信息处理时间要求更高，对信息实时性和交互要求更高。

4) 自动控制技术

在过程控制中，控制理论是基础。同样，在运动控制中，控制理论也是基础。由于被控对象不同，并且大量伺服系统的电机是非线性被控对象。因此，高精度位置控制、轨迹控制、同步控制等都需要控制理论指导。

5) 伺服驱动技术

伺服驱动技术是在控制器输出指令下，控制驱动元件使其按照指令要求运动，因此，需要满足运动过程动态响应等性能指标。由于不同的伺服驱动方式有不同的动态性能，因此，对 DC 伺服、AC 伺服、步进等电机和变频技术等有更高要求。而伺服技术则从 DC 伺服转向 AC 伺服。全闭环交流伺服驱动技术、直线电机驱动技术等已经显现其优势。

6）系统总体技术

运动控制技术是对整个运动系统的控制，因此，既要将运动控制系统分解为各自自治又交互的单元，又要在总体性能要求下兼顾个体性能。只有这样，才能使设计的运动控制系统具有良好的性价比，满足应用要求。

6.2.2 运动控制器的发展

运动控制器从广义上来说就是数控装置，是一个典型现代运动控制系统的核心组成部分。数控技术的发展趋势就是采用运动控制器的开放式数控系统。运动控制器为运动控制的实现提供了一个平台基础，在这个平台上可以方便地对单个或多个电机进行协调控制以实现复杂的运动轨迹。简言之，运动控制器就是将运动控制指令转化成相应动作的器件。内部设置算法，当指令到来时进行运算，然后规划动作，最后交由执行器完成具体操作。

运动控制器在最近几十年内经历了从开环控制到闭环控制，从模拟信号到数字信号，从基于工控 PC 机到基于网络与专用运动控制芯片的一系列发展历程。近年来，在市场需求的不断推动下，运动控制器已经逐步成长为一个独立产业，其产品的发展也越来越引人关注。

运动控制技术的发展过程相对平缓。科技进步，也对运动控制技术的发展产生了巨大的影响。智能机器人技术的发展是科技进步的主要带动者。各种肢体的操作都需要体积很小、精度极高的运动控制器作为控制器件。在初期，运动控制器相对简单，完成的功能也是比较有限的，适应情况较少，但是能够完成相对独立的操作，在一定程度上提高了生产效率。相比较而言，在功能需求较大的现代化社会，这种运动控制器就显得较为落后，仅能完成简单的工艺要求和人机交互。一般情况下，专门定制的运动控制器具有相对单一的操作，且具有为数不多的外部接口。所以，在其操作过程中，只需根据其设定要求，完成相关设置即可。为了增加运动控制器的通用性，必须改变现在的运动控制结构，使其具有更多通用接口。

传统运动控制产品经过多年市场竞争，运动控制技术被为数不多的专业制造商垄断。同时，现代科学技术的快速发展，使得传统运动控制系统的功能已经无法满足现代工业与社会发展的强烈需求。由此研究出了具有开放程度高、运动轨迹控制精确、信息处理能力强、通用性好等特点的现代运动控制器，使得加工业在适应性及加工的精度上都有了巨大提升，增加了市场的竞争力。

西方各国对先进技术的开发较早。在二十世纪八十年代初，世界许多工业强国在各领域就开始投入研究并应用运动控制器。而我国在此方面起步较晚，二十世纪末期，国内开始涌现出开发运动控制器的厂家。其中深圳的固高科技就是其中的一家。该公司具有一定开发资质，对运动控制器的研究也较为深入。它研发的种类有许多，其中包括三大类：第一类是插卡式运动控制器，包含了点位控制器等的控制卡；第二类是一体化运动控制器，将 PC 与运动控制器整合为一体机；第三类是嵌入式运动控制器，多种技术综合应用，主要应用在机器人、包装行业等领域。而另一家乐创研究的则是基于 DSP 和 FPGA 硬件结构的运动控制器，可实现运动过程的自动升降速处理和插补算法。MPC6536 中内嵌速度前瞻处理算法，可实现高速的连续插补功能。

随着现代科技的不断进步，对运动控制器的控制精度、运算速度等方面提出了更高的要求。单一的处理器在进行运动控制时，会因为运动控制处理复杂度的增加，而出现延时过长的情况。因此，当需求过高时，就需要加入有强大计算能力的 DSP 芯片作为运算器，来处理有效信号。网络技术的快速发展，使得用户对网络的需求量也大大增加。将运动控制器联网进行处理，提高系统的稳定性和实用性。智能化、专业化的运动控制器也会被广泛地应用到各个行业。

6.2.3 运动控制器的主要功能

（1）运动规划功能

实际上是形成整个传动系统运动的速度和位置的基准量。合适的基准量不但可以改善轨迹的精度，而且其影响作用还可以降低对传动系统以及机械传递元件的要求。通用运动控制器通常都提供基于对冲击、加速度和速度等这些可影响动态轨迹精度的量值加以限制的运动规划方法，用户可以直接调用相应的函数。

对于加速度进行限制的运动规划产生梯形速度曲线；对于冲击进行限制的运动规划产生S形速度曲线。一般来说，对于数控机床而言，采用加速度和速度基准量限制的运动规划方法，就已获得一种优良的动态特性。对于高加速度、小行程运动的快速定位系统，其定位时间和超调量都有严格的要求，往往需要高阶导数连续的运动规划方法。

（2）多轴插补、连续插补功能

通用运动控制器提供的多轴插补功能在数控机械行业获得了广泛的应用。近年来，由于雕刻市场，特别是模具雕刻机市场的快速发展，推动了运动控制器的连续插补功能的发展。在模具雕刻中存在大量的短小线段加工，要求段间加工速度波动尽可能小，速度变化的拐点要平滑过渡，这就要求运动控制器有速度前瞻和连续插补的功能。

（3）电子齿轮与电子凸轮功能

电子齿轮和电子凸轮可以大大地简化机械设计，而且可以实现许多机械齿轮与凸轮难以实现的功能。电子齿轮可以实现多个运动轴按设定的齿轮比同步运动，这使得运动控制器在定长剪切和无轴转动的套色印刷方面有很好的应用。

另外，电子齿轮功能还可以实现一个运动轴以设定的齿轮比跟随一个函数，而这个函数由其他的几个运动轴的运动决定；一个轴也可以以设定的比例跟随其他两个轴的合成速度。电子凸轮功能可以通过编程改变凸轮形状，无须修磨机械凸轮，极大简化了加工工艺。这个功能使运动控制器在机械凸轮的淬火加工、异型玻璃切割和全电机驱动弹簧等领域有良好的应用。

（4）比较输出功能

指在运动过程中，位置到达设定的坐标点时，运动控制器输出一个或多个开关量，而运动过程不受影响。如在 AOI 的飞行检测中，运动控制器的比较输出功能使系统运行到设定的位置即启动 CCD 快速摄像，而运动并不受影响，这极大地提高了效率，改善了图像质量。另外，在激光雕刻应用中，固高科技的通用运动器的这项功能也获得了很好的应用。

（5）探针信号锁存功能

可以锁存探针信号产生的时刻、各运动轴的位置，其精度只与硬件电路相关，不受软件和系统运行惯性的影响，在 CCM 测量行业有良好的应用。另外，越来越多的 OEM 厂商希望将他们自己丰富的行业应用经验集成到运动控制系统中去，针对不同应用场合和控制对象，个性化设计运动控制器的功能。固高科技公司已经开发可通用运动控制器应用开发平台，使通用运动控制器具有真正面向对象的开放式控制结构和系统重构能力，用户可以将自己设计的控制算法加载到运动控制器的内存中，而无须改变控制系统的结构就可以重新构造出一个特殊用途的专用运动控制器。

6.2.4 运动控制器的分类

目前国内的运动控制器生产商提供的产品大致可以分为三类：

（1）以单片机或微机处理器作为核心的运动控制器

这类运动控制器速度较慢，精度不高，成本相对较低。在一些只需要低速点位运动控制和对轨迹要求不高的轮廓运动控制场合应用。

（2）以专用芯片作为核心处理器的运动控制器

以专用芯片作为核心处理器的运动控制器，这类运动控制器结构比较简单，但这类运动控制器只能输出脉冲信号，用于开环控制方式。这类控制器对单轴的点位控制是基本满足要求的，但对于多轴协调运动和高速轨迹插补控制，不能满足要求。由于这类控制器不能提供连续插补功能，也没有前瞻功能，特别是对于大量的小线段连续运动的场合，不能使用这类控制器。另外，由于硬件资源的限制，这类控制器的圆弧插补算法通常都采用逐点比较法，这样一来圆弧插补的精度不高。

（3）基于 PC 总线的以 DSP 和 FPGA 作为核心处理器的运动控制器

这类运动控制器以 DSP 芯片作为运动控制器的核心处理器，以 PC 机作为信息处理平台，运动控制器以插卡形式嵌入 PC 机，形成“PC＋运动控制器”的模式。这样将 PC 机的信息处理能力和开放式的特点与运动控制器的运动轨迹控制能力有机结合在一起，具有信息处理能力强、开放程度高、运动轨迹控制准确、通用性好的特点。

这类控制器充分利用了 DSP 的高速数据处理能力和 FPGA 的超强逻辑处理能力，便于设计出功能完善、性能优越的运动控制器。这类运动控制器通常都能提供板上的多轴协调运动控制和复杂的运动轨迹规划、实时地插补运算、误差补偿、伺服滤波算法，能够实现闭环控制。由于采用 FPGA 技术来进行硬件设计，方便运动控制器供应商根据客户的特殊工艺要求和技术要求进行个性化的定制，形成独特的产品。

6.2.5 运动控制器的设计实例

6.2.5.1 背景简介

目前市场上的运动控制器种类繁多，但是结构都比较复杂，并且拥有大量的硬件部分，没有能够充分利用计算机资源，仅功能简单的运动控制器便达到上千的价格。大多数运动控制器采用固化设计，不能进行及时更新，使得适用性降低。并且很多运动控制器采用的是集中控制模式，只能用于固定的操作系统上，不能做到裸机（没有操作系统支持）运行，使得运动控制器应用性和适应性降低。所以研究实现结构紧凑，能够进行快速更新，能够裸机运行的分布式运动控制器很有必要。分布式运动控制器后续还能通过 EtherCAT 主从站设计将目前的三轴协同运动扩展为 n 轴协同运动，进一步提升其工作性能，所以研究实现分布式运动控制器具有很大的发展前景。

开发的分布式多轴运动控制器的主要功能需求如下：

① 能够实现多轴运动，具有良好的分布式性能；

② 能够解释上位机发出的运动控制命令；

③ 根据运动控制命令实现直线插补、圆弧插补和螺旋插补；

④ 插补前对运动轴的速度进行规划，并且能够获得位置、速度的反馈信息，形成闭环控制；

⑤ 能够监测运动轴的运行状态。

6.2.5.2 分布式多轴运动控制器总体方案设计

（1）分布式多轴运动控制器整体架构设计和功能设计

DSP 数据运算能力强，能够做到快速实时的数据处理。FPGA 能够使得电路组合变得容易，容易实现重构组合。所以选用 DSP＋FPGA 作为多轴运动控制器的处理器，这样既可以利用 DSP 的高速数据运算处理能力，也可以利用 FPGA 实现很好的扩展。

工控机通过总线方式连接运动控制器，使得可以同时控制多个运动控制器，实现分布式功能。运动控制器接收工控机发出的运动控制命令，并且按照命令生成脉冲。运动轴在运动过程中，运动控制器要监测其运动状态，使得能够对错误进行及时处理。如图 6.16 所示为运动控制系统的整体架构图。

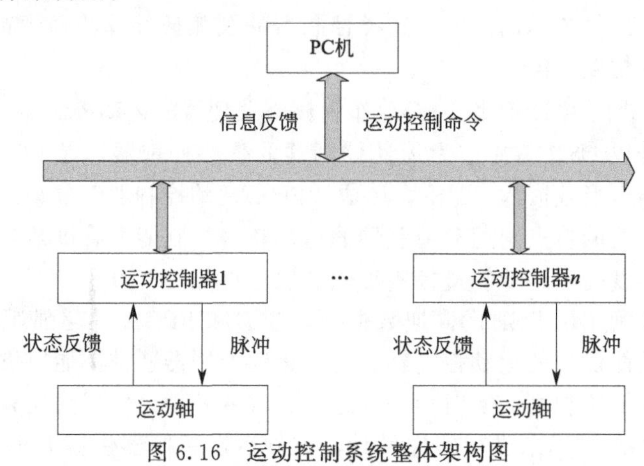

图 6.16　运动控制系统整体架构图

根据功能需求，分布式多轴运动控制器分为硬件电路模块和软件功能模块。

硬件电路模块包括 DSP 电路模块，FPGA 电路。DSP 具有快速实时计算的特点，所以 DSP 负责数据的运算处理任务。FPGA 能够实现逻辑连接，可以用于控制驱动装置，控制轴的运动，主要负责脉冲生成，在生成脉冲的同时，对脉冲进行计算，将计数结果进行反馈，形成位置信息和速度信息反馈。FPGA 还负责检测运动轴的运行状态，并且对监测到的状态及时反馈。

软件模块分为两部分，通信程序和轨迹实现程序。轨迹实现程序中的 G 代码解释模块需要解释运动控制命令，获得运动学信息；轨迹规划负责轨迹坐标计算、速度规划计算插补周期内的加速度和速度。要完成以上三个功能，需要大量的计算。

根据 DSP 和 FPGA 各自承担功能，可以得到如图 6.17 所示的运动控制器的功能设计图。

（2）运动控制器硬件电路架构

其工作流程如下：DSP 根据给定的运动控制命令进行解释；速度规划通过解释得到的运动学初始信息和速度、位置反馈计算每个插补周期内的进给速度；轨迹规划利用位置反馈

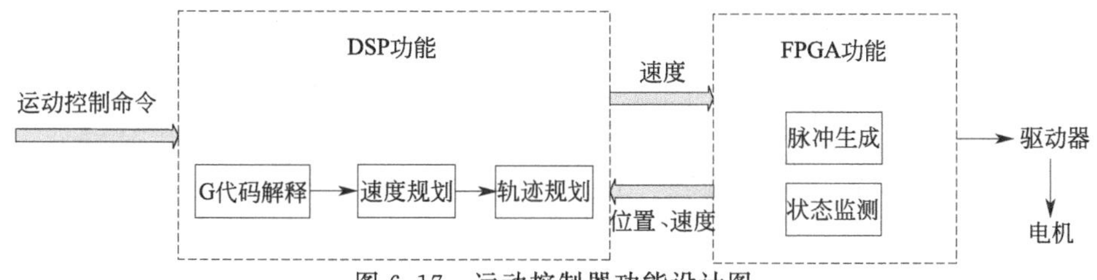

图 6.17　运动控制器功能设计图

和当前插补周期的进给长度计算位置坐标。FPGA 从 DSP 读取数据，根据得到的速度信息生成脉冲控制驱动器，进而控制电机的转动。同时，FPGA 向 DSP 反馈位置信息和速度信息。所以运动控制器的硬件电路主要是 DSP 核心电路和 FPGA 辅助电路。

对于数据读取，可以通过共用寄存器的方式实现。通过该种方式，FPGA 就能从 DSP 读取数据，同时 DSP 也能获得 FPGA 中的反馈信息。并且 DSP 还可以通过控制总线对 FPGA 进行读写操作和复位操作。对于电源部分，运动控制器提供 5V 和 3.3V 直流电源。如图 6.18 为硬件电路结构图。

(3) 运动控制器器件型号选择

设计实现的多轴运动控制器能够实现三轴联动，每个轴有各自的加速度和速度。为了实现闭环控制，需要将各个轴的位置信息和速度信息进行反馈，因此每个轴总共需要 4 个寄存器进行数据存储。如果选用的寄存器为 16 位寄存器，三个轴则需要 12 个 16 位寄存器。另外还需要 2 个 16 位寄存器作为命令寄存器，存储各轴的运动方向、加减速方向和实现置位，并且状态寄存器和命令寄存器公用同样的寄存器，所以运动控制器总共需要 14 个 16 位寄存器。为了能很好地实现运动控制器的扩展，还应该预留更多的寄存器以满足要求，所以选择的 DSP 应该至少具有 16 个 16 位寄存器。

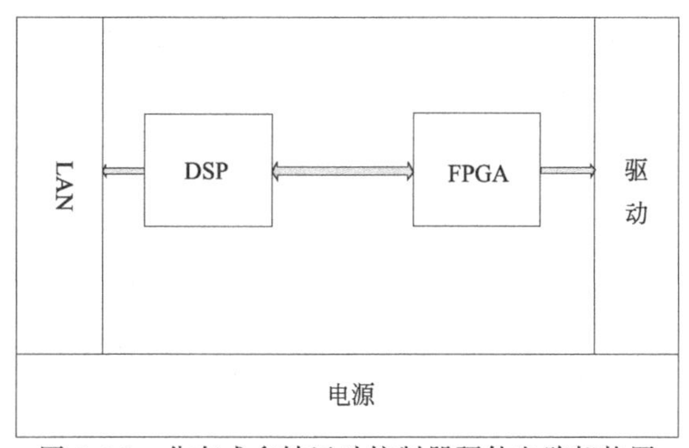

图 6.18　分布式多轴运动控制器硬件电路架构图

选用 ADI 公司的 BF518 作为运动控制器的 DSP，BF518 的 Blackfin 处理器内核包含 2 个 16 位乘法器，2 个 40 位累加器，其 CPU 频率到达 400MHz，可以快速实现数据处理。如图 6.19 为 BF518 的处理器内核。

目前市面上的 FPGA 多为 Altera 公司和 Xilinx 公司生产的产品，这两家公司根据不同的应用环境设计了各样的 FPGA，并且提供了很成熟的开发环境。运动控制器中的 FPGA 主要进行数字信号处理和简单逻辑设计，并不需要进行高速数字信号采集，也不需要进行通信系统方面的设计，所以选择 Altera 公司的 Cyclone Ⅲ。Cyclone Ⅲ具有功耗低，成本低的优势。

(4) 运动控制器软件功能设计

运动控制器软件部分包括通信程序和轨迹生成程序。工控机可以通过通信程序连接多个运动控制器，使得工控机可以通过总线控制多个运动控制器，实现分布式功能。轨迹生成程序负责轨迹生成，并且将生成的轨迹分别分配给单个轴，通过多轴的协同运动实现轨迹合成，这样可以实现轨迹生成。轨迹生成程序的主要内容包括解释上位机命令、速度规划算法

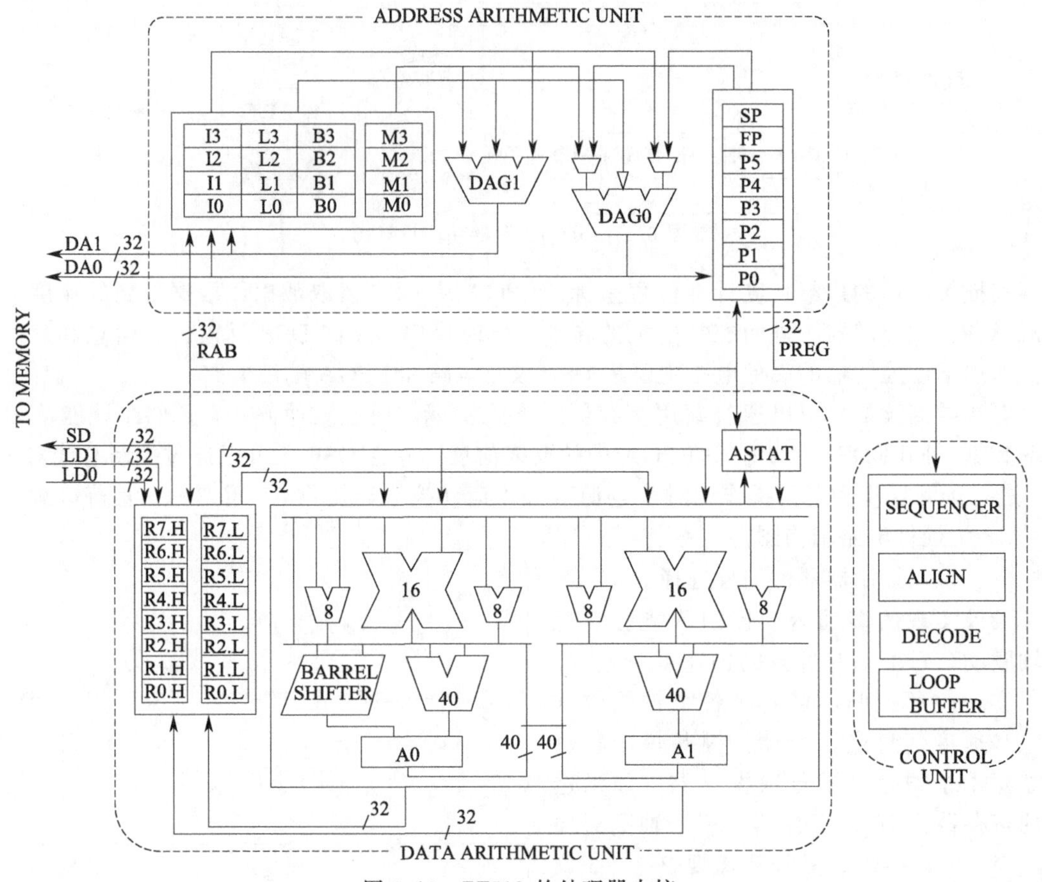

图 6.19　BF518 的处理器内核

根据解释好的运动学信息计算单个插补周期内的运行速度，轨迹规划算法根据计算得到的运行速度生成要求的轨迹坐标，通过给定的轨迹坐标生成脉冲，再驱动电机进行运动，完成相应的运动轨迹。在运动轴的运动过程中，轨迹生成程序还要负责监测运动状态，并且及时处理错误和故障。如图 6.20 所示为轨迹生成程序软件功能图。

6.2.5.3　分布式多轴运动控制器硬件电路设计与实现

硬件电路部分是多轴运动控制器的一个重要组成部分，包括 DSP 核心电路、FPGA 辅助电路这两个部分。由于 DSP 负责数据的运算，FPGA 需要将运算出来的位置信息和速度信息转变成脉冲信号，所以 DSP 要能完成对 FPGA 的读写操作。同时 FPGA 要具有以下 3 个功能：①从 DSP 并行读取数据；②根据读取的数据产生脉冲控制驱动器；③为了提高控制精度和检测状态，FPGA 还应该反馈位置信息和速度信息。根据需求，应该建立 DSP 和 FPGA 之间的通信连接，才能实现数据传输。硬件电路的功能图可以用图 6.21 表示。

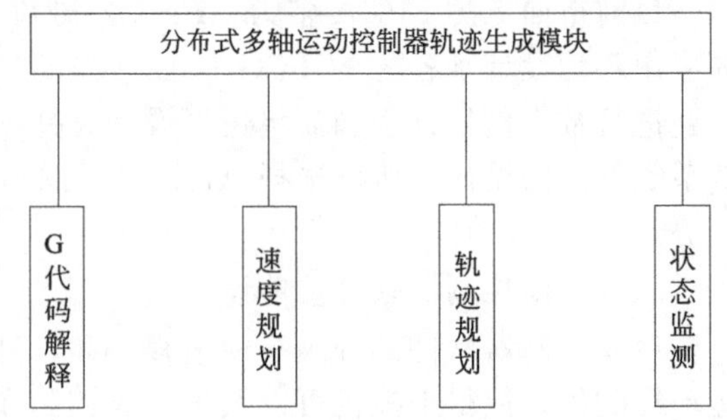

图 6.20　分布式多轴运动控制器轨迹生成程序软件功能图

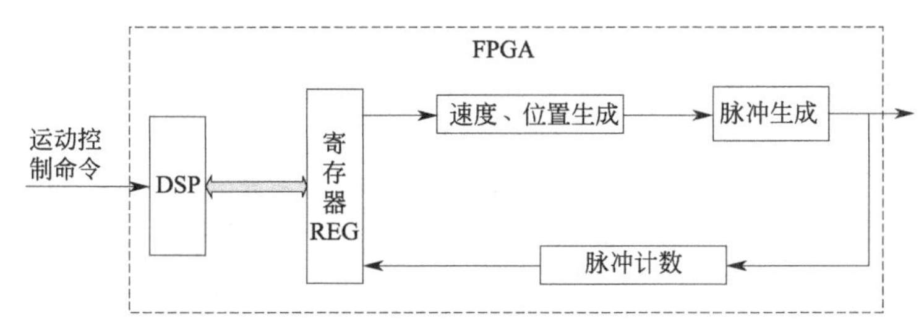

图 6.21　分布式多轴运动控制器硬件电路功能图

(1) DSP 和 FPGA 的通信实现

DSP 和 FPGA 通过共用寄存器的方式连接，同时 DSP 可以通过控制线 ARE＃、AWE＃和 RESET＃对 FPGA 进行读写操作和复位操作，通过 AMS2＃信号对 FPGA 进行片选控制和存储映射操作。

使用的 BF518 的外部存储有 4 个 BANK，每个 BANK 的大小为 1MA，所以 BF518 拥有共计 4MA 大小的外部存储空间，可以最多和 4 个异步存储器设备无缝连接。设计中 AMS2＃把 FPGA 映射到 BANK2 存储区间，对应的地址空间是 0x20200000-0x20300000。这样就使得 DSP 和 FPGA 实现数据连接。数据连接后，DSP 可以实现对 FPGA 中数据的读写，而且 FPGA 也能获取 DSP 中计算出来的位置信息和插补速度。

由于设计的开发板中，DSP 采用的是一对多的并行总线设计，DSP 同时和 FPGA 以及 AD7705 通信，所以要求 AMS2＃信号一直保持有效（低有效），只有这样才能使得 FPGA 一直处于选通状态。当系统上电后，FPGA 必须处于选通的状态，DSP 才能通过总线读取 FPGA 的值。另外，还使用到了 FPGA 地址线 A19、A18、A3、A2 和 A1，用来编码和寻址，还用到了 FPGA 数据总线 D15～D1，用来进行数据传输。

(2) FPGA 辅助电路设计

FPGA 和 DSP 可以通过实现通信的方式来实现读取数据的功能。所以每个轴的控制模块应该具有脉冲生成和数据反馈的功能。通过读取数据，可以获得每个控制模块中要求的轴的运动方向、速度等信息，然后就能通过这些信息生成需要的脉冲。速度控制采用固定加速度的方式进行，在每次计算开始前给定加速度大小，然后根据给定的速度大小生成脉冲。如图 6.22 为单个轴的控制模块的功能设计图。图中的 CSpeed 用于保存速度反馈信息，POSE 用于保存位置反馈信息。

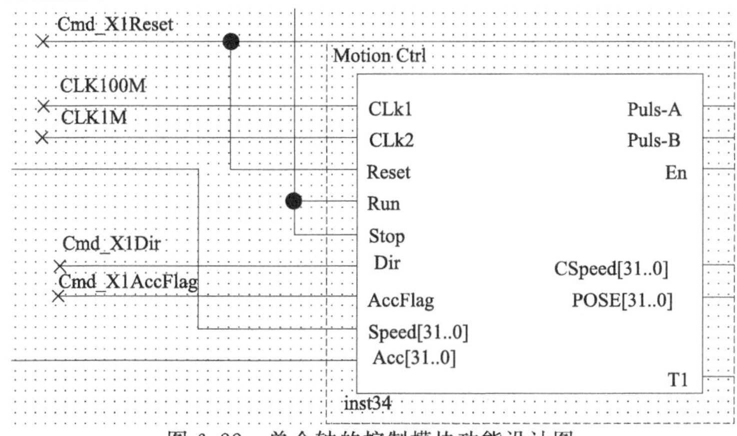

图 6.22　单个轴的控制模块功能设计图

每个控制模块内，需要通过给定的速度、运动方向生成相应的脉冲，并且需要将位置信息和速度信息进行反馈以及时对速度进行重新规划。如图 6.23 为速度、位置生成电路。

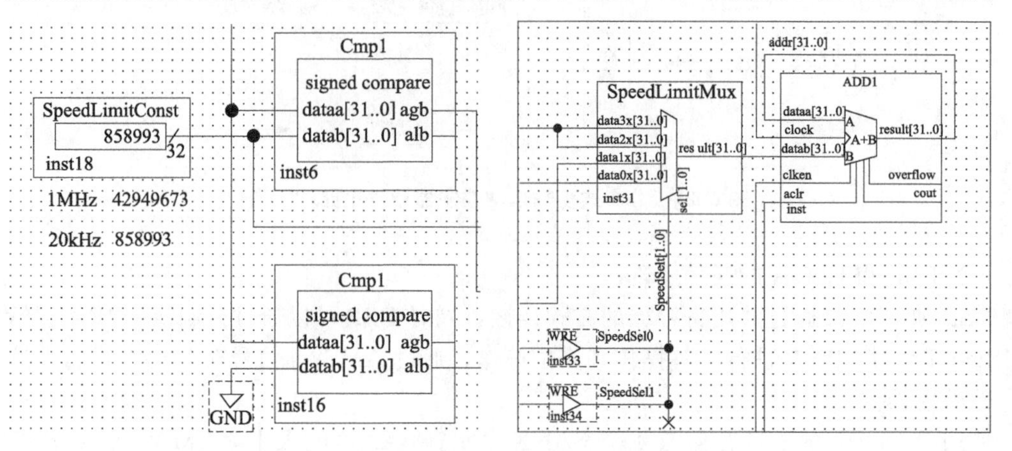

图 6.23 速度、位置生成电路

使用两个比较器 Cmp1 对速度进行比较，以免速度超过限制。设定加速度为无限大，则只需要使用一个累加器 ADD1 对速度进行累加即可。速度累加将会产生位移，结合运动方向，可以获得对应的脉冲。并且在 ADD1 前增加多路比较器，保证速度不会超限。图 6.24 为脉冲生成电路。

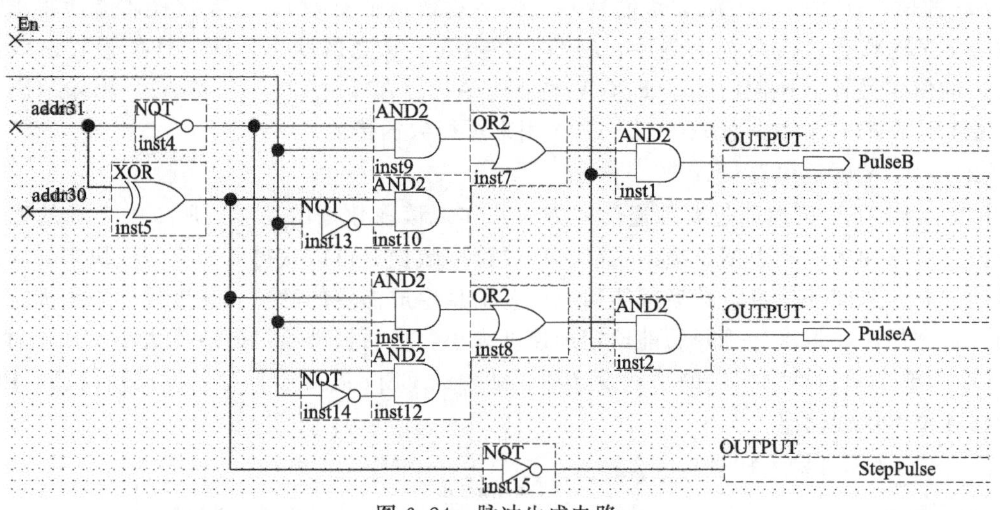

图 6.24 脉冲生成电路

脉冲生成电路生成脉冲后，可以将脉冲数用计数器进行统计，作为位置反馈信息和速度反馈信息，图 6.25 为位置反馈计数电路。

6.2.5.4 分布式多轴运动控制器轨迹生成模块设计与实现

轨迹生成程序主要包括了 G 代码解释模块，负责解释上位机的运动控制命令，并将解释好的轨迹段添加到轨迹队列中；加减速控制算法根据轨迹类型和起点、终点信息计算出每个插补周期需要的加速度、速度；轨迹规划算法将预设的轨迹离散成轨迹点，然后利用速度规划计算出来的速度计算轨迹点的坐标；速度前瞻实现衔接速度的计算，减少电机的启动频率，可以减小对电机造成的冲击，提高控制精度。各模块具体的执行过程是先进行 G 代码

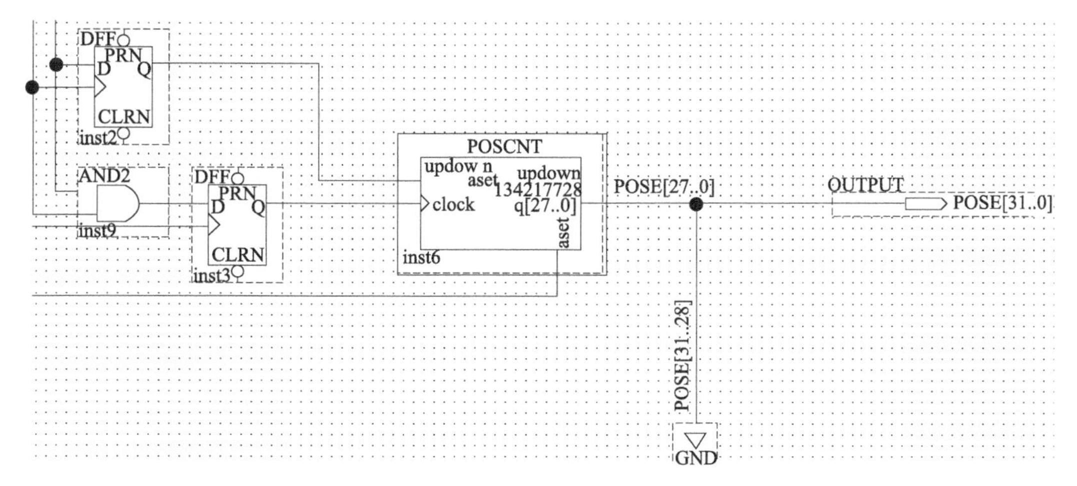

图 6.25 位置反馈计数电路

解释，再进行速度规划，然后进行轨迹规划，最后还要进行状态监测。

(1) G代码解释模块

G代码解释模块主要负责解释上位机的运动控制命令，并将解释好的轨迹段添加到轨迹队列中，G代码解释模块的工作流程图如图6.26所示。

(2) 轨迹规划算法研究与实现

运动控制器最重要的功能就是通过驱动装置控制电机转动，以获得需要的轨迹，但是在实际的运动过程中，电机的运动精度有限，会使得实际的轨迹和理论上的轨迹有偏差。为了使得实际轨迹尽量接近理论轨迹，需要对轨迹进行规划，以在加工过程中减小误差，提高精度。研究中选用数字增量实现直线插补、圆弧插补和螺旋插补，其实现的流程图分别如图6.27～图6.29所示。

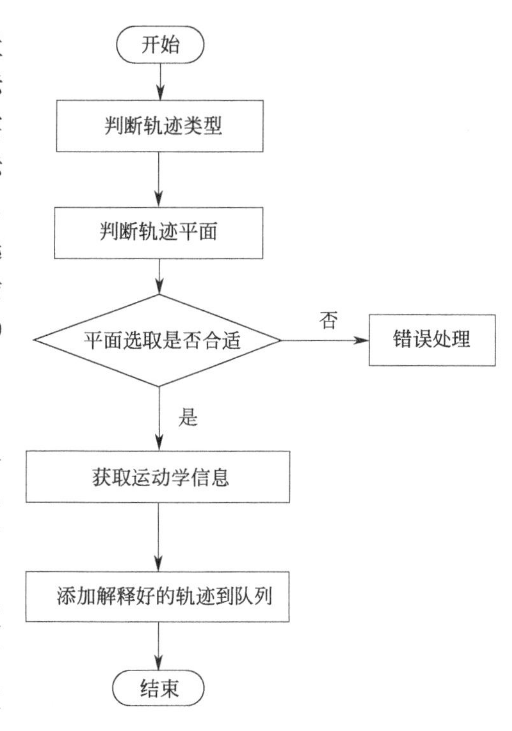

图 6.26 G代码解释模块工作流程图

(3) 加减速控制算法的研究与实现

轨迹规划需要使用速度规划中计算出的单个插补周期内的速度、加速度，所以需要在轨迹规划之前进行速度规划。速度规划有线性加减速算法、梯形加减速算法和S形加减速算法，前两种速度规划算法实现简单，但是由于有速度突变，会对电机造成较大的冲击，影响控制精度；S形加减速实现比较复杂，但是能够使得速度平滑，减小对电机的冲击。

综合现有的条件和加工要求，所设计的运动控制器目前没有必要使用S形加减速算法，使用线性加减速和梯形加减速就能实现相应功能和满足相应指标。

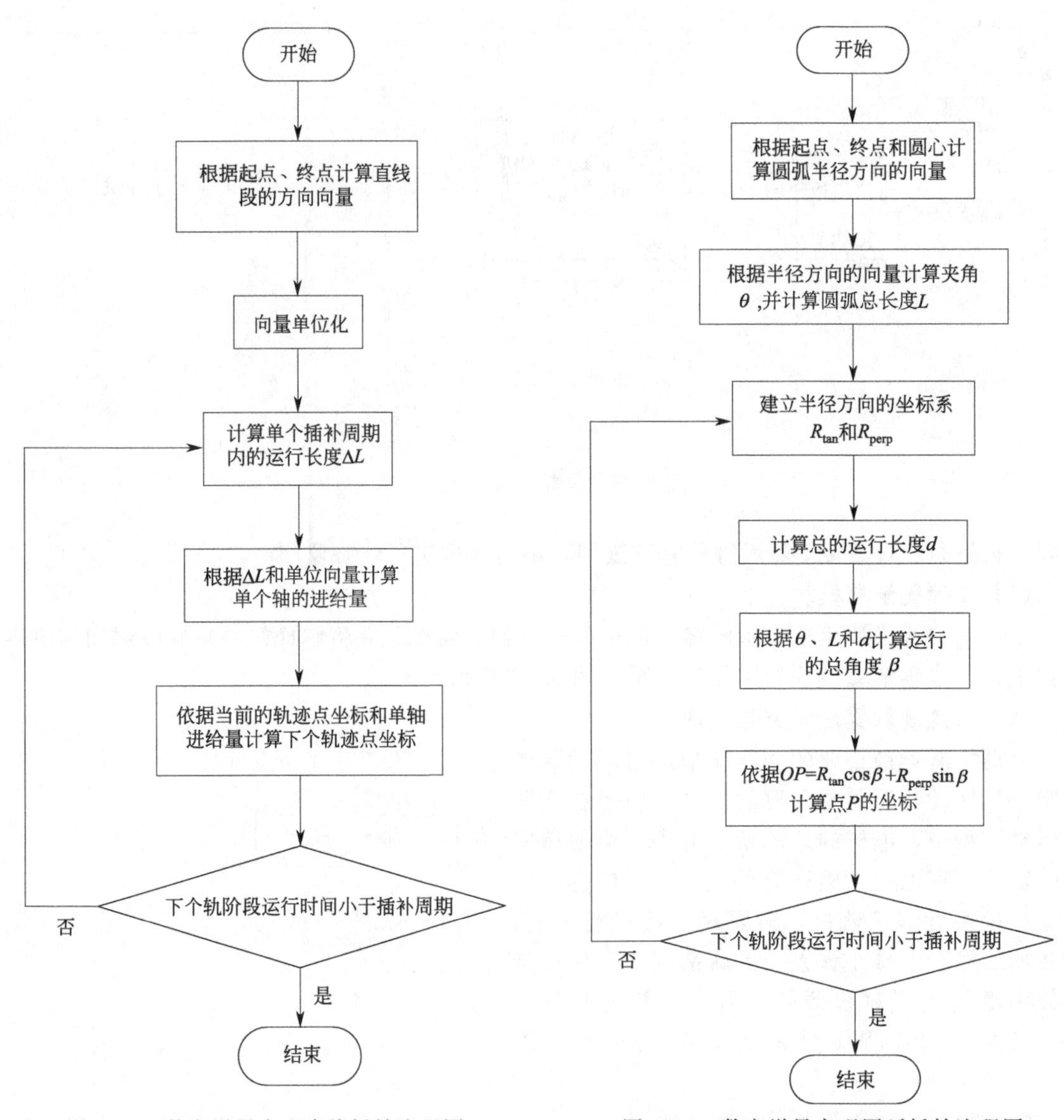

图 6.27　数字增量实现直线插补流程图

图 6.28　数字增量实现圆弧插补流程图

（4）速度前瞻研究与实现

为了避免相邻轨迹段的终止速度和起始速度不相等的情况出现，要求在进行当前轨迹段的速度规划的时候，提前读取相邻的轨迹段的起始速度，并且将下一个轨迹段的起始速度作为当前轨迹段的终止速度。无论是线性加减速还是梯形加减速，当终止速度设定后，就能很好地进行速度规划，所以提前设定终止速度并不会影响当前轨迹的速度规划。可以称这种提前设定终止速度的方式为“速度前瞻”，通过速度前瞻可以对速度进行很好的规划，减小因为衔接过程中的速度突变对电机造成很大的冲击，同时也提高了运动的精度和实际加工轨迹的精度。如图 6.30 为速度前瞻流程图。

6.2.5.5　系统测试与分析

（1）测试平台的搭建

测试平台包括 PC 机、运动控制器、3 个雷赛公司的 M542C 驱动器、3 个 57HS22 步进电机。电路开发板由扩展板和 BF518 核心板组成。测试平台连接图如图 6.31 所示。

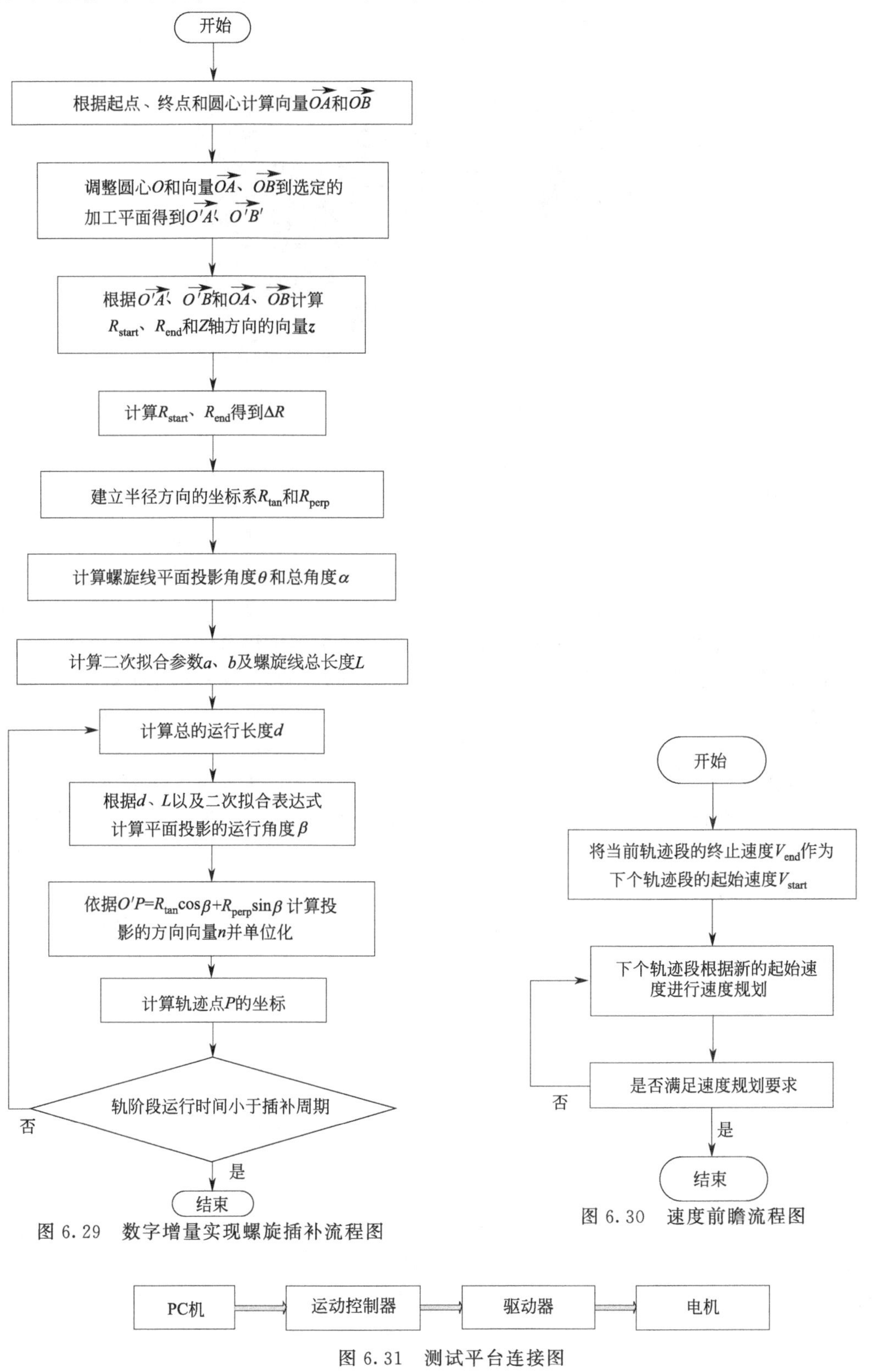

图 6.29 数字增量实现螺旋插补流程图

图 6.30 速度前瞻流程图

图 6.31 测试平台连接图

实物连接图如图 6.32 所示。

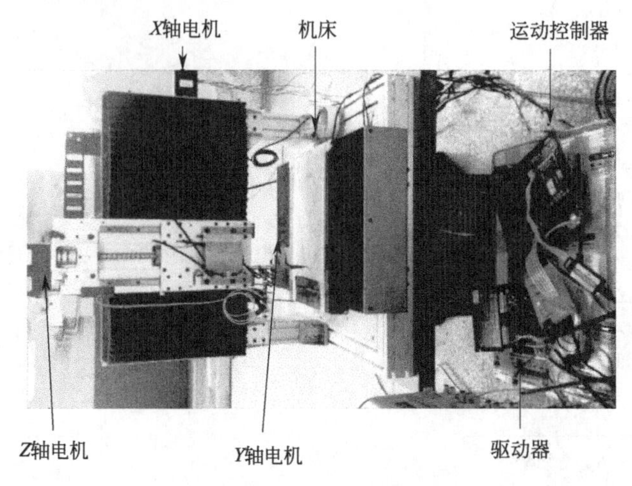

图 6.32 测试平台实物连接图

(2) 算法测试

插补算法测试包括直线插补测试、圆弧插补测试、螺旋插补测试。插补算法均是由数字增量插补实现，且采用的是时间分割法，即在每个插补周期内进行轨迹规划。因为在实现插补时，使用直线段逼近拟合成圆弧，所以插补算法本身在理论上是有偏差的。同时，在实际加工中，电机失速造成的丢步、反馈控制带来的误差会造成实际误差。

通过测试可知，实际加工过程中，直线插补、圆弧插补和螺旋插补都能很好地实现轨迹规划，线性加减速和梯形加减速也能很好实现速度规划。对于轨迹规划，选择不同插补周期会产生不同的误差。但是在误差范围内，对于直线插补，选择不同插补周期不会在直线加工中产生过大的影响；对于圆弧插补和螺旋插补，选择较小的插补周期可以使得误差较小。

综合轨迹规划和速度规划，可以知道实际加工误差产生的原因有两个方面：①数字增量插补是在每个插补周期内进行速度规划和轨迹规划，在实际加工时设定了固定加速度，但是在运行过程中的实际加速度没有达到设定值，使得速度不能达到设定值，产生误差；②计算过程会有时间消耗，计算的时候电机保持原有运动不变，并且仿真数据是反馈数据，反馈数据具有延迟和类型选择带来的误差。

6.2.6 运动控制卡

6.2.6.1 概述

运动控制卡是一种基于 PC 机及工业 PC 机、用于各种运动控制场合（包括位移、速度、加速度等）的上位控制单元。

运动控制卡是基于 PC 总线，利用高性能微处理器（如 DSP）及大规模可编程器件实现多个伺服电机的多轴协调控制的一种高性能的步进/伺服电机运动控制卡，包括脉冲输出、脉冲计数、数字输入、数字输出、D/A 输出等功能，它可以发出连续的、高频率的脉冲串，通过改变发出脉冲的频率来控制电机的速度，改变发出脉冲的数量来控制电机的位置，它的脉冲输出模式包括脉冲/方向、脉冲/脉冲方式。脉冲计数可用于编码器的位置反馈，提供机器准确的位置，纠正传动过程中产生的误差。数字输入/输出点可用于限位、原点开关等。

库函数包括S形、T形加速，直线插补和圆弧插补，多轴联动函数等。产品广泛应用于工业自动化控制领域中需要精确定位、定长的位置控制系统和基于PC的NC控制系统。具体就是将实现运动控制的底层软件和硬件集成在一起，使其具有伺服电机控制所需的各种速度、位置控制功能，这些功能能通过计算机方便地调用。

运动控制卡的出现主要是因为：

① 为了满足新型数控系统的标准化、柔性、开放性等要求；

② 在各种工业设备（如包装机械、印刷机械等）、国防装备（如跟踪定位系统等）、智能医疗装置等设备的自动化控制系统研制和改造中，急需一个运动控制模块的硬件平台；

③ PC机在各种工业现场的广泛应用，也促使配备相应的控制卡以充分发挥PC机的强大功能。

运动控制卡通常采用专业运动控制芯片或高速DSP作为运动控制核心，大多用于控制步进电机或伺服电机。一般地，运动控制卡与PC机构成主从式控制结构：PC机负责人机交互界面的管理和控制系统的实时监控等方面的工作（例如键盘和鼠标的管理、系统状态的显示、运动轨迹规划、控制指令的发送、外部信号的监控等）；控制卡完成运动控制的所有细节（包括脉冲和方向信号的输出、自动升降速的处理、原点和限位等信号的检测等）。

运动控制卡都配有开放的函数库供用户在DOS或Windows系统平台下自行开发、构造所需的控制系统。因而这种结构开放的运动控制卡能够广泛地应用于制造业中设备自动化的各个领域。

目前，国外运动控制卡品牌有美国的PMAC、GALIL、英国的翠欧等，这些品牌都具有高效的性能和广泛的使用场合。同样，在国内也有很多优秀的运动控制卡品牌，例如台湾的台达、凌华、研华，大陆的研控、雷赛、固高等。

图6.33为基于运动控制卡的运动控制系统典型结构图。

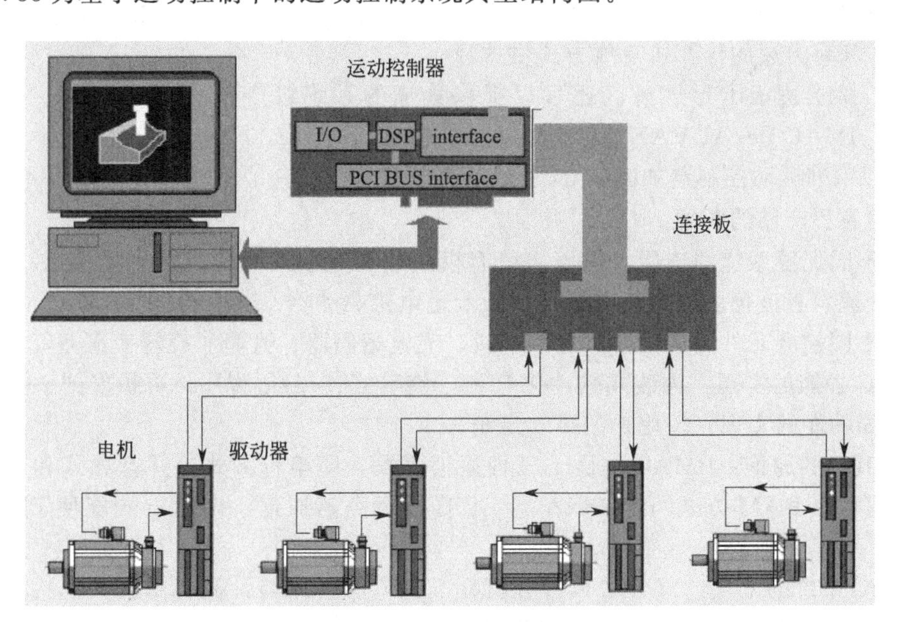

图6.33　基于运动控制卡的运动控制系统典型结构

6.2.6.2 PMAC运动控制卡

PMAC（programmable multi-axes controller）是美国 Delta Tau 公司在二十世纪九十年代推出的开放式多轴运动控制器，提供运动控制、离散控制、内务处理、同主机的交互等数控的基本功能。

PMAC 内部使用了一片 Motorola DSP 56003 数字信号处理芯片，它的速度、分辨率、带宽等指标远优于一般的控制器。伺服控制包括 PID 加 Notch 和速度、加速度前馈控制，其伺服周期单轴可达 60μs，二轴联动为 110μs。产品的种类可从二轴联动到三十二轴联动。甚至连接 MACRO 现场总线的高速环网，直接进行生产线的联动控制。与同类产品相比，PMAC 的特性给系统集成者和最终用户提供了更大的柔性。它允许同一控制软件在三种不同总线（PC-XT 和 AT，VME，STD）上运行，由此提供了多平台的支持特性。并且每轴可以分别配置成不同的伺服类型和多种反馈类型。

（1）分类

1）按控制电机的控制信号来分

有 1 型卡和 2 型卡，1 型卡输出±10V 模拟量，主要用速度控制模式控制伺服电机；2 型卡输出 PWM 数字量信号，可直接变为 PULSE+DIR 信号来控制步进电机和位置控制模式的伺服电机。

2）按控制轴数来分

2 轴卡：MINI PMAC PCI。

4 轴卡：PMAC PCI Lite，PMAC2 PCI Lite，PMAC2A-PC/104 及 Clipper。

8 轴卡：PMAC-PCI，PMAC2-PCI 和 PMAC2A-PC/104 及 Clipper。

32 轴卡：TURBO PMAC 和 TURBO PMAC2。

3）按通信总线形式分

主要有 ISA 总线、PCI 总线、PCI04 总线、网口和 VME 总线。PMAC 各种轴数的 1 型和 2 型卡，都有上述的计算机总线方式供选择。

PMAC 除上述板卡形式外。还可以提供集成的系统级产品，有 UMAC、IMAC400、IMAC800、IMAC flexADVANTAGE400 、ADVANTAGE900 等。

PMAC 系列运动控制器如图 6.34 所示。

（2）与各种产品的匹配

① 与不同伺服系统的连接：伺服接口有模拟式和数字式两种，能连接模拟、数字伺服驱动器，交流、直流伺服电机伺服驱动器及步进电机驱动器。

② 与不同检测元件的连接：测速发电机、光电编码器、光栅、旋转变压器等。

③ PLC 功能的实现：内装式软件化 PLC，使用类似 basic 程序，可扩展到 2048 点 I/O。

④ 界面功能的实现：按用户的需求定制。

⑤ 与 IPC 的通信：PMAC 提供了三种通信手段，即串行方式、并行方式和双口 RAM 方式。采用双口 RAM 方式可使 PMAC 与 IPC 进行高速通信，串行方式能使 PMAC 脱机运行。

⑥ CNC 系统的配置：PMAC 以计算机标准插卡的形式与计算机系统共同构成 CNC 系统，它可以用 PC-XT&AT，VME，STD32 或者 PCI 总线形式与计算机相连。

（3）基本功能

1）执行运动程序

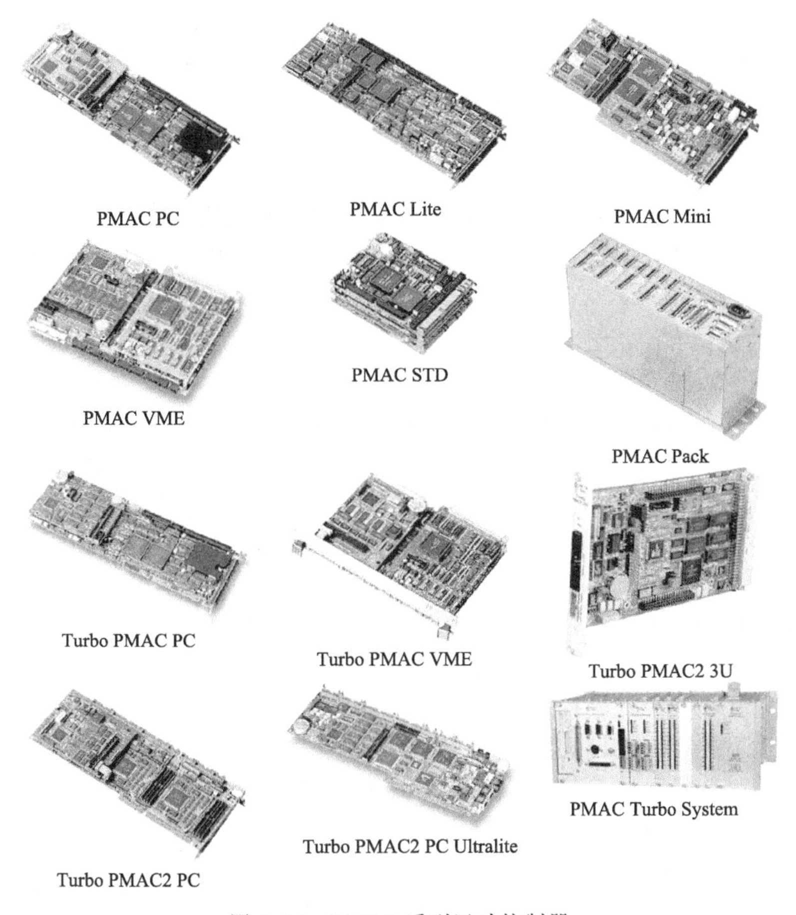

图 6.34 PMAC 系列运动控制器

① PMAC 在某一时间执行一个运动，并执行有关运动的所有计算。

② PMAC 总是在实际运动之前，正确地调和即将执行的运动。

2）执行 PLC 程序

① 以处理器允许的时间尽可能快地扫描 PLC 程序。

② PLC 适用于某些异步于运动程序的运动过程。

3）伺服环更新

① 对于每一个电机，PMAC 都以一个固定频率（2kHz 左右）自动对其进行伺服更新。

② 伺服环根据运动的设计者编写的程序公式，从当前实际位置和指令位置增加指令的数值。

4）换相更新

① PMAC 以 9kHz 的频率自动进行换向计算和控制。

② PMAC 测量并估算转子的磁场定向，然后处理电机的相之间的指令。

5）资源管理

① 常规管理：定期自动执行资源管理功能，以确认谁正常。

② 报警：跟随误差限制、硬件超程限制、软件超程限制、放大器报警。

③ 看门狗的更新：在每个 PLC 扫描之间，PMAC 执行上述任务保证自身的正常更新，如果这些功能不能在最小的频率内检测，卡上的看门狗将报警。

6）与主机通信

① 随时与上位机进行实时通信，甚至在一个运动序列中间。

② 将命令放入一个程序缓冲区以便以后执行。

③ 如果命令非法，则将向上位机主机报错。

7）任务优先级

① 任务是按照优先级电路组织起来的，使应用程序最优化、高效、安全地运行。

② 优先级是固定的，但是它们的频率是可以由用户控制的。

（4）基本特点

1）有很大的柔性和灵活性

可以连接从1到32个轴的直线或旋转伺服、步进或液压马达；可扩展多路模拟和数字I/O接口，连接不同类型的编码器反馈；控制指令可以提供PFM（脉冲&方向）直接输出、模拟（±10V）和数字（直接PWM）三种形式输出；采用多种总线形式实现和上位机的通信连接，如ISA、PCI、USB、RS-232/422、VME、以太网等，还可以连接由DeviceNet、MACRO等现场总线构成的高速环网，直接进行生产线的联动控制。

2）采用直观的运动系统编程语言

使用简单的命令语句，如WHILE、IF和ELSE等；移动命令可以用简单的轴字母（如X、Y、Z等）编辑，移动距离可以使用英寸、角度、毫米或其他单位定义。

3）PMAC提供PLC逻辑控制功能

用户可以根据控制需要，编写相应的PLC控制程序，既可以独立运行，也可和运动控制程序同时运行，简化了与运动程序同步的I/O执行过程。

4）PMAC控制卡变量（I、P、Q、M四大类变量）

I变量为初始化变量，用于设定运动控制卡的性能。每个I变量能对指定编号电机完成初始化设定，从$I0$至$I1023$共有1024个，基本为整形变量且在存储器中的位置固定。

P、Q变量为通用变量，主要在运算中进行赋值操作，同时传送信息。Q变量可以在不同的坐标系统中进行使用，P变量则可以存在于整个控制系统中。P、Q各自都有1024个，均为48位浮点变量，使用前不需设定。

M变量可访问运动控制卡的内存和I/O点地址，只需在线定义一次即可，通过读写操作，完成I/O口和电机当前、理论位置等操作。定义好后，能实现计算和判别触发，有1024个。

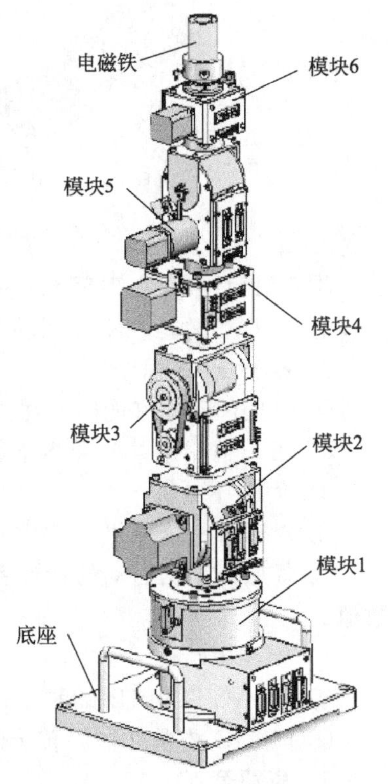

图6.35 六自由度垂直串联型实验机器人

（5）基于PMAC的六自由度机器人控制系统开发

六自由度垂直串联型实验机器人轴线相互平行或垂直，能够在空间内进行定位，使用伺服电机和步进电机混合驱动，主要传动部件可视化，是可以满足高等院校机电一体化、自动控制、精密机械装配、精密机械设计等专业进行机电及控制课程串联关节式实验需要和相关工业机器人应用培训需要的新型机器人，它是一个多输入多输出的动力学复杂系统，是进行控制系统设计的理想平台。利用 PMAC 开放性可编程控制多轴的特点，针对六自由度垂直串联型实验机器人开发控制系统运动规划和编程控制系统设计，可以方便用户进行二次功能开发以及系统的维护。

1）物理模型

六自由度垂直串联型实验机器人三维实体模型图如图 6.35 所示。该机器人由 6 个基本模块组成，按照机器人模块区分，可分为模块 1～模块 6，模块从 1 到 6 逐节组合。每一模块单独可以控制运行，模块本身末端有旋转运动、回转运动两种形式，6 个模块组合之后构成类似工业串联模块机器人形式。

六自由度垂直串联型实验机器人主要参数为：结构类型为串联 6 模块，负载能力为 0.5kg，重复定位精度为±0.8mm，最大展开半径为 485mm，六自由度垂直串联型实验机器人关节参数如表 6.7 所示。

表 6.7　六自由度垂直串联型实验机器人关节参数

模块	动作范围/(°)	最大速度/(°/s)
模块 1	−90～90	40
模块 2	−45～45	40
模块 3	−45～45	20
模块 4	−90～90	20
模块 5	−45～45	20
模块 6	−180～180	20

2）控制系统总体方案

选用基于 PC＋PMAC 运动控制作为模块化机器人的开放式控制系统的总体构建方案。硬件系统结构如图 6.36 所示。

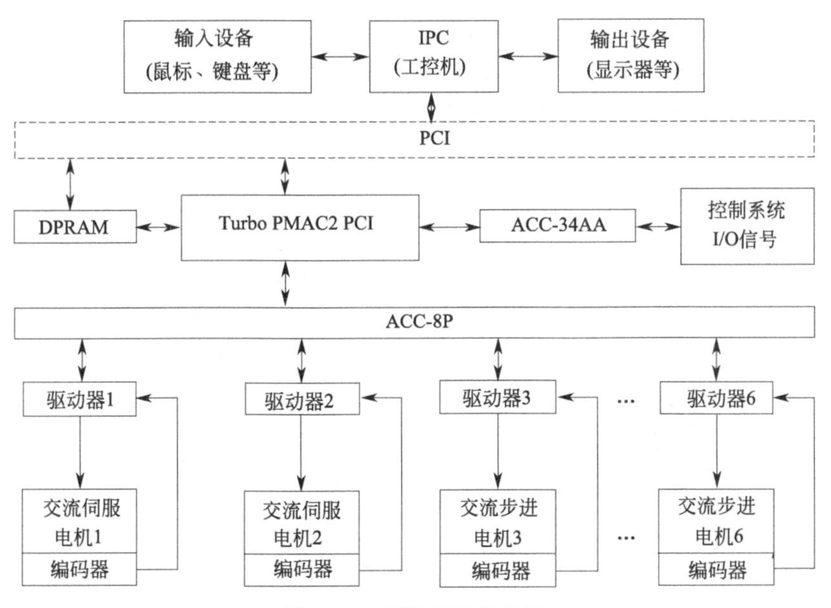

图 6.36　硬件系统结构图

模块 1 由伺服电机驱动，由行星减速器传动，直连垂直放置结构。末端旋转运动，角度可达到±90°。为了能够很好地进行拆卸，系统为连体结构，用铝合金制作而成。属于基本模块之一，可以进行完全拆卸。

模块2由伺服电机驱动，由谐波减速器传动，直连水平放置结构。末端回转运动，角度±45°。该模块组装以后承担了最大的力矩，为了确保精度以及可靠性，结合机器人的结构特性，尽可能地降低传动结构的使用，采用工业结构进行模块设计。

模块3由步进电机驱动，由同步带减速传动，连接行星减速器输出，直连水平放置结构，末端回转运动，角度±45°。此结构为了突出行星减速器传动特点，属于工业机器人典型结构，拆卸方便。

模块4由步进电机驱动，由蜗轮蜗杆传动输出结构。末端旋转运动，角度±90°。此模块突出介绍蜗轮蜗杆的设计思想以及传动特点，是某些电子行业机器人常用的传动结构。

模块5由步进电机驱动，直连行星齿轮减速器，由同步带传动，直连水平放置结构。末端回转运动，角度±45°。

模块6由步进电机驱动，由锥齿轮减速传动，连接垂直放置结构，末端旋转运动，角度±180°。

3）运动控制系统的硬件设备

控制系统的硬件结构由操作模块、运动控制模块以及机器人本体三个部分组成。从系统开发的时间周期和成本考虑，可以采用模块化控制的方法把每一个控制模块独立出来，而每一模块都有自己固定的功能，这样的设计方案能得到更高的运行效率和可靠性。

① 操作模块中的主体是PC机，PC机装载着人机交互界面，从这里可以完成机器人第一级命令输送，比如系统的初始化、设置变量的输出、实时状态位置的反馈信息等。

② 运动控制模块是指PMAC运动控制卡，它主要是对各轴运动进行实时运算，并收集动态参数，完成伺服驱动、程序解析和高速数据收集等各轴运动的实时性任务。

控制器采用的是OEM系列Turbo PMAC Clipper（Turbo PMAC2-Eth-Lite）及PMAC2A-PC/104，如图6.37所示，其具有齐全的PMAC板卡功能。可以通过104总线与上位机通信，也可以使用双端口RAM提高总线的通信速度，脱机独立工作时，还可以使用RS-232或者RS-422串口、USB和以太网通信。

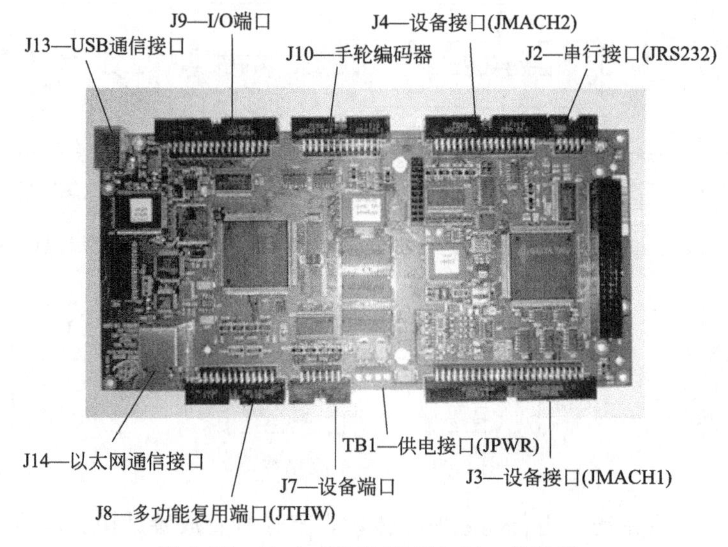

图6.37 Turbo PMAC2-Eth-Lite控制器

③ 模块化机器人的本体模块主要负责系统安全和实现抓举的任务，它主要由电机、驱动器、手爪、行程开关以及编码器这五个部分构成。

4）硬件的连接

① 上位机与 PMAC 控制卡的连接。开机电源采用 6A@5V（15W）的独立电源，这样可使 A 和 D 两模块之间形成光电隔离，互不干扰后台任务；使用交叉网线通过 J14（以太网通信）接口与 PC 机连接，若 PC 机带有串口接口，也可采用串行接口（JRS232）进行连接，Clipper 串口（IDC-10）连接 PC 串口（DB9 公头），接线如图 6.38 所示。

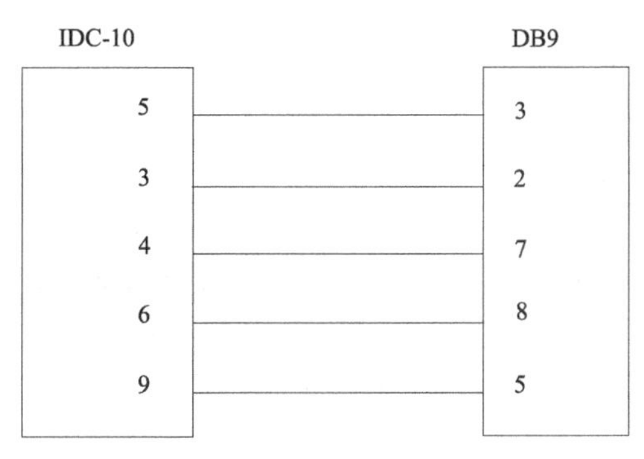

图 6.38 Clipper 与 PC 串口接线

② PMAC 控制卡与电机驱动器的连接。DTC-8B 四通道转接接口板通过两根扁平电缆（标准 34 线和 50 线）分别接到 Clipper 的 J3（JMACH1）及 J4（JMACH2）。JMACH1 包含 4 个通道设备 I/O：放大器错误（FAULTn）、使能信号（AENAn/DIRn）、模拟量输出、增量式编码器输入以及供电接口，编码器与 JMACH1 的连接如图 6.39 所示。JMACH2 含 4 个通道设备 I/O：限位输入标志（PLIMn、MLIMn）、回零标志（HOMEn）、脉冲 & 方向（PUL&DIR）输出信号和用户输入（USERn），使用 5～24V 直流电源对输入点供电，另外 B _ WDO 输出允许显示看门狗的状态。

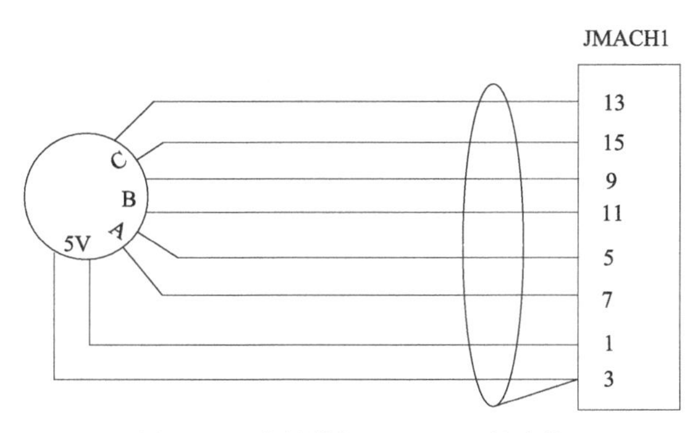

图 6.39 编码器与 JMACH1 的连接

③ 机器人关节运动的步进驱动信号。PMAC 在控制电机方面主要是通过输出模拟量的方式来完成的，这样可以省去电机换相的步骤，仅由输出的模拟量指令就能完成。1 通道使用单端指令，把 DAC1＋（第 29 脚）接口连接到驱动器的指令输入端口，将电机的指令信号返回线接到 PMAC 的 GND（第 48 脚），在这样的设置中，DAC1-保持悬空，不要接地。模拟量均可作为通用模拟量输出使用，只需使 *M* 变量指向输出寄存器，并向对应的 *M* 变量

中写入数值，PMAC 即会输出对应的模拟量。模拟量输出只能驱动一个高输入阻抗且无显著电流损耗（最高 10mA）的电路，因为虽然 220Ω 输出电阻会使电流损耗小于 50mA 以避免对输出电路造成损害，但超过 10mA 的电流损耗仍会导致信号失真。模拟量和使能信号的连接如图 6.40、图 6.41 所示。

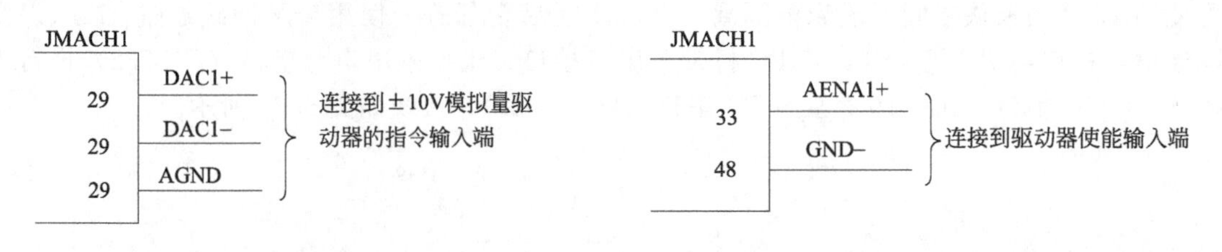

图 6.40　模拟量的连接图　　　　图 6.41　使能信号的连接图

PMAC 接收驱动器发来的报警信号，及时了解驱动器的工作状态是否正常，是否需要断开输入及使能，是否屏蔽报警信号可以通过 Ixx24 变量设置。FAULT－位于第 11 脚，默认设置下，该信号在驱动器发生故障时，PMAC 收到驱动器反馈回来的报警信号后，将停止发送脉冲信号，电机停转。具体接线图如 6.42 所示。

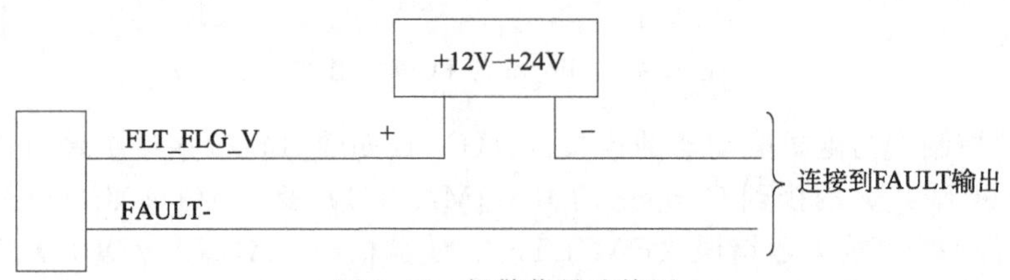

图 6.42　报警信号连接图

5）六自由度机器人运动控制系统设计

软件的系统结构设计原理：根据整体到部分的原则，对功能进行总体归类，总体结构图如图 6.43 所示。首先，从它们的属性动作类型和难易程度来划分，把每一模块的功能进行分类，然后把简单的功能模块添加到大的模块功能框里。这样的归类可以使模块简洁化，而且这种层次分明结构紧密联系的方式，在需要对模块功能进行添加或修改时更方便。这样处理起来更安全可靠。

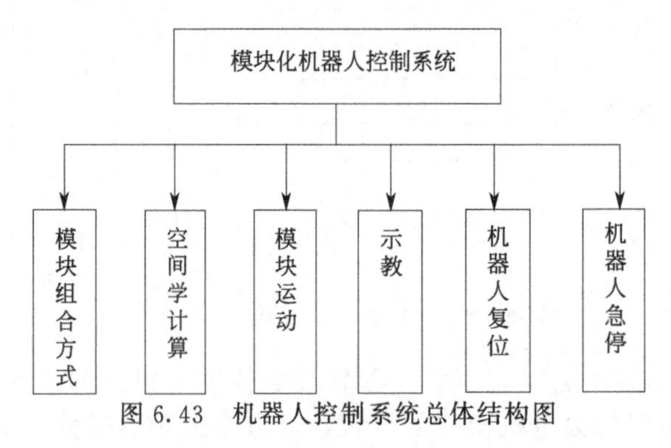

图 6.43　机器人控制系统总体结构图

① 上位机与 PMAC 间的通信。Pcomm32 Pro 软件是 PMAC 运动控制器与上位机通信的桥梁，该软件提供了专属函数的动态链接库，主要有显式和隐式是两种通信方式。显式链接主要包含 PMAC 里的动态链接库函数 Pcomm32.dll，而数据库函数 Pcomm32.lib 则是调

用的 PMAC 里的工程文件，这是隐式调用的一种方式。

在使用 PMAC 的运动函数中，要求其对系统的处理能力反应速度有比较高的要求。显示链接在使用时加载速度快，并且能够把所有的函数加载到系统中，而这些都是隐式调用所不具备的。在使用显示链接时需要考虑其会把所有的函数一起加载，其中包括大量不需要用到的函数，这么庞大的数据库，会导致占用系统的内存过大，影响系统的运行速度，所以占用系统过大是显示链接的唯一不足之处。上位机处理性能的好坏对于显示链接有着直接的影响，在使用运动函数的动态调用时，采用显示链接的方式实现的效果更好，思路更清晰。

Windows 操作系统下 PMAC 通信机制如图 6.44 所示。

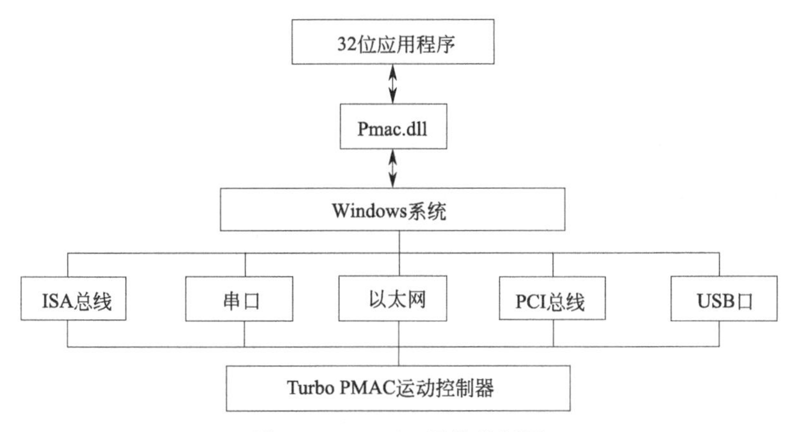

图 6.44　PMAC 通信机制图

具体的动态链接库设置步骤为：首先，将所有的函数进行分类声明拷贝到软件安装目录里的 Include 文件夹中；然后，在进行程序设计时，把函数声明 Include 文件复制到使用的工程文件的保存路径下，并且需要对源文件进行调用声明，如输入 ＃include “Pmac. h”，这样就把函数的调用给设定好了。这种采用文件名包含显示链接的方式使用起来比较简单。

② 人机交互模块设计。主界面里面包含了软件系统中的四个主要模块：模块组合方式、模块运动、机器人复位和机器人急停，如图 6.45 所示。这四个模块是设计中所要实现的主要运动功能，这些模块构成主界面框架内容。

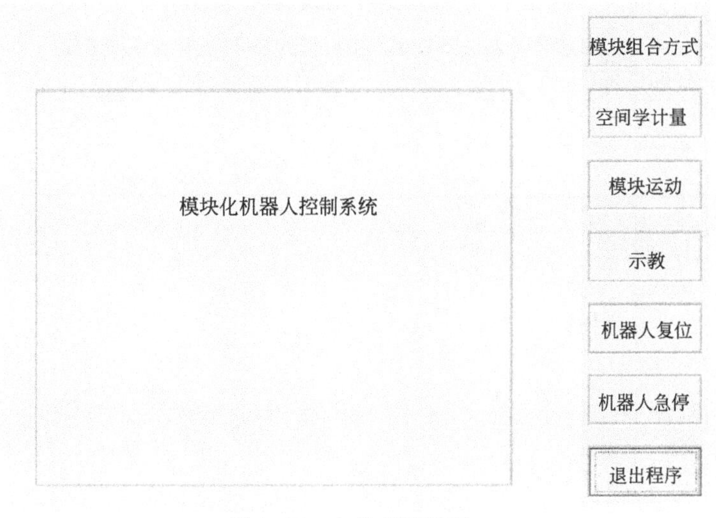

图 6.45　人机交互界面

点击主界面中的“模块运动”按钮，会弹出模块运动的窗口，如图 6.46 所示，在这可以对运动进行操作控制。

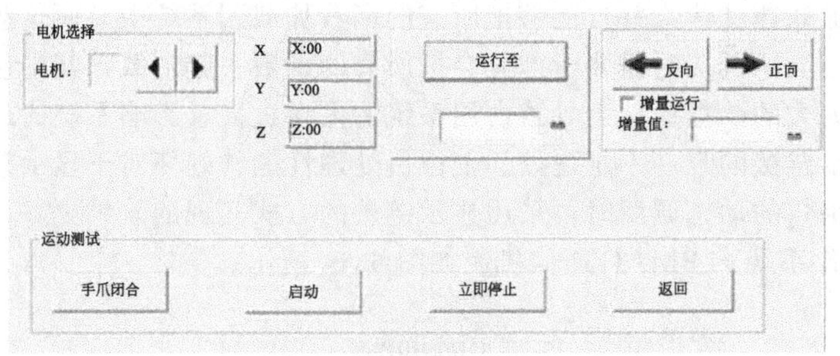

图 6.46 模块运动界面

在机器人控制系统软件中，可以获取正解以及逆解。首先点击“空间学计算”按钮，如图 6.47 所示，在“关节角度”中相应的位置输入各个关节的变量，点击“正解计算”按钮，则可以得到各个关节信息。

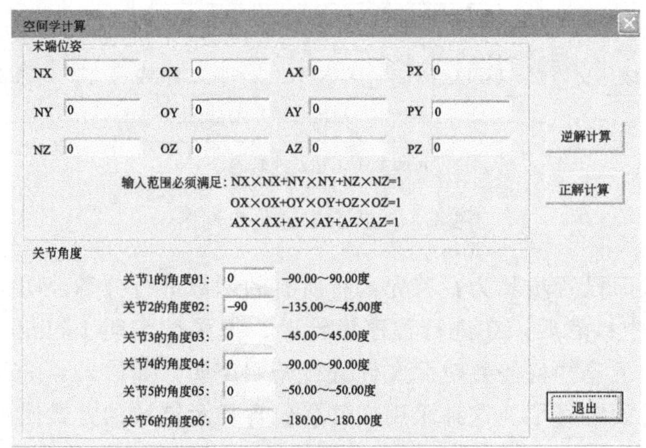

图 6.47 空间学计算界面

点击主界面的“示教”按钮，出现如图 6.48 所示的界面，包含模块状态、当前坐标、模块运动控制、示教列表、速度、再现方式和示教控制等部分。

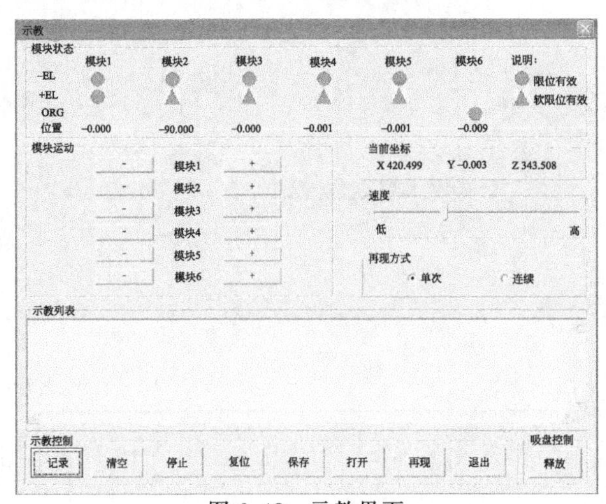

图 6.48 示教界面

6.3 驱控一体化技术

作为机器人控制系统的两大核心部件，运动控制器与伺服驱动器往往分开而置，且在多轴伺服架构中，每个伺服驱动也是分立的。如图 6.49 所示的六轴机器人控制柜，采用 1 台运动控制器和 6 台伺服驱动器以及系统电源模块、I/O 控制模块和通信模块等进行组装而成。

这种控制柜往往占地面积较大，冗余的硬件系统造成了 CPU 运算资源的大量浪费以及成本的增加。此外，控制柜中由于各个模块之间通过大量连线连接并且分散排布，十分不便于各部分之间的信息交互。

图 6.49 六轴机器人控制柜

以运动控制器驱动一个伺服驱动器进行说明：当工作在速度控制模式下，作为上位机的运动控制器，首先完成与速度指令值相应的数字量的计算和处理，然后需要将数字量通过数模转换 DAC 将数字量转化成模拟量，通过外部接线发送到伺服驱动器，伺服驱动器在接收到运动控制器发送来的模拟量之后要先通过 ADC 将模拟量转换成数字量，然后按照电压对应的速度值进行转动。这样在信息传输过程中会同时受到 DAC、ADC 精度以及传输线电压损耗的影响，额外的硬件转换电路势必会增加整套系统的成本。

微电子技术以及电力电子技术的进一步发展，将整个机器人控制系统进一步结合成一体化控制器已经成为可能。尤其在超大规模集成电路以及电子技术 EDA 日益成熟的今天，实现结构紧凑高性能的机器人控制器已经成为现实。其中以 FPGA 为代表的数字可编程逻辑器件已经被广泛应用于电机控制等高性能场合。

驱控一体技术首先将多轴伺服驱动的分立局面融为一体，然后结合总线控制技术连通了运动控制器主站与多轴伺服，将传统机器人控制器架构的弊端抛在身后，比如配线过多、系统信号抗干扰能力差、模块繁多，系统调试维修困难、成本过高等问题。驱控一体化机器人控制系统以 PC 工控机为上位机，完成运动控制、轨迹规划及插补等功能，驱动一体化控制器完成对多轴伺服的闭环控制及驱动功能。PC 与伺服控制单元之间通过 EtherCAT 总线接口进行数据交互。这种结构可以大大缩小控制器的体积，避免硬件冗余造成的浪费，降低成本，具有较高的研究价值和使用价值。

近年来随着运动控制领域对产品安装空间、灵活部署，以及成本降低等方面的要求日益凸显，集成化产品应运而生。其中又可分为两种形式：

① 上位机运动控制保持不变，把伺服驱动器和伺服电机做一体化集成，这样电机与驱动器的线缆就得到了极大的节约；

② 伺服电机保持不变，运动控制和伺服驱动做一体化集成，即驱控一体化设计。对于驱控一体化系统，需要完成的主要功能有：人机交互、机器人控制及伺服驱动。

6.3.1 驱控一体化技术的发展

日本电装公司的 RC8 型工业机器人控制器号称全世界最小的高性能 8 轴控制器如图 6.50(a) 所示，外形尺寸为 440.5mm×299.6mm×96.6mm，支持 EtherCAT/PROFINET 总线控制接口，最大支持 8 轴联动，最大功率可达 3kW，适用于小巧、轻量型机械手臂或多轴伺服机床设备。由瑞士 ABB 公司推出的 IRC5C 紧凑型工业机器人控制器如图 6.50(b) 所示，将强大的功能浓缩于一体机柜内，预设所有信号的外部接口，内置可扩展 16 路输入输出 I/O 接口，是小型机器人的最佳拍档。

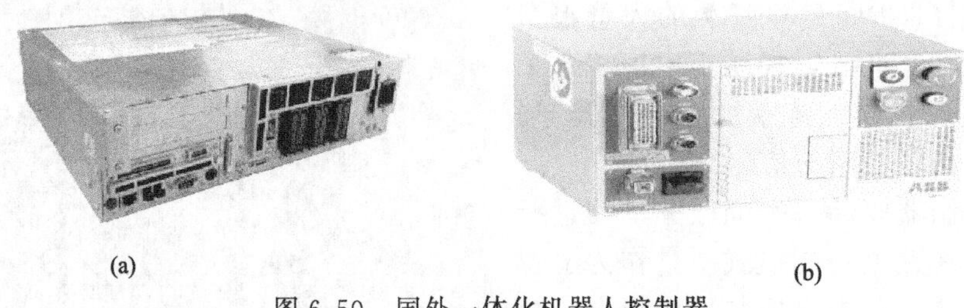

(a) (b)

图 6.50 国外一体化机器人控制器

国内固高科技推出的拿云（Marvie）六轴驱控一体机器人控制系统如图 6.51(a) 所示，集开发平台、运动控制器和六轴伺服驱动器于一体，体积小、功率密度高、集成度高，极大简化了使用者的电气设计，可用于弧焊、搬运、上下料等 20kg 以下六自由度机器人应用场合，平台基于 WINCE 操作系统，客户可以做二次开发。深圳汇川公司也推出了 IRCB300 系列一体控制器如图 6.51(b) 所示，支持 PTP、CP 运动方式，支持空间直线插补、空间圆弧插补。国内的一体化机器人控制器往往在结构紧凑程度上不如国外的控制器，且体积偏大。在运动控制性能、系统可靠性以及兼容性上还有待提升。

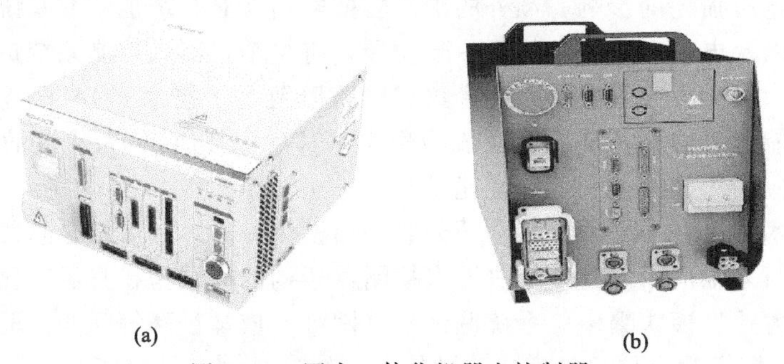

(a) (b)

图 6.51 国内一体化机器人控制器

6.3.2 多轴机器人轨迹与伺服一体化控制器设计实例

6.3.2.1 一体化控制器硬件总体结构

杭州电子科技大学的何佳欢等人设计的一体化控制器由 PC 工控板、控制器主控底板、功率电源底板、四块双轴驱动板卡、辅助电源板卡、散热风扇板以及通用 I/O 板卡组成。各电路板卡之间的连接关系及结构如图 6.52 所示。图中机器人控制器底板的灰色部分为低压控制单元，蓝色部分为高压驱动单元。PC 工控板与控制器底板之间通过 EtherCAT 总线连接；辅助电源板卡和四块双轴驱动板卡与主控底板和功率电源底板之间分别通过 PCI-E 插槽和板到板电源连接端子垂直连接；通用 I/O 板卡通过排针排母插接到主控底板之上并用螺钉固定到控制外壳。这种三维立体插拔板卡的结构不仅能大大缩小控制器的体积，而且有利于功率板的散热，并降低因硬件冗余而增加的成本。

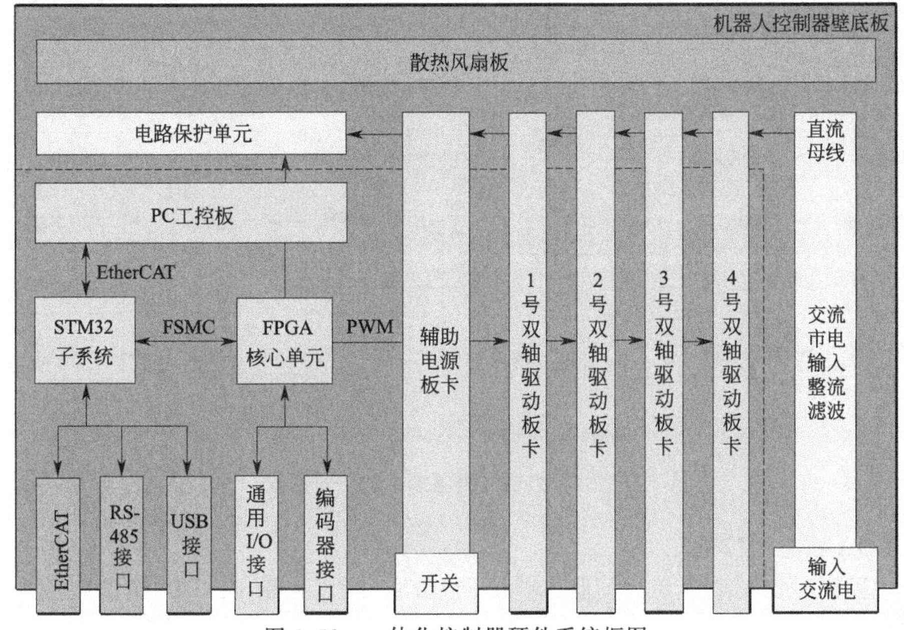

图 6.52　一体化控制器硬件系统框图

其中 PC 工控板用以实现多轴机器人的正逆解、运动控制器和轨迹插补的运算，并通过 EtherCAT 总线将实时的位置信息发送到主控底板，FPGA 核心单元用以实现包括相电流采样、编码器数据处理、SVPWM 生成等任务的多轴伺服驱动工作；STM32F407 子系统担任 EtherCAT 从站的应用层数据处理工作，将来自 PC 工控板的各轴位置信息以及来自 FPGA 核心单元的实时位置反馈信息通过 FSMC 并行总线进行交互；双轴驱动板卡上采用两块独立的 IPM 模块，并通过高速数字隔离器接收来自 FPGA 核心单元的 PWM 信号；通用 I/O 接口板卡主要由脉冲输入接口以及通用 I/O 输入接口等电路组成；辅助电源板卡是控制器中除直流母线电源以外所有模块的供电心脏，电源板卡上集成了从 24V 工业电源到 1.2V 的核心电源等多种电源。控制器底板上的直流母线部分为多轴驱动所共用。

图 6.53 描述了多轴伺服系统的工作过程。首先电流采样芯片分别采集 6 个伺服电机 U 相和 V 相的相电流，将数字信号交给 FPGA 进行处理，同时 FPGA 还需实时采集 6 个伺服电机的编码器当前值用以伺服的矢量运算。接着 STM32F407 将通过 EtherCAT 总线接收到 PC 工控机发送的各轴目标位置信息通过 FSMC 并行总线发送到 FPGA，FPGA 通过单轴伺服逻辑的复用实现多轴伺服驱动，并将 PWM 信号发送至数字隔离器，数字隔离器将控制信号传输至功率板卡部分驱动六轴机器人各个关节上的伺服电机运动到目标位置。与此同时，STM32F407 子系统还要完成与显示屏的信息交互、整机温度采集，风扇控制、电路保护，人机交互，以及外设通信等辅助工作。

（1）控制器主控底板

一体化控制器主控底板主要由三块核心芯片、一个 PC 工控板，总计四个核心组成，分别担任机器人运动控制系统的计算核心、EtherCAT 以太网接口、应用层数据处理、伺服矢量控制四个任务。

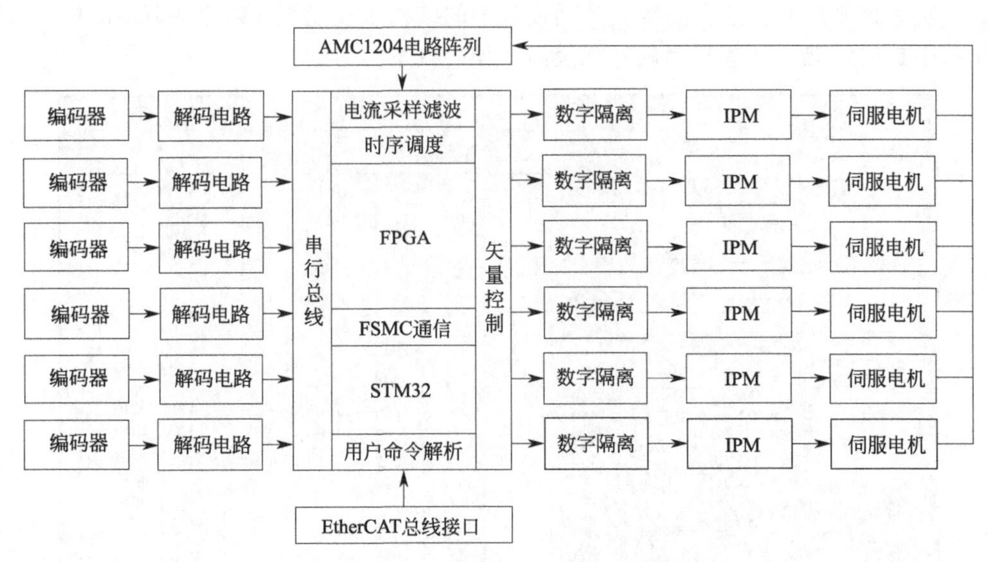

图 6.53 多轴伺服驱动系统工作过程

1）FPGA 核心主控单元

系统中要同时控制最多 8 台伺服电机协同运动，所以采用 FPGA 芯片作为伺服矢量控制的处理器是最佳之选。

2）STM32F407 子系统单元

STM32F407 子系统设计之目的是作为 FPGA 的协处理器，来完成 FPGA 实现起来比较困难的任务。系统中机器人的轨迹规划和运动控制由 PC 工控机来完成，PC 工控机将计算好的各轴位置信息通过 EtherCAT 总线发送到 STM32F407，STM32F407 做 EtherCAT 从站应用层数据处理，将目标位置信息和实时位置信息与 FPGA 通过 FSMC 并口进行交互，除此之外，STM32F407 子系统作为 FPGA 的辅助处理器，还要担任直流母线电压采样、整机温度采集、风扇控制、电路保护单元逻辑控制，以及人机交互等任务。

3）EtherCAT 从站接口电路

EtherCAT 工业以太网接口作为 PC 上位机和多轴伺服下位机的通信接口，在系统中也是起着至关重要的作用。控制器在芯片选型方面权衡了价格以及性能两个天平，选择了价格较为低廉、性价比较高的 LAN9252 芯片。

4）伺服编码器接口电路

系统为多轴一体化控制器，一台伺服配有一套编码器采样电路，所以控制中共 6 套编码器采样电路。设计中所采用的绝对值编码器为单圈 17bit、多圈 16bit 的 TS5667N2300 型号编码器。绝对值编码器均采用串行通信方式，电路设计采用一片 MAX485 芯片即可以实现一个编码器的采样。接线时只需要将每个编码器的两根差分线和共用的电源线接到控制器的采样接口上即可。具体采样电路如图 6.54 所示。

5）伺服电机抱闸控制电路

伺服电机上除了电机本体、编码器，要有一个重要的配置就是抱闸。抱闸的控制类似于继电器的控制，在抱闸信号未上电时，抱闸处于锁紧状态，上电后抱闸会松开。只有松开抱闸，伺服电机才能正常运行，否则电机处于堵转状态。伺服系统中对于抱闸的控制归属于伺服启动控制范围内。当控制部分电源和母线电源均开启后，首先要启动伺服，令电机维持在

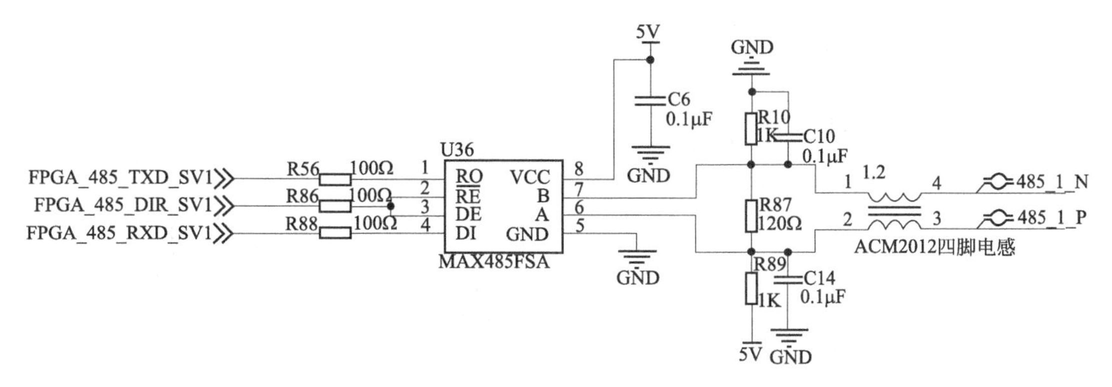

图 6.54　绝对值编码器采样电路

当前位置，最后的一步是松开抱闸，这样才能保证机器人在上电的一瞬间不至于因从启动位置跌落而损坏机械本体或对人员造成伤害。一体化控制器的八个伺服电机接口均带有抱闸控制功能，且每个电机的抱闸要单独控制，图 6.55 为抱闸控制电路。

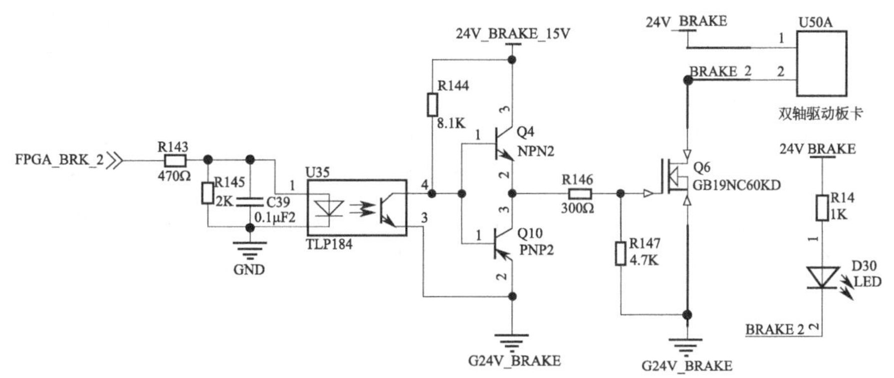

图 6.55　伺服电机抱闸控制电路

6）散热器控制及监测电路

作为紧凑型一体化控制器，为了减小控制器体积，各个板卡之间紧密排布，诸如再生电阻、IPM 模块等均为在控制器工作过程中发热较多的单元，控制器的整机设计额定功率为 3kW，而外形尺寸仅有 330mm×280mm×12mm 大小，在功率密度如此之高的控制器之内系统的散热问题不容忽视。设计中采用由四个台达 AFB0624H 型号风扇组成的散热器为整机进行散热。四个风扇并排分布并单独控制，即每个风扇配有一套控制电路和测速电路，方便散热系统有针对性地对不同模块采用不同的风力进行散热。具体散热器模块的驱动以及测速电路如图 6.56（a）所示。

对于散热器控制单元，另外一个需要检测的重要信息是系统内主要发热元件的温度，设计中在双轴驱动板卡、再生电阻、大功率整流桥上都粘贴有 DS18B20 测温芯片，DS18B20 温度采集电路如图 6.56（b）所示，STM32F407 通过单总线的方式来采集这些 DS18B20 芯片的温度信息，通过这些节点的温度信息来评判控制器内部不同区域的温升情况，从而有策略地调整四个风扇的转速。

7）母线电压采样电路

在伺服控制系统中，直流母线处于波动状态，直流母线的电压值是一个比较重要的信息。母线的电压值是开机瞬间母线电容充电、再生电阻控制等电路的调控依据。利用差分放

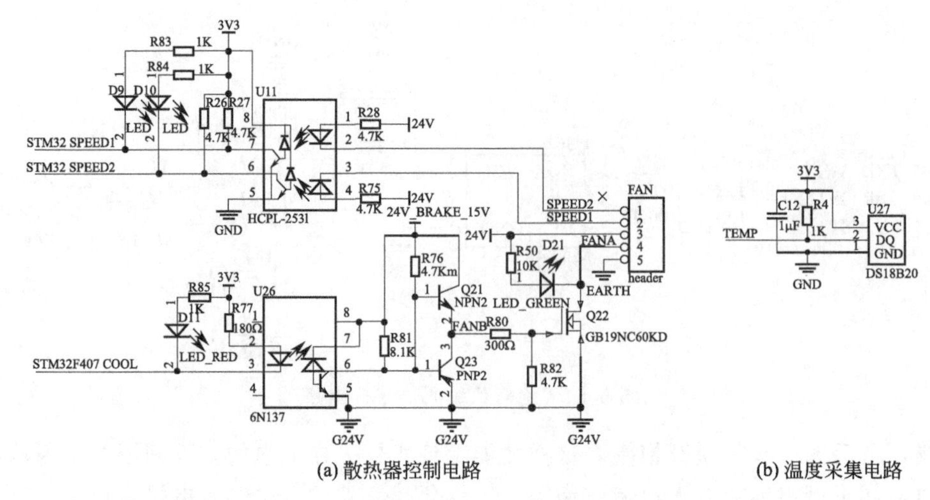

(a) 散热器控制电路　　　　　　　　(b) 温度采集电路

图 6.56　散热器控制电路及温度采集电路

大器输入与输出共地的特点，仅用一片 LM358 芯片即可实现对直流母线电压的隔离采样。

8）功率电源模块

功率电源的直流母线部分是整个控制器伺服系统的动力之源，也是保证各个轴平稳运行的关键。图 6.57 是控制器的直流母线部分。系统的直流母线为 220V 交流市电通过整流桥整流再经过电容滤波得来。由于机器人工作时满载功率较大，所以为了保证直流母线在强负载时的平稳，需要并联多个大容量电解电容。但是在上电的一瞬间，电容可以视作短路，不加以限制的话就会使母线的电流超过额定值，不仅会对电路板上的铜皮进行损毁，而且会第

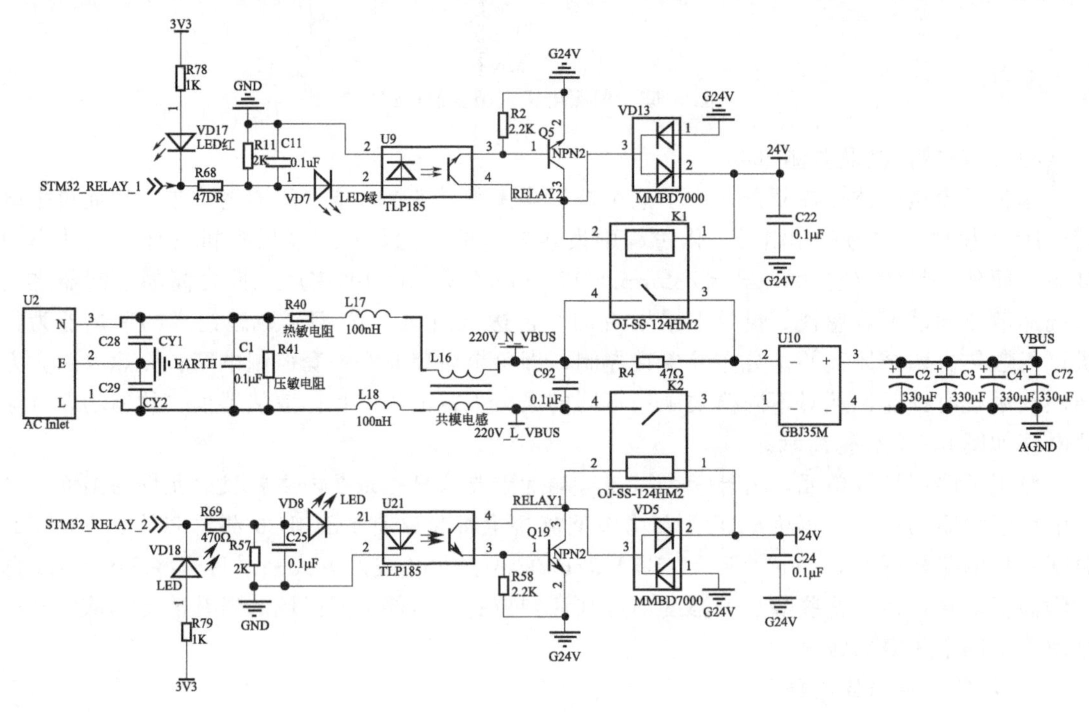

图 6.57　直流母线电路

一时间烧掉整流桥，并且充电瞬间的大电流对电容有很大的伤害，因此本设计中采用母线上串联大功率限流电阻和继电器的方式对上电瞬间的母线电流进行限制以保证母线电路的安全。上电瞬间工作过程如下：继电器 K2 吸合继电器 K1 断开，这样 220V 交流市电先通过限流电阻 R4 再经过整流桥，母线电流得到限制。与此同时，母线电压采样电路采集直流母线上的电压并经过 STM32F407 的 ADC 进行处理判断，判断出直流母线电压达到额定值时继电器 K1 吸合，限流电阻被短路，此时母线正常工作。

正常上电后，直流母线依然会存在较大波动，影响伺服电机的正常运行。一方面，电网的波动以及尖峰浪涌会对直流母线造成影响；另一方面，在控制器驱动机器人强负载或高速运转时，如出现急减速情况，伺服电机就相当于一个发电机，将电能回馈到直流母线当中，这样就会使直流母线电压升高从而威胁电机的运行。因此，在伺服的直流母线系统中，设计再生电阻的泄放电路是必要的，再生电阻控制电路如图 6.58 所示。母线电压检测电路需要实时检测直流母线的电压，当母线电压超过设定阈值时，要通过 STM32F407 生成 PWM 控制光耦，从而间接控制 IGBT 导通并联在直流母线上的泄放电阻来释放母线多余的回馈能量；当母线电压回到设定值以内后再控制 IGBT 断开，从而把母线电压限定在一定范围内以保护整个直流母线供电系统。

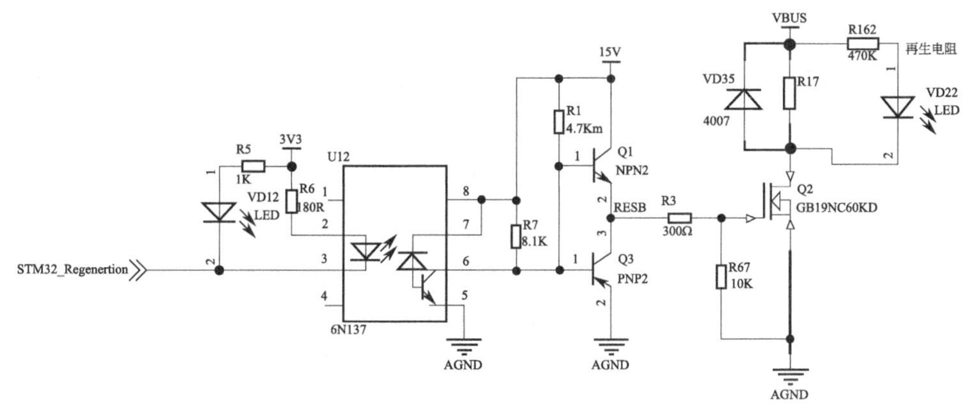

图 6.58　再生电阻控制电路

（2）双轴驱动板卡

一体化控制器中共有四块双轴驱动板卡，每块双轴驱动板卡上集成两个 IPM 功率逆变模块，分别负责两个独立的伺服电机的驱动工作，因此控制器最大支持驱动 8 个伺服电机同时工作。一块板卡上搭载两套功率逆变单元和四路电流采样单元。逆变电路是伺服电机高压驱动的核心电路，也是整个控制器中耗能最大的电路。FPGA 产生的 PWM 通过隔离后输入到逆变路的低压输入侧，逆变电路将信号放大后用以驱动伺服电机。

1）功率逆变电路

逆变电路主要是把 FPGA 输出的 SVPWM 逻辑从低压转换成高压来驱动伺服电机。在实际的应用中，往往采用集成自举电路的驱动芯片与功率管配合或者智能 IPM 模块来构成高压逆变电路。设计中采用的是英飞凌公司的 IGCM20F60GA 系列芯片，芯片的最大输出电流从 10A 到 20A 可选。

因为 IPM 内部集成了自举电路中的二极管，所以只需要在 IPM 的外围添加对应的自举电容即可，IPM 的外围电路如图 6.59 所示。图中 R28 为限流保护的电流采样电阻，IPM 模块通过采样母线电流在 R28 上的分压来实现过流保护功能。当母线电流在 R28 上的分压超

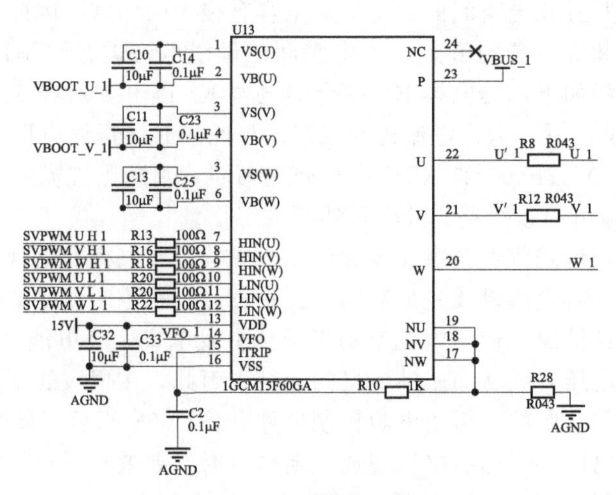

图 6.59　IPM 模块外围电路

过门限值 0.5V 时，IPM 模块会自动关断输出一段时间从而防止芯片因为过载而烧掉。

2）强弱电隔离电路

在恶劣的电机应用环境中，要求电流能抵御高压瞬态变化，防止数据受到干扰，若没有电气隔离，高压强电流很容易串入低压器件，对敏感电路和元件造成干扰或损坏。设计中采用高速数字隔离器 TI 公司的为 ISO7220，电路如图 6.60 所示。其瞬态抗扰度为 50kV/μs，其内部集成低容值电容，最高信号传输速率可达 150Mbit/s，更加适合应用于实时性要求较高的 IPM 驱动。

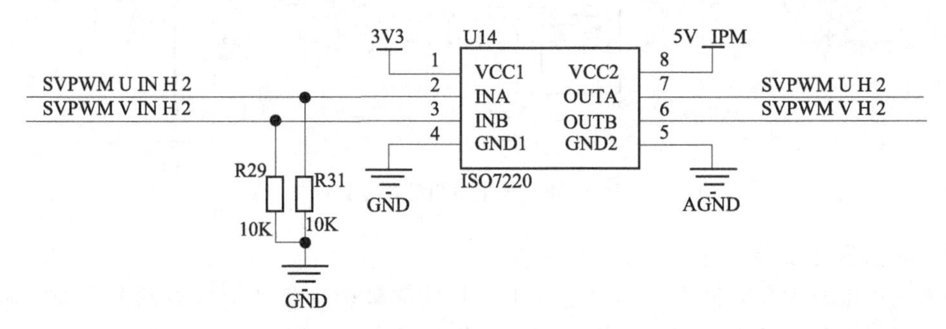

图 6.60　强弱电隔离电路

3）相电流采样单元

对于一体化人机器人控制器，闭环伺服系统是执行部件的核心，而电流采样作为伺服系统的三环控制的最内环，是伺服控制最为关键的环节。电流环的性能决定了伺服的性能，也决定了这个控制系统的控制精度。伺服电机内部三相绕组阻值平衡，因此理论上只需要采集三相中两相的电流即可实现伺服控制，这里人为规定采集的电流是 U 相和 V 相电流。系统中采用电阻采样的方法对相电流进行采样，使用 AMC1204 芯片采取差分采样的方式对串联在伺服电机动力线上的电阻进行采样，电路设计如图 6.61 所示。

由于 AMC1204 的采样方式属于高端采样，且伺服电机的相电流为交变电流，因此处理好芯片采样侧的平面是一个比较难的问题。设计 AMC1204 高压侧的 5V 电源由 TPS7B6950 芯片来提供，TPS7B6950 供电电路如图 6.62 所示。

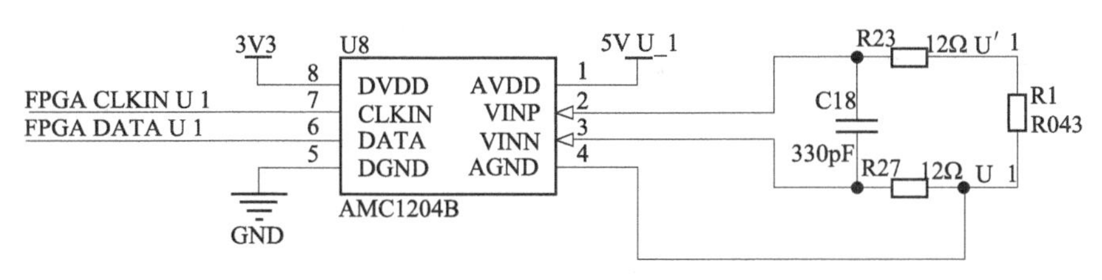

图 6.61　AMC1204 电流采样单元电路

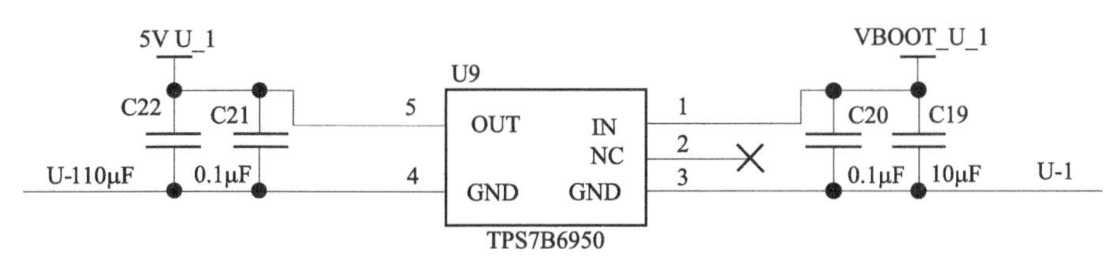

图 6.62　电流采样供电电路

(3) I/O 接口板卡

控制器中 I/O 接口板主要包含两种接口：一种接外部正交脉冲接收转换电路，另一种是外部 24V 逻辑 I/O 输入接口。

1) 脉冲接口

脉冲接口是数字伺服驱动器的标配接口，工业上信号传输多用较长的电缆拖线，如果采用单极性信号输出会导致长距离信号衰减，影响信号质量甚至出现逻辑误判的现象。因此工业领域的长距离信号多为差分形式传输。而对于 FPGA 或者 STM32 而言，只能采集单极性信号，因此需要设计相应电路将差分极性的脉冲转化为单极性信号。以正交脉冲为例进行说明，图 6.63 为差分脉冲接口电路。用户输入的一对差分信号 CMD _ PLS _ N 和 CMD _ PLS _ P 中可以通过差分信号频率、脉冲个数、两相脉冲的相位关系等解析出伺服运动所需要的速度、旋转角度以及旋转方向等信息。控制器将这对差分信号转换成单极性信号就能够很直观地分辨出脉冲中所包含的信息。

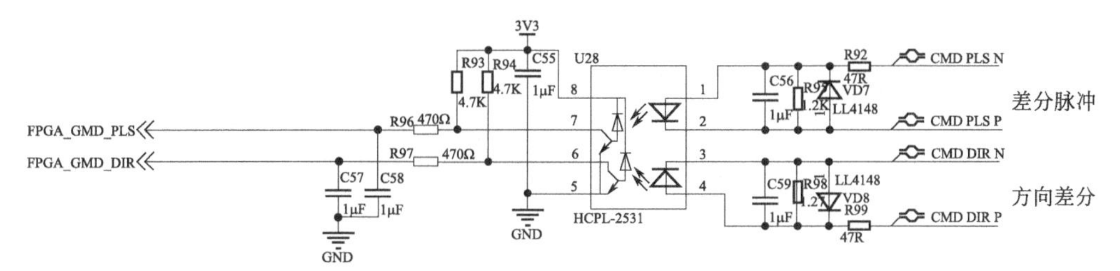

图 6.63　差分脉冲输入接口电路

2) 标准通信接口

在机器人或者机床的设备上通常都会配备有机械限位传感器，例如光电开关、碰撞传感器等，这些限位传感器用来防止机器人运行到限制区域以外。因此控制器需要具有符合工业标准的 I/O 输入接口。采用 TLP209-4 型号的光耦作为外部 I/O 接口的转换芯片，将外部输入的 24V I/O 逻辑信号转换为 3.3V 信号并进行电气隔离，如图 6.64 所示。

(4) 控制电源管理板卡

控制系统的低压电源拓扑如图 6.65 所示。由于高低压以及外部输入接口需要电气隔离

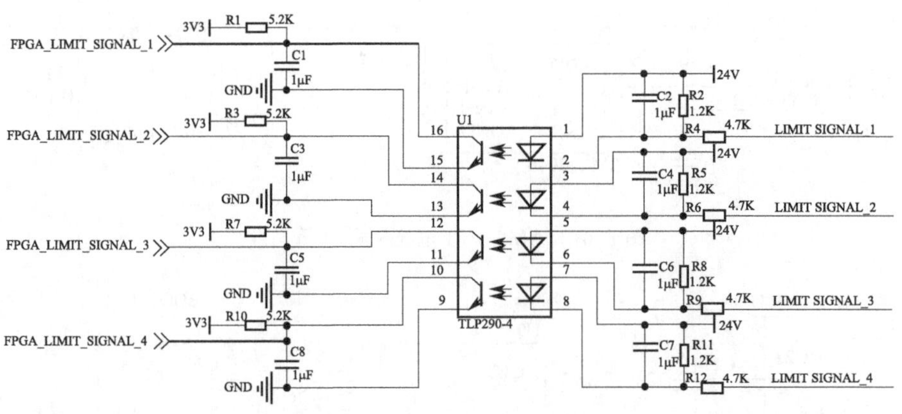

图 6.64　外部 I/O 输入接口

的问题，系统中需要有三个总的隔离电源，这三个电源的输出端均不共地，保证各部分完全隔离。三电源模块采用集成度较高的交流转直流的反激电源模块，所需外围电路较少且模块功率密度较高，比较适合集成度较高的应用场合。

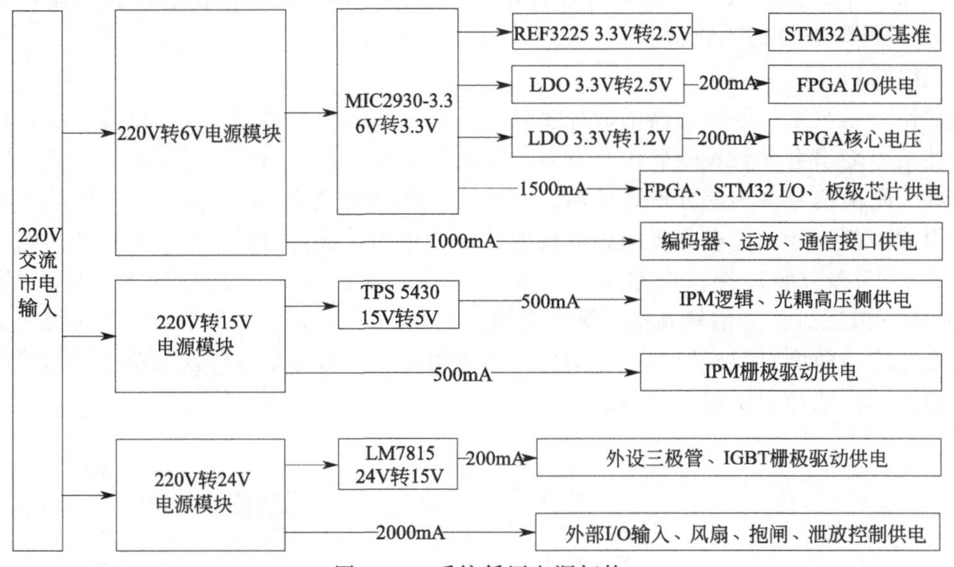

图 6.65　系统低压电源拓扑

6.3.2.2　控制器系统软件设计

（1）系统控制逻辑总结构

一体化控制器的软件设计主要包含三大模块，其中 FPGA 核心通过 Verilog HDL 代码实现了多轴伺服的矢量控制逻辑；STM32F407 核心部分 C 程序主要实现 EtherCAT 从站应用层数据处理以及和 FPGA 的并行数据交互；PC 端程序主要在 TwinCAT 软件中完成，用以实现对机器人的运动控制以轨迹规划。系统控制逻辑总框架如图 6.66 所示。

（2）FPGA 程序设计

FPGA 为一体化控制器多轴伺服驱动的核心。图 6.67 为六轴伺服驱动的总架构，在单轴伺服驱动逻辑内部，除了核心的矢量控制算法模块，还有为各个模块提供运行时钟的定时器模块以及编码器数据滤波处理模块。

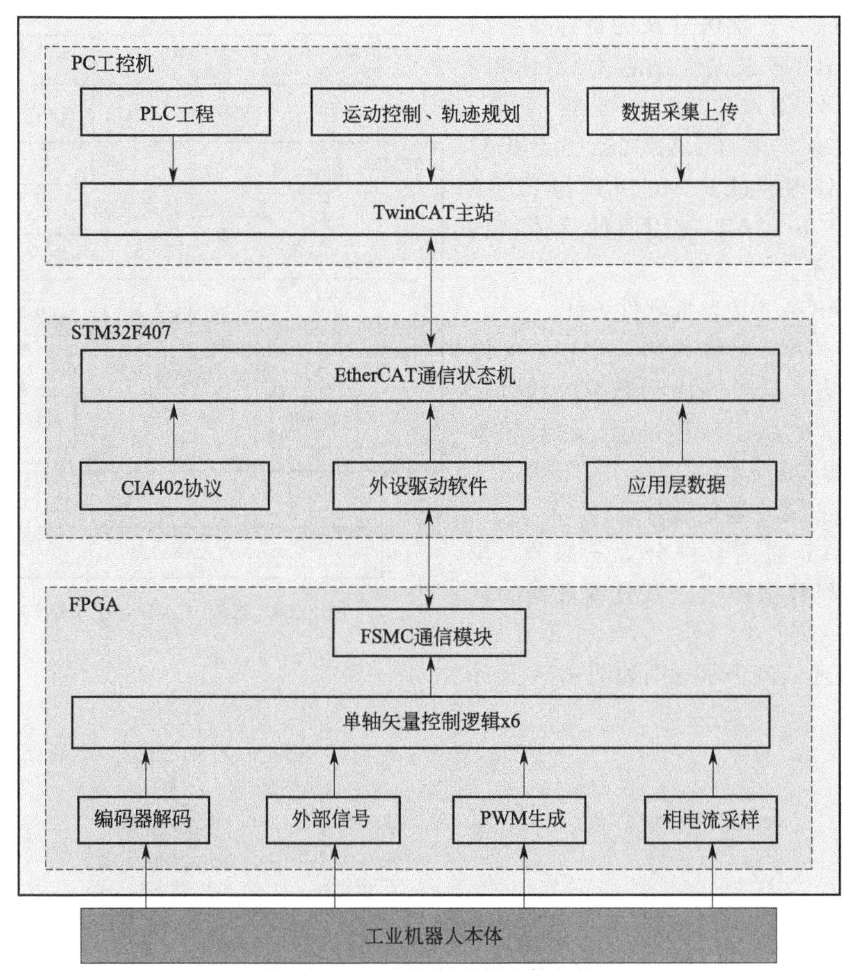

图 6.66　系统控制逻辑总体架构

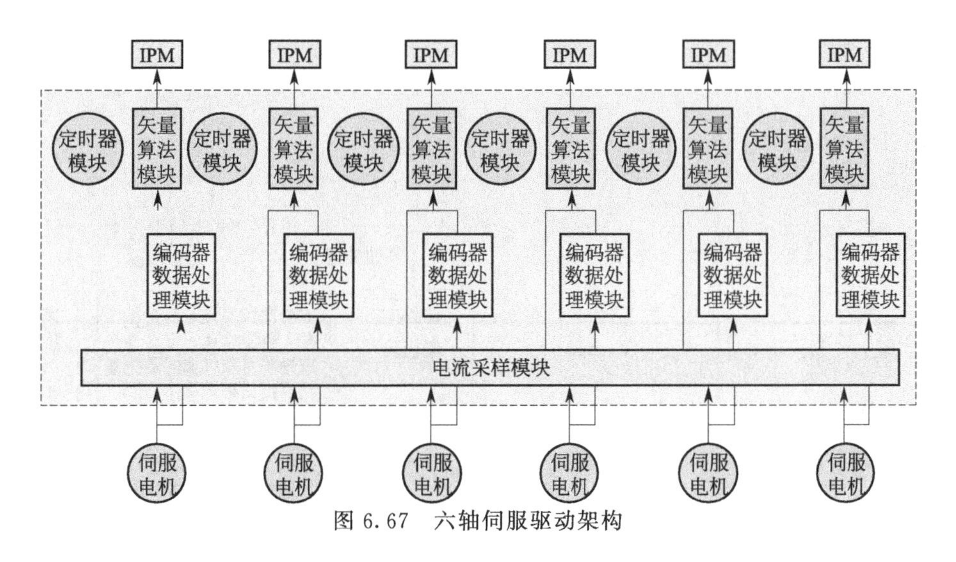

图 6.67　六轴伺服驱动架构

(3) STM32F407 软件设计

系统中 STM32F407 核心单元主要负责 EtherCAT 从站应用层数据处理工作。从 PC 主站经过EtherCAT发送过来的目标位置信息经过EtherCAT从站控制芯片LAN9252处理之后与STM32F407进行交互，STM32F407采集来自LAN9252的数据再经过进一步处理通过FSMC并口与FPGA进行交互。EtherCAT应用层的具体结构如图6.68所示。

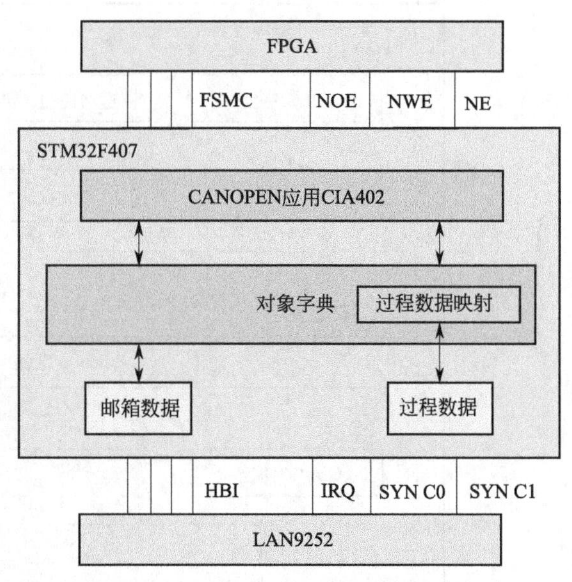

图6.68 EtherCAT应用层结构图

1）EtherCAT状态机软件设计

在EtherCAT总线通信过程中，主站写入新的状态，从站完成状态响应的过程为EtherCAT的状态转移过程。状态转移流程图如图6.69所示。

2）EtherCAT通信软件设计

EtherCAT通信软件分为三部分：邮箱通信、过程数据通信以及过程数据的同步模式。

① 邮箱通信流程示意图如图6.70所示。

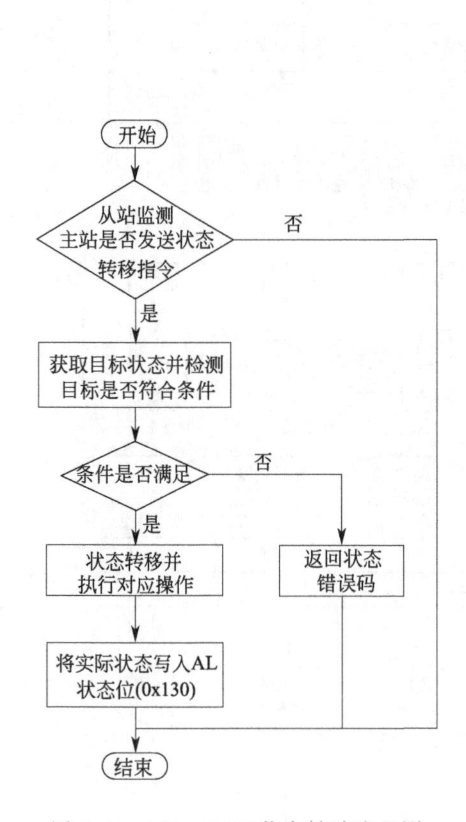

图6.69 EtherCAT状态转移流程图

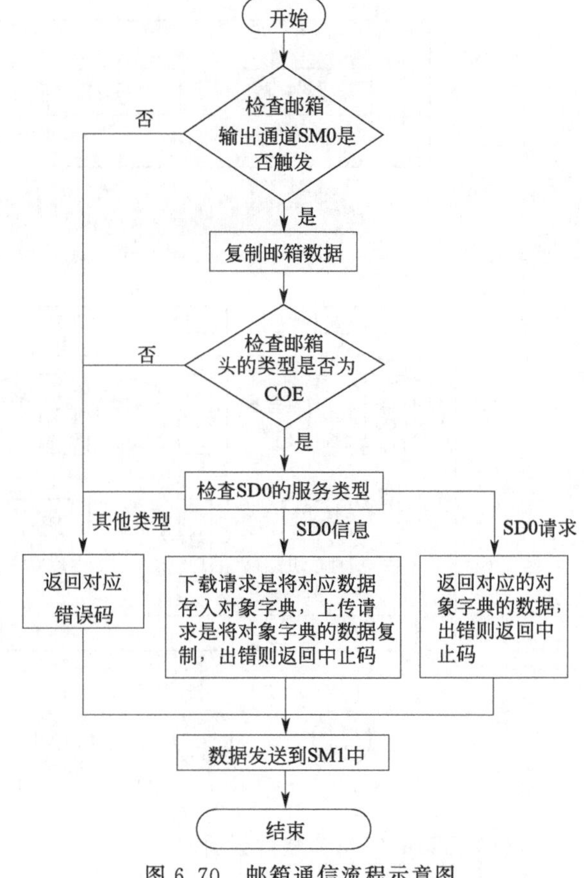

图6.70 邮箱通信流程示意图

② 过程数据通信。过程数据对象 PDO 的数据帧全都由数据组成，在数据传输过程中，依靠主站和从站中 PDO 排列和数据大小的相同情况来通信，并且 PDO 数据本身也是对象字典的对象。分配数据和映射数据对象是两个存放在对象字典中的特定对象。PDO 的结构如图 6.71（a）所示，信息存放方式如图 6.71（b）所示。

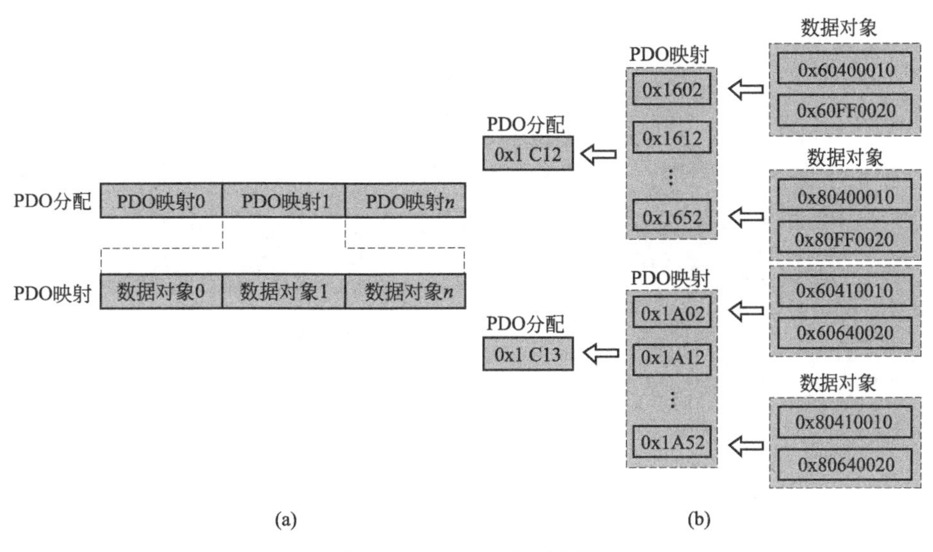

图 6.71　PDO 分配示意图

③ 过程数据通信同步模式。EtherCAT 总线通信协议中的过程数据一般都是对实时性要求较高的数据，而对于机器人的伺服控制，选用 DC 模式为最佳。图 6.72 为 DC 模式下的通信时序图。

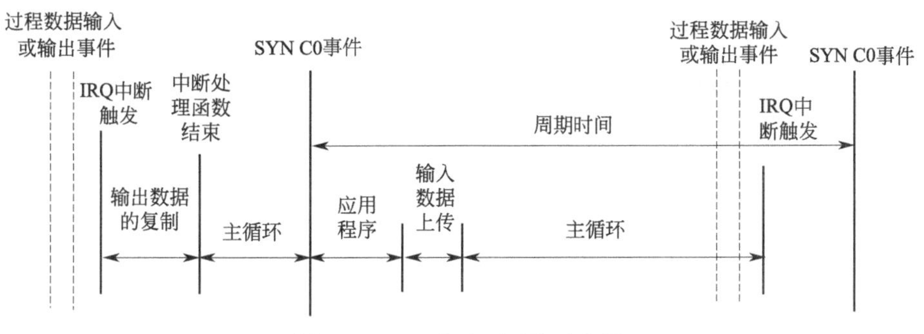

图 6.72　DC 模式下通信时序图

④ CIA402 协议软件设计。CIA402 协议是 CANOPEN 的子协议，专门针对伺服控制而设计。EtherCAT 总线中所应用的协议即为 CIA402 协议。CIA402 协议中几乎涵盖了一个伺服控制系统所要用到的所有参数。以通过 CIA402 状态机控制伺服的供电系统为例，CIA402 状态机将伺服的上电顺序分为三个层级如图 6.73 所示，第一层级开启各模块低压电源与系统控制电源，第二层级开启直流母线的高压电源，第三层级才可以控制伺服电机的开启运转。系统上电的过程中，若低压部分出现问题则高压部分并不会启动，因此这种分层次的上电顺序保证了在大功率高压场合设备的上电安全性。

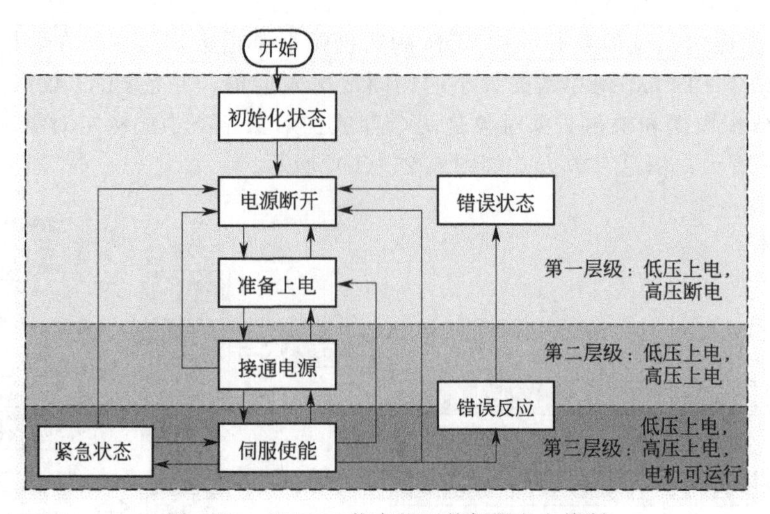

图 6.73　CIA402 状态机下的伺服上电控制

（4）EtherCAT 主站软件设计

TwinCAT 上的 EtherCAT 主站上位机软件系统如图 6.74 所示，TwinCAT 对伺服的运

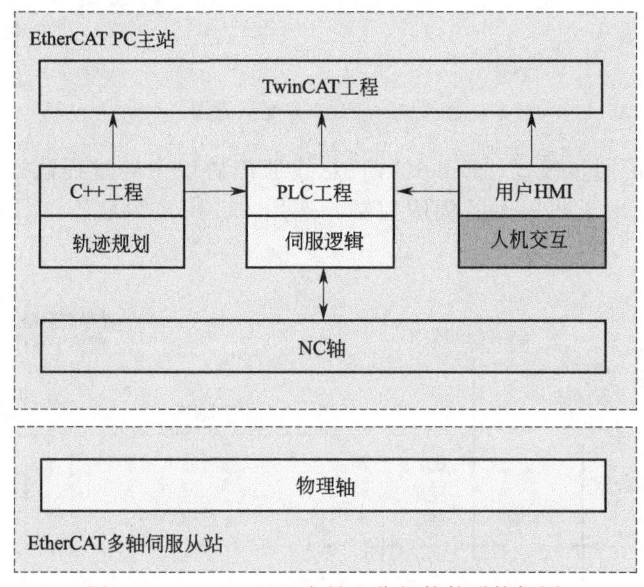

图 6.74　Twin CAT 主站上位机软件系统框图

动控制主要分为三个层级结构：PLC 轴、NC 轴和物理轴，实现伺服控制需要将信号一层一层地传递下来，即经过 PLC 轴、NC 轴最后才能到达物理轴。

6.3.2.3　硬件制作与测试

（1）控制器主控底板

控制器的主控底板是整个一体化控制器伺服驱动部分的核心，承载着其他所有板卡，其实物制作如图 6.75 所示。

（2）双轴驱动板卡

双轴驱动板卡是整个控制器的功率驱动核心，是整机中能耗最大的模块，也是对电源布线要求最高的模块。双轴驱动板卡采用四层布线技术，由于铜线上电流较大，因此采用加厚

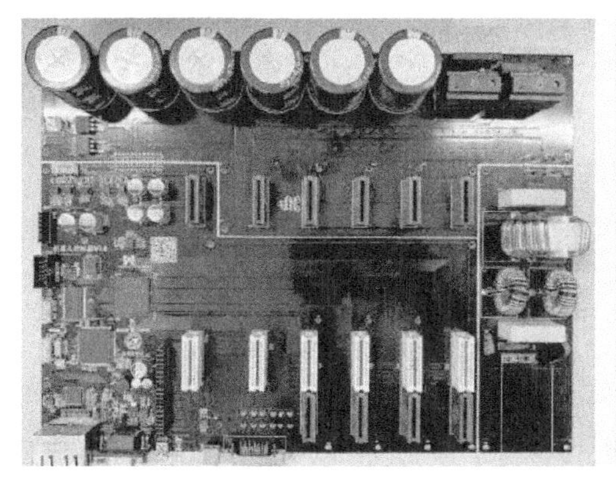
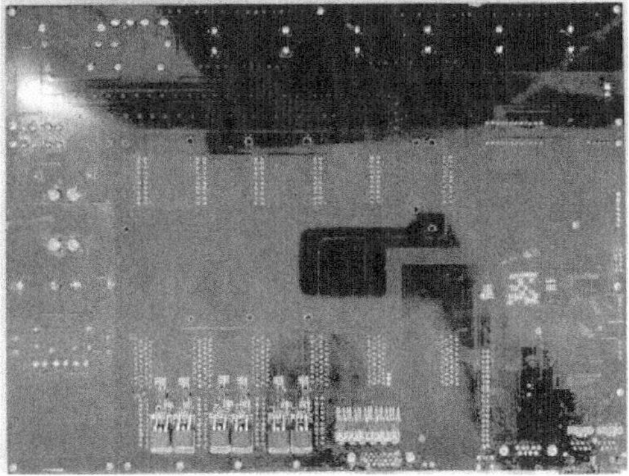

图 6.75　控制器的主控底板

铜箔处理。双轴驱动板卡实物如图 6.76 所示。

图 6.76　双轴驱动板卡

（3）辅助电源板卡

辅助电源板卡实物如图 6.77 所示，出于一体化控制器空间紧凑的考虑，电源板卡集成所有电源于一身，布局较为紧密。出于方便后期生产的目的，板上正面均为直插元件，背面均为贴片元件。方便后期 STM 贴装工艺和焊接。

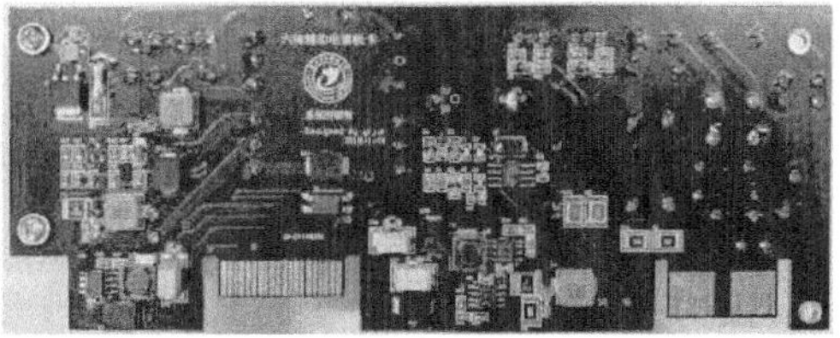

图 6.77　辅助电源板卡

（4）I/O 接口板卡

I/O 接口板卡实物如图 6.78 所示。板卡上除差分脉冲输入接口和通用 I/O 接口外，还有 CAN 总线接口以及 USB 接口，作为控制的通信兼容接口，方便其他外部设备的接入和通信。CAN 总线和 USB 接口通过排针与底板上的 STM32F407 核心模块相连接。差分脉冲接口和通用 I/O 接口通过 SCSI 连接器与外部设备相连。

（5）一体化控制器硬件平台实物

图 6.79(a) 为一体化控制器中所采用的小型 PC 工控机，工控机为 X86 架构，尺寸仅有一张名片大小；图 6.79(b) 为 PC 工控机内电路板实物图；图 6.79(c) 为再生电阻模块实物图；图 6.79(d) 为散热器模块实物图；图 6.79(e) 为一体化控制器的钣金机箱外壳，采

图 6.78　I/O 接口板卡

用 Solidworks 软件进行设计并应用钣金工艺进行加工。将主控底板、散热器、再生电阻、显示屏以及所有板卡组装并嵌入到钣金外壳中完成了如图 6.79(f) 所示的轨迹与伺服一体化控制器整机实物。

(a) PC工控机

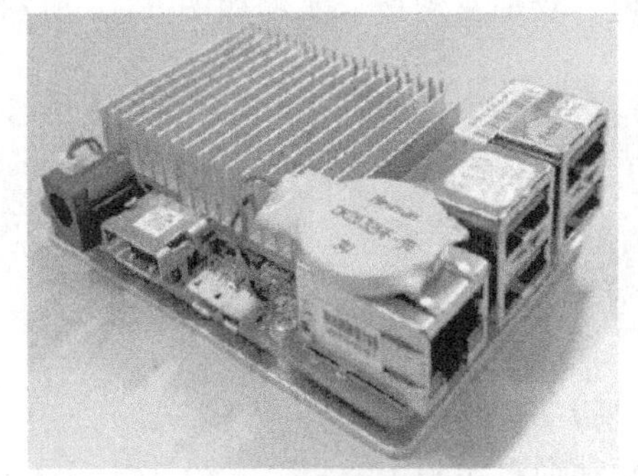
(b) 工控机电路板

(c) 再生电阻模块

(d) 散热器模块

(e) 控制器钣金机箱外壳

(f) 一体化控制器整机实物

图 6.79　一体化控制器整机

第7章 机器人气动伺服控制系统

气动技术是指以压缩空气为工作介质进行能量和信号传递的技术。气动技术是生产过程自动化和机械化的最有效手段之一，其应用的最典型的代表是工业机器人，气动机械手可以代替人类的手腕、手以及手指能正确并迅速地做抓取或放开等细微的动作。

7.1 发展概况

7.1.1 气动技术的发展

从18世纪开始，气压传动技术（气动技术）已经产生了萌芽，它在各行各业中也逐渐被得以使用，例如矿山的风钻、火车的刹车装置等。自进入20世纪以来，工业自动化行业也开始运用气压传动技术。20世纪30年代，有相关技术人员在开闭自动门和一些机械设备的辅助动作上运用了气动技术，并取得成功。在20世纪50年代，很多液压元件被逐步应用到气压传动中，但是这些元件体积大的问题也就相继暴露出来。到了20世纪70年代，在一些工业控制系统中逐渐出现了一些气动元件。随着工业向自动化和机械化发展，气动技术的应用也逐渐开始涉及汽车行业、纺织行业、电子制造业等众多生产自动化领域。近年来，气动技术的发展速度不断加快，技术发展脚步已经朝着微型化、集成化方向迈进。

气压传动具有以下优点：

① 气动设备结构简单、安装维护方便、压力等级低、危险系数低；

② 成本低，工作介质易得，尾气可直接排向大气、处理方便、无污染；

③ 容易调节输出力和工作速度；

④ 可以在强辐射、强磁、易燃、易爆等恶劣环境下工作，外泄不会造成污染，也适合在污染程度要求严格的环境下工作；

⑤ 具有可靠的工作性能，气动元件使用寿命较长。一般情况下气动元件的有效动作的次数可达几百万次；

⑥ 具有较强的过载自我保护能力，有较强的冲击性负载和过负载适应能力；

⑦ 具有较快的传动速度。气缸运动速度范围较大，可从0.5mm/s到15m/s。

气压传动也有如下缺点：

① 气体可压缩性较大，工作速度不稳定；

② 工作压力偏低，对结构尺寸和总输出力要求过高，不宜过大；

③ 工作噪声太大，必要时要控制噪声污染；

④ 信号传递的速度慢，不适合应用于高速复杂的系统回路；

⑤ 空气不具备液压油的自润滑功能，需配置给油润滑装置，增加成本。

7.1.2 气动伺服技术的发展

气动伺服系统，是使物体的位置、方位、状态等输出被控量能够跟随输入目标（或给定值）任意变化的自动控制系统。气动伺服系统以空气压缩机作为驱动源，以压缩空气为工作介质，进行能量传递。气动伺服系统的组成形式同一般伺服系统没有区别，它的各个环节不一定全是气动的。但在气动伺服系统中，执行机构一般常采用活塞式气缸。

气动伺服技术是气动技术领域的一个重要分支，也是现代气动技术研究的热点。传统气动系统只能在两个机械调定位置可靠定位，并且其运动速度只能靠单向节流阀单一调定。随着工业自动化技术的发展，传统气动系统经常无法满足许多设备的自动控制要求，因而气动伺服系统的研究也就越来越多地引起人们的重视。采用气动伺服技术可非常方便地实现多点无级定位和无级调速，此外利用伺服定位气缸的运动速度连续可调性可代替传统的节流阀加气缸末端缓冲方式，以达到最佳的速度和缓冲效果，从而大幅度降低气缸的动作时间，缩短工序节拍，提高生产率。虽然气动技术存在固有弱点，如空气压缩性、阀口流动的强非线性、弱阻尼特性及低刚度等，实现气动系统的闭环控制较困难，但是只有采用闭环控制才能满足高精度、高响应的要求。为适应这一要求，工业发达国家竞相开展气动伺服技术研究。

在 20 世纪 50 年代末，美国科学家首次利用航天飞行器、导弹推进器排出的高温、高压气体为工作介质并成功地应用于航天飞行器及导弹的姿态和飞行稳定控制中，开创了气动伺服技术研究开发领域。

到了 20 世纪 60 年代后期，气动技术方面的控制研究进入了伺服反馈的时代，采用的是气动伺服阀，能够实现相应的连续位置的控制，而且其精度得到了很大的提高。在开发了气动伺服阀之后，又开发了电气比例阀，其由一个比例电磁铁直接驱动主阀芯，利用弹簧力和位移的关系，使主阀芯的位移与输入电流呈线性关系。目前利用比例阀可以进行气动伺服控制，而且可以达到较高的控制精度。同时气动高速开关阀也开始广泛地应用于气动伺服控制系统中，其原理是将反馈的模拟信号调制成脉冲信号，经功率器放大后作为高速开关阀的驱动信号，然后对执行机构或控制对象进行解调和还原，从而达到模拟控制效果。但气动高速开关伺服控制也存在着一定的不足，如噪声大、寿命短、产生不同程度的稳态波纹及控制功率较低等，所以目前仅适用于一次性短时间工作状况。

近年来，德国、日本、美国及瑞士等许多工业比较发达的国家相继投入大量的人力、物力和财力从事电气伺服控制技术的研究，因此在本研究领域中已经达到世界先进水平。如德国的费世通、博世力士乐，日本的小金井气动公司等已经研发出微机伺服控制系统和各种新型的电气比例伺服阀，将气动伺服控制技术的应用领域从过去的汽车制造、机床、矿山机械、化工等行业推广到了自动加工、自动装配、包装生产线和工业机器人等各领域中。目前采用标准化控制单元组成的各种传动定位机构、机械手、气动机器人等已经渗透到各种自动化设备及生产线中，对生产力的提高和企业生产效率的提升都做了突出的贡献。

我国对气动伺服控制技术的研究起步较晚。浙江大学的周洪博士等人较早地对电-气伺服系统及其控制进行了研究；随后哈尔滨工业大学许耀铭教授主持进行了电-气伺服系统及其电-气伺服器件的开发研究；同时国内众多学者开始对气动伺服技术进行深入研究。此外，哈尔滨工业大学、九州大学、合肥工业大学和兰州理工大学等高校都对气动伺服系统进行了研究，并取得了众多的研究成果。

进入 21 世纪，各式各样既新型又先进的气动元件被逐步地研发出来，加上现代控制理论和更先进的控制方法以及智能化控制策略的发展与广泛应用，使电气伺服控制在世界范围内得到了深入的研究。

目前世界各国科学家、学者以已经存在的各种新型气动元件为基础，利用先进的控制理论和方法，对电-气伺服控制技术进行了更为细致和准确的研究，推动了气动伺服技术的发展和进步。截至目前，各种新型的电-气伺服控制系统在柔性抓取机构、气控液压泵变量系统、机械手定位机构、人造血泵、包装机械控制系统等各个方面已经得到较好应用。

7.1.3 气动伺服系统的特点

气动伺服系统作为实现自动化的一种技术手段，具有以下优点：

① 系统的工作介质为压缩性大的气体，使结构简单的储气罐能储存较多气体能源。这种能源供应方式简单，非常适合用于空间要求严格和重量限制苛刻的场合。

② 与液压系统相比，气动系统没有回收管路，可以做到体积小、成本低、无污染、操作方便和容易保养。

③ 一般的气动伺服系统适用于那些温度高或温度场变化较大的环境或对防火、防爆等有严格要求的场合。另外，由于气体导热性差，温度的变化对气体黏度影响较小，所以气动伺服系统的无因次阻尼系数比较稳定。

④ 由于工作气体本身具有“柔软性”，对某种自适应控制系统所要求的适应性容易实现或带来方便。

当然，气动伺服控制系统也有以下不足之处：

① 因为气动伺服系统的气动压力回路（机构）具有较低的无阻尼固有频率 ω_n，因此气动伺服系统容易发生低频振荡，系统的稳定性较差。

② 与液压系统相比，气动伺服系统的输出刚度、响应速度以及效率等都较低，并且因为气体的黏性阻力系数小，使得气动伺服系统不仅润滑性差，运动部件之间库仑摩擦影响较大，而且配合件之间的密封困难，泄漏严重。

③ 气动系统在工作过程中，工作气体本身会发生状态变化，因此气流在执行元件的进排气通道、节流孔以及控制元件间隙处或者控制截面处流动，可能发生“流量饱和”及发生冲击波，因此不能像液压伺服系统一样采用简单的线性化模型作为设计手段。

尽管在性能方面，气动伺服系统尚不及液压伺服系统，但气动伺服系统所具有的组成简单、成本低廉、能量储存及功率协调方便，使得气动伺服系统在工业机器人、柔性生产线、包装机械以及食品工业、航天工业和医疗工程领域具有广阔的应用前景。

7.2 气压传动系统

气动传动的工作原理是利用空压机把电机或其他原动机输出的机械能转换为空气的压力

能，然后在控制元件的作用下，通过执行元件把压力能转换为直线运动或回转运动形式的机械能，从而完成各种动作，并对外做功。

气压传动系统一般由四部分组成，分别为气源装置、气动控制元件、气动执行元件和辅助元件。

7.2.1 气源装置

气源装置是获得压缩空气的装置。其主体部分是空气压缩机，它将原动机供给的机械能转变为气体的压力能。

气源装置为气动系统提供满足一定质量要求的压缩空气，它是气压传动系统的重要组成部分。由空气压缩机产生的压缩空气，必须经过降温、净化、减压、稳压等一系列处理后才能供给控制元件和执行元件使用。而用过的压缩空气排向大气时，会产生噪声，应采取措施，降低噪声，改善劳动条件和环境质量。

压缩空气站的设备一般包括产生压缩空气的空气压缩机和使气源净化的辅助设备，如气压发生装置空气压缩机，净化、储存压缩空气的装置和设备，管件与管路系统，气动三大件等。图 7.1 是压缩空气站设备组成及布置示意图。

图 7.1 中，空气压缩机用于产生压缩空气，一般由电机带动。其吸气口装有空气过滤器，以减少进入空气压缩机的杂质量。后冷却器用于降温冷却压缩空气，使净化的水凝结出来。油水分离器用于分离并排出降温冷却的水滴、油滴、杂质等。储气罐用于储存压缩空气，稳定压缩空气的压力，并除去部分油分和水分。干燥器用于进一步吸收或排出压缩空气中的水分和油分，使之成为干燥空气。过滤器用于进一步过滤压缩空气中的灰尘、杂质颗粒。储气罐 4 输出的压缩空气可用于一般要求的气压传动系统，储气罐 7 输出的压缩空气可用于要求较高的气动系统（由气动仪表及射流元件组成的控制回路等）。

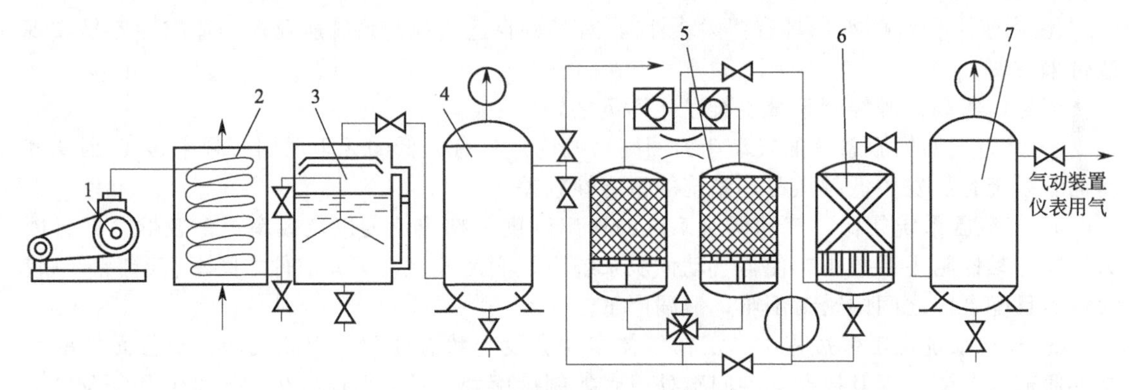

图 7.1　压缩空气站设备组成及布置示意图

1—空压机；2—后冷却器；3—油水分离器；4，7—储气罐；5—干燥器；6—过滤器

（1）气压发生装置——空气压缩机

空气压缩机按其压力大小分为低压（0.2～1.0MPa）、中压（1.0～10MPa）、高压（>10MPa）、超高压（>100MPa）压缩机。

空气压缩机按工作原理分为容积式和速度式，其中容积式是通过缩小单位质量气体体积的方法获得压力；速度式是通过提高单位质量气体的速度并使动能转化为压力能来获得压力的。

空气压缩机的选用主要根据气压传动系统所需的工作压力与流量。

(2) 压缩空气的净化装置和设备

气动系统对压缩空气质量的要求：压缩空气要具有一定压力和足够的流量，具有一定的净化程度。不同的气动元件对杂质颗粒的大小有具体的要求。

混入压缩空气中的油分、水分、灰尘等杂质会产生不良影响，必须要设置除油、除水、除尘，并使压缩空气干燥、提高压缩空气质量、进行气源净化处理的辅助设备。

压缩空气的净化装置和设备一般包括后冷却器、油水分离器、储气罐、干燥器。其中后冷却器将空气压缩机排出的压缩空气温度由 140～170℃降至 40～50℃，这样就可使压缩空气中的油雾和水汽迅速达到饱和，使其大部分析出并凝结成油滴和水滴，以便经油水分离器排出；油水分离器的作用是分离并排出压缩空气中凝聚的油分、水分和灰尘杂质等，使压缩空气得到初步净化；储气罐的作用是储存一定数量的压缩空气，以备发生故障或临时需要应急使用，消除由空气压缩机断续排气引起的系统压力脉动，保证输出气流的连续性和平稳性，同时进一步分离压缩空气中的油、水等杂质；干燥器的作用是进一步除去压缩空气中的水分、油、颗粒杂质。

(3) 管件

管件可分为硬管和软管两种。一些固定不动的、不需要经常装拆的地方，使用硬管。连接运动部件和临时使用、希望装拆方便的管路应使用软管。硬管有铁管、铜管、黄铜管、紫铜管和硬塑料管等；软管有塑料管、尼龙管、橡胶管、金属编织塑料管以及挠性金属导管等。其中常用的是紫铜管和尼龙管。

(4) 气动三大件

空气过滤减压器也称为调压阀，包括分水过滤器、减压阀和油雾器，合称为气动三大件，是压缩空气质量的最后保证，如图 7.2 所示。分水过滤器的作用是除去空气中的灰尘、杂质，并将空气中的水分分离出来；减压阀是其中不可缺少的部分，它将较高的进口压力调节降低到要求的出口压力，并能保证出口压力稳定，即起到减压和稳压作用；油雾器是特殊的注油装置，将润滑油进行雾化并注入空气流中，随压缩空气流入需要润滑的部位，达到润滑的目的。

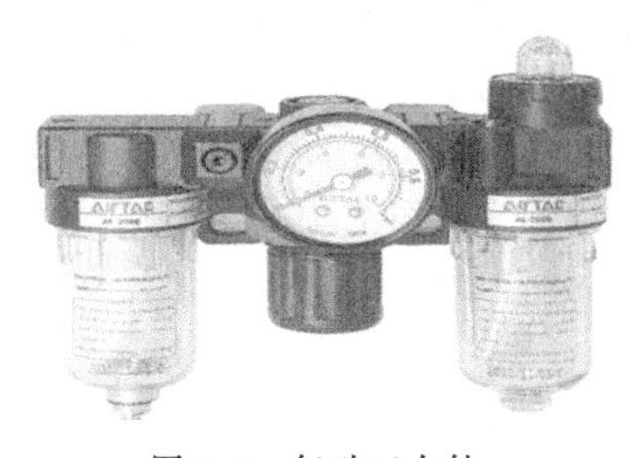

图 7.2 气动三大件

空气过滤减压器是最典型的附件。它用于净化来自空气压缩机的压缩空气，并能把压力调整到所需的压力值，且具有自动稳压的功能。图 7.3 所示的空气过滤减压器是以力平衡原理动作的。当来自空气压缩机的空气输入空气过滤减压器的输入端后，进入过滤器气室 A，由于旋风盘 5 的作用，使气流旋转并将空气中的水分分离出一部分，在壳体底部沉降下来；当气流经过过滤件 4 时，进行除水、除油、除尘，空气得到净化后输出。

当调节手轮按逆时针方向拧到不动时，空气过滤减压器没有输出压力，气路被球体阀瓣 3 切断。若按顺时针方向转动手轮，则活动弹簧座把给定弹簧 1 往下压，弹簧力通过膜片组合 2 把球体阀瓣打开，使气流经过球体阀瓣而流到输出管路。与此同时，气压通过反馈小孔进入反馈气室 B，压力作用在膜片上，将产生一个向上的力。若此力与给定弹簧所产生的力相等，则空气过滤减压器达到力平衡，输出压力就稳定下来。给定弹簧的作用力越大，输出的压力就越高。因此，调节手轮就可以调节给定值。

在安装空气过滤减压器时，必须按箭头方向或“输入”“输出”方向，分别与管道连接。减压器正常工作时，一般不需要特殊维护，使用半年之后检修一次。当过滤元件阻塞时，可将其拆下，放在10%的稀盐酸溶液中煮沸，用清水漂净，烘干之后继续使用。

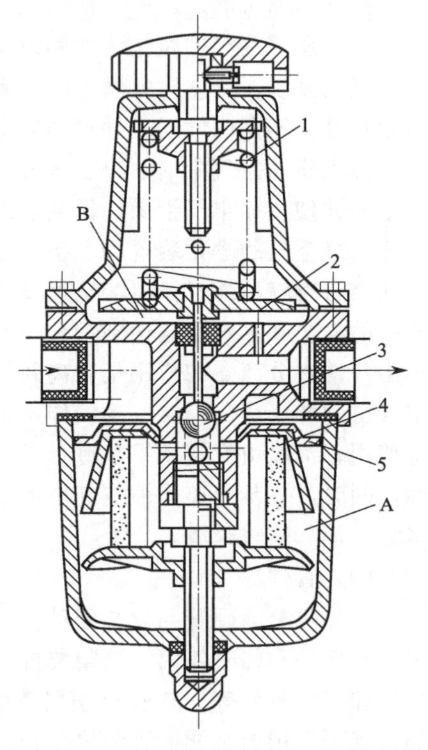

图 7.3 空气过滤减压器的结构

1—给定弹簧；2—膜片组合；3—球体阀瓣；4—过滤件；5—旋风盘；A，B—气室

7.2.2 气动控制元件

气动控制元件是用来控制压缩空气的压力、流量和流动方向的，以便使执行机构完成预定的工作循环，它包括各种压力控制阀、流量控制阀和方向控制阀等。

（1）压力控制阀

压力控制阀是用来控制气动控制系统中压缩空气的压力，以满足各种压力需求或节能，将压力减到每台装置所需的压力，并使压力稳定保持在所需的压力值上。气动压力控制阀主要有安全阀、顺序阀和减压阀三种。

1）安全阀

当储气罐或回路中压力超过某调定值，要用安全阀向外放气，安全阀在系统中起过载保护作用。图 7.4 是安全阀工作原理图。当系统中气体压力在调定范围内时，作用在活塞上的压力小于弹簧的力，活塞处于关闭状态如图 7.4(a) 所示。当系统压力升高，作用在活塞上的压力大于弹簧的预定压力时，活塞向上移动，阀门开启排气如图 7.4(b) 所示。直到系统压力降到调定范围以下，活塞又重新关闭。开启压力的大小与弹簧的预压量有关。

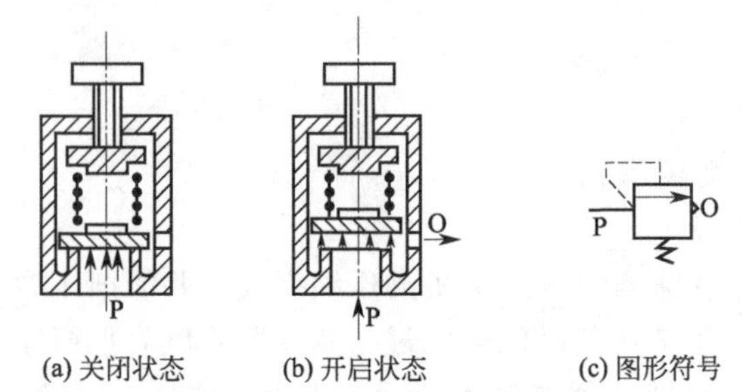

图 7.4 安全阀工作原理图

2）顺序阀

顺序阀是依靠气路中压力的作用而控制执行元件按顺序动作的压力控制阀，如图 7.5 所示，它根据弹簧的预压缩量来控制其开启压力。当输入压力达到或超过开启压力时，顶开弹簧，一直到 A 有输出；反之，A 无输出。

顺序阀一般很少单独使用，往往与单向阀配合在一起，构成单向顺序阀。图 7.6 所示为单向顺序阀的工作原理图。当压缩空气由左端 P 进入阀腔后，作用于活塞 3 上的气压力超过压缩弹簧 2 上的力时，将活塞顶起，压缩空气从 P 经 A 输出，见图 7.5(a)，此时单向阀 4 在压差力及弹簧力的作用下处于关闭状态。反向流动时，输入侧变成排气口，输出侧压力将顶开单向阀 4 由 O 口排气，见图 7.5(b)。

调节旋钮就可改变单向顺序阀的开启压力，以便在不同的开启压力下，控制执行元件的顺序动作。

3）减压阀（调压阀）

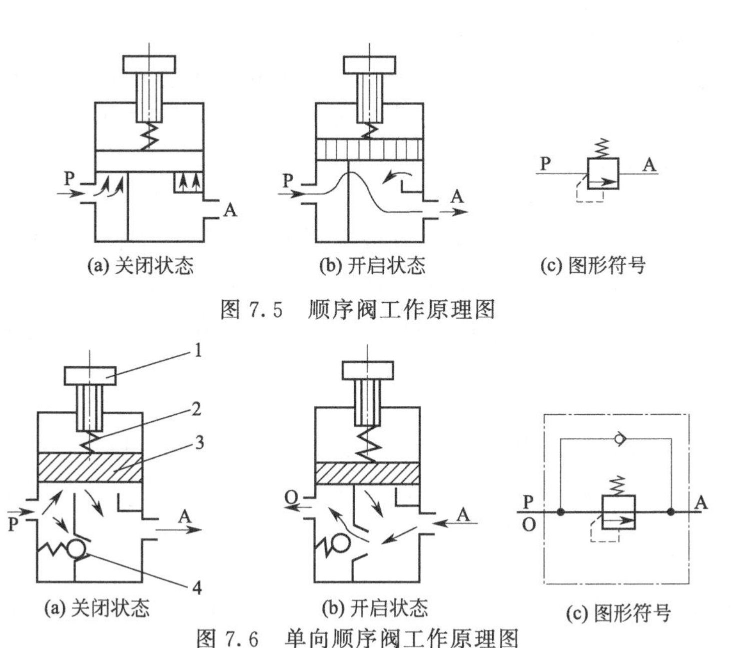

(a) 关闭状态　　(b) 开启状态　　(c) 图形符号

图 7.5　顺序阀工作原理图

(a) 关闭状态　　(b) 开启状态　　(c) 图形符号

图 7.6　单向顺序阀工作原理图

1—调节手柄；2—弹簧；3—活塞；4—单向阀

图 7.7 是 QTY 型直动式减压阀结构图。

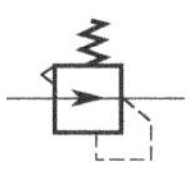

其工作原理是：当阀处于工作状态时，调节手柄 1，压缩弹簧 2、3 及膜片 5，通过阀杆 6 使阀芯 8 下移，进气阀口被打开，有压气流从左端输入，经阀口节流减压后从右端输出。输出气流的一部分由阻尼管 7 进入膜片气室，在膜片 5 的下方产生一个向上的推力，这个推力总是企图把阀口开度关小，使其输出压力下降。当作用于膜片上的推力与弹簧力相平衡后，减压阀的输出压力便保持一定。

当输入压力发生波动时，如输入压力瞬时升高，输出压力也随之升高，作用于膜片 5 的气体推力也随之增大，破坏了原来的力的平衡，使膜片 5 向上移动，有少量气体经溢流口 4、排气孔 11 排出。在膜片上移的同时，因复位弹簧 10 的作用，输出压力下降，直到新的平衡为止。重新平衡后的输出压力又基本恢复至原值。反之，输出压力瞬时下降，膜片下移，进气口开度增大，节流作用减小，输出压力又基本回升至原值。

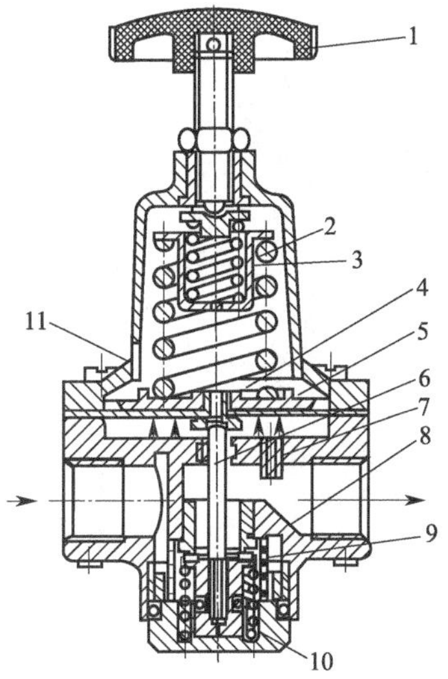

图 7.7　QTY 型直动式减压阀

1—调节手柄；2，3—压缩弹簧；4—溢流口；5—膜片；6—阀杆；7—阻尼管；8—阀芯；9—阀口；10—复位弹簧；11—排气孔

调节手柄 1 使压缩弹簧 2、3 恢复自由状态，输出压力降至零，阀芯 8 在复位弹簧 10 的作用下，关闭进气阀口，这样，减压阀便处于截止状态，无气流输出。

QTY 型直动式减压阀的调压范围为 0.05～0.63MPa。为限制气体流过减压阀所造成的

压力损失，规定气体通过阀内通道的流速在 15～25m/s。

安装减压阀时，要按气流的方向和减压阀上所示的箭头方向，依照分水过滤器→减压阀→油雾器的安装次序进行安装。调压时应由低向高调，直至规定的调压值为止。阀不用时应把手柄放松，以免膜片经常受压变形。

(2) 流量控制阀

在气压传动系统中，有时需要控制气缸的运动速度，有时需要控制换向阀的切换时间和气动信号的传递速度，这些都需要通过调节压缩空气的流量来实现。流量控制阀就是通过改变阀的通流截面积来实现流量控制的元件。流量控制阀包括节流阀、单向节流阀、排气节流阀和快速排气阀等。

1) 节流阀

图 7.8 所示为圆柱斜切型节流阀的结构图。压缩空气由 P 口进入，经过节流后，由 A 口流出。旋转阀芯螺杆，就可改变节流口的开度，这样就调节了压缩空气的流量。由于这种节流阀的结构简单、体积小，故应用范围较广。

2) 单向节流阀

单向节流阀是由单向阀和节流阀并联而成的组合式流量控制阀，如图 7.9 所示。当气流沿着一个方向，例如 P→A 方向[见图 7.9(a)]流动时，经过节流阀节流；反方向[见图 7.9(b)]流动，由 A 到 P 时单向阀打开，不节流，单向节流阀常用于气缸的调速和延时回路。

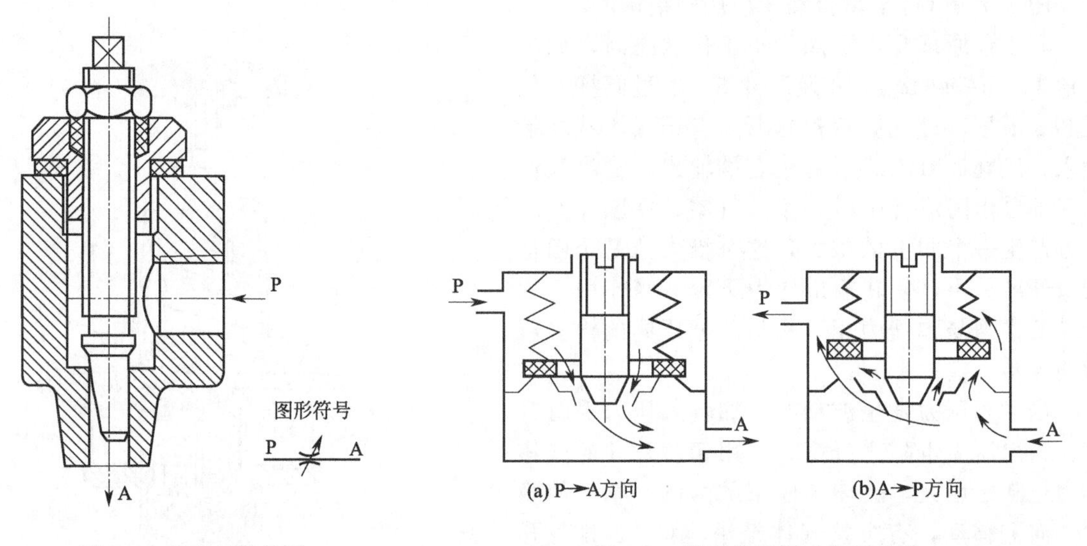

图 7.8 节流阀结构图

图 7.9 单向节流阀工作原理图

3) 排气节流阀

排气节流阀是装在执行元件的排气口处，调节进入大气中气体流量的一种控制阀。它不仅能调节执行元件的运动速度，还常带有消声器件，所以也能起降低排气噪声的作用。

图 7.10 为排气节流阀工作原理图。其工作原理和节流阀类似，靠调节节流口 1 处的通流面积来调节排气流量，由消声套 2 来减小排气噪声。

用流量控制的方法控制气缸内活塞的运动速度，采用气动比采用液压困难。特别是在极低速控制中，要按照预定行程变化来控制速度，只用气动很难实现。在外部负载变化很大时，仅用气动流量阀也不会得到满意的调速效果。为提高其运动平稳性，建议采用气液联动。

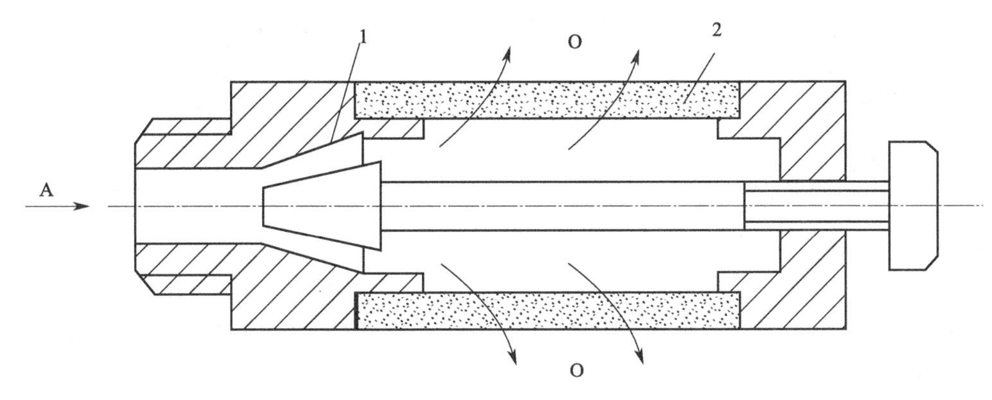

图 7.10　排气节流阀工作原理图

1—节流口；2—消声套

4）快速排气阀

图 7.11 为快速排气阀工作原理图。从进气口 P 进入的压缩空气，将密封活塞迅速上推，开启阀口，同时关闭排气口 O，使进气口 P 和工作口 A 相通[见图 7.11(a)]。图 7.11(b) 是 P 口没有压缩空气进入时，在 A 口和 P 口压差作用下，密封活塞迅速下降，关闭 P 口，使 A 口通过 O 口快速排气。

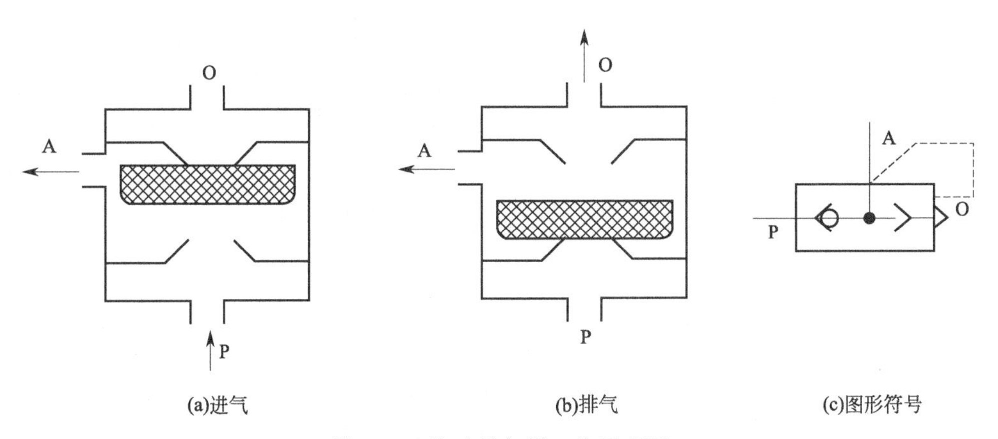

图 7.11　快速排气阀工作原理图

快速排气阀常安装在换向阀和气缸之间。图 7.12 为快速排气阀在回路中的应用。它使气缸的排气不用通过换向阀而快速排出，从而加速了气缸往复的运动速度，缩短了工作周期。

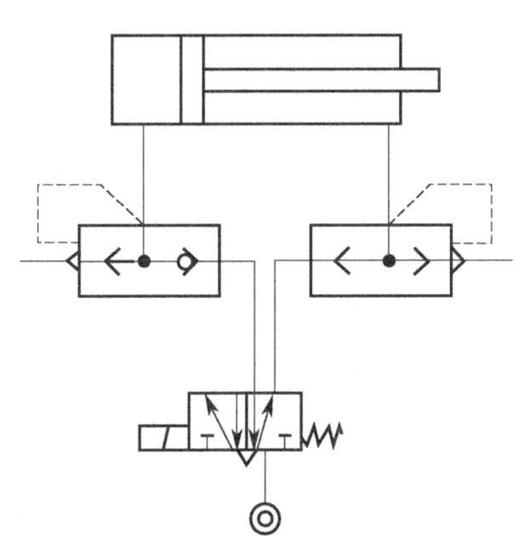

图 7.12　快速排气阀应用回路

（3）方向控制阀

气动方向阀是气压传动系统中通过改变压缩空气的流动方向和气流的通断，来控制执行元件启动、停止及运动方向的气动元件。

根据方向控制阀的功能、控制方式、结构方式、阀内气流的方向及密封形式等，可将方向控制阀分为几类，见表 7.1。

表 7.1　方向控制阀的分类

分类方式	类型
按阀内气体的流动方向	单向阀、换向阀
按阀芯的结构形式	截止阀、滑阀
按阀的密封形式	硬质密封、软质密封
按阀的工作位数及通路数	二位三通、二位五通、三位五通等
按阀的控制操纵方式	气压控制、电磁控制、机械控制、手动控制

1）气压控制换向阀

气压控制换向阀是以压缩空气为动力切换气阀，使气路换向或通断的阀类。气压控制换向阀的用途很广，多用于组成全气阀控制的气压传动系统或易燃、易爆以及高净化等场合。

① 单气控加压式换向阀。

图 7.13 为单气控加压式换向阀的工作原理。图 7.13(a) 所示的是无气控信号 K 时的状态（即常态），此时，阀芯在弹簧的作用下处于上端位置，使阀 A 与 O 相通，A 口排气。图 7.13(b) 所示的是在有气控信号 K 时阀的状态（即动力阀状态）。由于气压力的作用，阀芯压缩弹簧下移，使阀口 A 与 O 断开，P 与 A 接通，A 口有气体输出。

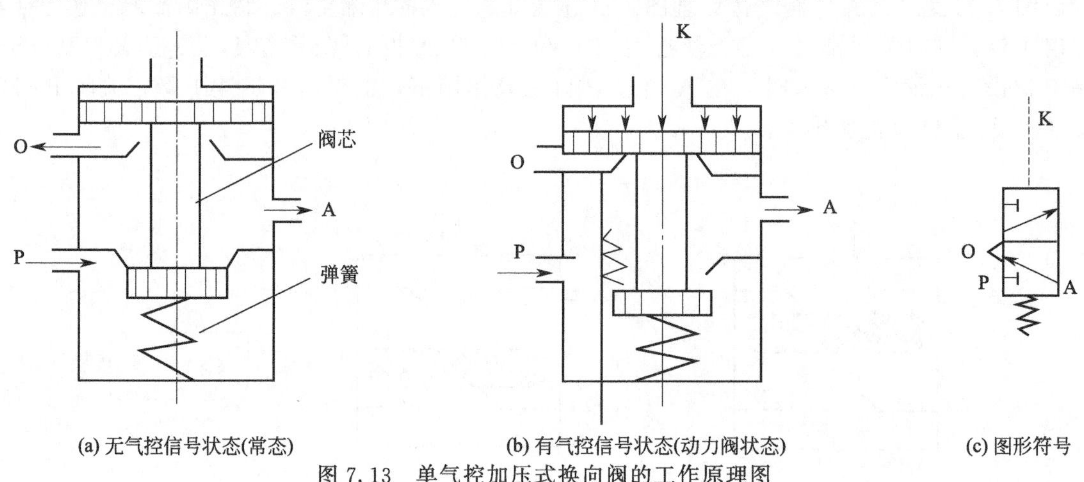

图 7.13　单气控加压式换向阀的工作原理图

图 7.14 为二位三通单气控截止式换向阀的结构图。这种结构简单、紧凑、密封可靠、换向行程短，但换向力大。若将气控接头换成电磁头（即电磁先导阀），可变气控阀为先导式电磁换向阀。

② 双气控加压式换向阀。

图 7.15 为双气控滑阀式换向阀的工作原理图。图 7.15(a) 为有气控信号 K_2 时阀的状态，此时阀停在左边，其通路状态是 P 与 A、B 与 O 相通。图 7.15(b) 为有气控信号 K_1 时阀的状态（此时信号 K_2 已不存在），阀芯换位，其通路状态变为 P 与 B、A 与 O 相通。双气控滑阀具有记忆功能，即气控信号消失后，阀仍能保持在有信号时的工作状态。

2）电磁控制换向阀

电磁换向阀利用电磁力的作用来实现阀的切换以控制气流的流动方向。常用的电磁换向阀有直动式和先导式两种。

① 直动式电磁换向阀。

图 7.16 为直动式单电控电磁阀的工作原理图。它只有一个电磁铁。图 7.16(a) 为常态情况，即激励线圈不通电，此时阀在复位弹簧的作用下处于上端位置。其通路状态为 A 与

T 相通，A 口排气。当通电时，电磁铁推动阀芯向下移动，气路换向，其通路为 P 与 A 相通，A 口进气，见图 7.16(b)。

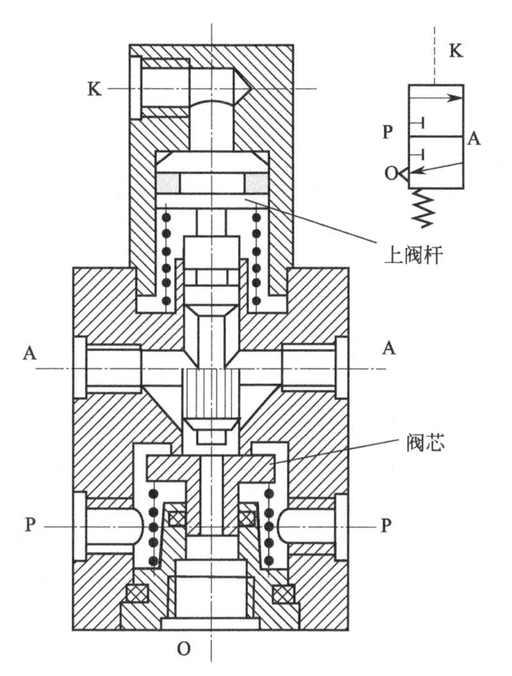

图 7.14　二位三通单气控截止式换向阀的结构图

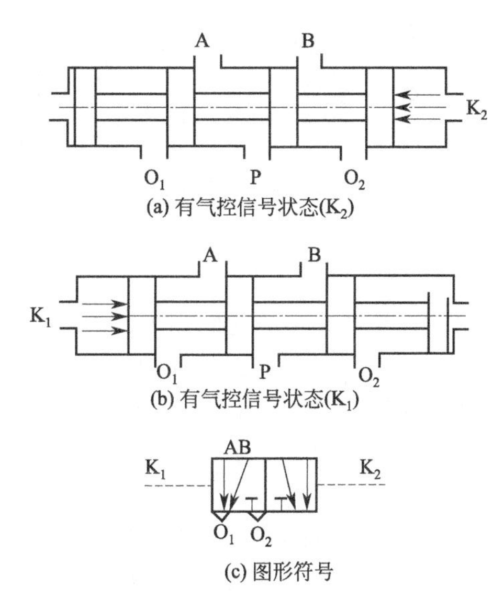

图 7.15　双气控滑阀式换向阀的工作原理图

图 7.17 为直动式双电控电磁阀的工作原理图。它有两个线圈，当电磁线圈 1 通电、2 断电 [见图 7.17(a)]时，阀芯被推向右端，其通路状态是 P 口与 A 口、B 口与 O_2 口相通，A 口进气、B 口排气。当电磁线圈 1 断电时，阀芯仍处于原有状态，即具有记忆性。当电磁线圈 2 通电、1 断电[见图 7.17(b)]时，阀芯被推向左端，其通路状态是 P 口与 B 口、A 口与 O_1 口相通，B 口进气、A 口排气。若电磁线圈断电，气流通路仍保持原状态。

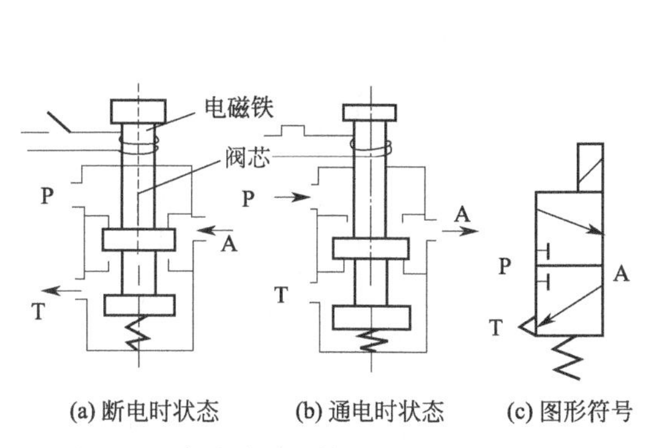

图 7.16　直动式单电控电磁阀的工作原理图

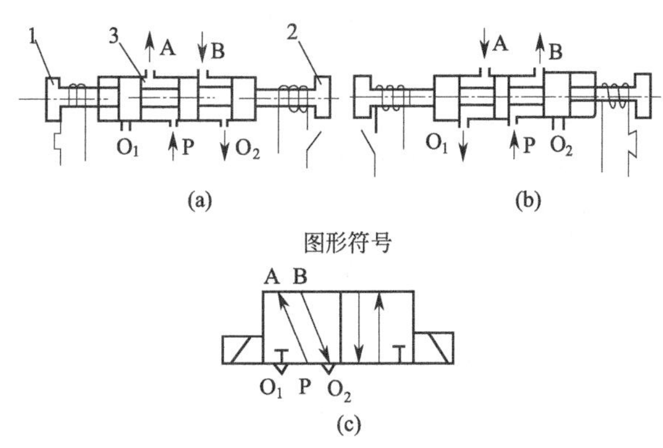

图 7.17　直动式双电控电磁阀的工作原理图

1，2—电磁线圈；3—阀芯

② 先导式电磁换向阀。

直动式电磁阀是由电磁铁直接推动阀芯移动的，当阀通径较大时，用直动式结构所需的电磁铁体积和电力消耗都必然加大，为克服此弱点可采用先导式结构。

先导式电磁阀由电磁铁首先控制气路，产生先导压力，再由先导压力推动主阀阀芯，使其换向。

图 7.18 为先导式双电控换向阀的工作原理图。

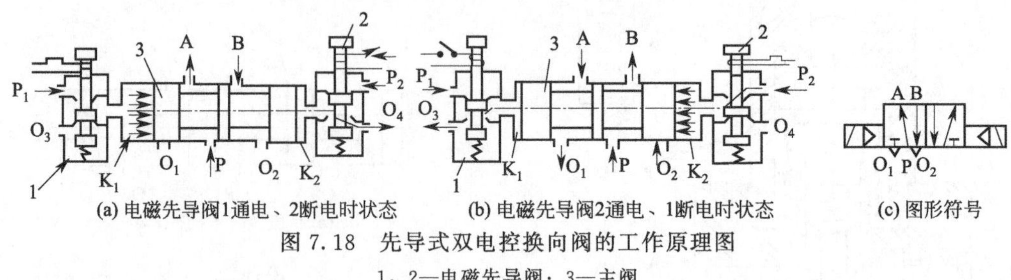

图 7.18　先导式双电控换向阀的工作原理图

1，2—电磁先导阀；3—主阀

当电磁先导阀 1 的线圈通电，电磁先导阀 2 断电时[见图 7.18(a)]，主阀 3 的 K_1 腔进气，K_2 腔排气，使主阀阀芯向右移动。此时 P 与 A、B 与 O_2 相通，A 口进气、B 口排气。当电磁先导阀 2 通电，电磁先导阀 1 断电时[见图 7.18(b)]，主阀的 K_2 腔进气，K_1 腔排气，使主阀阀芯向左移动。此时 P 与 B、A 与 O_1 相通，B 口进气、A 口排气。先导式双电控电磁阀具有记忆功能，即通电换向，断电保持原状态。为保证主阀正常工作，两个电磁阀不能同时通电，电路中要考虑互锁。

先导式电磁换向阀便于实现电、气联合控制，所以应用广泛。

3）机械控制换向阀

机械控制换向阀又称行程阀，多用于行程程序控制，作为信号阀使用。常依靠凸轮、挡块或其他机械外力推动阀芯，使阀换向。

图 7.19 为机械控制换向阀的一种结构形式。当机械凸轮或挡块直接与滚轮 1 接触后，通过杠杆 2 使阀芯 5 换向。其优点是减小了顶杆 3 所受的侧向力，同时，通过杠杆传力也减小了外部的机械压力。

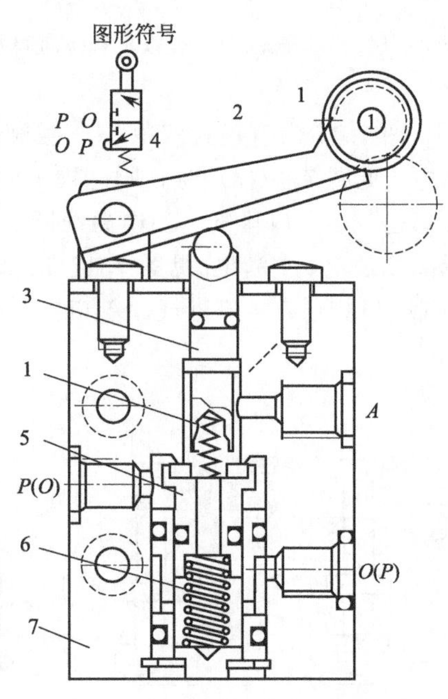

图 7.19　机械控制换向阀

1—滚轮；2—杠杆；3—顶杆；4—缓冲弹簧；5—阀芯；6—密封弹簧；7—阀体

7.2.3　气动执行元件

气动执行元件是将气体能转换成机械能以实现往复运动或回转运动的执行元件。其在工作中利用流体作为介质进行能量传递和控制，可以根据来自控制器的控制信息完成对受控对象的控制作用，可以将电能或流体能量转换成机械能或其他能量形式，按照控制要求改变受控对象的机械运动状态或其他状态（如温度、压力等）。它直接作用于受控对象，能起“手”和“脚”的作用。

其中，实现直线往复运动的气动执行元件称为气缸；实现回转运动的称为气动马达。此外，在低于大气压力下工作的真空元件也是一类气动执行元件，广泛应用于电子元件组装和机器人等领域；气爪又称气动手指，是由气缸驱动的另一类气动执行元件。

(1) 气缸

它是气压传动中的主要执行元件，在基本结构上分为单作用式和双作用式两种。前者的压缩空气从一端进入气缸，使活塞向前运动，靠另一端的弹簧力或自重等使活塞回到原来位置；后者气缸活塞的往复运动均由压缩空气推动。

气缸由前端盖、后端盖、活塞、气缸筒、活塞杆等构成。气缸一般用 0.5～0.7MPa 的压缩空气作为动力源，行程从数毫米到数百毫米，输出推力从数十千克（即数百千）到数十吨。随着应用范围的扩大，还不断出现新结构的气缸，如带行程控制的气缸、气液进给缸、气液分阶进给缸、具有往复和回转 90°两种运动方式的气缸等，它们在机械自动化和机械人等方面得到了广泛的应用。无给油气缸和小型轻量化气缸也在研制之中。

1) 单作用气缸

单作用气缸的结构及实物如图 7.20 所示。

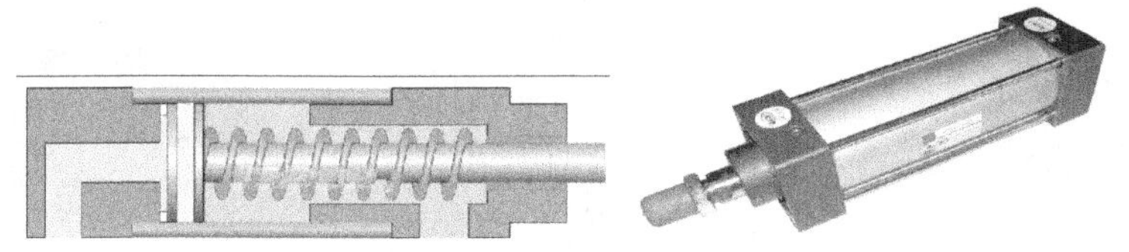

图 7.20　单作用气缸结构

仅一端有活塞杆，从活塞一侧供气聚能产生气压，气压推动活塞产生推力伸出，靠弹簧或自重返回。

2) 双作用气缸

双作用气缸结构及实物分别如图 7.21、图 7.22 所示，从活塞两侧交替供气，在一个或两个方向输出力。

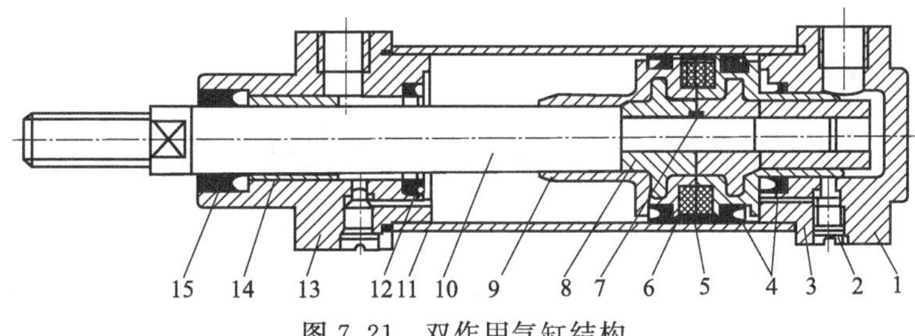

图 7.21　双作用气缸结构

1—后缸盖；2—缓冲节流针阀；3，7—密封圈；4—活塞密封圈；5—导向环；6—磁性环；8—活塞；9—缓冲柱塞；10—活塞杆；11—缸筒；12—缓冲密封圈；13—前缸盖；14—导向套；15—防尘组合密封圈

(2) 气动马达

气动马达是将压缩空气的压力能转换成旋转运动的机械能的装置。分为摆动式和回转式两类，前者实现有限回转运动，后者实现连续回转运动。

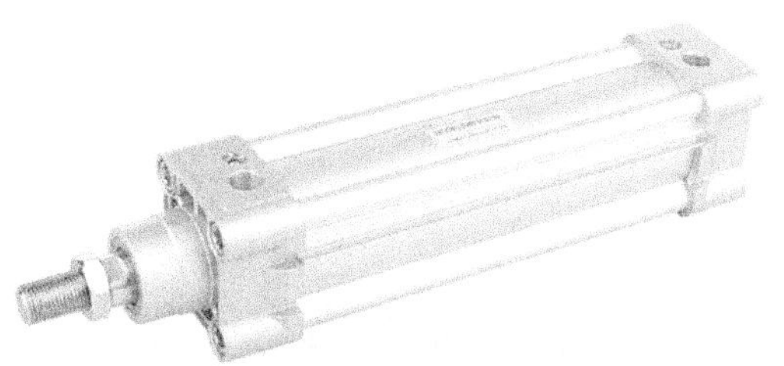

图 7.22　双作用气缸实物

摆动式气动马达有叶片式和螺杆式两种。螺杆式气动马达利用螺杆将活塞的直线运动变为回转运动。它与叶片式相比，虽然体积稍嫌笨重，但密闭性能很好。摆动马达是依靠装在

轴上的销轴来传递转矩的，在停止回转时有很大的惯性力作用在轴心上，即使调节缓冲装置也不能消除这种作用，因此需要采用油缓冲，或设置外部缓冲装置。

回转式气动马达可以实现无级调速，只要控制气体流量就可以调节功率和转速。它还具有过载保护作用，过载时马达只降低转速或停转，但不超过额定转矩。回转式气动马达常见的有叶片式和活塞式两种。活塞式比叶片式转矩大，但叶片式转速高。叶片式气动马达的叶片与定子间的密封比较困难，因而低速时效率不高，可用以驱动大型阀的开闭机构。活塞式气动马达用以驱动齿轮齿条带动负荷运动。

（3）气动真空元件

真空元件是气动传动系统中，在低于大气压力下工作的元件。由真空元件组成的气压传动系统称为真空系统，真空系统主要由真空发生装置、真空控制阀和真空执行元件（真空吸盘）等组成，如图 7.23 所示。

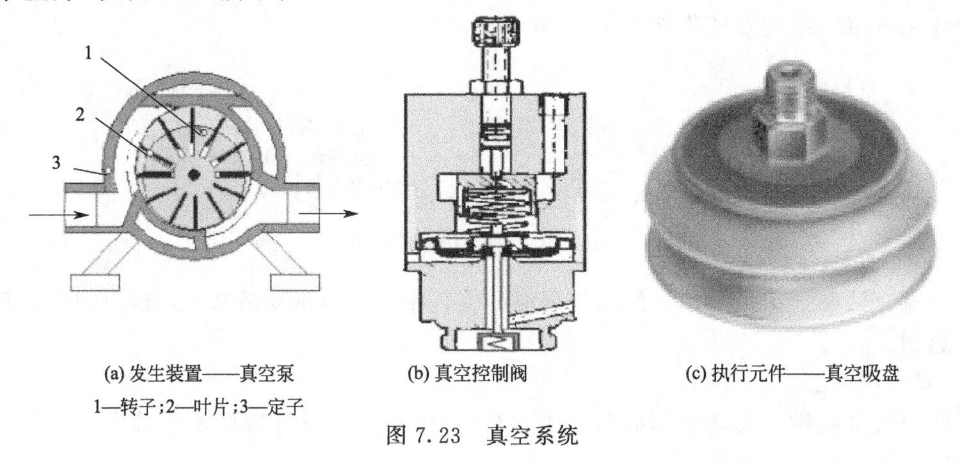

(a) 发生装置——真空泵
1—转子；2—叶片；3—定子
(b) 真空控制阀
(c) 执行元件——真空吸盘

图 7.23　真空系统

（4）气爪

一般通过由气缸活塞产生的往复直线运动带动与手爪相连的曲柄连杆、滚轮或齿轮等机构，驱动各个气动手爪同步做开、闭运动。

气爪主要是针对机械手的用途而设计的，用来抓取工件，实现机械手的各种动作，如图 7.24 所示。

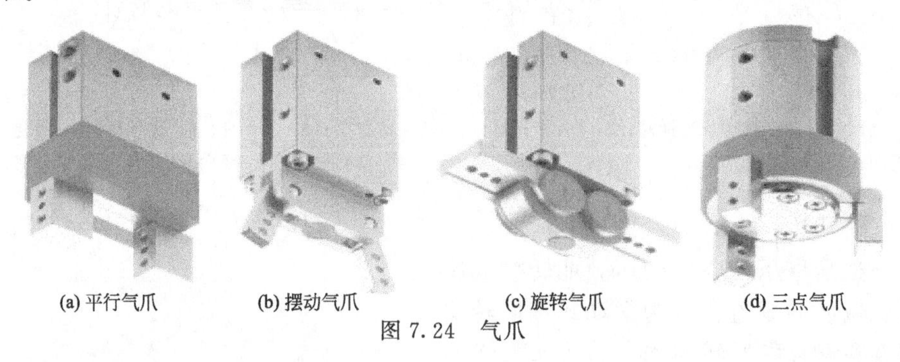
(a) 平行气爪　(b) 摆动气爪　(c) 旋转气爪　(d) 三点气爪

图 7.24　气爪

7.3　气动伺服系统

气动伺服系统一般由控制器、电气控制元件、气动执行元件、传感器和接口电路组成，如图 7.25 所示。按被控量分类，气动伺服系统可分为：位置伺服控制系统、速度伺服控制系统和力伺服控制系统。其中，位置伺服控制系统在工业制造领域应用最为广泛。

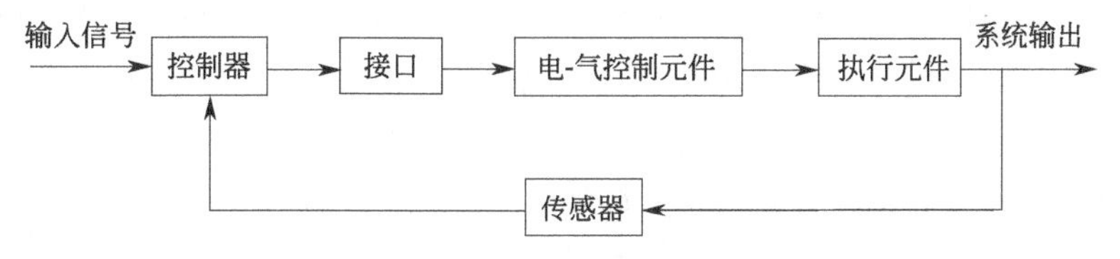

图 7.25　气动伺服系统组成结构图

7.3.1　气动伺服系统的形式

气动伺服系统的形式根据系统中电-气信号转换元件的不同进行分类，最常见的有三种形式。

(1) 开关阀式气动伺服系统

开关阀式气动伺服系统是采用数字信号控制的开关阀作为电-气信号转换元件，其原理如图 7.26 所示。这种形式的控制系统利用计算机输出的脉冲调制信号经放大后去控制开关阀，能得到类似模拟量的流量或压力数字信号。在这一过程中，开关阀始终交替工作在“开”和“关”两种状态。调制方式主要有脉宽调制（pulse width modulation，PWM）、脉冲频率调制（pulse frequency modulation，PFM）、脉冲数调制（pulse number modulation，PNM）和脉冲编码调制（pulse code modulation，PCM），其中 PWM 和 PCM 较为常用。

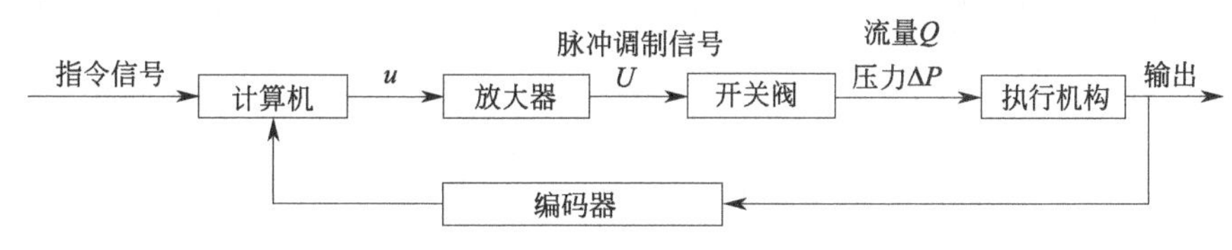

图 7.26　开关阀式气动伺服系统

某 PCM 气动控制定位系统的结构如图 7.27 所示。

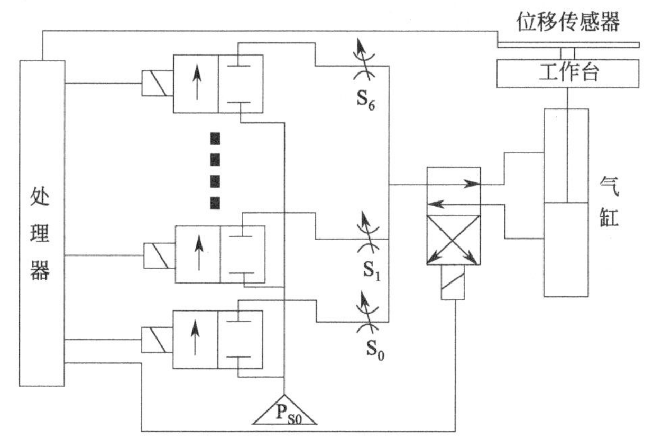

图 7.27　PCM 气动控制定位系统示意图

如图 7.27 所示，该 PCM 气动控制系统的主要部分是气缸（可以根据需要选择有杆或无杆气缸），7 个开关阀，1 个换向阀和 7 个开度可调的节流阀。首先调整 7 个节流阀的开度，使流过它们的气流量成一定的比例，即 $S_0 \sim S_6$ 的流量比分别为 $2^0:2^1:2^2:2^3:2^4:2^5:2^6$。所以能够通过处理器控制开关阀的开启与关断，从而组合成 0～63 中任意一个整数级的流量，又因为气缸的工作速度与流量有正比关系（负载一定与气缸活塞面积一定的条件下），故控制了气缸活塞的速度就能达到控制其位移的目的，这就是 PCM 气动控制定位系统的基本原理。

由于气动执行元件具有良好的低通滤波特性，所以尽管输入为脉冲调制信号，但仍能得到平滑的输出。而且开关阀具有开关速度快和结构简单等特点，所以开关阀式气动伺服系统具有频响较高、抗干扰能力强、结构简单、成本低廉和对环境要求不高等优点。但由于开关阀始终工作在“开”或“关”的状态，存在着一定的开关死区，所以容易在平衡点附近产生极限环振荡。且开关阀式气动伺服系统尽管采用了传感器，但反馈信号只是作为逻辑判断用，没有用来调节控制信号的大小，其本质上仍然是开环控制，或者是准闭环控制。另一方面，由于这类控制系统的电-气转换元件输出的是数字量信号，用它来模拟近似于比例阀或伺服阀的输出，所以它的控制精度不可能高于采用比例阀或伺服阀的气动伺服系统的控制精度。

（2）比例阀/伺服阀式气动伺服系统

开关阀式气动伺服系统具有结构简单、成本低等特点，但其控制精度有限，而且容易出现极限环振荡。近年来，随着动态特性好、控制精度高的比例阀或伺服阀的成本显著降低，电-气比例/伺服控制使用较为普遍。这类控制系统是将系统反馈信号（位移、速度和压力等）经 A/D 转换后进入计算机，经过一定的控制算法，计算机产生的控制信号经 D/A 转换后用于控制比例阀或伺服阀，而控制阀通过改变执行元件容腔的压力或流经容腔的气体流量来控制执行机构，如图 7.28 所示。

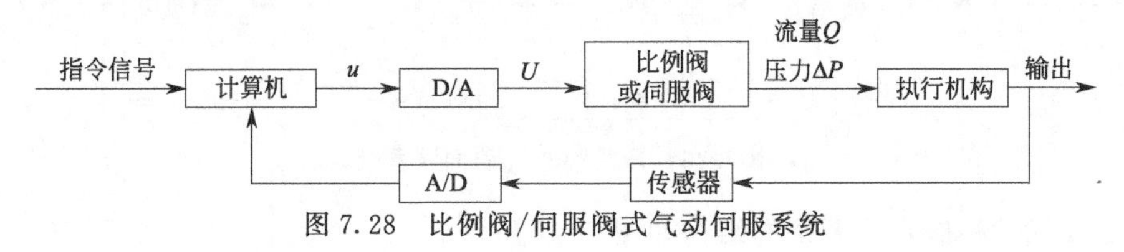

图 7.28　比例阀/伺服阀式气动伺服系统

某气动伺服/比例控制系统的结构如图 7.29 所示。

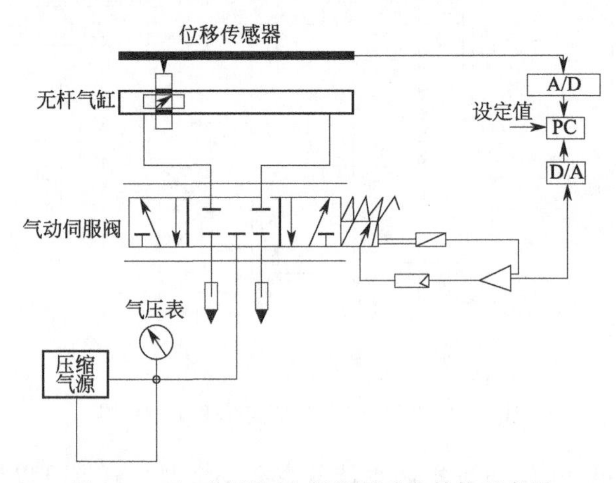

图 7.29　气动伺服/比例控制系统结构示意图

由图 7.29 可知，该系统的执行元件是无杆气缸，气缸的活塞与一位移传感器相连，位移传感器能够检测气缸活塞在整个行程中的任意位置。每个伺服比例阀内部包含有一个伺服电机，该伺服电机能够接收来自算法控制器输出的控制信号。PC 用于气动伺服系统的信息处理与位置数据输入。在实践中，可通过 PC 来调整气缸活塞的理想位置，运用合适的算法控制器对伺服马达进行操作，进而控制伺服阀的开与关的动作。

目前，已经开发出性能优良的电-气比例阀和电-气伺服阀，这极大地促进了气动伺服技术在工业现场中的应用。从某种意义上说，气动比例/伺服控制元件的问世和发展是气动技术与电子技术以及机械技术的有机结合，是实现气电一体化和气机一体化发展趋势的代表。它们通过电输入信号对气体流量或压力进行连续可调控制，从而大幅度简化了无级或多级速度、力输出气动执行器的气控和电控回路，并为气动伺服定位等反馈控制系统提供了必需的元件。由德国 FESTO 公司开发的 MPYE 系列电-气比例方向阀和 SPC 系列智能控制器构建的气动伺服系统，用户只需输入最基本的元件尺寸和运行数据，SPC 即可自动完成其反馈控制参数计算和优化，从而极大地促进了气动伺服技术在工业现场中的应用。

(3) 步进电机驱动式

众所周知，用步进电机进行水平位置和负载较小的垂直控制已经是轻而易举的事情了，但是对于负载较大的垂直位置控制，由于电机的功率重量比不大，所以一般多采用气动或液压（重负载）控制。但是由于气体的可压缩性等问题，气动控制系统的高精度位置控制一直是人们所关心的问题。在第 16 届液压与气动国际展览会上，日本的 SMC 公司成功地推出了一种气动平衡式步进电机驱动气缸控制系统，这是将气压传动有较大功率重量比的特点与步进电机易于控制的优点结合起来的一种新型控制系统。其工作原理是：步进电机的旋转运动通过齿形带传递给滚珠丝杠，滚珠丝杠的旋转运动通过滚珠螺母变成活塞的上、下移动，从而进行气缸的位置控制，负载的重量全部由活塞下腔的气体压力承受。目前，这种控制方式的气动伺服系统应用还比较少。

7.3.2 基于气动柔顺控制的助餐机械手的研究实例

7.3.2.1 背景简介

根据我国最新的全国残疾人抽样调查，我国社会存在着基数很大的手臂残疾人群。与此同时，随着老龄化程度的逐步加深，我国需要被照顾的老年人越来越多。对于这些人，国家在日常护理工作上每年都会投入大量的人力物力。一款能够帮助残疾人和老年人自己完成日常三餐食用的设备将会很好地缓解这一问题。

基于这一背景，哈尔滨工业大学的曹以驰等人进行了基于气动柔顺控制的助餐机械手的研究，同时在助餐机械手的控制系统中加入柔顺控制，确保助餐机械手末端执行器与用户接触时表现出足够的柔顺性，避免产生过大的接触力。

7.3.2.2 助餐机械手模型的建立

(1) 助餐机械手的设计指标

结合实际生活中护理人员给手臂功能障碍人群进行饮食护理的实际动作，现对助餐机械手提出了一系列设计指标，包括：助餐机械手的自由度数、工作空间大小、末端执行器与环境的接触力大小、末端执行器的轨迹和速度。助餐机械手的设计指标如表 7.2 所示。

从实际角度考虑，助餐机械手应该以较少的自由度实现功能的最大化，4 个转动自由度即可满足需求；助餐机械手的工作空间应接近成年人的手臂运动范围，确保末端执行器有足够的空间进行运动；为了确保末端执行器与环境接触时人员、设备的安全，需要将接触力控制在 7.5N 以内；为了使末端执行器能够准确地到达对应的工作点，结合嘴巴正常张开的范围，设定稳态位置误差在 2mm 以内；由于助餐机械手服务对象个体的差异，需要根据用户的实际需求调整末端执行器的速度，但总体来说末端执行工作时需处于低速状态。

表 7.2　助餐机械手设计指标

参数名称	指示
自由度数	4 自由度
工作空间大小	接近人的手臂范围
末端执行器与环境接触力	7.5N 以下
末端执行器位置精度	稳态位置误差 2mm
末端执行器速度	低速运动

(2) 助餐机械手的结构设计

1) 机械手结构设计

护理人员在喂饭的过程中，涉及腰部、上臂、前臂、手腕间的配合动作。对整个助餐流程进行适当简化，设计的助餐机械手具有 4 个运动自由度，分别是腰部转动关节、大臂转动关节、小臂转动关节、手腕转动关节。助餐机械手结构简图如图 7.30 所示。

由于气压传动的输出力较“软”，适合用于人机交互的场合，因此采用气缸驱动助餐机械手的关节。为了能够尽可能地减小助餐机械手各部分的尺寸，将气缸布置于助餐机械手的底座，采用平行四连杆机构实现各个关节的转动。根据设计指标，确定了助餐机械手的整体结构，其内部结构如图 7.31 所示。

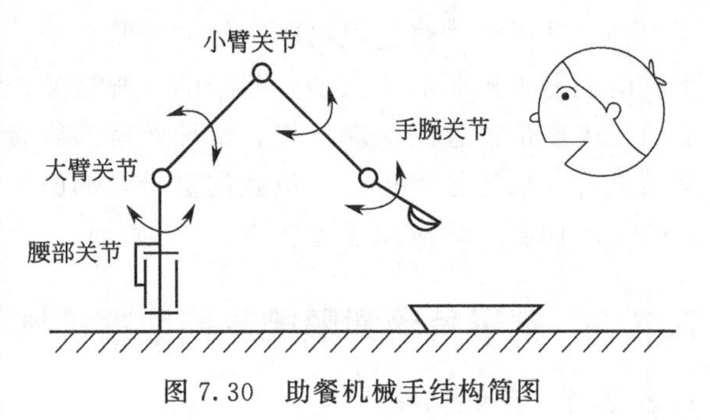

图 7.30　助餐机械手结构简图

气缸 4 为摆动气缸，驱动腰部关节转动，气缸 1、气缸 2、气缸 3 为直线气缸，分别驱动大臂力臂、小臂力臂、手腕力臂从而带动大臂、小臂、手腕关节转动。助餐机械手工作时，其取餐、送餐等过程皆在大臂、小臂、手腕关节所处的 XOZ 平面内进行；腰部关节绕 Z 轴转动用于调节助餐机械手与餐盘、用户之间的方位。

将大臂、小臂、手腕各部分的组件投影到 XOZ 平面内，如图 7.32 所示，其中 l_i 表示各个杆件的长度，i 为转动角度，A-A 为俯视时腰部关节的转动范围示意图。

结合中国成年人人体尺寸相关数据，设定助餐机械手的大臂长为 300mm，小臂长为 260mm。在此基础上，根据助餐所需的实际空间范围，对助餐机械手的其他参数进行确定。助餐机械手的尺寸信息如表 7.3 所示。

表 7.3　助餐机械手参数表

参数名称	代号	尺寸	参数名称	代号	尺寸
大臂长度	l_1	300mm	平行杆 3 长度	l_4	25mm
平行杆 1 长度	l_2	25mm	小臂长度	l_5	260mm
平行杆 2 长度	l_3	300mm	平行杆 4 长度	l_6	25mm

续表

参数名称	代号	尺寸	参数名称	代号	尺寸
平行杆 5 长度	l_7	300mm	腕部力臂	l_{12}	70mm
平行杆 6 长度	l_8	260mm	大臂力臂转角	φ_1	0°～60°
平行杆 7 长度	l_9	20mm	小臂力臂转角	φ_2	0°～90°
大臂力臂	l_{10}	70mm	腕部力臂转角	φ_3	0°～90°
小臂力臂	l_{11}	70mm	腰部转角	φ_4	－20°～20°

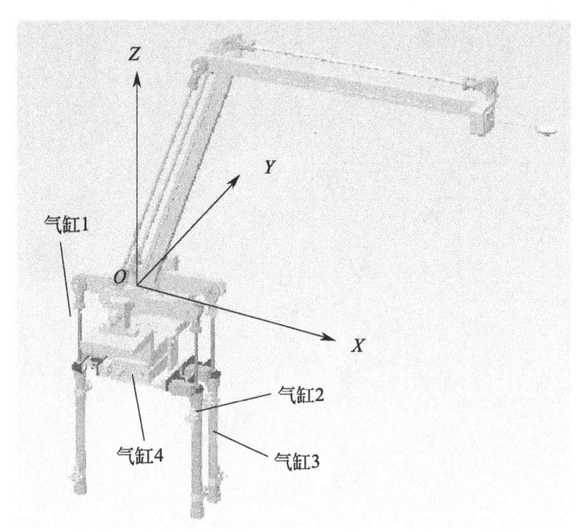

图 7.31　助餐机械手内部结构

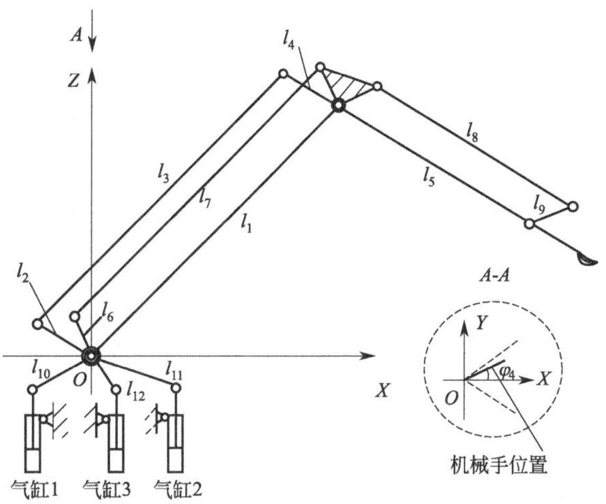

图 7.32　助餐机械手尺寸简图

2）餐具结构设计

在助餐机器人领域，末端执行器的种类多种多样，最具有代表性的是勺子、筷子，它们在用餐方面都有着各自的特点，同时它们也都有着各自的适用食物类型。结合我国人民的饮食习惯偏好，研究以轻质勺子作为助餐机械手的末端执行器，以颗粒状的米饭作为食物对象。在勺子的选型上，要求勺子质量小，勺头宽大以增大与环境的接触面积。勺子主要尺寸如图 7.33 所示。

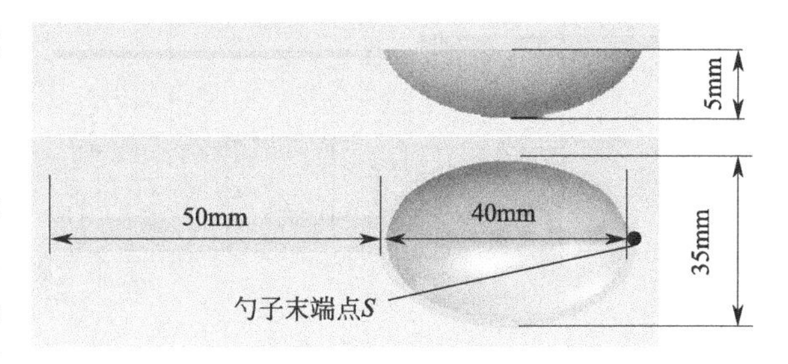

图 7.33　勺子尺寸图

7.3.2.3　气动系统建模及工况分析

（1）基于开关阀的气动系统建模

基于开关阀的气动系统如图 7.34 所示。该系统主要由开关阀、气缸、传感器、气源、控制器等部分组成。其基本原理是：给定一个输入信号，通过控制器、开关阀驱动气缸运动，传感器测定相关信息并反馈给控制器，使气缸的运动不断趋近于指令信号，直至两者之间的误差在允许的误差范围内。

对仿真模型进行分析，可以得到气动系统的仿真模型，如图 7.35 所示。

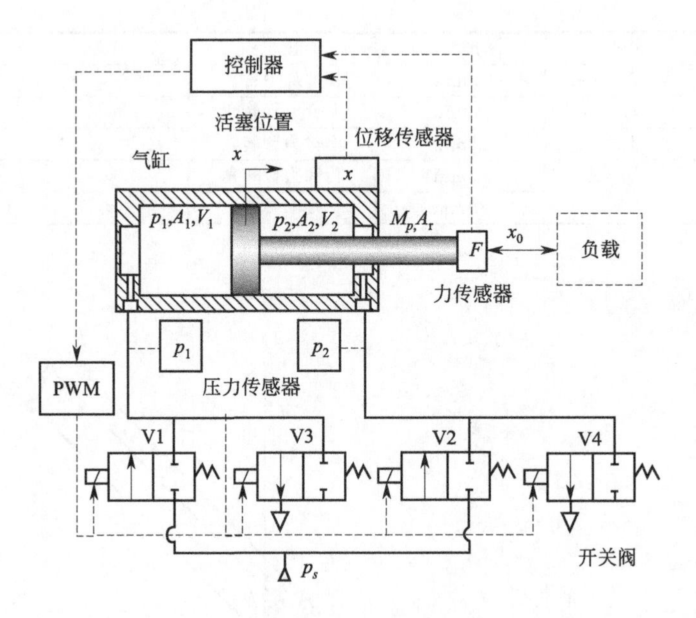

图 7.34　基于开关阀的气动系统

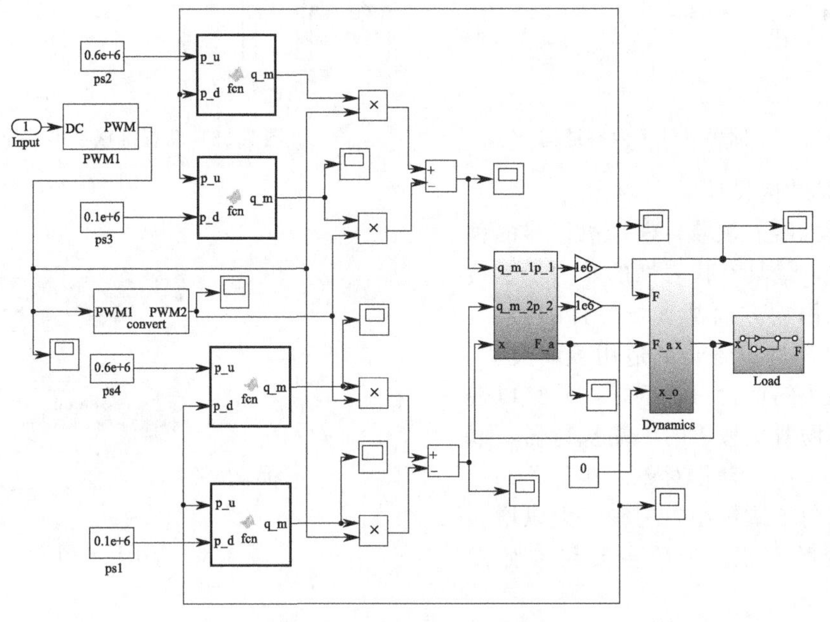

图 7.35　气动系统仿真模型

（2）元件选型

根据助餐机械手机械结构、气动系统模型，基于气动柔顺控制的助餐机械手主要元件选型如表 7.4 所示。

表 7.4　主要元件参数表

元件名称	厂家及型号	主要技术指标
标准型气缸	SMC CDJ2L10-100AZ	缸径 10mm，杆径 4mm，行程 100mm
摆台	SMC MSQB7A	角度调整范围 0°～190°

续表

元件名称	厂家及型号	主要技术指标
开关阀	SMC V114A	—
位置传感器	*SMC D-MP*100	量程100*mm*，重复精度0.1*mm*
力传感器	欧陆达*AT*9104	量程±50*N*，精度0.1*N*
压力传感器	*SMC PSE*540*A-R*04	量程0～1*MPa*，精度0.02*MPa*

(3) 气动位置伺服系统仿真

根据前文建立的气动系统，基于开关阀的气动位置伺服系统原理如图7.36所示。

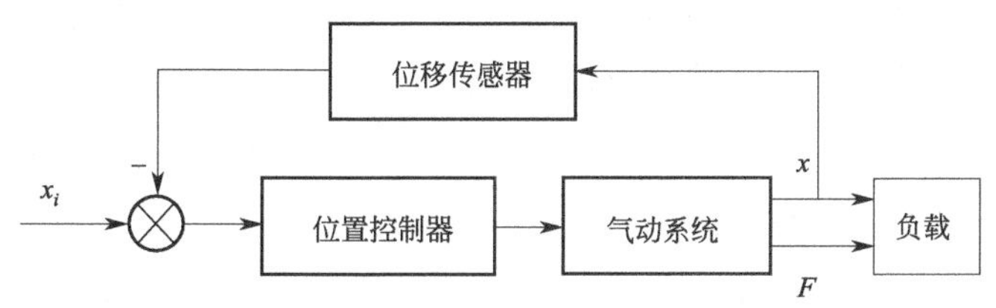

图7.36 气动位置伺服系统原理图

气动位置伺服系统仿真模型如图7.37所示。输入信号经过控制器进入PWM Generator，PWM Generator输出与控制器对应的PWM信号来控制开关阀的开启与关闭；图中的“误差范围”用于设定气动系统的允许误差范围，可以根据实际需要进行一定程度的调节。当输出位移与输入位移的差值在允许误差范围内时，四个开关阀全部关闭。

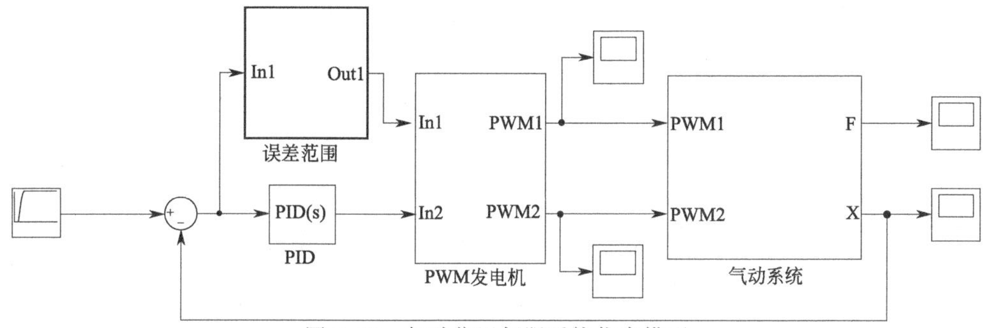

图7.37 气动位置伺服系统仿真模型

给定一个斜坡信号x_i，使气缸活塞杆在4s内匀速前进80mm，设定质量负载M_L为0.5kg，阻尼负载B_L为0.2N/(mm·s)，刚度负载K_L为1N/mm，仿真结果如图7.38所示。由仿真结果可知，输出信号x可以很好地跟踪输入信号x_i，位移稳态误差为0.8mm。

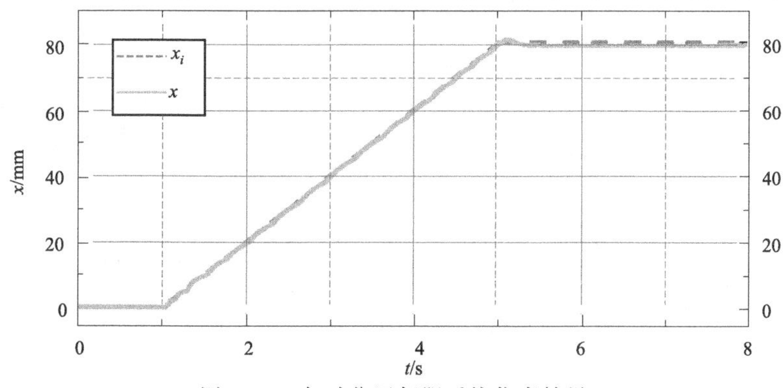

图7.38 气动位置伺服系统仿真结果

7.3.2.4 柔顺控制策略研究

助餐机械手在自由空间中运动时，需要对各个关节采用位置控制；当其末端执行器与环境接触时，助餐机械手需要表现出足够的柔顺性，因此需要采用主动柔顺控制策略。研究的助餐机械手工作情况复杂，在自由空间运动与接触环境之间频繁地切换。因此，选用基于位置的阻抗控制策略来实现助餐机械手的柔顺性。

阻抗控制的思想是控制末端执行器与接触环境的接触力与末端执行器位置之间的动态关系。对气缸而言，阻抗控制就是使气缸等效为一个质量弹簧阻尼系统，原理如图 7.39 所示。

带有阻抗控制的气动系统原理如图 7.40 所示。内环为位置伺服控制，外环通过力传感器测量接触力，接触力信号经过阻抗控制算法运算得到 Δx，从而可以得到期望位移 x_{d}。

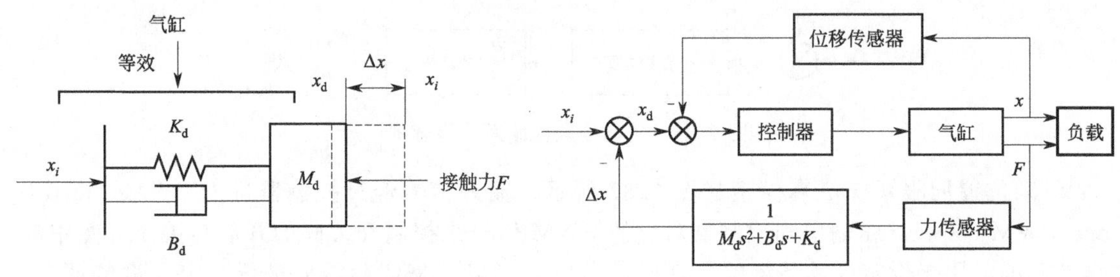

图 7.39 质量弹簧阻尼系统原理图

图 7.40 阻抗控制气动系统原理图

带有阻抗控制的气动系统仿真模型如图 7.41 所示。

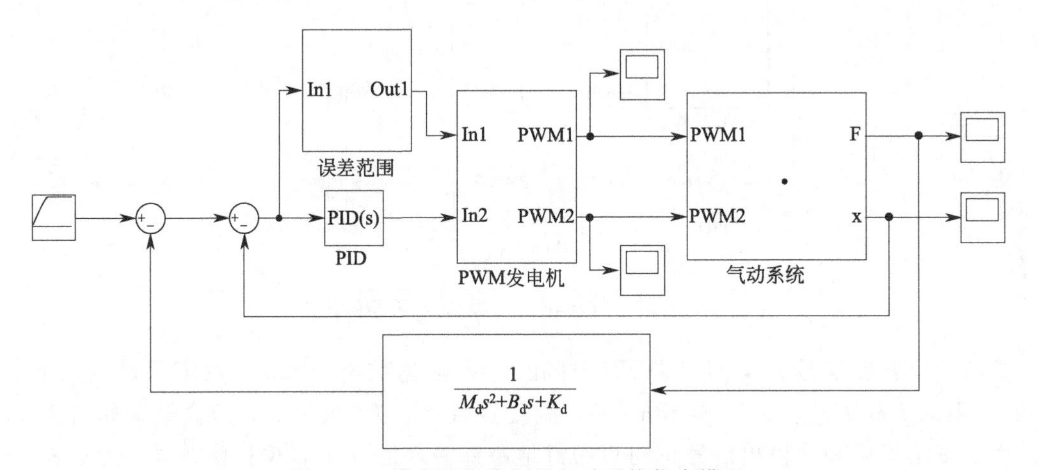

图 7.41 带有阻抗控制的气动系统仿真模型

通过分析可知，阻抗控制的期望刚度决定了稳态输出位移以及稳态接触力的大小；期望阻尼可以增加系统的稳定性，但是期望阻尼的加入会使输出位移出现超调，接触力出现波峰；随着期望质量的增大，输出位移、接触力波动逐渐变大。

因此，末端执行器与环境接触时，应该将期望质量设置为 0kg，期望阻尼使系统稳定即可，不易过大，并选择适合的期望刚度以使末端执行器对外表现出所需的柔顺性。

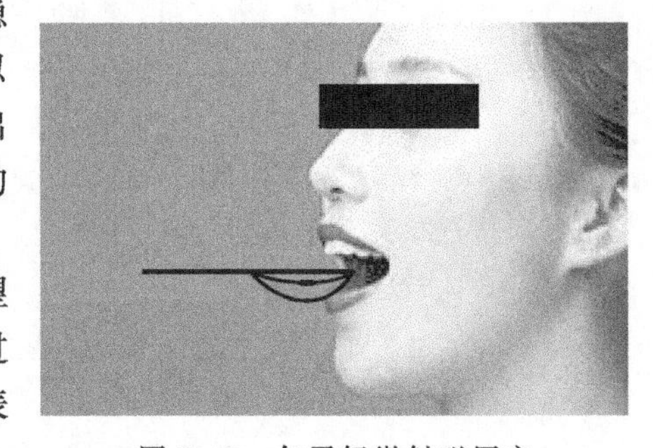

图 7.42 勺子轻微触碰用户

值得一提的是，助餐机械手的柔顺性并不是越强越好，过强的柔顺性会导致助餐机械手变得“敏感”，一旦接触环境负载就会使输出位移减小，甚至是停止运动。助餐机械手在送餐到用户口中的过程中，勺子难免会轻微地触碰嘴唇、牙齿等组织，如图 7.42 所示。这种轻微的触碰也会产生一定的接触力，如果助餐机械手的柔顺性太强，一旦接触就会使末端执行器停止运动。这部分接触力是可以接受的，因此助餐机械手的柔顺性不能太强。

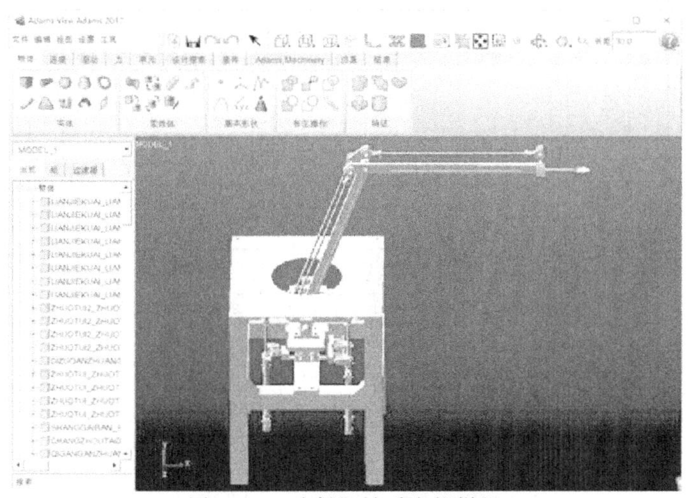

图 7.43　助餐机械手虚拟样机

7.3.2.5　虚拟样机控制系统的建立

根据助餐机械手三维模型建立助餐机械手虚拟样机，设置各个部件的属性参数，添加各个部件之间的约束关系，助餐机械手虚拟样机如图 7.43 所示，图中展示的是助餐机械手整体结构。

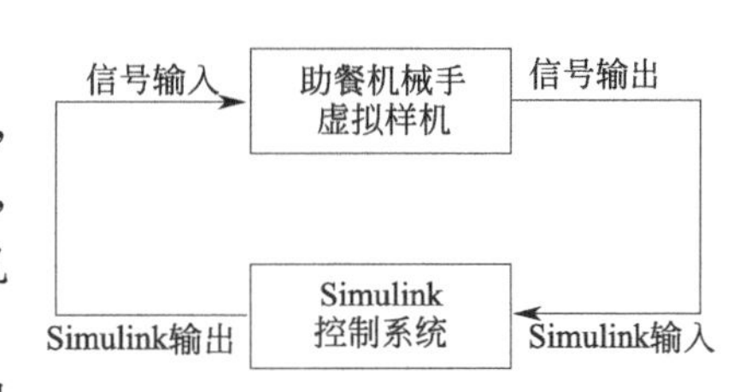

图 7.44　联合仿真数据交换原理图

联合仿真模型的建立，助餐机械手虚拟样机与控制系统的数据交换如图 7.44 所示。

助餐机械手虚拟样机与控制系统的联合仿真原理如图 7.45 所示，联合仿真模型如图 7.46 所示。

通过联合仿真可知，在助餐机械手大臂、小臂、手腕的协同作用下，末端执行器可以按照规划的轨迹进行运动，运动精度满足实际所需。

7.3.3　虚拟现实气动上肢康复训练机器人系统研究实例

7.3.3.1　背景简介

目前，国内大多数医院的康复科仍以传统的物理治疗为主，由医师或家属辅助患者进行一对一的引导训练，训练过程十分消耗体力，因而训练的强度以及准确性等无法得到保证，造成训练效果不佳。并且单纯的物理治疗过程太过于单调，这也是效果不理想的原因之一。随着机器人技术和智能控制的发展，智能机器人设备已经逐渐应用到医疗功能康复中。康复机器人是机器人技术与康复医学结合的产物，研究证明，机器人的辅助治疗能有效地帮助患者完成康复动作，其保证训练强度和动作的精确度。同时结合计算机采集技术，患者在训练过程中的运动轨迹参数可以实时地记录，有助于对训练轨迹的再调整和训练效果的评估。近

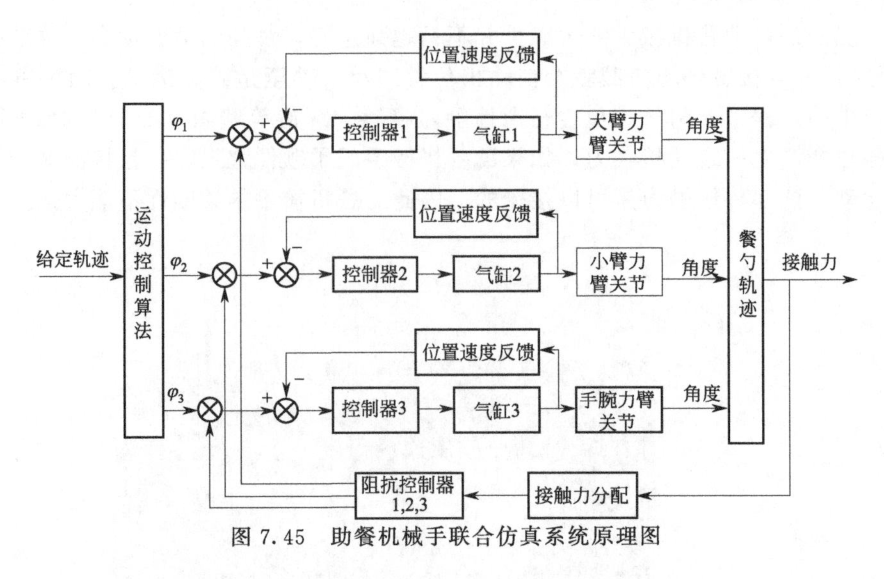

图 7.45　助餐机械手联合仿真系统原理图

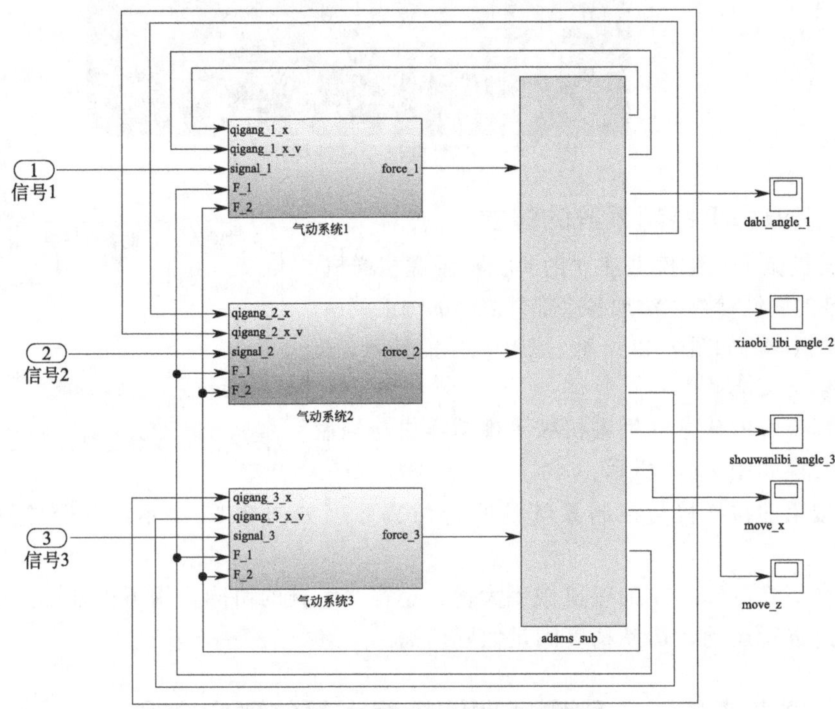

图 7.46　助餐机械手联合仿真模型

年来在康复机器人方面的研究成为智能机器人领域的热点。

7.3.3.2　上肢康复机器人整体方案设计

河南科技大学的丁宝杰等人所研发的虚拟康复训练机器人系统包括机器人硬件设备、控制系统以及虚拟现实软件系统。

(1) 康复机器人设计要求

为了对患者的运动神经细胞进行重塑，康复机器人需要帮助患者完成一定强度的康复动作，协助患者克服运动功能障碍。因为机器人面对对象的特殊性，在考虑其机械、控制系统等的设计时要充分考虑以下三点：

1）安全性

康复机器人的训练对象为患侧上肢，人机交互过程中的安全性非常重要。为了避免对患者上肢造成二次伤害，要保证训练过程中的关节驱动具有一定弹性和柔顺性。因此，一般选用柔顺驱动或者柔顺力控制算法实现机器人的平滑运动。此外要保证关节的输出转矩不超出安全范围，一方面可对关节转矩进行实时的检测，当超出某一值时，机器人自动停止；另一方面，可在关节轨迹规划时避免位移、加速度等突变，使关节运动相对平滑，提高系统安全性。

2）活动范围

当机器人牵引患者上肢完成康复动作时，机器人多关节协同运动要能满足患者上肢关节的活动范围。首先完成对患者实际情况的评估，医师再通过调节参数设定合适范围的训练活动。要保证在活动范围内训练时患者的安全性，可通过软硬件进行限位，防止意外发生。

3）功能性训练

传统的康复训练由医师帮助患者完成重复性的康复动作，以达到刺激脑部损伤神经的效果，但这种方式往往枯燥乏味且难以转变为患者的日常生活动作。借助机器人实施辅助训练，能让患者的康复训练得到多样化的反馈信息。结合虚拟现实技术，引导患者完成上肢日常生活中的常用动作，通过虚拟游戏对患者进行视听觉的反馈，不仅增加了体验感，也更有利于患者将康复训练转化到实际生活中。

除此之外，康复机器人应结构轻巧，方便移动，成本适中。并且其反馈信息可以进行互联网传输，为后期的康复评估等提供有利条件。

（2）机器人康复训练系统总体设计

由康复机器人的设计要求可得，机器人康复系统一般要帮助病人实现主动和被动两种训练模式。被动训练是针对康复初期的患者，帮其克服关节运动功能障碍，增大上肢关节的活动范围，恢复患侧上肢的运动功能；主动训练是在患者肌力恢复到一定程度之后，能进一步增强肌力的训练模式，可以锻炼患者上肢运动的重复准确性和平稳性。

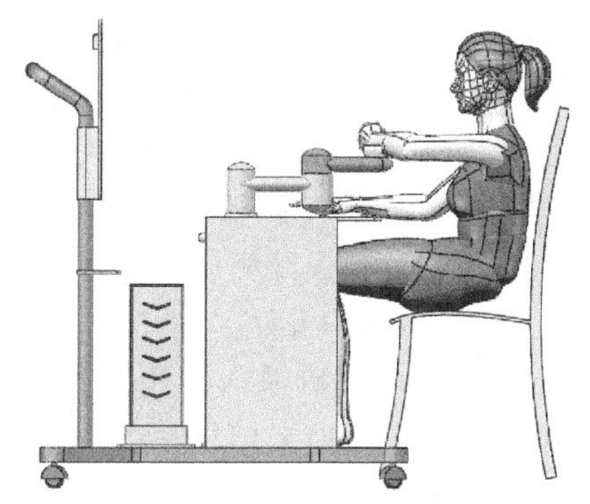

图 7.47　机器人与患者的相对位置示意图

研究提出的虚拟现实气动上肢康复训练机器人系统，主要对患者的肩、肘关节进行康复，运动形式是将机器人末端与患者手部连接，机器人和患者面对面，由机器人多关节协调运动带动患者手臂进行康复训练。同时系统提供虚拟现实功能，以日常生活中上肢的常用动作为原型，设计虚拟环境。当患者完成康复动作时，能为其提供视觉、听觉的反馈，患者与虚拟物体进行实时互动，有利于提高康复效率。机器人与患者的相对位置如图 7.47 所示。

根据系统的功能要求，对康复训练系统的整体方案进行设计。本系统基于北京灵思创奇公司生产的半实物仿真平台 Links-RT 进行搭建，主要包括机器人控制系统和虚拟现实平台两个方面的设计。硬件环境由 PC 机、仿真平台、控制阀、气缸以及机器人机械部分组成。机器人选用气压作驱动，保证了驱动的柔顺性，提高了其安全性。系统的工作原理如图 7.48 所示。

由图 7.48 可知，首先康复医师对患者的关节活动度进行评测，然后针对患者的情况选定主动或被动的康复模式，并对康复机器人的参数进行设置，使患者的关节在合理的活动范围内进行康复运动。最终由机器人带动患者进行训练，医师借助上位机软件可以对机器人的位置、速度等参数进行监视。在训练的同时，设计的虚拟环境对患者的运动进行实时的反馈。

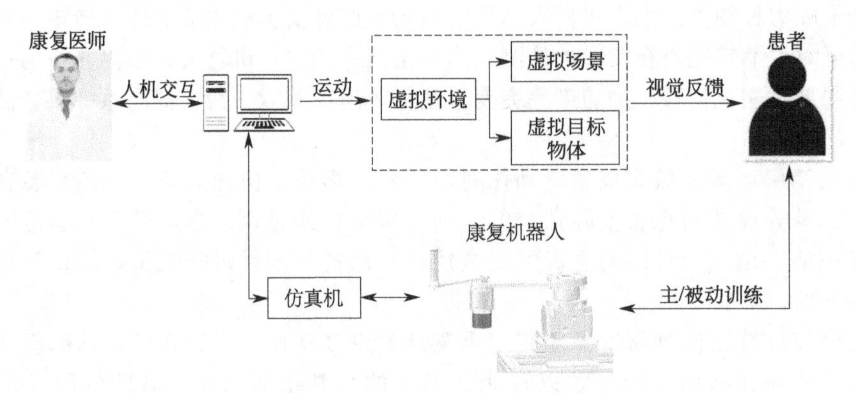

图 7.48　系统总体原理示意图

(3) 机器人机械系统设计

机器人的机械系统由机器人本体、气动回路部分和传感器组成。上肢康复机器人能帮助患者完成上肢的康复训练动作，包括肩关节的屈伸、收展以及肘关节的屈伸。因此，机器人本体主要包括大臂和小臂两个关节。为了对机器人关节实施相应的控制策略，在关节轴一端安装有位置检测传感器。气动回路部分主要是选用控制元件，设计相应的控制回路。

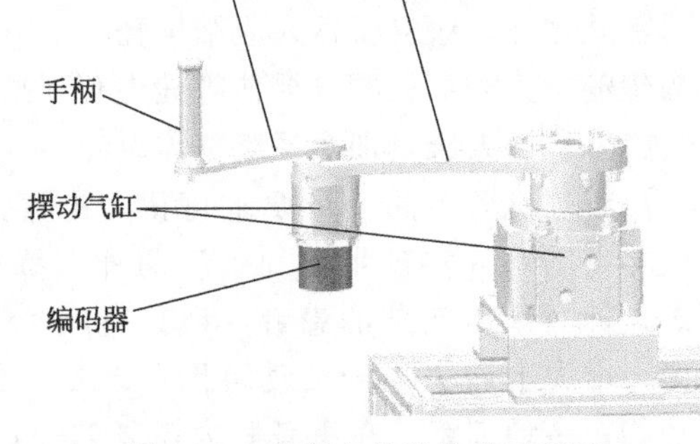

图 7.49　机器人机械结构示意图

1) 机械结构设计

研究设计的机器人选用平面两关节的串联结构，机器人手臂采用流线式外形，便于走线和内藏气管，机械加工件材料采用铝合金，既可以使其具有较好的机械强度，又可以减小重量。同时，选用摆动气缸作为关节驱动元件，并在气缸短轴侧一端安装位置传感器，采用气压比例驱动控制机器人的运动。机器人的三维结构如图 7.49 所示，机械参数如表 7.5 所示。

表 7.5　机器人机械参数

参数	数值	参数	数值
大臂长/mm	228.15	大臂质量/kg	0.76
小臂长/mm	180	小臂质量/kg	0.148

2) 气动控制回路

机器人每个关节均采用气压比例驱动，为典型的比例阀控制气缸系统。根据需要所设计的比例调压阀控制回路由两个比例调压阀控制一个摆动气缸，两个比例调压阀的出气口分别连接摆动气缸的两腔室，回路结构简单，如图 7.50 所示。用 1 个比例阀的出口压力作为系统背压，提高了气缸的阻尼特性，能增加系统控制的稳定性。比例调压阀控缸回路可以直接控制气缸两腔室的气体压差，来实施精准的气缸位置伺服，控制方式简单。采用的比例调压阀为费斯托公司的 VPPE 型，它在原有的比例伺服阀基础上集成了压力传感器和显示屏压力监控，压力响应快，可以实时采集气缸两腔的气压值。

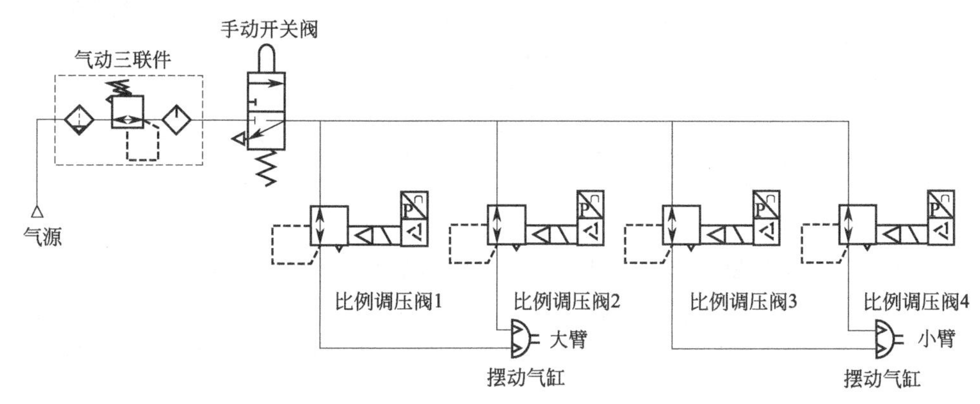

图 7.50　比例调压阀控制回路图

3）元件选型和主要参数

① 摆动气缸选型。

结合现有条件，研究选用 SMC 的单叶片摆动气缸。其中大臂关节选用型号 CRB1BW100-270S 的单叶片摆动气缸，小臂关节选用型号 CRB2BW40-270S 的单叶片摆动气缸。

② 位置检测传感器选型。

位置检测传感器可分为模拟型和数字型两类，考虑到传感器采集的信号要由计算机接收并作为系统控制模型的反馈，此处选用数字型传感器。数字型回转式位置传感器常见的有光电编码器、旋转变压器等，考虑经济适用性，选用增量式光电编码器来检测摆动气缸的实时旋转角度。

结合气缸选型和控制器的输出电压，系统选用的是长春荣德光学有限公司生产的增量型编码器，如图 7.51 所示，其分辨率为 2000P/r。气缸是在中低速下运转，因此所选的编码器的响应频率足够。

(a) 10mm中空编码器

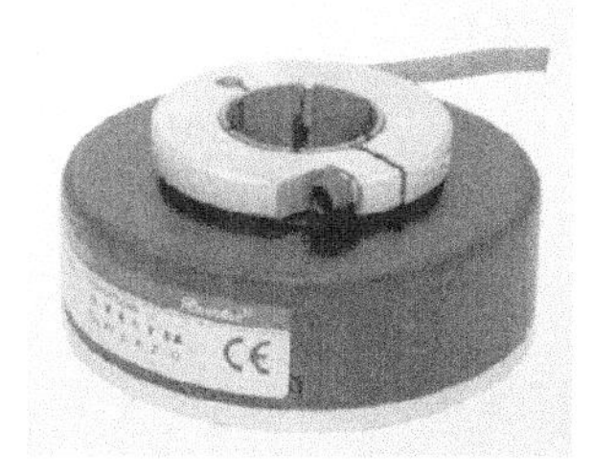

(b) 25mm中空编码器

图 7.51　增量型光电编码器

依据机器人两关节摆动气缸的轴径，大臂关节气缸选用型号为 REC80B25B-G2M2F-2000BM 的增量式编码器，其主轴直径为 25mm；小臂关节气缸选用型号为 RCC58T12-G2M2F-2000BM 的增量式编码器，其主轴直径为 12mm。编码器具体参数见表 7.6。

表 7.6　编码器主要技术参数

参数	大臂关节编码器	小臂关节编码器
轴径/mm	25	12
外径/mm	80	60
输出方式	互补输出	互补输出

续表

参数	大臂关节编码器	小臂关节编码器
分辨率	2000P/r	2000P/r
电源电压/V	DC 5	DC 5
输出相	ABZ	ABZ
最大转速/(r/min)	4000	6000
转动惯量/($kg\cdot m^2$)	$6\cdot 10^{-6}$	$8.5\cdot 10^{-6}$

③ 比例调压阀选型。

康复机器人的摆动气缸关节使用比例调压阀实施控制。选用气动比例调压阀的优点在于可以根据需要精确控制摆动气缸两腔的压力，通过产生压差或零压差实现摆动气缸的位置伺服。同时比例调压阀响应速度快，能通过计算机对其进行快速精准控制，且耗能较小，因此常被用于气动伺服系统中。

由上述比例调压阀控摆动气缸的控制回路可知，单个摆动气缸由两个比例阀进行控制。控制器需要对两个比例阀分别进行控制，故整个系统为多输入多输出系统，但由于两缸的背压腔压力设为常值，故系统的控制较为简易。考虑系统所需的输出压力，选用了 FESTO 公司生产的 VPPE-3-1-1/8-6-010-E1 比例调压阀，运行稳定可靠，供电电压为 24V DC（±10%），输出压力范围为 0.006～0.6MPa，比例调压阀外观如图 7.52 所示。因为其输入压力比最大所需输出压力最少大 0.1MPa，依据该型号最大输出压力为 0.6MPa，选定气源压力为 0.7MPa。

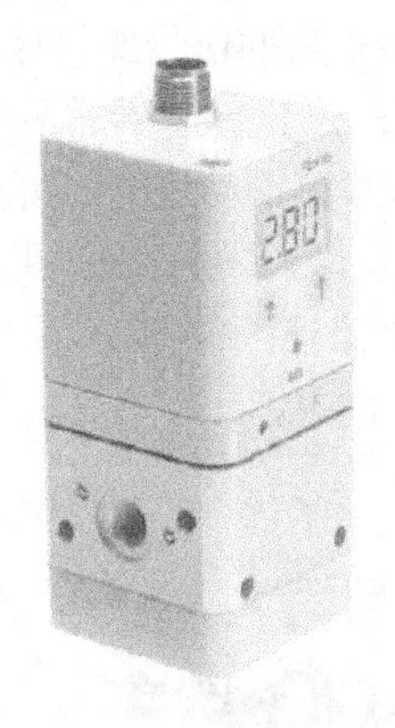

图 7.52　VPPE 型比例调压阀

图 7.53　半实物仿真平台

（4）机器人控制系统设计

系统使用的机器人控制系统由 PC 机、仿真机、气动转接盒以及气动比例控制阀等组成。研究选用数字控制模型＋实际物理系统的半实物仿真机制，能极大地缩短研发周期。仿真平台由北京的灵思创奇科技有限公司生产，采用的是 Links-RT 半实物系统仿真软件包。它可以完成与上位机的串口通信、模拟量的输出以及传感器模拟量和数字量的采集。通过该平台可以在上位机中基于 Matlab/Simulink 建模环境结合 Links-RT 仿真软件包实现控制模型与实际物理系统的联系，并可以通过 C＋＋/C Sharp 编程与仿真机完成通信。

半实物仿真实验平台的核心是仿真机，内部嵌入了四个 PCI 插槽，集成了串口 CP-118U 、多功能采集卡 PCI-6251、计数卡 PCI-6602 和模拟量输出卡 PCI-6216，如图 7.53 所示。仿真机内嵌的四张 PCI 卡通过 DB 头连接线与气动转接盒相连，比例调压阀、编码器等的接线均连接到气动转接盒上的板卡接口，以实现仿真机与物理系统两者间的信息传递。

机器人控制系统原理如图 7.54 所示。

机器人关节由比例调压阀控制摆动气缸两腔的压力，以此实现关节位移的精准控制。在机器人运行过程中，上位机主要负责系统控制模型的搭建，编译生成代码，传输控制信号到仿真机以及实验数据的处理。仿真机与上位机通过以太网进行通信，接收到上位机的命令后，由串口卡进行相应的D/A转换，将由控制模型处理产生的数据传递给模拟量输出卡，去控制比例调压阀，以驱动机器人关节运动。实验过程中编码器反馈的数据经由计数卡采集，再经串口卡传输给上位机，作为控制算法的反馈输入。同时，机器人的运动参数通过上位机软件间的通信传递给虚拟环境。

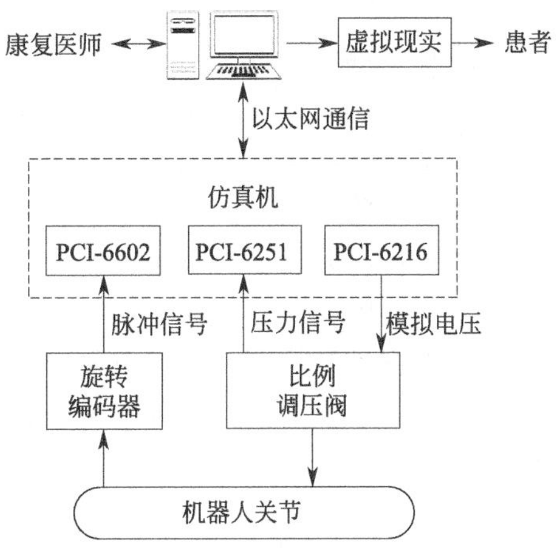

图 7.54 机器人控制系统原理图

7.3.3.3 机器人气动伺服控制系统

(1) 机器人关节伺服控制平台及控制要求

1) 气动关节伺服控制平台

项目的实验是基于半实物仿真平台 Links-RT 完成的。上位机运行 Windows 系统，在 Matlab/Simulink 进行数字仿真建模和控制算法的设计。硬件板卡包集成于 Simulink 模块库的 Simulink Pack 目录内。利用 Simulink 的可视化建模环境进行控制算法的快速搭建，然后添加板卡的 I/O 模块并配置模型参数，使设计的算法模型传入到物理系统中，这样就可以通过修改控制参数快速验证控制算法的有效性。

如图 7.55 所示为仿真机运行 Vx Works 操作系统，内部安装有实时仿真引擎和硬件板卡驱动。在 Matlab/Simulink 中建模完成后，由 C++编译器将程序转换成 C 代码下载到仿真机中。然后通过仿真管理软件 RT-Sim，添加需要仿真的 Simulink 工程，设置通信配置连接仿真机，在监控面板中可以对模型中的重要参数添加监控。当系统运行时，可在监控面板看到所监视变量的实时变化曲线。

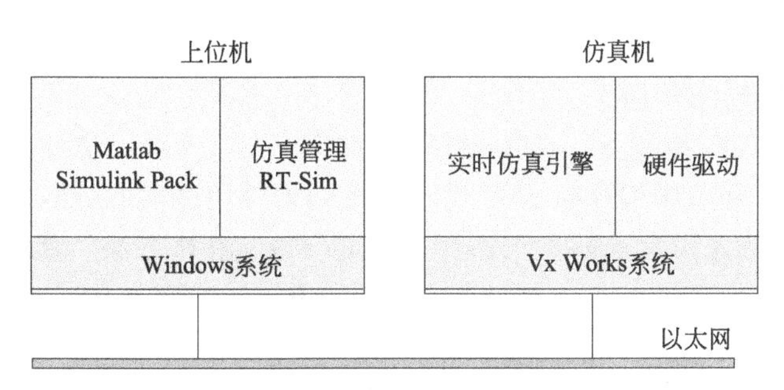

图 7.55 系统软件部署图

2) 机器人关节控制要求

类比由电机驱动的传统工业机器人，协作机器人、康复机器人对控制精度要求较低，而采用气压驱动的机器人其精度能够满足康复机器人的要求。依据气动伺服技术的特点，最终设定机器人的气动关节位置伺服精度要求在±2°范围内，响应时间在 0.5s 以内。同时，考虑安全性要求，机器人在辅助训练过程中运动应平稳，其运动参数不能发生突变，并且要具有一定的抗干扰能力。在明确控制要求之后，应设计适合的控制算法以达到目标要求。

（2）PID 控制

1）PID 控制实验程序设计

PID 在工业运动控制中常用于伺服电机的三环控制。另外，当控制系统的数学模型不确定或建模复杂时，也经常使用 PID 对系统的期望输入和实际输出的差值进行调节，通过整定三个增益系数，使系统能够快速稳定到一个良好的动态变化中。由于气动伺服系统为二阶低阻尼系统，因此选用比例-微分（PD）控制，通过调整闭环系统的频率和阻尼系数来提高系统稳定性。PD 控制能提高系统阻尼，可以抑制输入响应的超调，缩短到达稳定输出的时间，而且不会对系统本身的固有频率产生影响。

依据比例调压阀控缸系统的特性，结合硬件的参数特点，初步用 PD 作控制算法对摆动气缸进行位置伺服控制。其控制原理框图如图 7.56 所示。

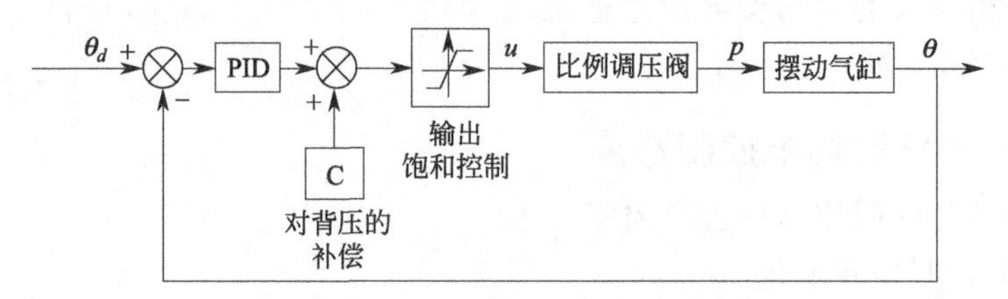

图 7.56　气动伺服控制原理图

如图 7.56 可知，系统控制模型的输入信号为关节的期望角度，反馈为编码器采集的气缸转角。由输入信号与编码器反馈的角度作差得到偏差信号，再经控制器做处理，由上位机控制模型输出比例调压阀的设定电压。实际物理系统的输出为气缸两腔体的气压值。由比例调压阀的参数可知，比例阀的控制电压为 0～10V，对应其出口压力输出为 0～0.6MPa，故在控制模型中需要对比例阀的输入信号进行限幅，以免因模型的异常输出损坏元器件。最后，因为气缸的出气口回路设定了背压，所以在进气口需要设置一个与背压大小相同的输入信号，保证气缸在到达期望位置后处于平衡状态。

依上所述，在 Simulink 中搭建系统的 PD 控制程序，如图 7.57 所示。程序以阶跃信号作为输入，测试系统在此控制算法下的动态阶跃响应。程序中的蓝色模块均为硬件板卡的 I/O 模块，需要配置 I/O 参数。

2）PID 控制系统动态响应

系统的阶跃响应 PID 控制 Simulink 程序，如图 7.57 所示。实验基于半实物仿真平台 Links-RT，将 Simulink 程序编译生成 C 代码下载到硬件中去实时运行。需要对 Simulink 模型的环境进行配置。首先设置求解器，选用默认的 ode3 解算方法。然后对模型的系统目标文件进行配置，在 Code Generation 中选择 Linkrt. trc。这样就可以实现 Simulink 程序模型与实际硬件系统的通信，进行半实物仿真实验。

搭建的实验平台如图 7.58 所示，在系统的气源工作压力、负载和关节初始位置确定的情况下，对 PID 控制参数进行整定。首先对大臂关节气缸进行阶跃响应实验，确定其控制参数。此时，气源压力为 0.7MPa，负载转动惯量为 0.0065kg · cm^2，模型的采样步长为 0.01s。通过多次实验，得出当 PID 控制器 K_P 为 0.24，K_I 为 0，K_D 为 0.022 时，系统在阶跃输入下的动态性能满足预定要求，如图 7.59 所示。以 40°的阶跃信号为输入，机器人关节伺服的响应时间在 0.3s 以内，稳定后关节角度误差在 1°以内。因此，采用 PD 控制可以保证系统阶跃响应达到预定的实验目标。

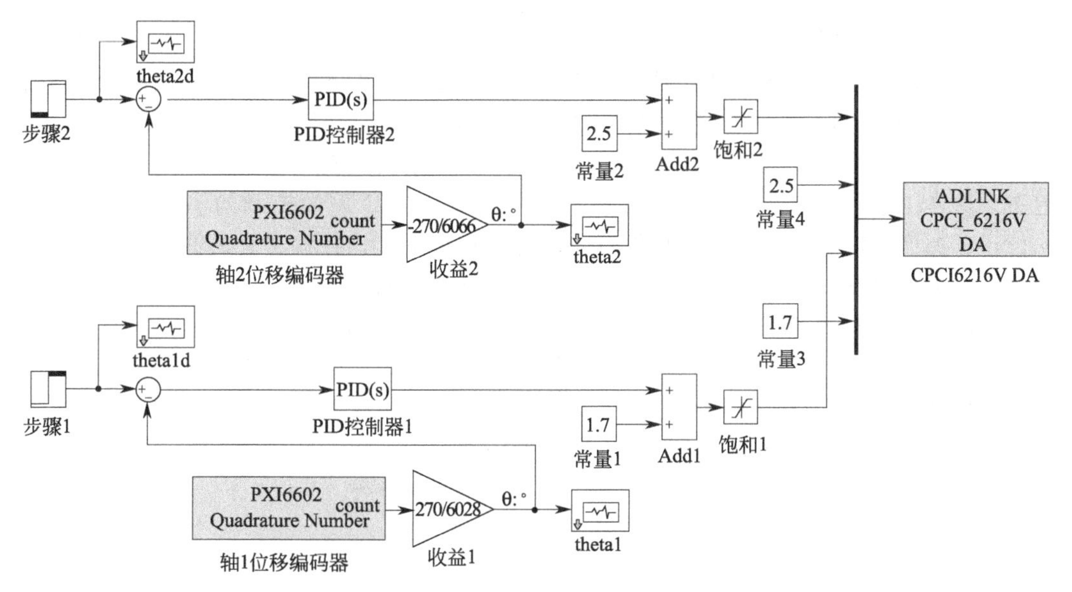

图 7.57　PD 控制摆动气缸仿真程序

图 7.58　气动伺服控制实验平台

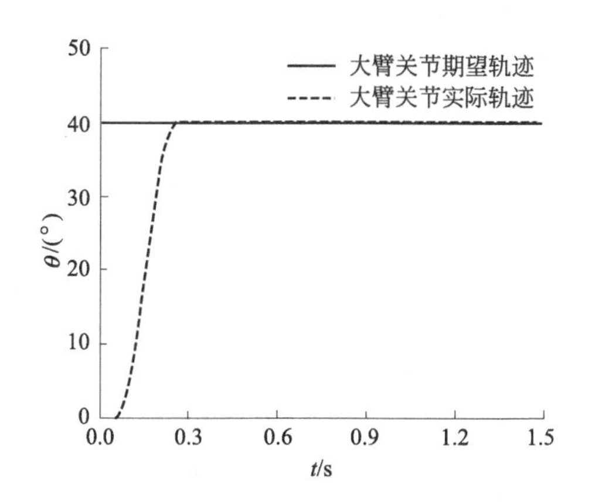

图 7.59　PD 控制的关节阶跃信号响应曲线

图 7.60　PD 控制的关节正弦信号响应曲线

考虑到康复训练时机器人关节运动轨迹的平滑性，用正弦函数作为输入信号，对关节的位置跟踪进行参数整定，观察其动态响应。经过多次整定 PID 参数，得到 PID 控制性能较好的控制参数，此时系统的正弦响应曲线如图 7.60 所示。可以看出在整个正弦跟踪过程中，大臂关节气缸存在位置滞后，无法达到期望的角度位置。因此，仅仅使用 PD 控制算法不能满足机器人关节的位置伺服控制要求。

(3) 速度前馈校正

由于气体的可压缩性使得气动系统具有较好的柔顺性，但也造成了气动伺服控制的非线性。在进行气动伺服控制时，系统的非线性会导致系统的动态响应不稳定。由上述 PID 控制实验可得，气动系统的非线性造成了关节气缸初始运动时的较大误差以及整个运动过程中的迟滞。参考工业运动控制器的常用方法，在采用传统 PID 反馈控制的同时，使用前馈控制作校正，速度前馈环工作在传统反馈环外。针对传统的反馈控制存在的滞后问题，考虑在控制算法中加入速度前馈控制。当实际轨迹落后于期望值时，给气缸发送速度指令以弥补误差。速度前馈可以抑制气缸运动过程中的时滞，能提高系统的整体性能。

设计的速度前馈回路是将输入的速度曲线直接反馈给控制器，而不是取编码反馈的信号作为速度反馈，这样避免了对过程的等候。当期望的轨迹发生变化时，系统能够及时作出响应。PD＋速度前馈的控制原理如图 7.61 所示。

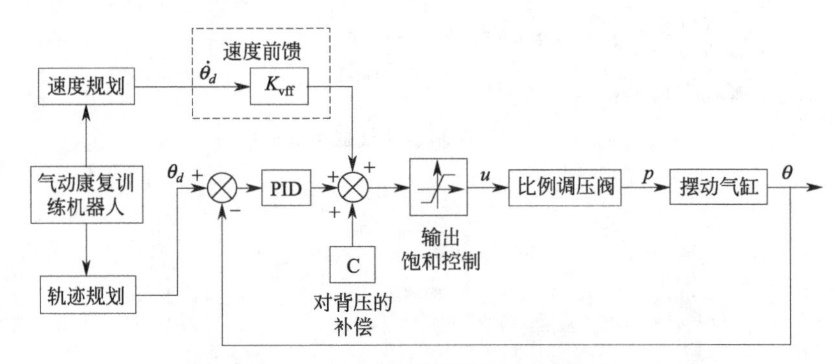

图 7.61 PD＋速度前馈控制原理图

根据速度前馈的原理对 Simulink 中的控制程序进行设计。关节位置伺服采用反馈＋前馈的控制算法，速度前馈回路中的信号来源于关节位置轨迹的微分，并通过一个增益系数添加到控制器。以大臂关节的气缸控制程序为例，在 Simulink 环境中速度前馈的实际实现是通过在角度输入信号的后面串联一个 Derivative 模块，同时串联一阶低通滤波模块，再经过一个速度前馈增益反馈给控制器实现的。机器人关节的 PD＋速度前馈控制模型如图 7.62 所示。

速度前馈可以消除跟踪误差，其系数的取值需根据系统特性进行匹配。前馈系数一般取固定值，但其取值过大会引起超调。由经验可知速度前馈系数的初步调参可参考微分增益 K_D。经多次实验验证得当大臂关节 K_{vff} 取 0.012，小臂关节 K_{vff} 取 0.03 时关节控制能取得较好的效果。此时机器人大臂关节的位置伺服曲线如图 7.63 所示，可以看出正弦轨迹跟踪的滞后得到了有效的抑制，整体的跟踪效果较好。如图 7.64 所示为大臂关节正弦跟踪过程的角度误差曲线，可以看出，除了在正弦上下峰值处存在较大误差外，其余误差在−1.5°～1°，达到了预定的实验要求。

7.3.3.4 虚拟康复训练系统设计

虚拟康复训练环境是基于 Unity 3D 软件完成的。结合上肢康复需要完成的训练动作，考虑虚拟康复训练场景的设计要求，对虚拟环境要实现的具体功能进行规划。

(1) 虚拟环境与硬件的通信

研究设计的为牵引式上肢康复机器人，由机器人末端带动患者完成规划的康复动作。因此，系统要实现虚拟目标对象对上肢末端运动的实时展现。在现有的半实物仿真平台基础上，通过仿真机内部的实时仿真引擎可以保证通信的实时性，然后建立虚拟环境与手部位移信息的实时传输。虚拟场景与康复机器人的通信原理示意图如图 7.65 所示。

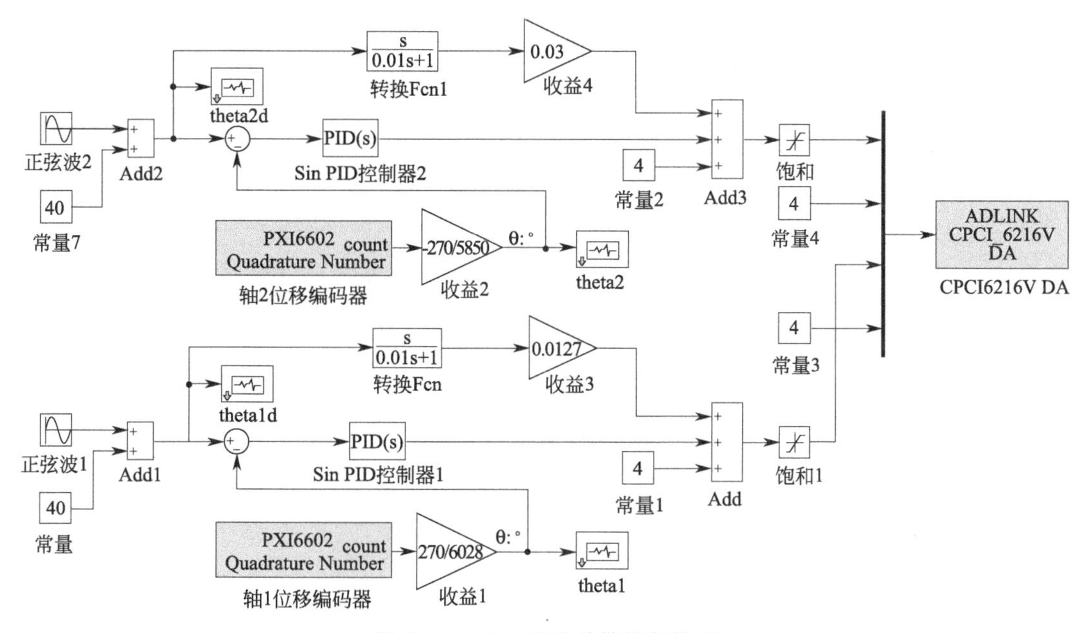

图 7.62　PD+速度前馈控制模型

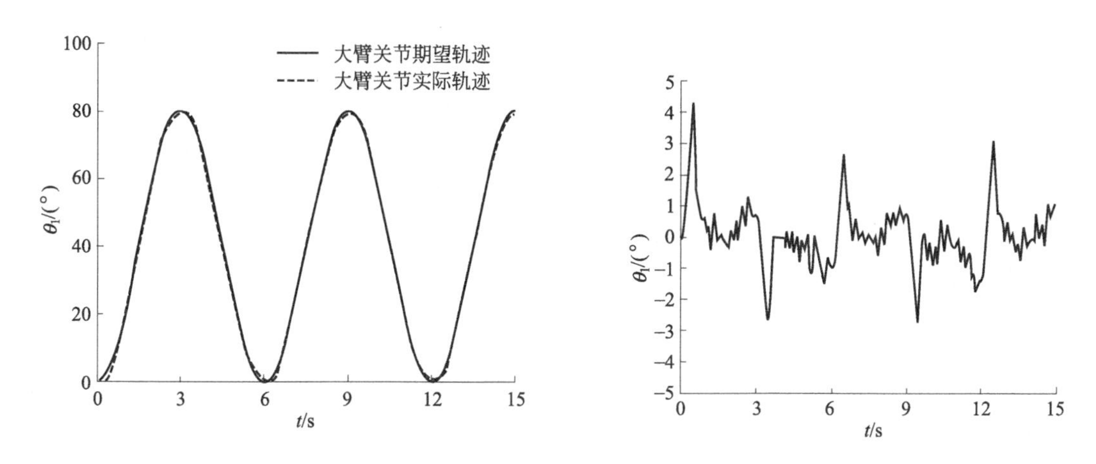

图 7.63　速度前馈校正后大臂关节正弦响应曲线

图 7.64　大臂关节正弦响应的角度误差曲线

从图中可以看出虚拟环境与硬件的通信借助半实物仿真平台完成，避免了使用额外的传感系统，减少了成本。首先康复机器人的末端轨迹规划由 Matlab/Simulink 搭建控制模型完成，上位机与机器人通过 TCP 协议进行通信，经由上位机软件 RT-Sim 监视机器人运行时的各个相关参数。然后在 Unity 中编写客户端程序，即可在虚拟现实平台中选择适合患者的康复模式。

(2) 人机交互界面设计

为方便康复医师对康复机器人进行实时的操作，在 Unity 3D 里面通过脚本语言 On GUI 方法绘制系统控制的 GUI 界面，利用 GUILayout 布局绘制的人机操作界面如图 7.66 所示。交互界面主要包括选择康复模式、启动、停止以及监视四个主要功能。

(3) 虚拟康复训练模式设计

依据康复训练模式的要求，以机器人关节的复合运动规划带动上肢肩肘关节完成协同运

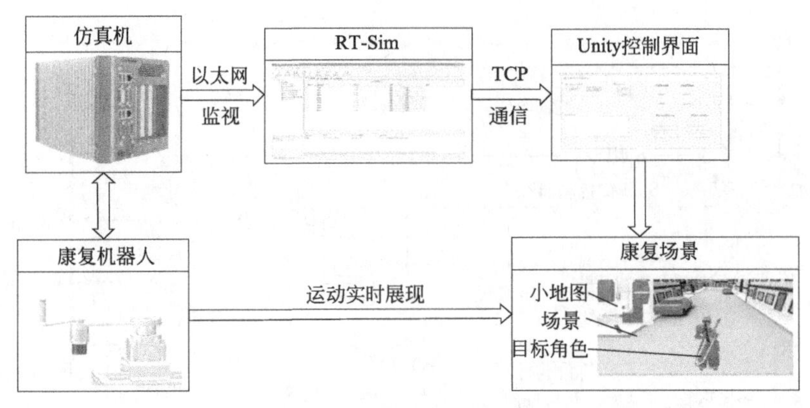

图 7.65　通信原理示意图

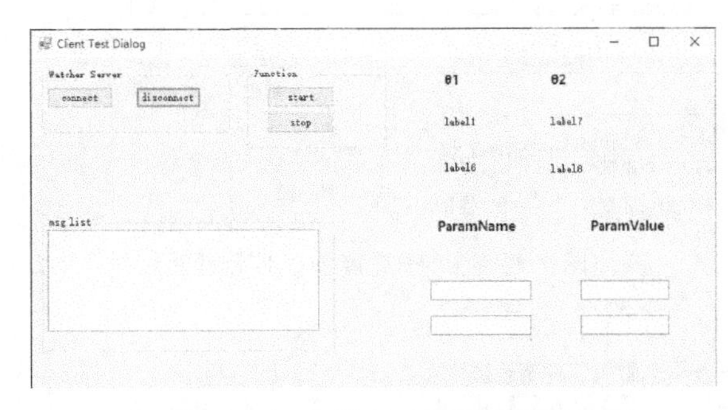

图 7.66　人机交互界面示意图

动的康复训练。按照主动、被动两种不同的康复模式，以人们的日常活动为目标任务设计了桌面清理、桌面取水等四种康复训练模式，能增强虚拟现实的沉浸感，调动患者的积极性。系统设计的虚拟环境主要包括场景、角色和目标任务，并且包含了不同视角下的人物活动，增加了现实感。

7.3.3.5　机器人复合运动康复训练实验及分析

最终搭建的康复机器人样机如图 7.67 所示。将手臂末端与机器人手柄相连（手腕固定），以所设计的两种被动康复训练模式（桌面清理和桌面取水）为例，对所设计的位置伺服控制算法和复合运动轨迹进行康复实验验证，其中仿真机选取固定步长为 0.01s。两种康复模式分别采用曲线轨迹和直线轨迹作为预定的康复轨迹输入，通过仿真软件 RT-Sim 可以直观地得到关节的实际位移曲线。

通过对上述两种训练模式下康复轨迹跟踪实验的验证和分析，可得到所设计的位置伺服控制算法和复合运动控制模型满足了康复机器人的目标需求。当机器人带动手臂进行设定的康复模式的训练动作时，手臂感觉较好，证明了两种模式下所规划运动轨迹的可行性。

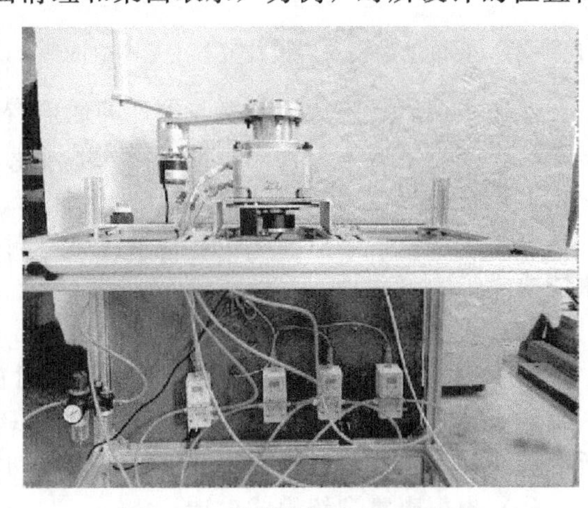

图 7.67　康复机器人实验样机图

第 8 章 机器人液压伺服控制系统

伴随着我国的“中国制造 2025”规划的提出和实施，制造业取得迅猛的发展。液压技术作为制造业中必不可少的环节得到了很大的发展和进步。同时，液压传动及其控制技术的应用范围也有了很大的扩展。

8.1 液压技术

8.1.1 液压系统的发展

根据机械装备的要求，液压系统需要按一定的条件对位置、速度、力等任意被控制对象进行控制，并且可以在合理的外部干扰下，稳定而准确地工作。液压系统的基本组成结构是液压系统能够顺利工作的保障。动力元件、执行元件、控制元件、辅助元件（附件）和工作介质是液压系统最基本的组成要素，如图 8.1 所示。

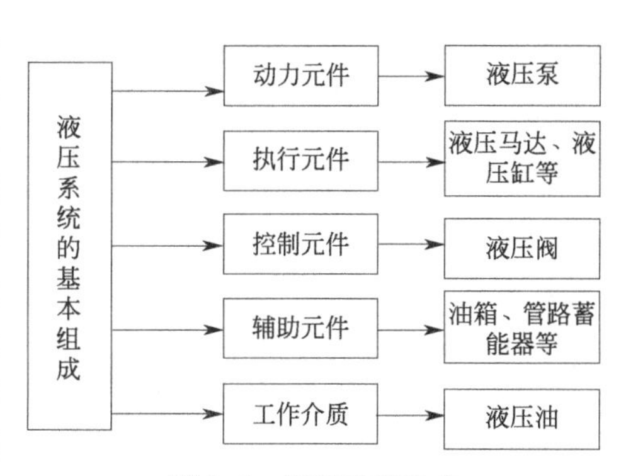

图 8.1　液压系统组成

伴随着制造业的崛起和液压技术的蓬勃发展，液压技术在各个领域中都得到应用。在运输行业中，船舶的操舵、飞机的伸缩支架、车辆的底盘抬升、车辆的转向系统、刹车系统等，它们的实现都依靠于各种液压系统，不但减小了各种操作动作的工作强度，还能够给人们带来一定的舒适性，从一定程度上使人们工作效率提高。在现代化国防建设上，各种大型装备都会有液压传动的身影，防空高射炮的自动瞄准跟踪动作、坦克炮塔的伺服瞄准动作、航母甲板的升降等，不胜枚举。在工程机械中，挖掘机的摆臂弯曲运动、建筑业中的升降机的升降运动、采矿机动作的驱动等，也都是依靠液压系统实现。在工业制造中，轧钢机的轧制动作、冲压机的冲压动作、剪板机的剪板动作、锻压机的锻造动作等，同样是由液压系统实现的。目前，在娱乐设施中也出现了液压系统的身影，例如高空飞翔机、游乐塔吊、雪地转转等。

8.1.2 液压伺服系统的发展

液压伺服系统是采用液压控制元件和液压执行元件，根据液压传动原理建立起来的伺服系统。液压伺服控制是复杂的液压控制方式，是一种闭环液压控制系统。

液压控制技术作为液压伺服系统的理论基础，既是液压技术的重要分支，同时也是自动化控制技术的重要分支。这是一项综合液压技术、控制理论、计算机技术、电子技术和仿真技术等的机电液一体化技术，充分体现出多学科多领域技术融合的发展过程。

早在第一次世界大战前，液压伺服系统作为操舵设备被应用于海洋舰艇上；在随后几十年的工业技术发展中，在军事航空领域中越来越多的具有快速响应、功率大、精度高的伺服控制系统被需求，这时液压伺服系统的优势突显出来了；因此，液压伺服系统受到特别地重视，这也推动了液压伺服系统的进一步发展。

20 世纪初期，随着轴向柱塞泵、弯轴式轴向泵、斜盘式轴向泵、轴向变量马达、径向液压马达等的相继问世，标志着液压控制技术发展到新的阶段；由于当时汽车工业中自动化生产线技术的发展和在两次世界大战中对大型军事装备技术的需求，使得高频响、高精度的液压元件和控制系统（主要以电液伺服系统为代表）应运而生，促进了液压伺服系统的进一步发展。

20 世纪 40 年代，用小型伺服电机操纵滑阀的液压伺服系统被应用到飞机上；随后超声速飞机的发展，对伺服控制反应的速度要求越来越高，特别是导弹控制，需电信号控制伺服机构快速反应，这也使得液压伺服系统加速发展。

20 世纪 50～60 年代，一些工业大国逐渐着手第二次世界大战后的重建工作，经济也逐渐得到恢复和发展，一系列的伺服阀陆续出现，如：单喷嘴两级伺服阀、双喷嘴两级伺服阀、两级射流管伺服阀和三级电反馈伺服阀等，推动了伺服阀技术飞速发展；20 世纪 50 年代初期，快速反应的永磁力矩马达出现，滑阀与力矩马达的组合，形成了现代液压伺服系统中的主要控制元件——电液伺服阀，这也大大地提高了电液转换的速度；20 世纪 60 年代以后，各种伺服阀的新结构相继出现，这使得液压伺服系统不仅在军事领域、航空航天领域和国防工业领域应用广泛，同时它在民用工业领域也受到广泛重视，如车辆工程、建筑、冶金、石油、锻铸等，且目前世界上备受瞩目的机器人技术也大量应用液压伺服系统。

同时，20 世纪也是控制理论与工程实践相结合的发展阶段，这为液压控制技术的进步提供了理论指导和技术支持，直到 20 世纪末期，微电子技术迅速发展，电子功率放大器、微处理器、传感技术与液压控制单元有机结合，机电一体化的产品性能不断提高，应用范围也扩大到机械工程的各个领域，液压伺服系统已然成为现代机械工程的必要组成要素和工程控制的关键之一；近几十年来，液压伺服技术逐步完善，计算机控制技术普及，电子技术和液压技术相结合，极大提高了液压伺服系统控制的功能和完成复杂控制的能力。

如今，21 世纪是一个网络化、信息化、知识化、全球化的新时代，人类追求与生态环境和谐友好相处的可持续生产生活方式，随着 IT 技术、人工智能技术、纳米技术、生命科学与生物技术的科技突破，液压伺服系统设计可实现全球协同化设计、多输入/多输出的复杂系统综合数字优化设计及生产制造过程的虚拟仿真设计，液压伺服系统将不再仅是机电一体化，同时也实现智能化、模块化、网络化。目前，液压伺服系统在机械和自动化领域均占有重要地位，凡是需要大功率、高精度、快速响应的控制系统，均已采用液压驱动伺服控制系统。因此，液压驱动伺服系统的研究与发展对国防工业和民用工业，我国实现现代化，赶超国际先进技术水平，完成“中国制造 2025”都有着非常重要的意义。

8.1.3 液压伺服系统的特点

液压伺服系统与一般的液压传动系统相比：

① 尽管同样有液压泵（能源）、液压马达或液压缸（执行元件）和控制元件，但液压伺服系统抗负载的刚度大，即输出位移受负载变化的影响小，定位准确，控制精度更高。

② 液压伺服系统是一个跟踪系统，被控对象能自动跟踪输入信号并随其变化而动作。

③ 液压伺服系统是一个信号放大系统，系统的输出信号功率是系统的输入信号功率的数倍甚至数千倍。

④ 液压伺服系统是一个负反馈闭环系统，被控制对象（或执行元件）产生的输出量（运动量）必须经检测反馈元件输回到比较元件，力图抵消使被控制对象（或执行元件）产生运动的输入信号，即力图使偏差信号减小到零，从而形成一个负反馈闭环系统。

⑤ 液压伺服系统是一个误差控制系统，执行元件的运动状态只取决于输入信号与反馈信号的偏差大小，而与其他无关。当偏差信号为零时，执行元件不动；当偏差信号为正（负）时，执行元件正（反）向运动；当偏差信号绝对值增大（减小）时，执行元件输出的力和速度增大（减小）。

液压伺服系统的优点：

① 液压执行机构的动作快，换向迅速。以液压伺服中的流量-速度的传递函数为例，其本身是一个固有频率很大的振荡环节，而且随着流量的加大和参数的最佳匹配可以使固有频率增大到和电液伺服阀的固有频率相同。电液伺服阀的固有频率一般在 100Hz 以上，因而液压执行机构的频率响应是很快的，而且易于高速启动、制动和换向。与机电系统执行机构相比，固有频率通常较高。

② 液压执行机构的体积和重量远小于相同功率的机电执行机构的体积和重量。因为随着功率的增加液压执行机构（如阀、液压缸或马达）的体积和重量的增加远比机电执行机构慢，这是因为前者主要靠增大液体流量和压力来增加功率，虽然动力机构的体积和重量也会因此增加一些，但却可以采用高强度和轻金属材料来减小体积和重量。

③ 液压执行机构传动平稳、抗干扰能力强，特别是低速性能好，而机电系统的传递平稳性较差，而且易受到电磁波等各种外干扰的影响。

④ 液压执行机构的调速范围广，功率增益高。

液压伺服系统的缺点：

① 液压信号传递速度慢、不易进行校正，而电信号则是按光速来传递信息的，而且易于综合和校正。但是电液伺服系统由于在功率级以前采用了电信号，因而不存在这一缺点，而且在某种意义讲这种系统具备了电、液两类伺服的优点。

② 液压伺服系统的结构复杂、加工精度高，因而成本高。

③ 液体的体积弹性模数随温度和混入油中的空气含量而变。当温度变化时对系统性能有显著影响。与此相反，温度对气体的体积弹性模数影响很小，因此对气动控制系统的工作性能影响不大。温度对液体的黏度影响很大，低温时摩擦损失增大；高温时泄漏增加，并容易产生气穴现象。

④ 漏油是液压系统的弱点，它不仅污染环境，而且容易引发火灾。液压油易受污染，并可造成执行机构堵塞。

8.2 液压伺服系统

8.2.1 液压控制系统

液压控制系统是以电机提供动力基础，使用液压泵将机械能转化为压力，推动液压油。通过控制各种阀门改变液压油的流向，从而推动液压缸做出不同行程、不同方向的动作，完成各种设备不同的动作需要。

开环液压控制和闭环液压控制是液压控制的两类基本控制方式。

（1）开环液压控制系统

1）用开关阀建构的开环液压控制系统

用开关阀建构的开环液压控制系统的框图及原理如图 8.2 所示。电磁换向阀的阀芯有三个工作位置，左位、中位和右位。可以控制油路的通断与切换。对每一个阀口油路来说，只有两种状态，即完全打开和完全关闭，所以电磁换向阀归类于电磁液压开关阀。

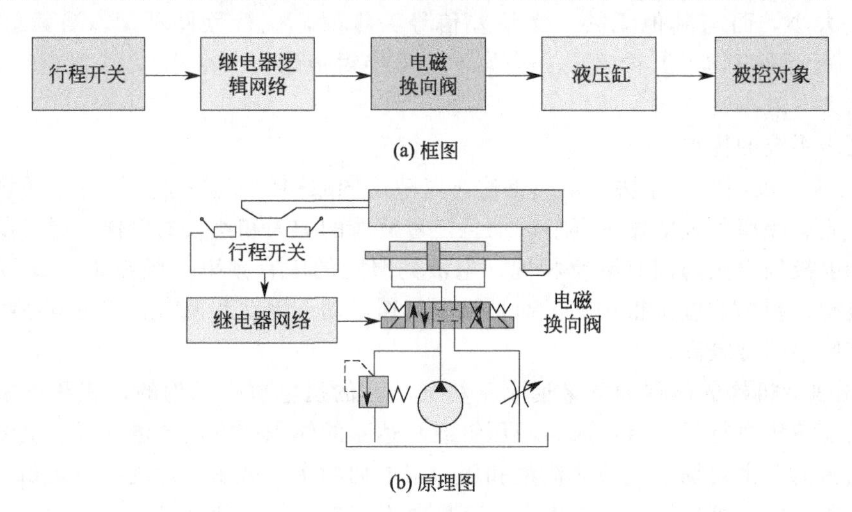

图 8.2　开关阀开环液压控制系统框图及原理图

2）用比例阀建构的液压控制系统

用比例阀建构的开环液压控制系统的框图及原理如图 8.3 所示。比例液压阀采用电信号控制阀芯进行渐变移动，从而控制阀口开度渐变变化，调节比例液压阀的压降和流量等，在一定程度上实现流量与控制信号间呈现比例变化。

（2）闭环液压控制系统

用伺服阀建构的闭环液压控制系统，其框图及原理如图 8.4 所示。闭环液压控制系统，不仅存在控制器对被控对象的前向控制作用，还存在被控对象对控制器的反馈作用。

电液伺服阀是高性能液压控制元件，具有很高的控制精度、很快的响应速度，不足的是电液伺服阀价格很高。

开环液压控制系统性能主要由所用液压元件的性能实现。开环系统精度取决于系统各个组成元件的精度，系统的响应特性直接与各个组成元件的响应特性有关；开环液压控制系统无法对外部干扰和内部参数变化引起的系统输出变化进行抑制或补偿；从系统设计方面看，开环液压控制系统结构简单，控制系统一定是稳定的，因此，系统分析、系统设计及系统安装等均相

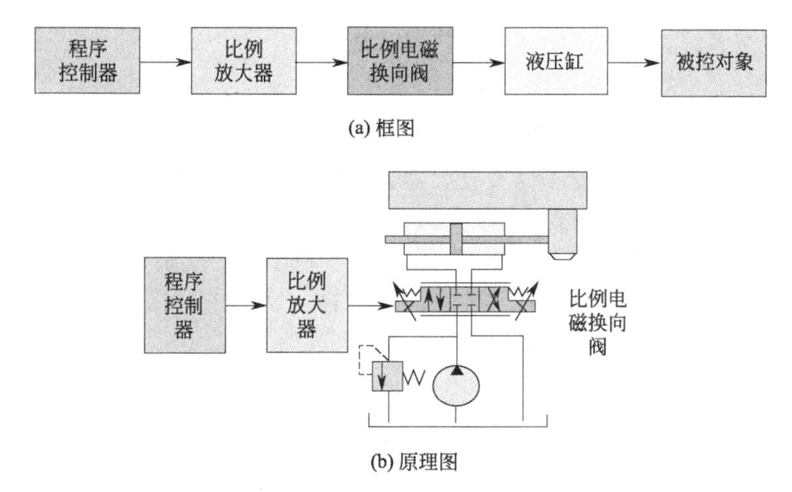

图 8.3　比例阀开环液压控制系统框图及原理图

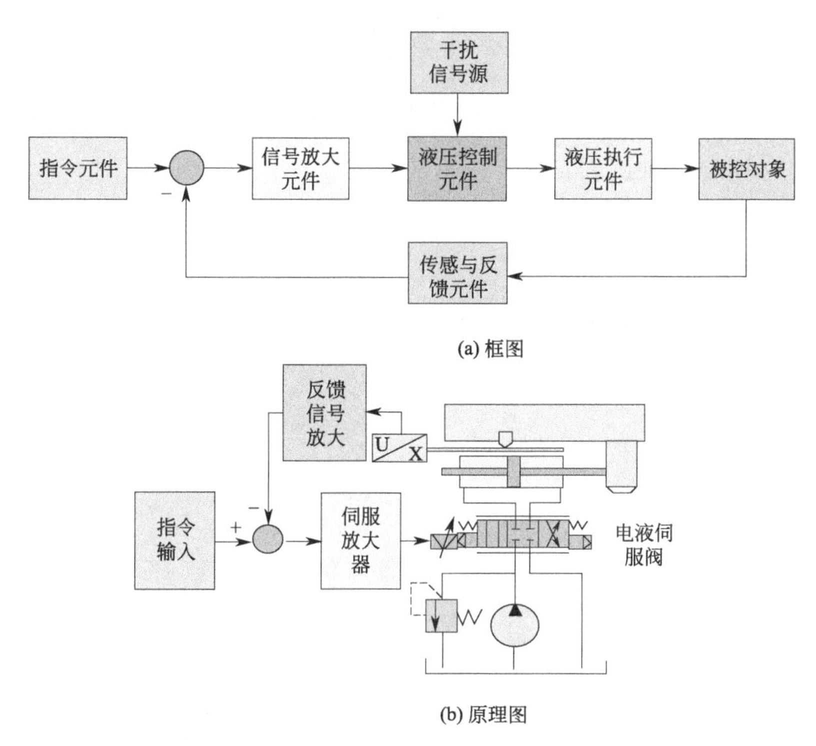

图 8.4　伺服阀闭环液压控制系统框图及原理图

对容易，而且还可以借鉴液压传动系统的分析与设计经验。开环液压控制系统与液压传动系统具有较多的共性，区别主要是侧重点有所不同。开环液压控制系统经常用于控制精度要求不高，外部环境干扰较小，内部参数变化不大，并且允许系统响应速度较慢的情况。

闭环液压控制系统经常采用电液伺服阀或直驱阀作控制元件，也称液压反馈控制系统，依据反馈作用原理工作。闭环液压控制系统结构形成闭环回路。闭环控制系统存在稳定性问题，控制精度与动态响应速度均需细致设计与调试，所以闭环系统分析、系统设计及系统调试等均较为烦琐。采用闭环控制（反馈控制）方式，用精度相对不高、抗干扰能力相对不强的液压元件有可能建构控制精度高和抗干扰能力强的控制系统，或者在现有液压元件性能的条件下，有可能利用闭环控制获取更好的控制系统性能及控制效果。

液压伺服控制系统，都属于闭环液压控制系统。

8.2.2 液压伺服系统的组成

液压伺服系统主要由控制器、伺服放大器、控制元件（如比例阀、伺服阀等）、执行机构（如液压缸、液压马达等）、被控对象（如控制系统负载）、反馈传感器及放大器、液压油源和其他辅助元件及设备组成，是一种机、电、液有机结合的复杂工业系统，其具体结构如图 8.5 所示。由于液压伺服系统具有尺寸小、重量轻、反应快及抗负载刚性大等明显优势，使得这一新兴技术快速发展且被广泛应用于各个领域。

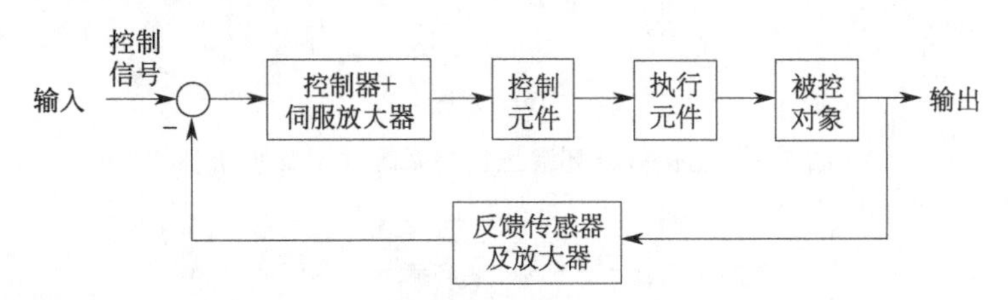

图 8.5　液压伺服系统结构框图

普通的液压伺服系统如图 8.6 所示。

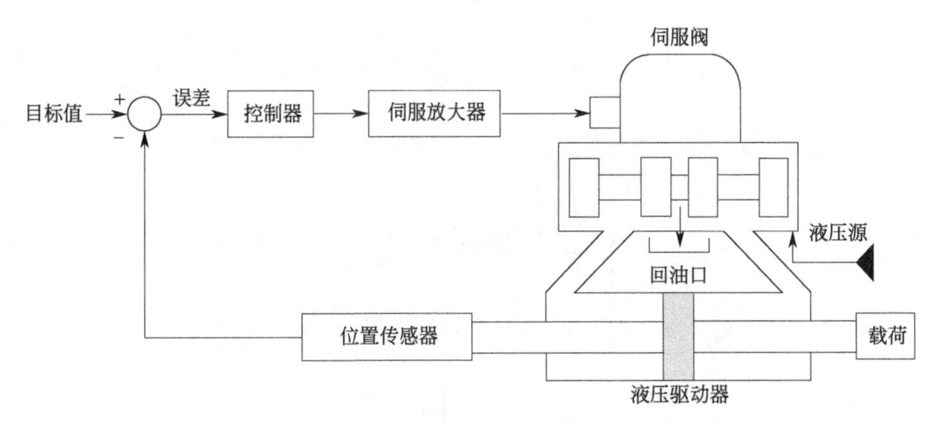

图 8.6　液压伺服系统

其工作原理为：液压泵将压力油供到伺服阀，给定位置指令值与位置传感器的实测值之差经过放大器放大后送到伺服阀。当信号输入伺服阀时，压力油被供到驱动器并驱动载荷。当反馈信号与输入指令值相同时，驱动器便停止工作。伺服阀在液压伺服系统中是不可缺少的一部分，它利用电信号实现液压系统的能量控制。在响应快、载荷大的伺服系统中往往采用液压驱动器，原因在于液压驱动器的输出功率与重量之比最大。

8.2.3 液压伺服系统的分类

（1）按照输出量的物理量纲分类

若按伺服系统输出量的物理量纲来分，液压伺服系统可分成位置系统、速度系统和施力系统。位置系统即指系统的输出量是机械位移或者是机械转角，每给定一个输入量即对应一个确定的位移或转角，如机床工作台的自动控制系统便是位置系统；速度系统即指其输出量为直线速度或角速度，每一个输入信号都对应一个确定的速度值；施力系统其输出量必然是力、力矩或者是压力，系统的输入量代表着确定的力、力矩或者压力。此外还有加速度系统、温度控制系统等，但在液压伺服系统中最主要的还是前述三类系统。

(2) 按照传递信息的介质分类

如果按照传递信息的介质来分，可将液压伺服系统分成电液伺服系统、机液伺服系统与气液伺服系统，它们的指令信号分别为电信号、机械信号和气压信号。电液伺服系统中的给定元件、传感器和综合机构都是由电子元器件组成的，并且在系统中部有电子放大器；而机液伺服系统的给定元件和传感器都是机械式的，其放大器通常是液压的；气液伺服系统用于防爆的环境或容易获得气压信号的场合。

(3) 按照给定量的数学模型分类

为了系统优化，也常常按照系统给定的输入函数的类型来划分液压伺服系统。伺服系统的输入函数是多种多样的，大体可分成阶跃、方波、斜坡、三角波、锯齿波、正弦波、脉冲和任意非直线型函数等八种。按此可将伺服系统分成保持型、正弦型和跟踪型三种。

(4) 按照液压控制元件或控制方式分类

可分为阀控系统（节流控制方式）和泵控系统（容积控制方式）。

进一步按照液压执行元件分类，阀控系统可分为阀控液压缸系统和阀控液压马达系统；泵控系统可分为泵控液压缸系统和泵控液压马达系统。

除上述分类方法外，根据回路内的信号传递方式，伺服系统可分成直流与交流液压伺服系统、模拟式与数字式液压伺服系统以及线性与非线性液压伺服系统等。

8.2.4 液压伺服系统的主要设备

(1) 液压缸

液压缸是将液压能转变为机械能的、做直线往复运动或摆动运动的液压执行元件。它结构简单，工作可靠。用液压缸来实现往复运动时，可免去减速装置，且没有传动间隙，运动平稳，因此在各种机械的液压系统中得到广泛应用。

1) 直线液压缸

用电磁阀控制的直线液压缸是最简单和最便宜的开环液压驱动装置。在直线液压缸的操作中，可以通过受控节流口调节流量，在机械部件到达运动终点时实现减速，使停止过程得到控制，如图 8.7 所示。

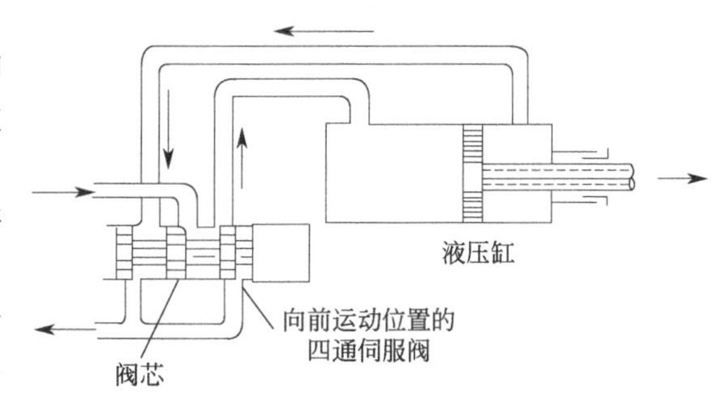

图 8.7　直线液压缸中阀的控制

无论是直线液压缸或旋转液压电机，它们的工作原理都是基于高压油对活塞或叶片的作用。液压油是经控制阀被送到液压缸的一端的，在开环系统中，阀是由电磁铁控制的；在闭环系统中，阀则是用电液伺服阀来控制的。

2) 液压马达

液压马达又称为旋转液压马达，是液压系统的旋转式执行元件，如图 8.8 所示。

旋转液压马达的壳体由铝合金制成，转子是钢制的。密封圈和防尘圈分别用来防止液压油的外泄和保护轴承。在电液阀的控制下，液压油经进油口进入，并作用于固定在转子的叶

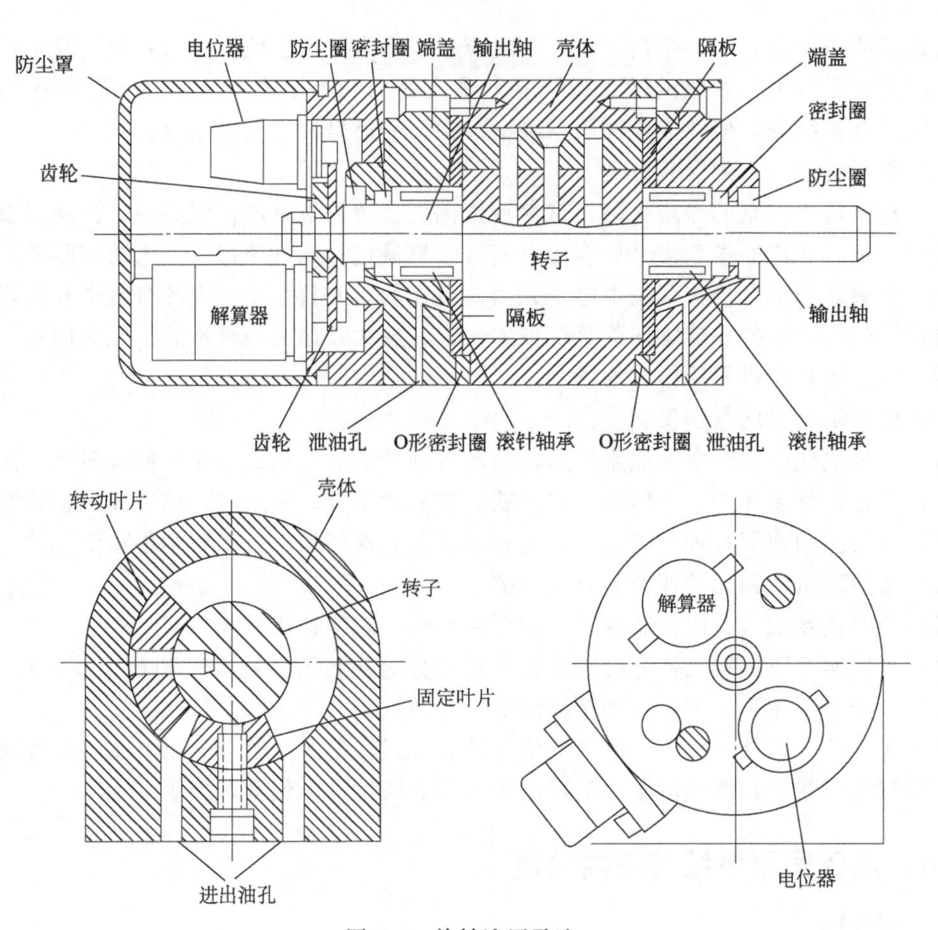

图 8.8 旋转液压马达

片上，使转子转动。隔板用来防止液压油短路。通过一对由消隙齿轮带动的电位器和一个解算器给出转子的位置信息。电位器给出粗略值，而精确位置由解算器测定。当然，液压马达整体的精度不会超过驱动电位器和解算器的齿轮系精度。

（2）液压阀

1）单向阀

单向阀只允许油液向某一方向流动，而反向截止，这种阀也称为止回阀，如图 8.9 所示。

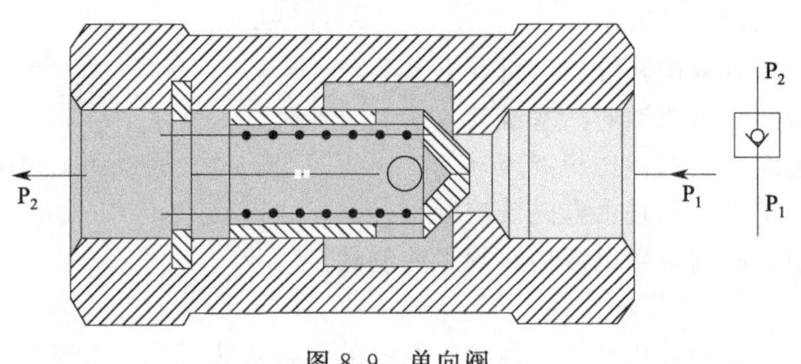

图 8.9 单向阀

对单向阀的主要性能要求为：油液通过时压力损失要小；反向截止密封性要好。压力油

从 P_1 进入，克服弹簧力推动阀芯，使油路接通，压力油从 P_2 流出；当压力油从反向进入时，油液压力和弹簧力将阀芯压紧在阀座上，油液不能通过。

2）换向阀

① 滑阀式换向阀。滑阀式换向阀是靠阀芯在阀体内做轴向运动，使相应油路接通或断开的换向阀。换向原理如图 8.10 所示。当阀芯处于图 8.10（a）所示位置时，P 与 B，A 与 T 相连，活塞向左运动；当阀芯处于图 8.10（b）所示位置时，P 与 A，B 与 T 相连，活塞向右运动。

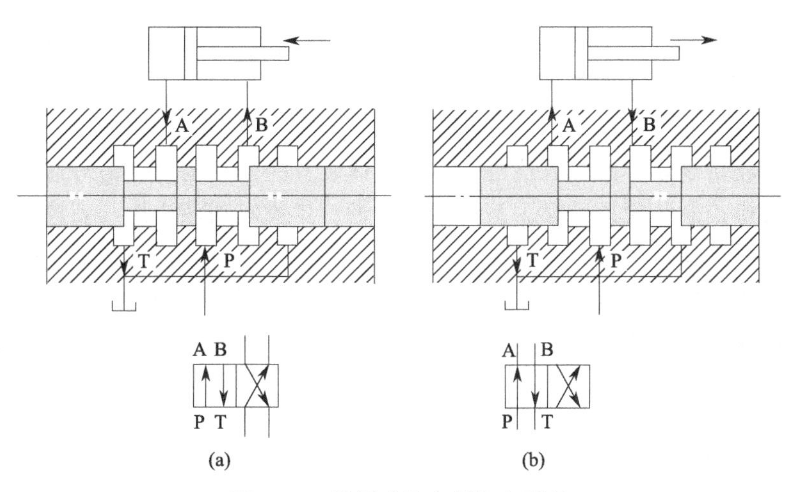

图 8.10 滑阀式换向阀换向原理

② 手动换向阀。手动换向阀用于手动换向。

③ 机动换向阀。机动换向阀用于机械运动中，作为限位装置限位换向，如图 8.11 所示。

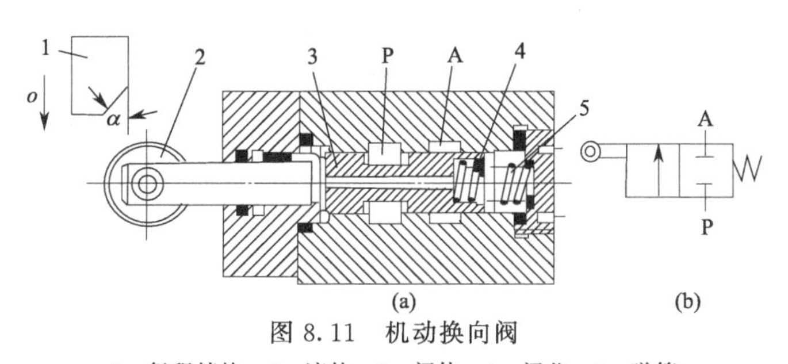

图 8.11 机动换向阀

1—行程挡块；2—滚轮；3—阀体；4—阀芯；5—弹簧

8.3 电液伺服系统

电液伺服技术不仅是液压技术中最重要和先进的一个发展方向，也是控制领域的重要组成部分。电液伺服系统中的控制元件不再单纯的是减压阀、节流阀、单向阀等被动控制元件，而是增加了检测反馈元件与比较元件，还有电液伺服阀、伺服液压泵等由电信号控制并能够接受系统中一些控制量反馈的主动控制元件。在这些元件的相互协调下，系统能够主动、敏捷及精准地跟踪指令信号变化。电液伺服系统一般在大负载、快速响应的工况下应用最为有优势，它已经广泛地应用在经济建设与军事工程的各个领域。

8.3.1 电液伺服系统的组成

电液伺服系统和普通液压伺服系统组成结构相同，一般由指令装置、比较装置、转换控制装置、液压执行装置、检测反馈装置、控制对象、液压油源组成，如图 8.12 所示。

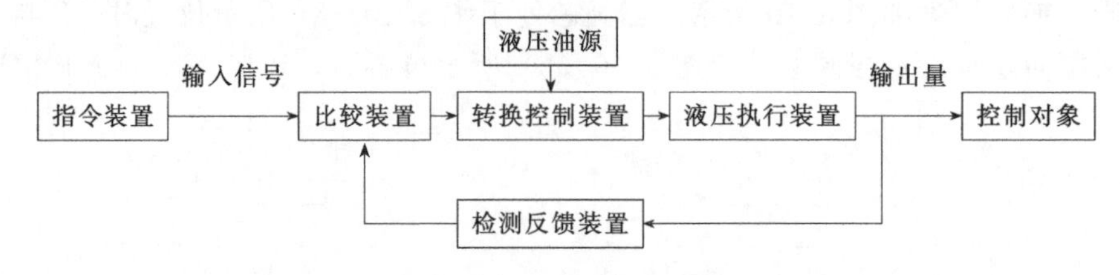

图 8.12 电液伺服系统构成

控制装置接收指令装置的输入信号和检测反馈装置的反馈信号，信号通过比较装置的处理后，传送到转换控制装置并转换为液压参量，进一步传递到液压执行装置，最后液压执行装置按照输入的液压参量驱动负载运动。

电液伺服系统通过电气传动方式，用电气信号输入系统来操作有关的液压驱动元件动作，控制液压执行元件，使其跟随输入信号而动作。在这类伺服系统中，电、液两部分都采用电液伺服阀作为转换元件。

8.3.2 电液伺服阀

电液伺服阀是电液联合控制的多级伺服元件，是电液伺服系统的关键部件。它能将微弱的电气输入信号放大成大功率的液压能量输出。电液伺服阀具有控制精度高和放大倍数大等优点，在液压控制系统中得到了广泛的应用。

如图 8.13 所示，电液伺服阀基本上可分为以下几个结构：力/力矩马达、液压放大器（先导级＋功率级）、反馈/平衡机构。

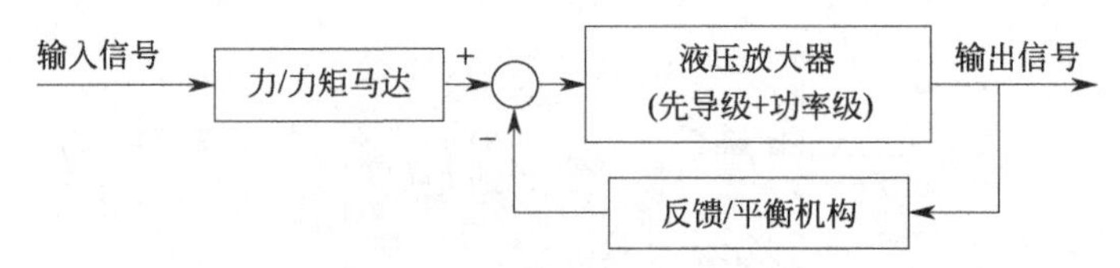

图 8.13 电液伺服阀基本构成

图 8.14 是一种典型的电液伺服阀工作原理图。它由电磁和液压两部分组成，电磁部分是一个力矩马达，液压部分是一个两级液压放大器。液压放大器的第一级是双喷嘴挡板阀，称前置放大级；第二级是四边滑阀，称功率放大级。

（1）力矩马达

如图 8.14 所示，力矩马达主要由一对永久磁铁 1、导磁体 2 和 4、衔铁 3、线圈 5 和内部悬置挡板 7 及弹簧管 6 等组成。永久磁铁把上下两块导磁体磁化成 N 极和 S 极，形成一个固定磁场。衔铁和挡板连在一起，由固定在阀座上的弹簧管支承，使之位于上下导磁体中间。挡板下端为一球头，嵌放在滑阀的中间凹槽内。

当线圈无电流通过时，力矩马达无力矩输出，挡板处于两喷嘴中间位置。当输入信号电流通过线圈时，衔铁 3 被磁化，如果通入的电流使衔铁左端为 N 极，右端为 S 极，则根据同性相斥、异性相吸的原理，衔铁向逆时针方向偏转。于是弹簧管弯曲变形，产生相应的反力矩，致使衔铁转过 θ 角便停下来。电流越大，θ 角就越大，两者成正比关系。这样，力矩马达就把输入的电信号转换为力矩输出。

(2) 液压放大器

力矩马达产生的力矩很小，无法操纵滑阀的启闭来产生控制大的液压功率。所以要在液压放大器中进行两级放大，即前置放大和功率放大。

前置放大级是一个双喷嘴挡板阀，它主要由挡板 7、喷嘴 8、固定节流孔 10 和滤油器 11 组成。液压油经滤油器和两个固定节流孔流到滑阀左、右两端油腔及两个喷嘴腔，由喷嘴喷出，经滑阀 9 的中部油腔流回油箱。力矩马达无信号输出时，挡板不动，左右两腔压力相等，滑阀 9 也不动。若力矩马达有信号输出，即挡板偏转，使两喷嘴与挡板之间的间隙不等，造成滑阀两端的压力不等，便推动阀芯移动。

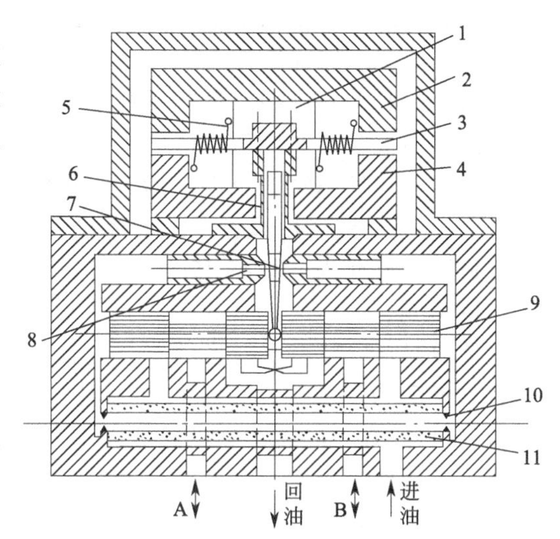

图 8.14 电液伺服阀的结构原理

1—永久磁铁；2，4—导磁体；3—衔铁；5—线圈；6—弹簧管；7—挡板；8—喷嘴；9—滑阀；10—节流孔；11—滤油器

功率放大级主要由滑阀 9 和挡板下部的反馈弹簧片组成。前置放大级有压差信号输出时，滑阀阀芯移动，传递动力的液压主油路即被接通（图 8.14 下方油口的通油情况）。因为滑阀位移后的开度是正比于力矩马达输入电流的，所以阀的输出流量也和输入电流成正比。输入电流反向时，输出流量也反向。

滑阀移动的同时，挡板下端的小球亦随同移动，使挡板弹簧片产生弹性反力，阻止滑阀继续移动；另一方面，挡板变形又使它在两喷嘴间的偏移量减小，从而实现了反馈。当滑阀上的液压作用力和挡板弹性反力平衡时，滑阀便保持在这一开度上不再移动。因这一最终位置是由挡板弹性反力的反馈作用而达到平衡的，故这种反馈是力反馈。

8.3.3 一种液压驱动上肢外骨骼机器人设计实例

外骨骼机器人，通常包括负重型外骨骼机器人和医疗康复型外骨骼机器人，是一种能穿在人身上，提供额外的动力的机械装备，可以跟随人体运动，并承担主要负荷，增强人体机能。在搬运、救灾、士兵负重行军、医疗等都具有广泛的应用前景。

8.3.3.1 上肢外骨骼机器人设计要求与方案

国防科学技术大学的邓明君等人设计了一款上肢外骨骼机器人，设计过程中充分考虑了人机一体化。

(1) 上肢外骨骼机器人设计要求

上肢外骨骼机器人在尺寸上适合一般成年人手臂尺寸，功能上既能作为医疗康复外骨骼机器人，人手臂能被动地跟随机器人，又能作为助力型机械使用，要求外骨骼机器人有较快的响应速度，能灵活跟随人体上肢的运动，穿戴者能够使用它轻松提起 30kg 的重物，并能完成将重物从原处移动至指定位置。这就要求液压驱动系统要有足够高的压力，外骨骼机器人机械结构有足够的强度能承担一定的负荷，尺寸上要求有可调节装置以适应不同手臂长度的穿戴者，并且要有足够的自由度来满足移动物体至目标处。

(2) 人体上肢运动机理分析

人体尺寸根据国家、地区、性别、年龄、民族和生活状况等的不同而有所差异。根据GB/T 10000—1988《中国成年人人体尺寸》中成年人的平均身高尺寸确定人体上肢尺度。确定人体平均尺寸为：身高 170cm，体重 60kg，大臂长 320mm，小臂长 240mm，掌心到腕关节 50mm。

人体单只手臂算上手指各关节总共具有 27 个自由度，在保证功能的条件下尽可能地简化自由度数量，这样可以减小机械结构的复杂程度，降低控制的难度，从而减少研发成本。人体上肢包括肩关节、上臂、肘关节和前臂的运动，设计上肢外骨骼只需考虑大小臂的运动，不考虑手指和手腕的运动，所以简化后外骨骼具有 4 个自由度。

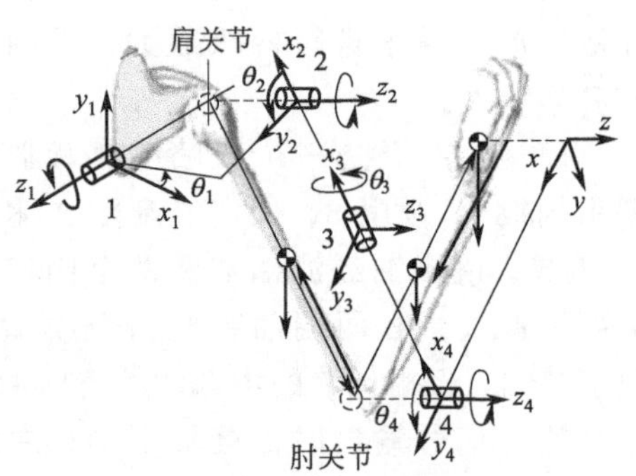

图 8.15　右臂上肢外骨骼自由度简化模型和空间坐标

如图 8.15 所示，实现 1 至 4 个自由度的转动就可以实现大小臂的各种运动动作，达到平移和上下移动重物的目标。如果要更加精确地操纵外骨骼，可添加更多的自由度，如手腕处可添加一个转动的自由度，这样就能控制末端执行器的角度，但自由度过多会增加结构的复杂性、增加机器人的重量、加大了控制的难度和提高了研发成本，所以在保证功能的前提下应尽可能简化自由度数目。图中四个自由度都是转动副，各转动副的转动范围参考表 8.1。

表 8.1　外骨骼各自由度转动范围

自由度	1	2	3	4
运动范围	0°～90°	90°～200°	0°～100°	0°～150°
$\Delta\theta_i$	90°	110°	100°	150°

(3) 上肢外骨骼机器人的基本组成

上肢外骨骼机器人主要由驱动装置、传动/执行装置、传感装置和控制装置四部分组成。驱动装置为安装在机器人上的执行器件提供动力，它是机器的动力来源；运动动力通过传动装置被传递给执行装置，实现运动形式和运动速度的转换；传感装置指各种传感器的组合，它由内部传感和外部传感组成，内部传感用来检测机器人的自身状态，如关节的位移、速度、倾斜这些几何量、运动量、物理量，外部传感用来检测人体上肢的动态信号；控制装置分为硬件部分和软件部分，硬件有计算机、数据采集卡、各种转换电路等，是外骨骼控制的基础，软件是外骨骼控制的核心，开发者根据不同的运动目标开发不同的软件，在软件的编写中可体现不同的控制方法和思路。

(4) 上肢外骨骼机器人设计方案

1) 驱动装置

结合项目对外骨骼机器人能提起 30kg 重物的设计要求，采用液压驱动方式最符合实际情况。

2) 传动装置

人体肌肉属于单向驱动元件，采用钢丝绳传动遵循了外骨骼设计的拟人化设计原则，用钢丝绳模仿人手臂的肌肉纤维。

3）传感装置

项目所研究的上肢外骨骼机器人要求既能作为康复用途的医疗型外骨骼机器人，又能当作增强人体机能、放大人体力量的助力型外骨骼机器人。为了实现这两种功能，要求在控制策略上既要做到位置闭环控制，又要做到力闭环控制，这就需要测量外骨骼的当前位置和受到人体施加力的大小，需要用到位移传感器和力传感器。位置传感系统采用两种方案：一种为直接用电位计测量各个关节的转动角度，一种为采用直线位移传感器测量液压缸活塞杆的伸长量。为确保测量的稳定性，在设计上将这两个方案一起设计在机器人上。项目使用的位移传感器有：天津 novotechnik 公司生产的 P4500 系列角度传感器和 MEAS M12-50 直线位移传感器，如图 8.16 所示。

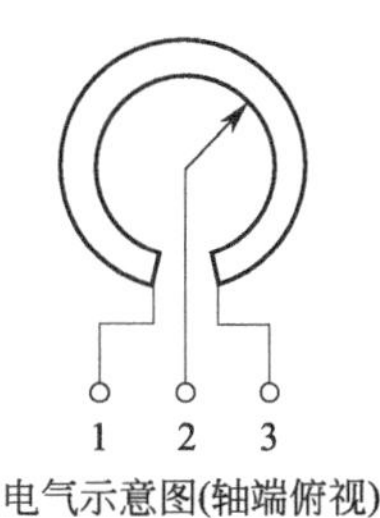

(a) P4500角度传感器及电器示意图

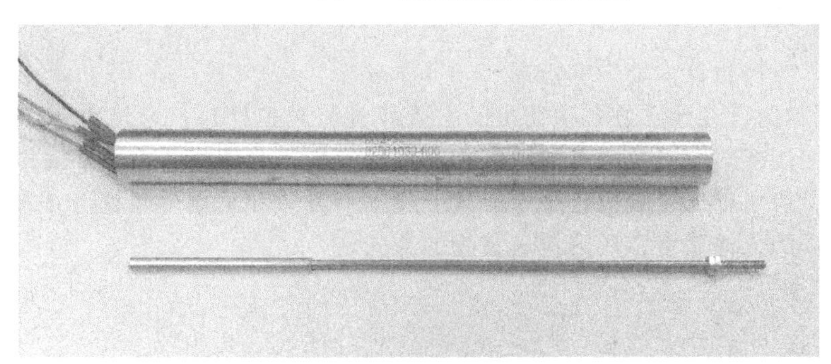

(b) MEAS M12-50直线位移传感器

图 8.16　位移传感器

力传感系统要求能准确实时测量手柄处相互正交的三方向的力，应首选三维力传感器，但三维力传感器价格昂贵，为了节约成本选用一维拉压力传感器，将三个这样的传感器正交安装或各自安装在外骨骼受力最明显的位置。机器人力传感器选用的是钛合电子设备有限公司的 PPM232-XT-3 微型拉压力传感器，如图 8.17 所示。

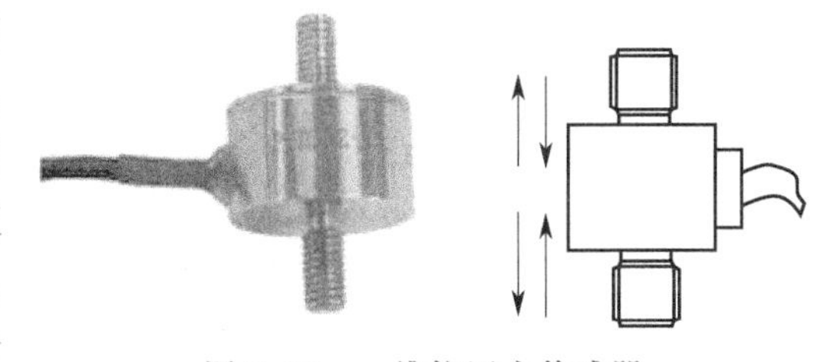

图 8.17　一维拉压力传感器

8.3.3.2　上肢外骨骼机器人结构设计与分析

（1）上肢外骨骼机器人机械结构设计

上肢外骨骼机器人（简称外骨骼）尺寸上要求能够适应不同身材的人体穿戴。项目设计的外骨骼系统具有以下部分组成：动力源、机械本体、执行器、作动器、传感器和控制电路。动力源采用液压泵，作动器为特殊定制的液压缸。上肢外骨骼机器人的整体结构如图 8.18 所示，其由大臂、小臂和手柄部分组成，具有肩关节、肘关节，其中肩关节和肘关节各有两个自由度。

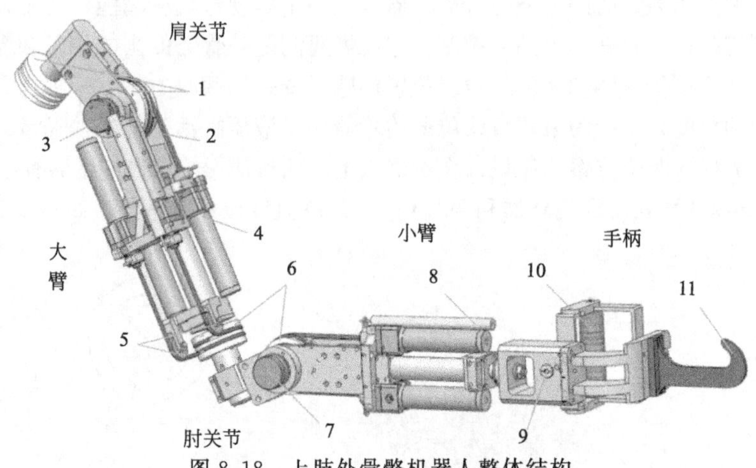

图 8.18 上肢外骨骼机器人整体结构

1—肩关节钢丝绳绕轮；2—钢丝绳；3—肩关节角度传感器；4—单向液压缸；5—导向惰轮；6—肘关节钢丝绳绕轮；7—肘关节角度传感器；8—直线位移传感器；9—拉压力传感器；10—手柄握把；11—重物挂钩

(2) 上肢外骨骼机器人动力学仿真

图 8.19 所示为已经建立好各项约束的上肢外骨骼虚拟样机，通过对各个液压缸活塞杆平移运动副的控制或对末端执行器的轨迹控制即可实现外骨骼机器人手臂虚拟样机的各种动作。分别对外骨骼机器人手臂以正平举方式、侧平举方式和垂直举起重物方式进行动力学仿真，这三种动作为人体手臂常用的提起重物的方式。

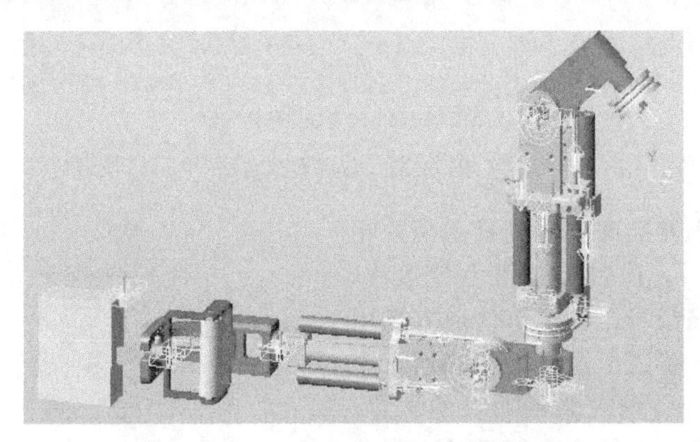

图 8.19 上肢外骨骼机器人虚拟样机

如图 8.20 所示，黑色方块为质量 30kg 的重物，将质量块固连在起重钩处，设定负重过程为匀速过程。图 8.21 中粗黑线为搬运重物的轨迹。通过仿真得到每个关节处主动液压缸的驱动力。

图 8.21 中 A、B、C、D 点反映了以各种方式负重过程中的危险时刻点，在这几个时刻，对应关节主动液压缸驱动力最大，钢丝绳受到的拉力最大。从图中可以看出，穿戴者在操纵外骨骼机器人进行负重作业时，抬举重物的姿势很重要，对于重量较大的物体应采取缩

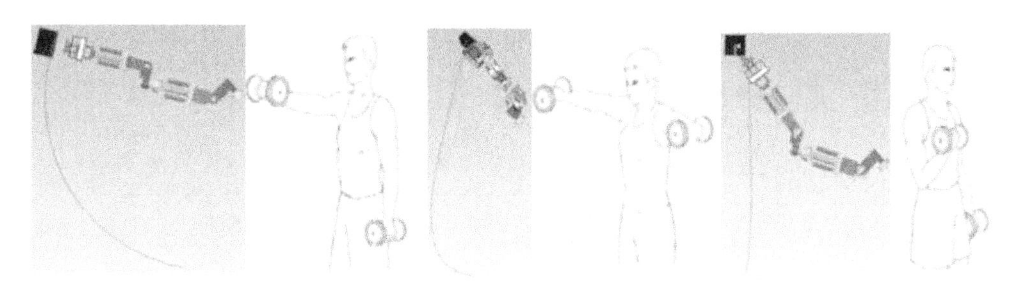

(a) 正平举　　(b) 侧平举　　(c) 垂直举起

图 8.20　外骨骼机器人搬起重物仿真

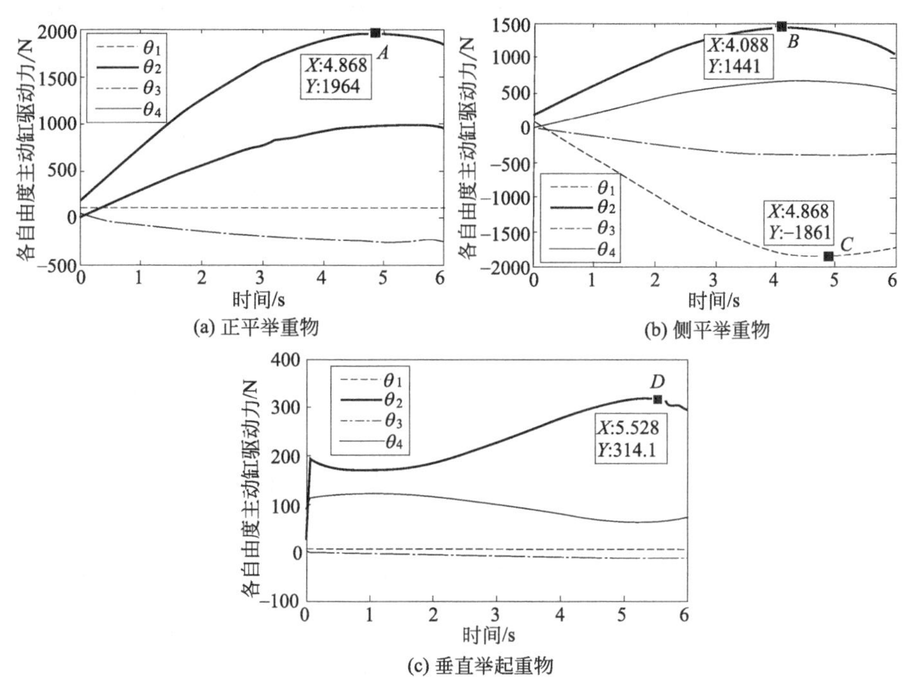

(a) 正平举重物　　(b) 侧平举重物

(c) 垂直举起重物

图 8.21　负重时各主动液压缸驱动力

小力臂的姿势抬举。

由图 8.21 还可以看到，即使是 A、B、C、D 这几个危险时刻点，相应的钢丝绳受到的最大拉力也不超过 2000N，可以查到使用公称直径为 5mm 的钢丝绳最小破断拉力为 11200N，这说明设计的外骨骼机器人负重能力已经超过 30kg，若在液压系统压力足够的情况下，使用公称直径更大的钢丝绳，将更能加强外骨骼机器人的负重能力。动力学仿真结果验证了该外骨骼机器人达到了指定的性能指标。

8.3.3.3　上肢外骨骼机器人液压系统设计与分析

（1）液压系统原理设计

液压系统在整个外骨骼控制系统中属于底层控制系统，外骨骼机器人通过传感系统将人体手臂的位置、速度、加速度、力等信息实时采集回计算机，通过计算机控制算法生成控制量，控制量通过数据采集与输出系统传输到伺服阀，通过伺服阀的开口大小调节来控制液压缸活塞杆的位置和速度，如图 8.22 所示。

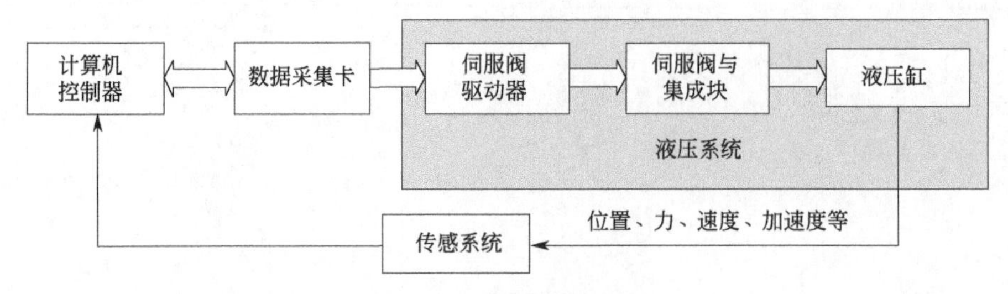

图 8.22　控制系统结构

项目设计的上肢外骨骼机器人具有 4 个自由度，由于采用的是单项液压缸，所以需要 8 个液压缸，为了减小体积和质量，拟采用单泵源多作动器结构。根据设计要求拟定液压系统回路图，如图 8.23 所示。

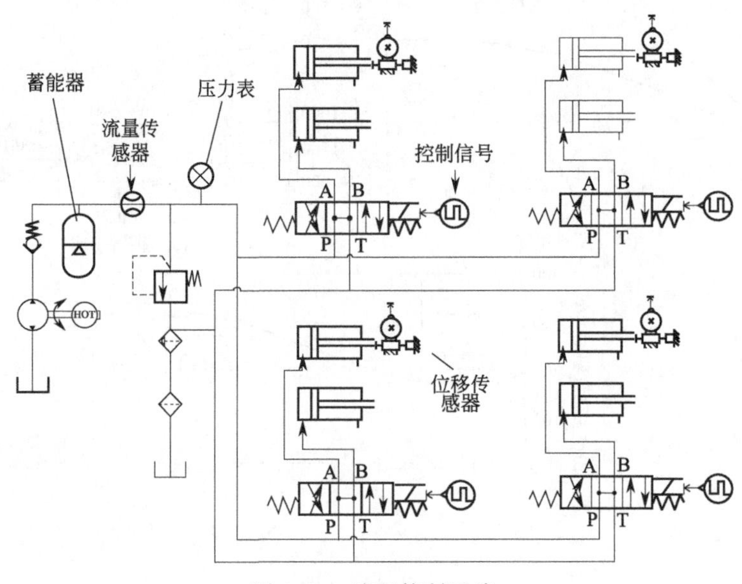

图 8.23　液压控制回路

(2) 液压元件选取及设计

1) 液压缸设计

本设计选用单作用液压缸，采用钢丝绳传动方式。将钢丝绳与活塞杆连接起来有多种方法，如焊接、螺纹连接等。考虑到钢丝绳既要承受很大的拉力，又要能够方便拆装，所以在设计液压缸时将活塞杆做成中空设计，这样钢丝绳能顺畅地穿过活塞杆，然后在钢丝绳端部焊上挡圈。在外骨骼工作时需要用位移传感器测量活塞杆的伸长量，所以设计上将位移传感器与液压缸设计成一体，图 8.24 为液压缸示意图。位移传感器固定在缸筒上，传感器的芯体杆通过防扭座与活塞杆连接，防扭座内安装有轴承，这样可以防止活塞杆在运动时自身旋转造成芯体杆的弯曲。

2) 泵站

项目初期目标不考虑外骨骼机器人的能源携带问题，所以暂时选用外置式驱动源，选用德州东泰液压机具有限公司生产的 DSS2.0 6B 电动油泵站，如图 8.25 所示。

3) 伺服阀

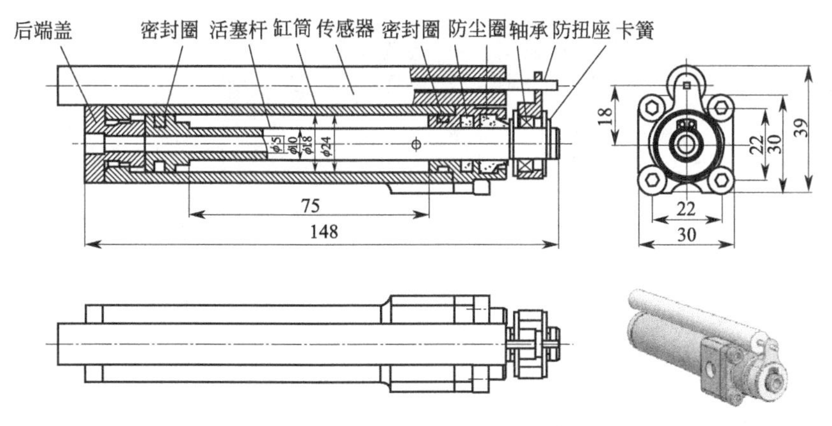

图 8.24　单作用液压缸结构示意图

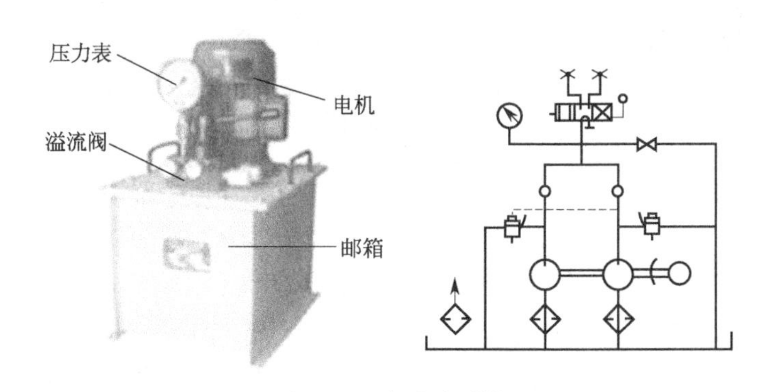

图 8.25　电动油泵站

根据外骨骼工作特点选取 WLWE006B 型电液伺服阀，如图 8.26 所示。

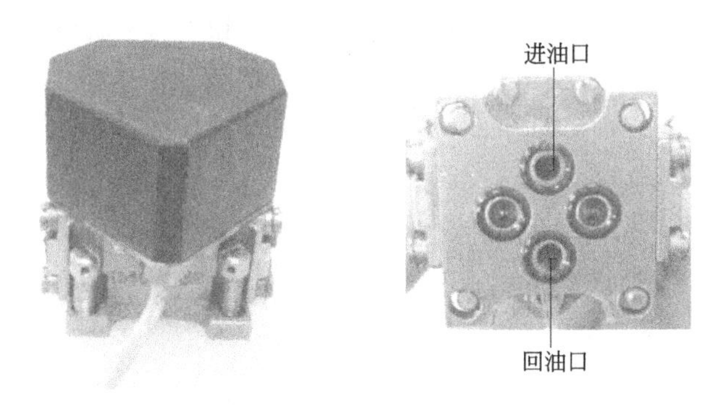

图 8.26　电液伺服阀与底面视图

4）液压集成块设计

集成块是液压油路的枢纽，需要安装 4 个电液伺服阀在集成块上，液压集成块与伺服阀的安装如图 8.27 所示。上肢外骨骼机器人共有 8 个液压缸，对应图中 1～8 个油口，其中 1 和 2 油口、3 和 4 油口、5 和 6 油口、7 和 8 油口分别对应 1～4 个自由度上的液压缸。该集成块体积小巧，重量轻，油路集成度高，方便拆装，可装在外骨骼机器人上随身携带。

5）管路的选择

选用橡胶软管，橡胶管强度好、变形小、抗腐蚀性好，如图 8.28 所示。

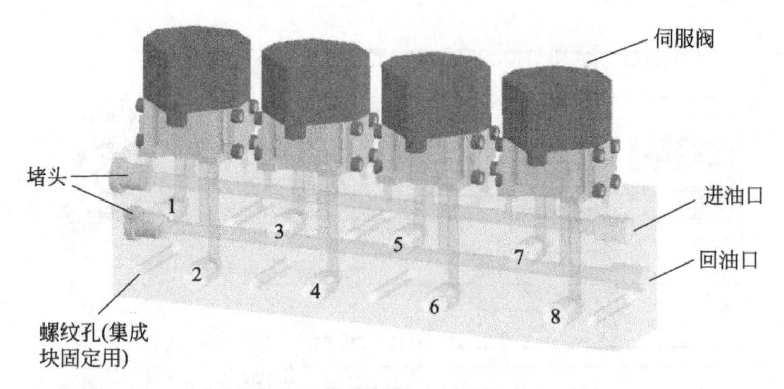

图 8.27 液压集成块与伺服阀的安装

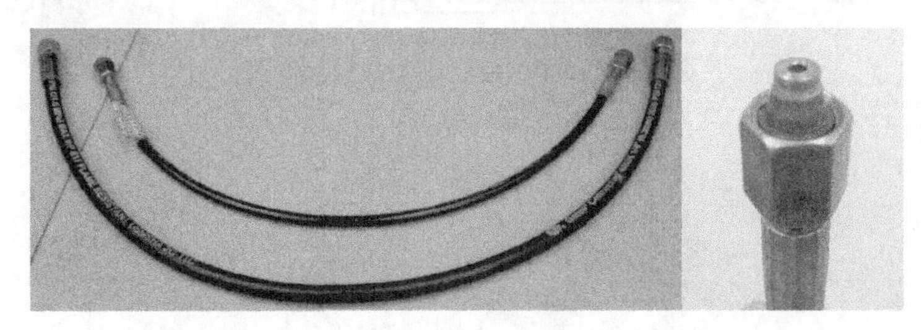
图 8.28 Gates 公司生产的液压油管和管接头

8.3.3.4 上肢外骨骼机器人样机研制与试验

（1）上肢外骨骼机器人样机及其试验系统

图 8.29 为上肢外骨骼机器人样机及其试验系统，其基本构成为机械系统、液压系统和控制系统。在考虑到能实现基本功能的前提下尽量节约成本和简化控制的难度，在加工装配外骨骼机器人时省略了第一个自由度，即样机现有三个自由度，省去肩关节左右摆动的自由度，然而现有的三个自由度完全可以满足对重物的上下和左右平移移动的要求，因此在此特别声明。外骨骼机器人基座固定在试验台上，机器人机械结构大部分零件材料为 45 钢，为减轻重量，可选用铝合金作为机身零件材料，关键受力零件选择 45 钢材料。图 8.30 为试验系统各部分组成的连接示意图。

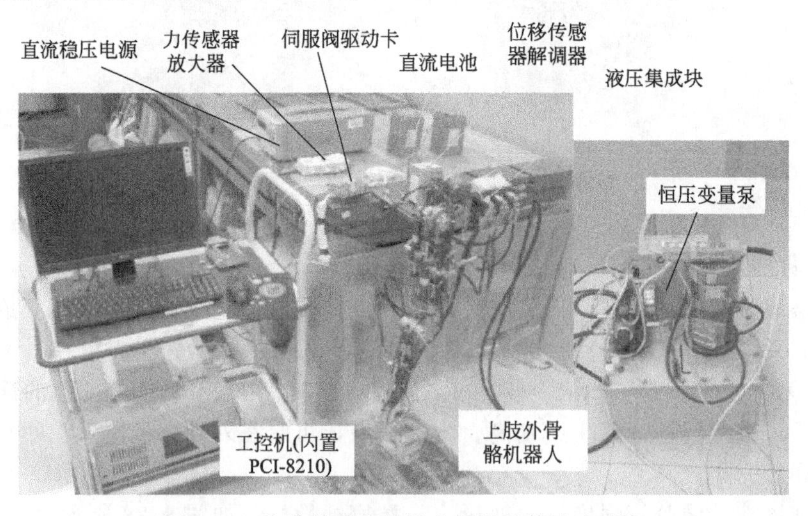

图 8.29 上肢外骨骼机器人样机及其试验系统

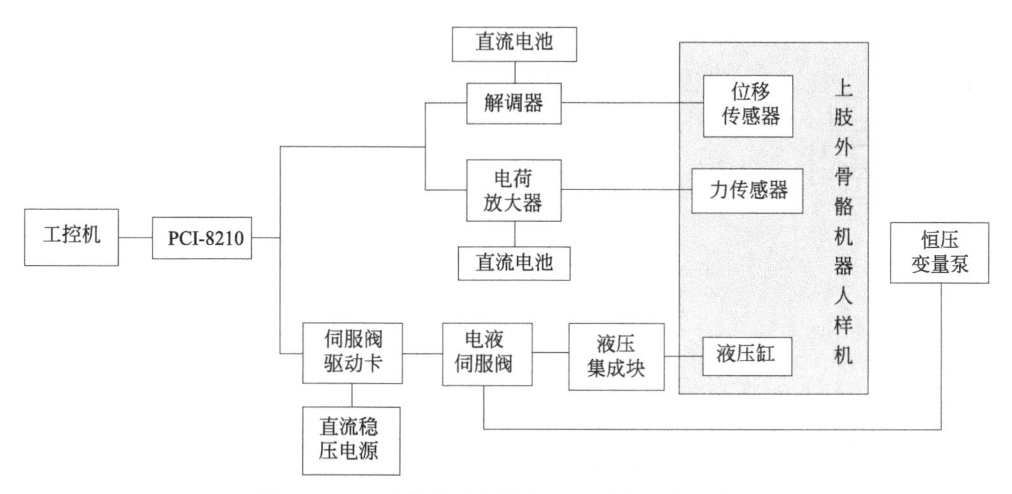

图 8.30　上肢外骨骼机器人试验系统连接示意图

上肢外骨骼机器人样机的钢丝绳端部固定和液压缸安装细节如图 8.31 所示。

图 8.31　上肢外骨骼机器人样机细节展示

钢丝绳末端通过限位塞固定在绕轮上，为了保险起见，端部焊上不锈钢挡圈，这样钢丝绳就牢牢地固定在绕轮上了。液压缸通过 4 颗螺钉固定在液压缸安装块上，钢丝绳穿过中空的活塞杆，另一头同样焊上不锈钢挡圈。这种安装方式虽然稳定可靠、相对安全，但钢丝绳两端都焊有挡圈，如要更换钢丝绳必须将其剪断，给维修带来不便。

（2）上肢外骨骼机器人控制原理及其硬件组成

1）位置伺服控制原理

图 8.32 为外骨骼位置伺服控制原理，其核心为位置闭环负反馈，采集卡实时检测各关节位置信息，经过 A/D 转换成数字量；经过滤波处理后把该数字量与目标控制量的差值作为 PID 控制器的输入，控制器计算出这一时刻的输出量经过 D/A 转换成模拟量即电压信号，伺服阀驱动卡把电压信号转换成电流信号传输给伺服阀来控制阀口的开度；这时液压缸运动到一个新的位置，位置信号再次反馈到控制器以计算出下一个控制量；直到达到目标位置后，控制量输出为零，外骨骼才停止运动。位置伺服控制 PID 控制器的原理框图如图 8.33 所示。

2）力伺服控制原理

助力型外骨骼的控制原理类似于飞机的线性传导控制，项目研究的外骨骼机器人在手柄处设置了力传感器以感知人手对机器人施加力的大小和方向，当穿戴者移动肢体想要做某一动作时，凡是受力的传感器立即通知工控机，然后由工控机高速计算外骨骼机器人应采取何

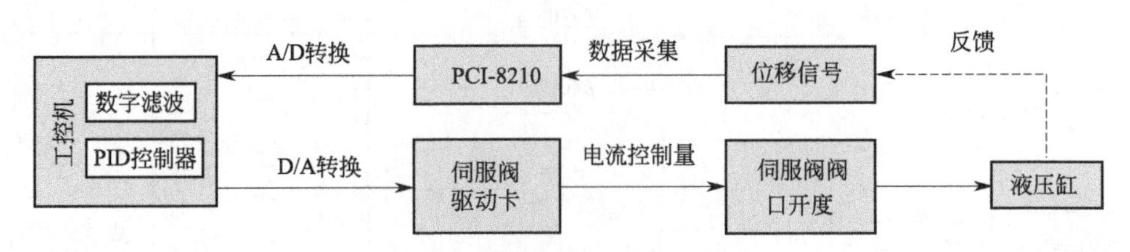

图 8.32　位置伺服控制原理框图

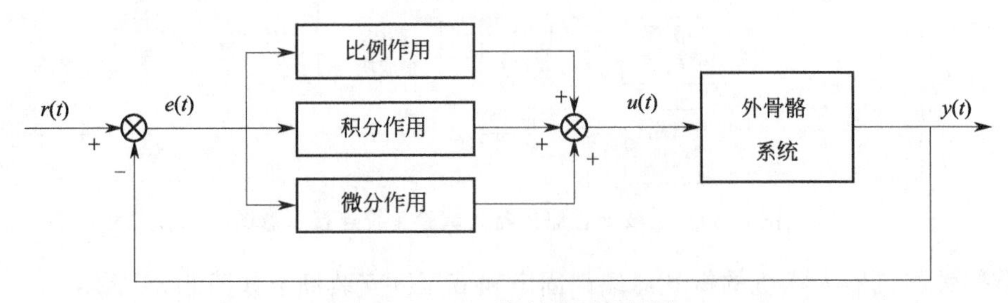

图 8.33　PID 控制器原理框图

种动作来帮助使用者。依据计算结果，工控机指示恰当位置的液压元件移动活塞，活塞拉动缆线，外骨骼就动起来了。力反馈伺服控制的核心思想是：当人体手臂以某种方式移动外骨骼时，将力传感器所受到的来自人体的力量减至最小，如图 8.34。因为外骨骼代替使用者承担负载，所以使用者刚一开始出力就“立即”获得帮助而不必出力，于是相关位置的力传感器就不会继续受到人体施加的力。就传感器而言，其每秒必须检测受力状况成百到数千次不等，并传输到工控机。工控机必须立即完成运算，并下达指令到相关的液压元件完成动作，上述过程如果不够迅速，使用者就会感觉受到像在水中行走那样的阻力以及动作明显落后于意念的不适应感。

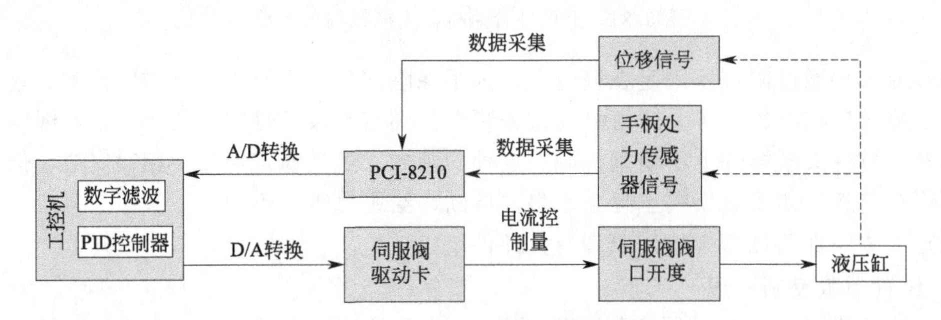

图 8.34　力反馈伺服控制原理框图

力伺服控制本质上为力消除控制，即消除人体对外骨骼施加的力，外骨骼上安装力传感器的位置有很多，项目将力传感器分布在手柄上，只要握住手柄外骨骼就能测得手臂对外骨骼施加力的方向和大小，而不像其他外骨骼一样需要将整只手臂与外骨骼绑定起来。通常力传感器的维度要等于外骨骼的自由度数量。力控制的关键部件 PID 控制器原理与位置控制一样，只是控制器的输入量和反馈量变化了。

3）上肢外骨骼机器人硬件组成

在项目建立的试验系统中，硬件系统包括：工控机、数据采集卡、伺服阀驱动卡、位移传感器解调器、力传感器电荷放大器等。

① 数据采集卡。数据采集卡选用 PCI-8210，如图 8.35 所示。

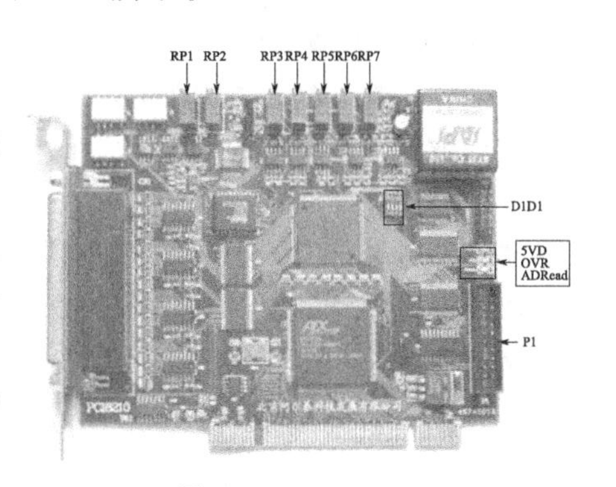

图 8.35　PCI-8210

② 位移传感器解调器。位移传感器解调器的功能为对传感器反馈的信号进行范围、幅值、零点的调节，如图 8.36 所示，解调器上方有三个微调旋钮，即 SPAN、PHASE、ZERO，分别调节范围、相角和零点。一个位移传感器对应一个解调器，在使用位移传感器测量位置信息之前，需要对每一个位移传感器进行标定。

③ 伺服阀驱动卡。经过 D/A 转换后从 PCI-8210 输出的控制信号为电压信号，而伺服阀使用的为 0～10mA 的电流信号，因此伺服阀驱动卡的功能为将电压控制信号成比例地转换成 0～10mA 的电流输给伺服阀。如图 8.37 所示，驱动卡具有 1～4 个通道，可同时驱动四个伺服阀，上方为供电插槽，供电电压为－15～15V，考虑到 PCI-8210 采集卡的输出量程，将伺服阀驱动卡的输入电压定为－5～5V，则－5V 的输入对应 0mA 的输出，5V 对应 10mA 输出。

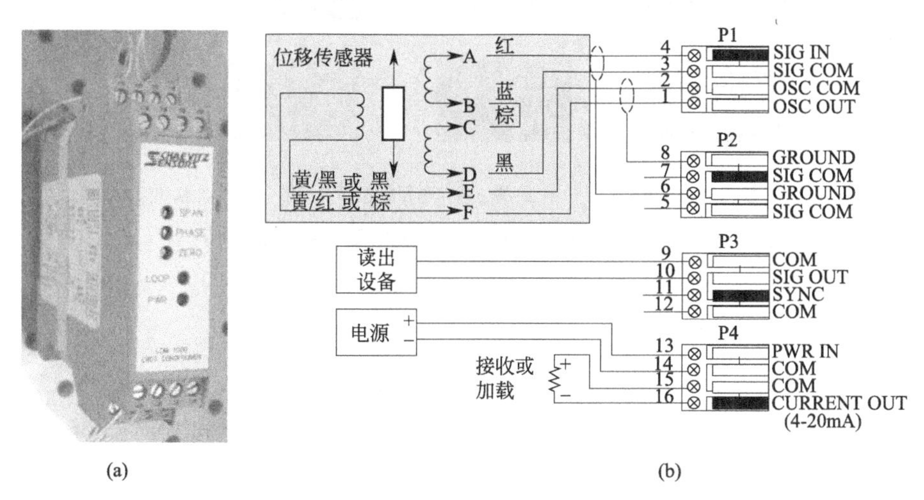

图 8.36　位移传感器解调器及其接线图

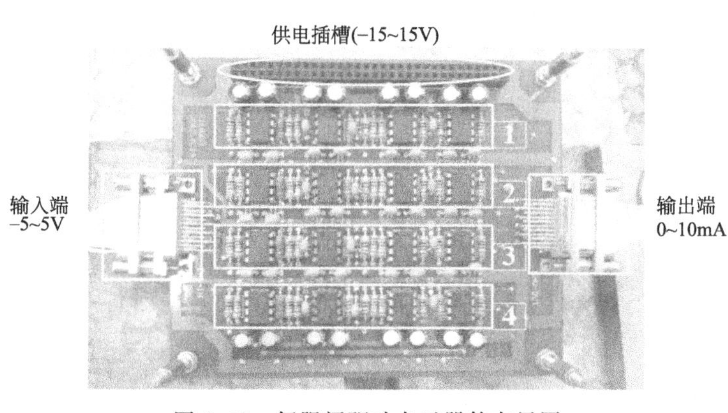

图 8.37　伺服阀驱动卡元器件布局图

(3) 上肢外骨骼机器人控制软件

1) 位置伺服控制软件

软件界面和各插件功能如图 8.38 所示，程序启动后，三个关节控制界面的工作指示为黑色，当依次单击“数据采集”和“PID 工作”按钮后，PCI 采集卡和 PID 控制器开始工作，三个工作指示灯显示为绿色。在目标位移值设置区里显示的是三个关节的初始位置，程序启动时外骨骼机器人会立即恢复到该初始姿态，然后可以修改这三个值以改变外骨骼的姿态。PID 参数设置区可实时修改控制器参数，调节系统的动态性能。该软件的控制思路流程图如图 8.39 所示。

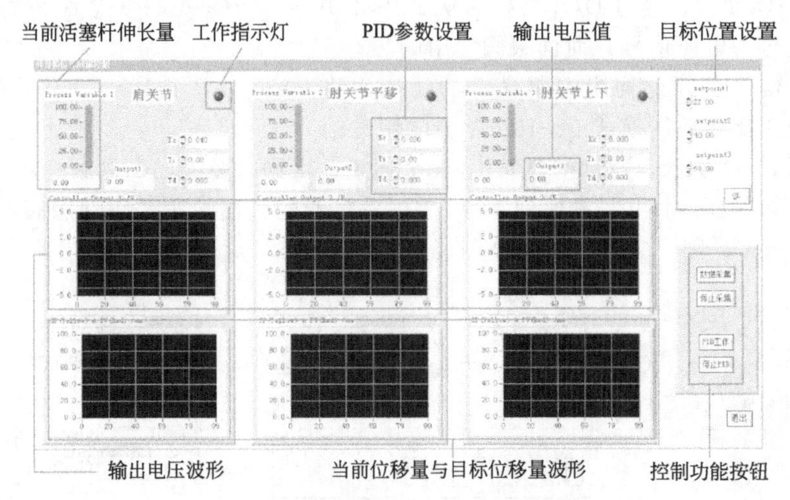

图 8.38　上肢外骨骼机器人位置伺服控制软件界面

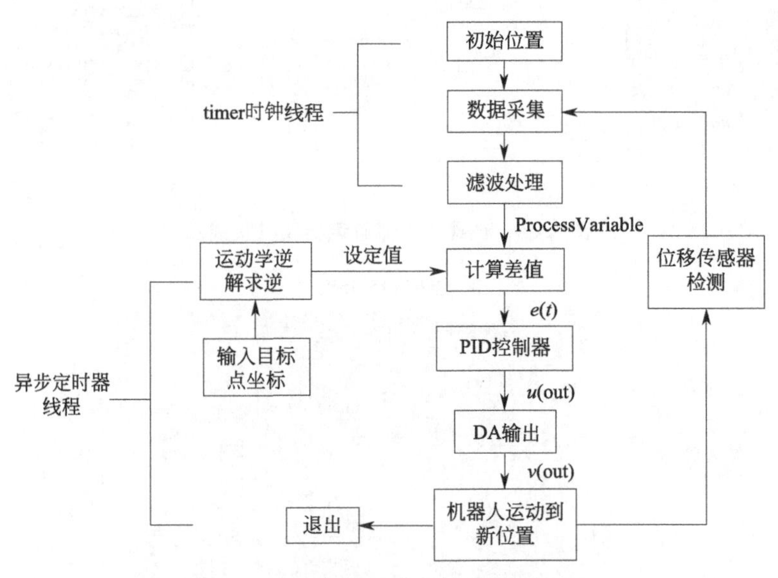

图 8.39　位置伺服控制软件流程框图

2) 力伺服控制软件

力反馈控制软件界面如图 8.40 所示，将各个关节的控制和显示界面横向排列，从上到下依次为肩关节、肘关节（平移）和肘关节（上下）运动的控制界面，将力信号的目标值与实际值以数字量和波形图的方式显示出来，右上方为控制功能按钮。

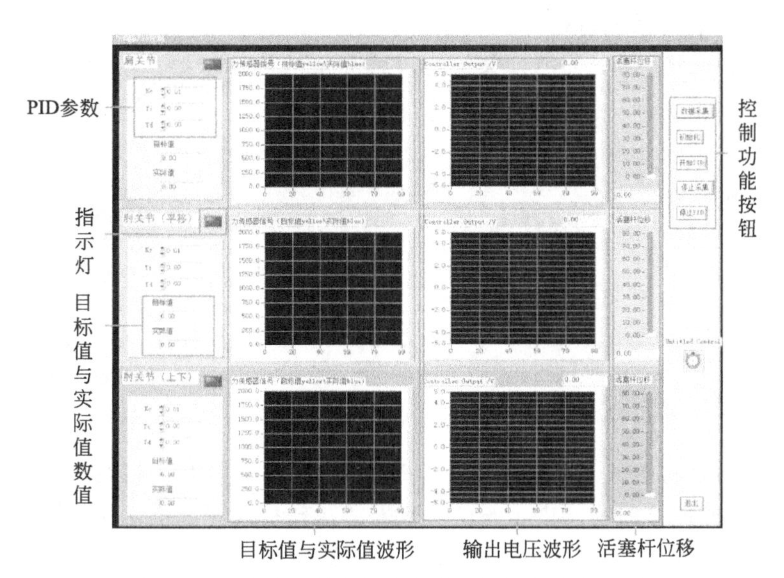

图 8.40　上肢外骨骼机器人力反馈控制软件界面

该软件的控制思路流程图如图 8.41 所示。与位置伺服控制软件一样，程序内采用 timer 时钟线程和异步定时器线程两种循环方式，两者时间间隔同样设为 0.01s。程序中的初始化功能相当于位置伺服控制软件中的输入目标位置坐标，位置控制中，输入目标位置坐标经计算可得到各个液压缸的目标位移。采用力伺服控制软件，当点击“初始化”按钮后，程序将采集到的力传感器反馈电压值赋给 PID 控制器的目标值，该值就是力传感器安装时产生的预紧力大小。程序中测量位置信号只作为显示用，当显示位置量接近极限值时，应停止给外骨骼机器人施加力，防止发生危险事故。

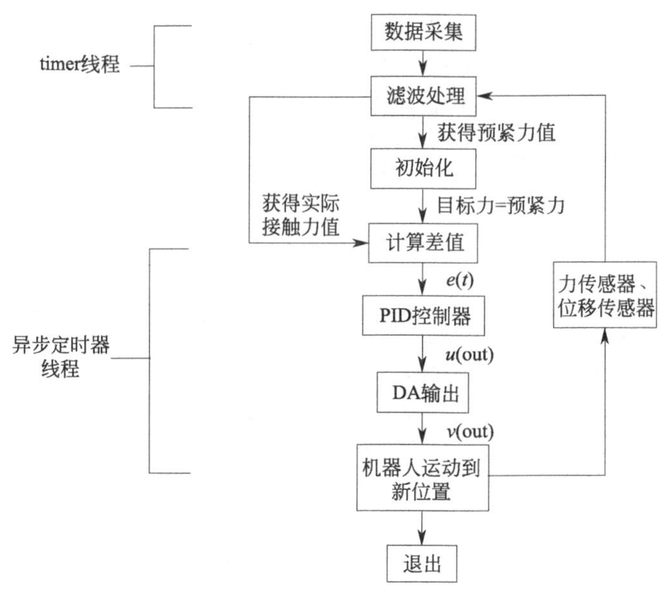

图 8.41　力伺服控制软件流程框图

(4) 试验方法

1) 位置伺服控制试验与分析

在确定接线方式准确无误和保证各个传感器处于工作状态后，运行位置伺服控制程序。图 8.42 为外骨骼机器人的运动过程。

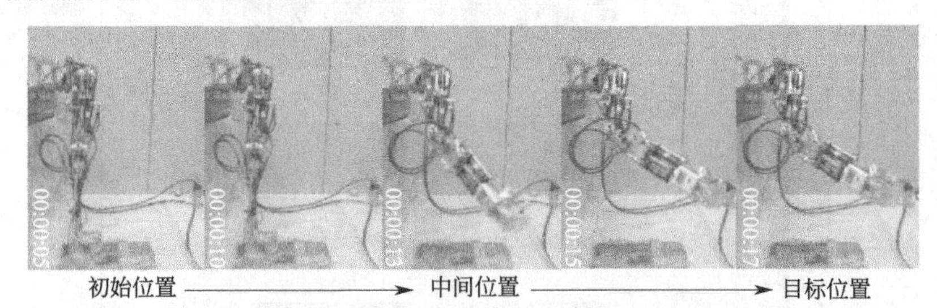

图 8.42 上肢外骨骼机器人位置伺服控制试验运动过程

图 8.43 为外骨骼机器人从初始位置运动到目标位置过程中各自由度输出电压和目标/实际位移曲线，右侧的位移曲线图中，*曲线代表活塞杆目标伸长量，▲曲线代表活塞杆实际伸长量。从图中可以看出：

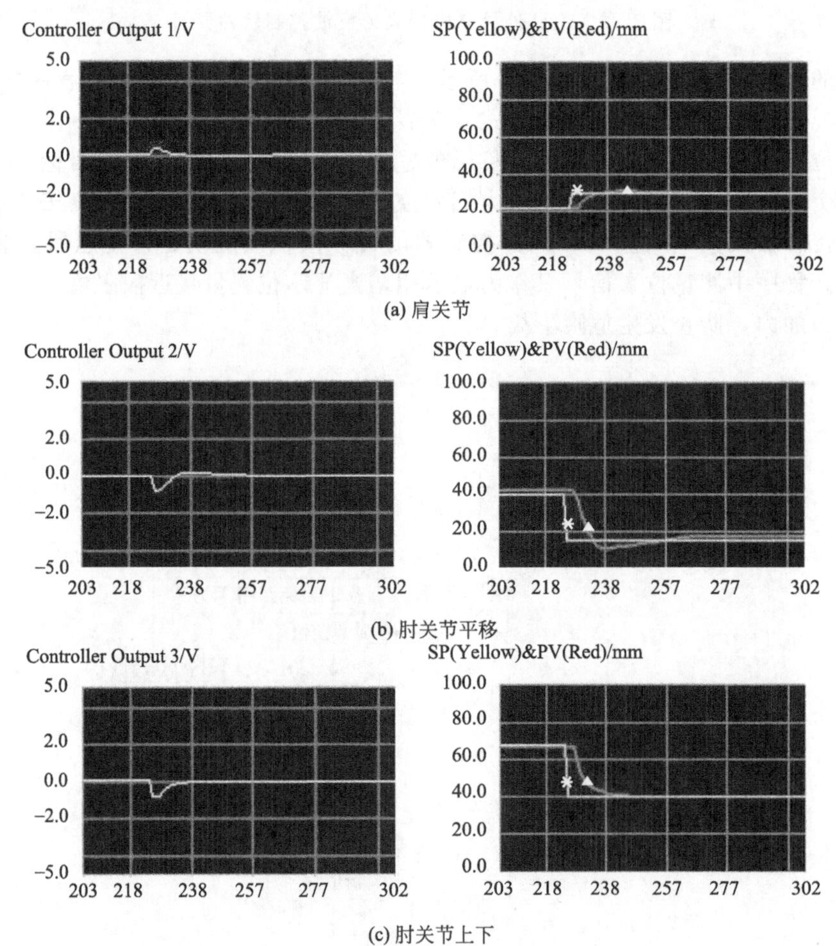

(a) 肩关节

(b) 肘关节平移

(c) 肘关节上下

图 8.43 各自由度输出电压和目标/实际位移曲线

① 曲线变化之前的水平线段代表外骨骼机器人那时停留在初始位置，初始位置的机器

人处在伺服状态下，伺服阀的阀口在不停地做小幅高速运动，并非一直处于关闭状态。

② 输入新的坐标后，外骨骼机器人各关节能迅速地运动到新的位置，这点从实际位移曲线对目标位移曲线的快速跟踪上就能看出来。

③ 系统稳定下来后，控制肩关节和肘关节上下的液压缸几乎没有稳态误差，两条曲线几乎重合在一起，说明准确到达目标位置。

④ 从图 8.43（b）的右图可看出，控制肘关节平移的液压缸存在 2.28mm 的稳态误差，而且存在一定的超调量，这使得外骨骼机器人运动时会产生这样的现象：肘关节快速移动到目标位置，由于速度过快超过了目标位置，然后又反向运动回来。出现该现象是因为 PID 参数不是最优的，试验的 PID 参数为经过多次试验调试得到的，所以还需进行调试以得到相对准确的 PID 参数。

2）力伺服控制试验与分析

在确定接线方式准确无误和保证各个传感器处于工作状态后，运行力伺服控制程序。首先点击“数据采集”，此时界面开始显示三个力传感器的预紧力的大小；待力传感器曲线平稳下来后点击“初始化”按钮，此时确定了力伺服的目标力的大小；点击“开始 PID”，界面开始显示输出电压曲线，此时打开泵站，握住外骨骼机器人手柄握把，将挂在挂钩上的箱子提起并放下，箱子重量为 30kg。图 8.44 为外骨骼机器人的运动过程。

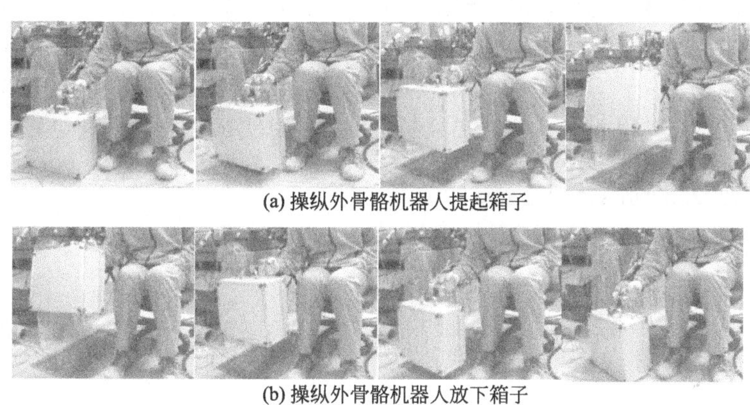

(a) 操纵外骨骼机器人提起箱子

(b) 操纵外骨骼机器人放下箱子

图 8.44　外骨骼机器人的运动过程

在提起重物的过程中，肘关节上下运动的自由度运动幅度最大，所以重点分析肘关节的力信号。如图 8.45 所示，水平线为力传感器的预紧力大小，也是力伺服控制的目标值。当人体手臂开始发力提起重物时，外骨骼机器人获得动作信号，信号为 PID 控制器的输出量。从图中可以看出：

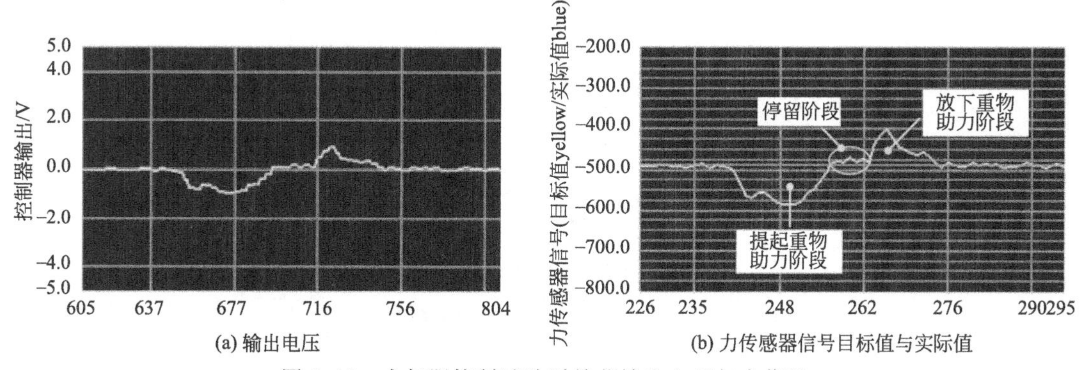

(a) 输出电压

(b) 力传感器信号目标值与实际值

图 8.45　力伺服控制试验肘关节输出电压与力信号

① 提起重物过程中虽然属于助力阶段，但人体手臂仍会受到一个力，这个力最大时对应的力传感器反馈电压为－600mV，相当于人体手臂只提起 0.6kg 的重物，使用外骨骼后提起了 30kg 的重物，由此得出，该外骨骼机器人使人体力量放大了 50 倍。

② 重物提到最高处停留了几秒，在停留阶段人体手臂几乎不用施力，说明如果这时人手放开握把，外骨骼机器人仍会保持原来姿势，对握把施力是驱动外骨骼机器人的唯一办法。

③ 放下重物阶段，人手需要向下方向施力，而不是靠地心引力将重物放下。

由此看来，本设计的上肢外骨骼具有强大的助力性能，但由于所使用的压力传感器属于形变原理，反应比较迟钝，在操纵外骨骼机器人时有较大的滞后感，往往要先施加一定的力后机器人才开始运动，若要改善这一缺陷，应该使用反应灵敏的压电式力传感器，还可以从调节控制器参数入手，提高系统的动态性能。

8.3.4 液压四足机器人驱动控制与行走研究实例

常见的移动机器人主要行走方式为轮式、足式、履带式等。其中，轮式和足式因其各自的特点而得到了比较广泛的应用。轮式机器人采用轮作为行走机构，因此具备结构简单、运动快速、控制简单和稳定性强等优点，但是轮式的结构也决定了其在非结构化路面等复杂环境下的运动能力欠缺。相比之下，足式机器人由于能够选择离散的落足点而使得其在复杂路面下的通过能力远高于轮式机器人，其中以两足和四足机器人最为典型。四足机器人与两足机器人相比，在移动速度、稳定性以及负载能力和控制难度方面都更加优秀，具有更好的综合性能。

8.3.4.1 液压四足机器人平台设计

北京理工大学的何玉东等人设计的液压四足机器人平台的组成如图 8.46 所示。

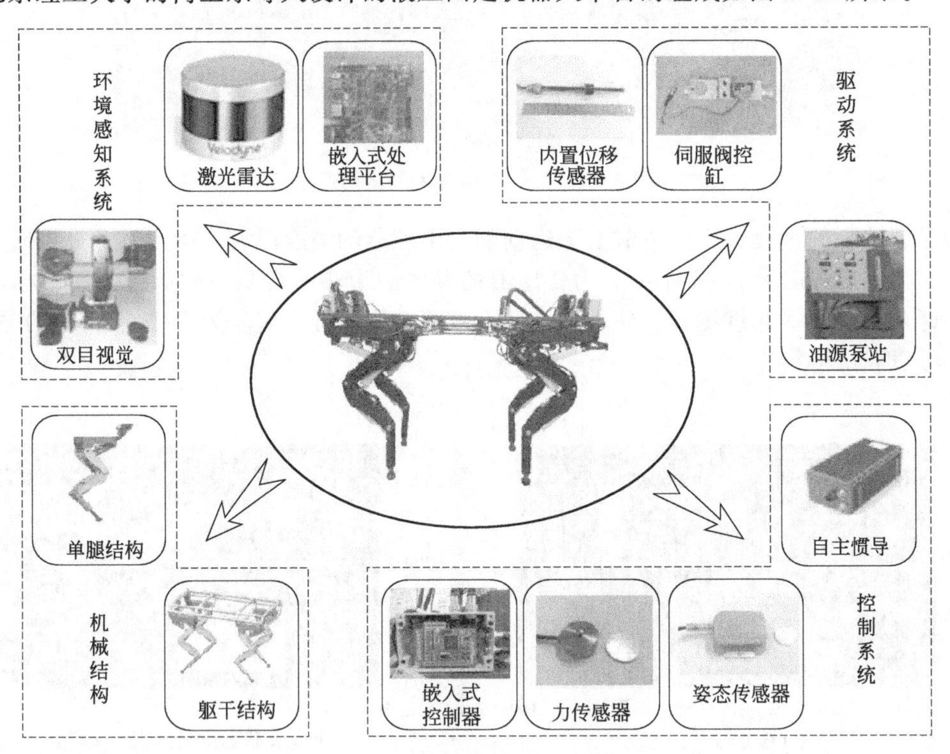

图 8.46 液压四足机器人平台的系统组成

由图 8.46 可见，液压四足机器人主要由机械结构、控制系统、驱动系统和环境感知系统等方面组成。其中，机械结构为整个机器人平台的结构基础。在此基础上，通过安装液压驱动系统实现机器人的液压伺服驱动。控制系统则完成机器人的运动控制和平衡控制等方面内容。这些系统均是机器人实现驱动和稳定行走的基础。另外，为提高机器人的野外生存和环境适应能力，环境感知系统仍在建设之中，包括双目视觉、激光雷达等环境感知与障碍物探测设备和算法。液压四足机器人整体结构如图 8.47 所示。

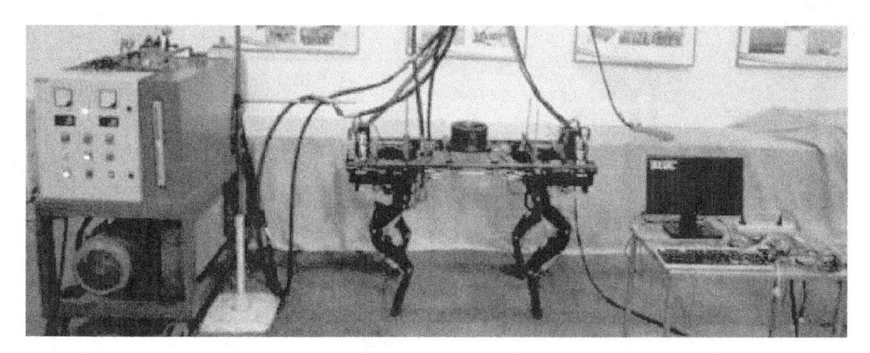

图 8.47　液压四足机器人整体结构

(1) 液压四足机器人的机械结构设计

机械结构是液压四足机器人平台的基础，而单腿机构则是四足机器人结构的基本组成部分。为降低控制难度，同时考虑机器人单腿的灵活性指标，四足机器人单腿采用 4 个自由度的三关节机构，单腿模型结构如图 8.48 (a) 所示，图 8.48 (b) 为单腿的关节连杆示意图。

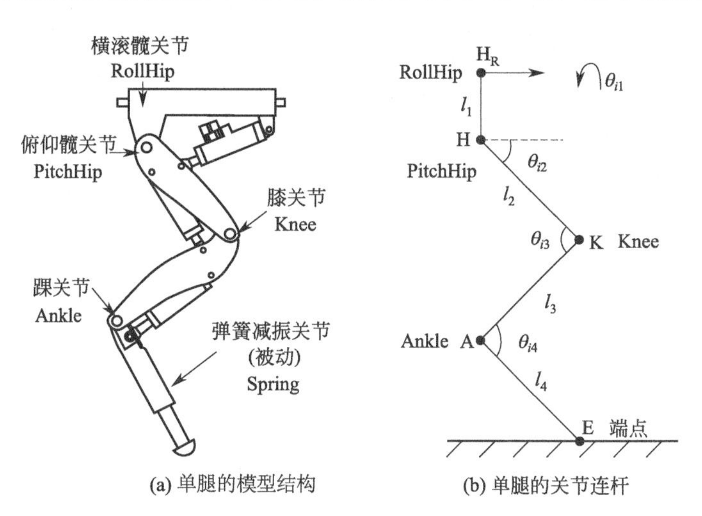

图 8.48　四足机器人单腿模型

最终设计得到具有单腿 4 自由度共 16 个自由度的四足机器人，其实际系统机械结构如图 8.49 所示，机械参数如表 8.2 所示。

(2) 液压四足机器人的控制系统设计

液压四足机器人控制系统采用层叠控制结构，主要包括上位机、中层机、下位机三层，如图 8.50 所示。其中，上位机为远程监控计算机，主要负责参数的设计、控制模式设置、运行状态监控，以及后期将会加入的路径规划避障等高级功能；中层机则通过 CAN 总线与上位机、下位机进行通信，完成上位机下达的各项规划任务具体实现以及下位机的底层控制给定；下位机则主要实现机器人的底层驱动和控制，主要包括阀控缸的伺服控制、机器人的柔顺性控制、各种控制信号的采集和处理等，从而实现中层机下达的控制任务。

图 8.49　四足机器人系统机械结构

表 8.2　机械参数

参数	值
躯干长度/mm	1400
躯干宽度/mm	550
自重/kg	约 65
自由度	4×4=16

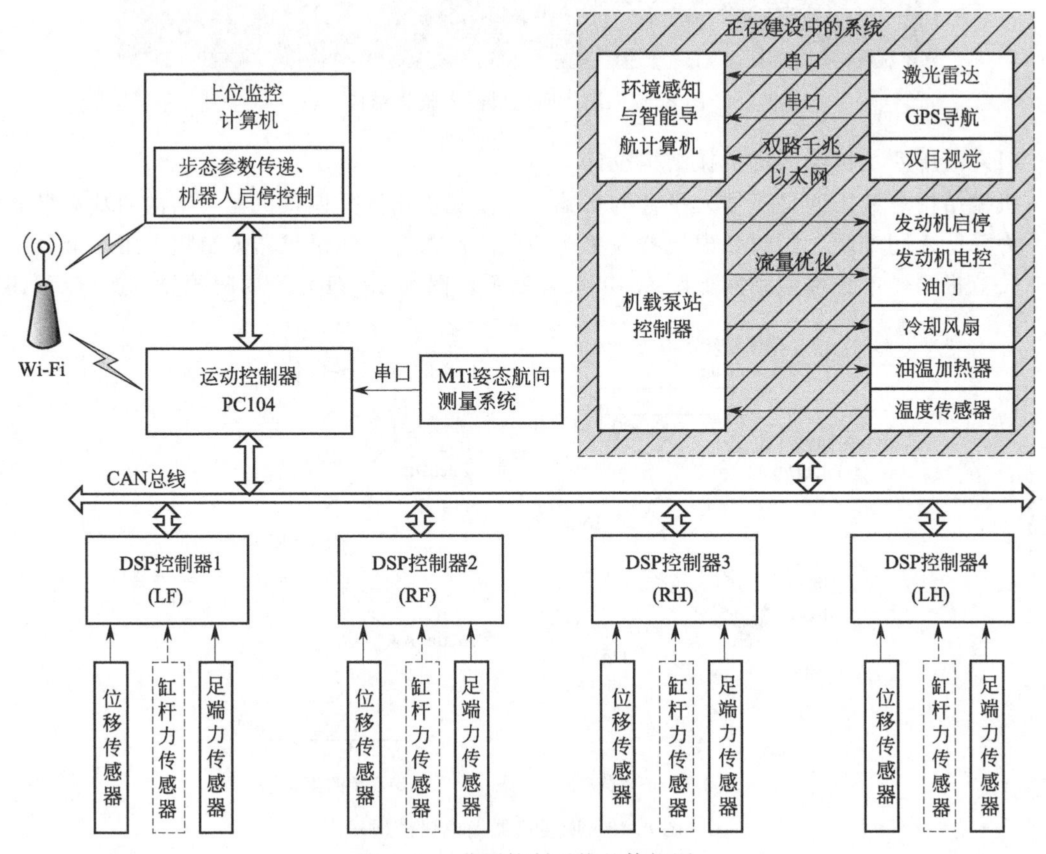

图 8.50　分层控制系统整体框图

下位机的驱动和控制效果是机器人控制效果的基础，因此为达到较大的控制带宽，采用自行研制的 DSP 控制器，控制周期能够达到 200μs 以内。

(3) 液压四足机器人的驱动系统设计

四足机器人的液压驱动系统主要由液压泵、伺服阀和液压缸等基本元件组成。四足机器人的最大行走速度为 8km/h、最大负载能力 100kg。通过计算可知：当机器人总体质量（负载质量＋自身质量）为 180kg 时，单腿踝关节需要提供的最大力矩为 180N·m，对应的踝关节驱动液压缸最大的输出力为 6250N，从而可知所有液压缸的最大输出力都将不超过 6250N。

自行设计最终得到含内置位移传感器的液压缸实物图如图 8.51 所示。

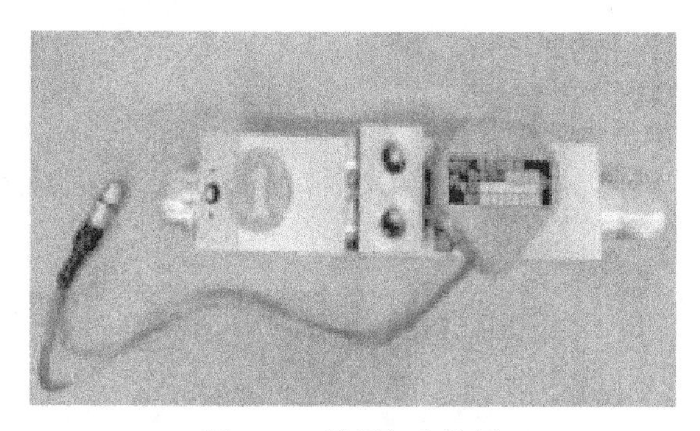

图 8.51　液压缸实物图

机器人在行走过程中，四条腿一共 16 个缸需要同时进行运动。虽然各缸运动不一致，且不可能同时到达流量最大值，但是由于液压缸数目众多，并充分考虑液压系统的管路压降和流量损失，为保证足够的流量裕度，实验室室内泵站一般选取具有较大裕度的液压泵。通过合理设计液压油路，得到了整个液压伺服系统的液压回路图如图 8.52 所示。

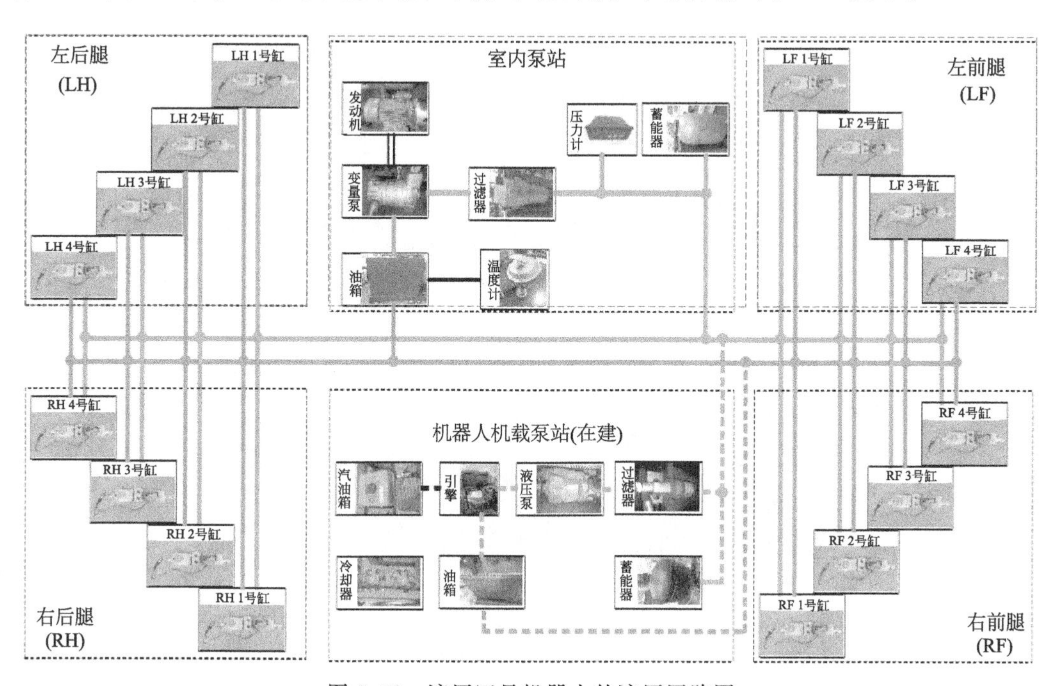

图 8.52　液压四足机器人的液压回路图

(4) 液压四足机器人仿真平台的设计

结合 ADAMS，AMESim 和 Simulink 软件，利用各自提供的软件接口，可以搭建三个软件的联合仿真环境，建立集机械运动、液压传动和控制于一体的综合仿真平台，综合仿真平台的框图如图 8.53 所示。

由图可见，仿真平台中，Simulink 负责控制器的设计，包括四足机器人姿态的解算和机器人的步态规划，并通过逆解将规划的步态转换为液压系统的位移给定。然后通过

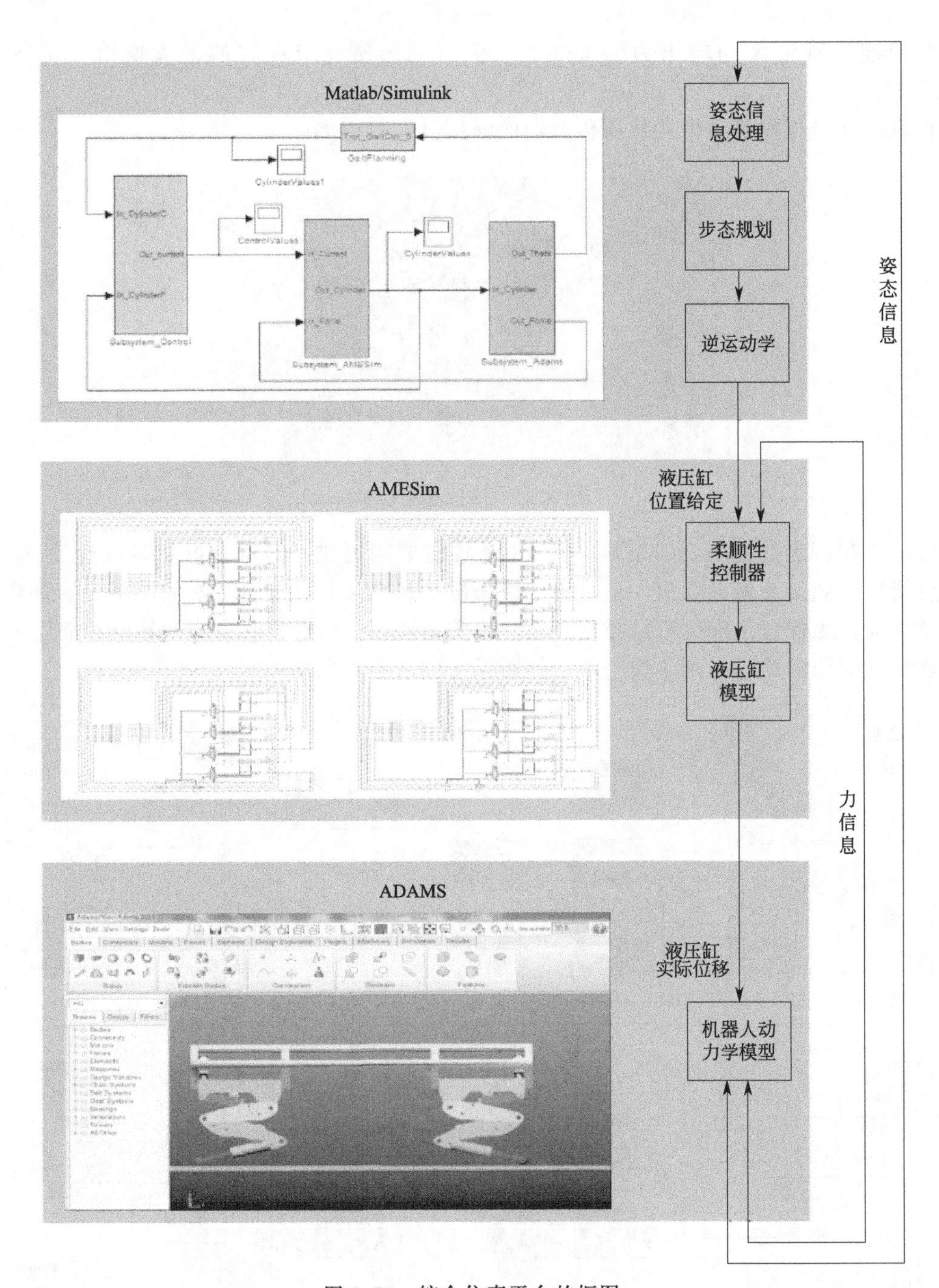

图 8.53　综合仿真平台的框图

AMESim 软件进行液压伺服系统的控制，由位置环和力闭环组成的单腿柔顺性控制器控制单腿各液压缸的实际位移，并将实际位移输出到 ADAMS 软件中。ADAMS 软件则根据位置输入来控制机械结构的运动，并将运动产生的机器人姿态以及接触力等信息反馈到 Matlab 和 AMESim 中，形成仿真平台的大闭环。

8.3.4.2　液压四足机器人驱动控制技术

本设计采用电液伺服阀控缸的高精度位置闭环控制技术。所选用的电液伺服阀控缸由电液伺服阀和非对称液压缸组成，是四足机器人液压伺服系统的基本组成单元，也是实现四足机器人伺服控制的核心。

电液伺服阀控缸系统由电液伺服阀控缸与负载组成，如图 8.54 所示。电液伺服阀控缸系统通过伺服阀调节液压缸的进油和出油，从而带动负载按照给定的轨迹运动，整个系统的模型主要由三部分组成，即负载力平衡方程、液压缸的流量连续性方程和伺服阀的节流方程。

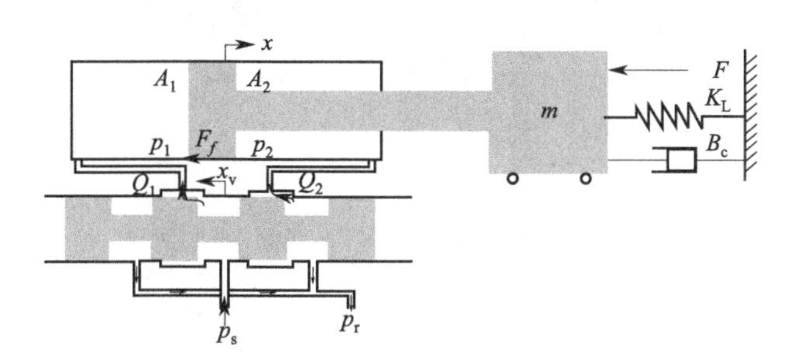

图 8.54　电液伺服阀控缸系统示意图

电液伺服阀控缸系统是一个多变量、强耦合的非线性系统，传统的 PID 控制技术已经不能保证其位置控制的精度。将鲁棒自适应控制器与动态面控制器相结合，形成鲁棒自适应动态面控制器（ARDSC），通过自适应控制保证实际系统的有界误差跟踪，并通过动态面控制使系统控制器结构简化。同时，防止噪声放大，更利于实际系统应用。

8.3.4.3　液压四足机器人单腿柔顺性实验

液压四足机器人的单腿柔顺性控制是指通过对关节的执行机构进行柔顺性控制，以使单腿与地面接触时展现出一定的柔顺性。通过合理的等效，可以将四足机器人的单腿简化为单腿等效模型，如图 8.55 所示。

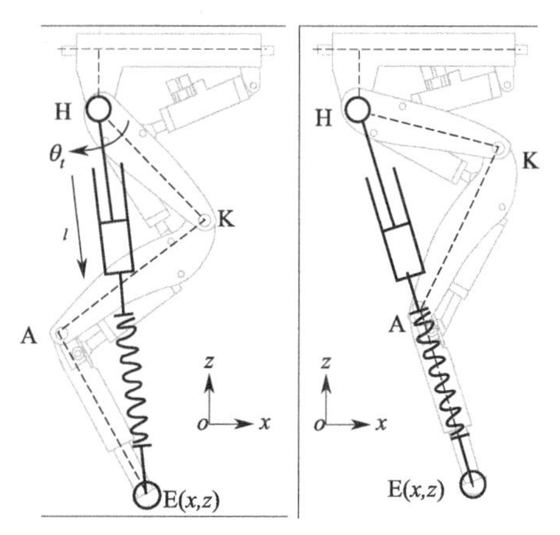

图 8.55　单腿等效模型示意图

设计了在单腿等效模型轴向长度方向上的柔顺性控制，只在该方向上进行柔顺性控制，从而模拟实际的单腿等效模型运动。具体的算法框图如图 8.56 所示。

为验证单腿的柔顺性控制效果，搭建了单腿的实验平台，如图 8.57 所示。单腿实验平台由纵向导轨和横向导轨以及液压单腿等部分组成，能够实现单腿在水平方向和竖直方向的运动。其基本参数为：足端弹簧刚度 40N/mm，负载质量 50kg。

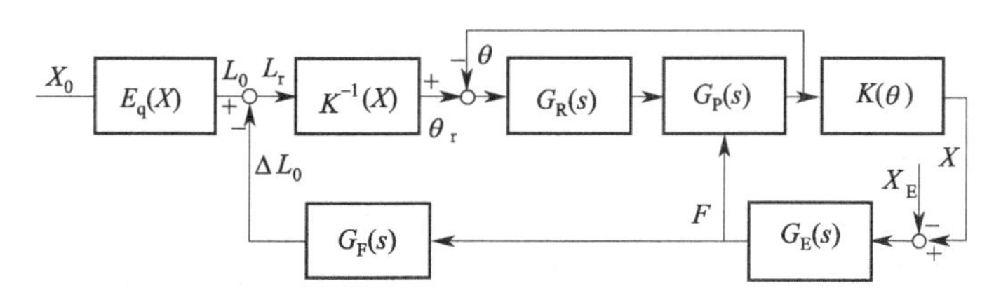

图 8.56　单腿操作空间柔顺性控制框图

为验证单腿的柔顺性控制算法，将单腿系统从 100mm 高度进行自由下落，观察加入单腿操作空间柔顺性控制后的响应曲线（图 8.58）。

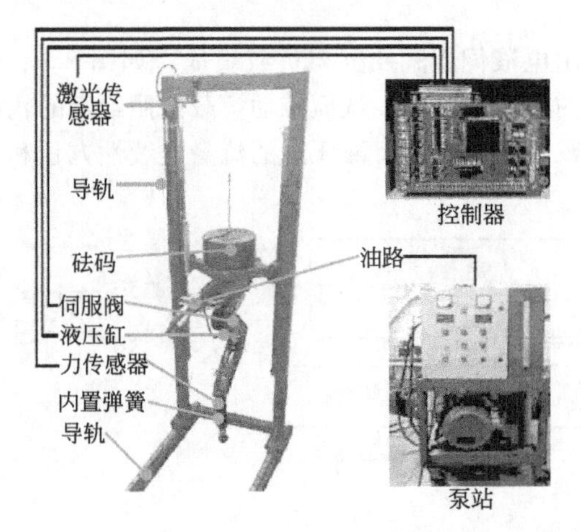

图 8.57 单腿实验平台

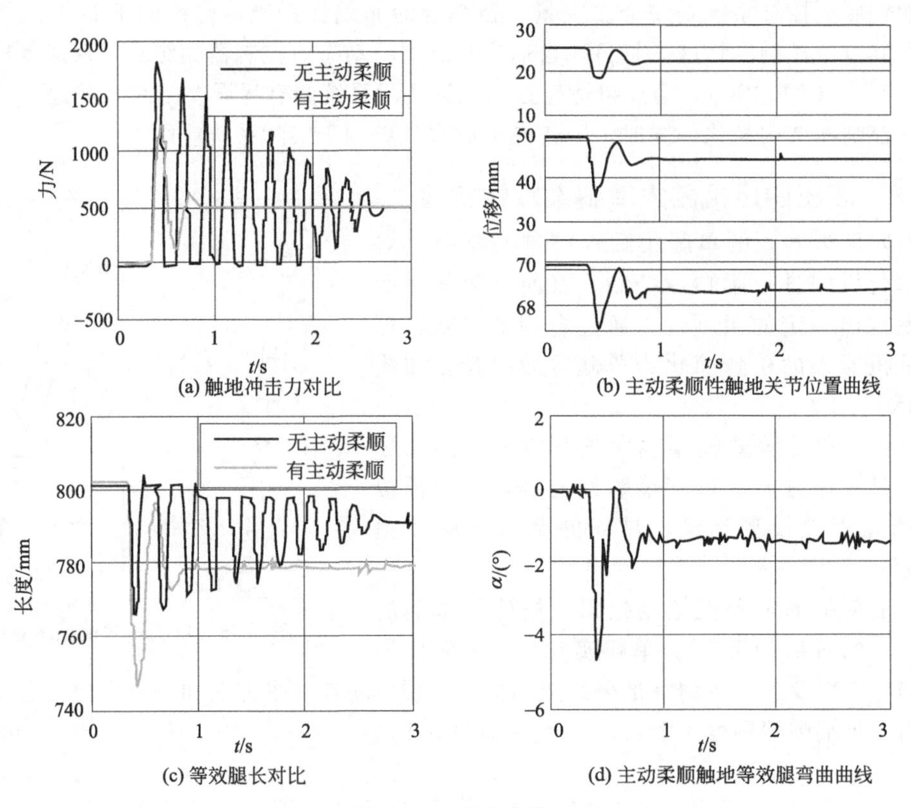

图 8.58 响应曲线

从图可见，加入主动柔顺以后，单腿触地过程与单腿等效模型柔顺性触地一样，触地冲击力能够得到有效减小，同时振荡也得到缓解；触地过程中单腿的三个液压缸在足端力的作用下均产生回缩，以减小足端的受力，达到柔顺性的效果；腿部长度变化与触地冲击力曲线基本一致，在受到冲击力后能有效地缩短以产生柔顺性效果。通过测试，验证了单腿柔顺性控制算法的可行性与有效性。

第 9 章

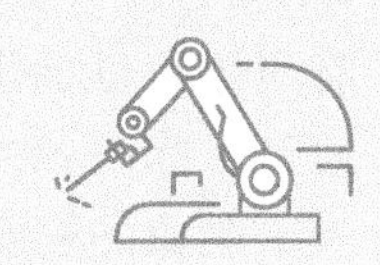

机器人视觉伺服控制系统

“德国工业 4.0”“中国制造 2025”以及“机器换人”等一系列高科技战略计划的相继提出意味着又一次工业革命的到来。在这样一个工业革命的浪潮下，对机器人技术提出了更高的要求，希望机器人在生产制造、服务、运输工程以及在太空、海洋的探索中具有更高的智能性和更强的环境适应能力，机器人视觉伺服控制研究正是为了满足这一需求展开的。

9.1 视觉伺服的发展

眼睛作为我们最重要的感受器官之一，是我们获取外界信息的主要途径之一。如果机器人可以像人类一样，依靠视觉提供的环境信息能够做出相应的决策，完成相关的动作，那么机器人的智能化程度将会获得极大的提升，为此视觉伺服技术（visual servo）应运而生。

机器人视觉伺服是利用视觉系统所反馈的目标或自身的状态与位置信息来控制机器人的运动，以实现对一定的目标（静止、运动）的操作。

20 世纪 60 年代，计算机科学和电子技术的快速发展推动了机器视觉的提出和研究，通常把机器视觉定义成对获取的图像序列进行分析来获得描述某一环境或者控制某一个动作的数据。到了 20 世纪 70 年代，机器视觉的研究和应用领域随着计算机视觉技术的深入研究而不断扩张，逐渐出现了一些应用于工业生产现场的案例，如焊接检测、电路板制作等工业生产案例。20 世纪 80 年代末，国内诸多学者也注意到机器视觉研究的重要性，纷纷开展对机器视觉的研究。进入 20 世纪 90 年代后，研究者把机器视觉与工业机器人相结合以提高工业生产效率，提出相关控制算法的同时也获得了丰硕的成果。进入 21 世纪后，计算机性价比的提高以及图像处理硬件（如摄像机、视频采集卡等）的快速发展和图像处理技术（如图像分割、角点检测与匹配、目标定位与跟踪等技术）的日益完善，都推动着机器人视觉伺服研究向着一个新的阶段前进。

视觉伺服控制的原型是由 Wichmans 和 Shirai、Inoue 分别在 1967 年和 1973 年进行的研究工作中所提出。其中，在 Shirai 的研究中使用了视觉传感器，并且对视觉反馈做出了解释，同时使用模版匹配计算出目标的三维空间位置。1979 年，Hill 和 Park 首次提出视觉伺服的概念：用机器视觉为机器人末端执行器的运动提供闭环的位置和姿态控制，并把它与传统的开环控制模式（look-then-move）区别开来。人们把这种能够为机器人末端执行器的运动提供闭环位置和姿态控制的机器视觉称为基于位置的视觉伺服。1985 年，Weiss L E 等人首次在机器人视觉伺服控制中引入图像雅可比矩阵的概念，使用其表示当前图像和目标图像之间的偏差与机器人运动之间的非线性关系。把这种直接计算当前图像与目标图像之间误差产生相应信号控制机器人的视觉伺服称为基于图像的视觉伺服。基于图像的视觉伺服和基于位置的视觉伺服都在不同方面存在各自的问题，为解决这些问题 K. Deguchi 和 Malis E 先后在 20 世纪 90 年代末期提出了两种不同的混合视觉伺服方法，他们先后提出的混合视觉伺服方法优点在于能够保证视觉伺服系统的全局稳定且能够保持视觉伺服系统收敛于理想位置，但这种混合视觉伺服方法存在容易受图像噪声影响、单应性矩阵计算量大等缺点。

国内对机器人视觉伺服控制的研究起步于 20 世纪 80 年代末期，进入 20 世纪 90 年代后机器人视觉伺服控制技术蓬勃发展并在某些领域内取得了重要的研究成果。如中国科学院自动化研究所对移动机器人的视觉导航技术进行了深入研究并在服务机器人、AGV 小车上进行了实际应用。同济大学林靖等人在没有测量目标物体深度信息的情况下使用图像矩特征实现了对图像中运动目标物体的三维平动跟踪。上海交通大学机器人研究学者对摄像机内参数标定、手眼关系标定等算法进行了较为深入的研究并针对无标定摄像机提出了相应的伺服控制算法。进入 21 世纪后，国内研究学者在视觉伺服领域有了很多新的研究成果，如：卢翔等人对竞争型网络机器人如何在快速打击目标的同时躲避敌方的攻击进行了研究，结合轨迹规划及基于图像的视觉伺服控制提出了一种在躲避敌方攻击前提下成功打击目标的方法；张国亮等人通过任务函数法建立了机器人视觉伺服系统模型并使用该模型分别研究了基于位置的视觉伺服在笛卡儿空间和基于图像的视觉伺服在图像空间下的动态特征；郭振民等人针对基于位置的视觉伺服方法需要进行三维重建的难点，提出了一种使用动态估计得到的图像雅可比矩阵代替实际的雅可比矩阵的视觉伺服控制方法。

机器人视觉伺服已成为一门综合学科，其中包括了图像处理、机器人技术、控制技术等。尽管机器人视觉伺服控制在各个领域已经有很多成功的应用，如生产线产品质量检测与分拣、智能装配、码垛、焊缝跟踪、乒乓球机器人等，但该研究领域仍然存在许多尚未解决的问题，如如何对高速采集得到的图像进行实时处理、目标识别过程如何不受周围环境变化、如何提高三维测量的准确性和稳定性、如何精确标定手眼关系、如何设计实现更稳定的伺服控制器等。所以展开对机器人视觉伺服控制的研究，对于理论价值和工业生产中的实际应用都具有十分重要的意义。

9.2 视觉伺服系统的组成及分类

9.2.1 视觉伺服系统的组成

视觉伺服是以机器人控制为目的进行的图像自动获取与分析，利用机器视觉的原理，将采集到的图像，进行快速处理，并将信息实时地反馈给机器人控制系统，从而形成一个机器人位置闭环控制系统。典型的机器人视觉伺服系统的组成由图 9.1 所示。

9.2.2 视觉伺服系统的分类

根据不同的标准系统有不同的分类方式。就目前的研究状况而言，机器人视觉伺服系统

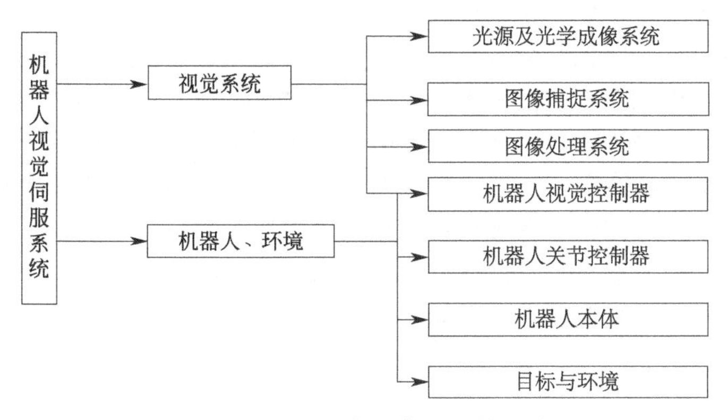

图 9.1 机器人视觉伺服系统组成

大致有以下几种不同的分类方式：

（1）根据视觉处理时间与机器人控制时间的关系划分

根据视觉处理时间与机器人控制时间是串行的还是并行实现的，可以将视觉伺服系统分为静态的视觉伺服控制和动态的视觉伺服控制。

静态视觉伺服控制策略是图像处理与运动伺服串行进行，即：获取图像→计算关节命令→运动控制→停止，再获取图像。此种方法操作简单，图像处理和伺服控制分开进行，但动态品质较差。动态控制策略是图像处理与运动伺服并行进行，图像处理后的结果不断为伺服系统提供新的位置，并能及时更新位置，可以获得较好的动态品质。

（2）根据视觉传感器的个数来划分

根据视觉传感器的个数来划分，视觉伺服系统可以分为单目视觉伺服系统、双目视觉伺服系统和多目视觉伺服系统。在单目视觉伺服系统中，机器人只通过一个视觉传感器来获取外界的视觉信息，无法直接得到目标的三维信息，一般通过移动获得深度信息；而双目和多目视觉伺服系统比较复杂，一般具备获取三维空间信息的能力，当前的视觉伺服系统主要采用双目视觉。

（3）根据视觉反馈信息类型来划分

根据视觉反馈获得的信息是三维空间坐标值还是二维图像平面的图像特征而分为基于位置（position-based）的视觉伺服系统、基于图像（image-based）的视觉伺服系统及基于位置特征和图像特征的混合视觉伺服（2.5D）系统。

① 基于位置（position-based）的视觉伺服系统。

基于位置的视觉伺服系统原理框图如图 9.2 所示。

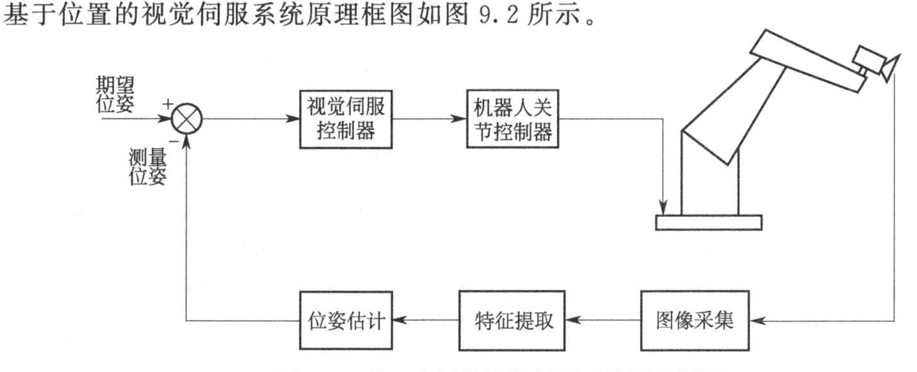

图 9.2 基于位置的视觉伺服系统原理框图

在基于位置的控制结构中，视觉处理输出的是运动目标的坐标，并由此估计目标与机器人末端之间的相对位姿，以控制机器人在直角坐标空间中的运动。它将视觉处理与机器人运动控制分开，可以直观地在直角坐标系中描述期望的相对轨迹，符合机器人学的运动习惯，尤其当运动目标的轨迹易于用直角坐标表达时，多采用这种结构。但基于位置的视觉伺服系统由于需要求解逆运动学方程，计算量比较大，同时它对机器人及摄像机等的标定误差比较敏感，其控制的精度直接依赖于系统模型、标定误差等方面。

② 基于图像（image-based）的视觉伺服系统。

基于图像的视觉伺服系统原理框图如图 9.3 所示。

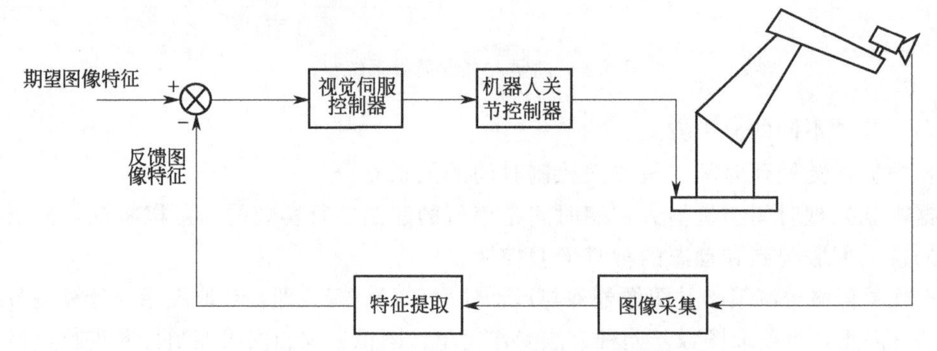

图 9.3　基于图像的视觉伺服系统原理框图

基于图像的视觉伺服系统将当前图像特征的集合与理想图像特征集合对比，不需要对三维姿态估计，因而对摄像机标定的要求不高，具有较强的鲁棒性。但基于图像的控制结构需在线计算图像雅可比矩阵（图像特征参数变化量与任务空间位姿变化量的关系矩阵）及其逆矩阵，计算量也比较大。图像雅可比矩阵直接依赖于实时变化的摄像机与目标间的距离，加大了计算的难度。

③ 基于位置特征和图像特征的混合视觉伺服（2.5D）系统。

基于位置特征和图像特征的混合视觉伺服系统原理框图如图 9.4 所示。

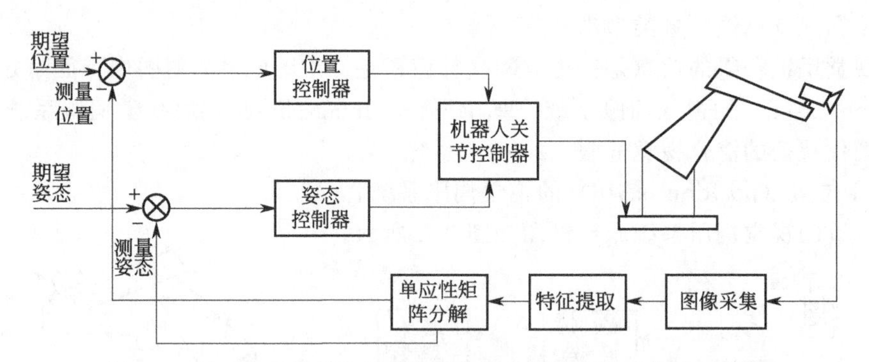

图 9.4　基于位置特征和图像特征的混合视觉伺服系统原理框图

首先建立一张参照物图像，通过图像处理技术得到期望图像特征的像素坐标值，在视觉伺服系统的运行过程中，不断从摄像机采集图像进行分析，得到实时图像特征，然后将实时图像特征与期望图像特征进行比对，得到两视点间的单应性矩阵。将该矩阵分解，可以得到视觉传感器的旋转误差和位置误差，并通过控制器生成相应的控制量，完成对机器人末端的平移和旋转控制。

(4) 根据摄像机的放置位置划分

根据摄像机的放置位置不同，视觉伺服系统可以分为手眼系统（eye-in-hand）和固定摄像机系统（eye-to-hand）。对于机械臂来说，eye-in-hand 系统中摄像机安装在机械臂末端手爪上，摄像机坐标系与末端工具坐标系相对位姿保持不变，如图 9.5（a）；eye-to-hand 系统中摄像机安装在机械臂工作空间固定位置，摄像机坐标系与机械臂基坐标系相对位置保持不变，如图 9.5（b）。

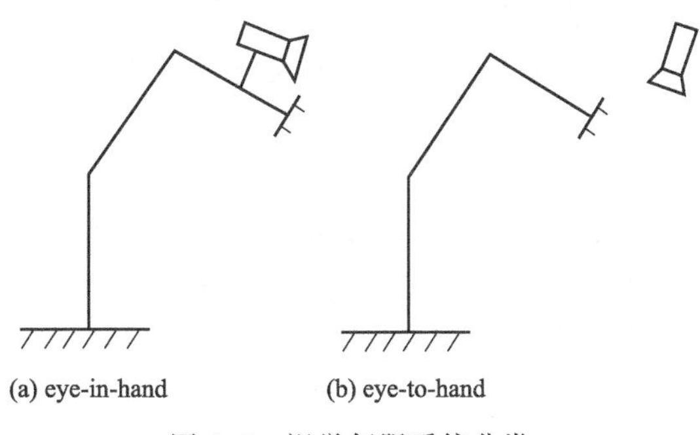

图 9.5 视觉伺服系统分类

(5) 根据是否用视觉信息直接控制关节角划分

根据是否用视觉信息直接控制关节角，视觉伺服可分为动态（look-and-move）系统和直接视觉伺服（direct visual servo）系统。前者的视觉信息为机器人关节控制器提供设定点输入，由内环的控制器控制机械手的运动；后者用视觉伺服控制器代替机器人控制器，直接控制机器人关节角。由于目前的视频部分采样速度不是很高，加上一般机器人都有现成的控制器，所以多数视觉控制系统都采用双环动态 look-and-move 方式。

9.3 视觉伺服系统的应用实例

9.3.1 服务机器人视觉伺服控制方法研究实例

机器人视觉伺服系统是视觉系统和机器人系统的有机结合，其作为一个非线性、强耦合的复杂系统，不同的应用场景需要选择不同的控制策略。同时在伺服运动过程中，将视觉图像信息转化为机器人运动信息，需要对摄像机与机械臂之间的手眼关系进行标定。通过精确的手眼映射关系模型以及合理的目标函数设计控制器，使目标最终到达期望的图像位置中，从而完成视觉定位抓取任务。

9.3.1.1 机器人控制方案设计

华中科技大学的孙涛等人设计的机器人视觉伺服系统由机器人模块、视觉模块以及伺服控制模块三部分组成，其结构如图 9.6 所示。

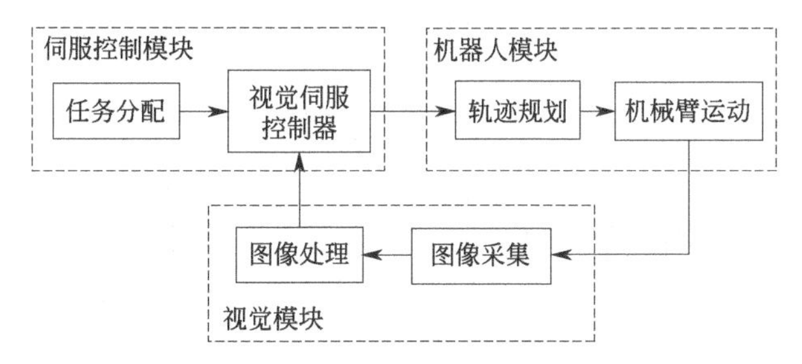

图 9.6 机器人视觉伺服系统模块组成

(1) 机器人模块

研究中采用七自由度冗余机械臂来实现对目标物体的有效抓取。

（2）视觉模块

研究中采用机器人头部视觉传感器和机械臂末端视觉传感器组合的方式来实现视觉信息获取。

（3）伺服控制模块

伺服控制模块将视觉模块和机器人模块有机结合在一起，把视觉传感器获取的目标物体位姿信息转化为机器人的运动信息，从而实现机器人视觉定位抓取。对于两种不同安装方式的视觉传感器，首先利用头部视觉传感器进行初步定位，控制机械臂运动到目标物体附近，使目标物体处于末端视觉传感器视场范围内，然后再利用机械臂末端视觉传感器对机械臂进行伺服控制，使其能够精确地运动到期望位置。

9.3.1.2 视觉伺服控制策略制定与系统搭建

（1）视觉伺服控制策略的制定

对于 Baxter 双臂协作机器人，其头部装有一个全局摄像机，两臂末端各装有一个局部摄像机。在视觉伺服运动过程中，首先利用全局摄像机视场范围大的优点进行初步定位，将装有局部摄像机的机械臂运动到目标物体附近，使目标物体处于局部摄像机视场范围内；然后再利用局部摄像机对机械臂进行伺服控制，使其能够准确地运动到期望位置。

针对上述两个阶段，应该采用不同的控制方法控制机械臂运动。对于全局摄像机，因其距离目标物体较远，采集到的图像受外界干扰较大，所以提取的特征点信息有时并不准确，若采用基于图像的视觉控制方法，则在计算图像雅可比矩阵时容易出现不可逆情况，而且全局摄像机固定在基座上，目标物体不会脱离视场范围，因此可以采用基于位置的视觉控制方法，其控制结构如图 9.7 所示。

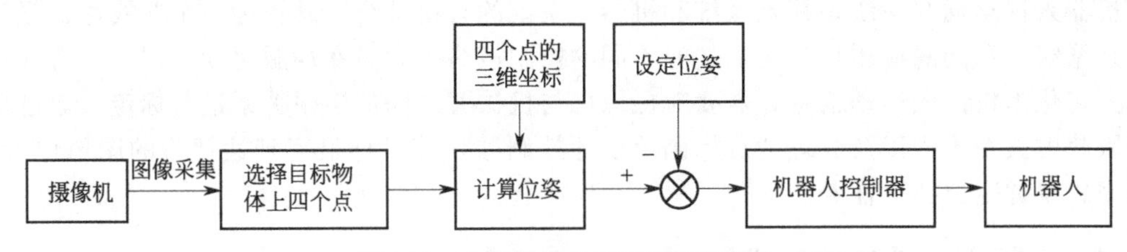

图 9.7　全局摄像机采用的控制方法

对于局部摄像机，由于其距离目标物体较近，对外界干扰并不敏感，所以提取的特征点信息较为准确，并且在伺服过程中局部摄像机随机械臂一起运动，若采用基于图像的视觉伺服控制方法，可以保证目标物体不会脱离摄像机视场范围。因此研究中对局部摄像机采用基于图像的视觉伺服控制方法，其控制结构如图 9.8 所示。

（2）手眼关系标定

在视觉伺服运动过程中，机器人控制器控制机械臂末端执行器进行目标抓取时需要目标物体的位置信息，而摄像机所获得的所有视觉信息都是在摄像机坐标系下描述的，因此机器人要想利用视觉系统得到的信息就需要确定视觉传感器与机器人之间的相对位姿关系，从而完成视觉信息向机器人坐标系转化。

1）局部摄像机手眼标定过程

由于 Baxter 机器人局部摄像机安装在机械臂末端上，属于眼在手上的安装方式，所以在标定过程中将标定板放置在工作台上，始终保持固定不变，然后控制机械臂运动到不同位置进行图像采集，其标定原理如图 9.9 所示。

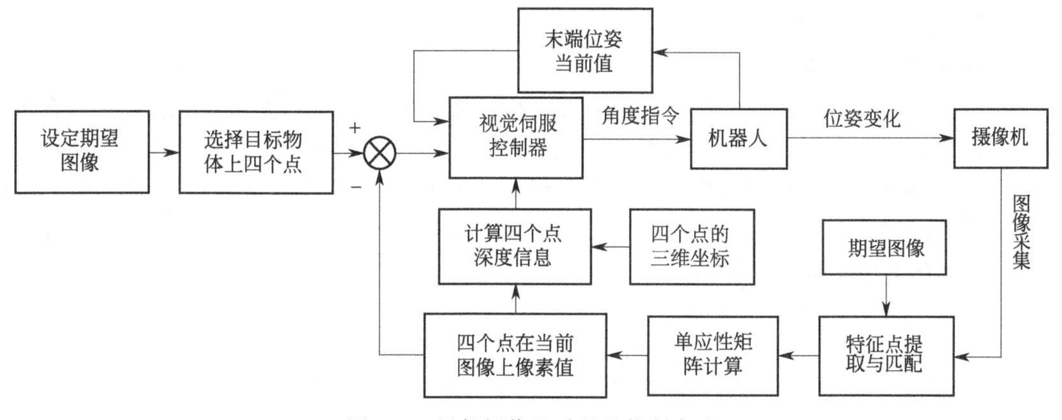

图 9.8　局部摄像机采用的控制方法

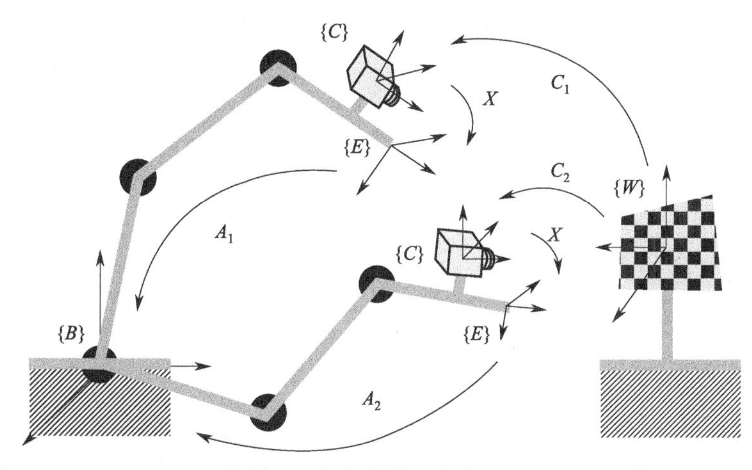

图 9.9　局部摄像机标定原理

2）全局摄像机手眼标定过程

Baxter 机器人全局摄像机固定在基座上，属于眼在手外的安装方式，所以在标定过程中将标定板放置在机械臂末端执行器上，保持两者位姿关系不变，然后控制机械臂运动到不同位置，并通过摄像机采集图像信息，其标定原理如图 9.10 所示。

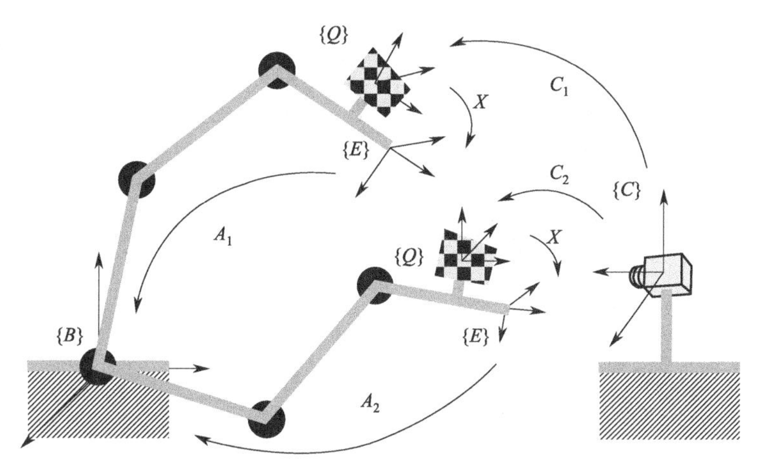

图 9.10　全局摄像机标定原理

(3) 视觉伺服系统的建立与仿真

1) 控制器设计原理

在视觉伺服运动过程中，采用全局摄像机采集到的图像信息控制机械臂运动时没有设置反馈信号，利用一次计算的位置信息使机械臂运动到目标物体附近位置；而接下来通过局部摄像机控制机械臂运动时设置了反馈信号，经过不断伺服运动使机械臂精确运动到期望位置。因此需要对局部摄像机采用的基于图像的视觉伺服控制方式设计反馈控制器。研究中采用 PID 控制方法设计伺服控制器。

2) 视觉伺服系统仿真模型的建立

为了验证视觉伺服控制方法的可行性，以 Baxter 机器人运动学模型为基础，设计基于图像的视觉伺服系统定位跟踪仿真实验。机器人仿真任务环境如图 9.11 所示，图中（*i*）为机器人在当前状态下的位姿，（*ii*）为机器人在期望状态下的位姿，（*iii*）为当前位姿下目标物体在摄像机像素坐标系下的投影，（*iv*）为期望位姿下目标物体在摄像机像素坐标系下的投影。

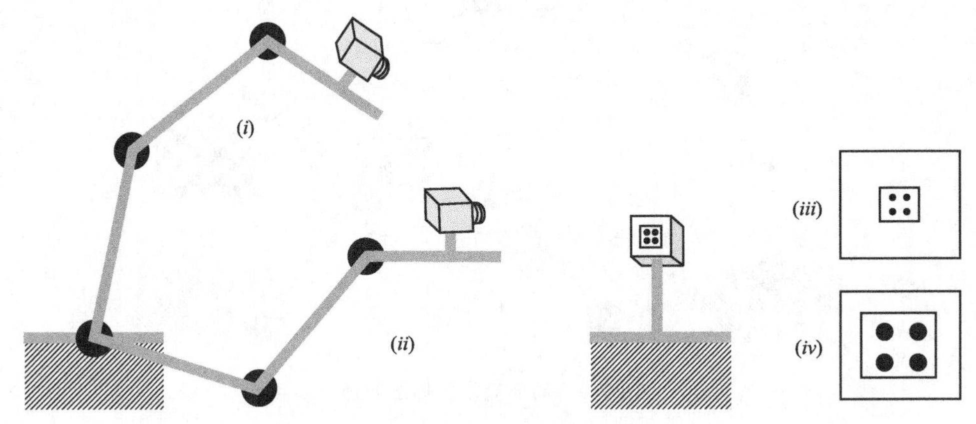

图 9.11 机器人仿真任务环境

根据仿真实验，建立机器人视觉伺服仿真系统，其结构如图 9.12 所示。该系统包含矩阵求逆模块、机械臂逆运动学模块、图像雅可比矩阵求解模块、摄像机模块以及比例积分模块。利用该仿真系统对伺服控制方法进行验证，其运行过程如下：

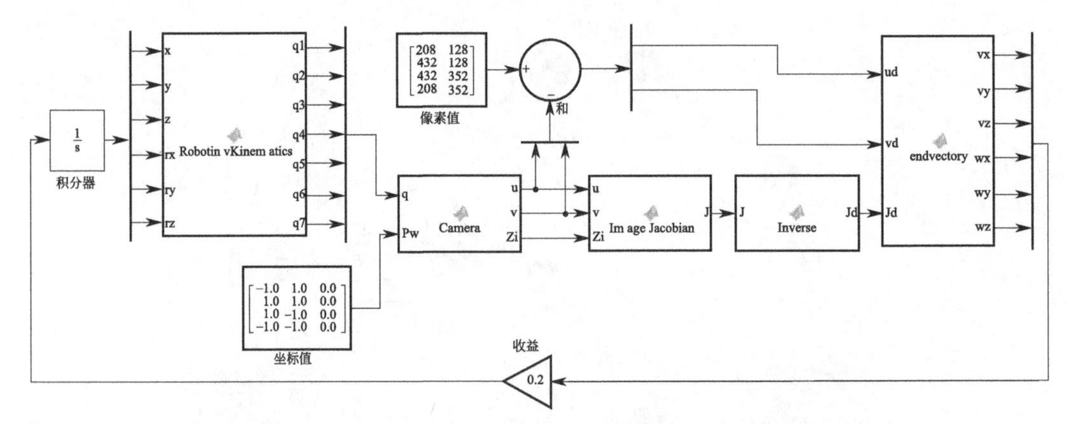

图 9.12 机器人视觉伺服仿真系统

① 设定系统模型参数；

② 提取当前位姿下目标物体特征点；

③ 求解图像雅可比矩阵；

④ 求解机械臂各关节角度值，控制机械臂运动。

不断重复上述运行过程，直至目标函数 e 的绝对值小于设定的阈值或运行次数大于设定的最大次数。若目标函数 e 的绝对值小于设定的阈值，则表明系统是稳定收敛的，若迭代次数大于设定的最大次数，则表明系统是不稳定的。

9.3.1.3 实验设计与验证

(1) 实验平台搭建

利用 Baxter 双臂服务机器人对研究内容进行实验验证，根据任务设计需要，建立双臂服务机器人视觉伺服系统，该系统由主端子系统、从端子系统和网络通信三部分组成，其结构关系如图 9.13 所示。

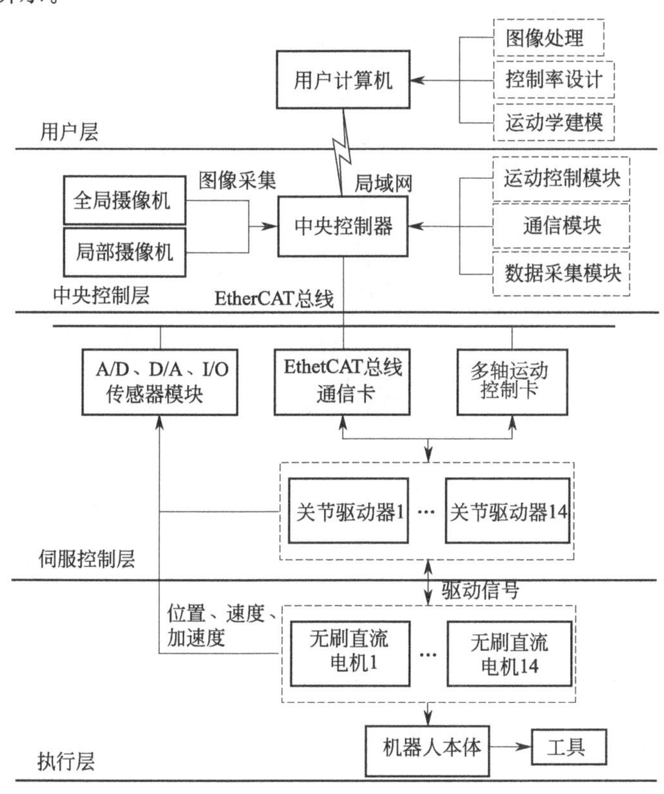

图 9.13 实验平台系统结构

主端子系统为用户层，主要负责信息获取与加工处理，包含图像处理与机器人运动学建模。从端子系统包括中央控制层、伺服控制层和执行层。中央控制层主要实现运动控制、通信以及数据采集功能；伺服控制层对控制指令进行解析，将其转化为电机驱动信号；执行层通过获得电机驱动信号来实现机械臂各关节运动。主从端子系统通过局域网实现相互通信。

1) Baxter 机器人硬件平台

Baxter 双臂协作机器人主体由单自由度头部、主控制器、两个七自由度机械臂和可移动底座组成，其结构如图 9.14 所示。全局摄像机位于单自由度头部，可以对整个工作场景进行观察；两个局部摄像机分别位于机械臂末端，可以对目标物体进行精确定位。全局摄像机与局部摄像机的有效分辨率均为 640×480 像素，采集图像的速率为 30 帧/秒。左右两个机械臂结构对称，前四个关节控制机械臂末端位置，后三个关节控制机械臂末端姿态，各关节依次串联构成机械臂的主体。机械臂的每个关节都采用串联弹性驱动器驱动，电机不直接驱动关节运动，而是通过与关节之间的扭簧传递驱动力。各个关节电机输出端都装有绝对编码器，可以获取各关节角的精确值。前端与后端驱动电机采用无刷直流伺服电机，可以对机械臂运动位置和速度进行精确控制。在机械臂末端可以更换不同的执行器，如二指夹手和气动吸盘等，从而完成不同的作业任务。

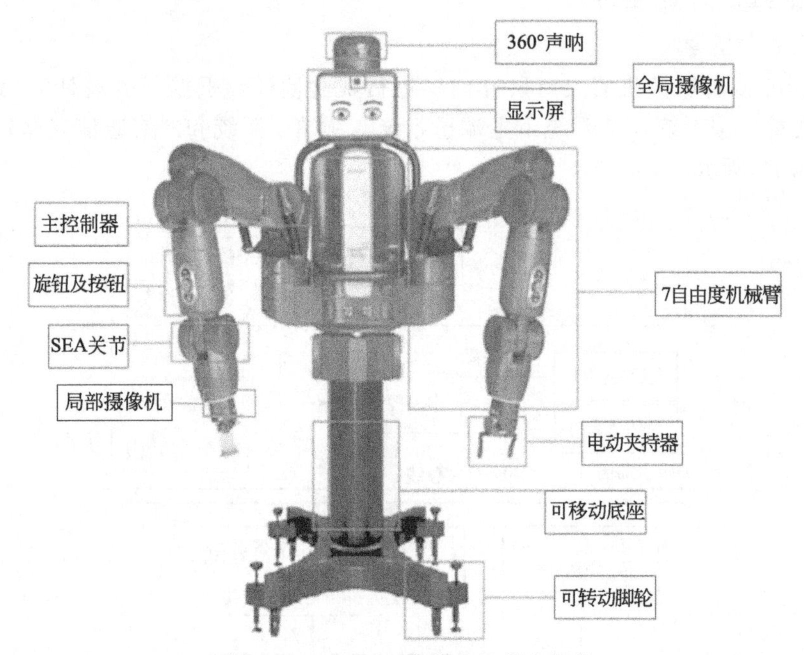

图 9.14　Baxter 双臂协作机器人结构

Baxter 机器人控制模块主要由机载计算机、嵌入式控制器和驱动器组成，其结构如图 9.15 所示。机载计算机使用英特尔酷睿 i7 处理器和 128G 固态存储器，其性能足以满足数据读取与数据处理需求。嵌入式控制器采用 ARM 单片机进行调度，通过串口通信的方式获得机载计算机输出指令，将其解析为驱动电机的控制指令并传输给驱动器，从而控制驱动器带动各关节运动。同时，嵌入式控制器还可以将绝对编码器采集到的关节角信息和霍尔元件采集到的力矩信息以相同的通信方式反馈给机载计算机。

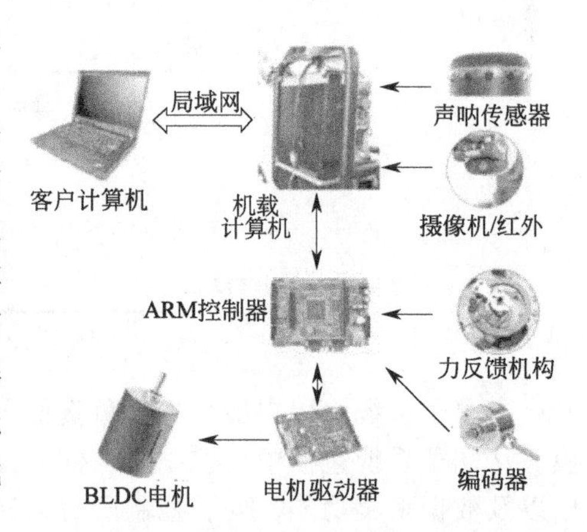

图 9.15　Baxter 机器人控制模块组成

2）Baxter 机器人软件平台

Baxter 双臂协作机器人的软件框架是基于 ROS（robot operating system）搭建的，如图 9.16 所示。机载计算机提供 ROS 主机用于节点管理，通过 ROS 服务可以向节点发送执行任务请求，同样也可以接受节点返回的反馈信号。对于长时间执行的作业任务，ROS 使用 actionlib 软件包创建服务器与客户端接口，服务器主要用于接收或中断请求指令，以及周期性反馈任务执行进展；客户端接口主要用于发送请求指令以及显示当前作业任务状态。客户端与服务器之间通过基于消息映射的 ROS Action 协议进行通信，该协议包含三种消息类型，分别为目标消息、反馈消息和结果消息。目标消息主要用于客户端向服务器发送任务目标；反馈消息主要用于服务器向客户端反馈任务进度；结果消息主要用于服务器向客户端发送任务执行结果，不同于反馈消息，结果消息只能被发送一次。

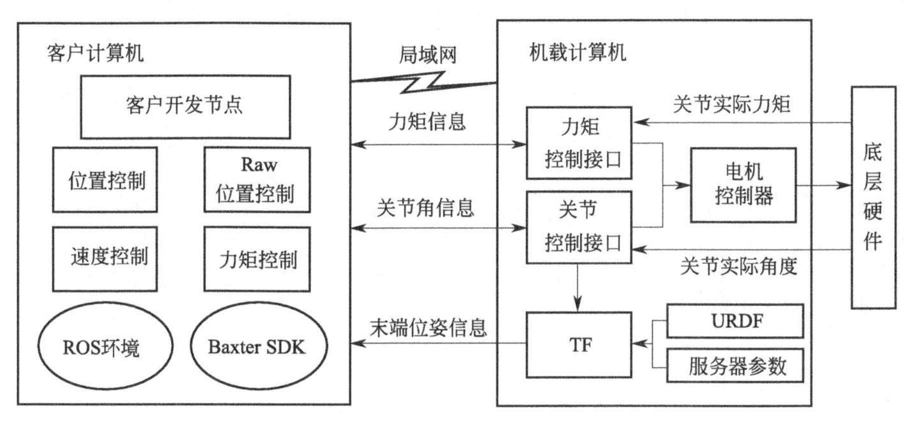

图 9.16　Baxter 机器人软件框架

(2) 实验验证与结果分析

为了增强机器人智能化水平，提高机器人视觉抓取能力，对机器人视觉控制提出了很多具体要求，例如对动态物体进行跟随运动以及对不同形状、颜色和大小的目标物进行视觉抓取等。针对这些具体要求，结合所研究的内容，设计不同的实验进行结果验证和数据分析。该实验内容包括动态物体视觉跟随实验和双臂协作抓取水杯倒水实验。

1) 动态物体视觉跟随实验验证

动态物体跟随实验任务要求为：当目标物体处于运动状态时，机械臂能够根据摄像机获得的图像信息对目标物体进行实时跟踪，并不断靠近目标物体；当目标物体停止运动时，机械臂对目标物体进行抓取。在本次实验过程中，利用塑料棒拨动绿色水杯进行移动，模拟运动的目标物体。首先，机器人通过全局摄像机获得水杯大致位置，控制机械臂从初始位姿运动到水杯附近，使水杯出现在局部摄像机视场范围内；然后用塑料棒推动水杯分别沿基坐标系 Y 轴正方向和 X 轴正方向运动，此时机器人通过局部摄像机实时获取水杯位姿，控制机械臂对水杯进行跟随运动；最后停止移动水杯，使水杯处于静止状态，这时机械臂逐渐靠近水杯并对其进行抓取。实验过程如图 9.17 所示。

在实验过程中机械臂末端运动轨迹和目标函数变化情况如图 9.18 和图 9.19 所示，其中目标函数为当前位姿和期望位姿下特征点在摄像机物理坐标系的坐标值偏差。从机械臂末端运动轨迹可以看出，当水杯分别向 Y 轴正方向和 X 轴正方向运动时，机械臂跟随水杯向相同的方向运动，并不断地靠近水杯；当水杯停止运动时，机械臂运动到水杯正前方位置并对水杯进行抓取。从目标函数变化情况可以看出，在第 3 秒和第 5 秒时由于水杯向 Y 轴正方向和 X 轴正方向不断运动，此刻特征点在物理坐标系下的坐标值与期望位置偏差逐渐变大，但随着视觉伺服运动的进行，机械臂不断地靠近水杯，目标函数逐渐减小，最终收敛到设定的阈值。

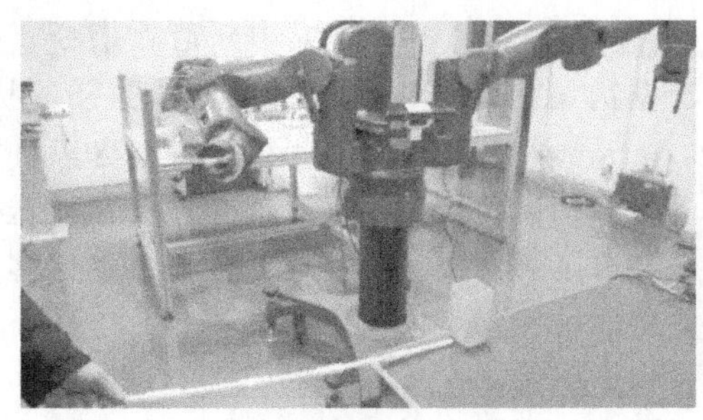

(a) 初步定位

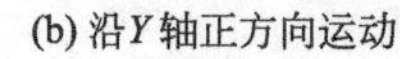

(b) 沿Y轴正方向运动

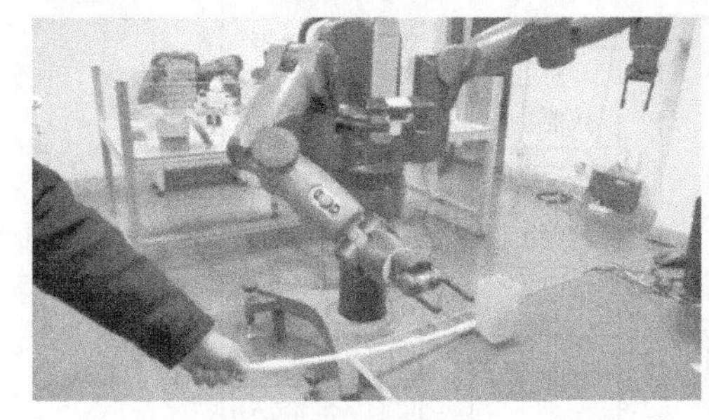

(c) 沿X轴正方向运动

(d) 抓取水杯

图 9.17　动态物体视觉跟随实验过程

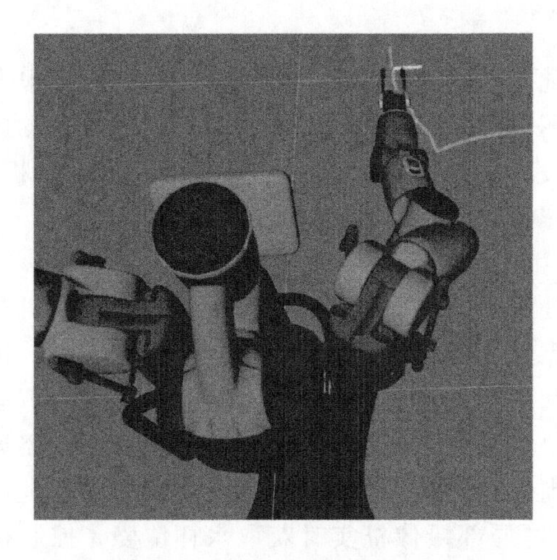

图 9.18　机械臂末端运动轨迹

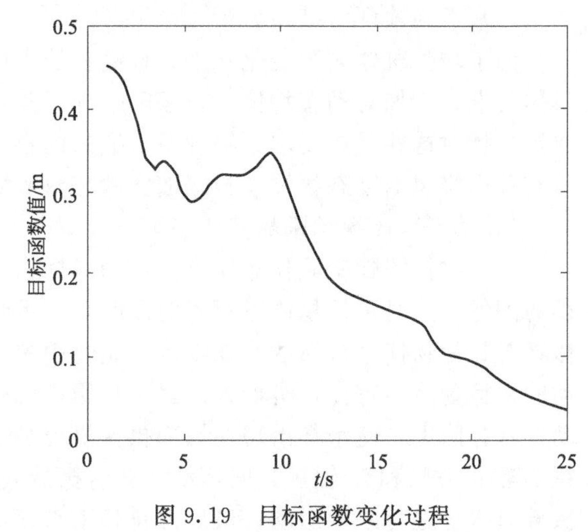

图 9.19　目标函数变化过程

同时在实验过程中记录了水杯距离摄像机深度变化情况和机械臂末端运动速度变化情况，其结果如图 9.20 和图 9.21 所示。

从深度值变化情况可以看出，当水杯向 Y 轴正方向运动时，水杯没有远离摄像机，所以在伺服运动过程中机械臂不断靠近水杯，使得深度值逐渐减小；当水杯向 X 轴正方向运动时，水杯快速远离摄像机，此时深度值迅速变大，之后水杯减速并停止运动时，深度值逐渐减小。从机械臂末端运动速度变化情况可以看出，目标函数越大，机械臂末端运动速度越快，其中当水杯向 Y 轴正方向运动时，Y 方向线速度迅速变大，当水杯向 X 轴正方向运动时，X 方向线速度迅速变大。由于水杯在工作台 XOY 平面几乎沿水平运动，所以 Z 方向线速度和三个方向角速度几乎为零。

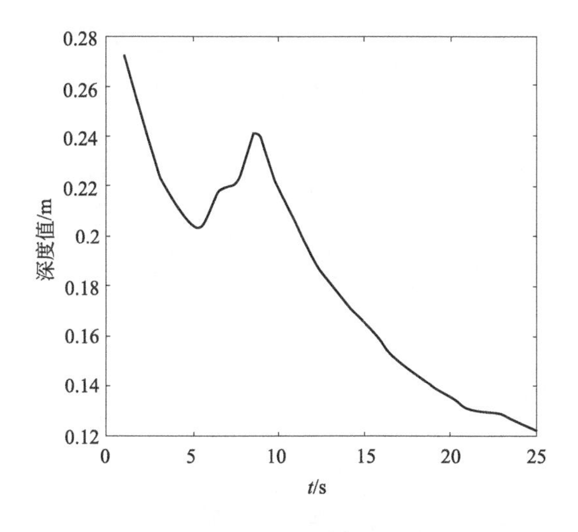

图 9.20　水杯距离摄像机深度变化过程

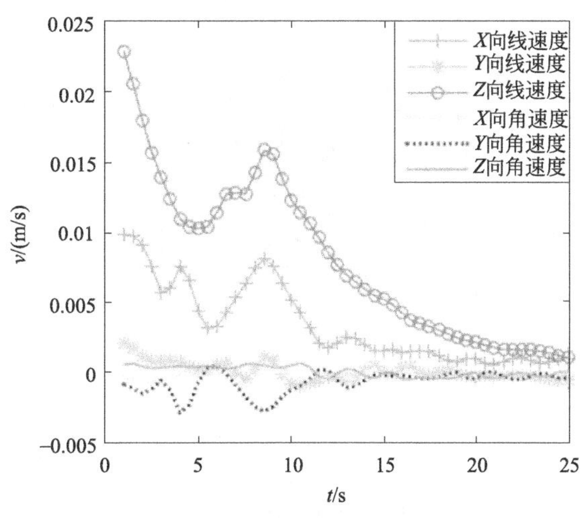

图 9.21　机械臂末端运动速度变化过程

2）双臂协作抓取水杯倒水实验验证

双臂协作倒水实验任务要求为：通过机器人左右两臂分别对不同水杯进行视觉抓取，然后控制右臂水杯向左臂水杯倒水。在本次实验中，选用绿色方形水杯和黄色圆形水杯进行倒水实验。首先通过全局摄像机获得绿色方形水杯大致位置，控制右臂从初始位姿运动到绿色方形水杯附近，使其出现在局部摄像机视场范围内，然后通过局部摄像机获得绿色方形水杯精确位置，控制右臂靠近该水杯并对其进行抓取；利用相同的方法控制左臂靠近黄色圆形水杯并对其进行抓取；最后规划双臂倒水运动轨迹，控制右臂向左臂水杯倒水。实验过程如图 9.22 所示。

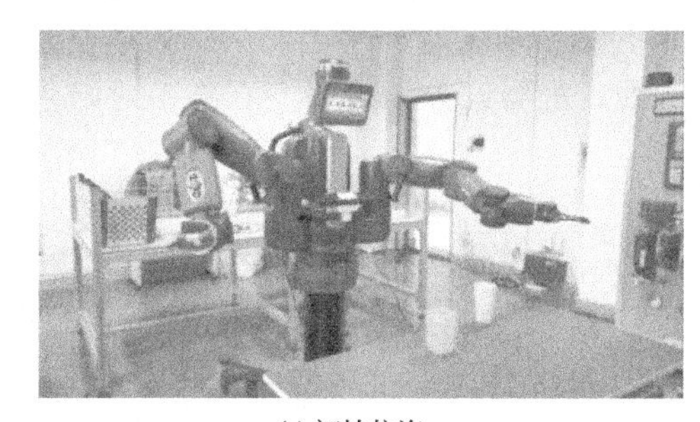

(a) 初始位姿

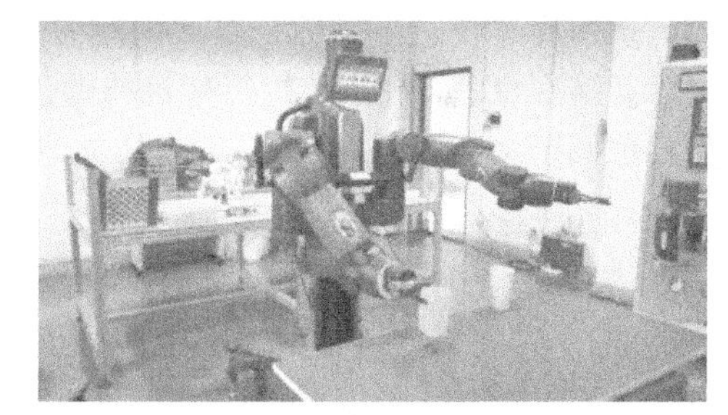

(b) 右臂抓取蓝色水杯

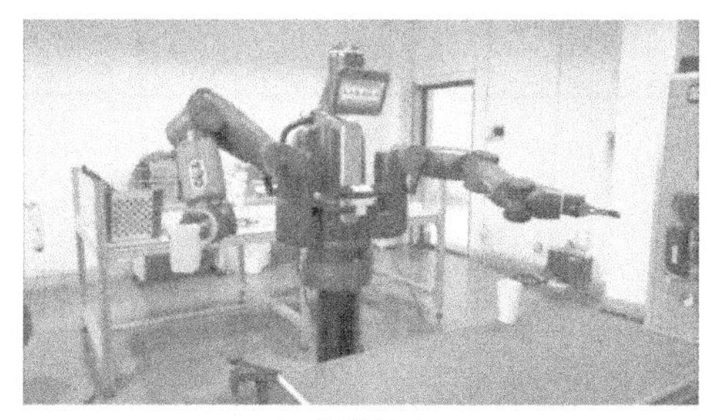

(c) 右臂离开

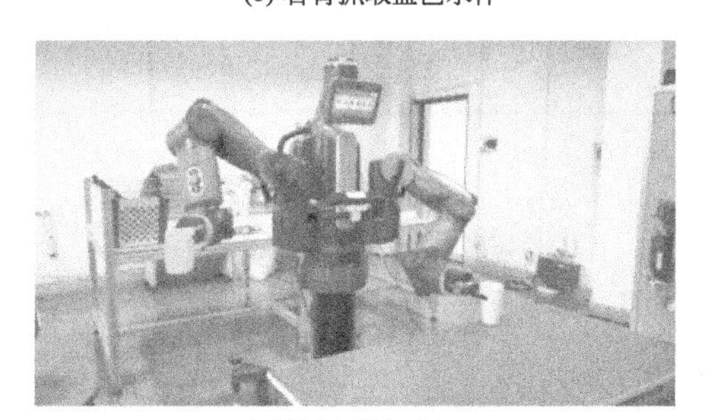

(d) 左臂抓取黄色水杯

图 9.22

(e) 左臂离开

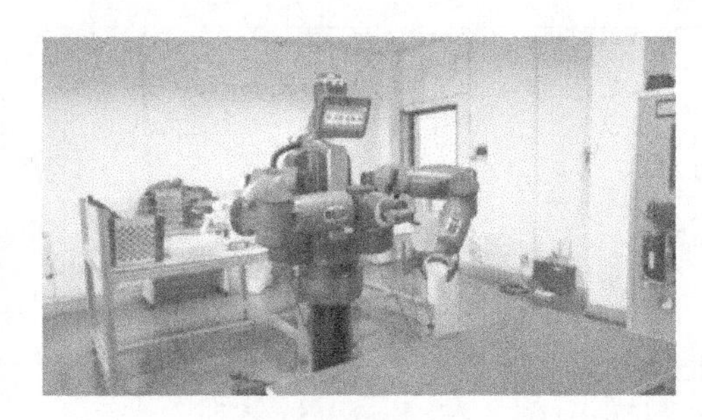

(f) 倒水初始位置

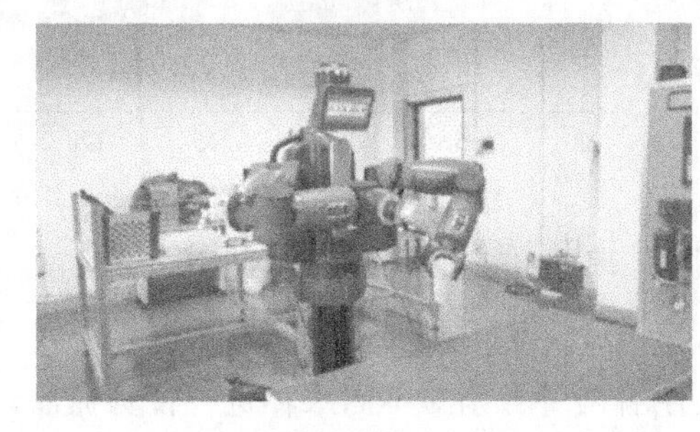

(g) 正在倒水

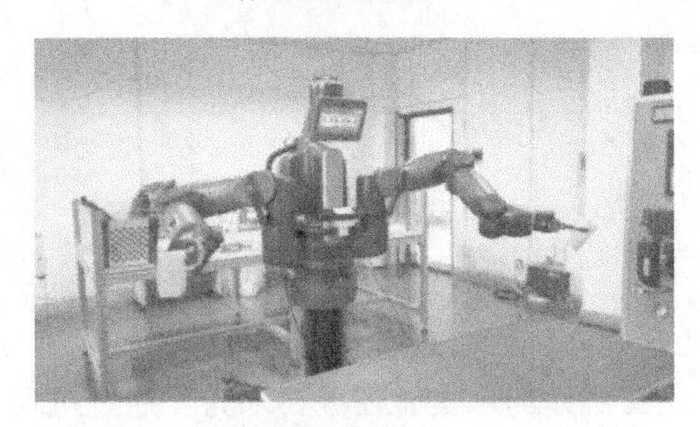

(h) 倒水结束

图 9.22　双臂协作抓取水杯倒水实验过程

在实验过程中左臂目标函数和机械臂末端运动速度变化情况如图 9.23 所示，右臂目标函数和机械臂末端运动速度变化情况如图 9.24 所示。从这几幅图中可以看出，对于绿色方形水杯和黄色圆形水杯这两种不同的目标物体，在视觉伺服运动过程中，目标函数均可以收敛到设定的阈值。左右两臂的末端运动速度与其对应的目标函数相关，目标函数越大，机械臂末端运动速度越快。当目标函数逐渐趋向于 0 时，表明机械臂几乎已经到达期望位姿，此时末端运动速度也趋向于 0。接下来机械臂停止运动，机器人分别控制左右夹手对绿色方形水杯和黄色圆形水杯进行抓取。

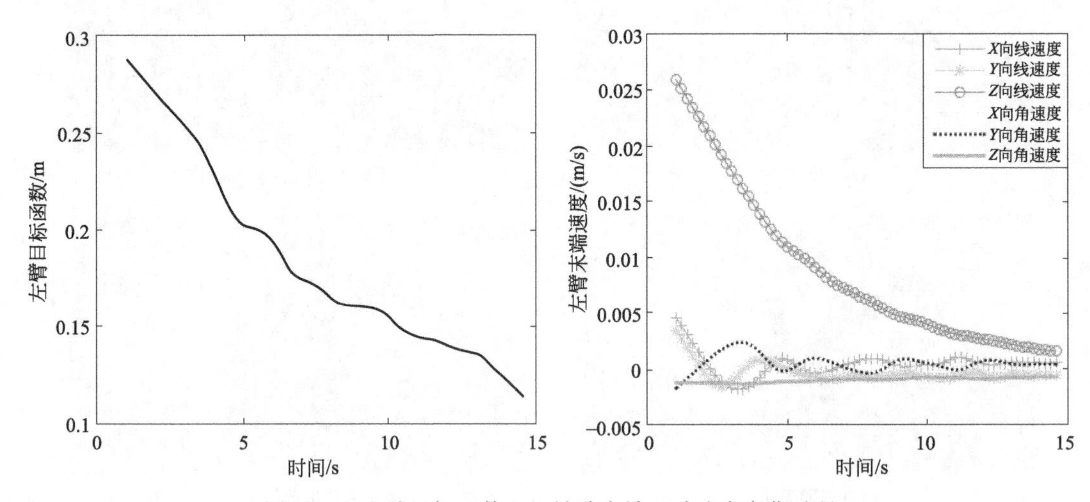

图 9.23　左臂目标函数和机械臂末端运动速度变化过程

当左右两臂完成对不同水杯进行抓取之后，需要对双臂协作倒水运动路径进行末端笛卡

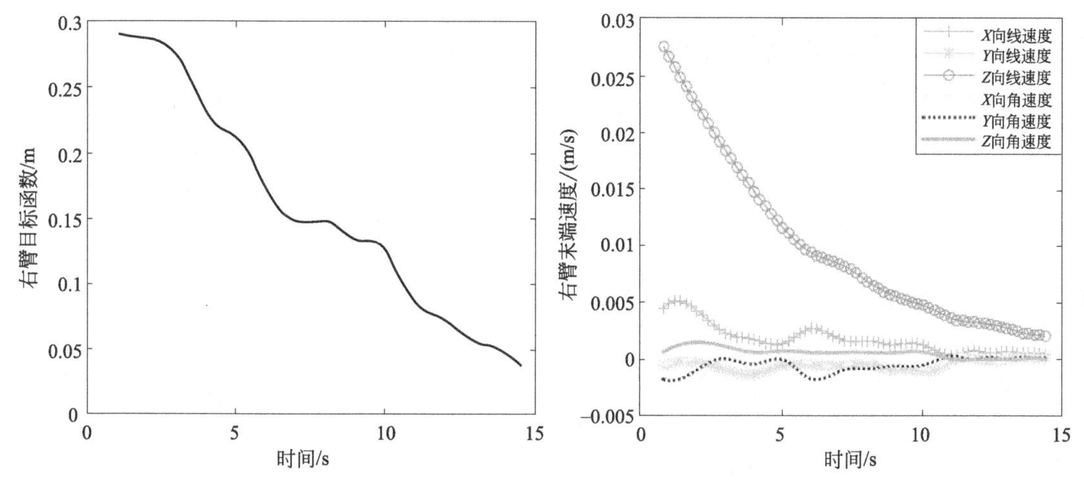

图 9.24 右臂目标函数和机械臂末端运动速度变化过程

儿空间轨迹规划，其规划结果如图 9.25 所示。然后利用机械臂逆运动学反解出各路径点对应关节角的角度，并对其进行关节空间轨迹规划，其规划结果如图 9.26 和图 9.27 所示。从两幅图中可以看出，在第 4s 到第 6s 期间，双臂从初始位置运动到倒水位置，在第 11s 到第 14s 期间，双臂完成倒水动作，在第 17s 到第 19s 期间，双臂回到初始位置。各个关节运动轨迹都平滑连续，所以在整个运动过程中机械臂不会出现抖动现象。

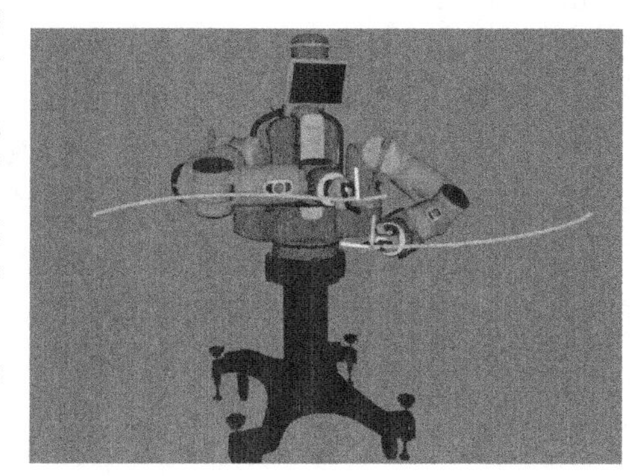

图 9.25 双臂协作倒水轨迹规划结果

实验结果和数据分析表明，机器人可以通过视觉系统采集图像信息实现对目标物体进行定位跟踪，进而控制机械臂对目标物体进行抓取。

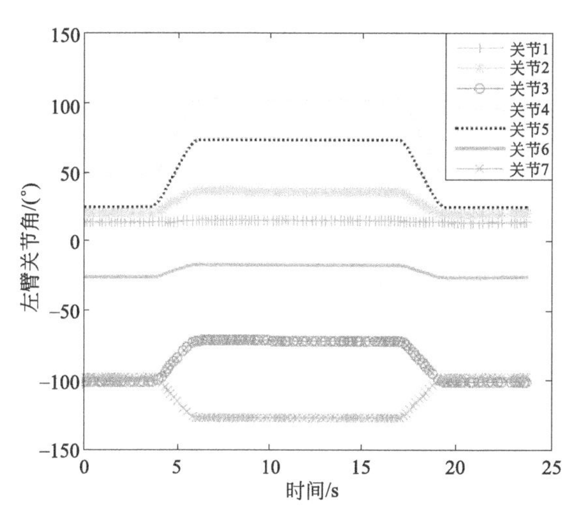

图 9.26 左臂各关节运动轨迹

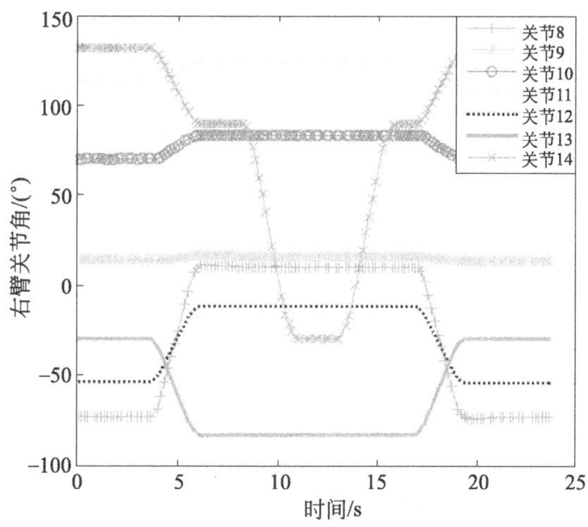

图 9.27 右臂各关节运动轨迹

9.3.2 基于视觉伺服的三轴机械装置控制实例

随着机器人技术的不断发展，人们对机器人的性能提出了更高的要求，希望机器人不只是在技术人员提前设定好的运动模式下做重复性的工作，而是对不同环境有更高的适应性和对不同的情况能做出不同的决策。为了使机器人有更高的适应性，研究者给机器人安装各种传感器，其中视觉传感器由于具有获取的信息多、无接触等优点，已成为机器人中最重要的一个传感器。

9.3.2.1 三轴机械装置控制方案总体设计

（1）三轴机械装置结构设计概述

三轴机械装置主要用于电子消费产品装配线在线视觉检测，重点是对生产线上电视机安装时的电视背板进行扫描识别。结合实际项目需求，电子科技大学的庄孟雨等人设计的三轴机械装置的机构满足如下要求：

① 适合最大尺寸工件上任意位置的多个目标的检测，其中工件的最大尺寸为900mm×600mm×100mm；

② 工件在待检测平台中可以在一定角度（±25°）内任意摆放；

③ 待检测条码的最大长度为60mm；

④ 支持弧面屏不同高度条码的扫描识别；

⑤ 为适应不同流水线，总消耗时间尽可能短。

进行硬件设计时，可选择基于机械臂的控制方案设计，但根据实际需求，待检测平面尺寸较大，而满足需求的机械臂的价格高。在考虑成本的情况下，借鉴传统的三轴机械装置设计方案，设计了满足视觉定位方案的三轴机械装置。其整体框架设计图如图9.28所示。

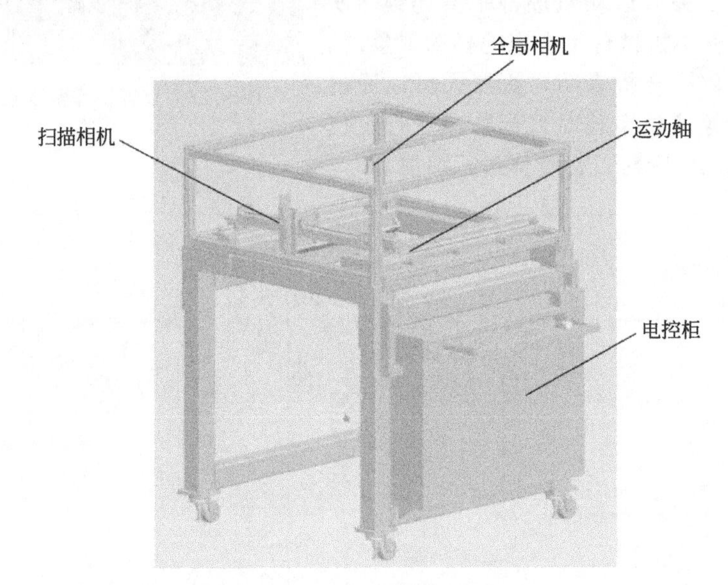

图9.28　三轴机械装置设计图

（2）三轴机械装置控制系统总体设计

三轴机械装置的整个控制系统的连接图如图9.29所示。整个控制系统采用两台工控机联合工作，分别为主控计算机和运动控制计算机。其中主控计算机作为系统控制的核心处理中心，主要用于通过网络对全局相机和扫描相机的图像采集、视觉定位算法和条码识别定位运算的运行、中心逻辑程序处理、运动控制指令的发送、相关数据的存储、数据库管理、系统相关界面的运行和显示和与上位机进行的数据交换。由于主控计算机内部处理程序众多，且要保证算法的识别速度和系统运行的流程性，所以选用了研华公司的 ARK-1550 型号的高性能工控机，该工控机采用英特尔酷睿 i5-4300U 处理芯片，支持 Turbo Boost Technology 2.0，运行内存为 4G，并且有两个 10/100/1000 Mbps Intel 1218 GbE 网卡，确保了网络相机采集和网络数据通信。

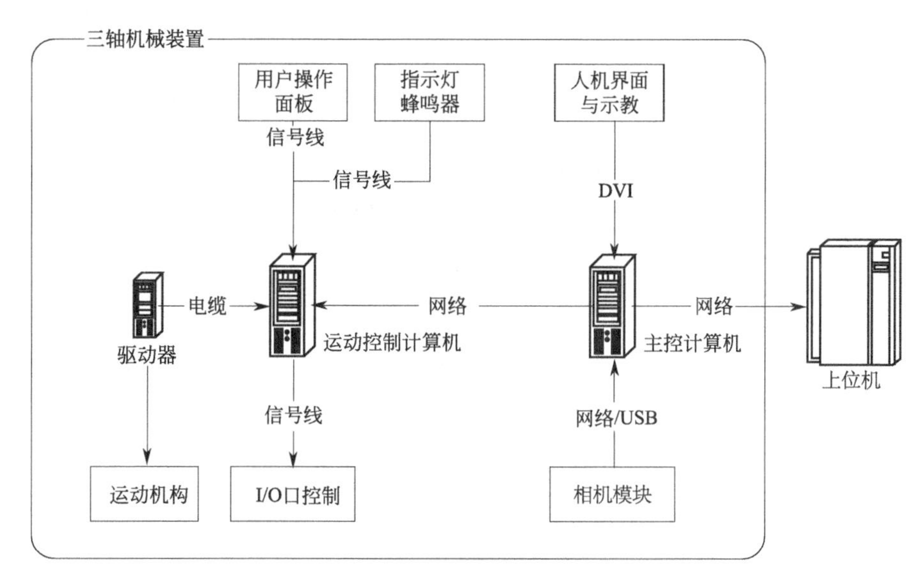

图 9.29　三轴机械装置控制方案的硬件连接框图

运动控制计算机内插电机运动控制卡，运行电机运动控制程序，接收来自主控计算机的运动控制消息，通过向运动控制卡发送命令实现对电机运动的控制。运行的运动控制程序实时采集运动控制卡的 I/O 数据，根据注册的 I/O 命令，将指定的 I/O 口数据发送给主控计算机，然后主控计算机做出相应的决策。由于运动控制计算机控制程序简单，无须高性能工控机，所以系统选中 Atom 系列处理器的研华工控机。主控计算机和运动控制计算机之间通过网络进行数据通信，可靠性强，稳定性好。

电机控制系统主要包括运动控制计算机、运动控制卡、电机驱动器和伺服电机四个部分。运动控制计算机主要用于运动控制程序运行，数据通过网络收发等。运动控制卡以插卡的形式插入运动控制计算机（工控机）的 PCI 总线接口，主要负责运动控制相关的工作，根据接收的运动指令向电机驱动器发送运动控制脉冲、实现对电机的控制和 I/O 数据的输入与输出等任务。

运动控制卡使用的是乐创公司的 MPC2810 型号的高性能四轴运动控制卡，其内部支持单轴/多轴独立运动，二、三、四轴线性插补运动和圆弧插补运动；内部包含高速轨迹连续插补，并对速度做平滑处理，保证了运动的稳定性。工控机＋运动控制卡的控制方式的连接原理框图如图 9.30 所示。

三轴机械装置选用了上银公司的 D2 型系列伺服驱动器。交流伺服系统的硬件连接电路图如图 9.31 所示。

（3）三轴机械装置软件系统总体设计

系统软件设计基于 Windows 平台开发，主要包括操作界面、中心服务和数据库管理。操作界面主要包含相机内参标定界面、视觉系统标定界面、基础参数配置界面、示教界面和

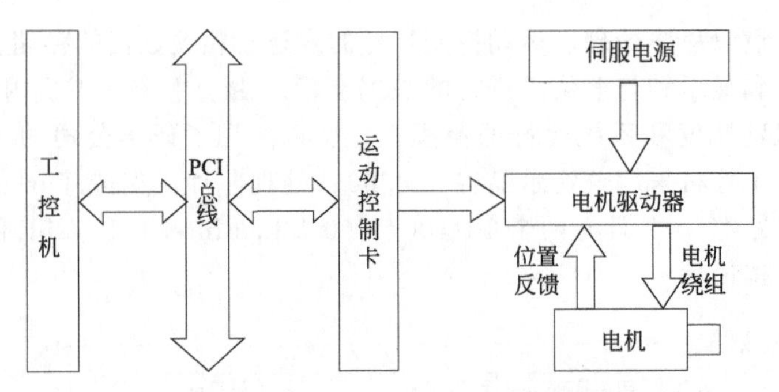

图 9.30 工控机＋运动控制卡的控制方式的连接原理框图

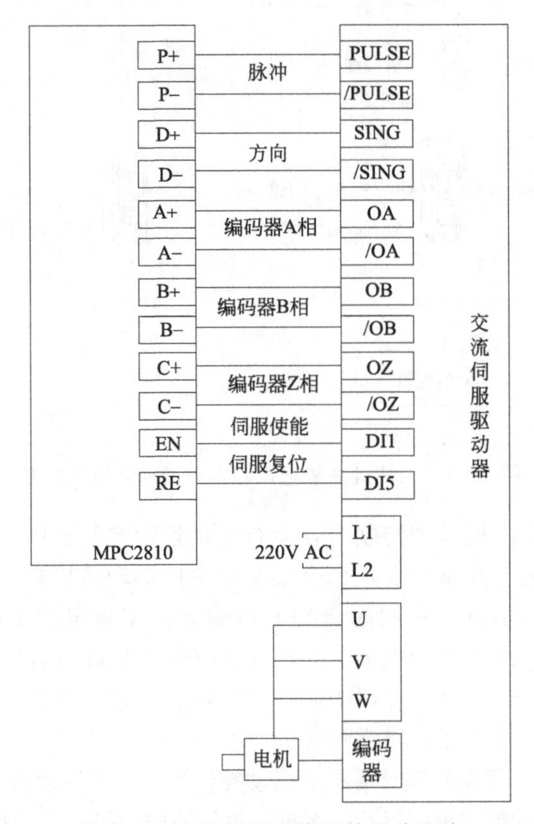

图 9.31 交流伺服系统硬件电路连接

运行界面。相机内参标定界面主要通过标定获取相机的内参；视觉系统标定是通过标定获取图像坐标到运动机构坐标系的变换矩阵。基础参数配置界面配置一些基础参数到数据库，如数据的保存路径、三轴机械装置的运动范围等；示教界面主要用于获取某产品相关的必要信息，如某种产品相关的模板图片、扫描点位先后顺序等；运行时界面显示生产时的扫描情况、处理扫描中的异常信息等。后台程序主要包括：全局定位算法程序、扫描识别算法程序、逻辑控制程序、运动控制程序和数据库管理程序。全局定位算法程序采集全局相机图像，经图像处理定位待扫描条码位置，经坐标变换到运动机构坐标系，然后发送给运动机构坐标系。扫描识别算法程序主要识别条码和定位条码位置。逻辑控制程序监控各个子程序状态和处理消息分发。运动控制程序接收运动消息命令，控制运动机构运动到指定位置。数据库用于存储系统运行时必要的信息、界面配置信息和生产时相关数据信息。

各个程序模块之间通过进程间通信（IPC）方式进行数据通信。研究使用的进程间通信是以广播的形式发送消息，当有进程发送广播消息时，凡是监听此消息进程均能收到消息，使用进程间通信的方式发送消息和数据，不但实现一对一的数据通信，也实现一对多的数据通信。同时使用的是跨平台的进程间通信，不但可以在同一台电脑上进行，在不同电脑上也可以进行数据通信，只需两台电脑的IP地址在同一网段即可。使用进程间通信技术，实现了各个程序模块独立开发和程序的模块化结构，扩展更方便。各个模块之间的数据通信框架如图9.32所示。

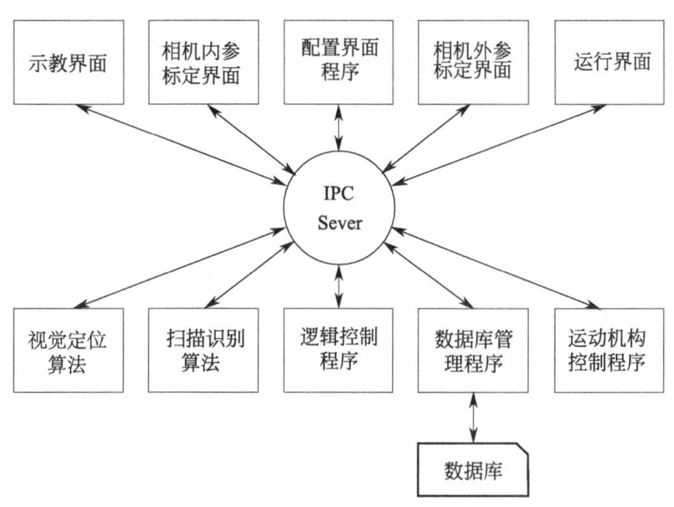

图9.32　各程序模块数据通信框架图

（4）系统总体工作流程

整个系统从上线到能正常扫描识别，主要经历三个阶段，分别为系统运行前的准备阶段、生产前的示教阶段和生产中运行阶段。其整个工作流程图如图9.33所示。

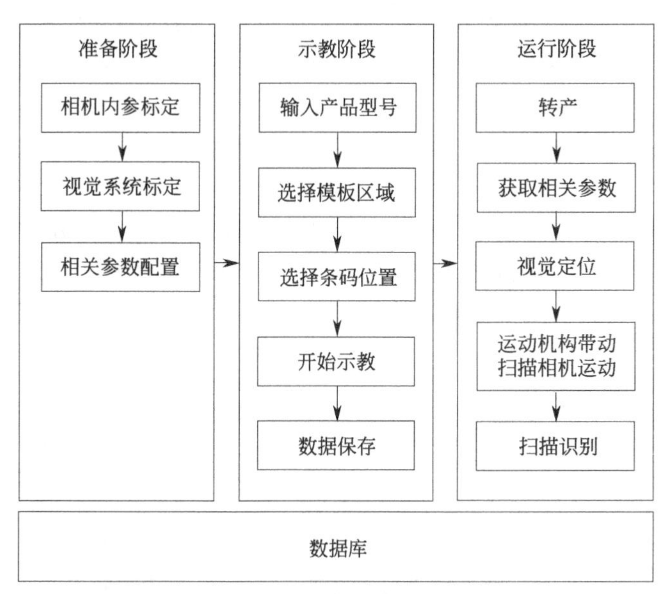

图9.33　系统工作流程图

因为是使用视觉的方式实现对待检测条码的视觉定位，所以在全局相机采集待检测物体的图像，通过图像处理等相关算法定位到各条码在全局图像中的坐标后，需要将图像坐标变换到运动机构坐标系中。为了使系统正常工作，首先需要对视觉系统进行标定。视觉系统标定包括摄像机内参标定和系统标定。系统标定完成时，如果两个相机的焦距不发生变换，三轴机械装置没有挪动，一般后续不需要再次标定。

整个软件系统包含多个模块，其中在软件设计时，为了保证使用的易用性和灵活性，各模块中的一些配置参数保存数据库中，通过配置界面可以实现对其进行修改。其中主要包括，相关图像保存路径、相机分辨率、三轴运动机构的运动范围等。当系统工作前的准备工作完成，系统就可以正常工作了。在开始生产前，系统需要获取当前生产相关的一些必要数据，如用于视觉定位的模板图像、各条码与模板图像之间的相对位置、条码扫描顺序等信息。所以设计了示教软件程序，只需几步简单操作，即可获取生产时所需的必要信息和一些可以提前在示教中获取的生产中使用的有用信息。示教的主要流程为输入产品型号、确定示教图像、获取模板图像和各条码与模板的相对坐标、获取各点位自动对焦后的 Z 轴坐标、路径规划后的扫描顺序，最后将所有参数保存到数据库。

当确定要生产的产品型号，示教完成后，当前产品相关的数据从数据库中加载到系统后，即可开始正常生产。生产的主要流程为全局相机采集图像、视觉定位条码在全局图像中的坐标、将图像坐标变换到运动机构坐标系、依次发送条码点位到运动机构坐标系、运动机构带动扫描相机到指定地位，将条码在扫描相机中的坐标作为视觉反馈调整运动机构，最后发送条码识别触发消息。

9.3.2.2 基于特征点匹配的视觉定位

研究设计三轴机械装置控制方案需要对待检测区域一定高度范围内的点位进行扫描识别。全局相机的分辨率为 1280ppi×1024ppi，搭配使用 4mm 镜头，相机安装在距待检测物 600mm 的机械装置顶部，则此时全局相机成像视野范围大约为 1000mm×800mm。而待检测物为电视背板上的多个条码，其在图片中所占像素很少，而且电路板结构复杂，其上还有一些和条码相似的标签纸等，所以直接从全局图片中经图像处理定位条码的位置和数量比较困难，且容易出现错检、漏检的情况。基于上述情况，研究设计基于视觉定位与示教结合的间接定位算法，其具体步骤如下：

① 首先使用示教软件获取当前型号对应的模板图像及其与各个条码之间的相对位置，并保存到数据库。

② 获取全局相机图片，经图像处理找出模板在图片中的位置 p 和角度 β。

③ 将全局图片以图片中心顺时针旋转角度 β，使模板转到示教时模板的方向，再根据示教获取的条码与模板的相对位置，找出各个条码在旋转后的图片中的坐标。其操作如图 9.34 所示。

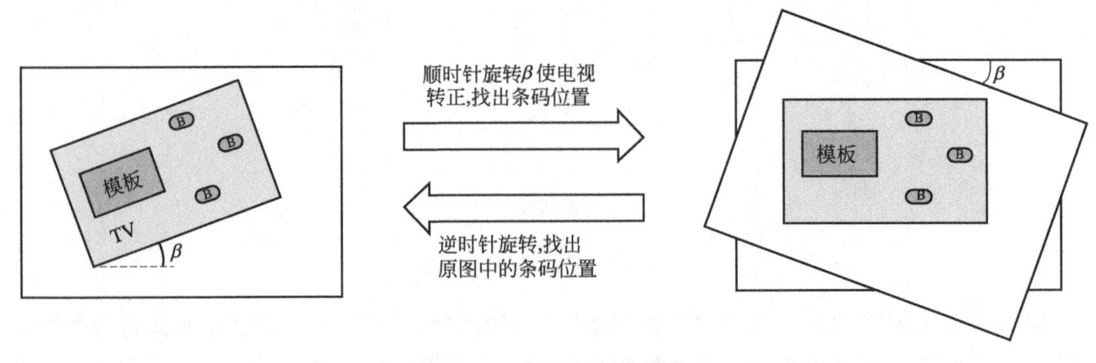

图 9.34　条码各点位获取

④ 将获取到的各点位坐标以图片中心逆时针旋转，求出各点位在全局图片中的位置。

⑤ 将求得的全局图片中各点位坐标乘以图像坐标到运动机构坐标的变换矩阵，即可获得运动机构坐标下各条码的坐标。

9.3.2.3 基于视觉伺服的运动控制

（1）视觉伺服运动控制流程

视觉伺服运动控制流程图如图 9.35 所示。

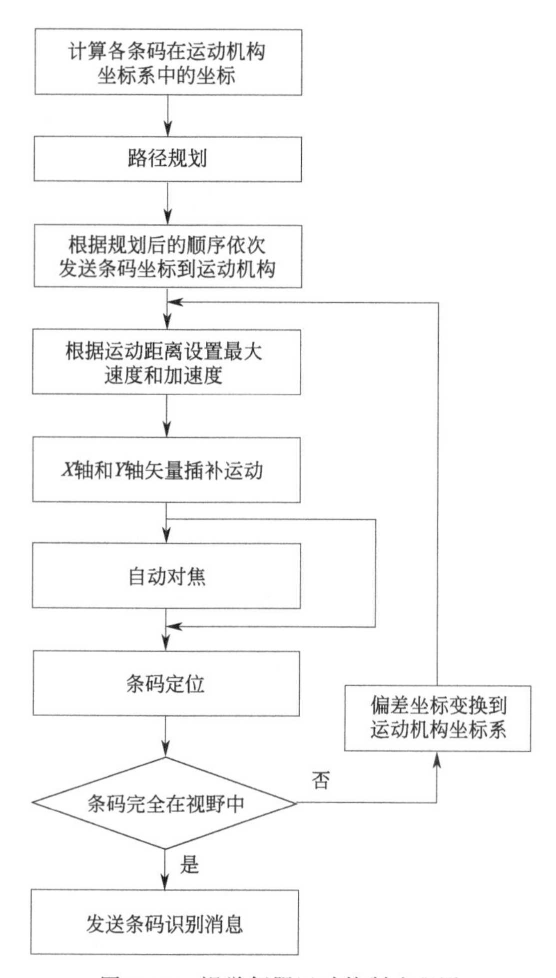

图 9.35　视觉伺服运动控制流程图

（2）伺服电机运动控制

伺服电机运动控制是使用运动控制卡向电机驱动器发送控制指令，实现对伺服电机的运动控制。运动控制卡主要负责对三台伺服电机控制，根据接收到的运动消息带动扫描相机运动到指定点位。伺服电机运动控制模块主要包括伺服电机参数配置、运动控制卡初始化、电机速度设置和电机运动等内容。伺服电机运动控制流程图如图 9.36 所示。

（3）路径规划

研究中的路径规划问题就是基于遗传算法解决的。遗传算法的理论基础是达尔文的进化论，在遗传算法模型中，首先将待解问题编码成一串数值或符号，相当于遗传学中的染色体。然后模拟染色体中的一段基因经过长时间的进化，经过基因的选择、交叉和变异不断产生新的基因，同时淘汰不良的基因，最终进化成优秀的基因，当满足进化的终止条件时，结束进化，得到问题的最优解。但在实际进化中，基因会存在缠绕，所以在实际遗传操作中、研究中加入了去缠绕操作。遗传算法的具体流程如图 9.37 所示。

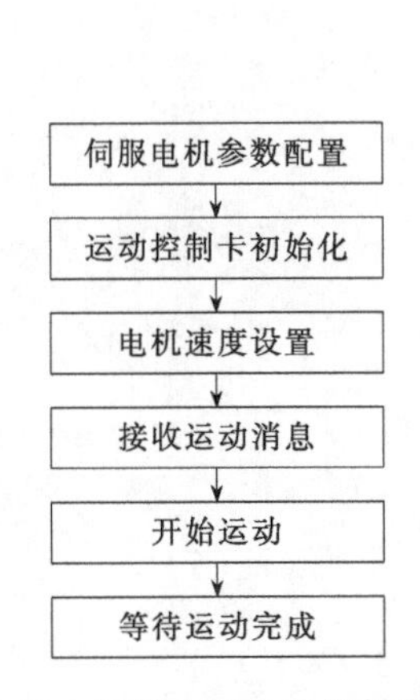

图 9.36　伺服电机运动控制流程图

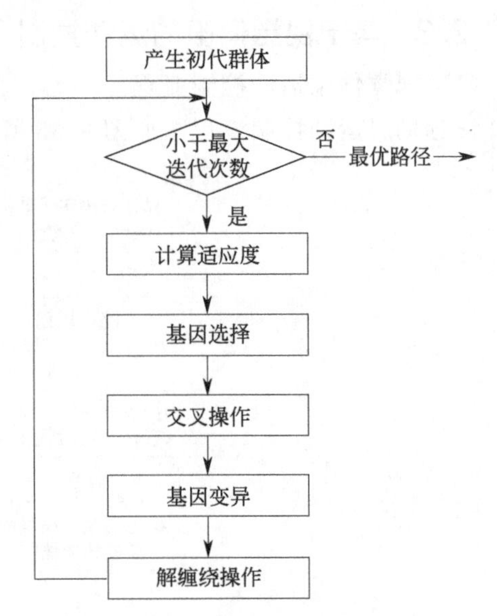

图 9.37　遗传算法流程图

（4）自动对焦

由于检测的目标不在同一平面，而一般的工业相机都不支持自动对焦，所以框架设计为三轴的机械机构，使用 Z 轴带动扫描相机运动实现相机对焦。为实现相机的自动对焦，首先需要求出图片的清晰度，根据当前视屏帧的清晰度信息调整 Z 轴高度，最终实现对焦。

基于图像处理方法的自动调焦系统通过评价图像清晰度来确定是否是清晰的图像。数字图像自动聚焦系统中，图像清晰度函数很重要。理想的评估函数应满足灵敏度高、单峰、抗干扰、低复杂度等要求。高灵敏度是指评价函数对焦点位置的两边有明显的变化。单峰特性意味着评价曲线只有一个极值点。抗干扰性使对焦算法更加稳定。低复杂度将减少计算时间。

1）清晰度评价函数

根据清晰度函数的单峰性，结合运动机构能够实时获取的 Z 轴坐标情况。所以在对焦时，连续记录 Z 轴坐标和对应的图片清晰度，最后找出最佳清晰度对应的 Z 轴坐标，则此坐标即为最佳对焦坐标。自动对焦的流程如图 9.38 所示。

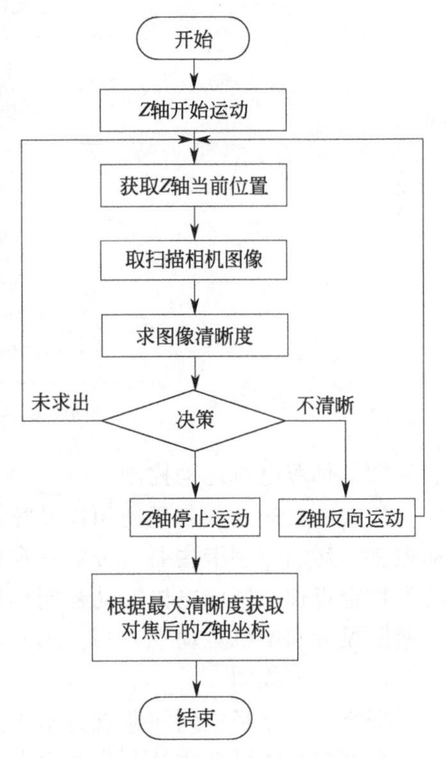

图 9.38　自动对焦流程图

现在学术文献中已经有各种各样的自动对焦方法。基于梯度法的评价函数，当图片变清晰时，图片有更突出的边缘特征，对应的梯度值更大。Tenengrad 方法和拉普拉斯方法都是基于梯度信息。基于频域的方法，清晰的图片包含更加丰富的细节信息，经过变换有更高的高频成分。图像可以经过傅里叶变换、离散余弦变换或小波变换获得图片频率。还有基于图片边缘和图片能量信息也都是很有效的方法。通过实验对比分析，最终使用的是基于 Tenengrad 函数的清晰度评价函数。

2）基于爬山法的搜索策略

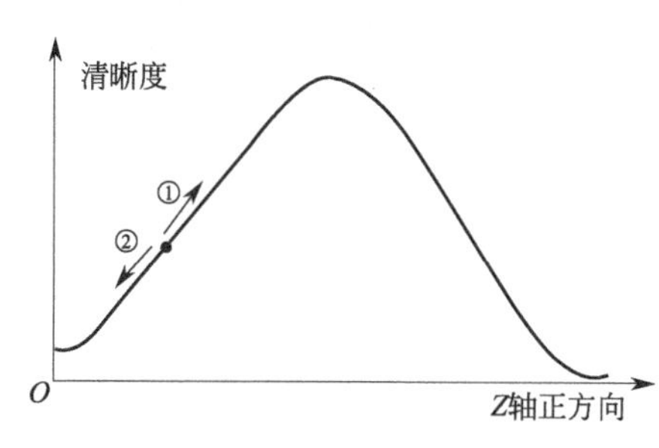

图 9.39　初始对焦搜索方向

因为图像清晰度是相对值，所以在对焦时需要根据当前值和之前值比较再决策下一步如何调整。因为图像清晰度函数是单峰函数，且相机高度信息能实时获得，所以研究中设计了基于爬山法的搜索方法。在实际对焦时，只需清晰度值越过峰值，即可记录最大清晰度对应的相机高度信息，无须来回搜索，最终定位最佳相机高度值。为了过滤噪声，实际中，只有连续两帧图像的清晰度均下降，才认为已翻过清晰度函数的峰值。

在开始对焦时，Z 轴有两个运动方向，如图 9.39 所示。如果 Z 轴向正向运动，清晰度值变大，当越过峰值，清晰度下降，即可定位最佳清晰度对应的 Z 轴坐标。但当 Z 轴先向负方向运动时，清晰度下降，需要 Z 轴反向运动，然后越过峰值，再定位最佳 Z 轴坐标。

9.3.2.4　示教软件设计与实验分析

示教软件的作用是，在系统运行前，使用示教软件获取运行时需要的先验信息，并保存到数据库中。生产时只需从数据库中提取相关信息，系统即可正常工作。示教软件除了获取生产时的必要信息，有时将生产中需要使用的重复数据提前放到示教软件中获取，可以有效地减少运行时间，提高运行效率。

（1）示教软件主要功能

示教软件主要是获得生产所需的必要信息和一些可以通过示教提前获取的有用信息，必要信息确保了系统正常工作，其他的一些信息可以减小运行速度，提高系统精度等。研究设计的示教软件主要包含以下功能：

① 获取模板图像及其与各条码之间的相对坐标；

② 获取经路径规划后的扫描顺序；

③ 获取各点位自动对焦后的 Z 轴坐标；

④ 获取各条码种类；

⑤ 转产操作。

（2）示教软件工作流程

示教软件工作流程如图 9.40 所示。

（3）示教软件的设计与实现

研究设计的示教软件采用流线型操作方式，此种方式无须考虑操作的先后顺序，当一个界面操作完成时，点击下一步，跳转到下一个操作界面，直到示教结束。设计的示教软件分为六个子界面，通过这六个界面完成对一种产品的示教，各界面的主要功能如下。

第一个界面主要用于输入示教的产品型号及其相关的描述等信息，因为示教所用的所有参数信息都关联产品型号，包括模板图片命名，相关参数保存到数据库中的关键字等。点击下一步跳转到下一个界面。

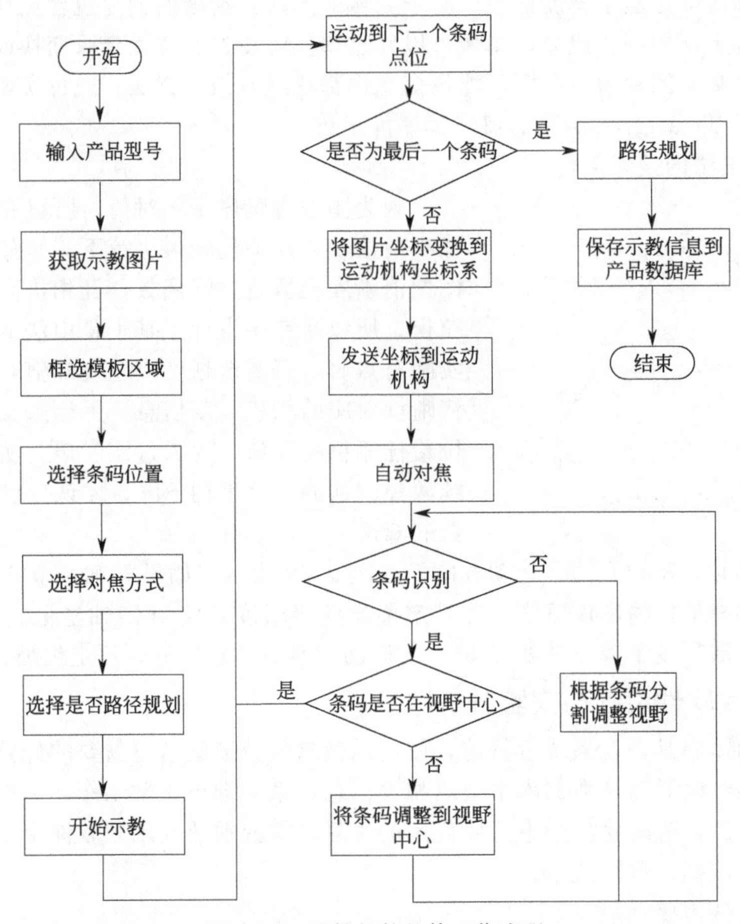

图 9.40　示教软件整体工作流程

第二个界面主要用于获取示教图像。界面的显示区域会显示全局相机采集的视频图像，此时可用于调整产品摆放位置，然后点击获取示教图像，将采集一张示教图像，用于模板图像截取。

第三个界面主要是获取模板图像和待检测目标位置。大的红色框是运动机构的运动最大范围，只有条码在此范围内才能被扫描到。首先框选模板图像区域，如图中的蓝色方框区域，界面会将模板图像保存到指定位置。然后选择待检测各条码在示教图像中的位置。图中跟随鼠标的红色方框是扫描相机视野在全局相机视野中所占的比例大小，在选择待检测目标时，只需将目标放在红色方框以内即可。

第四个界面主要是开始示教前的相关配置（如自动对焦等）和示教过程的扫描相机视频显示。

最后一个界面是将示教获取的参数保存到数据库等的操作界面，此时所有数据将被构建成 XML 形式的字符串，然后保存到数据库中。

通过上述的五步操作即可完成对一台产品的示教。

示教软件主要功能是通过示教获取新产品生产时所需的模板图像、条码与模板在全局图像中相对坐标、扫描路径和各点位扫描相机的高度等信息。示教软件还有一个重要作用是转产，示教后的产品的相关数据均保存到数据库中，当生产中需要转产到已示教的另一种产品时，就需要将待生产的数据从数据库中提取出来并解析出算法能识别的数据，加载到内存中，然后通知各个模块更新数据。研究设计的转产界面主要有查询、转产、查看当前产品、删除、和新建等操作，界面如图 9.41 所示。

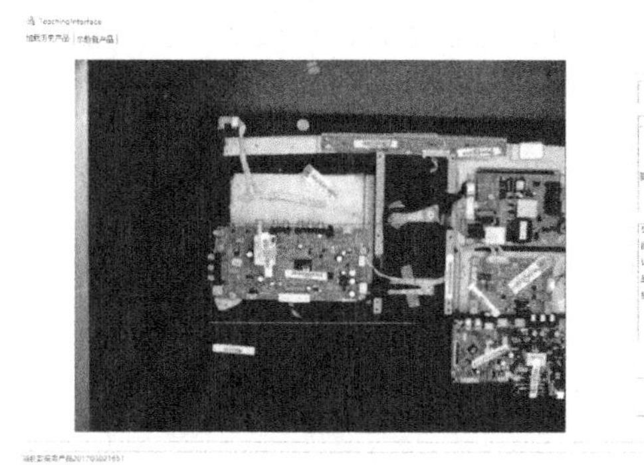

图 9.41　转产界面

(4) 实验分析

基于视觉伺服的三轴机械装置控制主要分为硬件框架设计、视觉定位、运动控制和示教。研究设计的三轴机械装置在生产线上运行的实物图如图 9.42 所示。

图 9.42　三轴机械装置实物图

在生产前，需要对待生产产品进行示教，由于相机镜头畸变、不同高度条码在全局相机中成像造成视觉差和工人选点存在误差，所以在示教中加入了视觉反馈，全局相机中的点位变换到运动机构坐标系中，发送给运动机构模块，运动机构带动扫描相机运动到指定点位，再根据条码在扫描相机中的成像位置，调整运动，保证条码成像在扫描相机视野中心。最后将调整后的各条码在运动机构中的坐标反变回全局相机中，以这些点位坐标为条码在全局图像中的成像坐标。经反复实验证明，经视觉反馈后的条码与模板图像之间的相对坐标更能代表实际相对坐标。

使用示教软件中的转产界面，将上述中的示教产品转产为待生产产品，示教界面从数据库中读取相关数据，加载到内存中，然后发送转产消息。各模块同时监听此消息，当该模块有与生产产品相关的数据时，则从内存中重新载入该数据。运行时，视觉定位模块实时匹配全局图像中的模板图像区域，当检测到模板区域且稳定在待检测平台中时，将匹配得到的模板图像在全局图像中的坐标和角度发送给中间逻辑模块。中间逻辑模块根据此信息和从内存加载的各条码和模板图像的相对坐标，计算出各条码在全局图像中的坐标。

经过反复测试，可得出，研究提出的基于视觉伺服的三轴机械装置控制方案能准确定位待检测目标在运动机构坐标系中的坐标，确保其完全成像在扫描相机中，同时在示教中加入自动对焦，使待检测目标在扫描相机中成像清晰，保证了后续扫描识别的顺序进行。由于路径规划的加入，降低了每台待检设备的扫描时间，提高了生产效率，同时也降低了系统功耗。

参考文献

[1] 黄志坚．机器人驱动与控制及应用实例［M］．北京：化学工业出版社，2016.

[2] 张明文，于霜．工业机器人运动控制技术［M］．北京：机械工业出版社，2021.

[3] 孙树栋．工业机器人技术基础［M］．西安：西北工业大学出版社，2006.

[4] 渡边茂，钱难能．工业机器人技术［M］．哈尔滨：哈尔滨工业大学出版社，2015.

[5] 张勇．电机拖动与控制［M］．北京：机械工业出版社，2001.

[6] 杨耕，罗应立．电机与运动控制系统［M］．北京：清华大学出版社，2006.

[7] 李铁才，杜坤梅．电机控制技术［M］．哈尔滨：哈尔滨工业大学出版社，2000.

[8] 鲜开义．变电站轨道式巡检机器人控制系统设计［D］．成都：西南交通大学，2018.

[9] 张世一．玻璃幕墙清洗机器人爬壁装置及控制系统设计［D］．兰州：兰州理工大学，2015.

[10] 王刚．直流电机伺服控制技术研究与实现［D］．大连：大连理工大学，2013.

[11] 左艺鸣．基于霍尔位置传感器无刷直流电机控制系统研究［D］．徐州：中国矿业大学，2020.

[12] 陈浩．电驱动四足机器人运动控制系统的研究与实现［D］．昆明：昆明理工大学，2020.

[13] 王超．室内全向移动机器人系统设计及导航方法研究［D］．哈尔滨：哈尔滨工业大学，2017.

[14] 张保真．管道机器人结构设计及其运动控制研究［D］．石家庄：石家庄铁道大学，2019.

[15] 李永东．交流电机数字控制系统［M］．2版．北京：机械工业出版社，2012.

[16] 荏宏理．桁架式机器人交流伺服电机控制的研究［D］．镇江：江苏科技大学，2016.

[17] 金国杰．基于ARM的码垛机器人关节伺服系统研究［D］．杭州：浙江工业大学，2016.

[18] 刘勇．果蔬大棚巡检机器人移动平台的设计及关键技术研究［D］．南昌：江西农业大学，2020.

[19] 林瑶瑶，仲崇权．伺服驱动器转速控制技术［J］．电气传动，2014，44（3）：21-26.

[20] 晏杰，闫英敏，赵霞．伺服驱动器自动测试技术研究综述［J］．计算机与数字工程，2011，39（12）：73-76.

[21] 李卫平，左力．运动控制系统原理与应用［M］．武汉：华中科技大学出版社，2013.

[22] 徐立芳．工业自动化系统与技术［M］．哈尔滨：哈尔滨工程大学出版社，2014.

[23] 吕国强．智能运动控制器的研究［D］．西安：西安石油大学，2018.

[24] 李顺．分布式多轴运动控制器的设计与实现［D］．成都：电子科技大学，2018.

[25] 李志丞．基于PMAC的六自由度机器人控制系统开发［D］．天津：天津职业技术师范大学，2021.

[26] 何佳欢．机器人轨迹与伺服一体化控制器设计与实现［D］．杭州：杭州电子科技大学，2020.

[27] 张雲枫．气动轻量机械臂伺服控制系统研究［D］．洛阳：河南科技大学，2019.

[28] 许翔宇．多自由度气动伺服机械手轨迹跟踪控制研究［D］．昆明：昆明理工大学，2017.

[29] 万明亮．基于ARM的气动伺服系统设计与研究［D］．赣州：江西理工大学，2012.

[30] 曹以驰．基于气动柔顺控制的助餐机械手的研究［D］．哈尔滨：哈尔滨工业大学，2020.

[31] 杨钢．气动人工肌肉位置伺服系统研究及其应用［D］．武汉：华中科技大学，2004.

[32] 丁宝杰．虚拟现实气动上肢康复训练机器人系统［D］．洛阳：河南科技大学，2020.

[33] 董宇．液压驱动伺服系统未知动态建模与控制研究［D］．昆明：昆明理工大学，2020.

[34] 盛夕正．电液位置伺服系统的设计与控制性能研究［D］．上海：上海应用技术大学，2019.

[35] 邓明君．一种液压驱动上肢外骨骼机器人设计［D］．长沙：国防科学技术大学，2013.

[36] 何玉东．液压四足机器人驱动控制与稳定行走研究［D］．北京：北京理工大学，2016.

[37] 陈文桥．机器人视觉伺服系统研究［D］．哈尔滨：哈尔滨工程大学，2016.

[38] 董辉．基于双目视觉的机器人视觉伺服研究［D］．保定：河北大学，2010.

[39] 孙涛．服务机器人视觉伺服控制方法研究［D］．武汉：华中科技大学，2018.

[40] 庄孟雨．基于视觉伺服的三轴机械装置控制［D］．成都：电子科技大学，2017.